"十三五"江苏省高等学校重点教材
(编号：2020-2-057)

高 等 代 数

丁南庆　刘公祥　纪庆忠　郭学军　编著

科 学 出 版 社
北 京

内 容 简 介

本书是在作者原有高等代数讲义的基础上，充分借鉴国内外高校常用“高等代数”和“线性代数”教材的优点，顺应南京大学本科教育“三三制”人才培养体系的要求，为综合性大学本科生编写的一本“高等代数”教材. 书中内容包括整数与多项式、行列式与矩阵、线性方程组、线性空间、线性映射、λ-矩阵、二次型、内积空间、双线性函数. 相关内容的选择、处理方法、深度与广度都有别于同类代表性教材，注重激发兴趣、启发思考、培养能力，着力体现高阶性、创新性、挑战度.

本书可作为大学本科“高等代数”教材，也可作为“高等代数”或“线性代数”课程的教学参考书.

图书在版编目(CIP)数据

高等代数/丁南庆等编著. —北京：科学出版社, 2021.8
“十三五”江苏省高等学校重点教材
ISBN 978-7-03-069543-7

Ⅰ. ①高… Ⅱ. ①丁… Ⅲ. ①高等代数-高等学校-教材 Ⅳ. ①O15

中国版本图书馆 CIP 数据核字(2021)第 158586 号

责任编辑：张中兴 梁 清 孙翠勤 / 责任校对：杨聪敏
责任印制：张 伟 / 封面设计：蓝正设计

科学出版社 出版
北京东黄城根北街 16 号
邮政编码: 100717
http://www.sciencep.com

北京华宇信诺印刷有限公司印刷
科学出版社发行 各地新华书店经销
*
2021 年 8 月第 一 版 开本: 720 × 1000 1/16
2024 年 9 月第八次印刷 印张: 24 1/4
字数: 489 000

定价: 59.00 元

(如有印装质量问题, 我社负责调换)

前　言

本书是我们在原有高等代数讲义的基础上, 充分借鉴国内外高校常用“高等代数”和“线性代数”教材的优点, 顺应南京大学本科教育“三三制”人才培养体系的要求, 为综合性大学本科生编写的一本“高等代数”教材.

2009 年, 南京大学创造性地开启了本科教育“三三制”人才培养模式, 即“大类培养、专业培养、多元培养”三个培养阶段和针对不同类型人才培养需求设计的“专业学术类、交叉复合类、就业创业类”三条发展路径. 2014 年, 南京大学“三三制”本科教学改革荣获国家级教学成果奖特等奖. 2016 年, 南京大学继续以“办中国最好的本科教育”为引领, 以教学质量提升为导向, 开展南京大学“十百千”优质课程建设工作, 高等代数课程成功入选南京大学首批“百”层次优质课程. 2017 年, 南京大学开始实施大类招生, 进一步完善以“个性化培养、自主性选择、多元化发展”为特征的“三三制”人才培养模式. 2020 年, 高等代数课程成功通过了优质课程专家组验收, 本教材是该优质课程的一个重要组成部分.

为了使学生在两学期的高等代数学习中对代数学的研究对象、基本思想和基本方法有一个初步而又清晰的认识, 在本书编写过程中, 我们遵循以下三个“理念”:

(1) 激发兴趣. 我们通过介绍相关内容的研究背景、发展脉络以及一些著名的数学成就, 开启每一章的学习. 例如, 在第 1 章的章首, 我们简单介绍了整数和多项式的悠久历史, 从公元前 6 世纪毕达哥拉斯对整数的可除性问题的研究, 到《九章算术》中正式引入负数以及加减运算法则; 从古巴比伦时代求解一元二次方程, 到卡尔达诺给出了一元三次、四次方程的求根公式, 再到阿贝尔和伽罗瓦证明了五次及五次以上一般形式的多项式方程没有求根公式. 这样安排可以充分激发学生的好奇心和求知欲, 让他们不知不觉走入知识的殿堂.

(2) 启发思考. 数学概念的产生依赖于长期思考后的顿悟! 我们只教学生已有的知识是不够的, 还应启发学生去发现新的知识. 例如, 在第 2 章介绍雅各布森引理时, 我们特别介绍了这个引理的相关历史和研究思路. 通过这个具体的例子, 让学生了解知识的形成与发展过程, 由此启迪他们的思维和认识, 培养他们的探索精神.

(3) 培养能力. 本书内容按照由浅入深, 由具体到抽象的原则, 强调三个“衔接”—— 与中学课程衔接、与后继课程衔接、与科学研究衔接; 重视三个“自己”——学生提出自己的问题, 找出自己的例子, 给出自己的证明, 旨在帮助学生养成问题意识、质疑精神、批判思维, 构建自己的知识结构, 培养他们的逻辑思维能力、发现问题和解决问题的能力, 为他们的专业学习及终生学习埋下种子. 例如, 在第 1 章中, 我们首先介绍整数的算术性质, 然后介绍一般多项式理论, 特别地, 通过 p 元域阐明了未定元的多项式和多项式函数的不同. 这样处理既有利于学生完成从中学到大学的过渡, 也有利于提高他们的认识水平和论证推理能力, 为他们后继课程的学习奠定基础. 又如, 在第 6 章最后一节, 我们简单介绍了与 λ-矩阵具有类似性质的整数矩阵. 这不仅仅是为了前后呼应, 更重要的是引导学生自主学习, 促进学生完成相关知识的有机整合, 培养他们可持续发展的能力.

本书特别注重弘扬中国传统数学文化, 突显中国人在数学领域的贡献. 例如, 书中多次介绍了我国古代数学名著《九章算术》在数学研究的不同领域中的辉煌成就; 介绍了中国剩余定理, 这是数学学科中唯一一个以国家名字命名的定理, 该定理在代数学、分析学中都有着极其重要的应用; 介绍了华罗庚等式——一个以当代著名数学家华罗庚先生的名字命名的等式. 通过这些数学成就和数学家的介绍, 加强学生对中国文化的自信心, 提高学生的民族自豪感.

在基础学科“强基计划”的背景下, 对照教育部一流本科课程的要求, 我们按照如下“两性一度”标准编写本书.

高阶性. 在内容的选择上, 注重学生知识、能力、素质的有机融合, 着力培养学生解决复杂问题的综合能力和高级思维. 例如, 三级特殊正交矩阵对应于三维空间的旋转, 这是高等代数中比较困难的内容. 我们从“欧拉角”和“四元数”这两个不同的角度介绍了旋转的概念, 这样不仅便于学生理解, 也把代数与几何、抽象与具体结合了起来, 有利于培养学生利用所学知识解决复杂问题的能力.

创新性. 本书力求反映学科的前沿性和时代性, 满足新时代对人才培养的需求. 例如, 我们首次在教科书中介绍了如何用埃尔米特矩阵及其子矩阵的特征值计算特征向量分量模长的著名定理. 2019 年, 陶哲轩与几位物理学家合作, 发现并证明了该定理. 这项成果曾被众多媒体争相报道, 惊呼陶哲轩发现了一个重要性足以写进高等代数教科书却被代数学家们遗漏了的定理. 后来才发现, 这个定理在过去两百年间被重复发现了多次, 只是一直未被代数学家们重视.

挑战度. 书中安排了一些思考题和有挑战度的习题, 这些内容需要学生跳一跳才能够得着. 例如, 第 1 章习题 39 是一道三角函数与多项式函数相结合的题目. 学生对三角函数很熟悉, 但是要完整解答本题, 需要学生对多项式函数有较好的认识, 对学生有较高的要求. 教学实践表明, 适当的挑战度可以激发学生的学习兴趣, 培养他们探索发现新知识的能力, 使他们通过既有知识的综合运用或创造新知识, 最终享受成功的喜悦.

为了培养学生课内外探究性学习的能力, 充分发挥学生的潜能, 拓宽他们的思路和知识面, 书中不仅安排了一些思考题和典型例题, 还有很多注记和脚注, 这些注记有的是相应定义、定理或结论的解释、补充和拓展, 也有的是相关知识的历史背景或发展动态; 脚注主要介绍相关内容中涉及的不同历史时期的数学家, 这样安排有利于学生了解相关数学史和研究成果, 引导他们关注和阅读有关文献 (包括书后的文献), 让学生感受到, 他们离数学前沿和大数学家并非想象中那么遥远! 另外, 书中的数学词汇第一次出现时, 都有英文译名, 这不仅有利于学生阅读英文文献, 也为他们将来涉足数学前沿打下基础.

全书共九章. 第 1、2 章由丁南庆编写, 第 3、4 章由刘公祥编写, 第 5、6 章由纪庆忠编写, 第 7~9 章由郭学军编写, 全书的统稿工作由丁南庆负责.

每章末都附有难度不同的习题, 这些习题有些选自书后的参考文献, 有些是我们自编的, 加 “*” 的习题表示该题有一定的难度.

本书可作为大学本科高等代数课程的教材, 其中没有加 “*” 的内容在每周 5~6 学时 (包括习题课) 的安排下, 一个学年完成; 加 “*” 的内容供任课教师选用或学生自学. 本书也可作为高等代数或线性代数课程的教学参考书.

在本书编写过程中, 我们得到南京大学数学系、南京大学本科生院的大力支持以及江苏省高校 “青蓝工程” 优秀教学团队和南京大学优质课程建设经费的资助; 南京大学数学系秦厚荣教授、朱晓胜教授、师维学教授和东南大学陈建龙教授给予了很多指导和帮助. 在本书初稿试用过程中, 南京大学朱富海教授和吴婷副教授、扬州大学陈惠香教授、东南大学周建华教授和张小向教授、南京师范大学纪春岗教授和周海燕教授、浙江工业大学朱海燕教授、江苏理工学院耿玉仙教授和胡江胜副教授、兰州理工大学王永铎教授、兰州交通大学梁力教授、南京审计大学康云凌副教授以及南京大学修读高等代数课程的同学们 (特别是丛圣卓和汪逸夫同学) 提出了很多宝贵意见. 在本书出版过程中, 科学出版社张中兴和梁清编辑等给予了很多帮助和支持. 在此我们一并表示衷心感谢!

作　者

2021 年 2 月于南京大学

目　录

第 1 章

整数与多项式

整数 (integer) 历史悠久, 一直以来都是数学研究的主要对象之一. 公元前 6 世纪, 毕达哥拉斯[①]就已研究过整数的可除性问题. 公元前 3~4 世纪, 欧几里得[②]证明了有无穷多个素数, 给出了求两个正整数的最大公因数的算法, 建立了整数可除性的初步理论. 我国古代许多著名的数学著作都有关于整数内容的论述. 例如,《九章算术》的 "方程" 一章中正式引入负数及其加减运算法则, 这在世界数学史上是最早的.

多项式 (polynomial) 源于代数方程的研究, 在古巴比伦时代 (约公元前 1894—公元前 1595), 人们已经知道如何求解一元二次方程. 公元 12 世纪, 出生于巴格达一个犹太家庭的萨玛瓦尔[③]在他的著作《耀眼的代数》(*Al-Bahir Fi'l-jabr*) 中已经给出了多项式的带余除法. 1545 年, 卡尔达诺[④]在《重要的艺术》(*Ars Magna*) 一书中给出了一元三次方程和一元四次方程的求根公式. 19 世纪上半叶阿贝尔[⑤]和伽罗瓦[⑥]分别证明了五次及五次以上一般形式的多项式方程没有求根公式. 高斯[⑦]于 1799 年证明了一般复系数多项式方程在复数域中有根. 多项式是高等代数的基本研究对象之一, 它对于进一步学习代数以及其他数学分支有重要的作用.

本章首先介绍整数的算术性质和同余, 然后研究一般数域上的多项式理论.

1.1 整数的算术性质

整数包括正整数、零和负整数. 自然数 (natural number) 包括正整数和零. 通常用 $\mathbb{N}$ 表示自然数集, 正整数集记为 $\mathbb{N}^*$, 而整数集用 $\mathbb{Z}$ 表示. 为什么用 $\mathbb{Z}$ 表示整

① Pythagoras, 约公元前 580—公元前 500, 古希腊数学家、哲学家.

② Euclid, 约公元前 330—公元前 275, 古希腊数学家.

③ Al-Samawal al-Maghribi, 1130—1180, 阿拉伯数学家.

④ Gerolamo Cardano, 1501—1576, 意大利数学家.

⑤ Niels Henrik Abel, 1802—1829, 挪威数学家.

⑥ Évariste Galois, 1811—1832, 法国数学家.

⑦ Carl Friedrich Gauss, 1777—1855, 德国数学家.

数集呢? 这归功于杰出数学家埃米 · 诺特[①]. 她是德国人, 德语中的数叫做 Zahlen, 她于 1921 年首次使用 $\mathbb{Z}$ 表示整数环 (整数集本身是一个数环), 从此整数集就用 $\mathbb{Z}$ 表示了. 为后文需要, 我们先介绍数学归纳法. 数学归纳法是数学证明的一种重要方法, 它主要用来证明与自然数有关的命题的正确性. 与自然数有关的命题有很多, 例如

(1) $1+2+\cdots+n=\dfrac{n(n+1)}{2}$, 其中 $n\geqslant 1$;

(2) $1^3+2^3+\cdots+n^3=\left(\dfrac{n(n+1)}{2}\right)^2$, 其中 $n\geqslant 1$;

(3) $1+3+5+\cdots+(2n-1)=n^2$, 其中 $n\geqslant 1$;

(4) $n+2$ 边凸多边形内角之和是 $n\times 180^\circ$, 其中 $n\geqslant 1$;

(5) $2^n>n^2$, 其中 $n\geqslant 5$;

(6) $2^n>n^3$, 其中 $n\geqslant 10$.

要证明它们的正确性, 我们不能对每个 n 一一去验证, 也不能只验证前 100, 1000, 甚至前 10000 个 n 的值. 我们需要用一种严格的数学推理来证明. 这种严格的数学推理就是**数学归纳法** (mathematical induction).

已知最早使用数学归纳法的证明出现于 16 世纪, 据说意大利一位数学家 (伽利略的老师) 于 1575 年用归纳法证明了前 n 个奇数之和是 n^2, 由此揭开了数学归纳法之谜, 直到 19 世纪, 德 · 摩根[②]才首次提出了 "数学归纳法" 的概念. 这里我们主要介绍数学归纳法的两种等价形式以及与它们等价的良序原理.

定理 1.1.1 (**第一归纳法** (first form of induction)) *设 P_n 是一个与自然数有关的命题, 其中 $n\geqslant n_0$, n_0 是某一固定的整数. 若*

(1) 当 $n=n_0$ 时, P_{n_0} 成立,

(2) 对任意整数 $k\geqslant n_0$, 由 P_k 成立可以推出 P_{k+1} 成立,

则对任意整数 $n\geqslant n_0$, P_n 成立.

定理 1.1.2 (**第二归纳法** (second form of induction)) *设 P_n 是一个与自然数有关的命题, 其中 $n\geqslant n_0$, n_0 是某一固定的整数. 若*

(1) 当 $n=n_0$ 时, P_{n_0} 成立,

(2) 对任意整数 $m\geqslant n_0$, 由 P_k $(n_0\leqslant k\leqslant m)$ 都成立可以推出 P_{m+1} 成立,

则对任意整数 $n\geqslant n_0$, P_n 成立.

定理 1.1.3 (**良序原理** (well-ordering principle)) *设 n_0 是某一固定的整数, $S=\{n\mid n\in\mathbb{Z}$ 且 $n\geqslant n_0\}$, 则 S 中任一非空子集都有最小数. 特别地, 自然数集的任一非空子集都有最小数.*

---

① Emmy Noether, 1882—1935, 德国数学家.

② Augustus de Morgan, 1806—1871, 英国数学家.

定理 1.1.4 (**整数的带余除法** (division algorithm for integers)) 设 $m, n \in \mathbb{Z}$ 且 $n \neq 0$, 则存在唯一一对 $q, r \in \mathbb{Z}$ 使得 $m = qn + r$, 其中 $0 \leqslant r < |n|$. 通常称 q 为 m 除以 n 的**商** (quotient), 而称 r 为 m 除以 n 的**余数** (remainder).

证明 因为 $n \neq 0$, 不妨假设 $n > 0$ (否则考虑 $-n$). 先证存在性.

首先, 我们给一个直观的证明. 用 n 的倍数将数轴划分为长度为 n 的区间, 则 m 必在某个分点上或在某两个分点之间, 如下图.

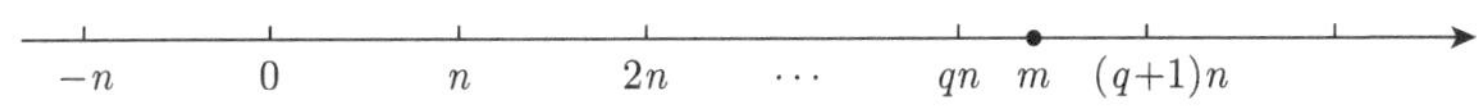

因此, 存在 $q \in \mathbb{Z}$ 使得 $m \in [qn, (q+1)n)$. 令 $r = m - qn$, 则 $m = qn + r$, 其中 $0 \leqslant r < n$.

下面我们用良序原理证明. 考虑集合 $S = \{m - kn \mid k \in \mathbb{Z} \text{ 且 } m - kn \geqslant 0\}$.

(1) $0 \in S$. 此时存在整数 k 使得 $m = kn$. 令 $q = k, r = 0$, 则 $m = qn + r$.

(2) $0 \notin S$. 此时 $m \neq 0$ (若 $m = 0$, 则 $0 = 0 - 0n = m - 0n \in S$, 矛盾).

若 $m > 0$, 则 $m = m - 0n \in S$. 若 $m < 0$, 则 $m - (2m)n = m(1 - 2n) \in S$.

由此可见, S 是自然数集合的非空子集. 由良序原理知, S 中有一个最小数 r, 即存在整数 q 使得 $m - qn = r$, 从而 $m = qn + r$.

若 $r \geqslant n$, 则 $m - (q+1)n = m - qn - n = r - n < r$, 并且 $m - (q+1)n \geqslant 0$. 因此, $m - (q+1)n$ 是 S 中小于 r 的数, 与 r 是 S 中的最小数矛盾! 故 $m = qn + r$, 其中 $0 \leqslant r < n$.

下证唯一性.

若 $m = q_1 n + r_1 = q_2 n + r_2$, 其中 $q_i, r_i \in \mathbb{Z}$, 且 $0 \leqslant r_i < n, i = 1, 2$, 则 $(q_1 - q_2)n = r_2 - r_1$. 若 $q_1 \neq q_2$, 则 $q_1 - q_2 \neq 0$. 不妨设 $q_1 - q_2 > 0$, 则 $r_2 - r_1 = (q_1 - q_2)n \geqslant n$. 但是 $r_2 - r_1 < n$, 矛盾! 所以, $q_1 = q_2, r_1 = r_2$. 唯一性得证. □

定义 1.1.5 设 $m, n \in \mathbb{Z}$.

(1) 若存在 $k \in \mathbb{Z}$ 使得 $m = kn$, 则称 n **整除** (divide) m, 此时, n 称为 m 的**因数** (divisor 或 factor), m 称为 n 的**倍数** (multiple). 当 n 整除 m 时, 记作 $n|m$, 否则, 记作 $n \nmid m$.

(2) 若 $d \in \mathbb{Z}$ 既是 m 的因数, 又是 n 的因数, 则称 d 是 m 与 n 的**公因数** (common divisor). 若 d 是 m 与 n 的公因数, 并且 m 与 n 的任一公因数都是 d 的因数, 则称 d 是 m 与 n 的**最大公因数** (greatest common divisor).

(3) 若 $l \in \mathbb{Z}$ 既是 m 的倍数, 又是 n 的倍数, 则称 l 是 m 与 n 的**公倍数** (common multiple). 若 l 是 m 与 n 的公倍数, 并且 m 与 n 的任一公倍数都是 l 的倍数, 则称 l 是 m 与 n 的**最小公倍数** (least common multiple).

注记 1.1.6 由上述定义可知

(1) 在 "$n|m$" 的定义中, n 可以为零, 此时 $m=0$; 若 $n\neq 0$, 则 $n|m$ 当且仅当 m 除以 n 的余数为 0.

(2) 任意整数整除 0; 任意整数整除它自身; ± 1 整除任意整数.

(3) 若 $m|n, n|m$, 则 $m=\pm n$; 若 $m|n, n|k$, 则 $m|k$; 若 $m|n, m|k$, 则对任意整数 s,t 都有 $m|(sn+tk)$.

(4) 若 d_1,d_2 都是 m 与 n 的最大公因数, 则 $d_1=\pm d_2$. 若 $m|n$, 则 m 是 m 与 n 的最大公因数. 特别地, m 是 m 与 0 的最大公因数. 当然, 0 是 0 与 0 的最大公因数. 当 m,n 不全为零时, m 与 n 的最大公因数不为零, 此时常用 (m,n) 表示 m 与 n 的正的最大公因数.

(5) 两个整数的最小公倍数在相差一个正负号的意义下是唯一的. 若 m,n 中有一个为 0, 则 0 是 m 与 n 的唯一公倍数, 因此, 由定义可知, 0 就是它们的最小公倍数. 对于全不为零的两个整数 m 与 n, 常用 $[m,n]$ 表示它们的正的最小公倍数.

(6) 对于任意 k 个整数 $m_1,m_2,\cdots,m_k$ $(k\geqslant 2)$, 可以类似于两个整数的情形定义它们的最大公因数和最小公倍数. 以后常用 $(m_1,m_2,\cdots,m_k)$ 和 $[m_1,m_2,\cdots,m_k]$ 分别表示 $m_1,m_2,\cdots,m_k$ 的正的最大公因数和正的最小公倍数.

例 1.1.7 设整数 m,n 不全为零. 如果存在整数 q,r 使得 $m=qn+r$, 证明: $(m,n)=(n,r)$.

证明 因为 $(m,n)|m, (m,n)|n$ 并且 $r=m-qn$, 所以 $(m,n)|r$. 于是, 由最大公因数的定义知, $(m,n)|(n,r)$. 同理, $(n,r)|(m,n)$. 故 $(m,n)=(n,r)$. □

定理 1.1.8 *设 $m,n\in\mathbb{Z}$, 则 m,n 的最大公因数 d 存在且唯一 (不计符号的意义下), 并且 d 可表示为 m 与 n 的组合, 即存在 $u,v\in\mathbb{Z}$ 使得*

$$d=um+vn \quad (\textbf{贝祖}^{①}\textbf{等式}\ (\text{Bézout identity})).$$

证明 由定义可知, 两个整数的最大公因数在相差一个正负号的情况下是唯一的. 下面证明存在性.

若 $n|m$, 则 n 是 m 与 n 的最大公因数, 并且 $n=0m+n$. 若 $n\nmid m$, 此时可设 $n\neq 0$ (如果 $n=0$, 那么 $m|n$, 归结为前面的情形), 不妨设 $n>0$. 由带余除法得

$$\begin{aligned}
m &= q_1n+r_1, & 0<r_1<n,\\
n &= q_2r_1+r_2, & 0<r_2<r_1,\\
r_1 &= q_3r_2+r_3, & 0<r_3<r_2,
\end{aligned}$$

① Étienne Bézout, 1730—1783, 法国数学家.

$$
\begin{array}{ll}
\vdots & \vdots \\
r_{s-3} = q_{s-1}r_{s-2} + r_{s-1}, & 0 < r_{s-1} < r_{s-2}, \\
r_{s-2} = q_s r_{s-1} + r_s, & 0 < r_s < r_{s-1}, \\
r_{s-1} = q_{s+1}r_s + r_{s+1}, & r_{s+1} = 0.
\end{array} \tag{1.1.1}
$$

注意, 由于 $r_1, r_2, \cdots$ 逐渐递减, 所以存在正整数 s 使得 $r_s \neq 0$ 但 $r_{s+1} = 0$. 于是, 根据例 1.1.7, $(m,n) = (n, r_1) = (r_1, r_2) = \cdots = (r_{s-1}, r_s) = r_s$. 由 (1.1.1) 式知, $r_s = r_{s-2} - q_s r_{s-1} = r_{s-2} - q_s(r_{s-3} - q_{s-1}r_{s-2}) = (-q_s)r_{s-3} + (1 + q_s q_{s-1})r_{s-2}$. 如此继续下去, 逐个消去 $r_{s-2}, r_{s-3}, \cdots, r_1$, 得到整数 u, v 使得 $r_s = um + vn$. □

上述定理中用来求最大公因数的方法通常称为**辗转相除法**或**欧几里得算法** (Euclidean algorithm).

定义 1.1.9 设 $m, n \in \mathbb{Z}$. 若 $(m,n) = 1$, 则称 m 与 n **互素** (relatively prime 或 coprime). 设 $m_i \in \mathbb{Z}, i = 1, 2, \cdots, t$, 其中 $t \geqslant 2$. 若 $(m_1, m_2, \cdots, m_t) = 1$, 则称 $m_1, m_2, \cdots, m_t$ 互素. 如果当 $1 \leqslant i \neq j \leqslant t$ 时, m_i 与 m_j 互素, 那么称 $m_1, m_2, \cdots, m_t$ **两两互素** (pairwise coprime).

下面的命题给出了整数互素的一些性质.

命题 1.1.10 设 m, n, k 都是整数.

(1) m 与 n 互素当且仅当 m 与 n 仅以 ± 1 为公因数.

(2) m 与 n 互素当且仅当存在整数 u, v 使得 $um + vn = 1$.

(3) 若 m, n 不全为零, 则 $\left(\dfrac{m}{(m,n)}, \dfrac{n}{(m,n)}\right) = 1$.

(4) 若 $m | nk$, 且 $(m,n) = 1$, 则 $m | k$.

(5) 若 m, n 为正整数, 则 $[m,n] = \dfrac{mn}{(m,n)}$.

(6) 若 $m | k, n | k$, 则 $[m,n] | k$, 特别地, 若 $(m,n) = 1$, 则 $mn | k$.

(7) 若 $(m,k) = 1, (n,k) = 1$, 则 $(mn, k) = 1$.

证明 (1) 由定义即知.

(2) 必要性 由定理 1.1.8 即知.

充分性 设 d 是 m 与 n 的公因数, 则 $d | 1$. 由此可见, m 与 n 仅以 ± 1 为公因数, 故 m 与 n 互素.

(3) 由定理 1.1.8 知, 存在 $u, v \in \mathbb{Z}$ 使得 $um + vn = (m,n)$. 注意 $(m,n) \neq 0$, 所以 $u\dfrac{m}{(m,n)} + v\dfrac{n}{(m,n)} = 1$, 从而由 (2) 知, $\left(\dfrac{m}{(m,n)}, \dfrac{n}{(m,n)}\right) = 1$.

(4) 因为 $(m,n)=1$, 所以存在整数 u,v 使得 $um+vn=1$, 从而 $ukm+vnk=k$. 由于 $m|m$, $m|nk$, 故 $m|k$.

(5) 设 $d=(m,n)$, $m=dm_1$, $n=dn_1$, 则由 (3) 知, $(m_1,n_1)=1$. 令 $l=\dfrac{mn}{(m,n)}$, 则 $l=dm_1n_1=n_1m=m_1n$, 因此, l 是 m 与 n 的公倍数. 若 k 是 m 与 n 的任一公倍数, 则存在 $k_1,k_2\in\mathbb{Z}$ 使得 $k=k_1m=k_2n$, 从而 $k_1m_1d=k_2n_1d$, 即 $k_1m_1=k_2n_1$. 由于 $(m_1,n_1)=1$, 所以由 (4) 知, $m_1|k_2$. 于是存在 $k_3\in\mathbb{Z}$ 使得 $k_2=k_3m_1$, 从而 $k=k_3m_1n=k_3l$, 即 k 是 l 的倍数. 故 $[m,n]=\dfrac{mn}{(m,n)}$.

(6) 由最小公倍数的定义以及 (5) 即得.

(7) 因为 $(m,k)=1,(n,k)=1$, 所以存在 $u,v,s,t\in\mathbb{Z}$ 使得 $um+vk=1$, $sn+tk=1$. 于是 $(um+vk)(sn+tk)=1$, 即 $(us)mn+(vsn+(um+vk)t)\,k=1$. 故由 (2) 知, $(mn,k)=1$. □

推论 1.1.11 设 k,n,m_i 都是整数, $i=1,2,\cdots,t$.

(1) 若 $(m_i,k)=1,i=1,2,\cdots,t$, 则 $(m_1m_2\cdots m_t,k)=1$.

(2) 若 $m_i|n$, $i=1,2,\cdots,t$, 则 $[m_1,m_2,\cdots,m_t]|n$, 特别地, 若 $m_1,m_2,\cdots,m_t$ 两两互素, 则 $m_1m_2\cdots m_t|n$.

定义 1.1.12 设 p 为整数, 并且 $|p|>1$. 若 p 的全部因数为 $\pm p,\pm 1$, 则称 p 为**素数** (prime number). 通常约定素数是正的.

设 $p>1$. 易见, p 是素数当且仅当 p 不能分解为两个小于 p 的正整数之积.

定理 1.1.13 设整数 $p>1$, 则下列陈述等价:

(1) p 是素数;

(2) 对任意整数 m, 总有 $p|m$ 或 $(p,m)=1$;

(3) 对任意两个整数 m,n, 如果 $p|mn$, 那么 $p|m$ 或 $p|n$.

证明 (1) $\Longrightarrow$ (2) 任取一个整数 m, 令 $(m,p)=d$, 则 $d|p$. 因为 p 是素数, 所以 $d=1$ 或 $d=p$. 由此可见, $p|m$ 或 $(p,m)=1$.

(2) $\Longrightarrow$ (3) 设 m,n 是任意两个整数, 并且 $p|mn$. 若 $p\nmid m$, 则由条件 (2) 知, $(p,m)=1$. 由命题 1.1.10 (4) 知, $p|n$.

(3) $\Longrightarrow$ (1) 若 p 不是素数, 则存在整数 p_1,p_2 使得 $p=p_1p_2$, 并且 $1<p_1,p_2<p$. 显然 $p|p_1p_2$, 但是 $p\nmid p_1,p\nmid p_2$, 与条件 (3) 矛盾. 故 p 是素数. □

推论 1.1.14 设 $p,n_i\in\mathbb{Z},i=1,2,\cdots,t$. 若 p 是素数, 并且 $p|n_1n_2\cdots n_t$, 则存在 i, $1\leqslant i\leqslant t$, 使得 $p|n_i$.

定理 1.1.15 (**算术基本定理**[①] (fundamental theorem of arithmetic)) 任意大

① 算术基本定理又称整数唯一分解定理.

于 1 的整数 n 可以分解为有限个素因数之积, 并且分解法是唯一的, 即若 n 有两种分解

$$n = p_1p_2\cdots p_t = q_1q_2\cdots q_s,$$

其中 $p_1, p_2, \cdots, p_t; q_1, q_2, \cdots, q_s$ 都是素数, 则 $s = t$, 并且经过适当重排之后, $p_i = q_i, i = 1, 2, \cdots, t$.

证明 先证存在性. 当 $n = 2$ 时, 存在性显然成立.

对任意整数 $n \geqslant 2$, 假设当 $2 \leqslant k \leqslant n$ 时, 存在性成立 (即 k 可表示为有限个素数之积). 现在考虑 $n+1$ 的情形. 如果 $n+1$ 是素数, 存在性已经成立. 如果 $n+1$ 不是素数, 那么 $n+1 = n_1n_2$, 其中 $2 \leqslant n_1, n_2 \leqslant n$. 由归纳假设知, n_1, n_2 均可表示为有限个素数之积, 从而 $n+1$ 也可表示为有限个素数之积. 根据第二归纳法, 存在性成立.

下证唯一性. 假设 n 有两种分解

$$n = p_1p_2\cdots p_t = q_1q_2\cdots q_s,$$

其中 $p_1, p_2, \cdots, p_t; q_1, q_2, \cdots, q_s$ 都是素数.

下面对分解式中素因数的个数 t 进行归纳.

当 $t = 1$ 时, $p_1 = q_1q_2\cdots q_s$. 因为 p_1 是素数, 所以 $s = 1, p_1 = q_1$.

对任意 $t \geqslant 2$, 假设分解式中素因数的个数为 $t-1$ 时, 唯一性成立. 下面考虑素因数的个数为 t 的情形. 由于 $p_1p_2\cdots p_t = q_1q_2\cdots q_s$, 所以 $p_1 | q_1q_2\cdots q_s$, 因此 p_1 整除 $q_1, q_2, \cdots, q_s$ 中某一个. 不妨设 $p_1 | q_1$, 从而 $p_1 = q_1$, 于是 $p_2\cdots p_t = q_2\cdots q_s$. 由归纳假设知, $s-1 = t-1$, 即 $s = t$, 并且经过适当重排后, $p_2 = q_2, \cdots, p_t = q_t$. 由第一归纳法知, 唯一性成立. □

1.2 整数的同余

定义 1.2.1 设 $a, b, m \in \mathbb{Z}$, 并且 $m \neq 0$. 若 a 与 b 除以 m 的余数相同, 则称 a 与 b 模 m **同余** (congruent modulo m), 记为 $a \equiv b \pmod{m}$. 这里的符号 "≡" 称为**同余号** (congruence symbol), 读作 "同余于", 上面的等式称为**同余式** (congruence).

早在 18 世纪, 大数学家欧拉[①]在研究整数性质的过程中发明了 "同余" 的概念. 后来, 另一位大数学家高斯发明了同余式符号, 一直沿用至今.

注记 1.2.2 由上述定义可知道, 整数的同余有如下性质 (读者自己验证).

(1) **自反性** (reflexivity) 对任意 $a \in \mathbb{Z}$, 总有 $a \equiv a \pmod{m}$.

① Leonhard Euler, 1707—1783, 瑞士数学家.

(2) **对称性** (symmetry)　对任意 $a, b \in \mathbb{Z}$, 若 $a \equiv b \pmod m$, 则 $b \equiv a \pmod m$.

(3) **传递性** (transitivity)　对任意 $a, b, c \in \mathbb{Z}$, 若 $a \equiv b \pmod m$, $b \equiv c \pmod m$, 则 $a \equiv c \pmod m$.

(4) $a \equiv b \pmod m$ 当且仅当 $m|(a-b)$ 当且仅当 $a = b + km$, 其中 $k \in \mathbb{Z}$.

(5) 对任意 $a, b, c, d \in \mathbb{Z}$, 若 $a \equiv b \pmod m, c \equiv d \pmod m$, 则

$$a + c \equiv b + d \,(\mathrm{mod}\ m), \quad ac \equiv bd \,(\mathrm{mod}\ m).$$

(6) 若 $ad \equiv bd \pmod m$ 并且 $(d, m) = 1$, 则 $a \equiv b \pmod m$.

注记 1.2.3　在一个集合中, 假定其元素之间有一种关系. 若此关系具有自反性、对称性、传递性, 则称此关系为**等价关系** (equivalence relation). 例如, 整数集合中, 同余是等价关系. 平面上所有三角形组成的集合中, 三角形的相似是一个等价关系. 再如, 整数集合中的小于关系 “$<$” 不是一个等价关系.

等价关系在集合论中所起的作用在于可用它来将集合中的元素分类, 具有这种关系的元素可归成一类, 不具有这种关系的元素不属同一类. 例如, 整数集 $\mathbb{Z}$ 就可以按同余来分类 (因为同余是等价关系), 每一类中的整数都是同余的, 不同类中的两个整数不同余.

因为任意两个整数都模 1 同余，所以我们通常规定 $m > 1$.

设 a 是整数. 对于固定的整数 $m > 1$, 模 m 与 a 同余的所有整数组成的集合称为一个**同余类** (congruence class), 记为 $\overline{a}$, 即 $\overline{a} = \{a + km \mid k \in \mathbb{Z}\}$. 由于每个整数模 m 必同余于 $0, 1, \cdots, m-1$ 中的一个, 所以整数集 $\mathbb{Z}$ 可以分为 m 个同余类: $\overline{0}, \overline{1}, \cdots, \overline{m-1}$, 由这 m 个同余类组成的集合常记为 $\mathbb{Z}/m\mathbb{Z}$, 即 $\mathbb{Z}/m\mathbb{Z} = \{\overline{0}, \overline{1}, \cdots, \overline{m-1}\}$.

对于两个整数 a 和 b, $\overline{a} = \overline{b}$ 当且仅当 $a \equiv b \pmod m$. 若整数 x_1 满足同余方程 $ax \equiv b \pmod m$, 即 $ax_1 \equiv b \pmod m$, 易见, 模 m 与 x_1 同余的所有整数都满足这个同余方程.

定理 1.2.4　*设 $a, b, m \in \mathbb{Z}$, $m > 1$, $a \not\equiv 0 \pmod m$, 则同余方程*

$$ax \equiv b \pmod m$$

有整数解的充分必要条件为 $(a, m) \mid b$.

证明　必要性　设整数 x_1 是 $ax \equiv b \pmod m$ 的解, 即 $ax_1 \equiv b \pmod m$, 则存在整数 k 使得 $b = ax_1 + km$. 故 $(a, m) \mid b$.

充分性　若 $(a, m) \mid b$, 则存在整数 t 使得 $b = t(a, m)$. 由定理 1.1.8 知, 存在整数 u, v 使得 $(a, m) = ua + vm$.　于是 $b = tua + tvm$, 从而 tu 是 $ax \equiv b \pmod m$ 的解.　□

推论 1.2.5 设 $a, m \in \mathbb{Z}$, $m > 1$, $(a, m) = 1$, 则同余方程 $ax \equiv 1 \pmod m$ 有唯一解, 也就是说, 若 x_1, x_2 都是 $ax \equiv 1 \pmod m$ 的整数解, 则 $x_1 \equiv x_2 \pmod m$.

证明 由定理 1.2.4 知, $ax \equiv 1 \pmod m$ 有解. 若 x_1, x_2 都是 $ax \equiv 1 \pmod m$ 的整数解, 则 $ax_1 \equiv ax_2 \pmod m$, 因此, 存在整数 k 使得 $a(x_1 - x_2) = km$. 因为 $(a, m) = 1$, 所以 $m \mid (x_1 - x_2)$. 故 $x_1 \equiv x_2 \pmod m$. □

现在我们来解同余方程组

$$x \equiv a_1 \pmod{m_1}, \quad x \equiv a_2 \pmod{m_2}, \quad \cdots, \quad x \equiv a_k \pmod{m_k}.$$

在我国古代《孙子算经》里已经提出了这种形式的问题, 并且很好地解决了它.《孙子算经》里提到的问题之一如下: "今有物不知其数, 三三数之剩二, 五五数之剩三, 七七数之剩二, 问物几何?", 这就是求一次同余方程组

$$x \equiv 2 \pmod 3, \quad x \equiv 3 \pmod 5, \quad x \equiv 2 \pmod 7$$

的整数解. 把《孙子算经》中所用算法推广就有下面的定理.

定理 1.2.6 (中国剩余定理[①] **(Chinese remainder theorem))** 设 $m_1, m_2, \cdots, m_k$ 是两两互素的正整数, $a_1, a_2, \cdots, a_k$ 是任意 k 个整数, 则存在整数 a 满足同余方程组

$$\begin{cases} x \equiv a_1 \pmod{m_1}, \\ x \equiv a_2 \pmod{m_2}, \\ \qquad \cdots\cdots \\ x \equiv a_k \pmod{m_k}. \end{cases}$$

若整数 a, b 均满足该同余方程组, 则

$$a \equiv b \pmod{m_1 m_2 \cdots m_k}.$$

证明 因为 $m_1, m_2, \cdots, m_k$ 是两两互素的整数, 所以

$$(m_i, m_1 m_2 \cdots m_{i-1} m_{i+1} \cdots m_k) = 1,$$

从而存在 $s_i, t_i \in \mathbb{Z}$ 使得

$$1 = s_i m_i + t_i m_1 m_2 \cdots m_{i-1} m_{i+1} \cdots m_k, \quad 1 \leqslant i \leqslant k.$$

① 中国剩余定理又称孙子定理.

令 $r_i = 1 - s_i m_i = t_i m_1 m_2 \cdots m_{i-1} m_{i+1} \cdots m_k$, 则

$$r_i \equiv 1 \pmod{m_i}, \quad r_i \equiv 0 \pmod{m_j}, \quad j \neq i, \quad 1 \leqslant i, j \leqslant k.$$

取 $a = a_1 r_1 + a_2 r_2 + \cdots + a_k r_k$, 则 $a \equiv a_i \pmod{m_i}, 1 \leqslant i \leqslant k$.

若 a, b 均满足同余方程组, 则 $m_1|(a-b), m_2|(a-b), \cdots, m_k|(a-b)$. 由于 $m_1, m_2, \cdots, m_k$ 两两互素, 所以 $m_1 m_2 \cdots m_k|(a-b)$, 即 $a \equiv b \pmod{m_1 m_2 \cdots m_k}$. □

例 1.2.7 解同余方程组 $x \equiv 2 \pmod 3, x \equiv 3 \pmod 5, x \equiv 2 \pmod 7$.

解 首先, $(3, 35) = 1$, $1 = 12 \times 3 + (-1) \times 35$, 取 $r_1 = -35$. 其次, $(5, 21) = 1$, $1 = (-4) \times 5 + 21$, 取 $r_2 = 21$. 再次, $(7, 15) = 1$, $1 = (-2) \times 7 + 15$, 取 $r_3 = 15$. 于是, $x = 2 \times (-35) + 3 \times 21 + 2 \times 15 = 23$ 就是原方程组的一个整数解. 易见, 方程组的所有整数解为 $23 + 105 \times k$, 其中 k 为整数, 23 是方程组的最小正整数解. □

1.3 复数与数域

定义 1.3.1 形如 $a + b\mathrm{i}$ 的数称为**复数** (complex number), 其中 a, b 为实数, $\mathrm{i} = \sqrt{-1}$ 是**虚数单位** (imaginary unit).

注记 1.3.2 高斯于 1831 年首次使用 "复数" 这个词, 笛卡儿[①]在《几何学》中首次使用 "实数" 和 "虚数" 这两个词, 欧拉于 1777 年开始使用符号 i 表示 -1 的平方根, 高斯系统地使用这个符号使之通行于世.

设 $z = a + b\mathrm{i}$ 是复数, 则称 a 为 z 的**实部** (real part), b 为 z 的**虚部** (imaginary part). 当 $b \neq 0$ 时, 称 z 为**虚数** (imaginary number), 特别地, 当 $a = 0$, $b \neq 0$ 时, 称 z 为**纯虚数** (pure imaginary number). $\overline{z} = a - b\mathrm{i}$ 称为 $z = a + b\mathrm{i}$ 的**共轭复数** (conjugate complex number).

设 $z_1 = a + b\mathrm{i}, z_2 = c + d\mathrm{i}$ 都是复数, 规定: $z_1 = z_2$ 当且仅当 $a = c$ 且 $b = d$.
当 $a = 0$ 时, 规定 $0 + b\mathrm{i} = b\mathrm{i}$; 当 $b = 0$ 时, 规定 $a + 0\mathrm{i} = a$ 是实数.
当 $a = 0, b = 0$ 时, 复数 $0 + 0\mathrm{i}$ 记为 0. 因此, $a + b\mathrm{i} = 0$ 当且仅当 $a = b = 0$.

定义 1.3.3 设 a, b, c, d 为实数, 定义

$$(a + b\mathrm{i}) + (c + d\mathrm{i}) = (a + c) + (b + d)\mathrm{i},$$
$$(a + b\mathrm{i}) - (c + d\mathrm{i}) = (a - c) + (b - d)\mathrm{i},$$
$$(a + b\mathrm{i})(c + d\mathrm{i}) = (ac - bd) + (bc + ad)\mathrm{i},$$

① René Descartes, 1596—1650, 法国数学家.

$$\frac{a+bi}{c+di}=\frac{ac+bd}{c^2+d^2}+\frac{bc-ad}{c^2+d^2}\mathrm{i},\ \text{其中}\ c+di\neq 0.$$

易见, 复数的和 (sum)、差 (difference)、积 (product)、商 (quotient) (分母不为 0) 仍然为复数.

我们知道, 实数与数轴上的点一一对应, 实数可用数轴上的点来表示. 根据复数相等的定义, 复数 $a+bi$ 与直角坐标系中的点 (a,b) 一一对应. 因此, 复数可用直角坐标系中的点来表示. 通常把建立了直角坐标系来表示复数的平面叫做**复平面** (complex plane).

定义 1.3.4 设 $z=a+bi$ 是复数, 则 z 对应于复平面上的点 $Z(a,b)$. 以原点 O 为起点, 以 $Z(a,b)$ 为终点的向量 $\overrightarrow{OZ}$ 的长度 r 称为 z 的**模** (modulus) 或**绝对值** (absolute value), 由 x 轴正向逆时针旋转到 $\overrightarrow{OZ}$ 的角度 θ 称为 z 的**辐角** (argument).

易见, $a=r\cos\theta,\ b=r\sin\theta,\ r=\sqrt{a^2+b^2}$.

注记 1.3.5 (1) 复数 0 的辐角可以是任意值.

(2) 不等于零的复数的辐角有无限多个值, 这些值的差是 2π 的整数倍.

(3) 复数 $z=a+bi$ 的模常记为 $|z|$, 因此, $|z|=\sqrt{a^2+b^2}$, $|z|^2=a^2+b^2=z\bar{z}$.

定义 1.3.6 设 $z=a+bi$ 是复数, 其模为 r, 辐角为 θ, 则 $z=r(\cos\theta+\mathrm{i}\sin\theta)$, 这种表示称为复数 z 的**三角表示** (trigonometric form).

根据**欧拉公式** (Euler formula) $\mathrm{e}^{\mathrm{i}\theta}=\cos\theta+\mathrm{i}\sin\theta$, 任一复数 z 可以表示为 $z=|z|\mathrm{e}^{\mathrm{i}\theta}$, 其中 θ 为 z 的辐角, 这种表示称为复数 z 的**指数表示** (exponential form).

定理 1.3.7 (1) 设 $z_1=r_1(\cos\theta_1+\mathrm{i}\sin\theta_1)$, $z_2=r_2(\cos\theta_2+\mathrm{i}\sin\theta_2)$ 分别为 z_1,z_2 的三角表示, 则

$$z_1z_2=r_1r_2\left(\cos(\theta_1+\theta_2)+\mathrm{i}\sin(\theta_1+\theta_2)\right);$$
$$\frac{z_1}{z_2}=\frac{r_1}{r_2}(\cos(\theta_1-\theta_2)+\mathrm{i}\sin(\theta_1-\theta_2)),\ \text{其中}\ z_2\neq 0.$$

(2) 若 n 为正整数, $z=|z|(\cos\theta+\mathrm{i}\sin\theta)$ 为复数 z 的三角表示, 则

$$z^n=|z|^n(\cos(n\theta)+\mathrm{i}\sin(n\theta)).$$

特别地, 取 $z=\cos\theta+\mathrm{i}\sin\theta$, 则

$$(\cos\theta+\mathrm{i}\sin\theta)^n=\cos(n\theta)+\mathrm{i}\sin(n\theta),$$

称之为**棣莫弗**[①]**公式** (De Moivre formula).

① Abraham De Moivre, 1667—1754, 法国数学家.

(3) 设 $z=|z|(\cos\theta+\mathrm{i}\sin\theta)$ 为复数 z 的三角表示, n 为正整数, 则方程 $x^n=z$ 有且仅有 n 个根

$$\sqrt[n]{|z|}\left(\cos\frac{\theta+2k\pi}{n}+\mathrm{i}\sin\frac{\theta+2k\pi}{n}\right),\quad k=0,1,2,\cdots,n-1.$$

特别地, 方程 $x^n=1$ 的 n 个根为

$$\cos\frac{2k\pi}{n}+\mathrm{i}\sin\frac{2k\pi}{n},\quad k=0,1,2,\cdots,n-1.$$

证明 (1) 根据已知条件

$$\begin{aligned}z_1z_2&=(r_1(\cos\theta_1+\mathrm{i}\sin\theta_1))(r_2(\cos\theta_2+\mathrm{i}\sin\theta_2))\\&=r_1r_2\left((\cos\theta_1\cos\theta_2-\sin\theta_1\sin\theta_2)+\mathrm{i}(\cos\theta_1\sin\theta_2+\sin\theta_1\cos\theta_2)\right)\\&=r_1r_2\left(\cos(\theta_1+\theta_2)+\mathrm{i}\sin(\theta_1+\theta_2)\right).\end{aligned}$$

若 $z_2\neq 0$, 则

$$\begin{aligned}\frac{z_1}{z_2}&=\frac{r_1}{r_2}(\cos\theta_1+\mathrm{i}\sin\theta_1)(\cos\theta_2-\mathrm{i}\sin\theta_2)\\&=\frac{r_1}{r_2}(\cos\theta_1+\mathrm{i}\sin\theta_1)(\cos(-\theta_2)+\mathrm{i}\sin(-\theta_2))\\&=\frac{r_1}{r_2}(\cos(\theta_1-\theta_2)+\mathrm{i}\sin(\theta_1-\theta_2)).\end{aligned}$$

(2) 由 (1) 即得.

(3) 设 $u=r(\cos\alpha+\mathrm{i}\sin\alpha)$ 是 $x^n=z$ 的根, 其中 r 是 u 的模, α 是 u 的辐角, 则 $r^n(\cos(n\alpha)+\mathrm{i}\sin(n\alpha))=|z|(\cos\theta+\mathrm{i}\sin\theta)$. 于是

$$\begin{cases}r^n=|z|,\\ n\alpha=\theta+2k\pi,\end{cases}$$

从而

$$\begin{cases}r=\sqrt[n]{|z|},\\ \alpha=\dfrac{\theta+2k\pi}{n},\end{cases}\quad k\in\mathbb{Z}.$$

故 $u=\sqrt[n]{|z|}\left(\cos\dfrac{\theta+2k\pi}{n}+\mathrm{i}\sin\dfrac{\theta+2k\pi}{n}\right)$, $k\in\mathbb{Z}$.

当 $k=0,1,2,\cdots,n-1$ 时, u 的辐角位于区间 $\left[\dfrac{\theta}{n},\dfrac{\theta}{n}+2\pi\right)$ 中, 而且互不

相同, 因此 u 的数值不同. 当 $k=n,n+1,n+2,\cdots,2n-1$ 时, u 的数值与 $k=0,1,2,\cdots,n-1$ 时完全一致. 因此, 方程 $x^n=z$ 有且仅有 n 个根

$$\sqrt[n]{|z|}\left(\cos\frac{\theta+2k\pi}{n}+\mathrm{i}\sin\frac{\theta+2k\pi}{n}\right),\quad k=0,1,2,\cdots,n-1.$$

特别地, 取 $z=1=\cos 0+\mathrm{i}\sin 0$, 则方程 $x^n=1$ 的 n 个根为

$$\cos\frac{2k\pi}{n}+\mathrm{i}\sin\frac{2k\pi}{n},\quad k=0,1,2,\cdots,n-1.$$

□

定义 1.3.8 设 n 为正整数. 若 $\alpha^n=1$, 则称 α 为 n **次单位根** (nth root of unity). 若 $\alpha^n=1$, 但是, $\alpha^k\neq 1$, $k=1,2,\cdots,n-1$, 则称 α 为 n **次本原单位根** (primitive nth root of unity).

注记 1.3.9 由定理 1.3.7 可知, 任意复数 z 总是可以开 n 次方根的, z 的全部 n 次方根分布在以原点为圆心, $\sqrt[n]{|z|}$ 为半径的圆的内接正 n 边形的顶点上. 特别地, n 次单位根共有 n 个: $\zeta_0=1$, $\zeta_1=\xi$, $\zeta_2=\xi^2$, $\cdots$, $\zeta_{n-1}=\xi^{n-1}$, 其中 $\xi=\cos\dfrac{2\pi}{n}+\mathrm{i}\sin\dfrac{2\pi}{n}$, 它们分布在以原点为圆心, 1 为半径的圆的内接正 n 边形的顶点上. 显然, ζ_1 是一个 n 次本原单位根.

思考题 设整数 $n>1, 1\leqslant t\leqslant n-1$, 问 ζ_t 何时为本原单位根?

定义 1.3.10 设 F 是由一些复数组成的集合, 其中包含 0 与 1. 若 F 中任意两个数的和、差、积、商 (除数不为零) 仍为 F 中的数, 则称 F 为**数域** (number field).

由定义可知, 若 F 是由一些复数组成的集合, 则 F 是数域当且仅当 F 中含有非零元素, 并且 F 关于加 (addition)、减 (subtraction)、乘 (multiplication)、除 (division) (除数不为零) 封闭.

例 1.3.11 (1) 所有有理数组成的集合 $\mathbb{Q}$ 是数域, 称之为**有理数域** (rational number field); 所有实数组成的集合 $\mathbb{R}$ 是数域, 称之为**实数域** (real number field); 所有复数组成的集合 $\mathbb{C}$ 是数域, 称之为**复数域** (complex number field); 整数集 $\mathbb{Z}$ 不是数域.

(2) $F=\mathbb{Q}[\sqrt{2}]=\{a+b\sqrt{2}\mid a,b\in\mathbb{Q}\}$ 是数域, 但是 $F_1=\mathbb{Z}[\sqrt{2}]=\{a+b\sqrt{2}\mid a,b\in\mathbb{Z}\}$ 不是数域.

(3) $F=\mathbb{Q}[\mathrm{i}]=\{a+b\mathrm{i}\mid a,b\in\mathbb{Q}\}$ 是数域.

命题 1.3.12 (1) 设 F 为数域, 则 $\mathbb{Q}\subseteq F\subseteq\mathbb{C}$. 因此, $\mathbb{Q}$ 是最小的数域, $\mathbb{C}$ 是最大的数域.

(2) 设 F 为数域, 并且 $\mathbb{R}\subsetneq F$, 则 $F=\mathbb{C}$.

证明 (1) 由定义即知.

(2) 因为 $\mathbb{R} \subsetneq F$, 所以存在 $z \in F$ 但 $z \notin \mathbb{R}$. 令 $z = a + b\mathrm{i}$, 其中 $a, b \in \mathbb{R}$. 因为 $z \notin \mathbb{R}$, 所以 $b \neq 0$. 于是 $\mathrm{i} = \dfrac{1}{b}(z-a) \in F$. 由此可见, 任意复数 $c + d\mathrm{i} \in F$. 故 $F = \mathbb{C}$. □

定义 1.3.13 设 R 是复数集的非空子集. 若 R 中的元素关于加、减、乘封闭, 则称 R 为**数环** (number ring).

例 1.3.14 (1) $R = \{0\}$ 是数环.

(2) 每个数域都是数环.

(3) 整数集 $\mathbb{Z}$ 是数环, 称之为**整数环** (ring of integers).

(4) 自然数集 $\mathbb{N}$ 不是数环.

命题 1.3.15 *若数环 $R \neq \{0\}$, 则 R 一定是无限集.*

证明 因为数环 $R \neq \{0\}$, 所以存在 $0 \neq r \in R$, 从而 $2r, 3r, \cdots, mr, \cdots$ 都是 R 中元素, 其中 $m \in \mathbb{N}^*$, 并且它们互不相等. 故 R 是无限集. □

前面介绍了数域和数环. 根据命题 1.3.12 和命题 1.3.15, 任一数域或非零数环一定含有无限多个元素. 下面我们举例说明, 有一种只含有限个元素的代数系统, 其中元素关于加、减、乘封闭, 并且加法与乘法满足交换律 (commutative law)、结合律 (associative law) 和分配律 (distributive law).

设整数 $m > 1$, 则模 m 的所有同余类组成的集合 $\mathbb{Z}/m\mathbb{Z} = \{\overline{0}, \overline{1}, \cdots, \overline{m-1}\}$, 其中 $\overline{r} = \{r + km \mid k \in \mathbb{Z}\}$, $r = 0, 1, \cdots, m-1$.

在 $\mathbb{Z}/m\mathbb{Z}$ 中定义加法、减法与乘法如下: 对于任意 $\overline{a}, \overline{b} \in \mathbb{Z}/m\mathbb{Z}$,

$$\begin{cases} \overline{a} + \overline{b} = \overline{a+b}, \\ \overline{a} - \overline{b} = \overline{a-b}, \\ \overline{a}\,\overline{b} = \overline{ab}. \end{cases}$$

直接验证, 上述定义不依赖于代表元的选取, 也就是说, 若 $\overline{a} = \overline{a'}, \overline{b} = \overline{b'}$, 则 $\overline{a+b} = \overline{a'+b'}, \overline{a-b} = \overline{a'-b'}, \overline{ab} = \overline{a'b'}$. 易见, $\mathbb{Z}/m\mathbb{Z}$ 关于加、减、乘封闭, 并且加法与乘法满足交换律、结合律和分配律, 加法有零元素 $\overline{0}$, 乘法有单位元素 $\overline{1}$, 通常称 $\mathbb{Z}/m\mathbb{Z}$ 为**整数模 m 的剩余类环** (ring of residue classes modulo m).

设 p 是素数, 下面证明: 对任意 $\overline{a}, \overline{b} \in \mathbb{Z}/p\mathbb{Z}$, 其中 $\overline{b} \neq \overline{0}$, 存在唯一 $\overline{c} \in \mathbb{Z}/p\mathbb{Z}$ 使得 $\overline{b}\,\overline{c} = \overline{a}$. 事实上, 由于 $1 \leqslant b \leqslant p-1$, 所以 $(b, p) = 1$. 由推论 1.2.5 知, 存在 $u \in \mathbb{Z}$ 使得 $bu \equiv 1 \pmod p$, 从而 $bua \equiv a \pmod p$. 令 $c = ua$, 则 $\overline{b}\,\overline{c} = \overline{bc} = \overline{bua} = \overline{a}$. 若 $\overline{c_1} \in \mathbb{Z}/p\mathbb{Z}$ 也满足 $\overline{b}\,\overline{c_1} = \overline{a}$, 则 $\overline{b}(\overline{c} - \overline{c_1}) = \overline{0}$. 因为 $\overline{u}\,\overline{b} = \overline{ub} = \overline{1}$, 所以 $\overline{c} - \overline{c_1} = \overline{1}(\overline{c} - \overline{c_1}) = \overline{u}\,\overline{b}(\overline{c} - \overline{c_1}) = \overline{u}\,\overline{0} = \overline{0}$, 即 $\overline{c} = \overline{c_1}$. 因此, 我们规定 $\overline{a}$ 除以 $\overline{b}$ 的

商为 $\bar{c}$, 记为 $\dfrac{\bar{a}}{\bar{b}}=\bar{c}$. 故 $\mathbb{Z}/p\mathbb{Z}$ 关于加、减、乘、除 (分母不为零) 封闭, 通常称这样的代数系统为 p **元域** (field of p elements), 记为 $\mathbb{F}_p$. 特别地, 取 $p=2$, 则 2 元域 $\mathbb{F}_2=\{\bar{0},\bar{1}\}$, 它由偶数集与奇数集两个元素组成.

思考题 当 m 不是素数时, $\mathbb{Z}/m\mathbb{Z}$ 能否成为 m 元域?

1.4 一元多项式及其运算

多项式理论是高等代数的一个重要组成部分, 相对独立, 自成体系, 它不以高等代数的其他内容为基础, 却为高等代数的其他部分提供理论依据. 多项式理论在其他分支中也有重要应用: 在数学分析中用多项式函数逼近连续函数; 在代数几何中多项式方程组的解集是基本研究对象; 在计算机科学中有多项式算法; 在编码理论中有多项式码等等.

定义 1.4.1 设 F 是数域, x 是**未定元** (indeterminate), $n\in\mathbb{N}, a_0,a_1,\cdots,a_n\in F$, 则称形式表达式

$$a_0+a_1x+a_2x^2+\cdots+a_nx^n$$

为**系数在数域 F 中的一元多项式**, 简称为**数域 F 上的一元多项式** (polynomial over F in one indeterminate).

今后, 我们常用 $f(x),g(x),\cdots$ 或 $f,g,\cdots$ 来表示一元多项式.

我们规定 $x^0=1,x^1=x,1x^k=x^k$, 则 $a_0=a_0x^0,a_1x=a_1x^1$. 于是, 一元多项式 $f(x)=a_0+a_1x+a_2x^2+\cdots+a_nx^n$ 可以写成

$$f(x)=a_0x^0+a_1x^1+a_2x^2+\cdots+a_nx^n=\sum_{i=0}^{n}a_ix^i, \tag{1.4.1}$$

其中 a_ix^i 称为多项式 $f(x)$ 的 i 次项, a_i 称为 i 次项的**系数** (coefficient), $i=0,1,2,\cdots,n$. 特别地, a_0 称为 $f(x)$ 的**常数项** (constant term), 并称 a_ix^i 为 F 上的**单项式** (monomial), $i=0,1,2,\cdots,n$.

在表达式 (1.4.1) 中, 若 $a_n\neq 0$, 则称 n 为 $f(x)$ 的**次数** (degree), 记为 $\deg(f(x))$, 此时 $f(x)$ 称为 n 次多项式, a_nx^n 称为 $f(x)$ 的**首项**或**最高次项** (leading term), a_n 称为 $f(x)$ 的**首项系数** (leading coefficient). 若 $a_n=1$, 则称 $f(x)$ 是**首一多项式** (monic polynomial). 若 $a_0=a_1=\cdots=a_n=0$, 即 $f(x)$ 的所有系数都为 0, 则称 $f(x)$ 为**零多项式** (zero polynomial).

注记 1.4.2 (1) 零多项式是唯一不定义次数的多项式. 因此, 当我们使用符号 $\deg(f(x))$ 时, 总假设 $f(x)$ 不是零多项式 (有些文献中, 将零多项式的次数定义为 $-\infty$, 并且规定: $(-\infty)+(-\infty)=-\infty$, 对任意自然数 n, $(-\infty)+n=-\infty$, $-\infty<n$).

(2) 在一个多项式中, 系数为 0 的项可以不写, 也可以任意添加, 因此, 零多项式是唯一的, 记为 0, 而且任一多项式 $f(x)$ 可以写成无穷项相加的形式

$$f(x)=\sum_{i=0}^{n}a_ix^i=\sum_{i=0}^{\infty}a_ix^i,\quad 其中, 当 i>n 时, a_i=0.$$

(3) 设 $a\in F$, 则 $a=ax^0$. 因此, 若 $a\neq 0$, 则 a 是**零次多项式** (polynomial of degree zero); 若 $a=0$, 则 a 是零多项式.

(4) 零多项式与零次多项式是不同的. 零多项式是系数全为零的多项式, 即 F 中的数 0; 而零次多项式恰好是 F 中非零的数.

(5) 我们这里定义的多项式是未定元的形式表达式. 当这个未定元是未知数或自变量时, 它是中学里学过的多项式 (函数). 一般说来, 未定元的多项式较多项式函数 (参见 1.8 节) 更广泛, 这是代数中采用未定元定义多项式的原因.

定义 1.4.3 设 $f(x),g(x)$ 都是数域 F 上的一元多项式. 如果它们的同次项系数都对应相等, 那么称 $f(x)$ 与 $g(x)$ **相等** (equal), 记为 $f(x)=g(x)$.

设 $f(x),g(x)$ 都是数域 F 上的一元多项式. 根据注记 1.4.2 (2), 可以假设

$$f(x)=\sum_{i=0}^{\infty}a_ix^i, 其中至多有限个 a_i\neq 0,$$

$$g(x)=\sum_{i=0}^{\infty}b_ix^i, 其中至多有限个 b_i\neq 0,$$

则 $f(x)=g(x)$ 当且仅当 $a_i=b_i, i=0,1,2,\cdots$.

令 $F[x]$ 表示数域 F 上的所有一元多项式组成的集合, 即

$$F[x]=\left\{f(x)\;\middle|\; f(x)=\sum_{i=0}^{\infty}a_ix^i,\ 其中每个 a_i\in F, 至多有限个 a_i\neq 0\right\},$$

则 $F\subsetneq F[x]$. 由此可见, 多项式是比通常的数更广泛的一类数学研究对象.

下面考虑多项式的运算.

定义 1.4.4 设

$$f(x)=\sum_{i=0}^{\infty}a_ix^i, 其中至多有限个 a_i\neq 0,$$

$$g(x)=\sum_{i=0}^{\infty}b_ix^i, 其中至多有限个 b_i\neq 0.$$

定义 $f(x)$ 与 $g(x)$ 的**和** $f(x)+g(x)=\sum\limits_{i=0}^{\infty}(a_i+b_i)x^i$,

$f(x)$ 与 $g(x)$ 的**差** $f(x)-g(x)=\sum\limits_{i=0}^{\infty}(a_i-b_i)x^i$,

$f(x)$ 与 $g(x)$ 的**积** $f(x)g(x)=\sum\limits_{i=0}^{\infty}c_ix^i$, 其中 $c_i=\sum\limits_{k+l=i}a_kb_l, i=0,1,2,\cdots$.

直接验证, 我们有下述结论.

命题 1.4.5 设 F 是数域, $f(x),g(x),h(x)\in F[x]$.

(1) 多项式的加法满足

(1.1) **交换律** $f(x)+g(x)=g(x)+f(x)$;

(1.2) **结合律** $(f(x)+g(x))+h(x)=f(x)+(g(x)+h(x))$;

(1.3) **存在零元** 零多项式 0 满足 $f(x)+0=f(x)$;

(1.4) **存在负元** 对多项式 $f(x)=a_0+a_1x+a_2x^2+\cdots+a_nx^n$, 存在多项式 $-f(x)=-a_0-a_1x-a_2x^2-\cdots-a_nx^n$, 称为多项式 $f(x)$ 的**负多项式** (negative of a polynomial), 使得 $f(x)+(-f(x))=0$.

(2) 多项式的乘法满足

(2.1) **交换律** $f(x)g(x)=g(x)f(x)$;

(2.2) **结合律** $(f(x)g(x))h(x)=f(x)(g(x)h(x))$;

(2.3) **单位律** 多项式 1 满足 $f(x)1=f(x)$;

(2.4) **消去律** (cancellation law) 若 $f(x)g(x)=f(x)h(x)$ 且 $f(x)\neq 0$, 则 $g(x)=h(x)$.

(3) 多项式的乘法对加法满足**分配律**

$$f(x)(g(x)+h(x))=f(x)g(x)+f(x)h(x).$$

注记 1.4.6 设 $k\in F$, $f(x)=a_0+a_1x+a_2x^2+\cdots+a_nx^n\in F[x]$, 则 $kf(x)=ka_0+ka_1x+ka_2x^2+\cdots+ka_nx^n$ 是多项式 $g(x)=k$ 与 $f(x)$ 的积, 也称为数 k 与多项式 $f(x)$ 的**数乘** (scalar multiplication). 易见, 对任意 $k\in F, f(x),g(x)\in F[x]$, 总有 $k(f(x)g(x))=(kf(x))g(x)=f(x)(kg(x))$, $(-1)f(x)=-f(x)$.

注记 1.4.7 (1) 由上述讨论可知, $F[x]$ 中任意两个多项式之和、差、积仍然是 $F[x]$ 中的多项式, 并且加法与乘法满足交换律、结合律与分配律. 通常称 $F[x]$ 为数域 F 上的**一元多项式环** (ring of polynomials over F in one indeterminate).

(2) 设 F 是数域, x 是未定元, $a_i\in F, i=0,1,\cdots,n,\cdots$, 则称形式表达式

$$a_0+a_1x+a_2x^2+\cdots+a_nx^n+a_{n+1}x^{n+1}+\cdots$$

为数域 F 上的一元形式幂级数 (formal power series over F in one indeterminate). 设 $F[[x]]$ 表示数域 F 上的所有一元形式幂级数组成的集合, 即

$$F[[x]] = \left\{ f(x) \;\middle|\; f(x) = \sum_{i=0}^{\infty} a_i x^i, \text{ 其中每个 } a_i \in F \right\}.$$

$F[[x]]$ 中两个一元形式幂级数之和、差、积就像在 $F[x]$ 中多项式的和、差、积那样定义, 则 $F[[x]]$ 关于加、减、乘封闭, 并且加法与乘法满足交换律、结合律与分配律. 通常称 $F[[x]]$ 为数域 F 上的**一元形式幂级数环** (ring of formal power series over F in one indeterminate). 关于幂级数的讨论已经超出本书范围, 读者可以参阅文献 [8,10,39].

由定义可知, 多项式的运算和次数有下述关系.

命题 1.4.8 设 F 是数域, $f(x), g(x) \in F[x]$, 则

(1) $\deg(f(x) \pm g(x)) \leqslant \max\{\deg(f(x)), \deg(g(x))\}$;

(2) $\deg(f(x)g(x)) = \deg(f(x)) + \deg(g(x))$.

1.5 多项式的带余除法与整除性

由 1.4 节的讨论可知, 在一元多项式环 $F[x]$ 中, 可以进行加、减、乘三种运算, 但是两个多项式相除所得结果不一定是多项式, 这就是说乘法的逆运算 —— 除法并不是普遍可以进行的. 什么样的两个多项式相除仍为多项式? 这是我们关心的问题. 为此, 我们首先讨论两个多项式相除的一般情形, 这就是多项式的带余除法.

定理 1.5.1 (多项式的带余除法 (division algorithm for polynomials)) 设 F 是数域, $f(x), g(x) \in F[x]$ 且 $g(x) \neq 0$, 则存在唯一一对 $q(x), r(x) \in F[x]$ 使得 $f(x) = q(x)g(x) + r(x)$, 其中 $r(x) = 0$, 或者 $\deg(r(x)) < \deg(g(x))$. 通常称 $q(x)$ 为 $f(x)$ 除以 $g(x)$ 的**商** (quotient), $r(x)$ 为 $f(x)$ 除以 $g(x)$ 的**余式** (remainder).

证明 首先证存在性.

若 $f(x) = 0$, 取 $q(x) = r(x) = 0$ 即可. 若 $\deg(g(x)) = 0$, 即 $g(x) = c$ 为非零常数, 取 $q(x) = \dfrac{1}{c} f(x), r(x) = 0$ 即可.

下设 $f(x) = \sum\limits_{i=0}^{n} a_i x^i$, $n \geqslant 0, a_n \neq 0$, $g(x) = \sum\limits_{j=0}^{m} b_j x^j$, $m > 0, b_m \neq 0$.

对多项式 $f(x)$ 的次数 n 进行归纳证明. 当 $n = 0$ 时, 取 $q(x) = 0$, $r(x) = f(x)$ 即可. 对任意 $n \geqslant 1$, 假设多项式的次数小于 n 时, 存在性成立. 现在考虑次数等于 n 的情形. 如果 $n < m$, 取 $q(x) = 0, r(x) = f(x)$ 即可. 假设 $n \geqslant m$. 令

$f_1(x)=f(x)-\dfrac{a_n}{b_m}x^{n-m}g(x)$. 若 $f_1(x)=0$, 则取 $q(x)=\dfrac{a_n}{b_m}x^{n-m}$, $r(x)=0$ 即可. 若 $f_1(x)\neq 0$, 则 $\deg(f_1(x))<n$. 由归纳假设知, 对 $f_1(x)$, $g(x)$, 存在多项式 $q_1(x),r_1(x)$ 使得 $f_1(x)=q_1(x)g(x)+r_1(x)$, 其中 $r_1(x)=0$, 或者 $\deg(r_1(x))<\deg(g(x))$. 于是, $f(x)=\left(\dfrac{a_n}{b_m}x^{n-m}+q_1(x)\right)g(x)+r_1(x)=q(x)g(x)+r(x)$, 其中 $q(x)=\dfrac{a_n}{b_m}x^{n-m}+q_1(x),r(x)=r_1(x)$. 由第二归纳法知, 存在性成立.

下证唯一性. 若另有多项式 $q_2(x),r_2(x)$ 使得 $f(x)=q_2(x)g(x)+r_2(x)$, 其中 $r_2(x)=0$, 或者 $\deg(r_2(x))<\deg(g(x))$, 则 $q(x)g(x)+r(x)=q_2(x)g(x)+r_2(x)$, 从而 $(q(x)-q_2(x))g(x)=r_2(x)-r(x)$. 如果 $q(x)\neq q_2(x)$, 那么 $q(x)-q_2(x)\neq 0$, 于是 $r_2(x)-r(x)\neq 0$. 故 $\deg(r_2(x)-r(x))=\deg((q(x)-q_2(x))g(x))\geqslant\deg(g(x))$, 这与 $\deg(r_2(x)-r(x))<\deg(g(x))$ 矛盾. 所以, $q(x)=q_2(x),r(x)=r_2(x)$, 唯一性成立. □

注记 1.5.2 由带余除法中的唯一性知, $f(x)$ 除以 $g(x)$ 的商及余式不会因为系数域的扩大而改变. 这就是说, 若 $f(x),g(x)$ 是数域 F 上的多项式, 并且 F 包含于一个较大的数域 $\overline{F}$, 则 $f(x),g(x)$ 也是数域 $\overline{F}$ 上的多项式. 从带余除法可以看出, 不论把 $f(x),g(x)$ 看成是 $F[x]$ 中或者是 $\overline{F}[x]$ 中的多项式, $f(x)$ 除以 $g(x)$ 的商及余式是一样的.

设 $f(x)=a_nx^n+a_{n-1}x^{n-1}+\cdots+a_2x^2+a_1x+a_0\in F[x]$ 且 $a\in F$. 根据带余除法, 可设 $f(x)$ 除以 $x-a$ 的商及余式分别为 $b_{n-1}x^{n-1}+b_{n-2}x^{n-2}+\cdots+b_1x+b_0$ 及 r (常数), 因此

$$\begin{aligned}
&a_nx^n+a_{n-1}x^{n-1}+\cdots+a_2x^2+a_1x+a_0\\
=&(b_{n-1}x^{n-1}+b_{n-2}x^{n-2}+\cdots+b_1x+b_0)(x-a)+r\\
=&b_{n-1}x^n+(b_{n-2}-ab_{n-1})x^{n-1}+\cdots+(b_1-ab_2)x^2+(b_0-ab_1)x+r-ab_0.
\end{aligned}$$

于是, $b_{n-1}=a_n,b_{n-2}=a_{n-1}+ab_{n-1},\cdots,b_0=a_1+ab_1,r=a_0+ab_0$.

上面的关系, 可以排成下面的格式, 进而求得 $f(x)$ 除以 $x-a$ 的商及余式

$$\begin{array}{c|ccccc}
a & a_n & a_{n-1} & \cdots & a_1 & a_0\\
 & & ab_{n-1} & \cdots & ab_1 & ab_0\\
\hline
 & a_n & a_{n-1}+ab_{n-1} & \cdots & a_1+ab_1 & a_0+ab_0\\
 & \| & \| & \cdots & \| & \|\\
 & b_{n-1} & b_{n-2} & \cdots & b_0 & r
\end{array}$$

这种计算格式通常称为**综合除法** (synthetic division).

例 1.5.3　(1) 求 x^4 除以 $x-1$ 的商及余式.

(2) 将 x^4 表为 $x-1$ 的方幂的和.

解　(1) 根据综合除法, 列表如下:

$$\begin{array}{c|ccccc} 1 & 1 & 0 & 0 & 0 & 0 \\ \hline & 1 & 1 & 1 & 1 & 1 \end{array}$$

所以, x^4 除以 $x-1$ 的商为 x^3+x^2+x+1, 余式为 1.

(2) 根据综合除法, 列表如下:

$$\begin{array}{c|ccccc} 1 & 1 & 0 & 0 & 0 & 0 \\ \hline 1 & 1 & 1 & 1 & 1 & 1 \\ 1 & 1 & 2 & 3 & 4 & \\ 1 & 1 & 3 & 6 & & \\ & 1 & 4 & & & \end{array}$$

所以, $x^4=(x-1)^4+4(x-1)^3+6(x-1)^2+4(x-1)+1$.　□

定义 1.5.4　设 $f(x), g(x) \in F[x]$. 若存在 $q(x) \in F[x]$ 使得 $f(x)=q(x)g(x)$, 则称 $g(x)$ **整除** (divide) $f(x)$, 记为 $g(x)|f(x)$. 此时, $g(x)$ 称为 $f(x)$ 的**因式** (divisor 或 factor), $f(x)$ 称为 $g(x)$ 的**倍式** (multiple).

当 $g(x)$ 不整除 $f(x)$ 时, 常用 $g(x)\nmid f(x)$ 表示.

注记 1.5.5　(1) 在 "$g(x)|f(x)$" 的定义中, $g(x)$ 可以为零, 此时 $f(x)=0$.

(2) 若 $f(x), g(x) \in F[x]$ 且 $g(x) \neq 0$, 则 $g(x)|f(x)$ 当且仅当 $f(x)$ 除以 $g(x)$ 的余式为 0.

(3) 任意多项式整除它自身.

(4) 任意多项式整除零多项式.

(5) 零次多项式 (非零常数) 整除任意多项式.

(6) 两个多项式的整除关系不因系数域的扩大而改变.

(7) 当 $g(x)|f(x)$ 且 $g(x)\neq 0$ 时, $f(x)$ 除以 $g(x)$ 的商可用 $\dfrac{f(x)}{g(x)}$ 表示.

命题 1.5.6　(1) 设 $f(x), g(x) \in F[x]$, 则

$f(x)|g(x)$ 且 $g(x)|f(x)$ 当且仅当 $f(x)=cg(x)$, 其中 c 为非零常数.

(2) 若 $f(x)|g(x)$ 且 $g(x)|h(x)$, 则 $f(x)|h(x)$.

*(3) 设 $f(x)|g_i(x), i=1,2,\cdots,n$, 则对任意 $u_i(x)\in F[x], i=1,2,\cdots,n$, 总有 $f(x)\left|\sum\limits_{i=1}^{n}u_i(x)g_i(x)\right.$. 通常称 $\sum\limits_{i=1}^{n}u_i(x)g_i(x)$ 为 $g_1(x), g_2(x), \cdots, g_n(x)$ 的一个**组合** (combination).*

证明　由整除的定义即得. □

例 1.5.7　设 d,n 都是正整数. 证明: $(x^d-1)|(x^n-1)$ 当且仅当 $d|n$.

证明　充分性　因为 $d|n$, 所以 $n=qd$, 其中 q 是正整数.

于是 $x^n-1=(x^d)^q-1=(x^d-1)((x^d)^{q-1}+(x^d)^{q-2}+\cdots+x^d+1)$.
故 $(x^d-1)|(x^n-1)$.

必要性　**方法一** (利用充分性的结果和反证法)

由 $(x^d-1)|(x^n-1)$ 知 $d\leqslant n$. 若 $d\nmid n$, 则 $n=qd+r$, 其中 q 是正整数, 且 $0<r<d$, 所以 $x^n-1=x^{qd+r}-1=x^{qd+r}-x^r+x^r-1=x^r(x^{qd}-1)+x^r-1$. 由假设知, $(x^d-1)|(x^n-1)$. 又由充分性知, $(x^d-1)|(x^{qd}-1)$. 于是 $(x^d-1)|(x^r-1)$, 从而 $d\leqslant r$, 矛盾!

方法二 (利用带余除法)　由 $(x^d-1)|(x^n-1)$ 知 $d\leqslant n$. 令 $n=qd+r$, 其中 q 是正整数, 且 $0\leqslant r<d$, 则

$$
\begin{aligned}
&x^n-1\\
=&(x^{n-d}+x^{n-2d}+\cdots+x^{n-qd})(x^d-1)+x^{n-qd}-1\\
=&(x^{n-d}+x^{n-2d}+\cdots+x^{n-qd})(x^d-1)+x^r-1.
\end{aligned}
$$

因此, x^n-1 除以 x^d-1 的商 $q(x)=x^{n-d}+x^{n-2d}+\cdots+x^{n-qd}$, 余式 $r(x)=x^r-1$. 因为 $(x^d-1)|(x^n-1)$, 所以 $r(x)=x^r-1=0$. 故 $r=0$, 从而 $d|n$.

方法三 (利用第二归纳法)　由 $(x^d-1)|(x^n-1)$ 知 $d\leqslant n$.

(1) 当 $n=d$ 时, 必要性显然成立.

(2) 对于任意 $m>d$, 假设 $d\leqslant k<m$ 时, 必要性成立, 即 $(x^d-1)|(x^k-1)\Longrightarrow d|k$.

下证: $(x^d-1)|(x^m-1)\Longrightarrow d|m$.

事实上, $x^m-1=x^m-x^{m-d}+x^{m-d}-1=x^{m-d}(x^d-1)+x^{m-d}-1$.

因为 $(x^d-1)|(x^m-1)$, 所以 $(x^d-1)|(x^{m-d}-1)$. 易见, $d\leqslant m-d<m$. 据归纳假设, $d|(m-d)$. 显然 $d|d$, 所以 $d|(m-d+d)$, 即 $d|m$.

由第二归纳法知, 必要性成立. □

定义 1.5.8　设 $f(x),g(x),d(x)\in F[x]$.

(1) 若 $d(x)|f(x),d(x)|g(x)$, 则称 $d(x)$ 是 $f(x)$ 与 $g(x)$ 的一个**公因式** (common divisor).

(2) 若 $d(x)$ 是 $f(x)$ 与 $g(x)$ 的公因式, 并且 $f(x)$ 与 $g(x)$ 的任一公因式都是 $d(x)$ 的因式, 则称 $d(x)$ 是 $f(x)$ 与 $g(x)$ 的**最大 (高) 公因式** (greatest common divisor).

注记 1.5.9 (1) 若 $f(x)|g(x)$, 则 $f(x)$ 是 $f(x)$ 与 $g(x)$ 的一个最大公因式. 特别地, $f(x)$ 是 $f(x)$ 与 0 的最大公因式. 当然, 0 是 0 与 0 的最大公因式.

(2) 若 $d_1(x)$ 是 $f(x)$ 与 $g(x)$ 的最大公因式, 则 $d_2(x)$ 也是 $f(x)$ 与 $g(x)$ 的最大公因式当且仅当 $d_2(x)=cd_1(x)$, 其中 c 为非零常数. 由此可见, 两个多项式的最大公因式在相差一个非零常数的意义下是唯一的. 对于不全为零的两个多项式 $f(x),g(x)$, 以后我们用 $(f(x),g(x))$ 表示 $f(x)$ 与 $g(x)$ 的首一最大公因式.

引理 1.5.10 设 $f(x),g(x),q(x),r(x)\in F[x]$. 若 $f(x),g(x)$ 不全为零, 并且 $f(x)=q(x)g(x)+r(x)$, 则 $(f(x),g(x))=(g(x),r(x))$.

证明 因为 $(f(x),g(x))|f(x),(f(x),g(x))|g(x),r(x)=f(x)-q(x)g(x)$, 所以 $(f(x),g(x))|r(x)$, 从而 $(f(x),g(x))|(g(x),r(x))$. 同理可得 $(g(x),r(x))|(f(x),g(x))$. 故 $(f(x),g(x))=(g(x),r(x))$. □

定理 1.5.11 设 $f(x),g(x)\in F[x]$, 则 $f(x)$ 与 $g(x)$ 的最大公因式 $d(x)$ 存在且唯一 (不计非零常数的意义下), 并且 $d(x)$ 可以表示为 $f(x)$ 与 $g(x)$ 的组合, 即存在 $u(x),v(x)\in F[x]$ 使得

$$d(x)=u(x)f(x)+v(x)g(x) \quad (\textbf{贝祖等式}\ \text{(Bézout identity)}).$$

证明 首先, $f(x)$ 与 $g(x)$ 的最大公因式在相差一个非零常数的意义是唯一的.

下证存在性. 如果 $g(x)|f(x)$, 那么 $g(x)$ 是 $f(x)$ 与 $g(x)$ 的最大公因式, 而且 $g(x)=0f(x)+1g(x)$. 若 $g(x)\nmid f(x)$, 则可设 $g(x)\neq 0$ (如果 $g(x)=0$, 那么 $f(x)|g(x)$, 归结为前面的情形). 由带余除法得

$$\begin{aligned}
f(x)&=q_1(x)g(x)+r_1(x), & \deg(r_1(x))&<\deg(g(x)),\\
g(x)&=q_2(x)r_1(x)+r_2(x), & \deg(r_2(x))&<\deg(r_1(x)),\\
r_1(x)&=q_3(x)r_2(x)+r_3(x), & \deg(r_3(x))&<\deg(r_2(x)),\\
&\ \vdots & &\ \vdots\\
r_{s-3}(x)&=q_{s-1}(x)r_{s-2}(x)+r_{s-1}(x), & \deg(r_{s-1}(x))&<\deg(r_{s-2}(x)),\\
r_{s-2}(x)&=q_s(x)r_{s-1}(x)+r_s(x), & \deg(r_s(x))&<\deg(r_{s-1}(x)),\\
r_{s-1}(x)&=q_{s+1}(x)r_s(x)+r_{s+1}(x), & r_{s+1}(x)&=0.
\end{aligned} \tag{1.5.1}$$

注意, 由于 $r_1(x),r_2(x),\cdots$ 的次数逐渐递减, 所以存在正整数 s 使得 $r_s(x)\neq 0$, 但是 $r_{s+1}(x)=0$. 由引理 1.5.10 得

$$(f(x),g(x))=(g(x),r_1(x))=(r_1(x),r_2(x))=\cdots=(r_{s-1}(x),r_s(x))=c_sr_s(x),$$

其中 c_s 是非零常数使得 $c_sr_s(x)$ 是首一多项式. 由此可见, 经过上述一系列带余除法得到的最后一个非零余式 $r_s(x)$ 是 $f(x)$ 与 $g(x)$ 的一个最大公因式.

下面证明: $r_s(x)$ 可以表示为 $f(x)$ 与 $g(x)$ 的组合.

由 (1.5.1) 式中倒数第二个等式知, $r_s(x)=r_{s-2}(x)-q_s(x)r_{s-1}(x)$. 再由倒数第三个等式知, $r_{s-1}(x)=r_{s-3}(x)-q_{s-1}(x)r_{s-2}(x)$. 代入上式得, $r_s(x)=r_{s-2}(x)-q_s(x)(r_{s-3}(x)-q_{s-1}(x)r_{s-2}(x))=(1+q_s(x)q_{s-1}(x))r_{s-2}(x)-q_s(x)r_{s-3}(x)$. 如此继续下去, 逐个消去 $r_{s-2}(x),r_{s-3}(x),\cdots,r_1(x)$, 得到 $u(x),v(x)\in F[x]$ 使得 $r_s(x)=u(x)f(x)+v(x)g(x)$, 这就是欲证之式. □

上述定理证明中求最大公因式的方法通常称为**辗转相除法**或**欧几里得算法** (Euclidean algorithm). 由该定理的证明过程知, 两个多项式的首一最大公因式不因系数域的扩大而改变.

例 1.5.12 设 $f(x)=x^4+3x^3-x^2-4x-3$, $g(x)=3x^3+10x^2+2x-3$. 求 $(f(x),g(x))$ 以及多项式 $u(x),v(x)$ 使得 $u(x)f(x)+v(x)g(x)=(f(x),g(x))$.

解 作辗转相除法得

$f(x)=q_1(x)g(x)+r_1(x)$, 其中 $q_1(x)=\dfrac{1}{3}x-\dfrac{1}{9}$, $r_1(x)=-\dfrac{5}{9}x^2-\dfrac{25}{9}x-\dfrac{10}{3}$,

$g(x)=q_2(x)r_1(x)+r_2(x)$, 其中 $q_2(x)=-\dfrac{27}{5}x+9$, $r_2(x)=9x+27$,

$r_1(x)=q_3(x)r_2(x)$, 其中 $q_3(x)=-\dfrac{5}{81}x-\dfrac{10}{81}$.

于是 $(f(x),g(x))=\dfrac{1}{9}r_2(x)=x+3$, 并且

$$\begin{aligned}r_2(x)&=g(x)-q_2(x)r_1(x)=g(x)-q_2(x)(f(x)-q_1(x)g(x))\\&=-q_2(x)f(x)+(1+q_2(x)q_1(x))g(x)\\&=\left(\frac{27}{5}x-9\right)f(x)+\left(-\frac{9}{5}x^2+\frac{18}{5}x\right)g(x),\end{aligned}$$

从而 $(f(x),g(x))=\left(\dfrac{3}{5}x-1\right)f(x)+\left(-\dfrac{1}{5}x^2+\dfrac{2}{5}x\right)g(x)$. 令 $u(x)=\dfrac{3}{5}x-1$, $v(x)=-\dfrac{1}{5}x^2+\dfrac{2}{5}x$, 则 $u(x)f(x)+v(x)g(x)=(f(x),g(x))$. □

注记 1.5.13 由上述例题可以看出, 利用辗转相除法求两个多项式的最大公因式时, 经常出现一些分数系数, 给计算带来了麻烦, 这主要是为了求 $u(x),v(x)$ 的缘故. 如果只需要求最大公因式, 在辗转相除的过程中, 可以用适当的非零常数乘被除式与除式, 从而避免分数系数的出现. 当然, 这样做会引起商及余式的变化, 但是, 由于不同的最大公因式之间可以相差一非零常数, 所以这样做对求首一最大公因式没有影响. 就例 1.5.12 来说, 可以作如下计算:

$$\begin{aligned}
&3f(x) = xg(x) + (-1)(x^3 + 5x^2 + 9x + 9),\\
&g(x) = 3(x^3 + 5x^2 + 9x + 9) + (-5)(x^2 + 5x + 6),\\
&x^3 + 5x^2 + 9x + 9 = x(x^2 + 5x + 6) + 3(x + 3),\\
&x^2 + 5x + 6 = (x + 2)(x + 3).
\end{aligned}$$

故 $(f(x), g(x)) = x + 3$.

推论 1.5.14　设 $f(x), g(x), d(x) \in F[x]$. 如果 $f(x), g(x)$ 不全为零, 那么 $d(x)$ 是 $f(x)$ 与 $g(x)$ 的最大公因式当且仅当 $d(x)$ 是 $f(x)$ 与 $g(x)$ 的公因式中次数最高者.

证明　由 $f(x), g(x)$ 不全为零可知, $f(x)$ 与 $g(x)$ 任一公因式非零.

必要性　设 $d(x)$ 是 $f(x)$ 与 $g(x)$ 的最大公因式. 若 $h(x)$ 是 $f(x)$ 与 $g(x)$ 的任一公因式, 则 $h(x)|d(x)$, 从而, $\deg(h(x)) \leqslant \deg(d(x))$. 因此, $d(x)$ 是 $f(x)$ 与 $g(x)$ 的公因式中次数最高者.

充分性　设 $d_0(x)$ 是 $f(x)$ 与 $g(x)$ 的最大公因式. 根据已知条件, $d(x)$ 是 $f(x)$ 与 $g(x)$ 的公因式, 因此 $d(x)|d_0(x)$, 从而 $\deg(d(x)) \leqslant \deg(d_0(x))$. 又因为 $\deg(d_0(x)) \leqslant \deg(d(x))$, 所以 $\deg(d_0(x)) = \deg(d(x))$. 注意到 $d(x)|d_0(x)$, 故有非零常数 c 使得 $d(x) = cd_0(x)$. 由此可见, $d(x)$ 是 $f(x)$ 与 $g(x)$ 的最大公因式. □

推论 1.5.15　设 $f(x), g(x), d(x) \in F[x]$. 若 $f(x), g(x)$ 不全为零, 则 $d(x)$ 是 $f(x)$ 与 $g(x)$ 的最大公因式当且仅当 $d(x)$ 是所有形如 $u(x)f(x) + v(x)g(x)$ 的非零多项式中次数最低者.

证明　必要性　设 $d(x)$ 是 $f(x)$ 与 $g(x)$ 的最大公因式, 则存在 $k(x), l(x) \in F[x]$ 使得 $d(x) = k(x)f(x) + l(x)g(x)$. 对于任意 $u(x), v(x) \in F[x]$, 总有

$$d(x)|(u(x)f(x) + v(x)g(x)).$$

因此, 若 $u(x)f(x) + v(x)g(x) \neq 0$, 则 $\deg(d(x)) \leqslant \deg(u(x)f(x) + v(x)g(x))$. 故 $d(x)$ 是所有形如 $u(x)f(x) + v(x)g(x)$ 的非零多项式中次数最低者.

充分性　设 $d_0(x)$ 是 $f(x)$ 与 $g(x)$ 的最大公因式. 由已知条件得, $d_0(x)|d(x)$, 从而 $\deg(d_0(x)) \leqslant \deg(d(x))$. 由定理 1.5.11 知, 存在 $k_0(x), l_0(x) \in F[x]$ 使得

$$d_0(x) = k_0(x)f(x) + l_0(x)g(x),$$

所以 $\deg(d(x)) \leqslant \deg(d_0(x))$. 于是 $\deg(d_0(x)) = \deg(d(x))$, 从而存在非零常数 c 使得 $d(x) = cd_0(x)$. 因此, $d(x)$ 是 $f(x)$ 与 $g(x)$ 的最大公因式. □

定义 1.5.16　设 $f(x), g(x) \in F[x]$. 若 $(f(x), g(x)) = 1$, 则称 $f(x)$ 与 $g(x)$ **互素** (relatively prime 或 coprime). 设 $f_i(x) \in F[x], i = 1, 2, \cdots, t$, 其中 $t \geqslant 2$. 如果当 $1 \leqslant i \neq j \leqslant t$ 时, $f_i(x)$ 与 $f_j(x)$ 互素, 那么称 $f_1(x), f_2(x), \cdots, f_t(x)$ **两两互素** (pairwise coprime).

由定义可知, $f(x)$ 与 $g(x)$ 互素当且仅当 $f(x)$ 与 $g(x)$ 仅以非零常数为它们的公因式当且仅当 $f(x)$ 与 $g(x)$ 的最大公因式是非零常数. 易见, 两个多项式的互素关系不会因为系数域的扩大而改变.

命题 1.5.17 设 $f(x), g(x), h(x) \in F[x]$.

(1) $(f(x), g(x)) = 1$ 当且仅当存在 $u(x), v(x) \in F[x]$ 使得

$$u(x)f(x) + v(x)g(x) = 1.$$

(2) 若 $f(x), g(x)$ 不全为零, 则 $\left(\dfrac{f(x)}{(f(x), g(x))}, \dfrac{g(x)}{(f(x), g(x))}\right) = 1$.

(3) 若 $f(x)|g(x)h(x)$ 并且 $(f(x), g(x)) = 1$, 则 $f(x)|h(x)$.

(4) 若 $f(x)|h(x), g(x)|h(x)$, 并且 $(f(x), g(x)) = 1$, 则 $f(x)g(x)|h(x)$.

(5) 若 $(f(x), g(x)) = 1, (f(x), h(x)) = 1$, 则 $(f(x), g(x)h(x)) = 1$.

证明 (1) 必要性 由定理 1.5.11 即知.

充分性 设 $\varphi(x)|f(x), \varphi(x)|g(x)$, 则 $\varphi(x)|1$. 由此可见, $f(x)$ 与 $g(x)$ 仅以非零常数为它们的公因式, 故 $(f(x), g(x)) = 1$.

(2) 由定理 1.5.11 知, 存在 $u(x), v(x) \in F[x]$ 使得 $u(x)f(x) + v(x)g(x) = (f(x), g(x))$. 注意, $(f(x), g(x)) \neq 0$, 所以

$$u(x)\frac{f(x)}{(f(x), g(x))} + v(x)\frac{g(x)}{(f(x), g(x))} = 1,$$

从而由 (1) 知

$$\left(\frac{f(x)}{(f(x), g(x))}, \frac{g(x)}{(f(x), g(x))}\right) = 1.$$

(3) 因为 $(f(x), g(x)) = 1$, 所以存在 $u(x), v(x) \in F[x]$ 使得 $u(x)f(x) + v(x)g(x) = 1$. 于是, $u(x)f(x)h(x) + v(x)g(x)h(x) = h(x)$. 由于 $f(x)|g(x)h(x)$, $f(x)|f(x)$, 所以, $f(x)|h(x)$.

(4) 因为 $f(x)|h(x)$, 所以存在 $f_1(x) \in F[x]$ 使得 $h(x) = f_1(x)f(x)$. 由于 $g(x)|h(x)$, 并且 $(f(x), g(x)) = 1$, 所以由 (3) 知, $g(x)|f_1(x)$. 因此, 存在 $k(x) \in F[x]$ 使得 $f_1(x) = k(x)g(x)$. 故 $h(x) = k(x)f(x)g(x)$, 即 $f(x)g(x)|h(x)$.

(5) 因为 $(f(x), g(x)) = 1, (f(x), h(x)) = 1$, 所以存在 $u(x), v(x), k(x), l(x) \in F[x]$ 使得 $u(x)f(x) + v(x)g(x) = 1, k(x)f(x) + l(x)h(x) = 1$. 于是

$$(u(x)f(x) + v(x)g(x))(k(x)f(x) + l(x)h(x)) = 1,$$

即 $(u(x)(k(x)f(x) + l(x)h(x)) + v(x)g(x)k(x))\, f(x) + v(x)l(x)g(x)h(x) = 1$. 故由 (1) 知, $(f(x), g(x)h(x)) = 1$. □

推论 1.5.18 设 $g(x), f_i(x)\in F[x], i=1,2,\cdots,n$. 若 $f_i(x)|g(x), i=1,2,\cdots,n$, 并且 $f_1(x), f_2(x),\cdots,f_n(x)$ 两两互素, 则 $f_1(x)f_2(x)\cdots f_n(x)|g(x)$.

例 1.5.19 设 n 是正整数. 证明: $x(x+1)(2x+1)|((x+1)^{2n}-x^{2n}-2x-1)$.

证明 因为

$$\begin{aligned}&(x+1)^{2n}-x^{2n}-2x-1\\=&(x+1)^{2n}-1-x(x^{2n-1}+2)\\=&x\left((x+1)^{2n-1}+(x+1)^{2n-2}+\cdots+(x+1)+1\right)-x\left(x^{2n-1}+2\right),\end{aligned}$$

所以 $x|((x+1)^{2n}-x^{2n}-2x-1)$.

又因为

$$\begin{aligned}&(x+1)^{2n}-x^{2n}-2x-1\\=&\left((x+1)^2\right)^n-\left(x^2\right)^n-(2x+1)\\=&(2x+1)\left((x+1)^{2(n-1)}+(x+1)^{2(n-2)}x^2+\cdots+x^{2(n-1)}\right)-(2x+1),\end{aligned}$$

所以 $(2x+1)|((x+1)^{2n}-x^{2n}-2x-1)$.

再由

$$\begin{aligned}&(x+1)^{2n}-x^{2n}-2x-1\\=&(x+1)^{2n}-x^{2n}+1-2x-2\\=&(x+1)^{2n}-\left(x^{2n}-1\right)-2(x+1)\\=&(x+1)^{2n}-\left((x^2)^n-1\right)-2(x+1)\\=&(x+1)^{2n}-\left(x^2-1\right)\left(x^{2(n-1)}+x^{2(n-2)}+\cdots+x^2+1\right)-2(x+1),\end{aligned}$$

知 $(x+1)|((x+1)^{2n}-x^{2n}-2x-1)$.

由于 $x, x+1, 2x+1$ 两两互素, 故 $x(x+1)(2x+1)|((x+1)^{2n}-x^{2n}-2x-1)$. □

定义 1.5.20 设 $f(x), g(x), m(x)\in F[x]$.

(1) 若 $m(x)$ 既是 $f(x)$ 的倍式, 又是 $g(x)$ 的倍式, 则称 $m(x)$ 是 $f(x)$ 与 $g(x)$ 的**公倍式** (common multiple).

(2) 若 $m(x)$ 是 $f(x)$ 与 $g(x)$ 的公倍式, 并且 $f(x)$ 与 $g(x)$ 的任一公倍式都是 $m(x)$ 的倍式, 则称 $m(x)$ 是 $f(x)$ 与 $g(x)$ 的**最小公倍式** (least common multiple).

注记 1.5.21 (1) 若 $f(x), g(x)$ 中有一个为 0, 则 0 就是 $f(x)$ 与 $g(x)$ 的唯一公倍式, 因此, 由定义可知, 0 就是它们的最小公倍式.

(2) 两个多项式的最小公倍式在相差一个非零常数的意义下是唯一的. 对于全不为零的两个多项式 $f(x)$ 与 $g(x)$, 以后用 $[f(x),g(x)]$ 表示它们的首一最小公倍式.

(3) 两个多项式的首一最小公倍式不会因为系数域的扩大而改变.

定理 1.5.22 若 $f(x),g(x)$ 都是首一多项式, 则 $[f(x),g(x)]=\dfrac{f(x)g(x)}{(f(x),g(x))}$.

证明 假设 $d(x)=(f(x),g(x))$, $f(x)=f_1(x)d(x)$, $g(x)=g_1(x)d(x)$, 则 $(f_1(x),g_1(x))=1$. 令 $m(x)=\dfrac{f(x)g(x)}{(f(x),g(x))}$, 则 $m(x)=f_1(x)g_1(x)d(x)=f_1(x)g(x)=g_1(x)f(x)$. 因此, $m(x)$ 是 $f(x)$ 与 $g(x)$ 的公倍式.

设 $h(x)$ 是 $f(x)$ 与 $g(x)$ 的任一公倍式, 则存在 $f_2(x),g_2(x)\in F[x]$ 使得 $h(x)=f_2(x)f(x)=g_2(x)g(x)$, 从而, $f_2(x)f_1(x)d(x)=g_2(x)g_1(x)d(x)$. 注意, $d(x)\neq 0$, 所以, $f_2(x)f_1(x)=g_2(x)g_1(x)$. 因为 $(f_1(x),g_1(x))=1$, 所以, $f_1(x)|g_2(x)$. 于是, 存在 $k(x)\in F[x]$ 使得 $g_2(x)=k(x)f_1(x)$, 从而 $h(x)=k(x)f_1(x)g(x)=k(x)m(x)$. 由此可见, $f(x)$ 与 $g(x)$ 的任一公倍式都是 $m(x)$ 的倍式. 由于 $m(x)$ 是首一多项式, 所以 $[f(x),g(x)]=m(x)=\dfrac{f(x)g(x)}{(f(x),g(x))}$. □

命题 1.5.23 设 $f(x),g(x),m(x)\in F[x]$. 若 $f(x),g(x)$ 全不为零, 则 $m(x)$ 是 $f(x)$ 与 $g(x)$ 的最小公倍式当且仅当 $m(x)$ 是 $f(x)$ 与 $g(x)$ 的所有非零公倍式中次数最低者.

证明 必要性 由定义即知.

充分性 假设 $m(x)$ 是 $f(x)$ 与 $g(x)$ 的所有非零公倍式中次数最低者, 并设 $m_0(x)$ 是 $f(x)$ 与 $g(x)$ 的最小公倍式, 则 $m_0(x)|m(x)$, 从而 $\deg(m_0(x))\leqslant\deg(m(x))$. 易见, $m_0(x)$ 是 $f(x)$ 与 $g(x)$ 的非零公倍式, 所以, 由假设可知, $\deg(m(x))\leqslant\deg(m_0(x))$. 故 $\deg(m(x))=\deg(m_0(x))$, 从而 $m(x)=cm_0(x)$ 是 $f(x)$ 与 $g(x)$ 的最小公倍式, 其中 c 是非零常数. □

对于任意 n 个多项式 $f_1(x),f_2(x),\cdots,f_n(x)$ $(n\geqslant 2)$, 可以类似于两个多项式的情形定义它们的最大公因式、互素以及最小公倍式的概念. 今后常用符号 $(f_1(x),f_2(x),\cdots,f_n(x))$ 和 $[f_1(x),f_2(x),\cdots,f_n(x)]$ 分别表示 $f_1(x),f_2(x),\cdots,f_n(x)$ 的首一最大公因式和首一最小公倍式. 若 $(f_1(x),f_2(x),\cdots,f_n(x))=1$, 则称 $f_1(x),f_2(x),\cdots,f_n(x)$ 互素. 注意, 若 $f_1(x),f_2(x),\cdots,f_n(x)$ 两两互素, 则 $f_1(x),f_2(x),\cdots,f_n(x)$ 互素, 反之不然.

类似于整数的同余, 多项式也有同余的概念.

定义 1.5.24 设 $a(x),b(x),m(x)\in F[x]$, 并且 $m(x)\neq 0$. 若 $a(x)$ 与 $b(x)$ 除以

$m(x)$ 的余式相同, 则称 $a(x)$ 与 $b(x)$ **模** $m(x)$ **同余** (congruent modulo $m(x)$), 记为 $a(x) \equiv b(x) \pmod{m(x)}$.

多项式的同余和整数的同余有类似的性质, 例如, 利用定理 1.2.6 的证明方法, 我们得到

定理 1.5.25 (**中国剩余定理** (Chinese remainder theorem)) 设 $m_1(x), m_2(x), \cdots, m_k(x)$ 是两两互素的多项式, $a_1(x), a_2(x), \cdots, a_k(x)$ 是任意 k 个多项式, 则存在多项式 $a(x)$ 满足同余方程组

$$\begin{cases} f(x) \equiv a_1(x) \pmod{m_1(x)}, \\ f(x) \equiv a_2(x) \pmod{m_2(x)}, \\ \qquad \cdots\cdots \\ f(x) \equiv a_k(x) \pmod{m_k(x)}. \end{cases}$$

若 $a(x), b(x)$ 均满足该同余方程组, 则

$$a(x) \equiv b(x) \pmod{m_1(x)m_2(x)\cdots m_k(x)}.$$

例 1.5.26 设 m, n 都是正整数. 证明: $(x^m - 1, x^n - 1) = x^d - 1$, 其中 $d = (m, n)$.

证明 因为 $d = (m, n)$, 所以存在 $m_1, n_1, s, t \in \mathbb{Z}$ 使得

$$m = m_1 d, \quad n = n_1 d, \quad d = sm + tn.$$

由于 $d \leqslant m, d \leqslant n$, 所以, s 和 t 不能都是正整数. 如果 $t = 0$ 或 $s = 0$, 那么 $d = m$ 或 $d = n$. 于是 $m|n$ 或 $n|m$, 此时结论成立 (参见例 1.5.7).

下设 s 和 t 一正一负. 不妨设 $s > 0, t < 0$. 因为

$$x^m - 1 = (x^d - 1)(x^{d(m_1-1)} + x^{d(m_1-2)} + \cdots + x^d + 1),$$

$$x^n - 1 = (x^d - 1)(x^{d(n_1-1)} + x^{d(n_1-2)} + \cdots + x^d + 1),$$

所以, $x^d - 1$ 是 $x^m - 1$ 与 $x^n - 1$ 的公因式.

设 $h(x)$ 是 $x^m - 1$ 与 $x^n - 1$ 的公因式, 则 $h(x)|((x^{sm} - 1) - (x^{-tn} - 1))$.

因为 $(x^{sm}-1)-(x^{-tn}-1) = x^{sm}-x^{-tn} = x^{-tn}(x^{sm+tn}-1) = x^{-tn}(x^d-1)$, 所以 $h(x)|x^{-tn}(x^d-1)$. 由于 $(x, x^m-1) = 1$, 并且 $h(x)|(x^m-1)$, 故 $(h(x), x) = 1$. 于是 $(h(x), x^{-nt}) = 1$, 从而 $h(x)|(x^d - 1)$. 综上所述, $(x^m - 1, x^n - 1) = x^d - 1$. □

例 1.5.27 求一个次数最低的多项式 $f(x)$ 使得 $f(x)$ 除以 $(x - 1)^2$ 余 $2x$, 并且 $f(x)$ 除以 $(x - 2)^3$ 余 $3x$.

解 方法一 (利用定义) 设 $f(x)=q_1(x)(x-1)^2+2x=q_2(x)(x-2)^3+3x$, 其中 $q_1(x),q_2(x)$ 是多项式, 则

$$\begin{aligned}&q_1(x)(x-1)^2+2x\\=&\,q_2(x)\left((x-1)-1\right)^3+3x\\=&\,q_2(x)\left((x-1)^3-3(x-1)^2+3(x-1)-1\right)+3x.\end{aligned}$$

于是, $(q_1(x)-q_2(x)(x-1)+3q_2(x))\,(x-1)^2=q_2(x)(3x-4)+x$, 从而

$$(x-1)^2\mid(q_2(x)(3x-4)+x).$$

若 $q_2(x)(3x-4)+x=0$, 则 $q_2(x)(3x-4)=-x$, 从而 $q_2(x)=c$ 为非零常数, 但是, 由 $c(3x-4)=-x$ 知 $c=0$, 矛盾. 因此, $q_2(x)(3x-4)+x\neq 0$. 于是, $\deg(q_2(x)(3x-4)+x)\geqslant\deg(x-1)^2=2$, 从而 $\deg(q_2(x))\geqslant 1$, 即 $q_2(x)$ 的次数最低为 1.

设 $q_2(x)=ax+b$, 则 $(ax+b)(3x-4)+x=3a(x-1)^2$, 即

$$3ax^2+(3b-4a+1)x-4b=3ax^2-6ax+3a,$$

所以 $\begin{cases}3b-4a+1=-6a,\\-4b=3a,\end{cases}$ 解之得 $\begin{cases}a=4,\\b=-3.\end{cases}$ 故

$$f(x)=(4x-3)(x-2)^3+3x=4x^4-27x^3+66x^2-65x+24.$$

方法二 (利用中国剩余定理) 因为

$$\begin{aligned}(x-2)^3&=((x-1)-1)^3\\&=(x-1)^3-3(x-1)^2+3(x-1)-1\\&=(x-4)(x-1)^2+3x-4,\\(x-1)^2&=\left(\frac{1}{3}x-\frac{2}{9}\right)(3x-4)+\frac{1}{9},\end{aligned}$$

所以

$$\begin{aligned}\frac{1}{9}&=(x-1)^2-\left(\frac{1}{3}x-\frac{2}{9}\right)(3x-4)\\&=(x-1)^2-\left(\frac{1}{3}x-\frac{2}{9}\right)\left((x-2)^3-(x-4)(x-1)^2\right)\\&=\left(1+\left(\frac{1}{3}x-\frac{2}{9}\right)(x-4)\right)(x-1)^2-\left(\frac{1}{3}x-\frac{2}{9}\right)(x-2)^3\end{aligned}$$

$$= \left(\frac{1}{3}x^2 - \frac{14}{9}x + \frac{17}{9}\right)(x-1)^2 - \left(\frac{1}{3}x - \frac{2}{9}\right)(x-2)^3,$$

从而 $1 = (3x^2 - 14x + 17)(x-1)^2 - (3x-2)(x-2)^3$.

令 $f_1(x) = -(2x)(3x-2)(x-2)^3 + (3x)(3x^2 - 14x + 17)(x-1)^2$, 则

$$f_1(x) \equiv 4x^4 - 27x^3 + 66x^2 - 65x + 24 \pmod{(x-1)^2(x-2)^3}.$$

因此 $f(x) = 4x^4 - 27x^3 + 66x^2 - 65x + 24$ 是满足条件的次数最低的多项式. □

1.6 多项式的因式分解

我们知道, 任意大于 1 的整数 n 可以分解为有限个素因子之积, 本节我们讨论多项式的类似性质. 为了讨论多项式的分解问题, 我们首先引进 “素多项式” 的概念, 通常称 “素多项式” 为不可约多项式.

定义 1.6.1 设 F 是数域, $p(x) \in F[x]$ 且 $\deg(p(x)) \geqslant 1$. 若 $p(x)$ 不能表成 $F[x]$ 中两个次数比 $p(x)$ 的次数低的多项式之积, 则称 $p(x)$ 是 F 上的**不可约多项式** (irreducible polynomial). 若 $p(x)$ 不是不可约多项式, 则称 $p(x)$ 是**可约多项式** (reducible polynomial).

注记 1.6.2 (1) 一个多项式是否可约依赖于它的系数域.

(2) 对于零多项式与零次多项式, 既不能说它是可约的, 也不能说它是不可约的.

(3) 一次多项式总是不可约的.

(4) 设 $p(x) \in F[x]$ 且 $\deg(p(x)) \geqslant 1$, 则 $p(x)$ 是不可约多项式当且仅当 $p(x)$ 仅以非零常数以及它本身的非零常数倍 $cp(x)$ 为因式.

命题 1.6.3 设 $p(x) \in F[x]$ 且 $\deg(p(x)) \geqslant 1$, 则下列陈述等价:

(1) $p(x)$ 不可约;

(2) 对任意 $f(x) \in F[x]$, 必有 $(p(x), f(x)) = 1$, 或 $p(x)|f(x)$;

(3) 对任意 $g(x), h(x) \in F[x]$, 如果 $p(x)|g(x)h(x)$, 那么 $p(x)|g(x)$ 或 $p(x)|h(x)$.

证明 (1) $\Longrightarrow$ (2) 任取 $f(x) \in F[x]$, 令 $d(x) = (p(x), f(x))$, 则 $d(x)|p(x)$. 因为 $p(x)$ 不可约, 所以, $d(x) = 1$, 或者 $d(x) = \dfrac{1}{c}p(x)$, 其中 c 为 $p(x)$ 的首项系数. 因此, $(p(x), f(x)) = 1$, 或 $p(x)|f(x)$.

(2) $\Longrightarrow$ (3) 任取 $g(x), h(x) \in F[x]$ 并设 $p(x)|g(x)h(x)$. 若 $p(x) \nmid g(x)$, 则由 (2) 知, $(p(x), g(x)) = 1$, 从而 $p(x)|h(x)$.

(3) $\Longrightarrow$ (1) 假设 $p(x)$ 不是不可约的, 即 $p(x)$ 是可约的, 则存在 $F[x]$ 中的多项式 $p_1(x), p_2(x)$ 使得 $p(x) = p_1(x)p_2(x)$, 其中 $0 < \deg(p_i(x)) < \deg(p(x)), i = 1, 2$.

显然, $p(x)|p_1(x)p_2(x)$, 但是, $p(x)\nmid p_1(x)$ 且 $p(x)\nmid p_2(x)$, 与 (3) 矛盾. 故 (1) 成立. □

推论 1.6.4 设 $p(x), f_i(x)\in F[x], i=1,2,\cdots,n$. 若 $p(x)$ 是不可约多项式, 并且 $p(x)|f_1(x)f_2(x)\cdots f_n(x)$, 则存在某个 i, $1\leqslant i\leqslant n$, 使得 $p(x)|f_i(x)$.

定理 1.6.5 (唯一分解定理 (unique factorization theorem)) 数域 F 上的任一次数 $\geqslant 1$ 的多项式 $f(x)$ 可以分解为数域 F 上有限个不可约多项式之积并且分解法是唯一的, 即若 $f(x)$ 有两种分解

$$f(x)=p_1(x)p_2(x)\cdots p_t(x)=q_1(x)q_2(x)\cdots q_s(x),$$

其中 $p_1(x),p_2(x),\cdots,p_t(x);q_1(x),q_2(x),\cdots,q_s(x)$ 都是不可约多项式, 则 $s=t$, 并且经过适当重排之后, $p_i(x)=c_iq_i(x)$, 其中 c_i 是非零常数, $i=1,2,\cdots,t$.

证明 仿照定理 1.1.15 证明即可. 注意, 多项式环 $F[x]$ 中 "非零常数" 与整数环中 "1, −1" 的地位是类似的. □

由定理 1.6.5 可知, 若 $f(x)\in F[x]$ 且 $\deg(f(x))\geqslant 1$, 则 $f(x)$ 有分解式

$$f(x)=ap_1^{r_1}(x)p_2^{r_2}(x)\cdots p_t^{r_t}(x),$$

其中 a 为 $f(x)$ 的首项系数, $p_1(x),p_2(x),\cdots,p_t(x)$ 是数域 F 上互不相同的首一不可约多项式, $r_1,r_2,\cdots,r_t$ 是正整数. 上述分解式称为 $f(x)$ 的**标准分解式** (standard factorization).

应该指出的是, 因式分解定理虽然在理论上有基本的重要性, 但它没有给出一个具体的分解多项式的方法. 事实上, 对一般的情形, 普遍可行的分解多项式的方法是不存在的.

理论上讲, 可用唯一分解定理求多项式的最大公因式和最小公倍式.

设 $f(x),g(x)\in F[x]$ 且 $\deg(f(x))\geqslant 1,\deg(g(x))\geqslant 1$, 则可设

$$f(x)=ap_1^{n_1}(x)p_2^{n_2}(x)\cdots p_t^{n_t}(x),\quad g(x)=bp_1^{m_1}(x)p_2^{m_2}(x)\cdots p_t^{m_t}(x),$$

其中 a,b 分别为 $f(x),g(x)$ 的首项系数, $p_1(x),p_2(x),\cdots,p_t(x)$ 是数域 F 上互不相同的首一不可约多项式, n_i,m_i 是自然数, $i=1,2,\cdots,t$.

令 $k_i=\min\{n_i,m_i\}$, $l_i=\max\{n_i,m_i\},i=1,2,\cdots,t$, 则

$$(f(x),g(x))=p_1^{k_1}(x)p_2^{k_2}(x)\cdots p_t^{k_t}(x),\quad [f(x),g(x)]=p_1^{l_1}(x)p_2^{l_2}(x)\cdots p_t^{l_t}(x).$$

例 1.6.6 设 $f(x),g(x)\in F[x]$. 证明: $f(x)|g(x)$ 当且仅当 $f^2(x)|g^2(x)$.

证明 必要性是显然的.

充分性 **方法一** (利用唯一分解定理) 若 $f(x)$ 或 $g(x)$ 是零多项式或零次多项式, 易见 $f(x)|g(x)$.

下设 $\deg(f(x)) \geqslant 1, \deg(g(x)) \geqslant 1$, 则可令

$$f(x) = ap_1^{n_1}(x)p_2^{n_2}(x)\cdots p_t^{n_t}(x), \quad g(x) = bp_1^{m_1}(x)p_2^{m_2}(x)\cdots p_t^{m_t}(x),$$

其中 a, b 分别为 $f(x), g(x)$ 的首项系数, $p_1(x), p_2(x), \cdots, p_t(x)$ 是数域 F 上互不相同的首一不可约多项式, n_i, m_i 是自然数, $i = 1, 2, \cdots, t$. 于是,

$$f^2(x) = a^2p_1^{2n_1}(x)p_2^{2n_2}(x)\cdots p_t^{2n_t}(x), \quad g^2(x) = b^2p_1^{2m_1}(x)p_2^{2m_2}(x)\cdots p_t^{2m_t}(x).$$

因为 $f^2(x)|g^2(x)$, 并且 $(p_i(x), p_j(x)) = 1, 1 \leqslant i \neq j \leqslant t$, 所以 $p_i^{2n_i}(x)|p_i^{2m_i}(x)$, 从而 $2n_i \leqslant 2m_i$, 即 $n_i \leqslant m_i, i = 1, 2, \cdots, t$. 故 $f(x)|g(x)$.

方法二 (利用多项式互素的性质) 设 $(f(x), g(x)) = d(x), f(x) = f_1(x)d(x), g(x) = g_1(x)d(x)$, 则 $(f_1(x), g_1(x)) = 1$. 由 $f^2(x)|g^2(x)$ 知, $f_1^2(x)|g_1^2(x)$. 注意, $(f_1^2(x), g_1^2(x)) = 1$, 故 $f_1^2(x)$ 为非零常数, 从而 $f_1(x)$ 为非零常数. 由此可见, $f(x)|g(x)$. □

1.7 重因式

1.6 节已经证明, 数域 F 上的任一次数 $\geqslant 1$ 的多项式 $f(x)$ 可以分解为 F 上有限个不可约多项式之积. 本节我们讨论 $f(x)$ 中不可约因式的重数.

定义 1.7.1 设 F 是数域, $f(x), p(x) \in F[x]$, k 为自然数. 若 $p(x)$ 是不可约多项式, $p^k(x)|f(x), p^{k+1}(x) \nmid f(x)$, 则称 $p(x)$ 是 $f(x)$ 的 k **重因式** (factor of multiplicity k), k 称为 $p(x)$ 的**重数** (multiplicity).

注记 1.7.2 (1) 当 $k = 0$ 时, $p(x)$ 根本不是 $f(x)$ 的因式.

(2) 当 $k = 1$ 时, $p(x)$ 称为 $f(x)$ 的**单因式** (simple factor).

(3) 当 $k \geqslant 2$ 时, $p(x)$ 称为 $f(x)$ 的**重因式** (multiple factor).

定义 1.7.3 设 $f(x) = a_nx^n + a_{n-1}x^{n-1} + \cdots + a_2x^2 + a_1x + a_0 \in F[x]$, 定义

$$f'(x) = na_nx^{n-1} + (n-1)a_{n-1}x^{n-2} + \cdots + 2a_2x + a_1,$$

称 $f'(x)$ 为 $f(x)$ 的**导数或微商** (derivative), $f'(x)$ 也记为 $(f(x))'$.

由定义可知, 多项式之导数仍为多项式, 而且这里的导数与数学分析课程中多项式的导数在形式上是一致的. 不过, 在数学分析中, 多项式 $f(x)$ 的导数 $f'(x)$

是由函数导数的概念证明出来的, 而这里的导数 $f'(x)$ 是直接由 $f(x)$ 的形式表达式定义出来的.

通常称 $f'(x)$ 为 $f(x)$ 的**一阶导数** (first derivative), $f'(x)$ 的导数称为 $f(x)$ 的**二阶导数** (second derivative), 记作 $f''(x)$, $\cdots$, $f(x)$ 的 k **阶导数** (kth derivative) 记作 $f^{(k)}(x)$, 即 $f^{(k)}(x)=(f^{(k-1)}(x))'$, 其中 $k\geqslant 2$.

由上述定义, 当 $f(x)$ 为常数时, $f'(x)=0$; 当 $\deg(f(x))=n$ 时, $\deg(f'(x))=n-1$, $f^{(n)}(x)$ 是非零常数, $f^{(n+1)}(x)=0$.

直接验证, 我们有下述结论.

命题 1.7.4 设 $f(x),g(x)\in F[x],c\in F$, 则

(1) $(f(x)+g(x))'=f'(x)+g'(x)$; (2) $(cf(x))'=cf'(x)$;

(3) $(f(x)g(x))'=f'(x)g(x)+f(x)g'(x)$; (4) $(f^n(x))'=nf^{n-1}(x)f'(x)$.

定理 1.7.5 设 $f(x),p(x)\in F[x]$ 且 $p(x)$ 是不可约多项式, k 为正整数, 则 $p(x)$ 是 $f(x)$ 的 k 重因式当且仅当 $p(x)$ 是 $f(x)$ 的因式并且 $p(x)$ 是 $f'(x)$ 的 $k-1$ 重因式.

证明 必要性 设 $p(x)$ 是 $f(x)$ 的 k 重因式, 则存在 $g(x)\in F[x]$ 使得 $f(x)=p^k(x)g(x)$, 其中 $p(x)\nmid g(x)$. 显然, $p(x)$ 是 $f(x)$ 的因式. 对 $f(x)$ 求导得

$$f'(x)=kp^{k-1}(x)p'(x)g(x)+p^k(x)g'(x)=p^{k-1}(x)(kp'(x)g(x)+p(x)g'(x)),$$

因此 $p^{k-1}(x)|f'(x)$. 令 $h(x)=kp'(x)g(x)+p(x)g'(x)$, 则 $f'(x)=p^{k-1}(x)h(x)$. 如果 $p^k(x)|f'(x)$, 那么 $p(x)|h(x)$. 于是, $p(x)|kp'(x)g(x)$, 但是 $(p(x),kp'(x))=1$, 所以 $p(x)|g(x)$, 矛盾. 故 $p^k(x)\nmid f'(x)$, 从而, $p(x)$ 是 $f'(x)$ 的 $k-1$ 重因式.

充分性 因为 $p(x)$ 是 $f(x)$ 的因式, 所以可设 $p(x)$ 是 $f(x)$ 的 s 重因式, 其中 s 是正整数. 由必要性可知, $p(x)$ 是 $f'(x)$ 的 $s-1$ 重因式. 于是 $s-1=k-1$, 即 $s=k$. 故 $p(x)$ 是 $f(x)$ 的 k 重因式. □

根据定理 1.7.5, 我们有下述推论.

推论 1.7.6 若 $p(x)$ 是 $f(x)$ 的 k 重因式, 其中 k 为正整数, 则 $p(x)$ 是 $f'(x),f''(x),\cdots,f^{(k-1)}(x)$ 的因式, 但 $p(x)$ 不是 $f^{(k)}(x)$ 的因式. 特别地, $f(x)$ 的单因式不是 $f'(x)$ 的因式.

注记 1.7.7 若 $p(x)$ 是 $f'(x)$ 的 $k-1$ 重因式, $p(x)$ 未必是 $f(x)$ 的 k 重因式. 例如, 若 $f(x)=x^k+1$, 则 $f'(x)=kx^{k-1}$. 显然, x 是 $f'(x)$ 的 $k-1$ 重因式, 但是, x 不是 $f(x)$ 的 k 重因式.

推论 1.7.8 如果 $p(x)$ 是 $f(x)$ 的 k 重因式, 其中 k 为正整数, 那么 $p(x)$ 是 $(f(x),f'(x))$ 的 $k-1$ 重因式.

定理 1.7.9 设 $f(x), p(x) \in F[x]$ 且 $p(x)$ 是不可约多项式, 整数 $k \geqslant 2$, 则 $p(x)$ 是 $f(x)$ 的 k 重因式当且仅当 $p(x)$ 是 $(f(x), f'(x))$ 的 $k-1$ 重因式.

证明 必要性 由推论 1.7.8 即知.

充分性 因为 $k \geqslant 2$, 所以 $k-1 \geqslant 1$, 由此可见 $p(x)$ 是 $f(x)$ 的因式. 设 $p(x)$ 是 $f(x)$ 的 s 重因式, 其中 s 是正整数, 则由推论 1.7.8 知, $p(x)$ 是 $(f(x), f'(x))$ 的 $s-1$ 重因式. 因此 $s-1=k-1$, 即 $s=k$. 故 $p(x)$ 是 $f(x)$ 的 k 重因式. □

推论 1.7.10 多项式 $f(x)$ 没有重因式当且仅当 $(f(x), f'(x))=1$.

由定理 1.7.9 知, 若 $f(x)$ 有标准分解式 $f(x) = ap_1^{r_1}(x)p_2^{r_2}(x)\cdots p_t^{r_t}(x)$, 则 $d(x) = (f(x), f'(x))$ 有分解式 $d(x) = p_1^{r_1-1}(x)p_2^{r_2-1}(x)\cdots p_t^{r_t-1}(x)$, 从而

$$\frac{f(x)}{(f(x), f'(x))} = ap_1(x)p_2(x)\cdots p_t(x).$$

这是一个没有重因式的多项式, 但它与 $f(x)$ 有完全相同的不可约因式 (不计重数). 因此, 我们得到了一个去掉 $f(x)$ 的不可约因式重数的有效办法: 先用辗转相除法求出 $(f(x), f'(x))$, 再用 $f(x)$ 除以 $(f(x), f'(x))$, 所得商即为所求的没有重因式的多项式.

例 1.7.11 设 $f(x) \in F[x]$ 且 $\deg(f(x)) = n \geqslant 1$, 则

$$f'(x) | f(x) \text{ 当且仅当存在 } a, b \in F \text{ 使得 } f(x) = a(x-b)^n.$$

证明 充分性 因为 $f(x) = a(x-b)^n$, 所以 $f'(x) = na(x-b)^{n-1}$. 故 $f'(x)|f(x)$.

必要性 因为 $f'(x)|f(x)$, 所以可设 $f(x) = \frac{1}{n}f'(x)(x-b)$, 其中 $b \in F$. 于是 $(f(x), f'(x)) = \frac{1}{na}f'(x)$, 其中 $a \in F$ 是 $f(x)$ 的首项系数. 因此 $\frac{f(x)}{(f(x), f'(x))} = a(x-b)$. 因为 $f(x)$ 与 $\frac{f(x)}{(f(x), f'(x))}$ 有完全相同的不可约因式, 且 $\deg(f(x)) = n$, 故 $f(x) = a(x-b)^n$. □

1.8 多项式函数

定义 1.8.1 设 F 是数域, $f(x) = \sum\limits_{i=0}^{n} a_i x^i \in F[x]$. 对于任意 $\alpha \in F$, $\sum\limits_{i=0}^{n} a_i \alpha^i \in F$, 称之为 $f(x)$ 在 $x = \alpha$ 时的**值** (value), 记为 $f(\alpha)$, 即 $f(\alpha) = \sum\limits_{i=0}^{n} a_i \alpha^i$. 这样, $f(x)$ 定义了 F 上的一个函数 $f: F \to F$, $\alpha \mapsto f(\alpha)$. 可以由数域 F 上的多项式定义的 F 上的函数称为 F 上的**多项式函数** (polynomial function).

命题 1.8.2 (1) 设 $f(x),g(x)\in F[x],h_1(x)=f(x)+g(x),h_2(x)=f(x)g(x)$, 则对于任意 $\alpha\in F$, 都有 $h_1(\alpha)=f(\alpha)+g(\alpha)$, $h_2(\alpha)=f(\alpha)g(\alpha)$.

(2) **余数定理** (remainder theorem) 设 $f(x)\in F[x]$, $\alpha\in F$, 则存在 $q(x)\in F[x]$ 使得 $f(x)=q(x)(x-\alpha)+f(\alpha)$.

(3) **因式定理** (factor theorem) 设 $f(x)\in F[x]$, $\alpha\in F$, 则 $(x-\alpha)|f(x)$ 当且仅当 $f(\alpha)=0$.

证明 (1) 直接验证.

(2) 设 $f(x)$ 除以 $x-\alpha$ 的商为 $q(x)$, 余式为常数 c, 则 $f(x)=q(x)(x-\alpha)+c$. 以 α 代 x 得 $c=f(\alpha)$. 因此 $f(x)=q(x)(x-\alpha)+f(\alpha)$.

(3) 由 (2) 即得. □

定义 1.8.3 设 $F,\overline{F}$ 为数域并且 $F\subseteq\overline{F},f(x)\in F[x]$. 若 $\alpha\in\overline{F}$ 并且 $f(\alpha)=0$, 则称 α 为 $f(x)$ 在 $\overline{F}$ 中的**零点**或**根** (root). 设 k 为自然数, 若 $x-\alpha$ 是 $f(x)$ 的 k 重因式, 则称 α 为 $f(x)$ 在 $\overline{F}$ 中的 k **重根** (root of multiplicity k), k 称为 α 的**重数** (multiplicity).

注记 1.8.4 (1) 当 $k=0$ 时, α 根本不是 $f(x)$ 的根.

(2) 当 $k=1$ 时, α 称为 $f(x)$ 的**单根** (simple root).

(3) 当 $k\geqslant 2$ 时, α 称为 $f(x)$ 的**重根** (multiple root).

(4) 设 $f(x)\in F[x]$. 若 $f(x)$ 在 F 中有 k 重根, 则 $f(x)$ 有 k 重因式, 反之不然. 例如, $f(x)=(x^2+1)^2$ 在 $\mathbb{Q}$ 上有重因式, 但 $f(x)$ 在 $\mathbb{Q}$ 中没有重根.

定理 1.8.5 数域 F 上每个 n 次多项式 $(n\geqslant 0)$ 在 F 中至多有 n 个根 (重根按重数计算).

证明 设 $f(x)\in F[x]$, $\deg(f(x))=n\geqslant 0$.

当 $n=0$ 时, 结论显然成立.

设 $n>0$, 由唯一分解定理知, $f(x)$ 可分解为 $F[x]$ 中不可约因式之积. 由因式定理知, $f(x)$ 在 F 中根的个数等于分解式中一次因式的个数, 这个数当然不超过 n. □

定理 1.8.6 设 F 是数域, $f(x),g(x)\in F[x]$, 且 $\deg(f(x))\leqslant n,\deg(g(x))\leqslant n$. 如果 F 中存在 $n+1$ 个不同的数 $\alpha_1,\alpha_2,\cdots,\alpha_{n+1}$ 使得 $f(\alpha_i)=g(\alpha_i)$, $i=1,2,\cdots,n+1$, 那么 $f(x)=g(x)$.

证明 令 $h(x)=f(x)-g(x)$, 则 $h(\alpha_i)=0,i=1,2,\cdots,n+1$. 如果 $f(x)\neq g(x)$, 那么 $h(x)\neq 0$, 从而 $0\leqslant\deg(h(x))\leqslant n$. 于是, 由定理 1.8.5 知, $h(x)$ 在 F 中至多有 n 个根, 矛盾. 故 $f(x)=g(x)$. □

据定义, $F[x]$ 中每个多项式都确定一个多项式函数, 不同的多项式会不会定

义不同的函数呢? 回答是肯定的, 即有

推论 1.8.7　设 F 是数域, $f(x), g(x) \in F[x]$, 则

$$f(x) = g(x) \text{ 当且仅当 } f = g, \text{ 即对任意 } \alpha \in F, \text{ 都有 } f(\alpha) = g(\alpha).$$

证明　必要性是显然的.

充分性　假设 $f(x)$ 与 $g(x)$ 定义的多项式函数 f 与 g 相等. 若 $f(x) \neq g(x)$, 令 $h(x) = f(x) - g(x)$, 则 $h(x) \neq 0$, 并且对任意 $\alpha \in F$, 总有 $h(\alpha) = 0$, 即 F 中每个数都是 $h(x)$ 的根. 由定理 1.8.5 知, $h(x)$ 在 F 中至多有有限个根, 但 F 中有无穷多个数, 矛盾. □

注记 1.8.8　设 $\mathbb{F} = \{0, 1\}$ 是二元域. 类似于数域的情形, 可以定义 $\mathbb{F}$ 上的一元多项式环 $\mathbb{F}[x]$. 此时, 推论 1.8.7 不成立. 例如, 设 $f(x) = x + 1, g(x) = x^2 + 1 \in \mathbb{F}[x]$. 显然 $f(x) \neq g(x)$, 但是 $f = g$.

例 1.8.9　利用多项式的根证明例 1.5.7、例 1.5.26 和 例 1.5.19, 即证:

(1) $(x^d - 1) | (x^n - 1)$ 当且仅当 $d|n$, 其中 d, n 都是正整数.

(2) $(x^m - 1, x^n - 1) = x^d - 1$, 其中 m, n 都是正整数, $d = (m, n)$.

(3) $x(x+1)(2x+1) | ((x+1)^{2n} - x^{2n} - 2x - 1)$, 其中 n 是正整数.

证明　(1) 充分性　因为 $d|n$, 所以 $x^d - 1$ 的根都是 $x^n - 1$ 的根. 由于 $x^d - 1$ 没有重根, 故 $(x^d - 1) | (x^n - 1)$.

必要性　因为 $\mathrm{e}^{\frac{2\pi \mathrm{i}}{d}} = \cos \dfrac{2\pi}{d} + \mathrm{i} \sin \dfrac{2\pi}{d}$ 是 $x^d - 1$ 的根, 所以, 由因式定理知, $(x - \mathrm{e}^{\frac{2\pi \mathrm{i}}{d}}) \Big| (x^d - 1)$. 据假设, $(x^d - 1) \Big| (x^n - 1)$, 从而 $(x - \mathrm{e}^{\frac{2\pi \mathrm{i}}{d}}) \Big| (x^n - 1)$. 于是, $\mathrm{e}^{\frac{2n\pi \mathrm{i}}{d}} = \cos \dfrac{2n\pi}{d} + \mathrm{i} \sin \dfrac{2n\pi}{d} = 1$. 由此可见, $\dfrac{n}{d}$ 是整数, 即 $d|n$.

(2) 因为 $d = (m, n)$, 所以存在 $s, t \in \mathbb{Z}$ 使得 $d = sm + tn$. 若 α 是 $(x^m - 1, x^n - 1)$ 的根, 则 α 是 $x^m - 1$ 与 $x^n - 1$ 的公共根. 于是 $\alpha^m = \alpha^n = 1$, 因此, $\alpha^d = \alpha^{sm+nt} = 1$, 即 α 是 $x^d - 1$ 的根. 由此可见, $(x^m - 1, x^n - 1)$ 的根都是 $x^d - 1$ 的根. 显然, $x^d - 1$ 的根都是 $(x^m - 1, x^n - 1)$ 的根. 由于 $(x^m - 1, x^n - 1)$ 与 $x^d - 1$ 都是首一没有重根的多项式, 故 $(x^m - 1, x^n - 1) = x^d - 1$.

(3) 设 $f(x) = (x+1)^{2n} - x^{2n} - 2x - 1$, 则 $f(0) = f(-1) = f\left(-\dfrac{1}{2}\right) = 0$. 因此, 由因式定理知, $x | f(x)$, $(x+1) | f(x)$, $\left(x + \dfrac{1}{2}\right) \Big| f(x)$. 因为 x, $x+1$, $x + \dfrac{1}{2}$ 两两互素, 所以 $x(x+1)\left(x + \dfrac{1}{2}\right) \Big| f(x)$, 即 $x(x+1)(2x+1) | ((x+1)^{2n} - x^{2n} - 2x - 1)$. □

注记 1.8.10 例 1.8.9 (1) 与 (2) 的证明是在 $\mathbb{C}[x]$ 中进行的, 这样做的依据是多项式的整除关系以及首一最大公因式不会因为系数域的扩大而改变.

1.9 复系数、实系数与有理系数多项式

前面我们讨论的多项式的系数在一般数域中, 现在我们考虑系数域是复数域、实数域以及有理数域的情形. 首先考虑复数域上的多项式, 我们有

定理 1.9.1 (**代数基本定理** (fundamental theorem of algebra)) *每个次数 $\geqslant 1$ 的复系数多项式在复数域中至少有一个根.*

这个定理首先由高斯于 1799 年证明, 它有多个证明, 比较简单的证明是用复变函数理论给出的, 我们这里只承认它, 不作证明, 这并不妨碍我们进一步学习.

利用因式定理, 代数基本定理可以等价地叙述为: 每个次数 $\geqslant 1$ 的复系数多项式在复数域上至少有一个一次因式. 因此, 复数域上的不可约多项式仅有一次多项式. 故有下述**复系数多项式唯一分解定理** (unique factorization of polynomials over $\mathbb{C}$).

定理 1.9.2 *每个次数 $\geqslant 1$ 的复系数多项式在复数域上可唯一分解为一些一次因式之积.*

因此, 若 $f(x) \in \mathbb{C}[x]$ 且 $\deg(f(x)) = n \geqslant 1$, 则 $f(x)$ 有标准分解式

$$f(x) = a(x-\alpha_1)^{n_1}(x-\alpha_2)^{n_2}\cdots(x-\alpha_t)^{n_t},$$

其中 a 是 $f(x)$ 的首项系数, $\alpha_1, \alpha_2, \cdots, \alpha_t$ 互不相同, $n_1, n_2, \cdots, n_t$ 是正整数, 且 $n_1 + n_2 + \cdots + n_t = n$.

由此可见, n 次复系数多项式恰有 n 个复根 (重根按重数计算).

设 $f(x) = x^n + a_1x^{n-1} + a_2x^{n-2} + \cdots + a_kx^{n-k} + \cdots + a_{n-1}x + a_n \in \mathbb{C}[x]$, $x_1, x_2, \cdots, x_n$ 是 $f(x)$ 的 n 个复根, 则

$$\begin{aligned} f(x) &= (x-x_1)(x-x_2)\cdots(x-x_n) \\ &= x^n + \left(-\sum_{i=1}^{n} x_i\right)x^{n-1} + \left(\sum_{1\leqslant i<j\leqslant n} x_ix_j\right)x^{n-2} + \cdots \\ &\quad + \left((-1)^k \sum_{1\leqslant i_1<i_2\cdots<i_k\leqslant n} x_{i_1}x_{i_2}\cdots x_{i_k}\right)x^{n-k} + \cdots + (-1)^n x_1x_2\cdots x_n. \end{aligned}$$

于是

$$
\begin{cases}
\sum\limits_{i=1}^{n} x_i = -a_1, \\
\sum\limits_{1\leqslant i<j\leqslant n} x_i x_j = a_2, \\
\quad\cdots\cdots \\
\sum\limits_{1\leqslant i_1<i_2\cdots<i_k\leqslant n} x_{i_1}x_{i_2}\cdots x_{i_k} = (-1)^k a_k, \\
\quad\cdots\cdots \\
x_1x_2\cdots x_n = (-1)^n a_n.
\end{cases}
\tag{1.9.1}
$$

上述这些公式称为**韦达**[①]**公式** (Viète formulas), 它们建立了多项式的根与系数之间的关系.

下面讨论实系数多项式.

定理 1.9.3　实系数多项式的复根共轭成对出现: 若 α 是实系数多项式 $f(x)$ 的 k 重复根, 则 $\overline{\alpha}$ 也是 $f(x)$ 的 k 重复根.

证明　设 $f(x)=a_nx^n+a_{n-1}x^{n-1}+\cdots+a_{n-k}x^{n-k}+\cdots+a_1x+a_0\in\mathbb{C}[x]$, 定义 $\overline{f}(x)=\overline{a_n}x^n+\overline{a_{n-1}}x^{n-1}+\cdots+\overline{a_{n-k}}x^{n-k}+\cdots+\overline{a_1}x+\overline{a_0}$, 则 $\overline{f}(x)\in\mathbb{C}[x]$.

若 α 是 $f(x)$ 的 k 重复根, 即 $f(x)=(x-\alpha)^kg(x)$, 其中 $g(x)\in\mathbb{C}[x], g(\alpha)\neq 0$, 则 $\overline{f}(x)=(x-\overline{\alpha})^k\overline{g}(x)$, 其中 $\overline{g}(\overline{\alpha})\neq 0$. 如果 $f(x)\in\mathbb{R}[x]$, 那么 $f(x)=\overline{f}(x)=(x-\overline{\alpha})^k\overline{g}(x)$. 因此, 若 α 是实系数多项式 $f(x)$ 的 k 重复根, 则 $\overline{\alpha}$ 也是 $f(x)$ 的 k 重复根. □

由上述定理立得下述推论.

推论 1.9.4　任一奇数次实系数多项式至少有一个实根.

定理 1.9.5　实数域上的首一不可约多项式有且仅有下述两类:

(1) 一次式 $x-\alpha$, 其中 $\alpha\in\mathbb{R}$;

(2) 二次式 x^2+bx+c, 其中 $b,c\in\mathbb{R}$, $b^2-4c<0$.

证明　易见, 上述两类多项式在实数域上不可约.

设 $p(x)$ 是实数域上的首一不可约多项式. 由代数基本定理知, $p(x)$ 有一个复根 $\alpha=s+t\mathrm{i}$, 其中 $s,t\in\mathbb{R}$, 从而, 在 $\mathbb{C}[x]$ 中, $(x-\alpha)|p(x)$.

(1) 若 $t=0$, 则 $\alpha=s\in\mathbb{R}$. 由于 $p(x), x-\alpha\in\mathbb{R}[x]$, 所以, 在 $\mathbb{R}[x]$ 中, $(x-\alpha)|p(x)$. 但是, $p(x)$ 为 $\mathbb{R}[x]$ 中首一不可约多项式, 故 $p(x)=x-\alpha$, 其中 $\alpha\in\mathbb{R}$.

(2) 若 $t\neq 0$, 则 $\overline{\alpha}=s-t\mathrm{i}$ 也是 $p(x)$ 的根, 从而 $(x-\overline{\alpha})|p(x)$. 由于 $x-\alpha$ 与 $x-\overline{\alpha}$ 互素, 所以, 在 $\mathbb{C}[x]$ 中, $(x-\alpha)(x-\overline{\alpha})|p(x)$. 注意, $(x-\alpha)(x-\overline{\alpha})=x^2-(2s)x+s^2+$

① François Viète, 1540—1603, 法国数学家.

$t^2 \in \mathbb{R}[x]$, 因此, 在 $\mathbb{R}[x]$ 中, $(x-\alpha)(x-\overline{\alpha})|p(x)$. 因为 $p(x)$ 是 $\mathbb{R}[x]$ 中的首一不可约多项式, 所以 $p(x)=(x-\alpha)(x-\overline{\alpha})=x^2-(2s)x+s^2+t^2$. 令 $b=-2s, c=s^2+t^2$, 则 $p(x)=x^2+bx+c$, 其中 $b,c\in\mathbb{R}$, 且 $b^2-4c=4s^2-4(s^2+t^2)=-4t^2<0$. □

现在我们有**实系数多项式唯一分解定理** (unique factorization of polynomials over $\mathbb{R}$).

定理 1.9.6 *每个次数 $\geqslant 1$ 的实系数多项式在实数域上可唯一分解为一次或二次不可约因式之积.*

例 1.9.7 求 x^4+2 在复数域和实数域上的标准分解式.

解 因为 $-2=2(\cos\pi+\mathrm{i}\sin\pi)$, 所以 x^4+2 的 4 个复根为

$$\alpha_1=\sqrt[4]{2}\left(\cos\frac{\pi}{4}+\mathrm{i}\sin\frac{\pi}{4}\right)=\frac{1}{\sqrt[4]{2}}(1+\mathrm{i}),$$

$$\alpha_2=\sqrt[4]{2}\left(\cos\frac{3\pi}{4}+\mathrm{i}\sin\frac{3\pi}{4}\right)=\frac{1}{\sqrt[4]{2}}(-1+\mathrm{i}),$$

$$\alpha_3=\sqrt[4]{2}\left(\cos\frac{5\pi}{4}+\mathrm{i}\sin\frac{5\pi}{4}\right)=\frac{1}{\sqrt[4]{2}}(-1-\mathrm{i}),$$

$$\alpha_4=\sqrt[4]{2}\left(\cos\frac{7\pi}{4}+\mathrm{i}\sin\frac{7\pi}{4}\right)=\frac{1}{\sqrt[4]{2}}(1-\mathrm{i}).$$

于是, x^4+2 在复数域上的标准分解式为

$$\left(x-\frac{1}{\sqrt[4]{2}}(1+\mathrm{i})\right)\left(x-\frac{1}{\sqrt[4]{2}}(1-\mathrm{i})\right)\left(x-\frac{1}{\sqrt[4]{2}}(-1+\mathrm{i})\right)\left(x-\frac{1}{\sqrt[4]{2}}(-1-\mathrm{i})\right).$$

因此

$$x^4+2=\left(x^2-\sqrt[4]{8}x+\sqrt{2}\right)\left(x^2+\sqrt[4]{8}x+\sqrt{2}\right)$$

就是 x^4+2 在实数域上的标准分解式. □

例 1.9.8 设 F 是数域, $f(x)\in F[x]$. 如果存在 $0\neq a\in F$ 使得 $f(x)=f(x+a)$, 证明: $f(x)$ 是常数.

证明 若 $f(x)$ 不是常数, 则 $\deg(f(x))\geqslant 1$. 由代数基本定理知, $f(x)$ 必有一个复根 α, 即存在 $\alpha\in\mathbb{C}$ 使得 $f(\alpha)=0$. 由 $f(x)=f(x+a)$ 知,

$$\alpha,\ \alpha+a,\ \alpha+2a,\ \cdots,\ \alpha+ma,\ \cdots,\ \alpha+na,\ \cdots$$

都是 $f(x)$ 的根. 由于 $f(x)$ 只有有限个根, 所以存在 $m,n\in\mathbb{Z}$ 使得 $m\neq n$ 且 $\alpha+ma=\alpha+na$. 于是 $(m-n)a=0$, 从而 $a=0$, 矛盾. 故 $f(x)$ 是常数. □

现在讨论有理数域上的多项式. 由前面的讨论可知, 复数域上的不可约多项式仅有一次多项式, 实数域上的不可约多项式最多是二次的, 但是, 我们将证明, 在有理数域上存在任意次的不可约多项式. 设 $f(x) \in \mathbb{Q}[x]$. 取一个适当的整数 c 使得 $cf(x)$ 是整系数多项式, 再令 d 为 $cf(x)$ 的各项系数的最大公因数, 则 $\dfrac{c}{d}f(x)$ 的各项系数都是整数, 并且互素. 为此, 我们引进

定义 1.9.9 设 $g(x) = b_nx^n + b_{n-1}x^{n-1} + \cdots + b_1x + b_0$ 是非零的整系数多项式. 若 $g(x)$ 的系数是互素的, 即 $(b_n, b_{n-1}, \cdots, b_1, b_0) = 1$, 则称 $g(x)$ 是**本原多项式** (primitive polynomial).

例如, $x^2 + 2x + 1, 3x^4 + 6x + 2$ 都是本原多项式.

定理 1.9.10 任一非零的有理系数多项式 $f(x)$ 都可表示成一个有理数与一个本原多项式之积: $f(x) = r_1f_1(x)$, 其中 $r_1 \in \mathbb{Q}, f_1(x)$ 是本原多项式, 而且这种表示在相差一个符号的情况下是唯一的.

证明 设 $0 \neq f(x) \in \mathbb{Q}[x]$. 取适当的非零常数 c 使得 $cf(x)$ 是整系数多项式, 再令 d 为 $cf(x)$ 的各项系数的最大公因数, 则 $cf(x) = df_1(x)$, 即 $f(x) = r_1f_1(x)$, 其中 $r_1 = \dfrac{d}{c} \in \mathbb{Q}, f_1(x)$ 是本原多项式. 若 $f(x) = r_2f_2(x)$, 其中 $r_2 \in \mathbb{Q}$, $f_2(x)$ 是本原多项式, 则 $r_1f_1(x) = r_2f_2(x)$, 从而 $f_1(x) = \dfrac{r_2}{r_1}f_2(x)$. 令 $\dfrac{r_2}{r_1} = \dfrac{m}{n}$, 其中 $m, n \in \mathbb{Z}$ 且 $(m, n) = 1$, 则 $nf_1(x) = mf_2(x)$. 若 $n \neq \pm 1$, 则存在素数 p 使得 $p|n$, 从而 p 整除 m 与 $f_2(x)$ 的任一系数之积. 但是, $(p, m) = 1$, 故 p 整除 $f_2(x)$ 的任一系数, 这与 $f_2(x)$ 是本原多项式矛盾. 所以 $n = \pm 1$. 同理可得 $m = \pm 1$. 故 $r_1 = \pm r_2, f_1(x) = \pm f_2(x)$. □

定理 1.9.11 (高斯引理 (Gauss lemma)) 两个本原多项式之积仍为本原多项式.

证明 设 $f(x) = a_nx^n + \cdots + a_1x + a_0, g(x) = b_mx^m + \cdots + b_1x + b_0$ 都是本原多项式, $a_n \neq 0, b_m \neq 0$, $h(x) = f(x)g(x) = d_{n+m}x^{n+m} + \cdots + d_1x + d_0$.

若 $h(x)$ 不是本原多项式, 则 $d_{n+m}, \cdots, d_1, d_0$ 有异于 ± 1 的公因数, 从而存在素数 p 使得 p 整除 $h(x)$ 的每个系数. 由于 $f(x)$ 是本原的, 所以存在 $0 \leqslant i \leqslant n$ 使得 $p|a_0, p|a_1, \cdots, p|a_{i-1}, p \nmid a_i$, 又因为 $g(x)$ 是本原的, 所以存在 $0 \leqslant j \leqslant m$ 使得 $p|b_0, p|b_1, \cdots, p|b_{j-1}, p \nmid b_j$. 注意

$$d_{i+j} = a_ib_j + a_{i-1}b_{j+1} + a_{i-2}b_{j+2} + \cdots + a_{i+1}b_{j-1} + a_{i+2}b_{j-2} + \cdots.$$

因为 $p|d_{i+j}$, 再由 i, j 的选择知, p 整除上述等式右边除了 a_ib_j 外的每一项, 所以 $p|a_ib_j$, 从而 $p|a_i$ 或 $p|b_j$, 矛盾. 故 $h(x)$ 是本原多项式. □

推论 1.9.12 如果一个非零的整系数多项式可以分解为两个次数较低的有理系数多项式之积, 那么它一定可以分解为两个次数较低的整系数多项式之积.

证明 设整系数多项式 $f(x)=g(x)h(x)$, 其中 $g(x),h(x)\in\mathbb{Q}[x]$, 并且 $g(x)$ 和 $h(x)$ 的次数均小于 $f(x)$ 的次数. 令 $f(x)=af_1(x),g(x)=rg_1(x),h(x)=sh_1(x)$, 其中 $a\in\mathbb{Z}$, $r,s\in\mathbb{Q}$, $f_1(x),g_1(x),h_1(x)$ 都是本原多项式, 则 $af_1(x)=(rs)g_1(x)h_1(x)$. 由定理 1.9.11 知, $g_1(x)h_1(x)$ 是本原多项式, 再由定理 1.9.10 知, $rs=\pm a\in\mathbb{Z}$. 故 $f(x)=g(x)h(x)=(rs)g_1(x)h_1(x)$ 是两个次数较低的整系数多项式之积. □

推论 1.9.13 设 $f(x),g(x)$ 都是整系数多项式且 $g(x)$ 是本原的. 若存在有理系数多项式 $h(x)$ 使得 $f(x)=g(x)h(x)$, 则 $h(x)$ 一定是整系数多项式.

证明 设 $f(x)=af_1(x),h(x)=rh_1(x)$, 其中 $a\in\mathbb{Z}$, $r\in\mathbb{Q}$, $f_1(x),h_1(x)$ 都是本原多项式, 则 $af_1(x)=rg(x)h_1(x)$, 从而 $r=\pm a\in\mathbb{Z}$. 故 $h(x)=rh_1(x)$ 是整系数多项式. □

由上面的讨论可以看出, 有理系数多项式的因式分解问题可以归结为整系数多项式的因式分解问题. 因此, 求有理系数多项式的有理根可以归结为求整系数多项式的有理根. 下面的定理给出了一个求整系数多项式的全部有理根的方法.

定理 1.9.14 设 $f(x)=a_nx^n+\cdots+a_1x+a_0$ 是整系数多项式, $\dfrac{r}{s}$ 是它的一个有理根, 其中 $a_n\neq 0,r,s\in\mathbb{Z}$, $(r,s)=1$, 则 $s|a_n,r|a_0$. 特别地, 首一整系数多项式的有理根都是整数.

证明 因为 $\dfrac{r}{s}$ 是 $f(x)$ 的有理根, 所以, 在 $\mathbb{Q}[x]$ 中, $\left(x-\dfrac{r}{s}\right)\Big| f(x)$, 即存在 $g(x)\in\mathbb{Q}[x]$ 使得 $f(x)=\left(x-\dfrac{r}{s}\right)g(x)$, 从而 $f(x)=(sx-r)\dfrac{1}{s}g(x)$. 由于 $f(x)$ 是整系数, $sx-r$ 是本原多项式, 故 $\dfrac{1}{s}g(x)$ 是整系数多项式.

令 $\dfrac{1}{s}g(x)=b_{n-1}x^{n-1}+\cdots+b_1x+b_0$, 其中 $b_i\in\mathbb{Z},i=0,1,\cdots,n-1$, 则 $a_nx^n+\cdots+a_1x+a_0=(sx-r)(b_{n-1}x^{n-1}+\cdots+b_1x+b_0)$, 故 $a_n=sb_{n-1},a_0=r(-b_0)$. 因此 $s|a_n,r|a_0$. □

例 1.9.15 求下列多项式的全部有理根, 并确定其重数.

(1) $2x^3+5x^2+9x-6$;

(2) x^4-x^2-2x+2.

解 (1) 这个多项式的有理根只可能是 $\pm1,\pm2,\pm3,\pm6,\pm\dfrac{1}{2},\pm\dfrac{3}{2}$. 由综合除法可知, $\dfrac{1}{2}$ 是它的单根, 其他都不是它的根. 所以, 它的有理根只有单根 $\dfrac{1}{2}$.

(2) 这个多项式的有理根只可能是 $\pm1, \pm2$. 由综合除法可知, 1 是它的二重根, 其他都不是它的根. 所以, 它的有理根只有二重根 1. □

例 1.9.16 证明多项式 $f(x) = x^3 - x + 2$ 在有理数域上不可约.

证明 若 $f(x)$ 在有理数域上可约, 则它至少有一个一次因式, 也就是说, $f(x)$ 有一个有理根. 但是, $f(x)$ 的有理根只可能是 $\pm1, \pm2$. 直接验算可知, $\pm1, \pm2$ 都不是 $f(x)$ 的根. 故 $f(x)$ 在有理数域上不可约. □

注记 1.9.17 设 $f(x)$ 是有理系数多项式.

(1) 当 $\deg(f(x)) = 1$ 时, $f(x)$ 在有理数域上不可约, 但是 $f(x)$ 有有理根.

(2) 若 $2 \leqslant \deg(f(x)) \leqslant 3$, 则 $f(x)$ 在有理数域上不可约当且仅当 $f(x)$ 没有有理根.

(3) 当 $\deg(f(x)) > 3$ 时, 如果 $f(x)$ 在有理数域上不可约, 那么 $f(x)$ 没有有理根, 反之不然. 这是因为 $f(x)$ 没有有理根, 只能说 $f(x)$ 没有一次因式, 但是 $f(x)$ 可能有次数大于 1 的因式, $f(x)$ 可能是可约的. 例如, $(x^2+1)^2$ 没有有理根, 但是它在有理数域上是可约的!

下面的定理告诉我们, 在有理数域上存在任意次数的不可约多项式.

定理 1.9.18 (艾森斯坦[①]判别法 (Eisenstein criterion)) *设 $f(x) = a_nx^n + a_{n-1}x^{n-1} + \cdots + a_1x + a_0$ 是整系数多项式. 若存在素数 p 使得*

$$\text{(i) } p \nmid a_n, \quad \text{(ii) } p | a_i, \quad i = 0, 1, \cdots, n-1, \quad \text{(iii) } p^2 \nmid a_0,$$

则 $f(x)$ 在有理数域上不可约.

证明 若 $f(x)$ 在有理数域上可约, 则 $f(x)$ 可以分解为两个次数较低的有理系数多项式之积, 从而它可以分解为两个次数较低的整系数多项式之积

$$f(x) = (b_mx^m + \cdots + b_1x + b_0)(c_lx^l + \cdots + c_1x + c_0),$$

其中每个 b_i, c_j 都是整数, $0 < m, l < n$, $m + l = n$. 于是 $a_n = b_mc_l, a_0 = b_0c_0$.

由于 $p \nmid a_n$, 所以 $p \nmid b_m$ 且 $p \nmid c_l$. 又因为 $p|a_0, p^2 \nmid a_0$, 所以 b_0, c_0 中有且仅有一个被 p 整除. 不妨设 $p|b_0$ 但 $p \nmid c_0$. 由于 $p|b_0$, $p \nmid b_m$, 所以存在 $0 < k \leqslant m < n$ 使得

$$p|b_0, \quad p|b_1, \quad \cdots, \quad p|b_{k-1}, \quad p \nmid b_k.$$

① Ferdinand Gotthold Max Eisenstein, 1823—1852, 德国数学家.

比较 $f(x)$ 中 x^k 的系数得, $a_k = b_k c_0 + b_{k-1} c_1 + \cdots + b_0 c_k$. 由条件 (ii) 知, $p|a_k$. 又由 k 的选择知, $p|b_i, i = 0, 1, \cdots, k-1$. 于是, $p|b_k c_0$, 从而 $p|b_k$ 或 $p|c_0$, 矛盾. 故 $f(x)$ 在有理数域上不可约. □

注记 1.9.19 (1) 设 p 是素数, 由定理 1.9.18 知, 对任意正整数 n, $x^n + p$ 在有理数域上不可约. 因此, 有理数域上存在任意次数的不可约多项式.

(2) 定理 1.9.18 的条件只是整系数多项式在有理数域上不可约的充分条件, 但不是必要条件. 比如, 例 1.9.16 中的多项式是不可约的, 但是不存在素数 p 满足定理 1.9.18 的条件.

注记 1.9.20 (1) 艾森斯坦判别法是最早的, 也许也是最有名的不可约性判别法. 关于这个判别法的标准证明有两个方法, 其中一个方法由薛讷曼①于 1846 年给出, 另一个方法由艾森斯坦于 1850 年给出, 所以这个判别法也称为 Schönemann-Eisenstein 判别法, 详见文献 [32, 35].

(2) 设素数 p 的十进制表示为 $p = a_n 10^n + a_{n-1} 10^{n-1} + \cdots + a_1 10 + a_0$, 其中 $n \geqslant 1$, 则整系数多项式 $f(x) = a_n x^n + a_{n-1} x^{n-1} + \cdots + a_1 x + a_0$ 在有理数域 $\mathbb{Q}$ 上不可约. 例如, 2017, 19997 都是素数, 因此, 多项式 $2x^3 + x + 7$ 和 $x^4 + 9x^3 + 9x^2 + 9x + 7$ 在 $\mathbb{Q}$ 上都不可约. 有兴趣的读者可参阅文献 [45].

例 1.9.21 设 $f(x)$ 是整系数多项式, $\dfrac{q}{p}$ 是 $f(x)$ 的有理根, 其中 $p, q \in \mathbb{Z}$, $(p, q) = 1$. 证明: 对任意整数 m, 总有 $(pm - q)|f(m)$. 特别地, $(p - q)|f(1)$, $(p + q)|f(-1)$.

证明 因为 $\dfrac{q}{p}$ 是 $f(x)$ 的有理根, 所以, 在有理数域上, $\left(x - \dfrac{q}{p}\right)\Big| f(x)$, 即存在 $h(x) \in \mathbb{Q}[x]$ 使得 $f(x) = \left(x - \dfrac{q}{p}\right) h(x)$. 于是, $f(x) = (px - q) h_1(x)$, 其中 $h_1(x) = \dfrac{1}{p} h(x) \in \mathbb{Q}[x]$. 因为 $f(x)$ 是整系数多项式, $px - q$ 是本原多项式, 所以 $h_1(x)$ 是整系数多项式. 对任意整数 m, $f(m) = (pm - q) h_1(m)$, 故 $(pm - q)|f(m)$. 取 $m = 1$ 得, $(p - q)|f(1)$; 取 $m = -1$ 得, $(p + q)|f(-1)$. □

例 1.9.22 设 p 为素数, $f(x) = 1 + x + \dfrac{1}{2!}x^2 + \cdots + \dfrac{1}{(p-1)!}x^{p-1} + \dfrac{1}{p!}x^p$. 证明: $f(x)$ 在有理数域上不可约.

证明 首先将 $f(x)$ 转化为整系数多项式. 令 $g(x) = p! f(x)$, 则

$$g(x) = p! + (p!)x + \frac{p!}{2!}x^2 + \cdots + \frac{p!}{(p-1)!}x^{p-1} + x^p.$$

① Theodor Schönemann, 1812—1868, 德国数学家.

再对 $g(x)$ 使用艾森斯坦判别法. 显然, $p\nmid 1$, p 整除 $g(x)$ 的除首项系数以外的其余各项系数, $p^2\nmid p!$. 因此, $g(x)$ 在有理数域上不可约, 从而, $f(x)$ 在有理数域上不可约. □

例 1.9.23 设 p 为素数, 证明: $f(x)=x^{p-1}+x^{p-2}+\cdots+x+1$ 在有理数域上不可约.

证明 本题不能直接使用艾森斯坦判别法. 注意

$$x^p-1=(x-1)(x^{p-1}+x^{p-2}+\cdots+x+1)=(x-1)f(x).$$

因此, 作变换 $x-1=y$ 或 $x=y+1$, 则

$$\begin{aligned}yf(y+1)&=(y+1)^p-1\\&=y^p+\mathrm{C}_p^1y^{p-1}+\cdots+\mathrm{C}_p^ky^{p-k}+\cdots+\mathrm{C}_p^{p-2}y^2+\mathrm{C}_p^{p-1}y+1-1\\&=y(y^{p-1}+\mathrm{C}_p^1y^{p-2}+\cdots+\mathrm{C}_p^ky^{p-k-1}+\cdots+\mathrm{C}_p^{p-2}y+\mathrm{C}_p^{p-1}),\end{aligned}$$

从而

$$f(y+1)=y^{p-1}+\mathrm{C}_p^1y^{p-2}+\cdots+\mathrm{C}_p^ky^{p-k-1}+\cdots+\mathrm{C}_p^{p-2}y+\mathrm{C}_p^{p-1}.$$

令 $g(y)=f(y+1)=y^{p-1}+\mathrm{C}_p^1y^{p-2}+\cdots+\mathrm{C}_p^ky^{p-k-1}+\cdots+\mathrm{C}_p^{p-2}y+\mathrm{C}_p^{p-1}$. 由于 $p\nmid 1$, $p|\mathrm{C}_p^k, k=1,2,\cdots,p-1$, $p^2\nmid \mathrm{C}_p^{p-1}$, 所以由艾森斯坦判别法知, $g(y)$ 在有理数域上不可约, 从而 $f(x)$ 在有理数域上不可约.

事实上, 若 $f(x)$ 在有理数域上可约, 则存在 $k(x),l(x)\in\mathbb{Q}[x]$ 使得 $f(x)=k(x)l(x)$, 其中 $0<\deg(k(x)),\deg(l(x))<\deg(f(x))$, 从而 $g(y)=f(y+1)=k(y+1)l(y+1)$, 其中 $0<\deg(k(y+1)),\deg(l(y+1))<\deg(g(y))$, 与 $g(y)$ 在有理数域上不可约矛盾. □

例 1.9.24 设 n,r 为正整数, $p_1,p_2,\cdots,p_r$ 为互不相同的素数. 如果 $n>1$, 证明: $\sqrt[n]{p_1p_2\cdots p_r}$ 是无理数.

证明 **方法一** (利用算术基本定理) 设 $\sqrt[n]{p_1p_2\cdots p_r}$ 是有理数, 令 $\sqrt[n]{p_1p_2\cdots p_r}=\dfrac{t}{s}$, 其中 s,t 为正整数, 并且 $(s,t)=1$, 则 $s^np_1p_2\cdots p_r=t^n$.

如果 $s=1$, 那么 $p_1p_2\cdots p_r=t^n$, 因此, $t>1$. 由算术基本定理知, $t=q_1q_2\cdots q_k$, 其中 $q_1,q_2,\cdots,q_k$ 都是素数, 于是

$$p_1p_2\cdots p_r=q_1^nq_2^n\cdots q_k^n.$$

由于 $n>1$, 所以上述等式右边至少有两个相同的素数, 这与 $p_1,p_2,\cdots,p_r$ 为互不相同的素数矛盾.

若 $s \neq 1$, 则由算术基本定理知, 存在素数 p 使得 $p|s$. 因为 $s^n p_1 p_2 \cdots p_r = t^n$, 所以 $p|t^n$, 从而 $p|t$, 这与 $(s,t)=1$ 矛盾.

综上所述, $\sqrt[n]{p_1 p_2 \cdots p_r}$ 是无理数.

方法二 (利用艾森斯坦判别法) 设 $f(x) = x^n - p_1 p_2 \cdots p_r$, 则由艾森斯坦判别法知, $f(x)$ 在有理数域上不可约. 易见, $\sqrt[n]{p_1 p_2 \cdots p_r}$ 是 $f(x)$ 的根, 即 $f(\sqrt[n]{p_1 p_2 \cdots p_r}) = 0$. 若 $\sqrt[n]{p_1 p_2 \cdots p_r}$ 是有理数, 则 $f(x)$ 有有理根. 因为 $n > 1$, 所以 $f(x)$ 在有理数域上可约, 矛盾. 故 $\sqrt[n]{p_1 p_2 \cdots p_r}$ 是无理数. □

1.10* 实系数多项式的实根

由 1.9 节的讨论可知, 复系数多项式的根都是复数. 对于有理系数多项式, 我们可以确定它的全部有理根. 本节我们讨论实系数多项式的实根问题. 这里主要介绍**笛卡儿符号律** (Descartes rule of signs) 和**施图姆**[①]**定理** (Sturm theorem). 为此, 我们先介绍变号数的概念.

定义 1.10.1 设 $q_1, q_2, \cdots, q_m$ 是实数序列. 若 $q_j q_{j+1} < 0$, 则说 q_j 与 q_{j+1} 之间有一个**变号** (sign variation); 若 $q_{j+1} = \cdots = q_{j+s-1} = 0$, 但 $q_j q_{j+s} < 0$, 则说 $q_j, q_{j+1}, \cdots, q_{j+s}$ 之间有一个变号. 序列 $q_1, q_2, \cdots, q_m$ 中的变号总数称为该序列的**变号数** (number of sign variations).

设 $q_1, q_2, \cdots, q_m$ 是实数序列. 由定义可知

(1) 若 $q_1 q_m > 0$, 则 $q_1, q_2, \cdots, q_m$ 的变号数为偶数;

(2) 若 $q_1 q_m < 0$, 则 $q_1, q_2, \cdots, q_m$ 的变号数为奇数.

为了证明笛卡儿符号律, 我们先证一个引理.

引理 1.10.2 设 $f(x) = a_0 x^n + a_1 x^{n-1} + \cdots + a_{n-1} x + a_n \in \mathbb{R}[x]$, 且 $a_0 > 0$, $a_n \neq 0$. 若 $f(x)$ 有 p 个正根 (重根按重数计算), 则 p 是偶数当且仅当 $a_n > 0$; p 是奇数当且仅当 $a_n < 0$.

证明 不妨设 $\alpha_1 < \alpha_2 < \cdots < \alpha_k$ 是 $f(x)$ 的所有互不相同的正根, 并且它们的重数分别为 $r_1, r_2, \cdots, r_k$, 则

$$f(x) = (x-\alpha_1)^{r_1}(x-\alpha_2)^{r_2}\cdots(x-\alpha_k)^{r_k} g(x),$$

其中 $r_1 + r_2 + \cdots + r_k = p, g(x) \in \mathbb{R}[x]$ 且 $g(x)$ 无正根. 注意当 $p = 0$ 时, $g(x) = f(x)$. 由于 $\deg(g(x)) = n - p$, 可设

$$g(x) = b_0 x^{n-p} + b_1 x^{n-p-1} + \cdots + b_{n-p-1} x + b_{n-p},$$

① Jacques Charles Francois Sturm, 1803—1855, 法国数学家.

则 $b_0 = a_0$ 且

$$(-1)^p \alpha_1^{r_1} \alpha_2^{r_2} \cdots \alpha_k^{r_k} b_{n-p} = (-1)^{r_1+r_2+\cdots+r_k} \alpha_1^{r_1} \alpha_2^{r_2} \cdots \alpha_k^{r_k} b_{n-p} = a_n. \quad (1.10.1)$$

由 $a_n \neq 0$ 知, $b_{n-p} \neq 0$.

若 $g(0) = b_{n-p} < 0$, 注意当 x 充分大时, $g(x)$ 与 b_0 同号为正, 从而由连续函数的零点定理知 $g(x)$ 有正根, 这与 $g(x)$ 无正根矛盾. 因此 $b_{n-p} > 0$. 故由表达式 (1.10.1) 知, p 是偶数当且仅当 $a_n > 0$; p 是奇数当且仅当 $a_n < 0$. □

定理 1.10.3 (**笛卡儿符号律**)　*设 $f(x) = a_0x^n + a_1x^{n-1} + \cdots + a_{n-1}x + a_n$ 是实系数多项式, 其中 $a_0 > 0, a_n \neq 0$. 若 $f(x)$ 有 p 个正根 (重根按重数计算), 而序列 $a_0, a_1, \cdots, a_{n-1}, a_n$ 的变号数为 μ, 则 (1) $p \leqslant \mu$; (2) $\mu - p$ 是偶数.*

证明　由 $a_0 > 0$ 知, $a_n > 0$ 时, μ 为偶数; $a_n < 0$ 时, μ 为奇数. 因此由引理 1.10.2 知, p 与 μ 的奇偶性相同, 故 (2) 成立.

下面证明: (1) $p \leqslant \mu$. 对 $f(x)$ 的次数 n 用归纳法.

当 $n = 1$ 时, $f(x) = a_0x + a_1 = a_0\left(x + \dfrac{a_1}{a_0}\right)$. 因此 $f(x)$ 有正根的充分必要条件是 $a_0a_1 < 0$. 故 $p \leqslant \mu$.

设 $n > 1$. 取整数 m $(0 \leqslant m \leqslant n-1)$ 使得 $a_m \neq 0$, 但 $a_{m+1} = \cdots = a_{n-1} = 0$, 则 $f(x) = a_0x^n + a_1x^{n-1} + \cdots + a_mx^{n-m} + a_n$, 从而

$$f'(x) = na_0x^{n-1} + (n-1)a_1x^{n-2} + \cdots + (n-m)a_mx^{n-m-1}.$$

以 μ' 表示序列 $na_0, (n-1)a_1, \cdots, (n-m)a_m$ 的变号数. 显然, 当 $a_na_m > 0$ 时, $\mu = \mu'$; 当 $a_na_m < 0$ 时, $\mu = \mu' + 1$. 若 $p = 0$, 即 $f(x)$ 无正根, 则 $p \leqslant \mu$. 设 $p > 0$. 令 $\alpha_1, \alpha_2, \cdots, \alpha_k$ 是 $f(x)$ 的所有互不相同的正根, 并且 $\alpha_1 < \alpha_2 < \cdots < \alpha_k$, $\alpha_1, \alpha_2, \cdots, \alpha_k$ 的重数分别是 $r_1, r_2, \cdots, r_k$, 则 $r_1 + r_2 + \cdots + r_k = p$. 于是, $\alpha_1, \alpha_2, \cdots, \alpha_k$ 分别是 $f'(x)$ 的 $r_1-1, r_2-1, \cdots, r_k-1$ 重根. 另外, 由数学分析中的罗尔①定理知, 在开区间 (α_j, α_{j+1}) 内, $f'(x)$ 至少有一个根, $j = 1, 2, \cdots, k-1$. 所以, 在闭区间 $[\alpha_1, \alpha_k]$ 上, $f'(x)$ 至少有 $r_1 - 1 + r_2 - 1 + \cdots + r_k - 1 + k - 1 = p - 1$ 个根.

若 $a_na_m < 0$ 时, 则 $\mu = \mu' + 1$. 由归纳假设可知, $f'(x)$ 的正根的个数 $\leqslant \mu'$. 而 $f'(x)$ 至少有 $p - 1$ 个正根. 故 $p - 1 \leqslant \mu'$, 从而 $p \leqslant \mu' + 1 = \mu$.

若 $a_na_m > 0$ 时, 则 $\mu = \mu'$. 由归纳假设可知, $p - 1 \leqslant \mu' = \mu$. 由于 $\mu - p$ 是偶数, 所以 $p - 1 \neq \mu$, 从而 $p - 1 \leqslant \mu - 1$, 即 $p \leqslant \mu$. □

① Michel Rolle, 1652—1719, 法国数学家.

注记 1.10.4 令 $g(x) = f(-x)$, 则 $g(x)$ 的正根的个数就是 $f(x)$ 的负根的个数.

例 1.10.5 设 $f(x) = x^4 - x^3 - 1$, 确定 $f(x)$ 的实根的个数.

解 $f(x) = x^4 - x^3 - 1$ 的系数序列为 $1, -1, 0, 0, -1$, 其变号数为 1. 故 $f(x)$ 的正根个数 $p \leqslant 1$. 由于 $1 - p$ 为偶数, 所以 $p = 1$, 即 $f(x)$ 有一个正根. 又 $f(-x) = x^4 + x^3 - 1$, 其系数序列的变号数为 1. 因此, $f(-x)$ 只有一个正根, 即 $f(x)$ 只有一个负根. 故 $f(x)$ 的实根的个数为 2 (一个正根, 一个负根). □

定义 1.10.6 设 $f(x) \in \mathbb{R}[x], a, b \in \mathbb{R}$ 且 $a < b$. 若以 $f(x)$ 为首的非 0 实系数多项式的序列

$$f_0(x) = f(x), f_1(x), \cdots, f_m(x) \tag{1.10.2}$$

在闭区间 $[a, b]$ 上满足下列条件:

(1) 最后一个多项式 $f_m(x)$ 没有根,

(2) 若 c 是 $f_j(x)$ $(0 < j < m)$ 的根, 则 $f_{j-1}(c)$ 与 $f_{j+1}(c)$ 异号,

(3) 若 c 是 $f(x)$ 的根, 则 $f(x)f_1(x)$ 在 $x = c$ 的附近单调上升, 即存在充分小的正数 δ 使得 $f(x)$ 与 $f_1(x)$ 在 $(c - \delta, c)$ 中异号, 而在 $(c, c + \delta)$ 中同号, 则称序列 (1.10.2) 为 $f(x)$ 在 $[a, b]$ 上的**施图姆序列** (Sturm sequence).

设 $f(x) \in \mathbb{R}[x]$, $\deg(f(x)) \geqslant 1$. 令 $f_0(x) = f(x)$, $f_1(x) = f'(x)$. 由辗转相除法知

$$\begin{aligned}
&f_0(x) = q_1(x)f_1(x) - f_2(x), && \deg(f_2(x)) < \deg(f_1(x)),\\
&f_1(x) = q_2(x)f_2(x) - f_3(x), && \deg(f_3(x)) < \deg(f_2(x)),\\
&\qquad\vdots && \qquad\vdots\\
&f_{m-2}(x) = q_{m-1}(x)f_{m-1}(x) - f_m(x), && \deg(f_m(x)) < \deg(f_{m-1}(x)),\\
&f_{m-1}(x) = q_m(x)f_m(x).
\end{aligned} \tag{1.10.3}$$

定理 1.10.7 若 $f(x)$ 在复数域中无重根, 则表达式 (1.10.3) 中构造的多项式序列

$$f_0(x) = f(x), f_1(x), \cdots, f_m(x) \tag{1.10.4}$$

是 $f(x)$ (在任意闭区间上) 的一个施图姆序列, 称之为**标准施图姆序列** (standard Sturm sequence).

证明 因为 $f(x)$ 无重根, 所以, 由推论 1.7.10 知, $(f(x), f'(x)) = 1$. 于是,

由表达式 (1.10.3) 中的构造可知

$$\begin{aligned}1&=(f(x),f'(x))\\&=(f_0(x),f_1(x))=(f_1(x),f_2(x))=\cdots=(f_{m-1}(x),f_m(x))=c_mf_m(x),\end{aligned}$$

其中 $f_m(x)$ 是非零常数, $c_m=\dfrac{1}{f_m(x)}$.

下面证明序列 (1.10.4) 满足施图姆序列定义中的 3 条.

(1) 因为 $f_m(x)$ 是非零常数, 所以 $f_m(x)$ 没有根.

(2) 设 $f_j(c)=0$ $(0<j<m)$. 若 $f_{j-1}(c)=0$, 则 c 是 $(f_{j-1}(x),f_j(x))=(f(x),f'(x))$ 的根, 从而 c 是 $f(x)$ 的重根, 矛盾. 因此 $f_{j-1}(c)\neq 0$. 同理可得, $f_{j+1}(c)\neq 0$. 再由 $f_{j-1}(x)=q_j(x)f_j(x)-f_{j+1}(x)$ 知, $f_{j-1}(c)=-f_{j+1}(c)$. 故 (2) 成立.

(3) 假设 $f(c)=0$, 则 $f(x)=(x-c)q(x)$, 其中 $q(c)\neq 0$, 并且

$f(x)f_1(x)=(x-c)q(x)\left(q(x)+(x-c)q'(x)\right)=(x-c)\left(q^2(x)+(x-c)q(x)q'(x)\right)$.

令 $g(x)=q^2(x)+(x-c)q(x)q'(x)$, 则 $f(x)f_1(x)=(x-c)g(x)$.

由于 $g(c)=q^2(c)>0$, 所以 $f(x)f_1(x)$ 在 $x=c$ 的附近单调上升, 即 (3) 成立. □

设 $f_0(x)=f(x),f_1(x),\cdots,f_m(x)$ 为实系数多项式 $f(x)$ 的一个施图姆序列, c 为任意实数, 实数序列 $f_0(c),f_1(c),\cdots,f_m(c)$ 的变号数常记为 $V_c(f)$.

定理 1.10.8 (施图姆定理) 设 $f(x)\in\mathbb{R}[x],\deg(f(x))\geqslant 1$, $f(x)$ 在复数域中无重根, $a,b\in\mathbb{R}$ 且 $a<b$, $f(a)f(b)\neq 0$. 若 $f_0(x)=f(x),f_1(x),\cdots,f_m(x)$ 为 $f(x)$ 在 $[a,b]$ 上的一个施图姆序列, 则 $f(x)$ 在 (a,b) 内的实根个数等于 $V_a(f)-V_b(f)$.

这里我们省去施图姆定理的证明, 有兴趣的读者可参阅文献 [10, 17, 20].

注记 1.10.9 (1) 若 $f_0(x),f_1(x),\cdots,f_m(x)$ 是 $f(x)$ 的一个施图姆序列, 则

$$c_0f_0(x),\quad c_1f_1(x),\quad \cdots,\quad c_mf_m(x)$$

是 $c_0f(x)$ 的一个施图姆序列, 其中 $c_0,c_1,\cdots,c_m$ 是任意 m 个正常数.

(2) 如果 $f(x)$ 在复数域中有重根, 可用 $\dfrac{f(x)}{(f(x),f'(x))}$ 代替 $f(x)$.

事实上, 令$g(x)=\dfrac{f(x)}{(f(x),f'(x))}$, 则由 1.7 节可知, $g(x)$ 在复数域中无重根, 并且 $g(x)$ 与 $f(x)$ 有完全相同的根 (不计重数). 由施图姆定理知, $V_a(g)-V_b(g)$ 是 $g(x)$ 在 (a,b) 内的实根个数, 也就是 $f(x)$ 在 (a,b) 内的不同的实根个数.

(3) 施图姆定理是由施图姆于 1829 年给出的, 利用该定理可以求出一个实系数多项式的不同实根的个数, 也可以把根隔离 (对于一个实根, 指出一个仅含这个实根而不含其他实根的区间). 据说, 施图姆本人常常这样表达对于自己成就的自豪感. 在给学生讲述了定理的证明后, 他补充道, “这就是以我的名字命名的定理”.

例 1.10.10 求 $f(x)=x^4-6x^2-4x+2$ 的实根的个数.

解 $f'(x)=4x^3-12x-4=4(x^3-3x-1)$.

令 $f_0(x)=f(x), f_1(x)=x^3-3x-1$, 则 $f_0(x)=xf_1(x)-(3x^2+3x-2)$.

取 $f_2(x)=3x^2+3x-2$, 则 $f_1(x)=\left(\frac{1}{3}x-\frac{1}{3}\right)f_2(x)-\frac{1}{3}(4x+5)$;

取 $f_3(x)=4x+5$, 则 $f_2(x)=\left(\frac{3}{4}x-\frac{3}{16}\right)f_3(x)-\frac{7}{16}$; 再取 $f_4(x)=1$.

于是 $f_0(x), f_1(x), f_2(x), f_3(x), f_4(x)$ 是 $f(x)$ 的一个施图姆序列.

让 x 取一些值, 计算出序列中每个多项式所取的相应的值的符号, 列表如下:

x	$f_0(x)$	$f_1(x)$	$f_2(x)$	$f_3(x)$	$f_4(x)$	变号数
$-\infty$	+	−	+	−	+	4
0	+	−	−	+	+	2
$+\infty$	+	+	+	+	+	0

故 $f(x)$ 有 4 个实根 (两个正根, 两个负根). □

例 1.10.11 求 $f(x)=1+\frac{x}{1}+\frac{x^2}{2!}+\cdots+\frac{x^{n-1}}{(n-1)!}+\frac{x^n}{n!}$ 的实根的个数.

解 若多项式 $f(x)$ 有实根, 则该实根必位于某个开区间 $(-M,-\epsilon)$ 之内, 其中 M 是充分大的正数, ϵ 是充分小的正数.

对 $f(x)$ 求导得, $f'(x)=1+\frac{x}{1}+\frac{x^2}{2!}+\cdots+\frac{x^{n-1}}{(n-1)!}$.

令 $f_0(x)=f(x), f_1(x)=f'(x)$, 则 $f_0(x)=f_1(x)+\frac{x^n}{n!}=f_1(x)-\left(-\frac{x^n}{n!}\right)$.

取 $f_2(x)=-\frac{x^n}{n!}$, 则 $f_0(x), f_1(x), f_2(x)$ 是 $f(x)$ 在 $[-M,-\epsilon]$ 上的一个施图姆序列 (读者自己验证).

类似于例 1.10.10, 列表如下:

x	$f_0(x)$	$f_1(x)$	$f_2(x)$	变号数	
				n 为偶数	n 为奇数
$-M$	$(-1)^n$	$(-1)^{n-1}$	$(-1)^{n-1}$	1	1
$-\epsilon$	+	+	$(-1)^{n-1}$	1	0

由此可见, 当 n 为偶数时, $f(x)$ 无负根; 当 n 为奇数时, $f(x)$ 有一个负根. 所以, 当 n 为偶数时, $f(x)$ 无实根; 当 n 为奇数时, $f(x)$ 有一个实根. □

1.11* 多元多项式

前面讨论了一元多项式及其基本性质, 现在我们简单介绍多元多项式的概念. 设 F 是数域, x 是未定元, 我们已经定义了系数在 F 中的一元多项式环 $F[x]$. 设 y 是未定元, 类似可以定义系数在 $F[x]$ 中的一元多项式环 $F[x][y]$, 其中的元素称为数域 F 上的二元多项式. 例如, x^2+y^2-1, $x^5+y^4-3x^2y^3+6xy^2-3x+4y+2$ 等都是二元多项式. 一般情况下, 可如下定义 n 元多项式.

定义 1.11.1 设 F 是数域, 整数 $n \geqslant 2$, $x_1, x_2, \cdots, x_n$ 是 n 个未定元. 定义 F 上的 n **元多项式环** (ring of polynomials over F in n indeterminates $x_1, x_2, \cdots, x_n$) $F[x_1, x_2, \cdots, x_n] = F[x_1, x_2, \cdots, x_{n-1}][x_n]$, 其中的元素称为数域 F 上关于未定元 $x_1, x_2, \cdots, x_n$ 的 n **元多项式** (polynomial over F in n indeterminates x_1, x_2, $\cdots, x_n$). $F[x_1, x_2, \cdots, x_n]$ 中形如 $ax_1^{k_1}x_2^{k_2}\cdots x_n^{k_n}$ ($a \in F$, k_i 是自然数, $1 \leqslant i \leqslant n$) 的元素称为 n 元**单项式** (monomial), a 称为该单项式的系数, 常记 $a = a_{k_1k_2\cdots k_n}$ 以便指明它是哪一个单项式的系数. 当 $a \neq 0$ 时, 称 $k_1+k_2+\cdots+k_n$ 为该**单项式的次数** (degree of a monomial); 当 $a=0$ 时, 称该单项式为零单项式 (零单项式是唯一不定义次数的单项式).

由定义可知, 数域 F 上 (关于未定元 $x_1, x_2, \cdots, x_n$) 的每个 n 元多项式都是有限个单项式的和 $\sum\limits_{k_1k_2\cdots k_n} a_{k_1k_2\cdots k_n}x_1^{k_1}x_2^{k_2}\cdots x_n^{k_n}$.

设 $ax_1^{k_1}x_2^{k_2}\cdots x_n^{k_n}$ 与 $bx_1^{l_1}x_2^{l_2}\cdots x_n^{l_n}$ 是两个单项式. 若 $ab \neq 0$ 并且 $k_1 = l_1, k_2 = l_2, \cdots, k_n = l_n$, 则称它们是**同类项** (like term 或 similar term). 规定: 零单项式只能与零单项式同类.

每个 n 元多项式都可表为有限个互不同类的单项式之和, 其中非零单项式的最高次数称为这个 n **元多项式的次数** (degree of a polynomial in n indeterminates).

多元多项式与一元多项式有很多类似的性质, 例如, 唯一分解定理对数域 F 上多元多项式也成立, 这个结论的证明将在抽象代数课程中讨论, 有兴趣的读者

可参阅文献 [39], 但是, 当 $n \geqslant 2$ 时, $F[x_1, x_2, \cdots, x_n]$ 中没有带余除法.

以后常用 $f(x_1, x_2, \cdots, x_n), g(x_1, x_2, \cdots, x_n), \cdots$ 表示 n 元多项式, $\deg(f)$ 表示 $f(x_1, x_2, \cdots, x_n)$ 的次数.

我们知道, 一元多项式的首项就是该多项式中次数最高的项. 尽管每个 n 元多项式 $f(x_1, x_2, \cdots, x_n)$ 都可表为互不同类的单项式之和, 但是, 我们不能把表达式中次数最高的单项式称为 $f(x_1, x_2, \cdots, x_n)$ 的首项 (因为不同类的单项式可能有相同的次数). 为此, 我们需要对 $f(x_1, x_2, \cdots, x_n)$ 的表达式中的单项式规定一个排列顺序, 从而给出首项的概念.

当 $a \neq 0$ 时, 每一类单项式 $ax_1^{k_1}x_2^{k_2}\cdots x_n^{k_n}$ 都对应一个 n 元有序自然数组 $(k_1, k_2, \cdots, k_n)$, 这个对应是一一对应. 为了给出各类单项式之间的排列顺序, 只需要对 n 元有序自然数组定义一个先后顺序就行了.

设 $(k_1, k_2, \cdots, k_n)$ 与 $(l_1, l_2, \cdots, l_n)$ 都是 n 元有序自然数组. 若存在 $1 \leqslant i \leqslant n$ 使得 $k_1 = l_1, k_2 = l_2, \cdots, k_{i-1} = l_{i-1}, k_i > l_i$, 则称 $(k_1, k_2, \cdots, k_n)$ 先于 $(l_1, l_2, \cdots, l_n)$, 记为 $(k_1, k_2, \cdots, k_n) > (l_1, l_2, \cdots, l_n)$.

由上述定义可以看出, 对于任意两个 n 元有序自然数组 $(k_1, k_2, \cdots, k_n)$ 与 $(l_1, l_2, \cdots, l_n)$, 关系

$$
\begin{gathered}
(k_1, k_2, \cdots, k_n) > (l_1, l_2, \cdots, l_n), \\
(k_1, k_2, \cdots, k_n) = (l_1, l_2, \cdots, l_n), \\
(l_1, l_2, \cdots, l_n) > (k_1, k_2, \cdots, k_n)
\end{gathered}
$$

中有一个且仅有一个成立.

若 $(k_1, k_2, \cdots, k_n) > (l_1, l_2, \cdots, l_n)$, 则称单项式 $ax_1^{k_1}x_2^{k_2}\cdots x_n^{k_n}$ 先于单项式 $bx_1^{l_1}x_2^{l_2}\cdots x_n^{l_n}$, 其中 $ab \neq 0$.

上述方法是模仿字典排列的原则得到的, 因而称之为**字典排序法** (lexicographical order).

按字典排序法, 将一个 n 元多项式的各项排序后, 第一个非零单项式称为该多项式的**首项** (leading term).

例如, $f(x_1, x_2, x_3) = x_1x_3^4 + x_1x_2x_3 + x_2^4x_3^5 + x_3^{10}$ 按字典排列法写出来就是 $f(x_1, x_2, x_3) = x_1x_2x_3 + x_1x_3^4 + x_2^4x_3^5 + x_3^{10}$, 其首项为 $x_1x_2x_3$, 但最高次项是 x_3^{10}.

利用字典排序法可以直接验证: 若 $f(x_1, x_2, \cdots, x_n) \neq 0, g(x_1, x_2, \cdots, x_n) \neq 0$, 则乘积 $f(x_1, x_2, \cdots, x_n)g(x_1, x_2, \cdots, x_n)$ 的首项等于 $f(x_1, x_2, \cdots, x_n)$ 的首项与 $g(x_1, x_2, \cdots, x_n)$ 的首项之积. 因此, 两个非零 n 元多项式的乘积是非零的.

若 $f(x_1, x_2, \cdots, x_n)$ 中每个非零单项式都是 i 次的, 则称 $f(x_1, x_2, \cdots, x_n)$ 为 i 次**齐次多项式** (homogeneous polynomial). 显然, 两个齐次多项式的乘积仍为齐

次多项式. 任一 m 次多项式 $f(x_1,x_2,\cdots,x_n)$ 都可以唯一地表为齐次多项式之和, 即

$$f(x_1,x_2,\cdots,x_n)=\sum_{i=0}^{m} f_i(x_1,x_2,\cdots,x_n),$$

其中 $f_i(x_1,x_2,\cdots,x_n)$ 是零多项式或 i 次齐次多项式, 称之为 $f(x_1,x_2,\cdots,x_n)$ 的 i 次**齐次成分** (homogeneous component).

定义 1.11.2 设 $f(x_1,x_2,\cdots,x_n)$ 是 n 元多项式. 若对任意 $1\leqslant i<j\leqslant n$, 都有

$$f(x_1,\cdots,x_i,\cdots,x_j,\cdots,x_n)=f(x_1,\cdots,x_j,\cdots,x_i,\cdots,x_n),$$

则称 $f(x_1,x_2,\cdots,x_n)$ 是 n 元**对称多项式** (symmetric polynomial).

在讲到对称多项式时, 通常需明确是几元的. 例如, $x_1^2+x_2^2+x_1x_2$ 是二元对称多项式, 但不是三元对称多项式.

注意, 韦达公式 (1.9.1) 的一个重要特征是其左边的表达式与根的排列顺序无关, 因此我们自然引进下列 n 元对称多项式:

$$\sigma_1=x_1+x_2+\cdots+x_n=\sum_{i=1}^{n} x_i,$$

$$\sigma_2=x_1x_2+x_1x_3+\cdots+x_{n-1}x_n=\sum_{1\leqslant i<j\leqslant n} x_ix_j,$$

$$\cdots\cdots$$

$$\sigma_k=\sum_{1\leqslant i_1<i_2<\cdots<i_k\leqslant n} x_{i_1}x_{i_2}\cdots x_{i_k},$$

$$\cdots\cdots$$

$$\sigma_n=x_1x_2\cdots x_n,$$

称它们为 n 元**初等对称多项式** (elementary symmetric polynomial).

命题 1.11.3 若 n 元对称多项式 $f(x_1,x_2,\cdots,x_n)$ 的首项为 $ax_1^{k_1}x_2^{k_2}\cdots x_n^{k_n}$, 则 $k_1\geqslant k_2\geqslant\cdots\geqslant k_n$, 并且 $a\sigma_1^{k_1-k_2}\sigma_2^{k_2-k_3}\cdots\sigma_{n-1}^{k_{n-1}-k_n}\sigma_n^{k_n}$ 与 $f(x_1,x_2,\cdots,x_n)$ 有相同的首项.

证明 首先, 若存在 $k_i<k_{i+1}$, 则 $f(x_1,x_2,\cdots,x_n)$ 中必有单项式

$$ax_1^{k_1}\cdots x_i^{k_{i+1}}x_{i+1}^{k_i}\cdots x_n^{k_n},$$

这一项就先于首项, 矛盾.

其次, 因为 n 元多项式乘积的首项等于 n 元多项式首项的乘积, 所以 $a\sigma_1^{k_1-k_2}\sigma_2^{k_2-k_3}\cdots\sigma_{n-1}^{k_{n-1}-k_n}\sigma_n^{k_n}$ 的首项为

$$\begin{aligned}&ax_1^{k_1-k_2}(x_1x_2)^{k_2-k_3}\cdots(x_1x_2\cdots x_{n-1})^{k_{n-1}-k_n}(x_1x_2\cdots x_{n-1}x_n)^{k_n}\\=&ax_1^{k_1}x_2^{k_2}\cdots x_n^{k_n}.\end{aligned}$$

□

易见, 对称多项式的和、差、积仍为对称多项式, 对称多项式的多项式还是对称多项式. 特别地, 初等对称多项式的多项式是对称多项式. 事实上, 可以证明: 任一 n 元对称多项式都可唯一地表为初等对称多项式的多项式, 即有下述**对称多项式基本定理** (fundamental theorem of symmetric polynomials)

定理 1.11.4 *设 $f(x_1,x_2,\cdots,x_n)$ 是 n 元对称多项式, 则存在唯一的 n 元多项式 $\varphi(y_1,y_2,\cdots,y_n)$ 使得 $f(x_1,x_2,\cdots,x_n)=\varphi(\sigma_1,\sigma_2,\cdots,\sigma_n)$.*

关于该定理的证明, 读者可参阅文献 [17, 20]. 下面的例子告诉我们如何把一个对称多项式表为初等对称多项式的多项式.

例 1.11.5 把三元对称多项式 $f(x_1,x_2,x_3)=x_1^3+x_2^3+x_3^3$ 表为初等对称多项式的多项式.

解 **方法一** (消去首项法, 也就是证明对称多项式基本定理所用方法) 首先, $f(x_1,x_2,x_3)=x_1^3+x_2^3+x_3^3$ 的首项为 x_1^3, 它所对应的自然数组为 $(3,0,0)$.

作 $\varphi_1=\sigma_1^{3-0}\sigma_2^{0-0}\sigma_3^0=\sigma_1^3$, 则由命题 1.11.3 知, $f(x_1,x_2,x_3)$ 与 φ_1 有相同的首项. 令 $f_1=f-\varphi_1$, 则

$$\begin{aligned}f_1&=x_1^3+x_2^3+x_3^3-(x_1+x_2+x_3)^3\\&=-3(x_1^2x_2+x_1^2x_3+x_2^2x_1+x_2^2x_3+x_3^2x_1+x_3^2x_2)-6x_1x_2x_3.\end{aligned}$$

其次, f_1 的首项为 $-3x_1^2x_2$, 其对应的自然数组为 $(2,1,0)$.

作 $\varphi_2=-3\sigma_1^{2-1}\sigma_2^{1-0}\sigma_3^0=-3\sigma_1\sigma_2$, 并令 $f_2=f_1-\varphi_2$, 则 $f_2=f_1+3\sigma_1\sigma_2=f_1+3(x_1+x_2+x_3)(x_1x_2+x_1x_3+x_2x_3)=3x_1x_2x_3=3\sigma_3$. 故 $f=\varphi_1+f_1=\varphi_1+\varphi_2+f_2=\sigma_1^3-3\sigma_1\sigma_2+3\sigma_3$.

方法二 (待定系数法, 此法只适用于齐次对称多项式) 由方法一可知, 所求表达式中的 $\varphi_1,\varphi_2,\cdots$ 完全取决于对称多项式 $f,f_1,\cdots$ 中的首项, 这些首项必须满足下列条件:

(1) f 的首项先于 f_i 的首项, 当 $i<j$ 时, f_i 的首项先于 f_j 的首项;

(2) 每个首项对应的自然数组 $(k_1,k_2,\cdots,k_n)$ 满足 $k_1\geqslant k_2\geqslant\cdots\geqslant k_n$;

(3) 由于 f 是齐次的, 所以 $\sum\limits_{i=1}^{n}k_i=\deg(f)$.

对于本题, 由于 $f(x_1,x_2,x_3)=x_1^3+x_2^3+x_3^3$ 的首项为 x_1^3, 所以出现于 f 及 f_i 中的首项对应的自然数组只能是 $(3,0,0),(2,1,0),(1,1,1)$, 它们对应的 σ 的方幂分别为 $\sigma_1^{3-0}\sigma_2^{0-0}\sigma_3^0=\sigma_1^3, \sigma_1^{2-1}\sigma_2^{1-0}\sigma_3^0=\sigma_1\sigma_2, \sigma_1^{1-1}\sigma_2^{1-1}\sigma_3^1=\sigma_3$.

于是, 根据对称多项式基本定理, 可设 $f(x_1,x_2,x_3)=\sigma_1^3+a\sigma_1\sigma_2+b\sigma_3$.

为求未知数 a,b, 取 x_1,x_2,x_3 的一些特殊值, 求出 $\sigma_1,\sigma_2,\sigma_3,f$ 对应的值, 列表如下:

x_1	x_2	x_3	σ_1	σ_2	σ_3	f
1	1	0	2	1	0	2
1	1	1	3	3	1	3

因此 $\begin{cases} 8+2a=2, \\ 27+9a+b=3, \end{cases}$ 解之得 $\begin{cases} a=-3, \\ b=3. \end{cases}$

所以, $f(x_1,x_2,x_3)=\sigma_1^3-3\sigma_1\sigma_2+3\sigma_3$.

方法三 (初等方法)

$$\begin{aligned} f(x_1,x_2,x_3) &= x_1^3+x_2^3+x_3^3 \\ &= x_1^3+x_2^3+x_3^3-3x_1x_2x_3+3x_1x_2x_3 \\ &= (x_1+x_2+x_3)(x_1^2+x_2^2+x_3^2-x_1x_2-x_1x_3-x_2x_3)+3x_1x_2x_3 \\ &= (x_1+x_2+x_3)\left((x_1+x_2+x_3)^2-3(x_1x_2+x_1x_3+x_2x_3)\right)+3x_1x_2x_3 \\ &= \sigma_1(\sigma_1^2-3\sigma_2)+3\sigma_3 \\ &= \sigma_1^3-3\sigma_1\sigma_2+3\sigma_3. \end{aligned}$$

□

设 $x_1,x_2,\cdots,x_n$ 是 n 个未定元, 则差积的平方 $D=\prod\limits_{1\leqslant i<j\leqslant n}(x_i-x_j)^2$ 是一个重要的对称多项式. 由对称多项式基本定理可知, D 可表为

$$a_1=-\sigma_1, \quad a_2=\sigma_2, \quad \cdots, \quad a_k=(-1)^k\sigma_k, \quad \cdots, \quad a_n=(-1)^n\sigma_n$$

的多项式 $D(a_1,a_2,\cdots,a_n)$.

当 $x_1,x_2,\cdots,x_n$ 分别取定数值时, $f(x)=(x-x_1)(x-x_2)\cdots(x-x_n)$ 是 x 的 n 次多项式, 其根为 $x_1,x_2,\cdots,x_n$.

由韦达公式 (1.9.1) 知, $f(x)=x^n+a_1x^{n-1}+\cdots+a_{n-1}x+a_n$.

易见, $f(x)$ 有重根当且仅当 $D(a_1,a_2,\cdots,a_n)=\prod\limits_{1\leqslant i<j\leqslant n}(x_i-x_j)^2=0$.

通常称 $D(a_1,a_2,\cdots,a_n)$ 为一元多项式 $f(x)=x^n+a_1x^{n-1}+\cdots+a_{n-1}x+a_n$ 的**判别式** (discriminant).

当 $n=2$ 时, $f(x)=x^2+a_1x+a_2$, $D=(x_1-x_2)^2=(x_1+x_2)^2-4x_1x_2=\sigma_1^2-4\sigma_2$. 故 f 的判别式为 $D(a_1,a_2)=(-a_1)^2-4a_2=a_1^2-4a_2$.

当 $n=3$ 时, $f(x)=x^3+a_1x^2+a_2x+a_3$, $D=(x_1-x_2)^2(x_1-x_3)^2(x_2-x_3)^2$ 是一个 6 次齐次多项式, 其首项为 $x_1^4x_2^2$.

根据待定系数法, 所有可能的首项对应的自然数组和相应的 σ 的方幂可列表如下:

自然数组	对应的 σ 的方幂
$(4,2,0)$	$\sigma_1^{4-2}\sigma_2^{2-0}\sigma_3^0=\sigma_1^2\sigma_2^2$
$(4,1,1)$	$\sigma_1^{4-1}\sigma_2^{1-1}\sigma_3^1=\sigma_1^3\sigma_3$
$(3,3,0)$	$\sigma_1^{3-3}\sigma_2^{3-0}\sigma_3^0=\sigma_2^3$
$(3,2,1)$	$\sigma_1^{3-2}\sigma_2^{2-1}\sigma_3^1=\sigma_1\sigma_2\sigma_3$
$(2,2,2)$	$\sigma_1^{2-2}\sigma_2^{2-2}\sigma_3^2=\sigma_3^2$

于是, 可设 $D=\sigma_1^2\sigma_2^2+a\sigma_1^3\sigma_3+b\sigma_2^3+c\sigma_1\sigma_2\sigma_3+d\sigma_3^2$. 类似于例 1.11.5, 取 x_1,x_2,x_3 的一些特殊值, 得到下表:

x_1	x_2	x_3	σ_1	σ_2	σ_3	D
1	1	0	2	1	0	0
1	1	1	3	3	1	0
1	1	−1	1	−1	−1	0
2	−1	−1	0	−3	2	0

所以 $\begin{cases} 4+b=0, \\ 81+27a+27b+9c+d=0, \\ 1-a-b+c+d=0, \\ -27b+4d=0, \end{cases}$ 解之得 $\begin{cases} a=-4, \\ b=-4, \\ c=18, \\ d=-27. \end{cases}$

故 $D=\sigma_1^2\sigma_2^2-4\sigma_1^3\sigma_3-4\sigma_2^3+18\sigma_1\sigma_2\sigma_3-27\sigma_3^2$.

因为 $\sigma_1=-a_1,\sigma_2=a_2,\sigma_3=-a_3$, 所以 f 的判别式

$$D=a_1^2a_2^2-4a_1^3a_3-4a_2^3+18a_1a_2a_3-27a_3^2.$$

特别地, 多项式 x^3+px+q 的判别式为 $D=-4p^3-27q^2=-4\times 27\left(\dfrac{q^2}{4}+\dfrac{p^3}{27}\right)$.

因此, x^3+px+q 有重根当且仅当 $\dfrac{q^2}{4}+\dfrac{p^3}{27}=0$.

习 题 1

1. 设 $n\geqslant 1$, 找出 $1+\sum\limits_{k=1}^{n}k!\cdot k$ 的计算公式, 并用归纳法证明你的结论.
2. 证明: 任一正整数 n 有唯一分解 $n=2^s t$, 其中 s 是自然数, t 是奇数.
3. 设 m,n 是整数并且 $n>0$. 用归纳法证明: 存在一对整数 q,r 使得 $m=qn+r,\quad 0\leqslant r<n$.
4. 证明: $1+\dfrac{1}{8}+\dfrac{1}{27}+\cdots+\dfrac{1}{n^3}<\dfrac{29}{24}$, 其中 $n\geqslant 1$.
5. 证明: $9|(7^n+3n-1)$, 其中 $n\geqslant 1$.
6. 证明: $8|(5^n+2\times 3^{n-1}+1)$, 其中 $n\geqslant 1$.
7. 设 m,n 是两个不全为零的整数. 用良序原理证明: 存在整数 u,v 使得 $(m,n)=um+vn$.
8. 用良序原理证明: 每个大于 1 的整数可表为有限个素数之积.
9. 设整数 $m\geqslant 2$ 并且 m 不能被任何小于等于 $\sqrt{m}$ 的素数整除. 证明: m 是素数.
10. 证明注记 1.2.2 中整数的同余的 6 条性质.
11. 设 n 为正整数, 求 $(1+\cos\alpha+\mathrm{i}\sin\alpha)^n$.
12. 设 n 为正整数, 求下列和:

    (1) $\sum\limits_{k=0}^{[\frac{n}{2}]}(-1)^k\mathrm{C}_n^{2k}$;

    (2) $\sum\limits_{k=0}^{[\frac{n-1}{2}]}(-1)^k\mathrm{C}_n^{2k+1}$;

    (3) $\sum\limits_{k=0}^{n}(-1)^k\mathrm{C}_n^{k}\cos(k+1)x$;

    (4) $\sum\limits_{k=0}^{n}(-1)^k\mathrm{C}_n^{k}\sin(k+1)x$.
13. 证明: $P=\{a+b\sqrt[3]{2}+c\sqrt[3]{4}\mid a,b,c\in\mathbb{Q}\}$ 是数域.
14. 求 $f(x)$ 除以 $g(x)$ 的商 $q(x)$ 及余式 $r(x)$.

    (1) $f(x)=2x^5-5x^3-8x,\ g(x)=x+3$;

    (2) $f(x)=x^6-6x^4+12x^2-8,\ g(x)=x^2-x+2$.
15. 把 $f(x)$ 表示成 $x-x_0$ 的方幂的和, 即表成 $c_0+c_1(x-x_0)+c_2(x-x_0)^2+\cdots$ 的形式.

    (1) $f(x)=x^5,\ x_0=2$;

    (2) $f(x)=x^4-2x^2+3,\ x_0=-2$.
16. 确定下列多项式 $f(x)$ 与 $g(x)$ 的未知系数使得 $g(x)|f(x)$:

    (1) $f(x)=x^4+3x^2+ax+b,\ g(x)=x^2-2ax+2$;

    (2) $f(x)=x^3+px+q,\ g(x)=x^2+mx-1$.

17. 求下列各组多项式的最大公因式:

(1) $f(x)=x^4+x^3-3x^2-4x-1,\ g(x)=x^3+x^2-x-1$;

(2) $f(x)=x^4-4x^3+1,\ g(x)=x^3-3x^2+1$.

18. 求 $u(x)$ 与 $v(x)$ 使得 $u(x)f(x)+v(x)g(x)=(f(x),g(x))$:

(1) $f(x)=x^4-x^3-4x^2+4x+1,\ g(x)=x^2-x-1$;

(2) $f(x)=3x^5+5x^4-16x^3-6x^2-5x-6,\ g(x)=3x^4-4x^3-x^2-x-2$;

(3) $f(x)=x^3,\ g(x)=(1-x)^2$.

19. 设 $f(x)=x^3+(1+t)x^2+2x+2u, g(x)=x^3+tx+u$ 的最大公因式是一个二次多项式, 求 t,u 的值.

20. 设 $f(x),g(x),d(x)$ 都是多项式. 证明: 如果 $d(x)$ 是 $f(x)$ 与 $g(x)$ 的公因式, 并且 $d(x)$ 是 $f(x)$ 与 $g(x)$ 的一个组合, 那么 $d(x)$ 是 $f(x)$ 与 $g(x)$ 的一个最大公因式.

21. 设 $f(x),g(x),h(x)$ 都是多项式. 证明: 若 $f(x),g(x)$ 不全为零, 并且 $h(x)$ 是首一多项式, 则

$$(f(x)h(x),g(x)h(x))=(f(x),g(x))h(x).$$

22. 设 $f_1(x),f_2(x),\cdots,f_m(x),g_1(x),g_2(x),\cdots,g_n(x)$ 都是多项式. 如果

$$(f_i(x),g_j(x))=1,\quad i=1,2,\cdots,m;\quad j=1,2,\cdots,n,$$

证明: $(f_1(x)f_2(x)\cdots f_m(x),g_1(x)g_2(x)\cdots g_n(x))=1$.

23. 设 $f(x),g(x)$ 都是多项式. 证明:

$$(f(x),g(x))=1 \text{ 当且仅当 } (f(x)g(x),f(x)+g(x))=1.$$

24. 设 $f(x),g(x)$ 都是多项式并且 $\dfrac{f(x)}{(f(x),g(x))},\dfrac{g(x)}{(f(x),g(x))}$ 的次数大于零. 证明: 存在唯一一对多项式 $u(x),v(x)$ 使得 $u(x)f(x)+v(x)g(x)=(f(x),g(x))$, 并且

$$\deg(u(x))<\deg\left(\frac{g(x)}{(f(x),g(x))}\right),\quad \deg(v(x))<\deg\left(\frac{f(x)}{(f(x),g(x))}\right).$$

25. 求下列多项式的最小公倍式:

(1) $f(x)=x^4-4x^3+1,\ g(x)=x^3-3x^2+1$;

(2) $f(x)=x^4-x-1+\mathrm{i},\ g(x)=x^2+1$.

26. 设 $f(x),\ g(x)$ 都是数域 F 上的首一多项式, n 是正整数. 证明:

$$(f^n(x),g^n(x))=(f(x),g(x))^n,\quad [f^n(x),g^n(x)]=[f(x),g(x)]^n.$$

27. 设 $f_i(x)\in F[x],i=1,2,\cdots,n$. 如果 $f_1(x),f_2(x),\cdots,f_n(x)$ 不全为零, 证明存在 $u_i(x)\in F[x],i=1,2,\cdots,n$, 使得

$$u_1(x)f_1(x)+u_2(x)f_2(x)+\cdots+u_n(x)f_n(x)=(f_1(x),f_2(x),\cdots,f_n(x)).$$

28. 设 $f(x)$ 是次数 $\geqslant 1$ 的首一多项式. 证明下列陈述等价:

(1) $f(x)$ 是一个不可约多项式的方幂;

(2) 对任意多项式 $g(x)$, 必有 $(f(x),g(x))=1$, 或者存在某个正整数 m 使得 $f(x)|g^m(x)$;

(3) 对任意两个多项式 $g(x)$ 和 $h(x)$, 若 $f(x)|g(x)h(x)$, 则 $f(x)|g(x)$, 或者存在某个正整数 m 使得 $f(x)|h^m(x)$.

29. 判别下列多项式有无重因式:

(1) $f(x)=x^5-5x^4+7x^3-2x^2+4x-8$;

(2) $f(x)=x^4+4x^2-4x-3$.

30. 求下列多项式的重因式:

(1) $f(x)=x^3-7x^2+16x-12$;

(2) $f(x)=x^4-11x^2+18x-8$.

31. 设 $f(x)=x^3+2x^2+2x+1, g(x)=x^4+x^3+2x^2+x+1$. 求 $f(x)$ 与 $g(x)$ 的公共根.

32. 求 t 使得 $f(x)=x^3-3x^2+tx-1$ 有重根.

33. 求多项式 x^3+px+q 有重根的充分必要条件.

34. 如果 $(x-1)^2|(Ax^4+Bx^2+1)$, 求 A,B.

35. 证明: $1+\dfrac{x}{1}+\dfrac{x^2}{2!}+\cdots+\dfrac{x^n}{n!}$ 没有重根.

36. 设 a 是 $f'''(x)$ 的 k 重根. 证明: a 是

$$g(x)=\frac{x-a}{2}\left(f'(x)+f'(a)\right)-f(x)+f(a)$$

的 $k+3$ 重根.

37. 设 $f(x)$ 是多项式, n 是正整数. 证明: 如果 $(x-1)|f(x^n)$, 那么 $(x^n-1)|f(x^n)$.

38. 设 $f_1(x),f_2(x)$ 是多项式, $(x^2+x+1)|(f_1(x^3)+xf_2(x^3))$. 证明:

$$(x-1)|f_1(x),\quad (x-1)|f_2(x).$$

39*. 设 n 是正整数. 证明存在整系数多项式 $f_n(x)$ 使得 $\cos(nx)=f_n(\cos x)$. 试问: 是否对任意正整数 n, 都存在整系数多项式 $g_n(x)$ 使得 $\sin(nx)=g_n(\sin x)$? 请找出使得 $\sin(nx)=g_n(\sin x)$ 成立的所有正整数 n.

40. 将多项式 x^n-1 分别在复数范围内和实数范围内因式分解.

41. 设 n 为正整数. 证明:

(1) $\sin\dfrac{\pi}{2n}\sin\dfrac{2\pi}{2n}\cdots\sin\dfrac{(n-1)\pi}{2n}=\dfrac{\sqrt{n}}{2^{n-1}}$, 其中 $n>1$;

(2) $\cos\dfrac{\pi}{2n+1}\cos\dfrac{2\pi}{2n+1}\cdots\cos\dfrac{n\pi}{2n+1}=\dfrac{1}{2^n}$.

42. 设 $f(x)$ 是非零多项式, 整数 $n>1$, $f(x)|f(x^n)$. 证明: $f(x)$ 的根只能是零或单位根.

43. 设 $a_1,a_2,\cdots,a_n$ 是 n 个互不相同的数, $F(x)=(x-a_1)(x-a_2)\cdots(x-a_n)$. 证明:

(1) $\sum\limits_{i=1}^{n}\dfrac{F(x)}{(x-a_i)F'(a_i)}=1$;

(2) 任意多项式 $f(x)$ 除以 $F(x)$ 所得余式为 $\sum\limits_{i=1}^{n}\dfrac{f(a_i)F(x)}{(x-a_i)F'(a_i)}$.

44. 设 $a_1, a_2, \cdots, a_n$ 与 $F(x)$ 同上题, $b_1, b_2, \cdots, b_n$ 是任意 n 个数, 则

$$L(x) = \sum_{i=1}^{n} \frac{b_i F(x)}{(x - a_i)F'(a_i)}$$

适合条件 $L(a_i) = b_i, i = 1, 2, \cdots, n$. 通常称 $L(x)$ 为**拉格朗日**[1]**插值公式** (Lagrange interpolation formula).

利用上面的公式求:

(1) 一个次数 < 4 的多项式 $f(x)$ 使得

$$f(2) = 3,\ f(3) = -1,\ f(4) = 0,\ f(5) = 2;$$

(2) 一个二次多项式 $f(x)$, 它在 $x = 0,\ \dfrac{\pi}{2},\ \pi$ 处与函数 $\sin x$ 有相同的值;

(3) 一个次数尽可能低的多项式 $f(x)$ 使得

$$f(0) = 31,\ f(1) = 2,\ f(2) = 5,\ f(3) = 10.$$

45. 设 $f(x)$ 是一个整系数多项式, $f(0)$ 与 $f(1)$ 都是奇数. 证明: $f(x)$ 不能有整数根.

46. 求下列多项式的有理根, 并确定每个根的重数:

(1) $2x^4 - 7x^3 - 9x^2 + 3$; (2) $x^3 - 6x^2 + 15x - 14$;

(3) $4x^4 - 7x^2 - 5x - 1$; (4) $x^5 + x^4 - 6x^3 - 14x^2 - 11x - 3$.

47. 证明下列多项式在有理数域上不可约:

(1) $x^4 - 8x^3 + 12x^2 + 2$; (2) $x^4 - x^3 + 2x + 1$;

(3) $x^6 + x^3 + 1$; (4) $x^4 - 10x^2 + 1$;

(5) $x^p + px + 1$, p 为奇素数; (6) $x^4 + 4kx + 1$, k 为整数.

48.* 设 n 是正整数, $a_1, a_2, \cdots, a_n$ 是互不相同的整数. 证明下列多项式在有理数域上不可约:

(1) $(x - a_1)(x - a_2)\cdots(x - a_n) - 1$;

(2) $(x - a_1)^2(x - a_2)^2\cdots(x - a_n)^2 + 1$.

49.* 设 n 是正整数, $a_1, a_2, \cdots, a_n$ 是互不相同的整数.

(1) 当 $n \geqslant 5$ 时, 证明: 多项式 $(x - a_1)(x - a_2)\cdots(x - a_n) + 1$ 在有理数域上不可约;

(2) 当 $2 \leqslant n < 5$ 时, (1) 中结论是否成立?

50. 用笛卡儿符号律确定下列方程的实根的个数:

(1) $x^6 + x^4 - x^3 - 2x - 1 = 0$;

(2) $x^4 - x^2 + x - 2 = 0$;

(3) $5x^4 - 4x^3 + 3x^2 - 2x + 1 = 0$.

51. 设 n 为正整数. 试求多项式 $f(x) = nx^n - x^{n-1} - x^{n-2} - \cdots - x - 1$ 的实根的个数.

---

[1] Joseph-Louis Lagrange, 1736—1813, 法国数学家.

52. 设 a 为非零实数. 证明: 多项式 $f(x)=x^n+ax^{n-1}+a^2x^{n-2}+\cdots+a^{n-1}x+a^n$ 至多有一个实根.

53.* 设 $f(x)$ 是实系数多项式且 $\deg(f(x))=n\geqslant 1$. 如果 $f(x)$ 的所有根都是实数, 证明: 多项式 $\lambda f(x)+f'(x)$ 的所有根都是实数, 其中 λ 是实数.

54. 求下列多项式的实根的个数:

(1) x^3+3x-1;

(2) x^3+3x^2-1;

(3) x^3+px+q, 其中 p,q 是实数.

55. 用初等对称多项式表示下列对称多项式:

(1) $x_1^2x_2+x_1x_2^2+x_1^2x_3+x_1x_3^2+x_2^2x_3+x_2x_3^2$;

(2) $(x_1+x_2)(x_1+x_3)(x_2+x_3)$;

(3) $\sum\limits_{1\leqslant i<j\leqslant n} x_i^2x_j^2$.

56. 设 $f(x)=x^3+a_1x^2+a_2x+a_3$. 证明: $f(x)$ 的三个根成等差数列当且仅当 $2a_1^3-9a_1a_2+27a_3=0$.

57. 设 $x_1,x_2,\cdots,x_n$ 是方程 $x^n+a_1x^{n-1}+\cdots+a_{n-1}x+a_n=0$ 的 n 个根. 证明: $x_2,\cdots,x_n$ 的对称多项式可表为 $x_1,a_1,a_2,\cdots,a_{n-1}$ 的多项式.

58. 设 $f(x)=(x-x_1)(x-x_2)\cdots(x-x_n)=x^n-\sigma_1x^{n-1}+\cdots+(-1)^n\sigma_n$, $s_k=x_1^k+x_2^k+\cdots+x_n^k$, $k=0,1,2,\cdots$.

(1) 证明:

$$x^{k+1}f'(x)=(s_0x^k+s_1x^{k-1}+\cdots+s_{k-1}x+s_k)f(x)+g(x),$$

其中 $g(x)=0$ 或 $\deg(g(x))<n$.

(2) 利用 (1) 中等式证明**牛顿**[①]**公式** (Newton identity)

$$s_k-\sigma_1s_{k-1}+\sigma_2s_{k-2}+\cdots+(-1)^{k-1}\sigma_{k-1}s_1+(-1)^kk\sigma_k=0,\quad 1\leqslant k\leqslant n;$$

$$s_k-\sigma_1s_{k-1}+\sigma_2s_{k-2}+\cdots+(-1)^n\sigma_ns_{k-n}=0,\quad k>n.$$

(3) 根据牛顿公式用初等对称多项式表示 s_2,s_3,s_4,s_5,s_6.

① Isaac Newton, 1643—1727, 英国数学家、物理学家.

第 2 章

行列式与矩阵

行列式 (determinant) 和矩阵 (matrix) 的概念最早都是伴随着方程组的求解而发展起来的. 在中国古代数学著作《九章算术》中, 已经出现过用矩阵形式表示线性方程组 (system of linear equations) 的系数以解方程组的图例, 这可以算是矩阵的雏形. 矩阵正式作为数学中的研究对象出现则是在行列式的研究发展起来之后. 逻辑上讲, 矩阵的概念先于行列式, 但实际的历史则恰好相反.

行列式的提出可以追溯到 17 世纪, 关孝和①与莱布尼茨②几乎同时提出行列式的概念, 时间大致相同. 17 世纪晚期, 关孝和与莱布尼茨的著作已经使用行列式来确定线性方程组解的个数及形式. 18 世纪以后, 行列式开始作为独立的数学概念被研究. 进入 19 世纪后, 行列式的研究进一步发展, 矩阵的概念也应运而生. 柯西③在 1812 年首先将 “determinant” 一词用来表示 18 世纪出现的行列式, 他也是最早将行列式排成方阵并将其元素用双重下标表示的数学家 (垂直线记法是凯莱④在 1841 年率先使用的). 现代的行列式概念最早在 19 世纪末传入中国, 而矩阵的概念最早于 1922 年见于中文. 1935 年, 中国数学会审查各种术语译名, 正式将 “determinant” 的译名定为 “行列式”, 而将 “matrix” 首次译为 “矩阵”.

本章首先介绍行列式理论, 然后介绍矩阵的运算、矩阵的秩以及矩阵的初等变换等.

2.1 行列式的定义

行列式的概念源于解线性方程组. 我们先考虑二元线性方程组

$$\begin{cases} a_{11}x_1 + a_{12}x_2 = b_1, \\ a_{21}x_1 + a_{22}x_2 = b_2. \end{cases}$$

---

① Seki Takakazu, 1642—1708, 日本数学家.

② Gottfried Wilhelm Leibniz, 1646—1716, 德国数学家.

③ Augustin Louis Cauchy, 1789—1857, 法国数学家.

④ Arthur Cayley, 1821—1895, 英国数学家.

由消元法知, 当 $a_{11}a_{22}-a_{12}a_{21}\neq 0$ 时, 该方程组有唯一解

$$x_1=\frac{b_1a_{22}-a_{12}b_2}{a_{11}a_{22}-a_{12}a_{21}},\quad x_2=\frac{a_{11}b_2-b_1a_{21}}{a_{11}a_{22}-a_{12}a_{21}}.$$

为了便于记忆, 我们引入记号 $\begin{vmatrix} a_{11} & a_{12} \\ a_{21} & a_{22} \end{vmatrix}$, 称之为 2×2 **行列式**, 简称为**二级行列式**, 其值定义为 $a_{11}a_{22}-a_{12}a_{21}$, 即 $\begin{vmatrix} a_{11} & a_{12} \\ a_{21} & a_{22} \end{vmatrix}=a_{11}a_{22}-a_{12}a_{21}$.

于是上述解可以用二级行列式叙述为

当 $\begin{vmatrix} a_{11} & a_{12} \\ a_{21} & a_{22} \end{vmatrix}\neq 0$ 时, 方程组有唯一解

$$x_1=\frac{\begin{vmatrix} b_1 & a_{12} \\ b_2 & a_{22} \end{vmatrix}}{\begin{vmatrix} a_{11} & a_{12} \\ a_{21} & a_{22} \end{vmatrix}},\quad x_2=\frac{\begin{vmatrix} a_{11} & b_1 \\ a_{21} & b_2 \end{vmatrix}}{\begin{vmatrix} a_{11} & a_{12} \\ a_{21} & a_{22} \end{vmatrix}}.$$

对于三元线性方程组有相仿的结论. 设有三元线性方程组

$$\begin{cases} a_{11}x_1+a_{12}x_2+a_{13}x_3=b_1, \\ a_{21}x_1+a_{22}x_2+a_{23}x_3=b_2, \\ a_{31}x_1+a_{32}x_2+a_{33}x_3=b_3. \end{cases}$$

我们称 $\begin{vmatrix} a_{11} & a_{12} & a_{13} \\ a_{21} & a_{22} & a_{23} \\ a_{31} & a_{32} & a_{33} \end{vmatrix}$ 为 3×3 **行列式**, 简称为**三级行列式**, 其值定义为

$$a_{11}a_{22}a_{33}+a_{12}a_{23}a_{31}+a_{13}a_{21}a_{32}-a_{11}a_{23}a_{32}-a_{12}a_{21}a_{33}-a_{13}a_{22}a_{31}.$$

当 $d=\begin{vmatrix} a_{11} & a_{12} & a_{13} \\ a_{21} & a_{22} & a_{23} \\ a_{31} & a_{32} & a_{33} \end{vmatrix}\neq 0$ 时, 方程组有唯一解

$$x_1=\frac{d_1}{d},\quad x_2=\frac{d_2}{d},\quad x_3=\frac{d_3}{d},$$

其中 $d_1=\begin{vmatrix} b_1 & a_{12} & a_{13} \\ b_2 & a_{22} & a_{23} \\ b_3 & a_{32} & a_{33} \end{vmatrix}$, $d_2=\begin{vmatrix} a_{11} & b_1 & a_{13} \\ a_{21} & b_2 & a_{23} \\ a_{31} & b_3 & a_{33} \end{vmatrix}$, $d_3=\begin{vmatrix} a_{11} & a_{12} & b_1 \\ a_{21} & a_{22} & b_2 \\ a_{31} & a_{32} & b_3 \end{vmatrix}$.

对于 n 个方程组成的 n 元**线性方程组** (一般定义参见 3.1 节) 是否有类似的结论? 为了回答这个问题, 下面我们介绍 n 级行列式的概念.

为了定义 n 级行列式, 我们首先讨论 n 级排列.

定义 2.1.1 设 n 是正整数. (1) 由 $1,2,\cdots,n$ 组成的任一没有重复的 n 元有序数组 $i_1i_2\cdots i_n$ 称为 $1,2,\cdots,n$ 的一个 n **级排列** (permutation of degree n), 或简称为排列. 所有 n 级排列组成的集合记为 S_n.

(2) 对于给定的一个排列 $i_1i_2\cdots i_p\cdots i_q\cdots i_n$, 若 $i_p > i_q$, 但 $1 \leqslant p < q \leqslant n$, 则称 i_pi_q 为该排列的一个**逆序** (inversion), 一个排列 $i_1i_2\cdots i_n$ 中逆序的总数称为该排列的**逆序数** (inversion number), 记为 $\tau(i_1i_2\cdots i_n)$.

(3) 若 $\tau(i_1i_2\cdots i_n)$ 是奇 (偶) 数, 则称排列 $i_1i_2\cdots i_n$ 是**奇 (偶) 排列** (odd (even) permutation).

(4) 把一个排列 $i_1i_2\cdots i_k\cdots i_l\cdots i_n$ 中某两个数 i_k,i_l 的位置互换, 而其余的数不动, 得到另一个排列, 这样一个变换称为**对换** (transposition), 记为 (k,l).

例 2.1.2 设整数 $n \geqslant 2$, 则

$$\tau(n(n-1)\cdots 21) = (n-1)+(n-2)+\cdots+2+1 = \frac{n(n-1)}{2};$$

$$\tau(135\cdots(2n-1)246\cdots(2n)) = 0+1+2+\cdots+(n-1) = \frac{n(n-1)}{2}.$$

定理 2.1.3 (1) 对换改变排列的奇偶性.

(2) 任一排列 $i_1i_2\cdots i_n$ 与**自然排列** (natural permutation) $12\cdots n$ 都可以经过一系列对换互变, 而且所作对换的个数与这个排列有相同的奇偶性.

(3) 当 $1 \leqslant k \neq l \leqslant n$ 时, 对换 $(k,l): S_n \to S_n$ 是双射.

证明 (1) 首先考虑对换的两个数处于相邻位置的情形.

设排列 $\alpha = i_1\cdots i_ki_{k+1}\cdots i_n$.

对换 i_k, i_{k+1}, 得到排列 $\beta = i_1\cdots i_{k+1}i_k\cdots i_n$. 由定义可知, $\tau(\beta)=\tau(\alpha)\pm 1$, 从而, α 和 β 的奇偶性不同.

再看一般情形. 设排列 $\alpha = \cdots ji_1i_2\cdots i_sk\cdots$.

对换 j,k, 得到排列 $\beta = \cdots ki_1i_2\cdots i_sj\cdots$. 其实, β 可以由 α 通过一系列相邻数的对换得到. 从 α 出发, 把 k 与 i_s 对换, 再与 i_{s-1} 对换, $\cdots$, 如此继续下去, 经过 $s+1$ 次对换, 得到排列 $\gamma = \cdots kji_1i_2\cdots i_s\cdots$. 再从 γ 出发, 把 j 一位一位地向右移动, 经过 s 次对换, 得到排列 β. 由此可见, β 可以由 α 通过 $2s+1$ 次相邻数的对换得到. 由于 $2s+1$ 是奇数, 并且相邻位置的对换改变排列的奇偶性, 所以, α 和 β 的奇偶性不同.

(2) 由 (1) 即得.

(3) 设 $1_{S_n}: S_n \to S_n$ 是恒等映射, 则由定义可知, $(k,l)(k,l) = 1_{S_n}$. 假设

$\alpha, \beta \in S_n$, 并且 $(k,l)(\alpha) = (k,l)(\beta)$, 则

$$\alpha = 1_{S_n}(\alpha) = (k,l)(k,l)(\alpha) = (k,l)(k,l)(\beta) = 1_{S_n}(\beta) = \beta.$$

由此可见, (k,l) 是单射. 易见, $(k,l): S_n \to S_n$ 是满射. 故 (k,l) 是双射. □

现在我们介绍 n 级行列式.

定义 2.1.4　设 n 是正整数. 任给 n^2 个数或多项式 a_{ij}, $i,j = 1,2,\cdots,n$, 由它们排成的 n 行 n 列的表达式

$$\begin{vmatrix} a_{11} & a_{12} & \cdots & a_{1n} \\ a_{21} & a_{22} & \cdots & a_{2n} \\ \vdots & \vdots & & \vdots \\ a_{n1} & a_{n2} & \cdots & a_{nn} \end{vmatrix}$$

称为 $n \times n$ **行列式**, 简称为 n **级行列式**, 常记为 $|a_{ij}|_n$, 其展开式定义为代数和 $\sum\limits_{j_1j_2\cdots j_n} (-1)^{\tau(j_1j_2\cdots j_n)} a_{1j_1}a_{2j_2}\cdots a_{nj_n}$, 即

$$\begin{vmatrix} a_{11} & a_{12} & \cdots & a_{1n} \\ a_{21} & a_{22} & \cdots & a_{2n} \\ \vdots & \vdots & & \vdots \\ a_{n1} & a_{n2} & \cdots & a_{nn} \end{vmatrix} = \sum_{j_1j_2\cdots j_n} (-1)^{\tau(j_1j_2\cdots j_n)} a_{1j_1}a_{2j_2}\cdots a_{nj_n},$$

其中 $\sum\limits_{j_1j_2\cdots j_n}$ 表示对所有 n 级排列 $j_1j_2\cdots j_n$ 求和.

注记 2.1.5　(1) 一级行列式 $|a_{11}|_1$ 就是 a_{11}. 在 n 级行列式 $|a_{ij}|_n$ 中, a_{ij} 称为该行列式的第 i 行第 j 列的**元素** (element), i,j 分别称为该元素的**行标** (row index) 与**列标** (column index).

(2) 由定义可知, n 级行列式是 $n!$ 项的和, 每一项 (除符号外) 是取自不同行不同列的 n 个元素的乘积. 因此, n 级行列式是所有取自不同行不同列的 n 个元素的乘积的代数和.

(3) 当行列式的元素全为数域 F 中数的时候, 它的值也为 F 中数; 当行列式的元素为多项式的时候, 它的值为多项式.

例 2.1.6　(1) 计算**反对角行列式** (anti-diagonal determinant)

$$\begin{vmatrix} 0 & \cdots & \cdots & 0 & a_1 \\ \vdots & & \iddots & a_2 & 0 \\ \vdots & \iddots & \iddots & \iddots & \vdots \\ 0 & a_{n-1} & \iddots & & \vdots \\ a_n & 0 & \cdots & \cdots & 0 \end{vmatrix}.$$

解 设该行列式为 D, 由定义可知,

$$D = \sum_{j_1 j_2 \cdots j_n} (-1)^{\tau(j_1 j_2 \cdots j_n)} a_{1j_1} a_{2j_2} \cdots a_{nj_n}.$$

欲计算 D, 在上述展开式的一般项 $(-1)^{\tau(j_1 j_2 \cdots j_n)} a_{1j_1} a_{2j_2} \cdots a_{nj_n}$ 中, 只要考虑 $j_1 = n$ 的那些项, 类似地, 只要考虑 $j_2 = n-1, \cdots, j_n = 1$ 的那些项, 这就是说, 行列式的展开式中, 除了

$$(-1)^{\tau(n(n-1)\cdots 21)} a_{1n} a_{2,n-1} \cdots a_{n-1,2} a_{n1} = (-1)^{\tau(n(n-1)\cdots 21)} a_1 a_2 \cdots a_{n-1} a_n$$

这一项外, 其余项全为零, 故 $D = (-1)^{\frac{n(n-1)}{2}} a_1 a_2 \cdots a_n$. □

类似可得

(2) $$\begin{vmatrix} 0 & \cdots & \cdots & 0 & a_{1n} \\ \vdots & & \iddots & a_{2,n-1} & a_{2n} \\ \vdots & \iddots & \iddots & \vdots & \vdots \\ 0 & a_{n-1,2} & \cdots & a_{n-1,n-1} & a_{n-1,n} \\ a_{n1} & a_{n2} & \cdots & a_{n,n-1} & a_{nn} \end{vmatrix} = (-1)^{\frac{n(n-1)}{2}} a_{1n} a_{2,n-1} \cdots a_{n1}.$$

(3) **下三角行列式** (lower triangular determinant)

$$\begin{vmatrix} a_{11} & 0 & \cdots & \cdots & 0 \\ a_{21} & a_{22} & \ddots & & \vdots \\ \vdots & \vdots & \ddots & \ddots & \vdots \\ a_{n-1,1} & a_{n-1,2} & \cdots & a_{n-1,n-1} & 0 \\ a_{n1} & a_{n2} & \cdots & a_{n,n-1} & a_{nn} \end{vmatrix} = a_{11} a_{22} \cdots a_{nn}.$$

(4) **上三角行列式** (upper triangular determinant)

$$\begin{vmatrix} a_{11} & a_{12} & \cdots & a_{1,n-1} & a_{1n} \\ 0 & a_{22} & \cdots & a_{2,n-1} & a_{2n} \\ \vdots & \ddots & \ddots & \vdots & \vdots \\ \vdots & & \ddots & a_{n-1,n-1} & a_{n-1,n} \\ 0 & \cdots & \cdots & 0 & a_{nn} \end{vmatrix} = a_{11}a_{22}\cdots a_{nn}.$$

(5) **对角行列式** (diagonal determinant)

$$\begin{vmatrix} a_{11} & 0 & \cdots & \cdots & 0 \\ 0 & a_{22} & \ddots & & \vdots \\ \vdots & \ddots & \ddots & \ddots & \vdots \\ \vdots & & \ddots & a_{n-1,n-1} & 0 \\ 0 & \cdots & \cdots & 0 & a_{nn} \end{vmatrix} = a_{11}a_{22}\cdots a_{nn}.$$

例 2.1.7　证明

$$\begin{vmatrix} a_{11} & a_{12} & \cdots & a_{1,n-1} & a_{1n} \\ a_{21} & a_{22} & \cdots & a_{2,n-1} & a_{2n} \\ \vdots & \vdots & & \vdots & \vdots \\ a_{n-1,1} & a_{n-1,2} & \cdots & a_{n-1,n-1} & a_{n-1,n} \\ 0 & 0 & \cdots & 0 & 1 \end{vmatrix} = \begin{vmatrix} a_{11} & a_{12} & \cdots & a_{1,n-1} \\ a_{21} & a_{22} & \cdots & a_{2,n-1} \\ \vdots & \vdots & & \vdots \\ a_{n-1,1} & a_{n-1,2} & \cdots & a_{n-1,n-1} \end{vmatrix}.$$

证明

$$\begin{aligned} 左边 &= \sum_{j_1j_2\cdots j_{n-1}j_n} (-1)^{\tau(j_1j_2\cdots j_{n-1}j_n)} a_{1j_1}a_{2j_2}\cdots a_{n-1,j_{n-1}}a_{nj_n} \\ &= \sum_{j_1j_2\cdots j_{n-1}n} (-1)^{\tau(j_1j_2\cdots j_{n-1}n)} a_{1j_1}a_{2j_2}\cdots a_{n-1,j_{n-1}} \\ &= \sum_{j_1j_2\cdots j_{n-1}} (-1)^{\tau(j_1j_2\cdots j_{n-1})} a_{1j_1}a_{2j_2}\cdots a_{n-1,j_{n-1}} \\ &= 右边. \end{aligned}$$

□

2.2 行列式的性质

行列式的计算是一个重要问题, 也是一个很困难的问题. 当 n 较大时, 根据定义计算一般的 n 级行列式几乎是不可能的. 因此, 我们有必要进一步讨论行列式的性质. 利用这些性质可以简化行列式的计算.

在行列式的展开式中, 一般项为 $(-1)^{\tau(j_1j_2\cdots j_n)}a_{1j_1}a_{2j_2}\cdots a_{nj_n}$, 其中行指标是自然排列 $12\cdots n$, 其实, 行指标可以是任意排列, 这就是

性质 1 给定 $1,2,\cdots,n$ 的任一排列 $l_1l_2\cdots l_n$, 则

$$\begin{vmatrix} a_{11} & a_{12} & \cdots & a_{1n} \\ a_{21} & a_{22} & \cdots & a_{2n} \\ \vdots & \vdots & & \vdots \\ a_{n1} & a_{n2} & \cdots & a_{nn} \end{vmatrix} = \sum_{k_1k_2\cdots k_n}(-1)^{\tau(l_1l_2\cdots l_n)+\tau(k_1k_2\cdots k_n)}a_{l_1k_1}a_{l_2k_2}\cdots a_{l_nk_n}.$$

证明 据定义, 行列式展开式中一般项为 $(-1)^{\tau(j_1j_2\cdots j_n)}a_{1j_1}a_{2j_2}\cdots a_{nj_n}$.

将 $a_{1j_1}a_{2j_2}\cdots a_{nj_n}$ 经过 s 次对换两个元素位置, 得到 $a_{l_1k_1}a_{l_2k_2}\cdots a_{l_nk_n}$, 则

$$a_{1j_1}a_{2j_2}\cdots a_{nj_n} = a_{l_1k_1}a_{l_2k_2}\cdots a_{l_nk_n},$$

其中 $l_1l_2\cdots l_n$ 是由 $12\cdots n$ 经过 s 次对换得到, 而 $k_1k_2\cdots k_n$ 是由 $j_1j_2\cdots j_n$ 经过相应的 s 次对换得到. 于是

$$(-1)^{\tau(l_1l_2\cdots l_n)} = (-1)^s, \quad (-1)^{\tau(k_1k_2\cdots k_n)} = (-1)^{\tau(j_1j_2\cdots j_n)}(-1)^s,$$

从而, $(-1)^{\tau(j_1j_2\cdots j_n)}a_{1j_1}a_{2j_2}\cdots a_{nj_n} = (-1)^{\tau(l_1l_2\cdots l_n)+\tau(k_1k_2\cdots k_n)}a_{l_1k_1}a_{l_2k_2}\cdots a_{l_nk_n}$.

由定理 2.1.3 (3) 知, 当 $j_1j_2\cdots j_n$ 取遍所有 n 级排列时, $k_1k_2\cdots k_n$ 亦取遍所有 n 级排列, 故

$$\begin{vmatrix} a_{11} & a_{12} & \cdots & a_{1n} \\ a_{21} & a_{22} & \cdots & a_{2n} \\ \vdots & \vdots & & \vdots \\ a_{n1} & a_{n2} & \cdots & a_{nn} \end{vmatrix} = \sum_{k_1k_2\cdots k_n}(-1)^{\tau(l_1l_2\cdots l_n)+\tau(k_1k_2\cdots k_n)}a_{l_1k_1}a_{l_2k_2}\cdots a_{l_nk_n}. \square$$

同理可证

性质 2 给定 $1,2,\cdots,n$ 的任一排列 $k_1k_2\cdots k_n$, 则

$$\begin{vmatrix} a_{11} & a_{12} & \cdots & a_{1n} \\ a_{21} & a_{22} & \cdots & a_{2n} \\ \vdots & \vdots & & \vdots \\ a_{n1} & a_{n2} & \cdots & a_{nn} \end{vmatrix} = \sum_{l_1l_2\cdots l_n}(-1)^{\tau(l_1l_2\cdots l_n)+\tau(k_1k_2\cdots k_n)}a_{l_1k_1}a_{l_2k_2}\cdots a_{l_nk_n}.$$

特别地

$$\begin{vmatrix} a_{11} & a_{12} & \cdots & a_{1n} \\ a_{21} & a_{22} & \cdots & a_{2n} \\ \vdots & \vdots & & \vdots \\ a_{n1} & a_{n2} & \cdots & a_{nn} \end{vmatrix} = \sum_{i_1 i_2 \cdots i_n} (-1)^{\tau(i_1 i_2 \cdots i_n)} a_{i_1 1} a_{i_2 2} \cdots a_{i_n n}.$$

性质 3 行列式的行列互换, 其值不变, 即

$$\begin{vmatrix} a_{11} & a_{12} & \cdots & a_{1n} \\ a_{21} & a_{22} & \cdots & a_{2n} \\ \vdots & \vdots & & \vdots \\ a_{n1} & a_{n2} & \cdots & a_{nn} \end{vmatrix} = \begin{vmatrix} a_{11} & a_{21} & \cdots & a_{n1} \\ a_{12} & a_{22} & \cdots & a_{n2} \\ \vdots & \vdots & & \vdots \\ a_{1n} & a_{2n} & \cdots & a_{nn} \end{vmatrix}.$$

上述等式中, 右边的行列式称为左边的行列式的**转置** (transpose).

证明 设 $b_{ij} = a_{ji}, i, j = 1, 2, \cdots, n$, 则

$$\begin{aligned} \text{右边} &= \begin{vmatrix} b_{11} & b_{12} & \cdots & b_{1n} \\ b_{21} & b_{22} & \cdots & b_{2n} \\ \vdots & \vdots & & \vdots \\ b_{n1} & b_{n2} & \cdots & b_{nn} \end{vmatrix} \\ &= \sum_{i_1 i_2 \cdots i_n} (-1)^{\tau(i_1 i_2 \cdots i_n)} b_{i_1 1} b_{i_2 2} \cdots b_{i_n n} \\ &= \sum_{i_1 i_2 \cdots i_n} (-1)^{\tau(i_1 i_2 \cdots i_n)} a_{1 i_1} a_{2 i_2} \cdots a_{n i_n} = \text{左边}. \end{aligned}$$ □

由性质 1, 2, 3 可知, 行列式中, 不仅行与行的地位是平等的, 列与列的地位是平等的, 而且行与列的地位也是平等的. 因此, 凡是有关行的性质, 对列也同样成立.

性质 4 对于行列式 $|a_{ij}|_n$ 中某一确定的行中的 n 个元素 (例如, 第 i 行的 n 个元素 $a_{i1}, a_{i2}, \cdots, a_{in}$) 来说, 行列式的展开式中每一项含有且仅含有其中一个元素, 因此

$$\begin{vmatrix} a_{11} & a_{12} & \cdots & a_{1n} \\ \vdots & \vdots & & \vdots \\ a_{i1} & a_{i2} & \cdots & a_{in} \\ \vdots & \vdots & & \vdots \\ a_{n1} & a_{n2} & \cdots & a_{nn} \end{vmatrix} = a_{i1} A_{i1} + a_{i2} A_{i2} + \cdots + a_{in} A_{in},$$

其中 A_{ij} 是行列式的展开式中含有 a_{ij} 的那些项在提取公因子 a_{ij} 后的代数和, $j=1,2,\cdots,n$. 注意, $A_{i1},A_{i2},\cdots,A_{in}$ 与第 i 行的元素无关.

证明 将行列式的展开式中的 $n!$ 项分成 n 组, 第 1 组的项都含有 a_{i1}, 第 2 组的项都含有 a_{i2}, $\cdots$, 第 n 组的项都含有 a_{in}, 再分别把第 i 行的元素提出来, 就得到需要证明的等式. □

性质 5 若 n 级行列式中第 i 行的所有元素都含有相同的"因子" k, 其中 $1\leqslant i\leqslant n$, 则可以把 k 提出来, 即

$$\begin{vmatrix} a_{11} & a_{12} & \cdots & a_{1n} \\ \vdots & \vdots & & \vdots \\ ka_{i1} & ka_{i2} & \cdots & ka_{in} \\ \vdots & \vdots & & \vdots \\ a_{n1} & a_{n2} & \cdots & a_{nn} \end{vmatrix} = k\begin{vmatrix} a_{11} & a_{12} & \cdots & a_{1n} \\ \vdots & \vdots & & \vdots \\ a_{i1} & a_{i2} & \cdots & a_{in} \\ \vdots & \vdots & & \vdots \\ a_{n1} & a_{n2} & \cdots & a_{nn} \end{vmatrix}.$$

证明 根据性质 4,

$$\begin{aligned} \text{左边} &= (ka_{i1})A_{i1}+(ka_{i2})A_{i2}+\cdots+(ka_{in})A_{in} \\ &= k(a_{i1}A_{i1}+a_{i2}A_{i2}+\cdots+a_{in}A_{in}) = \text{右边}. \end{aligned}$$

□

性质 6 若 n 级行列式中第 i 行是两组元素的和, 其中 $1\leqslant i\leqslant n$, 则该行列式等于两个行列式之和, 即

$$\begin{vmatrix} a_{11} & a_{12} & \cdots & a_{1n} \\ \vdots & \vdots & & \vdots \\ b_1+c_1 & b_2+c_2 & \cdots & b_n+c_n \\ \vdots & \vdots & & \vdots \\ a_{n1} & a_{n2} & \cdots & a_{nn} \end{vmatrix}$$

$$= \begin{vmatrix} a_{11} & a_{12} & \cdots & a_{1n} \\ \vdots & \vdots & & \vdots \\ b_1 & b_2 & \cdots & b_n \\ \vdots & \vdots & & \vdots \\ a_{n1} & a_{n2} & \cdots & a_{nn} \end{vmatrix} + \begin{vmatrix} a_{11} & a_{12} & \cdots & a_{1n} \\ \vdots & \vdots & & \vdots \\ c_1 & c_2 & \cdots & c_n \\ \vdots & \vdots & & \vdots \\ a_{n1} & a_{n2} & \cdots & a_{nn} \end{vmatrix}.$$

证明 根据性质 4,

$$\begin{aligned}\text{左边} &= (b_1+c_1)A_{i1}+(b_2+c_2)A_{i2}+\cdots+(b_n+c_n)A_{in}\\ &= (b_1A_{i1}+b_2A_{i2}+\cdots+b_nA_{in})+(c_1A_{i1}+c_2A_{i2}+\cdots+c_nA_{in})\\ &= \text{右边}.\end{aligned}$$ □

性质 7 两行相同, 行列式为零.

证明 设 n 级行列式 D 的第 i 行与第 k 行的对应元素都相等, 即

$$D=\begin{vmatrix} a_{11} & a_{12} & \cdots & a_{1n}\\ \vdots & \vdots & & \vdots\\ a_{i1} & a_{i2} & \cdots & a_{in}\\ \vdots & \vdots & & \vdots\\ a_{k1} & a_{k2} & \cdots & a_{kn}\\ \vdots & \vdots & & \vdots\\ a_{n1} & a_{n2} & \cdots & a_{nn}\end{vmatrix},\ \text{其中 } n\geqslant 2, a_{ij}=a_{kj}, j=1,2,\cdots,n,\ i\neq k.$$

由定义知, $D=\sum\limits_{j_1j_2\cdots j_n}(-1)^{\tau(j_1j_2\cdots j_i\cdots j_k\cdots j_n)}a_{1j_1}a_{2j_2}\cdots a_{ij_i}\cdots a_{kj_k}\cdots a_{nj_n}$.

若 $(-1)^{\tau(j_1j_2\cdots j_i\cdots j_k\cdots j_n)}a_{1j_1}a_{2j_2}\cdots a_{ij_i}\cdots a_{kj_k}\cdots a_{nj_n}$ 为 D 的展开式中一项, 则 $(-1)^{\tau(j_1j_2\cdots j_k\cdots j_i\cdots j_n)}a_{1j_1}a_{2j_2}\cdots a_{ij_k}\cdots a_{kj_i}\cdots a_{nj_n}$ 亦为 D 的展开式中一项. 由于 $a_{ij_i}=a_{kj_i}, a_{kj_k}=a_{ij_k}$, 所以上述两项之和为 0. 这就是说, 对于 D 的展开式中每一项, 都有一个数值相同但符号相反的项与之成对出现. 故 $D=0$. □

由性质 5, 7 可知

性质 8 两行成比例, 行列式为零.

由性质 6, 8 可知

性质 9 把行列式中第 i 行的 c 倍加到第 k 行, 行列式的值不变, 即

$$\begin{vmatrix} a_{11} & a_{12} & \cdots & a_{1n}\\ \vdots & \vdots & & \vdots\\ a_{i1} & a_{i2} & \cdots & a_{in}\\ \vdots & \vdots & & \vdots\\ a_{k1}+ca_{i1} & a_{k2}+ca_{i2} & \cdots & a_{kn}+ca_{in}\\ \vdots & \vdots & & \vdots\\ a_{n1} & a_{n2} & \cdots & a_{nn}\end{vmatrix}=\begin{vmatrix} a_{11} & a_{12} & \cdots & a_{1n}\\ \vdots & \vdots & & \vdots\\ a_{i1} & a_{i2} & \cdots & a_{in}\\ \vdots & \vdots & & \vdots\\ a_{k1} & a_{k2} & \cdots & a_{kn}\\ \vdots & \vdots & & \vdots\\ a_{n1} & a_{n2} & \cdots & a_{nn}\end{vmatrix},$$

其中 $n\geqslant 2, i\neq k, 1\leqslant i,k\leqslant n$, c 是常数.

性质 10 两行对调, 行列式变号, 即

$$\begin{vmatrix} a_{11} & a_{12} & \cdots & a_{1n} \\ \vdots & \vdots & & \vdots \\ a_{i1} & a_{i2} & \cdots & a_{in} \\ \vdots & \vdots & & \vdots \\ a_{k1} & a_{k2} & \cdots & a_{kn} \\ \vdots & \vdots & & \vdots \\ a_{n1} & a_{n2} & \cdots & a_{nn} \end{vmatrix} = -\begin{vmatrix} a_{11} & a_{12} & \cdots & a_{1n} \\ \vdots & \vdots & & \vdots \\ a_{k1} & a_{k2} & \cdots & a_{kn} \\ \vdots & \vdots & & \vdots \\ a_{i1} & a_{i2} & \cdots & a_{in} \\ \vdots & \vdots & & \vdots \\ a_{n1} & a_{n2} & \cdots & a_{nn} \end{vmatrix}, \text{其中 } n \geqslant 2, i \neq k.$$

证明

$$\text{左边} = \begin{vmatrix} a_{11} & a_{12} & \cdots & a_{1n} \\ \vdots & \vdots & & \vdots \\ a_{i1} & a_{i2} & \cdots & a_{in} \\ \vdots & \vdots & & \vdots \\ a_{k1}+a_{i1} & a_{k2}+a_{i2} & \cdots & a_{kn}+a_{in} \\ \vdots & \vdots & & \vdots \\ a_{n1} & a_{n2} & \cdots & a_{nn} \end{vmatrix}$$

$$= \begin{vmatrix} a_{11} & a_{12} & \cdots & a_{1n} \\ \vdots & \vdots & & \vdots \\ -a_{k1} & -a_{k2} & \cdots & -a_{kn} \\ \vdots & \vdots & & \vdots \\ a_{k1}+a_{i1} & a_{k2}+a_{i2} & \cdots & a_{kn}+a_{in} \\ \vdots & \vdots & & \vdots \\ a_{n1} & a_{n2} & \cdots & a_{nn} \end{vmatrix}$$

$$= \begin{vmatrix} a_{11} & a_{12} & \cdots & a_{1n} \\ \vdots & \vdots & & \vdots \\ -a_{k1} & -a_{k2} & \cdots & -a_{kn} \\ \vdots & \vdots & & \vdots \\ a_{i1} & a_{i2} & \cdots & a_{in} \\ \vdots & \vdots & & \vdots \\ a_{n1} & a_{n2} & \cdots & a_{nn} \end{vmatrix} = \text{右边}.$$

□

例 2.2.1　计算 n 级行列式 $D=\begin{vmatrix} a & b & b & \cdots & \cdots & \cdots & b \\ b & a & b & & & & \vdots \\ b & b & a & \ddots & & & \vdots \\ \vdots & & \ddots & \ddots & \ddots & & \vdots \\ \vdots & & & \ddots & a & b & b \\ \vdots & & & & b & a & b \\ b & \cdots & \cdots & \cdots & b & b & a \end{vmatrix}$.

解　当 $n=1$ 时, $D=a$. 下设 $n>1$.

从 D 中第二列开始, 每一列都加到第一列得

$$D=\begin{vmatrix} a+(n-1)b & b & b & \cdots & \cdots & \cdots & b \\ a+(n-1)b & a & b & & & & \vdots \\ a+(n-1)b & b & a & \ddots & & & \vdots \\ \vdots & \vdots & \ddots & \ddots & \ddots & & \vdots \\ \vdots & \vdots & & \ddots & a & b & b \\ \vdots & \vdots & & & b & a & b \\ a+(n-1)b & b & \cdots & \cdots & b & b & a \end{vmatrix}.$$

将 D 中第一列提取公因子 $a+(n-1)b$ 得

$$D=(a+(n-1)b)\begin{vmatrix} 1 & b & b & \cdots & \cdots & \cdots & b \\ 1 & a & b & & & & \vdots \\ 1 & b & a & \ddots & & & \vdots \\ \vdots & \vdots & \ddots & \ddots & \ddots & & \vdots \\ \vdots & \vdots & & \ddots & a & b & b \\ \vdots & \vdots & & & b & a & b \\ 1 & b & \cdots & \cdots & b & b & a \end{vmatrix}.$$

对上述行列式, 从第二行开始, 每一行减去第一行得

$$D=(a+(n-1)b)\begin{vmatrix} 1 & b & b & \cdots & \cdots & \cdots & b \\ 0 & a-b & 0 & \cdots & \cdots & \cdots & 0 \\ 0 & 0 & a-b & \ddots & & & \vdots \\ \vdots & \vdots & \ddots & \ddots & \ddots & & \vdots \\ \vdots & \vdots & & \ddots & a-b & 0 & 0 \\ \vdots & \vdots & & & 0 & a-b & 0 \\ 0 & 0 & \cdots & \cdots & 0 & 0 & a-b \end{vmatrix}$$

$$=(a+(n-1)b)(a-b)^{n-1}.$$

显然, 当 $n=1$ 时, 上式仍然成立. 故 $D=(a+(n-1)b)(a-b)^{n-1}$. □

例 2.2.2 若 n 级行列式 $D=|a_{ij}|_n$ 满足 $a_{ij}=-a_{ji}, i,j=1,2,\cdots,n$, 则称 D 为**反对称行列式** (skew-symmetric determinant). 证明: 奇数级反对称行列式的值为 0.

证明 设 D 为奇数级反对称行列式, 则

$$D=\begin{vmatrix} 0 & a_{12} & a_{13} & \cdots & a_{1n} \\ -a_{12} & 0 & a_{23} & \cdots & a_{2n} \\ -a_{13} & -a_{23} & 0 & \cdots & a_{3n} \\ \vdots & \vdots & \vdots & & \vdots \\ -a_{1n} & -a_{2n} & -a_{3n} & \cdots & 0 \end{vmatrix}$$

$$=(-1)^n\begin{vmatrix} 0 & -a_{12} & -a_{13} & \cdots & -a_{1n} \\ a_{12} & 0 & -a_{23} & \cdots & -a_{2n} \\ a_{13} & a_{23} & 0 & \cdots & -a_{3n} \\ \vdots & \vdots & \vdots & & \vdots \\ a_{1n} & a_{2n} & a_{3n} & \cdots & 0 \end{vmatrix}$$

$$=(-1)^n\begin{vmatrix} 0 & a_{12} & a_{13} & \cdots & a_{1n} \\ -a_{12} & 0 & a_{23} & \cdots & a_{2n} \\ -a_{13} & -a_{23} & 0 & \cdots & a_{3n} \\ \vdots & \vdots & \vdots & & \vdots \\ -a_{1n} & -a_{2n} & -a_{3n} & \cdots & 0 \end{vmatrix}=-D.$$

故 $D=0$. □

例 2.2.3　设整数 $n \geqslant 2$. 求 $\sum\limits_{j_1j_2\cdots j_n}\begin{vmatrix} a_{1j_1} & a_{1j_2} & \cdots & a_{1j_n} \\ a_{2j_1} & a_{2j_2} & \cdots & a_{2j_n} \\ \vdots & \vdots & & \vdots \\ a_{nj_1} & a_{nj_2} & \cdots & a_{nj_n} \end{vmatrix}$, 其中 $\sum\limits_{j_1j_2\cdots j_n}$ 表示对所有 n 级排列 $j_1j_2\cdots j_n$ 求和.

解　由定理 2.1.3 (2) 知, 任一 n 级排列 $j_1j_2\cdots j_n$ 与自然排列 $12\cdots n$ 都可以经过一系列对换互变, 而且所作对换的个数与这个排列有相同的奇偶性. 所以, 由行列式的性质 10 得

$$\sum_{j_1j_2\cdots j_n}\begin{vmatrix} a_{1j_1} & a_{1j_2} & \cdots & a_{1j_n} \\ a_{2j_1} & a_{2j_2} & \cdots & a_{2j_n} \\ \vdots & \vdots & & \vdots \\ a_{nj_1} & a_{nj_2} & \cdots & a_{nj_n} \end{vmatrix}$$

$$= \sum_{j_1j_2\cdots j_n}(-1)^{\tau(j_1j_2\cdots j_n)}\begin{vmatrix} a_{11} & a_{12} & \cdots & a_{1n} \\ a_{21} & a_{22} & \cdots & a_{2n} \\ \vdots & \vdots & & \vdots \\ a_{n1} & a_{n2} & \cdots & a_{nn} \end{vmatrix} = 0. \qquad \square$$

2.3　行列式按行 (列) 展开

由 2.2 节性质 4 知

$$\begin{vmatrix} a_{11} & a_{12} & \cdots & a_{1n} \\ \vdots & \vdots & & \vdots \\ a_{i1} & a_{i2} & \cdots & a_{in} \\ \vdots & \vdots & & \vdots \\ a_{n1} & a_{n2} & \cdots & a_{nn} \end{vmatrix} = a_{i1}A_{i1} + a_{i2}A_{i2} + \cdots + a_{in}A_{in}, \quad 1 \leqslant i \leqslant n,$$

其中 $A_{i1}, A_{i2}, \cdots, A_{in}$ 与第 i 行的元素无关, 现在来看看这些 A_{ij} $(1 \leqslant j \leqslant n)$ 究竟是什么?

定义 2.3.1 在 n 级行列式 $\begin{vmatrix} a_{11} & \cdots & a_{1j} & \cdots & a_{1n} \\ \vdots & & \vdots & & \vdots \\ a_{i1} & \cdots & a_{ij} & \cdots & a_{in} \\ \vdots & & \vdots & & \vdots \\ a_{n1} & \cdots & a_{nj} & \cdots & a_{nn} \end{vmatrix}$ 中, 划去元素 a_{ij} $(1 \leqslant i, j \leqslant n)$ 所在的第 i 行与第 j 列, 剩下的 $(n-1)^2$ 个元素按原来的排法组成的 $n-1$ 级行列式 $\begin{vmatrix} a_{11} & \cdots & a_{1,j-1} & a_{1,j+1} & \cdots & a_{1n} \\ \vdots & & \vdots & \vdots & & \vdots \\ a_{i-1,1} & \cdots & a_{i-1,j-1} & a_{i-1,j+1} & \cdots & a_{i-1,n} \\ a_{i+1,1} & \cdots & a_{i+1,j-1} & a_{i+1,j+1} & \cdots & a_{i+1,n} \\ \vdots & & \vdots & \vdots & & \vdots \\ a_{n1} & \cdots & a_{n,j-1} & a_{n,j+1} & \cdots & a_{nn} \end{vmatrix}$ 称为元素 a_{ij} 的**余子式** (minor 或 (i,j) minor), 记为 M_{ij}.

下面的定理告诉我们 A_{ij} 的确切含义.

定理 2.3.2 $A_{ij} = (-1)^{i+j} M_{ij}$, $i, j = 1, 2, \cdots, n$.

证明 首先

$$\begin{vmatrix} a_{11} & \cdots & a_{1j} & \cdots & a_{1n} \\ \vdots & & \vdots & & \vdots \\ a_{i1} & \cdots & a_{ij} & \cdots & a_{in} \\ \vdots & & \vdots & & \vdots \\ a_{n1} & \cdots & a_{nj} & \cdots & a_{nn} \end{vmatrix} = a_{i1}A_{i1} + \cdots + a_{ij}A_{ij} + \cdots + a_{in}A_{in}.$$

在上述等式中, 取 $a_{ij} = 1, a_{ik} = 0,\ 1 \leqslant k \leqslant n,\ k \neq j$, 则

$$A_{ij} = \begin{vmatrix} a_{11} & \cdots & a_{1,j-1} & a_{1j} & a_{1,j+1} & \cdots & a_{1n} \\ \vdots & & \vdots & \vdots & \vdots & & \vdots \\ a_{i-1,1} & \cdots & a_{i-1,j-1} & a_{i-1,j} & a_{i-1,j+1} & \cdots & a_{i-1,n} \\ 0 & \cdots & 0 & 1 & 0 & \cdots & 0 \\ a_{i+1,1} & \cdots & a_{i+1,j-1} & a_{i+1,j} & a_{i+1,j+1} & \cdots & a_{i+1,n} \\ \vdots & & \vdots & \vdots & \vdots & & \vdots \\ a_{n1} & \cdots & a_{n,j-1} & a_{nj} & a_{n,j+1} & \cdots & a_{nn} \end{vmatrix}$$

$$= (-1)^{n-i} \begin{vmatrix} a_{11} & \cdots & a_{1,j-1} & a_{1j} & a_{1,j+1} & \cdots & a_{1n} \\ \vdots & & \vdots & \vdots & \vdots & & \vdots \\ a_{i-1,1} & \cdots & a_{i-1,j-1} & a_{i-1,j} & a_{i-1,j+1} & \cdots & a_{i-1,n} \\ a_{i+1,1} & \cdots & a_{i+1,j-1} & a_{i+1,j} & a_{i+1,j+1} & \cdots & a_{i+1,n} \\ \vdots & & \vdots & \vdots & \vdots & & \vdots \\ a_{n1} & \cdots & a_{n,j-1} & a_{nj} & a_{n,j+1} & \cdots & a_{nn} \\ 0 & \cdots & 0 & 1 & 0 & \cdots & 0 \end{vmatrix}$$

$$= (-1)^{n-i+n-j} \begin{vmatrix} a_{11} & \cdots & a_{1,j-1} & a_{1,j+1} & \cdots & a_{1n} & a_{1j} \\ \vdots & & \vdots & \vdots & & \vdots & \vdots \\ a_{i-1,1} & \cdots & a_{i-1,j-1} & a_{i-1,j+1} & \cdots & a_{i-1,n} & a_{i-1,j} \\ a_{i+1,1} & \cdots & a_{i+1,j-1} & a_{i+1,j+1} & \cdots & a_{i+1,n} & a_{i+1,j} \\ \vdots & & \vdots & \vdots & & \vdots & \vdots \\ a_{n1} & \cdots & a_{n,j-1} & a_{n,j+1} & \cdots & a_{nn} & a_{nj} \\ 0 & \cdots & 0 & 0 & \cdots & 0 & 1 \end{vmatrix}$$

$$\xlongequal{\text{例 2.1.7}} (-1)^{i+j} M_{ij}.$$ □

定义 2.3.3 设 $D = \begin{vmatrix} a_{11} & a_{12} & \cdots & a_{1n} \\ a_{21} & a_{22} & \cdots & a_{2n} \\ \vdots & \vdots & & \vdots \\ a_{n1} & a_{n2} & \cdots & a_{nn} \end{vmatrix}$, 称 $A_{ij} = (-1)^{i+j} M_{ij}$ 为 D 的元素 a_{ij} 的**代数余子式** (cofactor 或 (i,j) cofactor), $i,j = 1,2,\cdots,n$.

定理 2.3.4 设 $D = \begin{vmatrix} a_{11} & a_{12} & \cdots & a_{1n} \\ a_{21} & a_{22} & \cdots & a_{2n} \\ \vdots & \vdots & & \vdots \\ a_{n1} & a_{n2} & \cdots & a_{nn} \end{vmatrix}$, 则

(1) D 中任一行元素分别与它们对应的代数余子式乘积之和等于 D, 即

$$a_{i1}A_{i1} + a_{i2}A_{i2} + \cdots + a_{in}A_{in} = D, \quad 1 \leqslant i \leqslant n;$$

(2) D 中任一行元素分别与另一行元素对应的代数余子式乘积之和等于 0, 即

$$a_{k1}A_{i1} + a_{k2}A_{i2} + \cdots + a_{kn}A_{in} = 0, \quad k \neq i, \quad 1 \leqslant k, i \leqslant n.$$

证明 (1) 由 2.2 节性质 4 即知.

(2) 据假设, $D=\begin{vmatrix} a_{11} & a_{12} & \cdots & a_{1n} \\ \vdots & \vdots & & \vdots \\ a_{i1} & a_{i2} & \cdots & a_{in} \\ \vdots & \vdots & & \vdots \\ a_{k1} & a_{k2} & \cdots & a_{kn} \\ \vdots & \vdots & & \vdots \\ a_{n1} & a_{n2} & \cdots & a_{nn} \end{vmatrix}$. 将 D 中第 i 行换为第 k 行, 其他行不动, 得到行列式 $d=\begin{vmatrix} a_{11} & a_{12} & \cdots & a_{1n} \\ \vdots & \vdots & & \vdots \\ a_{k1} & a_{k2} & \cdots & a_{kn} \\ \vdots & \vdots & & \vdots \\ a_{k1} & a_{k2} & \cdots & a_{kn} \\ \vdots & \vdots & & \vdots \\ a_{n1} & a_{n2} & \cdots & a_{nn} \end{vmatrix}$, 其中 $k\neq i$, 则 $d=0$.

将 d 按第 i 行展开, 得

$$a_{k1}A_{i1}+a_{k2}A_{i2}+\cdots+a_{kn}A_{in}=0, \quad k\neq i, \quad 1\leqslant k,i\leqslant n.$$ □

利用连加号, 上述结论可简写为

$$\sum_{s=1}^{n} a_{ks}A_{is}=D\delta_{ik}=\begin{cases} D, & k=i, \\ 0, & k\neq i, \end{cases}$$

从而

$$\sum_{s=1}^{n} a_{sk}A_{si}=D\delta_{ik}=\begin{cases} D, & k=i, \\ 0, & k\neq i, \end{cases}$$

其中 $\delta_{ik}=\begin{cases} 1, & k=i, \\ 0, & k\neq i \end{cases}$ 是**克罗内克**[①]**符号** (Kronecker symbol).

注记 2.3.5 (1) 上述公式在理论上是很重要的, 但不是具体计算行列式的有效办法.

(2) 当 $n=3$ 时, 令 $\alpha_i=(a_{i1},a_{i2},a_{i3})$, $a_{ij}\in\mathbb{R}, i,j=1,2,3$, 则

① Leopold Kronecker, 1823—1891, 德国数学家.

$$\begin{vmatrix} a_{11} & a_{12} & a_{13} \\ a_{21} & a_{22} & a_{23} \\ a_{31} & a_{32} & a_{33} \end{vmatrix} = a_{11}A_{11} + a_{12}A_{12} + a_{13}A_{13} = \alpha_1 \cdot (\alpha_2 \times \alpha_3)$$

是以 $\alpha_1, \alpha_2, \alpha_3$ 为棱的平行六面体的 (有向) 体积, 其中 $\alpha_1 \cdot (\alpha_2 \times \alpha_3)$ 表示三个向量 $\alpha_1, \alpha_2, \alpha_3$ 的**混合积** (mixed product).

(3) 当 $n = 2$ 时, 令 $\alpha_i = (a_{i1}, a_{i2})$, $a_{ij} \in \mathbb{R}, i, j = 1, 2$, 则

$$\begin{vmatrix} a_{11} & a_{12} \\ a_{21} & a_{22} \end{vmatrix} = a_{11}a_{22} - a_{12}a_{21}$$

是以 α_1, α_2 为边的平行四边形的 (有向) 面积.

例 2.3.6 设 $n \geqslant 2$, 证明: **范德蒙德**[①]**行列式** (Vandermonde determinant)

$$\begin{vmatrix} 1 & 1 & 1 & \cdots & 1 \\ a_1 & a_2 & a_3 & \cdots & a_n \\ a_1^2 & a_2^2 & a_3^2 & \cdots & a_n^2 \\ \vdots & \vdots & \vdots & & \vdots \\ a_1^{n-1} & a_2^{n-1} & a_3^{n-1} & \cdots & a_n^{n-1} \end{vmatrix} = \prod_{1 \leqslant j < i \leqslant n} (a_i - a_j).$$

证明 设等式左边等于 V_n. 我们对 n 进行归纳.

当 $n = 2$ 时, $V_2 = \begin{vmatrix} 1 & 1 \\ a_1 & a_2 \end{vmatrix} = a_2 - a_1$.

对任意整数 $n > 2$, 假设结论对 $n-1$ 级范德蒙德行列式成立. 现在考虑 n 级的情形.

在 V_n 中, 从最后一行开始, 每一行减去它上一行的 a_1 倍, 则有

$$V_n = \begin{vmatrix} 1 & 1 & 1 & \cdots & 1 \\ 0 & a_2 - a_1 & a_3 - a_1 & \cdots & a_n - a_1 \\ 0 & a_2^2 - a_1a_2 & a_3^2 - a_1a_3 & \cdots & a_n^2 - a_1a_n \\ \vdots & \vdots & \vdots & & \vdots \\ 0 & a_2^{n-1} - a_1a_2^{n-2} & a_3^{n-1} - a_1a_3^{n-2} & \cdots & a_n^{n-1} - a_1a_n^{n-2} \end{vmatrix}$$

$$= \begin{vmatrix} a_2 - a_1 & a_3 - a_1 & \cdots & a_n - a_1 \\ a_2^2 - a_1a_2 & a_3^2 - a_1a_3 & \cdots & a_n^2 - a_1a_n \\ \vdots & \vdots & & \vdots \\ a_2^{n-1} - a_1a_2^{n-2} & a_3^{n-1} - a_1a_3^{n-2} & \cdots & a_n^{n-1} - a_1a_n^{n-2} \end{vmatrix}$$

① Alexandre-Théophile Vandermonde, 1735—1796, 法国数学家.

$$= (a_2 - a_1)(a_3 - a_1)\cdots(a_n - a_1)\begin{vmatrix} 1 & 1 & \cdots & 1 \\ a_2 & a_3 & \cdots & a_n \\ a_2^2 & a_3^2 & \cdots & a_n^2 \\ \vdots & \vdots & & \vdots \\ a_2^{n-2} & a_3^{n-2} & \cdots & a_n^{n-2} \end{vmatrix}$$

$$= (a_2 - a_1)(a_3 - a_1)\cdots(a_n - a_1)\prod_{2\leqslant j<i\leqslant n}(a_i - a_j)$$

$$= \prod_{1\leqslant j<i\leqslant n}(a_i - a_j).$$ □

例 2.3.7 证明:

$$\begin{vmatrix} a_{11} & \cdots & a_{1k} & 0 & \cdots & 0 \\ \vdots & & \vdots & \vdots & & \vdots \\ a_{k1} & \cdots & a_{kk} & 0 & \cdots & 0 \\ c_{11} & \cdots & c_{1k} & b_{11} & \cdots & b_{1r} \\ \vdots & & \vdots & \vdots & & \vdots \\ c_{r1} & \cdots & c_{rk} & b_{r1} & \cdots & b_{rr} \end{vmatrix} = \begin{vmatrix} a_{11} & \cdots & a_{1k} \\ \vdots & & \vdots \\ a_{k1} & \cdots & a_{kk} \end{vmatrix}\begin{vmatrix} b_{11} & \cdots & b_{1r} \\ \vdots & & \vdots \\ b_{r1} & \cdots & b_{rr} \end{vmatrix}.$$

证明 我们对 k 用归纳法.

当 $k=1$ 时, 由行列式按第一行展开即知结论成立.

对任意整数 $m>1$, 假设 $k=m-1$ 时, 结论成立. 现在考虑 $k=m$ 的情形.

将等式左边的行列式按第一行展开, 则有

$$\begin{vmatrix} a_{11} & \cdots & a_{1m} & 0 & \cdots & 0 \\ \vdots & & \vdots & \vdots & & \vdots \\ a_{m1} & \cdots & a_{mm} & 0 & \cdots & 0 \\ c_{11} & \cdots & c_{1m} & b_{11} & \cdots & b_{1r} \\ \vdots & & \vdots & \vdots & & \vdots \\ c_{r1} & \cdots & c_{rm} & b_{r1} & \cdots & b_{rr} \end{vmatrix}$$

$$= a_{11}\begin{vmatrix} a_{22} & \cdots & a_{2m} & 0 & \cdots & 0 \\ \vdots & & \vdots & \vdots & & \vdots \\ a_{m2} & \cdots & a_{mm} & 0 & \cdots & 0 \\ c_{12} & \cdots & c_{1m} & b_{11} & \cdots & b_{1r} \\ \vdots & & \vdots & \vdots & & \vdots \\ c_{r2} & \cdots & c_{rm} & b_{r1} & \cdots & b_{rr} \end{vmatrix} + \cdots$$

$$
+(-1)^{1+i}a_{1i}\begin{vmatrix} a_{21} & \cdots & a_{2,i-1} & a_{2,i+1} & \cdots & a_{2m} & 0 & \cdots & 0 \\ \vdots & & \vdots & \vdots & & \vdots & \vdots & & \vdots \\ a_{m1} & \cdots & a_{m,i-1} & a_{m,i+1} & \cdots & a_{mm} & 0 & \cdots & 0 \\ c_{11} & \cdots & c_{1,i-1} & c_{1,i+1} & \cdots & c_{1m} & b_{11} & \cdots & b_{1r} \\ \vdots & & \vdots & \vdots & & \vdots & \vdots & & \vdots \\ c_{r1} & \cdots & c_{r,i-1} & c_{r,i+1} & \cdots & c_{rm} & b_{r1} & \cdots & b_{rr} \end{vmatrix}
$$

$$
+\cdots+(-1)^{1+m}a_{1m}\begin{vmatrix} a_{21} & \cdots & a_{2,m-1} & 0 & \cdots & 0 \\ \vdots & & \vdots & \vdots & & \vdots \\ a_{m1} & \cdots & a_{m,m-1} & 0 & \cdots & 0 \\ c_{11} & \cdots & c_{1,m-1} & b_{11} & \cdots & b_{1r} \\ \vdots & & \vdots & \vdots & & \vdots \\ c_{r1} & \cdots & c_{r,m-1} & b_{r1} & \cdots & b_{rr} \end{vmatrix}
$$

$$
=\left(a_{11}\begin{vmatrix} a_{22} & \cdots & a_{2m} \\ \vdots & & \vdots \\ a_{m2} & \cdots & a_{mm} \end{vmatrix}+\cdots\right.
$$

$$
+(-1)^{1+i}a_{1i}\begin{vmatrix} a_{21} & \cdots & a_{2,i-1} & a_{2,i+1} & \cdots & a_{2m} \\ \vdots & & \vdots & \vdots & & \vdots \\ a_{m1} & \cdots & a_{m,i-1} & a_{m,i+1} & \cdots & a_{mm} \end{vmatrix}+\cdots
$$

$$
\left.+(-1)^{1+m}a_{1m}\begin{vmatrix} a_{21} & \cdots & a_{2,m-1} \\ \vdots & & \vdots \\ a_{m1} & \cdots & a_{m,m-1} \end{vmatrix}\right)\begin{vmatrix} b_{11} & \cdots & b_{1r} \\ \vdots & & \vdots \\ b_{r1} & \cdots & b_{rr} \end{vmatrix}
$$

$$
=\begin{vmatrix} a_{11} & \cdots & a_{1m} \\ \vdots & & \vdots \\ a_{m1} & \cdots & a_{mm} \end{vmatrix}\begin{vmatrix} b_{11} & \cdots & b_{1r} \\ \vdots & & \vdots \\ b_{r1} & \cdots & b_{rr} \end{vmatrix}.
$$

由归纳原理知, 欲证等式成立. □

由定理 2.3.4 知, 行列式可按任意一行 (列) 展开, 其实, 行列式可按任意 k 行 (列) 展开, 这就是下面介绍的**拉普拉斯**①**定理** (Laplace theorem). 首先, 我们把

① Pierre-Simon Laplace, 1749—1827, 法国数学家.

余子式和代数余子式的概念加以推广.

定义 2.3.8 设 $D = \begin{vmatrix} a_{11} & a_{12} & \cdots & a_{1n} \\ a_{21} & a_{22} & \cdots & a_{2n} \\ \vdots & \vdots & & \vdots \\ a_{n1} & a_{n2} & \cdots & a_{nn} \end{vmatrix}$. 在 D 中任取 k 行 k 列 ($1 \leqslant k \leqslant n$), 位于这 k 行 k 列 交点上的 k^2 个元素按照原来的顺序组成的 k 级行列式 M 称为 D 的一个 k **级子式** ($k \times k$ minor); 在 D 中划去这 k 行 k 列, 剩下的元素按照原来的顺序组成的 $n-k$ 级行列式 M' 称为 k 级子式 M **的余子式** (complementary minor of M). 若 k 级子式 M 所在的行标与列标分别为 $i_1, i_2, \cdots, i_k$ 与 $j_1, j_2, \cdots, j_k$, 则称 $(-1)^{i_1+i_2+\cdots+i_k+j_1+j_2+\cdots+j_k}M'$ 为 M **的代数余子式** (cofactor of M).

注记 2.3.9 在定义 2.3.8 中,

(1) 当 $k=n$ 时, D 的 n 级子式只有一个, 就是 D 本身;

(2) 当 $k=1$ 时, D 有 n^2 个一级子式, 即 D 的 n^2 个元素, 因此 D 每个元素都是 D 的一个一级子式;

(3) 取一级子式 $M = a_{ij}$, 则 M 的余子式 M' 就是定义 2.3.1 中 a_{ij} 的余子式 M_{ij}. 显然, M_{ij} 的余子式是 a_{ij}.

定理 2.3.10 (拉普拉斯定理) 假设在 n 级行列式 D 中任意取定了 k 行 ($1 \leqslant k \leqslant n-1$). 由这 k 行的元素组成的一切 k 级子式分别与它们对应的代数余子式乘积之和等于 D, 即

$$D = M_1A_1 + M_2A_2 + \cdots + M_tA_t, \tag{2.3.1}$$

其中, $t = \mathrm{C}_n^k$, $M_1, M_2, \cdots, M_t$ 是由取定的 k 行得到的所有 k 级子式, 它们的代数余子式分别为 $A_1, A_2, \cdots, A_t$.

证明 由定义可知, 当 $i \neq j$ 时, M_iA_i 与 M_jA_j 无公共项. 因为每个 k 级子式 M_i 中共有 $k!$ 项, 每个 A_i 中共有 $(n-k)!$ 项, 所以表达式 (2.3.1) 的右边共有 $k!(n-k)!t = n!$ 项. 下面我们证明: 表达式 (2.3.1) 的右边的每个 M_iA_i 中的任一项都是 D 的展开式中一项, 从而, 表达式 (2.3.1) 的右边 $n!$ 项的和就是 D.

首先讨论 k 级子式 M 位于 D 的左上角的情形, 即

$$M=\begin{vmatrix} a_{11} & a_{12} & \cdots & a_{1k} \\ a_{21} & a_{22} & \cdots & a_{2k} \\ \vdots & \vdots & & \vdots \\ a_{k1} & a_{k2} & \cdots & a_{kk} \end{vmatrix},$$

M 的余子式 $M'=\begin{vmatrix} a_{k+1,k+1} & a_{k+1,k+2} & \cdots & a_{k+1,n} \\ a_{k+2,k+1} & a_{k+2,k+2} & \cdots & a_{k+2,n} \\ \vdots & \vdots & & \vdots \\ a_{n,k+1} & a_{n,k+2} & \cdots & a_{nn} \end{vmatrix}$. 此时 M 的代数余子式 $A=(-1)^{(1+2+\cdots+k)+(1+2+\cdots+k)}M'=M'$, 从而 $MA=MM'$.

M 中每一项 m 可以写成

$$m=(-1)^{\tau(\alpha_1\alpha_2\cdots\alpha_k)}a_{1\alpha_1}a_{2\alpha_2}\cdots a_{k\alpha_k},$$

其中 $\alpha_1\alpha_2\cdots\alpha_k$ 是 $1,2,\cdots,k$ 的一个排列.

令 $b_{ij}=a_{k+i,k+j}$, i, $j=1,2,\cdots,n-k$, 则

$$M'=\begin{vmatrix} b_{11} & b_{12} & \cdots & b_{1,n-k} \\ b_{21} & b_{22} & \cdots & b_{2,n-k} \\ \vdots & \vdots & & \vdots \\ b_{n-k,1} & b_{n-k,2} & \cdots & b_{n-k,n-k} \end{vmatrix}.$$

因此, M' 中每一项 m' 可以写成

$$m'=(-1)^{\tau(\beta_1\beta_2\cdots\beta_{n-k})}b_{1\beta_1}b_{2\beta_2}\cdots b_{n-k,\beta_{n-k}},$$

其中 $\beta_1\beta_2\cdots\beta_{n-k}$ 是 $1,2,\cdots,n-k$ 的一个排列. 于是,

$$\begin{aligned} & mm' \\ =\ & (-1)^{\tau(\alpha_1\alpha_2\cdots\alpha_k)+\tau(\beta_1\beta_2\cdots\beta_{n-k})}a_{1\alpha_1}a_{2\alpha_2}\cdots a_{k\alpha_k}b_{1\beta_1}b_{2\beta_2}\cdots b_{n-k,\beta_{n-k}} \\ =\ & (-1)^{\tau(\alpha_1\alpha_2\cdots\alpha_k)+\tau(\beta_1\beta_2\cdots\beta_{n-k})}a_{1\alpha_1}a_{2\alpha_2}\cdots a_{k\alpha_k}a_{k+1,k+\beta_1}a_{k+2,k+\beta_2}\cdots a_{n,k+\beta_{n-k}}. \end{aligned}$$

令 $\alpha_{k+i}=k+\beta_i, i=1,2,\cdots,n-k$, 则 $\alpha_{k+1},\alpha_{k+2},\cdots,\alpha_n$ 是 $k+1,k+2,\cdots,n$ 的一个排列, 并且

$$mm'=(-1)^{\tau(\alpha_1\alpha_2\cdots\alpha_k)+\tau(\beta_1\beta_2\cdots\beta_{n-k})}a_{1\alpha_1}a_{2\alpha_2}\cdots a_{k\alpha_k}a_{k+1,\alpha_{k+1}}a_{k+2,\alpha_{k+2}}\cdots a_{n,\alpha_n}.$$

因为 $\alpha_{k+i} > k,\ i = 1, 2, \cdots, n-k$, 所以

$$\begin{aligned}&\tau(\alpha_1\alpha_2\cdots\alpha_k\alpha_{k+1}\alpha_{k+2}\cdots\alpha_n)\\=&\tau(\alpha_1\alpha_2\cdots\alpha_k)+\tau(\alpha_{k+1}\alpha_{k+2}\cdots\alpha_n)\\=&\tau(\alpha_1\alpha_2\cdots\alpha_k)+\tau(\beta_1\beta_2\cdots\beta_{n-k}).\end{aligned}$$

显然, $a_{1\alpha_1}a_{2\alpha_2}\cdots a_{k\alpha_k}a_{k+1,\alpha_{k+1}}a_{k+2,\alpha_{k+2}}\cdots a_{n,\alpha_n}$ 是 D 中不同行、不同列的 n 个元素的乘积, 所以,

$$mm' = (-1)^{\tau(\alpha_1\alpha_2\cdots\alpha_k\alpha_{k+1}\alpha_{k+2}\cdots\alpha_n)}a_{1\alpha_1}a_{2\alpha_2}\cdots a_{k\alpha_k}a_{k+1,\alpha_{k+1}}a_{k+2,\alpha_{k+2}}\cdots a_{n,\alpha_n}$$

是 D 的展开式中一项.

下面考虑一般情形. 设 M 位于 D 的第 $i_1, i_2, \cdots, i_k$ 行, 第 $j_1, j_2, \cdots, j_k$ 列, 其中 $i_1 < i_2 < \cdots < i_k$; $j_1 < j_2 < \cdots < j_k$.

变换 D 中行与列的顺序使得 M 位于左上角: 先把第 i_1 行依次与第 i_1-1, $i_1-2, \cdots, 2, 1$ 行对换, 这样, 经过 i_1-1 次对换, 将第 i_1 行换到第 1 行; 再把第 i_2 行依次与第 $i_2-1, i_2-2, \cdots, 2$ 行对换, 将第 i_2 行换到第 2 行, 一共经过 i_2-2 次对换. 如此继续下去, 一共经过

$$(i_1-1)+(i_2-2)+\cdots+(i_k-k) = (i_1+i_2+\cdots+i_k)-(1+2+\cdots+k)$$

次行对换, 把 D 中第 $i_1, i_2, \cdots, i_k$ 行依次换到第 $1, 2, \cdots, k$ 行.

同理, 经过

$$(j_1-1)+(j_2-2)+\cdots+(j_k-k) = (j_1+j_2+\cdots+j_k)-(1+2+\cdots+k)$$

次列对换, 把 D 中第 $j_1, j_2, \cdots, j_k$ 列依次换到第 $1, 2, \cdots, k$ 列.

令 D_1 表示这样变换后得到的新行列式, 则

$$\begin{aligned}D &= (-1)^{(i_1+i_2+\cdots+i_k)-(1+2+\cdots+k)+(j_1+j_2+\cdots+j_k)-(1+2+\cdots+k)}D_1\\&= (-1)^{(i_1+i_2+\cdots+i_k)+(j_1+j_2+\cdots+j_k)}D_1.\end{aligned}$$

现在 M 位于 D_1 的左上角, 它在 D_1 中的余子式和代数余子式都是 M', 所以, MM' 中的每一项都是 D_1 的展开式中一项.

注意, M 在 D 中的代数余子式

$$A = (-1)^{(i_1+i_2+\cdots+i_k)+(j_1+j_2+\cdots+j_k)}M'.$$

所以, $MA = (-1)^{(i_1+i_2+\cdots+i_k)+(j_1+j_2+\cdots+j_k)}MM'$. 由此可见, MA 中每一项都是 $D = (-1)^{(i_1+i_2+\cdots+i_k)+(j_1+j_2+\cdots+j_k)}D_1$ 的展开式中一项. □

利用拉普拉斯定理, 很容易给出例 2.3.7 的另一证法.

例 2.3.11 计算 $2n$ 级行列式

$$D_{2n}=\begin{vmatrix} a & 0 & \cdots & \cdots & \cdots & \cdots & \cdots & \cdots & 0 & b \\ 0 & a & \ddots & & & & & \iddots & b & 0 \\ \vdots & \ddots & \ddots & \ddots & & & \iddots & \iddots & \iddots & \vdots \\ \vdots & & \ddots & a & 0 & 0 & b & \iddots & & \vdots \\ \vdots & & & 0 & a & b & 0 & & & \vdots \\ \vdots & & & 0 & b & a & 0 & & & \vdots \\ \vdots & & \iddots & b & 0 & 0 & a & \ddots & & \vdots \\ \vdots & \iddots & \iddots & \iddots & & & \ddots & \ddots & \ddots & \vdots \\ 0 & b & \iddots & & & & & \ddots & a & 0 \\ b & 0 & \cdots & \cdots & \cdots & \cdots & \cdots & \cdots & 0 & a \end{vmatrix}.$$

解 取定第一行和最后一行, 由拉普拉斯定理得

$$D_{2n}=\begin{vmatrix} a & b \\ b & a \end{vmatrix} D_{2(n-1)}=(a^2-b^2)D_{2(n-1)}.$$

如此继续下去, 我们有

$$D_{2n}=(a^2-b^2)^2D_{2(n-2)}=\cdots=(a^2-b^2)^{n-1}D_2=(a^2-b^2)^n. \qquad \square$$

定理 2.3.12 (行列式乘法 (multiplication of determinants))

$$\begin{vmatrix} a_{11} & a_{12} & \cdots & a_{1n} \\ a_{21} & a_{22} & \cdots & a_{2n} \\ \vdots & \vdots & & \vdots \\ a_{n1} & a_{n2} & \cdots & a_{nn} \end{vmatrix}\begin{vmatrix} b_{11} & b_{12} & \cdots & b_{1n} \\ b_{21} & b_{22} & \cdots & b_{2n} \\ \vdots & \vdots & & \vdots \\ b_{n1} & b_{n2} & \cdots & b_{nn} \end{vmatrix}$$

$$=\begin{vmatrix} c_{11} & c_{12} & \cdots & c_{1n} \\ c_{21} & c_{22} & \cdots & c_{2n} \\ \vdots & \vdots & & \vdots \\ c_{n1} & c_{n2} & \cdots & c_{nn} \end{vmatrix},$$

其中 $c_{ij}=a_{i1}b_{1j}+a_{i2}b_{2j}+\cdots+a_{in}b_{nj}=\sum\limits_{k=1}^{n}a_{ik}b_{kj},\ i,j=1,2,\cdots,n.$

证明 作行列式

$$D=\begin{vmatrix} a_{11} & a_{12} & \cdots & a_{1,n-1} & a_{1n} & 0 & \cdots & \cdots & \cdots & 0 \\ a_{21} & a_{22} & \cdots & a_{2,n-1} & a_{2n} & \vdots & & & & \vdots \\ \vdots & \vdots & & \vdots & \vdots & \vdots & & & & \vdots \\ a_{n-1,1} & a_{n-1,2} & \cdots & a_{n-1,n-1} & a_{n-1,n} & \vdots & & & & \vdots \\ a_{n1} & a_{n2} & \cdots & a_{n,n-1} & a_{nn} & 0 & \cdots & \cdots & \cdots & 0 \\ -1 & 0 & \cdots & \cdots & 0 & b_{11} & b_{12} & \cdots & b_{1,n-1} & b_{1n} \\ 0 & -1 & \ddots & & \vdots & b_{21} & b_{22} & \cdots & b_{2,n-1} & b_{2n} \\ \vdots & \ddots & \ddots & \ddots & \vdots & \vdots & \vdots & & \vdots & \vdots \\ \vdots & & \ddots & -1 & 0 & b_{n-1,1} & b_{n-1,2} & \cdots & b_{n-1,n-1} & b_{n-1,n} \\ 0 & \cdots & \cdots & 0 & -1 & b_{n1} & b_{n2} & \cdots & b_{n,n-1} & b_{nn} \end{vmatrix}.$$

由例 2.3.7 或拉普拉斯定理知

$$D = \begin{vmatrix} a_{11} & a_{12} & \cdots & a_{1n} \\ a_{21} & a_{22} & \cdots & a_{2n} \\ \vdots & \vdots & & \vdots \\ a_{n1} & a_{n2} & \cdots & a_{nn} \end{vmatrix}\begin{vmatrix} b_{11} & b_{12} & \cdots & b_{1n} \\ b_{21} & b_{22} & \cdots & b_{2n} \\ \vdots & \vdots & & \vdots \\ b_{n1} & b_{n2} & \cdots & b_{nn} \end{vmatrix}.$$

另一方面, 将 D 中第 1 列的 b_{11} 倍, 第 2 列的 b_{21} 倍, $\cdots$, 第 n 列的 b_{n1} 倍加到第 $n+1$ 列, 得

$$D=\begin{vmatrix} a_{11} & a_{12} & \cdots & a_{1,n-1} & a_{1n} & c_{11} & 0 & \cdots & \cdots & 0 \\ a_{21} & a_{22} & \cdots & a_{2,n-1} & a_{2n} & c_{21} & \vdots & & & \vdots \\ \vdots & \vdots & & \vdots & \vdots & \vdots & \vdots & & & \vdots \\ a_{n-1,1} & a_{n-1,2} & \cdots & a_{n-1,n-1} & a_{n-1,n} & c_{n-1,1} & \vdots & & & \vdots \\ a_{n1} & a_{n2} & \cdots & a_{n,n-1} & a_{nn} & c_{n1} & 0 & \cdots & \cdots & 0 \\ -1 & 0 & \cdots & \cdots & 0 & 0 & b_{12} & \cdots & b_{1,n-1} & b_{1n} \\ 0 & -1 & \ddots & & \vdots & 0 & b_{22} & \cdots & b_{2,n-1} & b_{2n} \\ \vdots & \ddots & \ddots & \ddots & \vdots & \vdots & \vdots & & \vdots & \vdots \\ \vdots & & \ddots & -1 & 0 & 0 & b_{n-1,2} & \cdots & b_{n-1,n-1} & b_{n-1,n} \\ 0 & \cdots & \cdots & 0 & -1 & 0 & b_{n2} & \cdots & b_{n,n-1} & b_{nn} \end{vmatrix}.$$

如此继续下去, 对 $k=2,3,\cdots,n$, 将 D 中第 1 列的 b_{1k} 倍, 第 2 列的 b_{2k} 倍, $\cdots$, 第 n 列的 b_{nk} 倍加到第 $n+k$ 列, 得

$$D=\begin{vmatrix} a_{11} & a_{12} & \cdots & a_{1,n-1} & a_{1n} & c_{11} & c_{12} & \cdots & c_{1,n-1} & c_{1n} \\ a_{21} & a_{22} & \cdots & a_{2,n-1} & a_{2n} & c_{21} & c_{22} & \cdots & c_{2,n-1} & c_{2n} \\ \vdots & \vdots & & \vdots & \vdots & \vdots & \vdots & & \vdots & \vdots \\ a_{n-1,1} & a_{n-1,2} & \cdots & a_{n-1,n-1} & a_{n-1,n} & c_{n-1,1} & c_{n-1,2} & \cdots & c_{n-1,n-1} & c_{n-1,n} \\ a_{n1} & a_{n2} & \cdots & a_{n,n-1} & a_{nn} & c_{n1} & c_{n2} & \cdots & c_{n,n-1} & c_{nn} \\ -1 & 0 & \cdots & \cdots & 0 & 0 & \cdots & \cdots & \cdots & 0 \\ 0 & -1 & \ddots & & \vdots & \vdots & & & & \vdots \\ \vdots & \ddots & \ddots & \ddots & \vdots & \vdots & & & & \vdots \\ \vdots & & \ddots & -1 & 0 & \vdots & & & & \vdots \\ 0 & \cdots & \cdots & 0 & -1 & 0 & \cdots & \cdots & \cdots & 0 \end{vmatrix}.$$

在上述行列式中, 取定第 $n+1, n+2, \cdots, n+n$ 行, 由拉普拉斯定理得

$$D=(-1)^n(-1)^{(n+1)+(n+2)+\cdots+(n+n)+1+2+\cdots+n}\begin{vmatrix} c_{11} & c_{12} & \cdots & c_{1n} \\ c_{21} & c_{22} & \cdots & c_{2n} \\ \vdots & \vdots & & \vdots \\ c_{n1} & c_{n2} & \cdots & c_{nn} \end{vmatrix}$$

$$=(-1)^n(-1)^{n^2+n(n+1)}\begin{vmatrix} c_{11} & c_{12} & \cdots & c_{1n} \\ c_{21} & c_{22} & \cdots & c_{2n} \\ \vdots & \vdots & & \vdots \\ c_{n1} & c_{n2} & \cdots & c_{nn} \end{vmatrix}=\begin{vmatrix} c_{11} & c_{12} & \cdots & c_{1n} \\ c_{21} & c_{22} & \cdots & c_{2n} \\ \vdots & \vdots & & \vdots \\ c_{n1} & c_{n2} & \cdots & c_{nn} \end{vmatrix}. \qquad \square$$

例 2.3.13 计算 n 级行列式 $D_n=\begin{vmatrix} a_1+b_1 & a_1+b_2 & \cdots & a_1+b_n \\ a_2+b_1 & a_2+b_2 & \cdots & a_2+b_n \\ \vdots & \vdots & & \vdots \\ a_n+b_1 & a_n+b_2 & \cdots & a_n+b_n \end{vmatrix}$.

解 当 $n=1$ 时, $D_1=a_1+b_1$. 下设 $n>1$.

$$D_n=\begin{vmatrix} a_1 & 1 & 0 & \cdots & 0 \\ a_2 & 1 & 0 & \cdots & 0 \\ \vdots & \vdots & \vdots & & \vdots \\ a_n & 1 & 0 & \cdots & 0 \end{vmatrix}\begin{vmatrix} 1 & 1 & \cdots & 1 \\ b_1 & b_2 & \cdots & b_n \\ 0 & 0 & \cdots & 0 \\ \vdots & \vdots & & \vdots \\ 0 & 0 & \cdots & 0 \end{vmatrix}$$

$$=\begin{cases} (a_1-a_2)(b_2-b_1), & n=2, \\ 0, & n>2. \end{cases}$$

故 $D_n=\begin{cases} a_1+b_1, & n=1, \\ (a_1-a_2)(b_2-b_1), & n=2, \\ 0, & n>2. \end{cases}$ □

2.4 克拉默法则

现在我们用 n 级行列式来解决 n 个方程组成的 n 元线性方程组的解的问题. 下面我们将得到与二元和三元线性方程组相仿的结论.

定理 2.4.1 (**克拉默**[①]**法则** (Cramer rule)) 给定 n 元线性方程组

$$\begin{cases} a_{11}x_1 + a_{12}x_2 + \cdots + a_{1n}x_n = b_1, \\ a_{21}x_1 + a_{22}x_2 + \cdots + a_{2n}x_n = b_2, \\ \qquad\cdots\cdots \\ a_{n1}x_1 + a_{n2}x_2 + \cdots + a_{nn}x_n = b_n. \end{cases} \tag{2.4.1}$$

当系数行列式 $d = \begin{vmatrix} a_{11} & a_{12} & \cdots & a_{1n} \\ a_{21} & a_{22} & \cdots & a_{2n} \\ \vdots & \vdots & & \vdots \\ a_{n1} & a_{n2} & \cdots & a_{nn} \end{vmatrix} \neq 0$ 时, 方程组 (2.4.1) 有唯一解

$$x_1 = \frac{d_1}{d}, \quad x_2 = \frac{d_2}{d}, \quad \cdots, \quad x_n = \frac{d_n}{d}, \tag{2.4.2}$$

其中 $d_j = \begin{vmatrix} a_{11} & \cdots & a_{1,j-1} & b_1 & a_{1,j+1} & \cdots & a_{1n} \\ a_{21} & \cdots & a_{2,j-1} & b_2 & a_{2,j+1} & \cdots & a_{2n} \\ \vdots & & \vdots & \vdots & \vdots & & \vdots \\ a_{n1} & \cdots & a_{n,j-1} & b_n & a_{n,j+1} & \cdots & a_{nn} \end{vmatrix}$, $j = 1, 2, \cdots, n$.

证明 方程组 (2.4.1) 可简写为

$$\sum_{j=1}^{n} a_{ij}x_j = b_i, \quad i = 1, 2, \cdots, n. \tag{2.4.3}$$

首先证明: 表达式 (2.4.2) 是方程组 (2.4.3) 的解. 将 $x_j = \dfrac{d_j}{d}$ $(1 \leqslant j \leqslant n)$ 代入方程组 (2.4.3) 的第 i 个方程得

$$\sum_{j=1}^{n} a_{ij}x_j = \sum_{j=1}^{n} a_{ij}\frac{d_j}{d} = \frac{1}{d}\sum_{j=1}^{n} a_{ij}d_j, \quad i = 1, 2, \cdots, n.$$

① Gabriel Cramer, 1704—1752, 瑞士数学家.

由于 $d_j = b_1A_{1j} + b_2A_{2j} + \cdots + b_nA_{nj} = \sum\limits_{s=1}^{n} b_sA_{sj}$, $j = 1, 2, \cdots, n$, 所以

$$\sum_{j=1}^{n}a_{ij}x_j = \frac{1}{d}\sum_{j=1}^{n}a_{ij}\sum_{s=1}^{n}b_sA_{sj} = \frac{1}{d}\sum_{s=1}^{n}\left(\sum_{j=1}^{n}a_{ij}A_{sj}\right)b_s = \frac{1}{d}db_i = b_i, \quad i = 1, 2, \cdots, n,$$

即表达式 (2.4.2) 是方程组 (2.4.3) 的解.

现设 $x_1 = c_1, x_2 = c_2, \cdots, x_n = c_n$ 为方程组 (2.4.3) 的解, 即

$$\sum_{j=1}^{n} a_{ij}c_j = b_i, \quad i = 1, 2, \cdots, n. \tag{2.4.4}$$

下证: $c_k = \dfrac{d_k}{d}, k = 1, 2, \cdots, n$. 注意, $d_k = \sum\limits_{i=1}^{n} b_iA_{ik}$, $k = 1, 2, \cdots, n$.

将表达式 (2.4.4) 两边乘以 A_{ik} 得, $A_{ik}\sum\limits_{j=1}^{n} a_{ij}c_j = b_iA_{ik}$, $i = 1, 2, \cdots, n$, 再将该等式两边对 i 求和得

$$\sum_{i=1}^{n} A_{ik}\sum_{j=1}^{n} a_{ij}c_j = \sum_{i=1}^{n} b_iA_{ik}.$$

上述等式左边 $= \sum\limits_{j=1}^{n}\left(\sum\limits_{i=1}^{n} a_{ij}A_{ik}\right)c_j = dc_k$, 右边 $= d_k$. 故 $dc_k = d_k$, 即 $c_k = \dfrac{d_k}{d}$, $k = 1, 2, \cdots, n$. □

注记 2.4.2 上述方程组只讨论了系数行列式不等于零的情形, 其他情况将在第 3 章讨论. 若方程组 (2.4.1) 中 $b_1 = b_2 = \cdots = b_n = 0$, 则称该方程组为**齐次线性方程组** (system of homogeneous linear equations) (一般定义参见 3.1 节). 齐次线性方程组总是有解的, 因为所有的未知量取 0 时就是一个解, 称之为**零解**. 齐次线性方程组除去零解以外的解称为**非零解**.

定理 2.4.3 如果 n 元齐次线性方程组

$$\begin{cases} a_{11}x_1 + a_{12}x_2 + \cdots + a_{1n}x_n = 0, \\ a_{21}x_1 + a_{22}x_2 + \cdots + a_{2n}x_n = 0, \\ \qquad\qquad \cdots\cdots \\ a_{n1}x_1 + a_{n2}x_2 + \cdots + a_{nn}x_n = 0 \end{cases}$$

的系数行列式不等于零, 那么它只有零解. 换句话说, 若该方程组有非零解, 则其系数行列式等于零.

证明 由克拉默法则知, 结论成立. □

例 2.4.4 设整数 $n \geqslant 2$, $D = |a_{ij}|_n$, $\Delta = |A_{ij}|_n$, 其中 A_{ij} 是 D 的元素 a_{ij} 的代数余子式, $i, j = 1, 2, \cdots, n$. 证明: $\Delta = D^{n-1}$.

证明 因为

$$D\Delta = \begin{vmatrix} a_{11} & a_{12} & \cdots & a_{1n} \\ a_{21} & a_{22} & \cdots & a_{2n} \\ \vdots & \vdots & & \vdots \\ a_{n1} & a_{n2} & \cdots & a_{nn} \end{vmatrix} \begin{vmatrix} A_{11} & A_{12} & \cdots & A_{1n} \\ A_{21} & A_{22} & \cdots & A_{2n} \\ \vdots & \vdots & & \vdots \\ A_{n1} & A_{n2} & \cdots & A_{nn} \end{vmatrix}$$

$$= \begin{vmatrix} a_{11} & a_{12} & \cdots & a_{1n} \\ a_{21} & a_{22} & \cdots & a_{2n} \\ \vdots & \vdots & & \vdots \\ a_{n1} & a_{n2} & \cdots & a_{nn} \end{vmatrix} \begin{vmatrix} A_{11} & A_{21} & \cdots & A_{n1} \\ A_{12} & A_{22} & \cdots & A_{n2} \\ \vdots & \vdots & & \vdots \\ A_{1n} & A_{2n} & \cdots & A_{nn} \end{vmatrix}$$

$$= \begin{vmatrix} D & 0 & \cdots & \cdots & 0 \\ 0 & D & \ddots & & \vdots \\ \vdots & \ddots & \ddots & \ddots & \vdots \\ \vdots & & \ddots & D & 0 \\ 0 & \cdots & \cdots & 0 & D \end{vmatrix} = D^n,$$

即 $D\Delta = D^n$, 所以, 当 $D \neq 0$ 时, $\Delta = D^{n-1}$.

下设 $D = 0$. 我们证明: $\Delta = 0$.

若 $\Delta \neq 0$, 则由定理 2.4.3 知, 方程组

$$\sum_{j=1}^{n} A_{ij} x_j = 0, \quad i = 1, 2, \cdots, n$$

只有零解. 由于 $D = 0$, 所以

$$\sum_{j=1}^{n} A_{ij} a_{kj} = 0, \quad i = 1, 2, \cdots, n; \quad k = 1, 2, \cdots, n.$$

由此可见, $a_{kj} = 0,\ k, j = 1, 2, \cdots, n$, 从而 $\Delta = 0$, 矛盾. 故 $\Delta = D^{n-1}$. □

2.5 行列式的计算方法

本节主要通过实例介绍行列式的一些计算方法.

一、化为三角形

我们知道, 上 (下) 三角行列式的计算很容易, 因此, 我们想办法把给定的行列式化为三角形行列式.

例 2.5.1 计算 $D=\begin{vmatrix} 1 & 2 & 3 & \cdots & \cdots & \cdots & n \\ 1 & -1 & 0 & \cdots & \cdots & \cdots & 0 \\ 0 & 2 & -2 & \ddots & & & \vdots \\ \vdots & \ddots & \ddots & \ddots & \ddots & & \vdots \\ \vdots & & \ddots & \ddots & \ddots & \ddots & \vdots \\ \vdots & & & \ddots & \ddots & -(n-2) & 0 \\ 0 & \cdots & \cdots & \cdots & 0 & n-1 & -(n-1) \end{vmatrix}$.

解

$$D=\begin{vmatrix} \dfrac{n(n+1)}{2} & 2 & 3 & \cdots & \cdots & \cdots & n \\ 0 & -1 & 0 & \cdots & \cdots & \cdots & 0 \\ 0 & 2 & -2 & \ddots & & & \vdots \\ \vdots & \ddots & \ddots & \ddots & \ddots & & \vdots \\ \vdots & & \ddots & \ddots & \ddots & \ddots & \vdots \\ \vdots & & & \ddots & \ddots & -(n-2) & 0 \\ 0 & \cdots & \cdots & \cdots & 0 & n-1 & -(n-1) \end{vmatrix}$$

$$=\frac{n(n+1)}{2}\begin{vmatrix} -1 & 0 & 0 & \cdots & \cdots & 0 \\ 2 & -2 & 0 & & & \vdots \\ 0 & 3 & -3 & \ddots & & \vdots \\ \vdots & \ddots & \ddots & \ddots & \ddots & \vdots \\ \vdots & & \ddots & n-2 & -(n-2) & 0 \\ 0 & \cdots & \cdots & 0 & n-1 & -(n-1) \end{vmatrix}$$

$$=\frac{(-1)^{n-1}}{2}(n+1)!.$$

□

例 2.5.2 计算例 2.3.11 中的 $2n$ 级行列式 D_{2n}.

解 当 $a=0$ 时,
$$D_{2n}=\begin{vmatrix} 0 & \cdots & \cdots & 0 & b \\ \vdots & & \iddots & b & 0 \\ \vdots & \iddots & \iddots & \iddots & \vdots \\ 0 & b & \iddots & & \vdots \\ b & 0 & \cdots & \cdots & 0 \end{vmatrix}=(-1)^{\frac{2n(2n-1)}{2}}b^{2n}=(-b^2)^n.$$

当 $a\neq 0$ 时, 将第 i 行乘 $-\dfrac{b}{a}$ 加到第 $2n-(i-1)$ 行, $i=1,2,\cdots,n$, 得

$$D_{2n}=\begin{vmatrix} a & 0 & \cdots & \cdots & \cdots & \cdots & \cdots & \cdots & 0 & b \\ 0 & a & \ddots & & & & & \iddots & b & 0 \\ \vdots & \ddots & \ddots & \ddots & & & \iddots & \iddots & \iddots & \vdots \\ \vdots & & \ddots & a & 0 & 0 & b & \iddots & & \vdots \\ \vdots & & & \ddots & a & b & 0 & & & \vdots \\ \vdots & & & & \ddots & a-\dfrac{b^2}{a} & 0 & & & \vdots \\ \vdots & & & & & \ddots & a-\dfrac{b^2}{a} & \ddots & & \vdots \\ \vdots & & & & & & \ddots & \ddots & \ddots & \vdots \\ \vdots & & & & & & & \ddots & a-\dfrac{b^2}{a} & 0 \\ 0 & \cdots & \cdots & \cdots & \cdots & \cdots & \cdots & \cdots & 0 & a-\dfrac{b^2}{a} \end{vmatrix}$$

$$=a^n\left(a-\frac{b^2}{a}\right)^n=(a^2-b^2)^n.$$

总之, $D_{2n}=(a^2-b^2)^n$. □

二、利用多项式理论

例 2.5.3 计算 $D=\begin{vmatrix} 1 & 2 & 3 & \cdots & n-1 & n \\ 1 & x+1 & 3 & \cdots & n-1 & n \\ 1 & 2 & x+1 & \cdots & n-1 & n \\ \vdots & \vdots & \vdots & & \vdots & \vdots \\ 1 & 2 & 3 & \cdots & x+1 & n \\ 1 & 2 & 3 & \cdots & n-1 & x+1 \end{vmatrix}$.

解 **方法一** 根据行列式的定义, $D = D(x)$ 是 $n-1$ 次首一多项式. 由行列式的性质可知, $D(1) = D(2) = \cdots = D(n-1) = 0$, 从而 $(x-1)|D(x)$, $(x-2)|D(x), \cdots, (x-(n-1))|D(x)$. 由于 $x-1, x-2, \cdots, x-(n-1)$ 两两互素, 所以 $(x-1)(x-2)\cdots(x-(n-1))|D(x)$. 故 $D(x) = (x-1)(x-2)\cdots(x-(n-1))$.

方法二 (化为三角形) 从第二行开始, 每一行减去第一行得

$$D = \begin{vmatrix} 1 & 2 & 3 & \cdots & \cdots & n \\ 0 & x-1 & 0 & \cdots & \cdots & 0 \\ 0 & 0 & x-2 & \ddots & & \vdots \\ \vdots & & \ddots & \ddots & \ddots & \vdots \\ \vdots & & & \ddots & x-(n-2) & 0 \\ 0 & \cdots & \cdots & \cdots & 0 & x-(n-1) \end{vmatrix}$$

$$= (x-1)(x-2)\cdots(x-(n-1)). \qquad \square$$

三、归纳法

例 2.5.4 设整数 $n \geqslant 2$, 证明:

$$\begin{vmatrix} x & 1 & 1 & \cdots & \cdots & 1 \\ 1 & a_1 & 0 & \cdots & \cdots & 0 \\ 1 & 0 & a_2 & \ddots & & \vdots \\ \vdots & \vdots & \ddots & \ddots & \ddots & \vdots \\ \vdots & \vdots & & \ddots & a_{n-1} & 0 \\ 1 & 0 & \cdots & \cdots & 0 & a_n \end{vmatrix} = xa_1a_2\cdots a_n - \sum_{i=1}^{n} a_1\cdots a_{i-1}a_{i+1}\cdots a_n.$$

证明 **方法一** 设等式左边等于 D_n. 对 n 用第一归纳法.

当 $n=2$ 时, $D_2 = \begin{vmatrix} x & 1 & 1 \\ 1 & a_1 & 0 \\ 1 & 0 & a_2 \end{vmatrix} = a_2 \begin{vmatrix} x & 1 \\ 1 & a_1 \end{vmatrix} + 1 \times (-1)^{3+1} \begin{vmatrix} 1 & 1 \\ a_1 & 0 \end{vmatrix}$

$$= a_2(xa_1 - 1) - a_1 = xa_1a_2 - a_1 - a_2.$$

对任意整数 $n > 2$, 假设结论对行列式 D_{n-1} 成立. 现在考虑行列式 D_n. 将 D_n 按最后一行展开得

$$D_n = a_n D_{n-1} + (-1)^{n+1+1} \begin{vmatrix} 1 & 1 & \cdots & \cdots & 1 \\ a_1 & 0 & \cdots & \cdots & 0 \\ 0 & a_2 & \ddots & & \vdots \\ \vdots & \ddots & \ddots & \ddots & \vdots \\ 0 & \cdots & 0 & a_{n-1} & 0 \end{vmatrix}$$

$$= a_n D_{n-1} + (-1)^{n+1+1}(-1)^{1+n} a_1 a_2 \cdots a_{n-1}$$

$$= a_n D_{n-1} - a_1 a_2 \cdots a_{n-1}.$$

由归纳假设知,

$$D_{n-1} = x a_1 a_2 \cdots a_{n-1} - \sum_{i=1}^{n-1} a_1 \cdots a_{i-1} a_{i+1} \cdots a_{n-1}.$$

所以,

$$D_n = a_n \left(x a_1 a_2 \cdots a_{n-1} - \sum_{i=1}^{n-1} a_1 \cdots a_{i-1} a_{i+1} \cdots a_{n-1} \right) - a_1 a_2 \cdots a_{n-1}$$

$$= x a_1 a_2 \cdots a_n - \sum_{i=1}^{n} a_1 \cdots a_{i-1} a_{i+1} \cdots a_n.$$

由第一归纳法知, 等式成立.

方法二 (化为三角形) 首先假设 $a_i \neq 0,\ i = 1, 2, \cdots, n$. 将 D_n 中第 i 列 $\times \left(-\dfrac{1}{a_{i-1}}\right)$ 加到第 1 列, $i = 2, 3, \cdots, n+1$, 得

$$D_n = \begin{vmatrix} x - \sum\limits_{i=1}^{n} \dfrac{1}{a_i} & 1 & 1 & \cdots & \cdots & 1 \\ 0 & a_1 & 0 & \cdots & \cdots & 0 \\ \vdots & \ddots & \ddots & \ddots & & \vdots \\ \vdots & & \ddots & \ddots & \ddots & \vdots \\ \vdots & & & \ddots & a_{n-1} & 0 \\ 0 & \cdots & \cdots & \cdots & 0 & a_n \end{vmatrix}$$

$$= a_1 a_2 \cdots a_n \left(x - \sum_{i=1}^{n} \frac{1}{a_i} \right)$$

$$= x a_1 a_2 \cdots a_n - \sum_{i=1}^{n} a_1 \cdots a_{i-1} a_{i+1} \cdots a_n.$$

若 $a_n = 0$, 将 D_n 按最后一行展开 (参见方法一) 得, $D_n = -a_1 a_2 \cdots a_{n-1}$.

若 $a_i=0,1\leqslant i\leqslant n-1$, 则

$$D_n=(-1)^{n-i}(-1)^{n-i}\begin{vmatrix} x & 1 & 1 & \cdots & \cdots & \cdots & \cdots & \cdots & 1 \\ 1 & a_1 & 0 & \cdots & \cdots & \cdots & \cdots & \cdots & 0 \\ 1 & 0 & a_2 & \ddots & & & & & \vdots \\ \vdots & \vdots & \ddots & \ddots & \ddots & & & & \vdots \\ \vdots & \vdots & & \ddots & a_{i-1} & \ddots & & & \vdots \\ \vdots & \vdots & & & \ddots & a_{i+1} & \ddots & & \vdots \\ \vdots & \vdots & & & & \ddots & \ddots & \ddots & \vdots \\ \vdots & \vdots & & & & & \ddots & a_n & 0 \\ 1 & 0 & \cdots & \cdots & \cdots & \cdots & \cdots & 0 & 0 \end{vmatrix}$$

$$=-a_1\cdots a_{i-1}a_{i+1}\cdots a_n.$$

总之, $D_n=xa_1a_2\cdots a_n-\sum\limits_{i=1}^{n}a_1\cdots a_{i-1}a_{i+1}\cdots a_n$. □

例 2.5.5 证明

$$\begin{vmatrix} \alpha+\beta & \alpha\beta & 0 & \cdots & \cdots & \cdots & \cdots & 0 \\ 1 & \alpha+\beta & \alpha\beta & \ddots & & & & \vdots \\ 0 & 1 & \alpha+\beta & \alpha\beta & \ddots & & & \vdots \\ \vdots & \ddots & 1 & \alpha+\beta & \ddots & \ddots & & \vdots \\ \vdots & & \ddots & \ddots & \ddots & \ddots & \ddots & \vdots \\ \vdots & & & \ddots & \ddots & \alpha+\beta & \alpha\beta & 0 \\ \vdots & & & & \ddots & 1 & \alpha+\beta & \alpha\beta \\ 0 & \cdots & \cdots & \cdots & \cdots & 0 & 1 & \alpha+\beta \end{vmatrix}_n$$

$$=\frac{\alpha^{n+1}-\beta^{n+1}}{\alpha-\beta}, \text{其中 } \alpha\neq\beta.$$

证明 设等式左边等于 D_n. 对 n 用第二归纳法. 当 $n=1,2$ 时, 易见等式成立.

对任意整数 $n\geqslant 3$, 假设行列式的级数 $<n$ 时, 等式成立.

现在考虑行列式的级数等于 n 的情形. 将 D_n 按最后一行展开得

$$D_n=(\alpha+\beta)D_{n-1}-\alpha\beta D_{n-2}.$$

由归纳假设知, $D_{n-1}=\dfrac{\alpha^n-\beta^n}{\alpha-\beta}$, $D_{n-2}=\dfrac{\alpha^{n-1}-\beta^{n-1}}{\alpha-\beta}$. 因此

$$D_n=(\alpha+\beta)\frac{\alpha^n-\beta^n}{\alpha-\beta}-\alpha\beta\frac{\alpha^{n-1}-\beta^{n-1}}{\alpha-\beta}=\frac{\alpha^{n+1}-\beta^{n+1}}{\alpha-\beta}.$$

由第二归纳法知, 等式成立. □

四、递推关系

例 2.5.6 计算

$$D_n=\begin{vmatrix}\alpha+\beta & \alpha\beta & 0 & \cdots & \cdots & \cdots & \cdots & 0\\ 1 & \alpha+\beta & \alpha\beta & \ddots & & & & \vdots\\ 0 & 1 & \alpha+\beta & \alpha\beta & \ddots & & & \vdots\\ \vdots & \ddots & 1 & \alpha+\beta & \ddots & \ddots & & \vdots\\ \vdots & & \ddots & \ddots & \ddots & \ddots & \ddots & \vdots\\ \vdots & & & \ddots & \ddots & \alpha+\beta & \alpha\beta & 0\\ \vdots & & & & \ddots & 1 & \alpha+\beta & \alpha\beta\\ 0 & \cdots & \cdots & \cdots & \cdots & 0 & 1 & \alpha+\beta\end{vmatrix}_n.$$

解 由例 2.5.5 知, $D_n=(\alpha+\beta)D_{n-1}-\alpha\beta D_{n-2}$. 因此,

$$\begin{aligned}D_n-\alpha D_{n-1}&=\beta(D_{n-1}-\alpha D_{n-2})\\&=\beta\beta(D_{n-2}-\alpha D_{n-3})\\&=\beta^2(D_{n-2}-\alpha D_{n-3})\\&\cdots\cdots\\&=\beta^{n-2}(D_2-\alpha D_1)\\&=\beta^{n-2}(\alpha^2+\alpha\beta+\beta^2-\alpha(\alpha+\beta))=\beta^n,\end{aligned}$$

即 $D_n-\alpha D_{n-1}=\beta^n$. 同理 $D_n-\beta D_{n-1}=\alpha^n$.

若 $\alpha\neq\beta$, 则由上面两式消去 D_{n-1} 得

$$D_n=\frac{\alpha^{n+1}-\beta^{n+1}}{\alpha-\beta}=\alpha^n+\alpha^{n-1}\beta+\cdots+\alpha\beta^{n-1}+\beta^n.$$

假设 $\alpha=\beta$, 则

$$\begin{aligned}D_n&=\alpha D_{n-1}+\alpha^n\\&=\alpha(\alpha D_{n-2}+\alpha^{n-1})+\alpha^n\\&=\alpha^2D_{n-2}+2\alpha^n\\&\qquad\cdots\cdots\\&=\alpha^{n-1}D_1+(n-1)\alpha^n\\&=\alpha^{n-1}(2\alpha)+(n-1)\alpha^n=(n+1)\alpha^n.\end{aligned}$$

总之, $D_n=\alpha^n+\alpha^{n-1}\beta+\cdots+\alpha\beta^{n-1}+\beta^n$. □

五、拆行(列)法

例 2.5.7　计算 $D_n=\begin{vmatrix}1&1&\cdots&1\\x_1(x_1-1)&x_2(x_2-1)&\cdots&x_n(x_n-1)\\x_1^2(x_1-1)&x_2^2(x_2-1)&\cdots&x_n^2(x_n-1)\\\vdots&\vdots&&\vdots\\x_1^{n-1}(x_1-1)&x_2^{n-1}(x_2-1)&\cdots&x_n^{n-1}(x_n-1)\end{vmatrix}$.

解　注意, $1=x_i-(x_i-1),i=1,2,\cdots,n$. 于是,

$$\begin{aligned}D_n=&\begin{vmatrix}x_1&x_2&\cdots&x_n\\x_1(x_1-1)&x_2(x_2-1)&\cdots&x_n(x_n-1)\\x_1^2(x_1-1)&x_2^2(x_2-1)&\cdots&x_n^2(x_n-1)\\\vdots&\vdots&&\vdots\\x_1^{n-1}(x_1-1)&x_2^{n-1}(x_2-1)&\cdots&x_n^{n-1}(x_n-1)\end{vmatrix}\\&-\begin{vmatrix}x_1-1&x_2-1&\cdots&x_n-1\\x_1(x_1-1)&x_2(x_2-1)&\cdots&x_n(x_n-1)\\x_1^2(x_1-1)&x_2^2(x_2-1)&\cdots&x_n^2(x_n-1)\\\vdots&\vdots&&\vdots\\x_1^{n-1}(x_1-1)&x_2^{n-1}(x_2-1)&\cdots&x_n^{n-1}(x_n-1)\end{vmatrix}\end{aligned}$$

$$= \begin{vmatrix} x_1 & x_2 & \cdots & x_n \\ x_1^2 & x_2^2 & \cdots & x_n^2 \\ x_1^3 & x_2^3 & \cdots & x_n^3 \\ \vdots & \vdots & & \vdots \\ x_1^n & x_2^n & \cdots & x_n^n \end{vmatrix} - \prod_{i=1}^{n}(x_i - 1) \begin{vmatrix} 1 & 1 & \cdots & 1 \\ x_1 & x_2 & \cdots & x_n \\ x_1^2 & x_2^2 & \cdots & x_n^2 \\ \vdots & \vdots & & \vdots \\ x_1^{n-1} & x_2^{n-1} & \cdots & x_n^{n-1} \end{vmatrix}$$

$$= \left(\prod_{i=1}^{n} x_i - \prod_{i=1}^{n}(x_i - 1)\right) \begin{vmatrix} 1 & 1 & \cdots & 1 \\ x_1 & x_2 & \cdots & x_n \\ x_1^2 & x_2^2 & \cdots & x_n^2 \\ \vdots & \vdots & & \vdots \\ x_1^{n-1} & x_2^{n-1} & \cdots & x_n^{n-1} \end{vmatrix}$$

$$= \left(\prod_{i=1}^{n} x_i - \prod_{i=1}^{n}(x_i - 1)\right) \prod_{1 \leqslant j < i \leqslant n} (x_i - x_j).$$ □

六、加边法

例 2.5.8 用加边法解例 2.5.7.

解

$$D_n = \begin{vmatrix} 1 & x_1 & x_2 & \cdots & x_n \\ 0 & 1 & 1 & \cdots & 1 \\ 0 & x_1(x_1-1) & x_2(x_2-1) & \cdots & x_n(x_n-1) \\ 0 & x_1^2(x_1-1) & x_2^2(x_2-1) & \cdots & x_n^2(x_n-1) \\ \vdots & \vdots & \vdots & & \vdots \\ 0 & x_1^{n-1}(x_1-1) & x_2^{n-1}(x_2-1) & \cdots & x_n^{n-1}(x_n-1) \end{vmatrix}$$

$$= \begin{vmatrix} 1 & x_1 & x_2 & \cdots & x_n \\ 0 & 1 & 1 & \cdots & 1 \\ 1 & x_1^2 & x_2^2 & \cdots & x_n^2 \\ 1 & x_1^3 & x_2^3 & \cdots & x_n^3 \\ \vdots & \vdots & \vdots & & \vdots \\ 1 & x_1^n & x_2^n & \cdots & x_n^n \end{vmatrix}$$

$$
= -\begin{vmatrix} 0 & 1 & 1 & \cdots & 1 \\ 1 & x_1 & x_2 & \cdots & x_n \\ 1 & x_1^2 & x_2^2 & \cdots & x_n^2 \\ 1 & x_1^3 & x_2^3 & \cdots & x_n^3 \\ \vdots & \vdots & \vdots & & \vdots \\ 1 & x_1^n & x_2^n & \cdots & x_n^n \end{vmatrix}
$$

$$
= -\left(\begin{vmatrix} 1 & 1 & 1 & \cdots & 1 \\ 1 & x_1 & x_2 & \cdots & x_n \\ 1 & x_1^2 & x_2^2 & \cdots & x_n^2 \\ 1 & x_1^3 & x_2^3 & \cdots & x_n^3 \\ \vdots & \vdots & \vdots & & \vdots \\ 1 & x_1^n & x_2^n & \cdots & x_n^n \end{vmatrix} + \begin{vmatrix} -1 & 0 & 0 & \cdots & 0 \\ 1 & x_1 & x_2 & \cdots & x_n \\ 1 & x_1^2 & x_2^2 & \cdots & x_n^2 \\ 1 & x_1^3 & x_2^3 & \cdots & x_n^3 \\ \vdots & \vdots & \vdots & & \vdots \\ 1 & x_1^n & x_2^n & \cdots & x_n^n \end{vmatrix}\right)
$$

$$
= \left(\prod_{i=1}^{n} x_i - \prod_{i=1}^{n}(x_i - 1)\right) \prod_{1 \leqslant j < i \leqslant n}^{n} (x_i - x_j). \qquad \square
$$

例 2.5.9　计算 $D_n = \begin{vmatrix} a+x_1 & a+x_1^2 & \cdots & a+x_1^n \\ a+x_2 & a+x_2^2 & \cdots & a+x_2^n \\ \vdots & \vdots & & \vdots \\ a+x_n & a+x_n^2 & \cdots & a+x_n^n \end{vmatrix}$.

解　**方法一** (利用加边法)

$$
D_n = \begin{vmatrix} 1 & a & a & \cdots & a \\ 0 & a+x_1 & a+x_1^2 & \cdots & a+x_1^n \\ 0 & a+x_2 & a+x_2^2 & \cdots & a+x_2^n \\ \vdots & \vdots & \vdots & & \vdots \\ 0 & a+x_n & a+x_n^2 & \cdots & a+x_n^n \end{vmatrix}
$$

$$
= \begin{vmatrix} 1 & a & a & \cdots & a \\ -1 & x_1 & x_1^2 & \cdots & x_1^n \\ -1 & x_2 & x_2^2 & \cdots & x_2^n \\ \vdots & \vdots & \vdots & & \vdots \\ -1 & x_n & x_n^2 & \cdots & x_n^n \end{vmatrix}
$$

$$
= \begin{vmatrix} 1+a-a & 0+a & 0+a & \cdots & 0+a \\ -1 & x_1 & x_1^2 & \cdots & x_1^n \\ -1 & x_2 & x_2^2 & \cdots & x_2^n \\ \vdots & \vdots & \vdots & & \vdots \\ -1 & x_n & x_n^2 & \cdots & x_n^n \end{vmatrix}
$$

$$
= \begin{vmatrix} 1+a & 0 & 0 & \cdots & 0 \\ -1 & x_1 & x_1^2 & \cdots & x_1^n \\ -1 & x_2 & x_2^2 & \cdots & x_2^n \\ \vdots & \vdots & \vdots & & \vdots \\ -1 & x_n & x_n^2 & \cdots & x_n^n \end{vmatrix} + \begin{vmatrix} -a & a & a & \cdots & a \\ -1 & x_1 & x_1^2 & \cdots & x_1^n \\ -1 & x_2 & x_2^2 & \cdots & x_2^n \\ \vdots & \vdots & \vdots & & \vdots \\ -1 & x_n & x_n^2 & \cdots & x_n^n \end{vmatrix}
$$

$$
= (1+a) \begin{vmatrix} x_1 & x_1^2 & \cdots & x_1^n \\ x_2 & x_2^2 & \cdots & x_2^n \\ \vdots & \vdots & & \vdots \\ x_n & x_n^2 & \cdots & x_n^n \end{vmatrix} - a \begin{vmatrix} 1 & 1 & 1 & \cdots & 1 \\ 1 & x_1 & x_1^2 & \cdots & x_1^n \\ 1 & x_2 & x_2^2 & \cdots & x_2^n \\ \vdots & \vdots & \vdots & & \vdots \\ 1 & x_n & x_n^2 & \cdots & x_n^n \end{vmatrix}
$$

$$
= \left((1+a)\prod_{i=1}^{n} x_i - a\prod_{i=1}^{n}(x_i - 1) \right) \prod_{1 \leqslant j < i \leqslant n} (x_i - x_j).
$$

方法二 (利用例 2.5.7 的结果) 从 D_n 中最后一列开始, 每一列减去前一列得

$$
D_n = \begin{vmatrix} a+x_1 & x_1(x_1-1) & \cdots & x_1^{n-1}(x_1-1) \\ a+x_2 & x_2(x_2-1) & \cdots & x_2^{n-1}(x_2-1) \\ \vdots & \vdots & & \vdots \\ a+x_n & x_n(x_n-1) & \cdots & x_n^{n-1}(x_n-1) \end{vmatrix}
$$

$$
= \begin{vmatrix} a & x_1(x_1-1) & \cdots & x_1^{n-1}(x_1-1) \\ a & x_2(x_2-1) & \cdots & x_2^{n-1}(x_2-1) \\ \vdots & \vdots & & \vdots \\ a & x_n(x_n-1) & \cdots & x_n^{n-1}(x_n-1) \end{vmatrix} + \begin{vmatrix} x_1 & x_1^2 & \cdots & x_1^n \\ x_2 & x_2^2 & \cdots & x_2^n \\ \vdots & \vdots & & \vdots \\ x_n & x_n^2 & \cdots & x_n^n \end{vmatrix}
$$

$$= \begin{vmatrix} a & x_1(x_1-1) & \cdots & x_1^{n-1}(x_1-1) \\ a & x_2(x_2-1) & \cdots & x_2^{n-1}(x_2-1) \\ \vdots & \vdots & & \vdots \\ a & x_n(x_n-1) & \cdots & x_n^{n-1}(x_n-1) \end{vmatrix} + \prod_{i=1}^{n} x_i \prod_{1\leqslant j<i\leqslant n} (x_i - x_j)$$

$$= a\begin{vmatrix} 1 & x_1(x_1-1) & \cdots & x_1^{n-1}(x_1-1) \\ 1 & x_2(x_2-1) & \cdots & x_2^{n-1}(x_2-1) \\ \vdots & \vdots & & \vdots \\ 1 & x_n(x_n-1) & \cdots & x_n^{n-1}(x_n-1) \end{vmatrix} + \prod_{i=1}^{n} x_i \prod_{1\leqslant j<i\leqslant n} (x_i - x_j)$$

$$\xlongequal{\text{例 } 2.5.7} a\left(\prod_{i=1}^{n} x_i - \prod_{i=1}^{n}(x_i-1)\right)\prod_{1\leqslant j<i\leqslant n} (x_i - x_j) + \prod_{i=1}^{n} x_i \prod_{1\leqslant j<i\leqslant n} (x_i - x_j)$$

$$= \left((1+a)\prod_{i=1}^{n} x_i - a\prod_{i=1}^{n}(x_i-1)\right)\prod_{1\leqslant j<i\leqslant n} (x_i - x_j).$$

□

七、利用范德蒙德行列式

例 2.5.10 计算 $D_n = \begin{vmatrix} 1 & 2 & 3 & \cdots & n \\ 1 & 2^3 & 3^3 & \cdots & n^3 \\ 1 & 2^5 & 3^5 & \cdots & n^5 \\ \vdots & \vdots & \vdots & & \vdots \\ 1 & 2^{2n-1} & 3^{2n-1} & \cdots & n^{2n-1} \end{vmatrix}$.

解

$$D_n = (n!)\begin{vmatrix} 1 & 1 & 1 & \cdots & 1 \\ 1 & 2^2 & 3^2 & \cdots & n^2 \\ 1 & (2^2)^2 & (3^2)^2 & \cdots & (n^2)^2 \\ \vdots & \vdots & \vdots & & \vdots \\ 1 & (2^2)^{n-1} & (3^2)^{n-1} & \cdots & (n^2)^{n-1} \end{vmatrix}$$

$$= (n!)\prod_{1\leqslant j<i\leqslant n} (i^2 - j^2)$$

$$= (n!)\prod_{1\leqslant j<i\leqslant n} (i+j)\prod_{1\leqslant j<i\leqslant n} (i-j)$$

$$= 1!3!5!\cdots(2n-1)!.$$

□

八、利用拉普拉斯定理

例 2.5.11 计算 $D=\begin{vmatrix} 1 & 1 & 0 & 0 & 0 & 1 \\ x_1 & x_2 & 0 & 0 & 0 & x_3 \\ a_1 & b_1 & 1 & 1 & 1 & c_1 \\ a_2 & b_2 & x_1 & x_2 & x_3 & c_2 \\ a_3 & b_3 & x_1^2 & x_2^2 & x_3^2 & c_3 \\ x_1^2 & x_2^2 & 0 & 0 & 0 & x_3^2 \end{vmatrix}$.

解 方法一 (利用拉普拉斯定理)

$$D=\begin{vmatrix} 1 & 1 & 1 \\ x_1 & x_2 & x_3 \\ x_1^2 & x_2^2 & x_3^2 \end{vmatrix} \times (-1)^{1+2+6+1+2+6} \begin{vmatrix} 1 & 1 & 1 \\ x_1 & x_2 & x_3 \\ x_1^2 & x_2^2 & x_3^2 \end{vmatrix}$$

$$=(x_2-x_1)^2(x_3-x_1)^2(x_3-x_2)^2.$$

方法二 (利用行列式的性质)

$$D=(-1)^3\begin{vmatrix} 1 & 1 & 0 & 0 & 0 & 1 \\ x_1 & x_2 & 0 & 0 & 0 & x_3 \\ x_1^2 & x_2^2 & 0 & 0 & 0 & x_3^2 \\ a_1 & b_1 & 1 & 1 & 1 & c_1 \\ a_2 & b_2 & x_1 & x_2 & x_3 & c_2 \\ a_3 & b_3 & x_1^2 & x_2^2 & x_3^2 & c_3 \end{vmatrix}$$

$$=(-1)^3(-1)^3\begin{vmatrix} 1 & 1 & 1 & 0 & 0 & 0 \\ x_1 & x_2 & x_3 & 0 & 0 & 0 \\ x_1^2 & x_2^2 & x_3^2 & 0 & 0 & 0 \\ a_1 & b_1 & c_1 & 1 & 1 & 1 \\ a_2 & b_2 & c_2 & x_1 & x_2 & x_3 \\ a_3 & b_3 & c_3 & x_1^2 & x_2^2 & x_3^2 \end{vmatrix}$$

$$=\begin{vmatrix} 1 & 1 & 1 \\ x_1 & x_2 & x_3 \\ x_1^2 & x_2^2 & x_3^2 \end{vmatrix}^2=(x_2-x_1)^2(x_3-x_1)^2(x_3-x_2)^2.$$

□

九、利用行列式乘法

例 2.5.12　设整数 $n \geqslant 2$. 计算 $D = \begin{vmatrix} 1+x_1y_1 & 1+x_1y_2 & \cdots & 1+x_1y_n \\ 1+x_2y_1 & 1+x_2y_2 & \cdots & 1+x_2y_n \\ \vdots & \vdots & & \vdots \\ 1+x_ny_1 & 1+x_ny_2 & \cdots & 1+x_ny_n \end{vmatrix}$.

解　**方法一** (利用行列式乘法)

$$D = \begin{vmatrix} 1 & x_1 & 0 & \cdots & 0 \\ 1 & x_2 & 0 & \cdots & 0 \\ \vdots & \vdots & \vdots & & \vdots \\ 1 & x_n & 0 & \cdots & 0 \end{vmatrix} \begin{vmatrix} 1 & 1 & \cdots & 1 \\ y_1 & y_2 & \cdots & y_n \\ 0 & 0 & \cdots & 0 \\ \vdots & \vdots & & \vdots \\ 0 & 0 & \cdots & 0 \end{vmatrix}$$

$$= \begin{cases} (x_2-x_1)(y_2-y_1), & n=2, \\ 0, & n>2. \end{cases}$$

方法二 (利用行列式的性质)

$$D = \begin{vmatrix} 1 & 1+x_1y_2 & \cdots & 1+x_1y_n \\ 1 & 1+x_2y_2 & \cdots & 1+x_2y_n \\ \vdots & \vdots & & \vdots \\ 1 & 1+x_ny_2 & \cdots & 1+x_ny_n \end{vmatrix} + y_1 \begin{vmatrix} x_1 & 1+x_1y_2 & \cdots & 1+x_1y_n \\ x_2 & 1+x_2y_2 & \cdots & 1+x_2y_n \\ \vdots & \vdots & & \vdots \\ x_n & 1+x_ny_2 & \cdots & 1+x_ny_n \end{vmatrix}$$

$$= \begin{vmatrix} 1 & x_1y_2 & \cdots & x_1y_n \\ 1 & x_2y_2 & \cdots & x_2y_n \\ \vdots & \vdots & & \vdots \\ 1 & x_ny_2 & \cdots & x_ny_n \end{vmatrix} + y_1 \begin{vmatrix} x_1 & 1 & \cdots & 1 \\ x_2 & 1 & \cdots & 1 \\ \vdots & \vdots & & \vdots \\ x_n & 1 & \cdots & 1 \end{vmatrix}$$

$$= y_2 \cdots y_n \begin{vmatrix} 1 & x_1 & \cdots & x_1 \\ 1 & x_2 & \cdots & x_2 \\ \vdots & \vdots & & \vdots \\ 1 & x_n & \cdots & x_n \end{vmatrix} + y_1 \begin{vmatrix} x_1 & 1 & \cdots & 1 \\ x_2 & 1 & \cdots & 1 \\ \vdots & \vdots & & \vdots \\ x_n & 1 & \cdots & 1 \end{vmatrix}$$

$$= \begin{cases} (x_2-x_1)(y_2-y_1), & n=2, \\ 0, & n>2. \end{cases}$$

□

例 2.5.13 设 $s_k = x_1^k + x_2^k + \cdots + x_n^k, k = 1, 2, \cdots$, 计算

$$D = \begin{vmatrix} s_1 & s_2 & s_3 & \cdots & s_n \\ s_2 & s_3 & s_4 & \cdots & s_{n+1} \\ s_3 & s_4 & s_5 & \cdots & s_{n+2} \\ \vdots & \vdots & \vdots & & \vdots \\ s_n & s_{n+1} & s_{n+2} & \cdots & s_{2n-1} \end{vmatrix}.$$

解

$$D = \begin{vmatrix} x_1 & x_2 & x_3 & \cdots & x_n \\ x_1^2 & x_2^2 & x_3^2 & \cdots & x_n^2 \\ x_1^3 & x_2^3 & x_3^3 & \cdots & x_n^3 \\ \vdots & \vdots & \vdots & & \vdots \\ x_1^n & x_2^n & x_3^n & \cdots & x_n^n \end{vmatrix} \begin{vmatrix} 1 & x_1 & x_1^2 & \cdots & x_1^{n-1} \\ 1 & x_2 & x_2^2 & \cdots & x_2^{n-1} \\ 1 & x_3 & x_3^2 & \cdots & x_3^{n-1} \\ \vdots & \vdots & \vdots & & \vdots \\ 1 & x_n & x_n^2 & \cdots & x_n^{n-1} \end{vmatrix}$$

$$= \left(\prod_{i=1}^{n} x_i\right) \begin{vmatrix} 1 & 1 & 1 & \cdots & 1 \\ x_1 & x_2 & x_3 & \cdots & x_n \\ x_1^2 & x_2^2 & x_3^2 & \cdots & x_n^2 \\ \vdots & \vdots & \vdots & & \vdots \\ x_1^{n-1} & x_2^{n-1} & x_3^{n-1} & \cdots & x_n^{n-1} \end{vmatrix} \begin{vmatrix} 1 & x_1 & x_1^2 & \cdots & x_1^{n-1} \\ 1 & x_2 & x_2^2 & \cdots & x_2^{n-1} \\ 1 & x_3 & x_3^2 & \cdots & x_3^{n-1} \\ \vdots & \vdots & \vdots & & \vdots \\ 1 & x_n & x_n^2 & \cdots & x_n^{n-1} \end{vmatrix}$$

$$= \prod_{i=1}^{n} x_i \prod_{1 \leqslant j < i \leqslant n} (x_i - x_j)^2.$$

□

例2.5.14 设 $D = \begin{vmatrix} a_0 & a_1 & a_2 & \cdots & a_{n-3} & a_{n-2} & a_{n-1} \\ a_{n-1} & a_0 & a_1 & \ddots & \ddots & a_{n-3} & a_{n-2} \\ a_{n-2} & a_{n-1} & a_0 & \ddots & \ddots & \ddots & a_{n-3} \\ \vdots & \ddots & \ddots & \ddots & \ddots & \ddots & \vdots \\ a_3 & \ddots & \ddots & \ddots & a_0 & a_1 & a_2 \\ a_2 & a_3 & \ddots & \ddots & a_{n-1} & a_0 & a_1 \\ a_1 & a_2 & a_3 & \cdots & a_{n-2} & a_{n-1} & a_0 \end{vmatrix}$. 证明: $D =$ $f(\zeta_0)f(\zeta_1)\cdots f(\zeta_{n-1})$, 其中 ζ_0, ζ_1, $\cdots$, ζ_{n-1} 是 $x^n - 1$ 的 n 个复根 (即 n 个 n 次

单位根, 参见注记 1.3.9), $f(x) = a_0 + a_1 x + \cdots + a_{n-1}x^{n-1}$. 通常称 D 为**循环行列式** (circulant determinant).

证明 设 $V = \begin{vmatrix} 1 & 1 & \cdots & 1 \\ \zeta_0 & \zeta_1 & \cdots & \zeta_{n-1} \\ \vdots & \vdots & & \vdots \\ \zeta_0^{n-1} & \zeta_1^{n-1} & \cdots & \zeta_{n-1}^{n-1} \end{vmatrix}$, 则

$$DV = \begin{vmatrix} f(\zeta_0) & f(\zeta_1) & \cdots & f(\zeta_{n-1}) \\ \zeta_0 f(\zeta_0) & \zeta_1 f(\zeta_1) & \cdots & \zeta_{n-1} f(\zeta_{n-1}) \\ \vdots & \vdots & & \vdots \\ \zeta_0^{n-1} f(\zeta_0) & \zeta_1^{n-1} f(\zeta_1) & \cdots & \zeta_{n-1}^{n-1} f(\zeta_{n-1}) \end{vmatrix}$$

$$= f(\zeta_0)f(\zeta_1)\cdots f(\zeta_{n-1})V.$$

因为 $\zeta_0, \zeta_1, \cdots, \zeta_{n-1}$ 互不相同, 所以 $V \neq 0$. 故 $D = f(\zeta_0)f(\zeta_1)\cdots f(\zeta_{n-1})$. □

2.6 矩阵的定义与运算

矩阵的概念在 19 世纪逐渐形成. 凯莱被公认为矩阵论的奠基人, 他开始将矩阵作为独立的数学对象研究时, 许多与矩阵有关的性质已经在行列式的研究中被发现了, 这也使得凯莱认为矩阵的引进是十分自然的. 西尔维斯特[①]注意到, 在作为行列式计算形式以外, 将数以行与列的形式作出的矩形排列本身也是值得研究的. 他在希望用数的矩形阵列而又不能用行列式形容的时候, 就用 "matrix (矩阵)" 一词来形容. 西尔维斯特使用 "matrix" 一词是因为他希望讨论行列式的子式, 即将矩阵的某几行和某几列的共同元素取出来排成的矩阵的行列式, 所以实际上 "matrix" 被他看作是生成各种子式的 "母体".

定义 2.6.1 设 m, n 是正整数. 任给 mn 个数或多项式 $a_{ij}, i = 1, 2, \cdots, m; j = 1, 2, \cdots, n$, 由它们排成的 m 行 n 列的矩形阵列

$$\begin{pmatrix} a_{11} & a_{12} & \cdots & a_{1n} \\ a_{21} & a_{22} & \cdots & a_{2n} \\ \vdots & \vdots & & \vdots \\ a_{m1} & a_{m2} & \cdots & a_{mn} \end{pmatrix}$$

称为一个 $m \times n$ **矩阵**, 记为 $(a_{ij})_{m\times n}$, 其中 a_{ij} 称为该矩阵的第 i 行第 j 列的**元**

① James Joseph Sylvester, 1814—1897, 英国数学家.

素 (element), i, j 分别称为元素 a_{ij} 的**行标** (row index) 与**列标** (column index).

注记 2.6.2 (1) 与行列式不同, $m \times n$ 矩阵只不过是 mn 个数或多项式排成的一个矩形阵列.

(2) 以后我们常用大写英文字母表示矩阵, 例如, $A=(a_{ij})_{m\times n}$, $B=(b_{ij})_{s\times t}, \cdots$, 或者把 $m \times n$ 矩阵写成 $A_{m\times n}, B_{m\times n}$, 等等.

(3) 设 $A = (a_{ij})_{m\times n}$, $B = (b_{ij})_{s\times t}$. 若 $m = s$, $n = t$, 并且对所有 $i = 1,2,\cdots,m; j = 1,2,\cdots,n$ 都有 $a_{ij} = b_{ij}$, 则称 A 与 B **相等** (equal), 记为 $A = B$.

(4) 元素全为 0 的 $m \times n$ 矩阵称为**零矩阵** (zero matrix), 常记为 $0_{m\times n}$, 或简记为 0. 因此, $(a_{ij})_{m\times n} = 0$ 当且仅当 $a_{ij} = 0$, $i = 1,2,\cdots,m$; $j = 1,2,\cdots,n$.

(5) $1 \times n$ 矩阵 $(a_1, a_2, \cdots, a_n)$ 也称为 n 维**行向量** (row vector) (此时, 矩阵的元素之间常用逗号分开), 而 $n \times 1$ 矩阵 $\begin{pmatrix} a_1 \\ a_2 \\ \vdots \\ a_n \end{pmatrix}$ 也称为 n 维**列向量** (column vector), a_i 称为该行 (列) 向量的第 i 个**分量** (component), $i = 1,2,\cdots,n$.

(6) $n \times n$ 矩阵称为 n **级方阵** (square matrix of order n). 特别地, 1×1 矩阵 (a_{11}) 常记为 a_{11}, 即 1×1 矩阵和它的元素不加区分.

(7) 设 F 是数域, $A = (a_{ij})_{m\times n}$. 若所有 $a_{ij} \in F$, 则称 A 是**数域 F 上的矩阵** (matrix over a number field F); 若所有 a_{ij} 都是数域 F 上的多项式, 则称 A 是数域 F 上的**多项式矩阵** (polynomial matrix) 或 **λ-矩阵** (λ-matrix) (参见本书第 6 章).

(8) 在本章中, 从现在开始, 若无特别声明, 所涉及的矩阵均指数域 F 上的矩阵. 数域 F 上所有 $m\times n$ 矩阵组成的集合记为 $\mathrm{M}_{m\times n}(F)$. 当 $m = n$ 时, $\mathrm{M}_{m\times n}(F)$ 简记为 $\mathrm{M}_n(F)$; 当 $n = 1$ 时, $\mathrm{M}_{m\times 1}(F)$ 简记为 $F^{m\times 1}$; 当 $m = 1$ 时, $\mathrm{M}_{1\times n}(F)$ 简记为 $F^{1\times n}$.

定义 2.6.3 设 $A = (a_{ij})_{m\times n}, B = (b_{ij})_{m\times n}$ 是数域 F 上两个矩阵. 定义 A 与 B 的**和** (sum) $A + B = (a_{ij} + b_{ij})_{m\times n}$. 若 k 是数, 定义 k 与矩阵 A 的**数乘** (scalar multiplication) $kA = (ka_{ij})_{m\times n}$.

只有当两个矩阵的行数与列数对应相同时, 它们才可以做**加法** (matrix addition). 矩阵相加就是矩阵对应的元素相加. 数 k 与矩阵的数乘就是把矩阵的每个元素乘以 k. 给定矩阵 A, 通常称 $(-1)A$ 为 A 的**负矩阵** (negative of a matrix), 记为 $-A$, 即 $-A = (-1)A$. 因此, A 与 B 的**差** (difference) $A - B = A + (-B) =$

$(a_{ij}-b_{ij})_{m\times n}$.

注记 2.6.4　设 $A,B,C\in \mathrm{M}_{m\times n}(F)$, k,l 是数, 由定义, 不难验证矩阵的加法和数乘满足下述运算规律:

(1) **加法交换律**　$A+B=B+A$.

(2) **加法结合律**　$(A+B)+C=A+(B+C)$.

(3) **存在零元**　零矩阵 0 满足 $A+0=A$.

(4) **存在负元**　对于矩阵 A, 存在负矩阵 $-A$ 使得 $A+(-A)=0$.

(5) **数乘结合律**　$(kl)A=k(lA)$.

(6) **数乘单位律**　$1A=A$.

(7) **分配律 I**　$(k+l)A=kA+lA$.

(8) **分配律 II**　$k(A+B)=kA+kB$.

因为数域 F 上的 m 维列向量是特殊的矩阵, 所以矩阵的加法、数乘以及相应的运算规律对 m 维列向量也成立, 于是我们有

定义 2.6.5　数域 F 上的 m 维列向量的集合 $F^{m\times 1}$ 连同其上的加法与数乘称为 F 上的 m 维**列向量空间** (column vector space).

类似可定义 F 上的 n 维**行向量空间** (row vector space) $F^{1\times n}$.

注记2.6.6　设 F 是数域. $F^{1\times n}=\{(a_1,a_2,\cdots,a_n)\mid a_i\in F,\ i=1,2,\cdots,n\}$ 是 F 上的 n 维行向量空间. $F^{n\times 1}=\left\{\begin{pmatrix}a_1\\a_2\\\vdots\\a_n\end{pmatrix}\middle|\ a_i\in F,\ i=1,2,\cdots,n\right\}$ 是 F 上的 n 维列向量空间. 这两个空间没有本质的区别, 只是元素写法不同, 因此它们都简记为 F^n, 统称为 F 上的 n 维**向量空间** (vector space). 以后, 如果没有特别声明, 我们将 F 上的 n 维行向量和 n 维列向量都简称为 F 上的 n 维**向量** (vector). 在具体场合, 我们谈的究竟是行向量还是列向量, 根据上下文可以看出. 当 $F=\mathbb{R}$ $(\mathbb{C})$ 时, F^n 称为 n 维实 (复) 向量空间.

前面讨论了矩阵的加法和数乘, 下面我们定义矩阵的**乘法** (matrix multiplication).

定义 2.6.7　设 $A=(a_{ij})_{s\times n}, B=(b_{ij})_{n\times m}$ 是数域 F 上两个矩阵. 定义 A 与 B 的**乘积** (product) $AB=(c_{ij})_{s\times m}$, 其中 $c_{ij}=\sum\limits_{k=1}^{n}a_{ik}b_{kj}, i=1,2,\cdots,s$; $j=1,2,\cdots,m$.

只有当第一个矩阵的列数等于第二个矩阵的行数时, 它们才可以做乘法. 两

个矩阵乘积的行数等于第一个矩阵的行数, 列数等于第二个矩阵的列数, 乘积的第 i 行第 j 列的元素等于第一个矩阵的第 i 行的元素与第二个矩阵第 j 列的对应元素乘积之和.

例 2.6.8 线性方程组

$$\begin{cases} a_{11}x_1 + a_{12}x_2 + \cdots + a_{1n}x_n = b_1, \\ a_{21}x_1 + a_{22}x_2 + \cdots + a_{2n}x_n = b_2, \\ \cdots\cdots \\ a_{m1}x_1 + a_{m2}x_2 + \cdots + a_{mn}x_n = b_m \end{cases}$$

可表为矩阵方程

$$\begin{pmatrix} a_{11} & a_{12} & \cdots & a_{1n} \\ a_{21} & a_{22} & \cdots & a_{2n} \\ \vdots & \vdots & & \vdots \\ a_{m1} & a_{m2} & \cdots & a_{mn} \end{pmatrix} \begin{pmatrix} x_1 \\ x_2 \\ \vdots \\ x_n \end{pmatrix} = \begin{pmatrix} b_1 \\ b_2 \\ \vdots \\ b_m \end{pmatrix}.$$

例 2.6.9 (1) 设 $A = \begin{pmatrix} 1 & 2 & 3 \\ 0 & 1 & 2 \end{pmatrix}$, $B = \begin{pmatrix} 1 & 1 & 0 & 1 \\ 0 & 1 & 0 & 0 \\ 0 & 0 & 1 & 0 \end{pmatrix}$, 则 $AB = \begin{pmatrix} 1 & 3 & 3 & 1 \\ 0 & 1 & 2 & 0 \end{pmatrix}$;

(2) 设 $A = (a_1, a_2, \cdots, a_n)$, $B = \begin{pmatrix} b_1 \\ b_2 \\ \vdots \\ b_n \end{pmatrix}$, 则 $AB = a_1b_1 + a_2b_2 + \cdots + a_nb_n$,

$$BA = \begin{pmatrix} b_1a_1 & b_1a_2 & \cdots & b_1a_n \\ b_2a_1 & b_2a_2 & \cdots & b_2a_n \\ \vdots & \vdots & & \vdots \\ b_na_1 & b_na_2 & \cdots & b_na_n \end{pmatrix};$$

(3) 设 $A = \begin{pmatrix} 1 & 0 \\ 1 & 0 \end{pmatrix}$, $B = \begin{pmatrix} 0 & 0 \\ 1 & 1 \end{pmatrix}$, $C = \begin{pmatrix} 0 & 0 \\ 0 & 0 \end{pmatrix}$, 则 $AB = AC = \begin{pmatrix} 0 & 0 \\ 0 & 0 \end{pmatrix}$, $BA = \begin{pmatrix} 0 & 0 \\ 2 & 0 \end{pmatrix}$.

注记 2.6.10 由例 2.6.9 可知

(1) 矩阵乘积不满足交换律.

(1.1) 当 AB 有意义时, BA 未必有意义 (参见例 2.6.9 (1));

(1.2) 即使 AB 与 BA 都有意义, 它们的级数未必相同 (参见例 2.6.9 (2));

(1.3) 即使 A, B 都是 n 级方阵, AB 也未必等于 BA (参见例 2.6.9 (3)).

(2) 矩阵乘积不满足消去律, 即一般来说, $AB = AC$ 且 $A \neq 0$ 推不出 $B = C$ (参见例 2.6.9 (3)).

前面已经指出, 矩阵相乘不满足交换律, 但是对于具体的两个矩阵 A 与 B, 有可能 $AB = BA$. 于是我们有

定义 2.6.11 设 A, B 是两个矩阵. 若 $AB = BA$, 则称 A 与 B **可交换** (commuting).

由定义可知, 两个可交换的矩阵一定是同级方阵.

例 2.6.12 设 $A = \begin{pmatrix} 2 & 3 \\ 0 & 2 \end{pmatrix}, B = \begin{pmatrix} 5 & -7 \\ 0 & 5 \end{pmatrix}$, 则 $AB = BA = \begin{pmatrix} 10 & 1 \\ 0 & 10 \end{pmatrix}$. 故 A 与 B 可交换.

下面再介绍几类特殊矩阵.

定义 2.6.13 (1) 形如 $\begin{pmatrix} a_{11} & a_{12} & \cdots & a_{1,n-1} & a_{1n} \\ 0 & a_{22} & \cdots & a_{2,n-1} & a_{2n} \\ \vdots & \ddots & \ddots & \vdots & \vdots \\ \vdots & & \ddots & a_{n-1,n-1} & a_{n-1,n} \\ 0 & \cdots & \cdots & 0 & a_{nn} \end{pmatrix}$ 的 n 级方阵称为**上三角矩阵** (upper triangular matrix).

(2) 形如 $\begin{pmatrix} a_{11} & 0 & \cdots & \cdots & 0 \\ a_{21} & a_{22} & \ddots & & \vdots \\ \vdots & \vdots & \ddots & \ddots & \vdots \\ a_{n-1,1} & a_{n-1,2} & \cdots & a_{n-1,n-1} & 0 \\ a_{n1} & a_{n2} & \cdots & a_{n,n-1} & a_{nn} \end{pmatrix}$ 的 n 级方阵称为**下三角矩阵** (lower triangular matrix).

(3) 形如 $\begin{pmatrix} a_1 & 0 & \cdots & \cdots & 0 \\ 0 & a_2 & \ddots & & \vdots \\ \vdots & \ddots & \ddots & \ddots & \vdots \\ \vdots & & \ddots & a_{n-1} & 0 \\ 0 & \cdots & \cdots & 0 & a_n \end{pmatrix}$ 的 n 级方阵称为**对角矩阵** (diagonal matrix), 简记为 $\begin{pmatrix} a_1 & & & \\ & a_2 & & \\ & & \ddots & \\ & & & a_n \end{pmatrix}$, 或 $\mathrm{diag}(a_1, a_2, \cdots, a_n)$.

(4) n 级对角矩阵 $\begin{pmatrix} 1 & & & \\ & 1 & & \\ & & \ddots & \\ & & & 1 \end{pmatrix}$ 称为**单位矩阵** (identity matrix), 记为 I_n, 或简记为 I (在不引起混淆的情况下).

(5) 若 k 是数, 则称 $kI_n = \begin{pmatrix} k & & & \\ & k & & \\ & & \ddots & \\ & & & k \end{pmatrix}$ 为**数量矩阵** (scalar matrix).

注记 2.6.14 不难验证, 下列运算规律成立.

(1) **乘法结合律** 设 $A \in \mathrm{M}_{s\times n}(F), B \in \mathrm{M}_{n\times m}(F), C \in \mathrm{M}_{m\times t}(F)$, 则

$$(AB)C = A(BC).$$

(2) **乘法对加法的左分配律** 设 $C \in \mathrm{M}_{s\times n}(F), A, B \in \mathrm{M}_{n\times m}(F)$, 则

$$C(A+B) = CA + CB.$$

(3) **乘法对加法的右分配律** 设 $A, B \in \mathrm{M}_{n\times m}(F), D \in \mathrm{M}_{m\times t}(F)$, 则

$$(A+B)D = AD + BD.$$

(4) **数乘与乘法的结合律** 设 $A \in \mathrm{M}_{s\times n}(F), B \in \mathrm{M}_{n\times m}(F), k \in F$, 则

$$k(AB) = (kA)B = A(kB).$$

(5) **乘法单位律** 设 $A \in \mathrm{M}_{s\times n}(F)$, 则 $AI_n = A, I_sA = A$.

假设 $A \in \mathrm{M}_n(F), k \in F$, 则由注记 2.6.14 (4) (5) 知, $kA = (kI_n)A = A(kI_n)$. 由此可见, n 级数量矩阵与所有 n 级方阵可交换. 事实上, 如果 n 级方阵 A 与所有 n 级方阵可交换, 那么 A 一定是数量矩阵 (参见本章习题 25).

定义 2.6.15 设 $A \in \mathrm{M}_n(F)$, 定义 A **的方幂** (power of A) 如下: $A^0 = I_n$, $A^1 = A$, $A^{k+1} = A^k A$, $k \geqslant 1$. 设 $f(x) = a_0x^m + a_1x^{m-1} + \cdots + a_{m-1}x + a_m \in F[x]$, 定义 $f(A) = a_0A^m + a_1A^{m-1} + \cdots + a_{m-1}A + a_mI_n$, 称之为 A **的多项式** (polynomial in the matrix A).

注记 2.6.16 设 $A, B \in \mathrm{M}_n(F)$.

(1) 对于任意两个自然数 k, l, 总有 $A^kA^l = A^lA^k = A^{k+l}, (A^k)^l = A^{kl}$.

(2) 设 $f(x), g(x) \in F[x], h(x) = f(x)g(x)$, 则 $h(A) = f(A)g(A)$. 又因为 $h(x) = g(x)f(x)$, 所以 $h(A) = g(A)f(A)$. 故 $f(A)g(A) = g(A)f(A)$. 由此可见, 方阵 A 的任意两个多项式可交换.

(3) 若 $AB = BA$, 则

$A^2 - B^2 = (A+B)(A-B)$;

$(A+B)^m = A^m + \mathrm{C}_m^1A^{m-1}B + \cdots + \mathrm{C}_m^{m-1}AB^{m-1} + B^m,\ m \geqslant 1$;

$(AB)^k = A^kB^k,\ k \geqslant 1$.

(4) 一般情况下, (3) 中等式未必成立.

定义 2.6.17 设 $A = \begin{pmatrix} a_{11} & a_{12} & \cdots & a_{1n} \\ a_{21} & a_{22} & \cdots & a_{2n} \\ \vdots & \vdots & & \vdots \\ a_{m1} & a_{m2} & \cdots & a_{mn} \end{pmatrix} \in \mathrm{M}_{m\times n}(F)$, 定义 A 的**转置** (transpose) $A' = \begin{pmatrix} a_{11} & a_{21} & \cdots & a_{m1} \\ a_{12} & a_{22} & \cdots & a_{m2} \\ \vdots & \vdots & & \vdots \\ a_{1n} & a_{2n} & \cdots & a_{mn} \end{pmatrix}$.

显然, 一个 $m \times n$ 矩阵的转置是 $n \times m$ 矩阵. 矩阵 A 的转置 A' 也常记为 A^t 或 A^{T}. 直接验证, 矩阵的转置满足以下规律:

(1) 设 $A \in \mathrm{M}_{m\times n}(F)$, 则 $(A')' = A$.

(2) 设 $A, B \in \mathrm{M}_{m\times n}(F)$, 则 $(A+B)' = A' + B'$.

(3) 设 $A \in \mathrm{M}_{m\times n}(F), k \in F$, 则 $(kA)' = kA'$.

(4) 设 $A \in \mathrm{M}_{m\times n}(F), B \in \mathrm{M}_{n\times s}(F)$, 则 $(AB)' = B'A'$.

定义 2.6.18 设 $A \in \mathrm{M}_n(F)$. 若 $A' = A$, 则称 A 是**对称的** (symmetric). 若 $A' = -A$, 则称 A 是**反对称的** (skew-symmetric).

注记 2.6.19 (1) 两个对称矩阵的乘积不一定是对称矩阵, 请读者举出反例.

(2) 设 $A, B \in \mathrm{M}_n(F)$. 若 A, B 是对称矩阵, 则 AB 是对称矩阵当且仅当 A 与 B 可交换, 请读者给出证明.

(3) 任一方阵都可表为一个对称矩阵与一个反对称矩阵之和 (本章习题 30).

前面提到, 矩阵和行列式不同. 但是如果 A 是数域 F 上的方阵, 它的元素按原来的排法可以得到一个行列式, 也就是说, 行列式可以看成 $\mathrm{M}_n(F)$ 上的函数.

定义 2.6.20 设 $A = \begin{pmatrix} a_{11} & a_{12} & \cdots & a_{1n} \\ a_{21} & a_{22} & \cdots & a_{2n} \\ \vdots & \vdots & & \vdots \\ a_{n1} & a_{n2} & \cdots & a_{nn} \end{pmatrix} \in \mathrm{M}_n(F)$, 定义 A 的**行列式**

$$|A| = \begin{vmatrix} a_{11} & a_{12} & \cdots & a_{1n} \\ a_{21} & a_{22} & \cdots & a_{2n} \\ \vdots & \vdots & & \vdots \\ a_{n1} & a_{n2} & \cdots & a_{nn} \end{vmatrix}.$$

方阵 A 的行列式有时也记为 $\det(A)$. 由定理 2.3.12 知, 方阵乘积的行列式等于它的因子行列式的乘积, 即

定理 2.6.21 设 $A, B \in \mathrm{M}_n(F)$, 则 $|AB| = |A||B|$.

前面介绍了矩阵的加法、减法和乘法三种运算, 下面介绍可逆矩阵的概念.

定义 2.6.22 设 $A \in \mathrm{M}_n(F)$. 若存在 $B \in \mathrm{M}_n(F)$ 使得 $AB = BA = I_n$, 则称 A 是**可逆的** (invertible), 或称 A 是**可逆矩阵** (invertible matrix).

注记 2.6.23 (1) 若 A 是 n 级可逆矩阵, 则满足 $AB = BA = I_n$ 的 B 是唯一的. 事实上, 如果 $AB_1 = B_1A = I_n, AB_2 = B_2A = I_n$, 那么

$$B_1 = B_1I_n = B_1(AB_2) = (B_1A)B_2 = I_nB_2 = B_2.$$

因此, 若 B 满足 $AB = BA = I_n$, 则称 B 为 A 的**逆** (inverse), 记为 A^{-1}.

(2) 数域 F 上所有 n 级可逆矩阵组成的集合常记为 $\mathrm{GL}_n(F)$.

(3) 可逆矩阵也称**非退化矩阵** (non-degenerate matrix), 或**非奇异矩阵** (non-singular matrix).

定义 2.6.24 设 $A=\begin{pmatrix} a_{11} & a_{12} & \cdots & a_{1n} \\ a_{21} & a_{22} & \cdots & a_{2n} \\ \vdots & \vdots & & \vdots \\ a_{n1} & a_{n2} & \cdots & a_{nn} \end{pmatrix}\in \mathrm{M}_n(F)$, 定义 A 的**伴随矩阵** (adjoint matrix) $A^*=\begin{pmatrix} A_{11} & A_{21} & \cdots & A_{n1} \\ A_{12} & A_{22} & \cdots & A_{n2} \\ \vdots & \vdots & & \vdots \\ A_{1n} & A_{2n} & \cdots & A_{nn} \end{pmatrix}$, 其中 A_{ij} 是 $|A|$ 中 a_{ij} 的代数余子式, $i,j=1,2,\cdots,n$.

由矩阵乘法和定理 2.3.4 可知, 对于任意 $A\in \mathrm{M}_n(F)$, 总有

$$AA^*=A^*A=|A|I_n. \tag{2.6.1}$$

定理 2.6.25 设 $A\in \mathrm{M}_n(F)$, 则 $A\in \mathrm{GL}_n(F)$ 当且仅当 $|A|\neq 0$.

证明 必要性 因为 $A\in \mathrm{GL}_n(F)$, 所以 $AA^{-1}=I_n$, 从而 $|A||A^{-1}|=1$, 故 $|A|\neq 0$.

充分性 设 $|A|\neq 0$, 则 $A\left(\dfrac{1}{|A|}A^*\right)=\left(\dfrac{1}{|A|}A^*\right)A=I_n$. 因此 A 是可逆的, 即 $A\in \mathrm{GL}_n(F)$, 并且 $A^{-1}=\dfrac{1}{|A|}A^*$. □

定理 2.6.26 (1) 设 $A\in \mathrm{GL}_n(F)$, 则 $|A^{-1}|=\dfrac{1}{|A|}$.

(2) 若 $A\in \mathrm{GL}_n(F)$, 则 $A^{-1}\in \mathrm{GL}_n(F)$, 并且 $(A^{-1})^{-1}=A$, 即 A 与 A^{-1} 互为逆矩阵.

(3) 若 $A,B\in \mathrm{M}_n(F)$ 满足 $AB=I_n$ 或 $BA=I_n$, 则 $A,B\in \mathrm{GL}_n(F)$, 并且它们互为逆矩阵, 即 $B=A^{-1}$.

(4) 若 $A,B\in \mathrm{GL}_n(F)$, 则 $AB\in \mathrm{GL}_n(F)$, 并且 $(AB)^{-1}=B^{-1}A^{-1}$.

(5) 若 $A\in \mathrm{GL}_n(F)$, 则 $A'\in \mathrm{GL}_n(F)$, 并且 $(A')^{-1}=(A^{-1})'$.

证明 (1) 因为 $A\in \mathrm{GL}_n(F)$, 所以 $AA^{-1}=I_n$, 从而 $|A||A^{-1}|=1$, 于是 $|A^{-1}|=\dfrac{1}{|A|}$.

(2) 因为 $A^{-1}A=AA^{-1}=I_n$, 所以, 由定义可知, $A^{-1}\in \mathrm{GL}_n(F)$, 并且 $(A^{-1})^{-1}=A$.

(3) 因为 $AB=I_n$, 所以 $|A||B|=1$, 从而 $|A|\neq 0, |B|\neq 0$. 于是, $A,B\in \mathrm{GL}_n(F)$. 在等式 $AB=I_n$ 两边左乘 A^{-1}, 得 $B=A^{-1}$. 同理, $A=B^{-1}$.

(4) 由于 $(AB)(B^{-1}A^{-1}) = A(BB^{-1})A^{-1} = AI_nA^{-1} = AA^{-1} = I_n$, 所以 $AB \in \mathrm{GL}_n(F)$, 并且 $(AB)^{-1} = B^{-1}A^{-1}$.

(5) 因为 $A'(A^{-1})' = (A^{-1}A)' = I_n' = I_n$, 所以 $A' \in \mathrm{GL}_n(F)$, 并且 $(A')^{-1} = (A^{-1})'$. □

推论 2.6.27 若 $A_1, A_2, \cdots, A_t \in \mathrm{GL}_n(F)$, 则 $A_1A_2\cdots A_t \in \mathrm{GL}_n(F)$, 并且 $(A_1A_2\cdots A_t)^{-1} = A_t^{-1}\cdots A_2^{-1}A_1^{-1}$.

例 2.6.28 设 $A, B \in \mathrm{M}_n(F)$, 并且 $AB = A + B$, 证明: $AB = BA$.

证明 因为 $AB = A + B$, 所以 $A(B - I) = B$, 其中 $I = I_n$. 故 $A(B - I) = B - I + I$, 从而 $(A - I)(B - I) = I$. 因此, $A - I$ 与 $B - I$ 互为逆矩阵. 于是 $(B - I)(A - I) = I$, 从而 $BA = A + B = AB$. □

例 2.6.29 (**雅各布森**[①]**引理** (Jacobson lemma)) 设 $A, B \in \mathrm{M}_n(F)$, $I = I_n$. 如果 $I - AB \in \mathrm{GL}_n(F)$, 证明 $I - BA \in \mathrm{GL}_n(F)$, 并求 $(I - BA)^{-1}$.

证明 只要找一个 $X \in \mathrm{M}_n(F)$ 使得 $(I - BA)X = I$. 事实上,

$$\begin{aligned}
I &= I - BA + BA \\
&= I - BA + BIA \\
&= I - BA + B(I - AB)(I - AB)^{-1}A \\
&= I - BA + (B - BAB)(I - AB)^{-1}A \\
&= I - BA + (I - BA)B(I - AB)^{-1}A \\
&= (I - BA)(I + B(I - AB)^{-1}A),
\end{aligned}$$

所以 $I - BA \in \mathrm{GL}_n(F)$, 并且 $(I - BA)^{-1} = I + B(I - AB)^{-1}A$. □

注记 2.6.30 读者可能会问: 怎么想到这个证明? 为什么叫雅各布森引理?

(1) 大家知道, $1 - x^2 = (1 + x)(1 - x)$. 一般情况下,

$$1 - x^n = (1 + x + \cdots + x^{n-1})(1 - x).$$

若 $|x| < 1$, 则 $(1 - x)^{-1} = \dfrac{1}{1 - x} = 1 + x + x^2 + x^3 + x^4 + \cdots$.

现在我们假装不知道 $(1 - x)^{-1}$ 的上述表达式需要条件, 则 $(I - BA)^{-1}$ 可以形式地展开: $(I - BA)^{-1} = I + BA + BABA + BABABA + BABABABA + \cdots$, 从而 (继续“假装”下去),

---

① Nathan Jacobson, 1910—1999, 美国数学家.

$$\begin{aligned}(I-BA)^{-1} &= I+B(I+AB+ABAB+ABABAB+\cdots)A \\ &= I+B(I-AB)^{-1}A.\end{aligned}$$

现在我们不再“假装”！尽管上面的“推导”不合法, 但是, 我们仍然可以验证一下这个结果是否正确. 事实上,

$$\begin{aligned}&(I-BA)(I+B(I-AB)^{-1}A) \\ &= I-BA+(I-BA)B(I-AB)^{-1}A \\ &= I-BA+(B-BAB)(I-AB)^{-1}A \\ &= I-BA+B(I-AB)(I-AB)^{-1}A \\ &= I-BA+BA \\ &= I.\end{aligned}$$

由此可见 $(I-BA)^{-1}=I+B(I-AB)^{-1}A$. 后面这个证明无懈可击!

哈尔莫斯①把前面这个技巧归功于雅各布森, 尽管这个技巧并不能直接用来证明这个引理. 有兴趣的读者可参阅文献 [37,41].

(2) 卡普兰斯基②曾经这样评论: 利用这个技巧, 即使你被扔到沙漠岛上, 所有的书和文章都丢了, 你仍然可以成功地发现公式. 为了纪念卡普兰斯基这个风趣幽默的评论, 有时将 $(I-BA)^{-1}=I+B(I-AB)^{-1}A$ 称为“**沙漠岛公式** (Desert Island Formula)”, 详见文献 [42,43].

(3) 前面的内容告诉我们, 有时“不靠谱”的想法也许会带来“转机”或“突破”.

例 2.6.31　设 $A,B,AB-I\in \mathrm{GL}_n(F)$, 其中 $I=I_n$.

(1) 证明 $A-B^{-1}\in \mathrm{GL}_n(F)$, 并求 $(A-B^{-1})^{-1}$.

(2) 证明 $(A-B^{-1})^{-1}-A^{-1}\in \mathrm{GL}_n(F)$, 并求 $((A-B^{-1})^{-1}-A^{-1})^{-1}$.

证明　(1) 由于 $A-B^{-1}=ABB^{-1}-IB^{-1}=(AB-I)B^{-1}$, 所以 $A-B^{-1}\in \mathrm{GL}_n(F)$, 并且 $(A-B^{-1})^{-1}=B(AB-I)^{-1}$.

(2) 因为

$$\begin{aligned}(A-B^{-1})^{-1}-A^{-1} &= B(AB-I)^{-1}-A^{-1}I \\ &= B(AB-I)^{-1}-A^{-1}(AB-I)(AB-I)^{-1} \\ &= B(AB-I)^{-1}-(B-A^{-1})(AB-I)^{-1} \\ &= (B-(B-A^{-1}))(AB-I)^{-1} \\ &= A^{-1}(AB-I)^{-1},\end{aligned}$$

① Paul Richard Halmos, 1916—2006, 出生于匈牙利的美国数学家.

② Irving Kaplansky, 1917—2006, 美国数学家.

所以 $(A-B^{-1})^{-1}-A^{-1}\in \mathrm{GL}_n(F)$, 并且

$$((A-B^{-1})^{-1}-A^{-1})^{-1}=ABA-A. \tag{2.6.2}$$

等式 (2.6.2) 称为**华罗庚**[①]**等式** (Hua identity). □

注记 2.6.32 华罗庚等式是我们进入大学后第一次遇到的以中国人的名字命名的等式. 这个等式只涉及矩阵的运算, 但是第一个发现这个等式的人不简单!

2.7 矩 阵 的 秩

由定理 2.6.25 知, 一个 n 级方阵 A 是可逆矩阵当且仅当 $|A|\neq 0$. 对于一般的 $m\times n$ 矩阵 A, 如何利用行列式来研究 A? 本节我们利用矩阵的子式介绍矩阵的秩的概念.

定义 2.7.1 设 F 是数域, $A\in \mathrm{M}_{m\times n}(F)$, $1\leqslant k\leqslant \min\{m,n\}$. 在 A 中任取 k 行 k 列, 位于这 k 行 k 列交点上的 k^2 个元素按照原来的排法组成的 k 级行列式称为 A 的一个 k **级子式** ($k\times k$ minor).

显然, 一个 $m\times n$ 矩阵的 k 级子式共有 $\mathrm{C}_m^k\mathrm{C}_n^k$ 个.

定义 2.7.2 设 $A\in \mathrm{M}_{m\times n}(F)$. 若 A 中存在非零 r 级子式, 同时所有 $r+1$ 级子式 (如果有的话) 都等于 0, 则称 A 的**秩** (rank) 为 r. 若 $A=0$, 则称 A 的秩为 0. 通常用 $\mathrm{rank}A$ 或 $\mathrm{rank}(A)$ 表示矩阵 A 的秩.

注记 2.7.3 由矩阵的秩的定义以及行列式的性质可知以下结论.

(1) 设 $A\in \mathrm{M}_{m\times n}(F)$, 则 $\mathrm{rank}A\leqslant \min\{m,n\}$.

(2) 对任意矩阵 A, $\mathrm{rank}A=\mathrm{rank}A'$.

(3) 设 $A\in \mathrm{M}_n(F)$, 则 $A\in \mathrm{GL}_n(F)$ 当且仅当 $\mathrm{rank}A=n$. 因此, 可逆矩阵又称为**满秩矩阵** (full rank matrix).

(4) 设 $0\neq A\in \mathrm{M}_{m\times n}(F)$.

(4.1) $\mathrm{rank}A=r$ 当且仅当 A 中存在非零 r 级子式, 并且对于任意 $k>r$, A 中所有 k 级子式都等于 0. 因此, 矩阵 A 的秩等于 A 中非零子式的最大级数.

(4.2) $\mathrm{rank}A\leqslant r$ 当且仅当 A 中所有 $r+1$ 级子式 (如果有的话) 都等于 0.

(4.3) $\mathrm{rank}A\geqslant r$ 当且仅当 A 中存在非零 r 级子式.

为了计算矩阵的秩, 由定义可知, 我们需要计算许多行列式的值, 而计算行列式通常是比较困难的. 因此, 有必要寻求一种更好的求秩的方法.

---

① 华罗庚, 1910—1985, 中国数学家.

我们的想法是这样: 如果欲求矩阵 A 的秩, 我们希望通过某种变换, 将 A 变成一个新的矩阵 B, 使它们有相同的秩, 而且 B 的秩很容易求, 最好能一看就知道. 根据行列式部分的讨论, 行列式的性质 5, 9, 10 可以简化行列式的计算. 受此启发, 我们定义下面所述的变换, 这些变换将发挥我们希望的作用.

定义 2.7.4 数域 F 上的矩阵的**初等变换** (elementary operation) 是指下列六种变换.

(1) 以 F 中非 0 数 k 乘矩阵的某一行;

(2) 将矩阵中某一行的 b 倍加到另一行, 其中 $b \in F$;

(3) 对换矩阵中两行的位置;

(4) 以 F 中非 0 数 k 乘矩阵的某一列;

(5) 将矩阵中某一列的 b 倍加到另一列, 其中 $b \in F$;

(6) 对换矩阵中两列的位置.

前三种变换称为**初等行变换** (elementary row operation), 后三种变换称为**初等列变换** (elementary column operation).

一般情况下, 一个矩阵经过初等变换后变为另一个矩阵. 当矩阵 A 经过初等变换变为矩阵 B 时, 常记为 $A \to B$. 为了后面叙述方便, 我们采用如下记号:

$A \xrightarrow{k\times r_1} B$ 表示 A 中第 1 行乘以非零数 k 变为 B, $A \xrightarrow{k\times c_1} B$ 表示 A 中第 1 列乘以非零数 k 变为 B;

$A \xrightarrow{b\times r_1+r_2} B$ 表示 A 中第 1 行的 b 倍加到第 2 行变为 B, $A \xrightarrow{b\times c_1+c_2} B$ 表示 A 中第 1 列的 b 倍加到第 2 列变为 B;

$A \xrightarrow{(r_1,r_2)} B$ 表示 A 中第 1 行与第 2 行对换变为 B, $A \xrightarrow{(c_1,c_2)} B$ 表示 A 中第 1 列与第 2 列对换变为 B.

相关标注可以位于箭头 $\longrightarrow$ 的上方或下方, 例如, $A \xrightarrow[k\times r_1]{} B$ 也表示 A 中第 1 行乘以非零数 k 变为 B.

注意, 初等变换是可逆的, 当矩阵 A 经过初等变换变为矩阵 B 时, B 可经过 (同类) 初等变换变为 A.

定理 2.7.5 *初等变换不改变矩阵的秩.*

证明 只要证明矩阵 A 经过一次初等变换变为矩阵 B 时, $\operatorname{rank}A = \operatorname{rank}B$. 设 $\operatorname{rank}A = r$, 则 A 中所有 $r+1$ 级子式都为 0. 由行列式的性质 5, 9, 10 知, B 的 $r+1$ 级子式或者是 A 的 $r+1$ 级子式的非 0 倍数, 或者是 A 的一个 $r+1$ 级子式与 A 的另一个 $r+1$ 级子式的倍数之和, 因此, B 中所有 $r+1$ 级子式都为 0, 从而 $\operatorname{rank}B \leqslant r = \operatorname{rank}A$. 由于 B 可以经过一次初等变换回到 A, 所以 $\operatorname{rank}A \leqslant \operatorname{rank}B$. 故 $\operatorname{rank}A = \operatorname{rank}B$. □

为方便起见, 以后称矩阵中元素全是 0 的行为 0 行; 否则, 称之为非 0 行.

定义 2.7.6 若矩阵 A 中每个 0 行下面的行 (如果有的话) 全为 0 行, 并且 A 中每个非 0 行左起第一个非 0 元素的列标大于它上一行 (如果有的话) 第一个非 0 元素的列标, 则称 A 为**阶梯形矩阵** (echelon matrix).

进一步地, 若阶梯形矩阵中每个非零行左起第一个非 0 元素都是 1, 并且这个 1 所在列的其他元素都是 0, 则称该阶梯形矩阵为**简化阶梯形矩阵** (reduced echelon matrix).

例 2.7.7 $\begin{pmatrix} 1 & 2 & 3 & 4 \\ 0 & 2 & 2 & 3 \\ 0 & 0 & 3 & 1 \\ 0 & 0 & 0 & 0 \end{pmatrix}$, $\begin{pmatrix} 1 & 2 & 3 & 4 \\ 0 & 0 & 2 & 3 \\ 0 & 0 & 0 & 5 \\ 0 & 0 & 0 & 0 \end{pmatrix}$, $\begin{pmatrix} 0 & 2 & 3 & 4 \\ 0 & 0 & 2 & 3 \\ 0 & 0 & 0 & 4 \end{pmatrix}$ 都是阶梯形矩阵, 但是, $\begin{pmatrix} 1 & 2 & 3 & 4 \\ 0 & 0 & 0 & 0 \\ 0 & 0 & 1 & 0 \\ 0 & 0 & 0 & 0 \end{pmatrix}$, $\begin{pmatrix} 1 & 0 & 0 & 0 \\ 0 & 0 & 2 & 0 \\ 0 & 0 & 1 & 1 \\ 0 & 0 & 0 & 0 \end{pmatrix}$ 都不是阶梯形矩阵.

例 2.7.8 $\begin{pmatrix} 1 & 0 & 0 & 0 & -2 & 1 \\ 0 & 1 & 0 & 0 & 3 & 5 \\ 0 & 0 & 0 & 1 & 7 & 4 \\ 0 & 0 & 0 & 0 & 0 & 0 \end{pmatrix}$, $\begin{pmatrix} 1 & 2 & 0 & 0 \\ 0 & 0 & 1 & 0 \\ 0 & 0 & 0 & 1 \\ 0 & 0 & 0 & 0 \end{pmatrix}$, $\begin{pmatrix} 1 & 0 & 0 & 0 \\ 0 & 1 & 0 & 0 \\ 0 & 0 & 1 & 0 \\ 0 & 0 & 0 & 1 \end{pmatrix}$ 都是简化阶梯形矩阵, 但是, $\begin{pmatrix} 1 & 2 & 3 & 4 \\ 0 & 1 & 0 & 6 \\ 0 & 0 & 1 & 2 \\ 0 & 0 & 0 & 0 \\ 0 & 0 & 0 & 0 \end{pmatrix}$, $\begin{pmatrix} 1 & 0 & 0 & 0 \\ 0 & 2 & 1 & 0 \\ 0 & 0 & 0 & 1 \\ 0 & 0 & 0 & 0 \end{pmatrix}$ 都不是简化阶梯形矩阵.

定理 2.7.9 数域 F 上任一矩阵经过一系列初等行变换总能变成 (简化) 阶梯形矩阵.

证明 设 $A = \begin{pmatrix} a_{11} & a_{12} & \cdots & a_{1n} \\ a_{21} & a_{22} & \cdots & a_{2n} \\ \vdots & \vdots & & \vdots \\ a_{s1} & a_{s2} & \cdots & a_{sn} \end{pmatrix} \in \mathrm{M}_{s\times n}(F)$.

若 $A=0$, 则 A 已经是阶梯形矩阵. 下设 $A\neq 0$.

首先考虑 A 中第一列的元素 $a_{11},a_{21},\cdots,a_{s1}$, 如果第一列的元素全为 0, 依次考虑 A 的第二列的元素. 不妨设 A 中第一列有一个元素不为 0, 我们总可以用第三种初等行变换使第一列的第一个元素不为 0. 然后, 从第二行开始, 每一行加上第一行适当的倍数使得第一列除去第一个元素外全为 0, 这就是说, 经过一系列初等行变换后, $A\to J_1=\begin{pmatrix} a'_{11} & a'_{12} & \cdots & a'_{1n}\\ 0 & a'_{22} & \cdots & a'_{2n}\\ \vdots & \vdots & & \vdots\\ 0 & a'_{s2} & \cdots & a'_{sn}\end{pmatrix}$. 继续对矩阵 $\begin{pmatrix} a'_{22} & \cdots & a'_{2n}\\ \vdots & & \vdots\\ a'_{s2} & \cdots & a'_{sn}\end{pmatrix}$ 作类似的行变换, 直到变成阶梯形矩阵为止.

对阶梯形矩阵继续作第一种初等行变换使得每个非 0 行左起第一个非 0 元素都是 1, 再用第二种初等行变换使得这个 1 所在列的其他元素都是 0, 由此即得简化阶梯形矩阵. □

定理 2.7.10 阶梯形矩阵的秩等于其中非 0 行的行数.

证明 设 A 为阶梯形矩阵, 其中非 0 行的行数为 r.

由于初等变换不改变矩阵的秩, 适当变换列的顺序, 可设

$$A=\begin{pmatrix} a_{11} & a_{12} & \cdots & a_{1,r-1} & a_{1r} & a_{1,r+1} & \cdots & a_{1n}\\ 0 & a_{22} & \cdots & a_{2,r-1} & a_{2r} & a_{2,r+1} & \cdots & a_{2n}\\ \vdots & \ddots & \ddots & \vdots & \vdots & \vdots & & \vdots\\ \vdots & & \ddots & a_{r-1,r-1} & a_{r-1,r} & a_{r-1,r+1} & \cdots & a_{r-1,n}\\ 0 & \cdots & \cdots & 0 & a_{rr} & a_{r,r+1} & \cdots & a_{rn}\\ 0 & \cdots & \cdots & 0 & 0 & \cdots & \cdots & 0\\ \vdots & & & \vdots & \vdots & & & \vdots\\ 0 & \cdots & \cdots & 0 & 0 & \cdots & \cdots & 0 \end{pmatrix},$$

其中 $a_{ii}\neq 0,\ i=1,2,\cdots,r$.

易见, A 中有一个 r 级子式

$$\begin{vmatrix} a_{11} & a_{12} & \cdots & a_{1,r-1} & a_{1r}\\ 0 & a_{22} & \cdots & a_{2,r-1} & a_{2r}\\ \vdots & \ddots & \ddots & \vdots & \vdots\\ \vdots & & \ddots & a_{r-1,r-1} & a_{r-1,r}\\ 0 & \cdots & \cdots & 0 & a_{rr} \end{vmatrix}=a_{11}a_{22}\cdots a_{rr}\neq 0,$$

但是 A 中所有 $r+1$ 级子式都为 0. 故 $\operatorname{rank}A=r$. □

例 2.7.11 设整数 $n>1$, $A=\begin{pmatrix} 1 & a & \cdots & \cdots & a \\ a & 1 & \ddots & & \vdots \\ \vdots & \ddots & \ddots & \ddots & \vdots \\ \vdots & & \ddots & 1 & a \\ a & \cdots & \cdots & a & 1 \end{pmatrix}\in \mathrm{M}_n(F)$. 求 $\operatorname{rank}A$.

解 $$|A|=\begin{vmatrix} 1 & a & \cdots & \cdots & a \\ a & 1 & \ddots & & \vdots \\ \vdots & \ddots & \ddots & \ddots & \vdots \\ \vdots & & \ddots & 1 & a \\ a & \cdots & \cdots & a & 1 \end{vmatrix} \xlongequal{\text{例 2.2.1}} (1+(n-1)a)(1-a)^{n-1}.$$

当 $a\neq 1$ 且 $a\neq \dfrac{1}{1-n}$ 时, $|A|\neq 0$, 从而 $\operatorname{rank}A=n$.

当 $a=1$ 时, 易见 $\operatorname{rank}A=1$.

当 $a=\dfrac{1}{1-n}$ 时, 有

$$A\xrightarrow{(1-n)\times r_i,\ i=1,2,\cdots,n}\begin{pmatrix} 1-n & 1 & 1 & \cdots & \cdots & 1 \\ 1 & 1-n & 1 & & & \vdots \\ 1 & 1 & 1-n & \ddots & & \vdots \\ \vdots & \vdots & \ddots & \ddots & \ddots & \vdots \\ \vdots & \vdots & & \ddots & 1-n & 1 \\ 1 & 1 & \cdots & \cdots & 1 & 1-n \end{pmatrix}$$

$$\xrightarrow{c_i+c_1,\ i=2,3,\cdots,n}\begin{pmatrix} 0 & 1 & 1 & \cdots & \cdots & 1 \\ 0 & 1-n & 1 & & & \vdots \\ 0 & 1 & 1-n & \ddots & & \vdots \\ \vdots & \vdots & \ddots & \ddots & \ddots & \vdots \\ \vdots & \vdots & & \ddots & 1-n & 1 \\ 0 & 1 & \cdots & \cdots & 1 & 1-n \end{pmatrix}$$

$$\xrightarrow{(-1)\times r_1+r_i,\ i=2,3,\cdots,n}\begin{pmatrix} 0 & 1 & 1 & \cdots & \cdots & 1 \\ 0 & -n & 0 & \cdots & \cdots & 0 \\ 0 & 0 & -n & \ddots & & \vdots \\ \vdots & \vdots & \ddots & \ddots & \ddots & \vdots \\ \vdots & \vdots & & \ddots & -n & 0 \\ 0 & 0 & \cdots & \cdots & 0 & -n \end{pmatrix} = B.$$

易见, $\text{rank}B = n-1$. 所以 $\text{rank}A = n-1$. 故

$$\text{rank}A = \begin{cases} 1, & a = 1, \\ n-1, & a = \dfrac{1}{1-n}, \\ n, & a \neq 1 \text{ 且 } a \neq \dfrac{1}{1-n}. \end{cases}$$ □

2.8 矩阵的相抵

根据 2.7 节的讨论, 仅用初等行变换可以将矩阵化为阶梯形矩阵. 事实上, 如果同时用初等行变换与初等列变换, 可以将矩阵化为“标准的阶梯形”矩阵. 为此我们讨论矩阵的相抵 (等价) 的概念.

定义 2.8.1　设 F 是数域, $A, B \in \mathrm{M}_{s\times n}(F)$. 若 A 可以经过有限次初等变换变成 B, 则称 A 与 B **相抵或等价** (equivalent), 记为 $A \sim B$.

易见, 矩阵的相抵是等价关系. 因此, 所有 $s\times n$ 矩阵组成的集合 $\mathrm{M}_{s\times n}(F)$ 可以按相抵来分类, 每一类中的矩阵都是相抵的, 不同类中的两个矩阵不能相抵.

定理 2.8.2　数域 F 上任一矩阵 $A = (a_{ij})_{s\times n}$ 都相抵于一个 $s\times n$ 矩阵

$$\begin{pmatrix} 1 & 0 & \cdots & \cdots & 0 & 0 & \cdots & 0 \\ 0 & 1 & \ddots & & \vdots & \vdots & & \vdots \\ \vdots & \ddots & \ddots & \ddots & \vdots & \vdots & & \vdots \\ \vdots & & \ddots & 1 & 0 & \vdots & & \vdots \\ 0 & \cdots & \cdots & 0 & 1 & 0 & \cdots & 0 \\ 0 & \cdots & \cdots & \cdots & 0 & 0 & \cdots & 0 \\ \vdots & & & & \vdots & \vdots & & \vdots \\ 0 & \cdots & \cdots & \cdots & 0 & 0 & \cdots & 0 \end{pmatrix},$$

称之为 A 的**标准形** (canonical form), 其中主对角线上 1 的个数等于 A 的秩 (1 的个数可以是 0).

证明 如果 $A=0$, 那么它已经是标准形了.

下面假定 $A\neq 0$. 经过初等变换, A 可以变成一个左上角元素不等于 0 的矩阵.

当 $a_{11}\neq 0$ 时, 把其余的行减去第一行的 $a_{11}^{-1}a_{i1}$ 倍 $(i=2,3,\cdots,s)$, 其余的列减去第一列的 $a_{11}^{-1}a_{1j}$ 倍 $(j=2,3,\cdots,n)$, 然后, 用 a_{11}^{-1} 乘第一行, 则 A 变为

$$\begin{pmatrix} 1 & 0 & \cdots & 0 \\ 0 & b_{22} & \cdots & b_{2n} \\ \vdots & \vdots & & \vdots \\ 0 & b_{s2} & \cdots & a_{sn} \end{pmatrix}.$$

如此继续下去, 就可得到所要的标准形. 显然, 标准形矩阵的秩就是主对角线上 1 的个数. 由于初等变换不改变矩阵的秩, 所以 1 的个数也就是 A 的秩. □

推论 2.8.3 设 $A,B\in \mathrm{M}_{s\times n}(F)$, 则 $A\sim B$ 当且仅当 $\mathrm{rank}A=\mathrm{rank}B$.

为了进一步揭示相抵矩阵之间的关系, 我们引进初等矩阵的概念, 它将初等变换和矩阵的乘法联系起来了.

定义 2.8.4 由单位矩阵经过一次初等变换得到的矩阵称为**初等矩阵** (elementary matrix).

由定义可知, 每个初等变换对应一个初等矩阵, 因此初等矩阵有且仅有下述三类.

(1) **倍乘初等矩阵** 以非 0 数 k 乘单位矩阵的第 i 行 (列), 得到**倍乘初等矩阵**

$$E(i(k))=\begin{pmatrix} 1 & & & & & & \\ & \ddots & & & & & \\ & & 1 & & & & \\ & & & k & & & \\ & & & & 1 & & \\ & & & & & \ddots & \\ & & & & & & 1 \end{pmatrix} \text{第 } i \text{ 行};$$

(2) **倍加初等矩阵** 将单位矩阵第 j 行的 b 倍加到第 i 行 (或第 i 列的 b 倍加到第 j 列) $(i\neq j)$, 得到**倍加初等矩阵**

$$E(i,j(b))=\begin{pmatrix}1&&&&&&\\&\ddots&&&&&\\&&1&&b&&\\&&&\ddots&&&\\&&&&1&&\\&&&&&\ddots&\\&&&&&&1\end{pmatrix}\begin{matrix}\\\\\text{第 } i \text{ 行}\\\\\text{第 } j \text{ 行}\\\\\\\end{matrix},\quad i<j,$$

$$\text{或 } E(i,j(b))=\begin{pmatrix}1&&&&&&\\&\ddots&&&&&\\&&1&&&&\\&&&\ddots&&&\\&&b&&1&&\\&&&&&\ddots&\\&&&&&&1\end{pmatrix}\begin{matrix}\\\\\text{第 } j \text{ 行}\\\\\text{第 } i \text{ 行}\\\\\\\end{matrix},\quad i>j;$$

(3) **对换初等矩阵**　对换单位矩阵的第 i,j 行 (列) $(i\neq j)$, 得到**对换初等矩阵**

$$E(i,j)=\begin{pmatrix}1&&&&&&&&&\\&\ddots&&&&&&&&\\&&1&&&&&&&\\&&&0&&&&1&&\\&&&&1&&&&&\\&&&&&\ddots&&&&\\&&&&&&1&&&\\&&&1&&&&0&&\\&&&&&&&&1&\\&&&&&&&&&\ddots&\\&&&&&&&&&&1\end{pmatrix}.$$

定理 2.8.5 设 $A \in \mathrm{M}_{s\times n}(F)$.

(1) 对 A 作一次初等行变换就相当于在 A 的左边乘相应的 s 级初等矩阵.

(2) 对 A 作一次初等列变换就相当于在 A 的右边乘相应的 n 级初等矩阵.

证明 只要考虑行变换的情形, 列变换的情形可以同样证明.

设 $A = \begin{pmatrix} a_{11} & a_{12} & \cdots & a_{1n} \\ a_{21} & a_{22} & \cdots & a_{2n} \\ \vdots & \vdots & & \vdots \\ a_{s1} & a_{s2} & \cdots & a_{sn} \end{pmatrix} \in \mathrm{M}_{s\times n}(F)$. 由矩阵乘法知

$$E(i(k))A = \begin{pmatrix} a_{11} & a_{12} & \cdots & a_{1n} \\ \vdots & \vdots & & \vdots \\ ka_{i1} & ka_{i2} & \cdots & ka_{in} \\ \vdots & \vdots & & \vdots \\ a_{s1} & a_{s2} & \cdots & a_{sn} \end{pmatrix},$$

$$E(i,j(b))A = \begin{pmatrix} a_{11} & a_{12} & \cdots & a_{1n} \\ \vdots & \vdots & & \vdots \\ a_{i1}+ba_{j1} & a_{i2}+ba_{j2} & \cdots & a_{in}+ba_{jn} \\ \vdots & \vdots & & \vdots \\ a_{j1} & a_{j2} & \cdots & a_{jn} \\ \vdots & \vdots & & \vdots \\ a_{s1} & a_{s2} & \cdots & a_{sn} \end{pmatrix}, \quad i<j,$$

$$E(i,j)A = \begin{pmatrix} a_{11} & a_{12} & \cdots & a_{1n} \\ \vdots & \vdots & & \vdots \\ a_{j1} & a_{j2} & \cdots & a_{jn} \\ \vdots & \vdots & & \vdots \\ a_{i1} & a_{i2} & \cdots & a_{in} \\ \vdots & \vdots & & \vdots \\ a_{s1} & a_{s2} & \cdots & a_{sn} \end{pmatrix}, \quad i<j.$$

□

注记 2.8.6 (1) 由上述定理可知

$$E(i(k^{-1}))E(i(k)) = I_n, \quad E(i,j(-b))E(i,j(b)) = I_n, \quad E(i,j)E(i,j) = I_n,$$

所以, $E(i(k))^{-1} = E(i(k^{-1})), E(i,j(b))^{-1} = E(i,j(-b)), E(i,j)^{-1} = E(i,j)$. 由此可见, 初等矩阵的逆仍为初等矩阵, 而且是同类的初等矩阵.

(2) 易见, $E(i(k))' = E(i(k)), E(i,j(b))' = E(j,i(b)), E(i,j)' = E(i,j)$. 因此, $E(i(k))'AE(i(k))$ 表示将矩阵 A 的第 i 行乘以非 0 数 k, 再将第 i 列乘以相同数 k 所得矩阵; $E(i,j(b))'AE(i,j(b))$ 表示将矩阵 A 的第 i 行的 b 倍加到第 j 行, 再将第 i 列的 b 倍加到第 j 列所得矩阵; $E(i,j)'AE(i,j)$ 表示将矩阵 A 的第 i,j 行对换, 再将第 i,j 列对换所得矩阵.

根据定理 2.8.5, 对一个矩阵作初等行 (列) 变换就相当于用相应的初等矩阵左 (右) 乘这个矩阵, 于是有

推论 2.8.7 设 $A, B \in \mathrm{M}_{s\times n}(F)$, 则 $A \sim B$ 当且仅当存在 s 级初等矩阵 $P_1, P_2, \cdots, P_l$ 与 n 级初等矩阵 $Q_1, Q_2, \cdots, Q_t$ 使得

$$A = P_l \cdots P_2 P_1 B Q_1 Q_2 \cdots Q_t.$$

推论 2.8.8 设 $A \in \mathrm{M}_n(F)$, 则下列陈述等价:

(1) $A \in \mathrm{GL}_n(F)$;

(2) $\mathrm{rank}A = n$;

(3) $A \sim I_n$;

(4) A 可表为有限个初等矩阵的乘积.

推论 2.8.9 设 $A, B \in \mathrm{M}_{s\times n}(F)$, 则 $A \sim B$ 当且仅当存在 $P \in \mathrm{GL}_s(F)$ 与 $Q \in \mathrm{GL}_n(F)$ 使得 $A = PBQ$.

推论 2.8.10 设 $A \in \mathrm{M}_{s\times n}(F)$, $P \in \mathrm{GL}_s(F)$, $Q \in \mathrm{GL}_n(F)$, 则

$$\mathrm{rank}A = \mathrm{rank}(PA) = \mathrm{rank}(AQ) = \mathrm{rank}(PAQ).$$

推论 2.8.11 若 $A \in \mathrm{GL}_n(F)$, 则 A 可以只经过一系列初等行 (或列) 变换化为单位矩阵.

证明 因为 A 是可逆的, 所以 A 可表为有限个初等矩阵的乘积

$$A = Q_1 Q_2 \cdots Q_m,$$

其中每个 Q_j 是初等矩阵, $j = 1, 2, \cdots, m$. 于是

$$Q_m^{-1} \cdots Q_2^{-1} Q_1^{-1} A = I_n \quad (\text{或 } AQ_m^{-1} \cdots Q_2^{-1} Q_1^{-1} = I_n).$$

由于初等矩阵的逆仍为 (同类的) 初等矩阵, 故 A 可以只经过一系列初等行 (或列) 变换化为单位矩阵. □

上述推论提供了一个用初等变换求可逆矩阵的逆的方法.

设 A 是可逆矩阵, 则存在初等矩阵 $P_1, P_2, \cdots, P_m$ 使得

$$P_m \cdots P_2 P_1 A = I_n,$$

从而,

$$P_m \cdots P_2 P_1 I_n = A^{-1}.$$

由此可见, 如果用一系列初等行变换将 A 化为单位矩阵, 那么同样的一系列初等行变换将单位矩阵化为 A^{-1}.

因此, 为了求 n 级可逆矩阵 A 的逆, 只要作 $n \times 2n$ 矩阵 $(A \mid I_n)$, 用初等行变换把 $(A \mid I_n)$ 中左边的 A 化为单位矩阵, 则 $(A \mid I_n)$ 中右边的 I_n 就变为 A^{-1}, 即

$$(A \mid I_n) \xrightarrow{\text{初等行变换}} (I_n \mid A^{-1}). \tag{2.8.1}$$

同理可得用初等列变换求可逆矩阵 A 的逆的方法. 作 $2n \times n$ 矩阵 $\begin{pmatrix} A \\ \hdashline I_n \end{pmatrix}$, 用初等列变换把 $\begin{pmatrix} A \\ \hdashline I_n \end{pmatrix}$ 中上边的 A 化为单位矩阵, 则 $\begin{pmatrix} A \\ \hdashline I_n \end{pmatrix}$ 中下边的 I_n 就变为 A^{-1}, 即

$$\begin{pmatrix} A \\ \hdashline I_n \end{pmatrix} \xrightarrow{\text{初等列变换}} \begin{pmatrix} I_n \\ \hdashline A^{-1} \end{pmatrix}. \tag{2.8.2}$$

注记 2.8.12 设 $A \in \mathrm{GL}_n(F)$.

(1) 若 $B \in \mathrm{M}_{n\times m}(F)$, 在表达式 (2.8.1) 左边将 I_n 换为 B, 则其右边的 A^{-1} 就变为 $A^{-1}B$, 它就是矩阵方程 $AX = B$ 的解.

(2) 若 $B \in \mathrm{M}_{m\times n}(F)$, 在表达式 (2.8.2) 左边将 I_n 换为 B, 则其右边的 A^{-1} 就变为 BA^{-1}, 它就是矩阵方程 $XA = B$ 的解.

例 2.8.13 设 $A = \begin{pmatrix} 1 & 1 & 1 & 1 \\ 0 & 1 & 1 & 1 \\ 0 & 0 & 1 & 1 \\ 0 & 0 & 0 & 1 \end{pmatrix}$, 求 A^{-1}.

解　因为

$$
(A \vdots I_4) = \left(\begin{array}{cccc:cccc} 1 & 1 & 1 & 1 & 1 & 0 & 0 & 0 \\ 0 & 1 & 1 & 1 & 0 & 1 & 0 & 0 \\ 0 & 0 & 1 & 1 & 0 & 0 & 1 & 0 \\ 0 & 0 & 0 & 1 & 0 & 0 & 0 & 1 \end{array}\right)
$$

$$
\xrightarrow{(-1)\times r_4+r_i,\ i=1,2,3} \left(\begin{array}{cccc:cccc} 1 & 1 & 1 & 0 & 1 & 0 & 0 & -1 \\ 0 & 1 & 1 & 0 & 0 & 1 & 0 & -1 \\ 0 & 0 & 1 & 0 & 0 & 0 & 1 & -1 \\ 0 & 0 & 0 & 1 & 0 & 0 & 0 & 1 \end{array}\right)
$$

$$
\xrightarrow{(-1)\times r_3+r_i,\ i=1,2} \left(\begin{array}{cccc:cccc} 1 & 1 & 0 & 0 & 1 & 0 & -1 & 0 \\ 0 & 1 & 0 & 0 & 0 & 1 & -1 & 0 \\ 0 & 0 & 1 & 0 & 0 & 0 & 1 & -1 \\ 0 & 0 & 0 & 1 & 0 & 0 & 0 & 1 \end{array}\right)
$$

$$
\xrightarrow{(-1)\times r_2+r_1} \left(\begin{array}{cccc:cccc} 1 & 0 & 0 & 0 & 1 & -1 & 0 & 0 \\ 0 & 1 & 0 & 0 & 0 & 1 & -1 & 0 \\ 0 & 0 & 1 & 0 & 0 & 0 & 1 & -1 \\ 0 & 0 & 0 & 1 & 0 & 0 & 0 & 1 \end{array}\right),
$$

所以 $A^{-1} = \begin{pmatrix} 1 & -1 & 0 & 0 \\ 0 & 1 & -1 & 0 \\ 0 & 0 & 1 & -1 \\ 0 & 0 & 0 & 1 \end{pmatrix}$. □

2.9 分块矩阵

通常在处理级数较高的矩阵时, 将其分割成若干个小块, 将每个小块看成一个小矩阵, 大矩阵可以看成由小矩阵组成的, 就如同矩阵是由元素组成的一样. 特别是, 在运算中, 可以把这些小矩阵当作元素来处理.

定义 2.9.1　把一个矩阵 A 用若干条 (行与行之间的) 横线或 (列与列之间的) 竖线 (这些横线和竖线通常不画出来) 分割成一些长方形小**块** (block), 其中每个小块称为 A 的一个**子矩阵** (submatrix), 这样, A 可以看成由这些子矩阵按原来的排法组成的矩阵, 这就是**矩阵分块** (partitioning of matrices), 以这些子矩阵为元素, 形式上组成的矩阵称为**分块矩阵** (block matrix 或 partitioned matrix).

由定义可知, 将一个给定的矩阵分块的方法很多.

例如, 将定理 2.8.2 中的矩阵

$$\left(\begin{array}{ccccc:ccc} 1 & 0 & \cdots & \cdots & 0 & 0 & \cdots & 0 \\ 0 & 1 & \ddots & & \vdots & \vdots & & \vdots \\ \vdots & \ddots & \ddots & \ddots & \vdots & \vdots & & \vdots \\ \vdots & & \ddots & 1 & 0 & \vdots & & \vdots \\ 0 & \cdots & \cdots & 0 & 1 & 0 & \cdots & 0 \\ \hdashline 0 & \cdots & \cdots & \cdots & 0 & 0 & \cdots & 0 \\ \vdots & & & & \vdots & \vdots & & \vdots \\ 0 & \cdots & \cdots & \cdots & 0 & 0 & \cdots & 0 \end{array}\right)$$

分块, 得到 2×2 分块矩阵 $\begin{pmatrix} I_r & 0 \\ 0 & 0 \end{pmatrix}$. 这种形式既简洁, 又突出了该矩阵的特点.

又如, 按矩阵的行 (列) 分块也是常用的手段. 设

$$A = \begin{pmatrix} a_{11} & a_{12} & \cdots & a_{1n} \\ a_{21} & a_{22} & \cdots & a_{2n} \\ \vdots & \vdots & & \vdots \\ a_{m1} & a_{m2} & \cdots & a_{mn} \end{pmatrix}$$

是一个 $m \times n$ 矩阵.

将 A 按行分块, 得到分块矩阵 $\begin{pmatrix} \alpha_1 \\ \alpha_2 \\ \vdots \\ \alpha_m \end{pmatrix}$, 其中 $\alpha_1, \alpha_2, \cdots, \alpha_m$ 分别是 A 的第 1 行, 第 2 行, $\cdots$, 第 m 行. 通常称 $\alpha_1, \alpha_2, \cdots, \alpha_m$ 为矩阵 A 的**行向量组** (set of row vectors).

将 A 按列分块, 得到分块矩阵 $(\beta_1, \beta_2, \cdots, \beta_n)$, 其中 $\beta_1, \beta_2, \cdots, \beta_n$ 分别是 A 的第 1 列, 第 2 列, $\cdots$, 第 n 列. 通常称 $\beta_1, \beta_2, \cdots, \beta_n$ 为矩阵 A 的**列向量组** (set of column vectors).

对于分块矩阵, 可以类似普通矩阵进行运算.

定理 2.9.2　(1) 设 $A,B\in \mathrm{M}_{m\times n}(F)$, 将 A,B 用同样的方法分块得到分块矩阵

$$A=\begin{pmatrix} A_{11} & A_{12} & \cdots & A_{1t} \\ A_{21} & A_{22} & \cdots & A_{2t} \\ \vdots & \vdots & & \vdots \\ A_{s1} & A_{s2} & \cdots & A_{st} \end{pmatrix},\quad B=\begin{pmatrix} B_{11} & B_{12} & \cdots & B_{1t} \\ B_{21} & B_{22} & \cdots & B_{2t} \\ \vdots & \vdots & & \vdots \\ B_{s1} & B_{s2} & \cdots & B_{st} \end{pmatrix},$$

其中 $A_{ij},B_{ij}\in \mathrm{M}_{p_i\times q_j}(F)$, $i=1,2,\cdots,s$; $j=1,2,\cdots,t$, 则

$$A \text{ 与 } B \text{ 的}\textbf{和 } A+B=\begin{pmatrix} A_{11}+B_{11} & A_{12}+B_{12} & \cdots & A_{1t}+B_{1t} \\ A_{21}+B_{21} & A_{22}+B_{22} & \cdots & A_{2t}+B_{2t} \\ \vdots & \vdots & & \vdots \\ A_{s1}+B_{s1} & A_{s2}+B_{s2} & \cdots & A_{st}+B_{st} \end{pmatrix};$$

$$F \text{ 中的数 } k \text{ 与 } A \text{ 的}\textbf{数乘 } kA=\begin{pmatrix} kA_{11} & kA_{12} & \cdots & kA_{1t} \\ kA_{21} & kA_{22} & \cdots & kA_{2t} \\ \vdots & \vdots & & \vdots \\ kA_{s1} & kA_{s2} & \cdots & kA_{st} \end{pmatrix};$$

$$A \text{ 的}\textbf{转置 } A'=\begin{pmatrix} A'_{11} & A'_{21} & \cdots & A'_{s1} \\ A'_{12} & A'_{22} & \cdots & A'_{s2} \\ \vdots & \vdots & & \vdots \\ A'_{1t} & A'_{2t} & \cdots & A'_{st} \end{pmatrix}.$$

(2) 设 $A\in \mathrm{M}_{s\times n}(F), B\in \mathrm{M}_{n\times m}(F)$. 若 A 的列分法与 B 的行分法一致, 即

$$A=\begin{pmatrix} A_{11} & A_{12} & \cdots & A_{1t} \\ A_{21} & A_{22} & \cdots & A_{2t} \\ \vdots & \vdots & & \vdots \\ A_{r1} & A_{r2} & \cdots & A_{rt} \end{pmatrix},\quad B=\begin{pmatrix} B_{11} & B_{12} & \cdots & B_{1p} \\ B_{21} & B_{22} & \cdots & B_{2p} \\ \vdots & \vdots & & \vdots \\ B_{t1} & B_{t2} & \cdots & B_{tp} \end{pmatrix},$$

其中 $A_{ik}\in \mathrm{M}_{u_i\times v_k}(F)$, $B_{kj}\in \mathrm{M}_{v_k\times w_j}(F)$, $i=1,2,\cdots,r$; $k=1,2,\cdots,t$; $j=1,2,\cdots,p$, 则

$$AB=(C_{ij})_{r\times p}=\begin{pmatrix} C_{11} & C_{12} & \cdots & C_{1p} \\ C_{21} & C_{22} & \cdots & C_{2p} \\ \vdots & \vdots & & \vdots \\ C_{r1} & C_{r2} & \cdots & C_{rp} \end{pmatrix},$$

其中 $C_{ij}=\sum\limits_{k=1}^{t}A_{ik}B_{kj}$, $i=1,2,\cdots,r$; $j=1,2,\cdots,p$.

类似于上 (下) 三角矩阵和对角矩阵, 我们有

定义 2.9.3 (1) 形如 $\begin{pmatrix} A_{11} & A_{12} & \cdots & A_{1,n-1} & A_{1n} \\ 0 & A_{22} & \cdots & A_{2,n-1} & A_{2n} \\ \vdots & \ddots & \ddots & \vdots & \vdots \\ \vdots & & \ddots & A_{n-1,n-1} & A_{n-1,n} \\ 0 & \cdots & \cdots & 0 & A_{nn} \end{pmatrix}$ 的分块矩阵称为**分块上三角矩阵** (block upper triangular matrix), 其中每个 A_{ii} 都是方阵, $i=1,2,\cdots,n$.

(2) 形如 $\begin{pmatrix} A_{11} & 0 & \cdots & \cdots & 0 \\ A_{21} & A_{22} & \ddots & & \vdots \\ \vdots & \vdots & \ddots & \ddots & \vdots \\ A_{n-1,1} & A_{n-1,2} & \cdots & A_{n-1,n-1} & 0 \\ A_{n1} & A_{n2} & \cdots & A_{n,n-1} & A_{nn} \end{pmatrix}$ 的分块矩阵称为**分块下三角矩阵** (block lower triangular matrix), 其中每个 A_{ii} 都是方阵, $i=1,2,\cdots,n$.

(3) 形如 $\begin{pmatrix} A_1 & 0 & \cdots & \cdots & 0 \\ 0 & A_2 & \ddots & & \vdots \\ \vdots & \ddots & \ddots & \ddots & \vdots \\ \vdots & & \ddots & A_{n-1} & 0 \\ 0 & \cdots & \cdots & 0 & A_n \end{pmatrix}$ 的分块矩阵称为**准对角矩阵**, 或**分块对角矩阵** (block diagonal matrix), 其中每个 A_i 都是方阵, $i=1,2,\cdots,n$, 常简记为

$$\begin{pmatrix} A_1 & & & \\ & A_2 & & \\ & & \ddots & \\ & & & A_n \end{pmatrix} \text{或 } \operatorname{diag}(A_1,A_2,\cdots,A_n).$$

注记 2.9.4 若 $A=\begin{pmatrix} A_1 & & & \\ & A_2 & & \\ & & \ddots & \\ & & & A_n \end{pmatrix}$, $B=\begin{pmatrix} B_1 & & & \\ & B_2 & & \\ & & \ddots & \\ & & & B_n \end{pmatrix}$ 是有相同分块的准对角矩阵, 则

(1) $A+B=\begin{pmatrix} A_1+B_1 & & & \\ & A_2+B_2 & & \\ & & \ddots & \\ & & & A_n+B_n \end{pmatrix}$.

(2) $AB=\begin{pmatrix} A_1B_1 & & & \\ & A_2B_2 & & \\ & & \ddots & \\ & & & A_nB_n \end{pmatrix}$.

(3) 如果 $A_1, A_2, \cdots, A_n$ 都可逆, 那么 $A^{-1}=\begin{pmatrix} A_1^{-1} & & & \\ & A_2^{-1} & & \\ & & \ddots & \\ & & & A_n^{-1} \end{pmatrix}$.

例 2.9.5 设 $A=\begin{pmatrix} a_{11} & a_{12} & \cdots & a_{1n} \\ a_{21} & a_{22} & \cdots & a_{2n} \\ \vdots & \vdots & & \vdots \\ a_{s1} & a_{s2} & \cdots & a_{sn} \end{pmatrix}$, $B=\begin{pmatrix} b_{11} & b_{12} & \cdots & b_{1m} \\ b_{21} & b_{22} & \cdots & b_{2m} \\ \vdots & \vdots & & \vdots \\ b_{n1} & b_{n2} & \cdots & b_{nm} \end{pmatrix}$.

试用 A (或 B) 的行 (或列) 向量组表示 AB.

解 注意 $A=\begin{pmatrix} \alpha_1 \\ \alpha_2 \\ \vdots \\ \alpha_s \end{pmatrix}=(\beta_1, \beta_2, \cdots, \beta_n)$, $B=\begin{pmatrix} \gamma_1 \\ \gamma_2 \\ \vdots \\ \gamma_n \end{pmatrix}=(\delta_1, \delta_2, \cdots, \delta_m)$.

于是

$$AB=A(\delta_1, \delta_2, \cdots, \delta_m)=(A\delta_1, A\delta_2, \cdots, A\delta_m);$$

$$AB=\begin{pmatrix}\alpha_1\\ \alpha_2\\ \vdots\\ \alpha_s\end{pmatrix}B=\begin{pmatrix}\alpha_1B\\ \alpha_2B\\ \vdots\\ \alpha_sB\end{pmatrix};$$

$$AB=(\beta_1,\beta_2,\cdots,\beta_n)\begin{pmatrix}\gamma_1\\ \gamma_2\\ \vdots\\ \gamma_n\end{pmatrix}=\beta_1\gamma_1+\beta_2\gamma_2+\cdots+\beta_n\gamma_n;$$

$$AB=\begin{pmatrix}a_{11}&a_{12}&\cdots&a_{1n}\\ a_{21}&a_{22}&\cdots&a_{2n}\\ \vdots&\vdots&&\vdots\\ a_{s1}&a_{s2}&\cdots&a_{sn}\end{pmatrix}\begin{pmatrix}\gamma_1\\ \gamma_2\\ \vdots\\ \gamma_n\end{pmatrix}=\begin{pmatrix}a_{11}\gamma_1+a_{12}\gamma_2+\cdots+a_{1n}\gamma_n\\ a_{21}\gamma_1+a_{22}\gamma_2+\cdots+a_{2n}\gamma_n\\ \vdots\\ a_{s1}\gamma_1+a_{s2}\gamma_2+\cdots+a_{sn}\gamma_n\end{pmatrix};$$

$$\begin{aligned}AB&=(\beta_1,\beta_2,\cdots,\beta_n)\begin{pmatrix}b_{11}&b_{12}&\cdots&b_{1m}\\ b_{21}&b_{22}&\cdots&b_{2m}\\ \vdots&\vdots&&\vdots\\ b_{n1}&b_{n2}&\cdots&b_{nm}\end{pmatrix}\\ &=(b_{11}\beta_1+b_{21}\beta_2+\cdots+b_{n1}\beta_n,\cdots,b_{1m}\beta_1+b_{2m}\beta_2+\cdots+b_{nm}\beta_n).\end{aligned}$$ □

定义 2.9.6 分块矩阵的初等变换 (elementary transformation of block matrices) 是指下列六种变换.

(1) 某一行左乘一个可逆矩阵;

(2) 某一行左乘一个矩阵加到另一行;

(3) 某两行对换位置;

(4) 某一列右乘一个可逆矩阵;

(5) 某一列右乘一个矩阵加到另一列;

(6) 某两列对换位置.

前三种变换称为分块矩阵的**初等行变换**, 后三种变换称为分块矩阵的**初等列变换**.

定义 2.9.7 形如 $\begin{pmatrix}I_{n_1}&&&\\ &I_{n_2}&&\\ &&\ddots&\\ &&&I_{n_t}\end{pmatrix}$ 的准对角矩阵称为**分块单位矩**

阵 (block identity matrix).

例如, $\begin{pmatrix} I_m & 0 \\ 0 & I_n \end{pmatrix}$ 是 2×2 分块单位矩阵.

定义 2.9.8 分块单位矩阵经过一次初等变换得到的分块矩阵称为**初等分块矩阵** (elementary block matrix).

设 $I = \begin{pmatrix} I_m & 0 \\ 0 & I_n \end{pmatrix}$.

用 m 级可逆矩阵 P 左乘 I 中第一行, 或者右乘 I 中第一列, 得到初等分块矩阵 $\begin{pmatrix} P & 0 \\ 0 & I_n \end{pmatrix}$.

用 $n \times m$ 矩阵 Q 左乘 I 中第一行加到第二行, 或者右乘 I 中第二列加到第一列, 得到初等分块矩阵 $\begin{pmatrix} I_m & 0 \\ Q & I_n \end{pmatrix}$.

把 I 中两行对换位置, 得到初等分块矩阵 $\begin{pmatrix} 0 & I_n \\ I_m & 0 \end{pmatrix}$. 把 I 中两列对换位置, 得到初等分块矩阵 $\begin{pmatrix} 0 & I_m \\ I_n & 0 \end{pmatrix}$.

定理 2.9.9 设 $M = \begin{pmatrix} A & B \\ C & D \end{pmatrix}$ 是 2×2 分块矩阵.

(1) 对 M 作一次分块矩阵的初等行变换就相当于 M 左乘一个相应的初等分块矩阵;

(2) 对 M 作一次分块矩阵的初等列变换就相当于 M 右乘一个相应的初等分块矩阵.

证明 先证行的情形.

$$\begin{pmatrix} P & 0 \\ 0 & I_n \end{pmatrix}\begin{pmatrix} A & B \\ C & D \end{pmatrix} = \begin{pmatrix} PA & PB \\ C & D \end{pmatrix};$$

$$\begin{pmatrix} I_m & 0 \\ Q & I_n \end{pmatrix}\begin{pmatrix} A & B \\ C & D \end{pmatrix} = \begin{pmatrix} A & B \\ C+QA & D+QB \end{pmatrix}; \tag{2.9.1}$$

$$\begin{pmatrix} 0 & I_n \\ I_m & 0 \end{pmatrix}\begin{pmatrix} A & B \\ C & D \end{pmatrix} = \begin{pmatrix} C & D \\ A & B \end{pmatrix}.$$

类似可证列的情形. □

当 A 可逆时, 在表达式 (2.9.1) 中取 $Q=-CA^{-1}$, 则

$$\begin{pmatrix} I_m & 0 \\ -CA^{-1} & I_n \end{pmatrix}\begin{pmatrix} A & B \\ C & D \end{pmatrix}=\begin{pmatrix} A & B \\ 0 & D-CA^{-1}B \end{pmatrix}.$$

注记 2.9.10 初等分块矩阵都是可逆矩阵, 分块矩阵的初等变换不改变矩阵的秩.

命题 2.9.11 (1) 设矩阵 A,B 有相同行数, 则 $\text{rank}A\leqslant\text{rank}(A,B)$;

(2) 设矩阵 P,Q 有相同列数, 则 $\text{rank}P\leqslant\text{rank}\begin{pmatrix} P \\ Q \end{pmatrix}$.

证明 设 $\text{rank}A=r$, 则 A 中有一个非零 r 级子式, 这个子式也是 (A,B) 中的非零 r 级子式, 所以 $\text{rank}(A,B)\geqslant r=\text{rank}A$.

因此, $\text{rank}P=\text{rank}P'\leqslant\text{rank}(P',Q')=\text{rank}\begin{pmatrix} P \\ Q \end{pmatrix}'=\text{rank}\begin{pmatrix} P \\ Q \end{pmatrix}$. □

命题 2.9.12 设 $A\in\mathrm{M}_{s\times n}(F)$, $B\in\mathrm{M}_{t\times m}(F)$, 则

$$\text{rank}\begin{pmatrix} A & 0 \\ 0 & B \end{pmatrix}=\text{rank}A+\text{rank}B.$$

证明 设 $\text{rank}A=r$, $\text{rank}B=s$, 则 A 中有一个 r 级子式 $|A_1|\neq 0$, B 中有一个 s 级子式 $|B_1|\neq 0$, 因此, $\begin{pmatrix} A & 0 \\ 0 & B \end{pmatrix}$ 中有一个 $r+s$ 级子式 $\begin{vmatrix} A_1 & 0 \\ 0 & B_1 \end{vmatrix}=|A_1||B_1|\neq 0$. 由于 A 中任一 $r+1$ 级子式都等于 0, 并且 B 中任一 $s+1$ 级子式都等于 0, 所以 $\begin{pmatrix} A & 0 \\ 0 & B \end{pmatrix}$ 中任一 $r+s+1$ 级子式都等于 0. 故

$$\text{rank}\begin{pmatrix} A & 0 \\ 0 & B \end{pmatrix}=r+s=\text{rank}A+\text{rank}B.$$ □

命题 2.9.13 (1) 设矩阵 A,B 有相同行数, 则 $\text{rank}(A,B)\leqslant\text{rank}A+\text{rank}B$;

(2) 设矩阵 P,Q 有相同列数, 则 $\text{rank}\begin{pmatrix} P \\ Q \end{pmatrix}\leqslant\text{rank}P+\text{rank}Q$.

证明 由命题 2.9.11 和命题 2.9.12 知

$$\text{rank}(A,B)\leqslant\text{rank}\begin{pmatrix} A & B \\ 0 & B \end{pmatrix}=\text{rank}\begin{pmatrix} A & 0 \\ 0 & B \end{pmatrix}=\text{rank}A+\text{rank}B.$$

同理, $\operatorname{rank}\begin{pmatrix} P \\ Q \end{pmatrix} \leqslant \operatorname{rank}P + \operatorname{rank}Q$. □

命题 2.9.14　设 $A \in \mathrm{M}_{s\times n}(F)$, $B \in \mathrm{M}_{t\times m}(F)$, $C \in \mathrm{M}_{t\times n}(F)$, 则

$$\operatorname{rank}A + \operatorname{rank}B \leqslant \operatorname{rank}\begin{pmatrix} A & 0 \\ C & B \end{pmatrix} \leqslant \operatorname{rank}A + \operatorname{rank}B + \operatorname{rank}C.$$

证明　首先, 由命题 2.9.13 知

$$\begin{aligned} \operatorname{rank}\begin{pmatrix} A & 0 \\ C & B \end{pmatrix} &\leqslant \operatorname{rank}\begin{pmatrix} A \\ C \end{pmatrix} + \operatorname{rank}\begin{pmatrix} 0 \\ B \end{pmatrix} \\ &\leqslant \operatorname{rank}A + \operatorname{rank}B + \operatorname{rank}C. \end{aligned}$$

另一方面, 假设 $\operatorname{rank}A = r$, $\operatorname{rank}B = s$, 则

$$\begin{aligned} \begin{pmatrix} A & 0 \\ C & B \end{pmatrix} &\to \begin{pmatrix} I_r & 0 & 0 & 0 \\ 0 & 0 & 0 & 0 \\ C_1 & C_2 & I_s & 0 \\ C_3 & C_4 & 0 & 0 \end{pmatrix} \\ &\to \begin{pmatrix} I_r & 0 & 0 & 0 \\ 0 & 0 & 0 & 0 \\ 0 & 0 & I_s & 0 \\ 0 & C_4 & 0 & 0 \end{pmatrix} \to \begin{pmatrix} I_r & 0 & 0 & 0 \\ 0 & I_s & 0 & 0 \\ 0 & 0 & C_4 & 0 \\ 0 & 0 & 0 & 0 \end{pmatrix}. \end{aligned}$$

因此, 根据命题 2.9.12,

$$\operatorname{rank}\begin{pmatrix} A & 0 \\ C & B \end{pmatrix} = r + s + \operatorname{rank}C_4 \geqslant r + s = \operatorname{rank}A + \operatorname{rank}B.$$ □

定理 2.9.15　设 $A \in \mathrm{M}_{s\times n}(F)$, $B \in \mathrm{M}_{n\times m}(F)$, 则

$$\operatorname{rank}A + \operatorname{rank}B - n \leqslant \operatorname{rank}(AB) \leqslant \min\{\operatorname{rank}A, \operatorname{rank}B\}.$$

由此可见, 如果 $AB = 0$, 那么 $\operatorname{rank}A + \operatorname{rank}B \leqslant n$.

证明　设 $\operatorname{rank}A = r$, 则存在 s 级可逆矩阵 P 与 n 级可逆矩阵 Q 使得 $A = P\begin{pmatrix} I_r & 0 \\ 0 & 0 \end{pmatrix}Q$, 从而 $AB = P\begin{pmatrix} I_r & 0 \\ 0 & 0 \end{pmatrix}QB$. 令 $QB = \begin{pmatrix} G \\ H \end{pmatrix}$, 其中 $G \in \mathrm{M}_{r\times m}(F)$, $H \in \mathrm{M}_{(n-r)\times m}(F)$, 则 $AB = P\begin{pmatrix} I_r & 0 \\ 0 & 0 \end{pmatrix}\begin{pmatrix} G \\ H \end{pmatrix} =$

$P\begin{pmatrix} G \\ 0 \end{pmatrix}$. 因为 P 是可逆矩阵, 所以 $\mathrm{rank}(AB) = \mathrm{rank}\begin{pmatrix} G \\ 0 \end{pmatrix} = \mathrm{rank}G$. 由于 G 是 $r \times m$ 矩阵, 故 $\mathrm{rank}(AB) = \mathrm{rank}G \leqslant r = \mathrm{rank}A$. 又因为 Q 是可逆矩阵, 所以 $\mathrm{rank}(AB) = \mathrm{rank}G \leqslant \mathrm{rank}(QB) = \mathrm{rank}B$. 因此 $\mathrm{rank}(AB) \leqslant \min\{\mathrm{rank}A,\ \mathrm{rank}B\}$.

另一方面, 由于 H 是 $(n-r) \times m$ 矩阵, 所以

$$\begin{aligned} \mathrm{rank}B &= \mathrm{rank}(QB) \\ &\leqslant \mathrm{rank}G + \mathrm{rank}H \\ &= \mathrm{rank}(AB) + \mathrm{rank}H \\ &\leqslant \mathrm{rank}(AB) + n - r. \end{aligned}$$

故 $\mathrm{rank}(AB) \geqslant \mathrm{rank}B + r - n = \mathrm{rank}A + \mathrm{rank}B - n$. □

注记 2.9.16 通常称不等式 $\mathrm{rank}(AB) \geqslant \mathrm{rank}A + \mathrm{rank}B - n$ 为**西尔维斯特不等式** (Sylvester rank inequality).

推论 2.9.17 设 $A, B \in \mathrm{M}_{s\times n}(F)$, 则 $\mathrm{rank}(A+B) \leqslant \mathrm{rank}A + \mathrm{rank}B$.

证明 因为 $A + B = (A, B)\begin{pmatrix} I_n \\ I_n \end{pmatrix}$, 所以由定理 2.9.15 和命题 2.9.13 知

$$\mathrm{rank}(A+B) \leqslant \mathrm{rank}(A, B) \leqslant \mathrm{rank}A + \mathrm{rank}B.$$ □

例 2.9.18 设 $A, B \in \mathrm{M}_n(F)$ 且 $AB = BA$. 证明:

$$\mathrm{rank}(A+B) + \mathrm{rank}(AB) \leqslant \mathrm{rank}A + \mathrm{rank}B.$$

证明 由 $\begin{pmatrix} A+B & 0 \\ A & AB \end{pmatrix} = \begin{pmatrix} I_n & I_n \\ I_n & 0 \end{pmatrix}\begin{pmatrix} A & 0 \\ 0 & B \end{pmatrix}\begin{pmatrix} I_n & B \\ I_n & -A \end{pmatrix}$ 知

$$\begin{aligned} \mathrm{rank}(A+B) + \mathrm{rank}(AB) &\leqslant \mathrm{rank}\begin{pmatrix} A+B & 0 \\ A & AB \end{pmatrix} \\ &\leqslant \mathrm{rank}\begin{pmatrix} A & 0 \\ 0 & B \end{pmatrix} \\ &= \mathrm{rank}A + \mathrm{rank}B. \end{aligned}$$ □

例 2.9.19 设 $T = \begin{pmatrix} A & 0 \\ C & B \end{pmatrix}$, 其中 $A \in \mathrm{GL}_m(F)$, $B \in \mathrm{GL}_n(F)$, 证明 $T \in \mathrm{GL}_{m+n}(F)$, 并求 T^{-1}.

证明　因为 $|T|=|A||B|$, 所以, 当 A,B 可逆时, T 也可逆. 下面求 T^{-1}. 由于

$$\begin{pmatrix} I_m & 0 \\ -CA^{-1} & I_n \end{pmatrix}\begin{pmatrix} A & 0 \\ C & B \end{pmatrix}=\begin{pmatrix} A & 0 \\ 0 & B \end{pmatrix},$$

并且 $\begin{pmatrix} A & 0 \\ 0 & B \end{pmatrix}^{-1}=\begin{pmatrix} A^{-1} & 0 \\ 0 & B^{-1} \end{pmatrix}$, 所以

$$T^{-1}=\begin{pmatrix} A^{-1} & 0 \\ 0 & B^{-1} \end{pmatrix}\begin{pmatrix} I_m & 0 \\ -CA^{-1} & I_n \end{pmatrix}=\begin{pmatrix} A^{-1} & 0 \\ -B^{-1}CA^{-1} & B^{-1} \end{pmatrix}.\quad \square$$

例 2.9.20　设 $A,B\in \mathrm{M}_n(F)$, 证明: $|AB|=|A||B|$.

证明　考虑分块矩阵 $\begin{pmatrix} A & 0 \\ -I & B \end{pmatrix}$, 其中 $I=I_n$, 则

$$\begin{pmatrix} I & A \\ 0 & I \end{pmatrix}\begin{pmatrix} A & 0 \\ -I & B \end{pmatrix}=\begin{pmatrix} 0 & AB \\ -I & B \end{pmatrix}.$$

上式两边取行列式得 $\left|\begin{pmatrix} I & A \\ 0 & I \end{pmatrix}\begin{pmatrix} A & 0 \\ -I & B \end{pmatrix}\right|=\begin{vmatrix} 0 & AB \\ -I & B \end{vmatrix}$.

易见, $\begin{vmatrix} 0 & AB \\ -I & B \end{vmatrix}=(-1)^n\begin{vmatrix} AB & 0 \\ B & -I \end{vmatrix}=(-1)^n|AB||-I|=|AB|$.

下面证明: $\left|\begin{pmatrix} I & A \\ 0 & I \end{pmatrix}\begin{pmatrix} A & 0 \\ -I & B \end{pmatrix}\right|=|A||B|$.

设 $A=(a_{ij})_{n\times n}$, 则 $A=\sum\limits_{i,j=1}^{n} a_{ij}E_{ij}$, 其中 E_{ij} 表示 (i,j) 位置是 1, 而其余元素全为 0 的 n 级方阵 (参见本章习题 25), $i,j=1,2,\cdots,n$.

注意, 对于任意两个 n 级方阵 X,Y, 总有

$$\begin{pmatrix} I & X \\ 0 & I \end{pmatrix}\begin{pmatrix} I & Y \\ 0 & I \end{pmatrix}=\begin{pmatrix} I & X+Y \\ 0 & I \end{pmatrix}.$$

于是 $\begin{pmatrix} I & A \\ 0 & I \end{pmatrix} = \begin{pmatrix} I & \sum\limits_{i,j=1}^{n} a_{ij}E_{ij} \\ 0 & I \end{pmatrix} = \prod\limits_{i,j=1}^{n} \begin{pmatrix} I & a_{ij}E_{ij} \\ 0 & I \end{pmatrix}$.

令 $P_{ij} = \begin{pmatrix} I & a_{ij}E_{ij} \\ 0 & I \end{pmatrix}$, 其中 $i,j=1,2,\cdots,n$, 则 $\begin{pmatrix} I & A \\ 0 & I \end{pmatrix} = \prod\limits_{i,j=1}^{n} P_{ij}$.

由于每个 P_{ij} 都是初等矩阵, 所对应的初等变换是某一行的若干倍加到另一行, 它不改变矩阵的行列式的值, 所以

$$\left|\begin{pmatrix} I & A \\ 0 & I \end{pmatrix}\begin{pmatrix} A & 0 \\ -I & B \end{pmatrix}\right| = \left|\left(\prod_{i,j=1}^{n} P_{ij}\right)\begin{pmatrix} A & 0 \\ -I & B \end{pmatrix}\right| = \begin{vmatrix} A & 0 \\ -I & B \end{vmatrix} = |A||B|.$$

综上所述, $|AB| = |A||B|$. □

例 2.9.21 设 $A \in \mathrm{M}_{n\times m}(F)$, $B \in \mathrm{M}_{m\times n}(F)$. 证明: 对 F 中任意数 λ,

$$\lambda^m|\lambda I_n - AB| = \lambda^n|\lambda I_m - BA|.$$

证明 考虑分块矩阵 $\begin{pmatrix} \lambda I_m & B \\ A & I_n \end{pmatrix}$, 则

$$\begin{pmatrix} I_m & 0 \\ 0 & \lambda I_n \end{pmatrix}\begin{pmatrix} I_m & -B \\ 0 & I_n \end{pmatrix}\begin{pmatrix} \lambda I_m & B \\ A & I_n \end{pmatrix} = \begin{pmatrix} \lambda I_m - BA & 0 \\ \lambda A & \lambda I_n \end{pmatrix},$$

$$\begin{pmatrix} \lambda I_m & B \\ A & I_n \end{pmatrix}\begin{pmatrix} I_m & 0 \\ 0 & \lambda I_n \end{pmatrix}\begin{pmatrix} I_m & -B \\ 0 & I_n \end{pmatrix} = \begin{pmatrix} \lambda I_m & 0 \\ A & \lambda I_n - AB \end{pmatrix}.$$

上述等式两边取行列式得

$$\begin{vmatrix} I_m & 0 \\ 0 & \lambda I_n \end{vmatrix}\begin{vmatrix} I_m & -B \\ 0 & I_n \end{vmatrix}\begin{vmatrix} \lambda I_m & B \\ A & I_n \end{vmatrix} = \begin{vmatrix} \lambda I_m - BA & 0 \\ \lambda A & \lambda I_n \end{vmatrix},$$

$$\begin{vmatrix} \lambda I_m & B \\ A & I_n \end{vmatrix}\begin{vmatrix} I_m & 0 \\ 0 & \lambda I_n \end{vmatrix}\begin{vmatrix} I_m & -B \\ 0 & I_n \end{vmatrix} = \begin{vmatrix} \lambda I_m & 0 \\ A & \lambda I_n - AB \end{vmatrix}.$$

因此, $\lambda^n|\lambda I_m - BA| = \lambda^n \begin{vmatrix} \lambda I_m & B \\ A & I_n \end{vmatrix} = \lambda^m|\lambda I_n - AB|$. □

注记 2.9.22 在例 2.9.21 中,

(1) 取 $\lambda = 1$, 则 $|I_n - AB| = |I_m - BA|$;

(2) 取 $\lambda = -1$, 则 $|I_n + AB| = |I_m + BA|$, 这个等式称为**西尔维斯特恒等式** (Sylvester determinant identity);

(3) 取 $m=n$, 则 $|\lambda I_n-AB|=|\lambda I_n-BA|$.

事实上, 若 $\lambda=0$, 则

$$|\lambda I_n-AB|=|-AB|=(-1)^n|A||B|,\quad |\lambda I_n-BA|=|-BA|=(-1)^n|B||A|,$$

所以 $|\lambda I_n-AB|=|\lambda I_n-BA|$.

若 $\lambda\neq 0$, 显然, $|\lambda I_n-AB|=|\lambda I_n-BA|$.

因此, 当 $m=n$ 时, 总有 $|\lambda I_n-AB|=|\lambda I_n-BA|$.

2.10* 柯西–比内公式

由定理 2.6.21 (或例 2.9.20) 可知, 如果 A,B 都是方阵, 那么 $|AB|=|A||B|$. 下面考虑 A,B 都不是方阵, 但是 AB 是方阵的情形, 此时 $|AB|$ 等于什么? 本节介绍的柯西-比内[①]公式就回答了这个问题.

为方便起见, 我们引进一个记号. 从矩阵 A 中取出第 $i_1,i_2,\cdots,i_s$ 行, 第 $j_1,j_2,\cdots,j_s$ 列, 位于这 $i_1,i_2,\cdots,i_s$ 行与 $j_1,j_2,\cdots,j_s$ 列交点上的 s^2 个元素按照原来的排法组成的 s 级子式记为 $A\begin{pmatrix} i_1, & i_2, & \cdots, & i_s\\ j_1, & j_2, & \cdots, & j_s\end{pmatrix}$. 通常称 A 的形如 $A\begin{pmatrix} i_1, & i_2, & \cdots, & i_s\\ i_1, & i_2, & \cdots, & i_s\end{pmatrix}$ 的子式为 A 的 s **级主子式** (principal minor of order s).

定理 2.10.1 (柯西–比内公式 (Cauchy-Binet formula)) 设 $A\in \mathrm{M}_{m\times n}(F)$, $B\in \mathrm{M}_{n\times m}(F)$.

(1) 若 $m>n$, 则 $|AB|=0$;

(2) 若 $m\leqslant n$, 则 $|AB|$ 等于 A 的所有 m 级子式与 B 的相应的 m 级子式的乘积之和, 即

$$|AB|=\sum_{1\leqslant i_1<\cdots<i_m\leqslant n} A\begin{pmatrix} 1, & 2, & \cdots, & m\\ i_1, & i_2, & \cdots, & i_m\end{pmatrix} B\begin{pmatrix} i_1, & i_2, & \cdots, & i_m\\ 1, & 2, & \cdots, & m\end{pmatrix}.$$

证明 为了计算 $|AB|$, 受例 2.9.20 的证明的启发, 我们考虑分块矩阵

$$M=\begin{pmatrix} A & 0\\ -I_n & B\end{pmatrix}.$$

因为

$$\begin{pmatrix} I_m & A\\ 0 & I_n\end{pmatrix}\begin{pmatrix} A & 0\\ -I_n & B\end{pmatrix}=\begin{pmatrix} 0 & AB\\ -I_n & B\end{pmatrix},$$

① Jacques Philippe Marie Binet, 1786—1856, 法国数学家.

所以 $|M|=\begin{vmatrix} 0 & AB \\ -I_n & B \end{vmatrix}=(-1)^{mn}\begin{vmatrix} AB & 0 \\ B & -I_n \end{vmatrix}=(-1)^{mn+n}|AB|$, 即

$$|AB|=(-1)^{mn+n}|M|.$$

下面对行列式 $|M|$ 的前 m 行使用拉普拉斯定理.

(1) 若 $m>n$, 则 $|M|$ 的前 m 行的所有 m 级子式都为 0, 从而 $|M|=0$. 因此, $|AB|=(-1)^{mn+n}|M|=0$.

(2) 若 $m\leqslant n$, 则 $|M|$ 的前 m 行共有 C_n^m 个可能的非零 m 级子式

$$A\begin{pmatrix} 1, & 2, & \cdots, & m \\ i_1, & i_2, & \cdots, & i_m \end{pmatrix},$$

其中 $1\leqslant i_1<i_2<\cdots<i_m\leqslant n$, 这些子式的代数余子式为 $k_1|E,B|$, 这里 $k_1=(-1)^{1+2+\cdots+m+i_1+i_2+\cdots+i_m}$, E 是 $-I_n$ 中删掉第 $i_1,i_2,\cdots,i_m$ 列后所得 $n\times(n-m)$ 矩阵. 于是

$$|M|=\sum_{1\leqslant i_1<i_2<\cdots<i_m\leqslant n} A\begin{pmatrix} 1, & 2, & \cdots, & m \\ i_1, & i_2, & \cdots, & i_m \end{pmatrix}\times k_1|E,B|.$$

现在来计算 $|E,B|$. 注意, E 中的第 $i_1,i_2,\cdots,i_m$ 行全为 0. 在行列式 $|E,B|$ 中, 取定第 $i_1,i_2,\cdots,i_m$ 行, 这 m 行中, 只有一个可能的非零 m 级子式

$$B\begin{pmatrix} i_1, & i_2, & \cdots, & i_m \\ 1, & 2, & \cdots, & m \end{pmatrix},$$

其代数余子式为

$$\begin{aligned} k_2&=(-1)^{i_1+i_2+\cdots+i_m+(n-m+1)+(n-m+2)+\cdots+(n-m+m)}|-I_{n-m}| \\ &=(-1)^{i_1+i_2+\cdots+i_m+(n-m+1)+(n-m+2)+\cdots+(n-m+m)}(-1)^{n-m}. \end{aligned}$$

由拉普拉斯定理知, $|E,B|=k_2B\begin{pmatrix} i_1, & i_2, & \cdots, & i_m \\ 1, & 2, & \cdots, & m \end{pmatrix}$.

于是

$$|M|=\sum_{1\leqslant i_1<i_2<\cdots<i_m\leqslant n} A\begin{pmatrix} 1, & 2, & \cdots, & m \\ i_1, & i_2, & \cdots, & i_m \end{pmatrix}\times k_1k_2B\begin{pmatrix} i_1, & i_2, & \cdots, & i_m \\ 1, & 2, & \cdots, & m \end{pmatrix}.$$

易见 $k_1k_2=(-1)^{mn+n}$, 所以

$$
\begin{aligned}
|AB| &= (-1)^{mn+n}|M| \\
&= \sum_{1\leqslant i_1<i_2<\cdots<i_m\leqslant n} A\begin{pmatrix} 1, & 2, & \cdots, & m \\ i_1, & i_2, & \cdots, & i_m \end{pmatrix} B\begin{pmatrix} i_1, & i_2, & \cdots, & i_m \\ 1, & 2, & \cdots, & m \end{pmatrix}.
\end{aligned}
$$

□

注记 2.10.2 当 $m=n$ 时, 柯西-比内公式与定理 2.6.21 (或例 2.9.20) 一致.

推论 2.10.3 设 $A\in \mathrm{M}_{s\times n}(F)$, $B\in \mathrm{M}_{n\times m}(F)$, $C=AB$, $1\leqslant r\leqslant \min\{s,m\}$.

(1) 若 $r>n$, 则 C 的所有 r 级子式都等于 0.

(2) 若 $r\leqslant n$, 则 C 的任一 r 级子式

$$
\begin{aligned}
& C\begin{pmatrix} i_1, & i_2, & \cdots, & i_r \\ j_1, & j_2, & \cdots, & j_r \end{pmatrix} \\
= & \sum_{1\leqslant k_1<k_2<\cdots<k_r\leqslant n} A\begin{pmatrix} i_1, & i_2, & \cdots, & i_r \\ k_1, & k_2, & \cdots, & k_r \end{pmatrix} B\begin{pmatrix} k_1, & k_2, & \cdots, & k_r \\ j_1, & j_2, & \cdots, & j_r \end{pmatrix}.
\end{aligned}
$$

证明 由矩阵乘积的定义知, C 的 r 级子式

$$
\begin{aligned}
& C\begin{pmatrix} i_1, & i_2, & \cdots, & i_r \\ j_1, & j_2, & \cdots, & j_r \end{pmatrix} \\
= & \left|\begin{pmatrix} a_{i_11} & a_{i_12} & \cdots & a_{i_1n} \\ a_{i_21} & a_{i_22} & \cdots & a_{i_2n} \\ \vdots & \vdots & & \vdots \\ a_{i_r1} & a_{i_r2} & \cdots & a_{i_rn} \end{pmatrix}\begin{pmatrix} b_{1j_1} & b_{1j_2} & \cdots & b_{1j_r} \\ b_{2j_1} & b_{2j_2} & \cdots & b_{2j_r} \\ \vdots & \vdots & & \vdots \\ b_{nj_1} & b_{nj_2} & \cdots & b_{nj_r} \end{pmatrix}\right|.
\end{aligned}
$$

因此, 由柯西-比内公式即知结论成立. □

注记 2.10.4 设 $A\in \mathrm{M}_{s\times n}(F)$, $B\in \mathrm{M}_{n\times m}(F)$, 由定理 2.9.15 知

$$\mathrm{rank}(AB)\leqslant \min\{\mathrm{rank}A,\ \mathrm{rank}B\}.$$

利用推论 2.10.3, 很容易给出这个结论的另一证法.

下面举例说明柯西-比内公式的应用.

例 2.10.5 设 $A\in \mathrm{M}_{s\times n}(\mathbb{R})$, 则 AA' 的所有主子式都是非负的.

证明 设 $1\leqslant r\leqslant s$. 根据推论 2.10.3, 若 $r>n$, 则 AA' 的所有 r 级子式都

为 0. 若 $r \leqslant n$, 则 AA' 的任一 r 级主子式

$$
\begin{aligned}
&(AA')\begin{pmatrix} i_1, & i_2, & \cdots, & i_r \\ i_1, & i_2, & \cdots, & i_r \end{pmatrix} \\
=& \sum_{1\leqslant k_1<k_2<\cdots<k_r\leqslant n} A\begin{pmatrix} i_1, & i_2, & \cdots, & i_r \\ k_1, & k_2, & \cdots, & k_r \end{pmatrix} A'\begin{pmatrix} k_1, & k_2, & \cdots, & k_r \\ i_1, & i_2, & \cdots, & i_r \end{pmatrix} \\
=& \sum_{1\leqslant k_1<k_2<\cdots<k_r\leqslant n} \left(A\begin{pmatrix} i_1, & i_2, & \cdots, & i_r \\ k_1, & k_2, & \cdots, & k_r \end{pmatrix}\right)^2 \geqslant 0.
\end{aligned}
$$

□

例 2.10.6 设 $a_1, a_2, \cdots, a_n$; $b_1, b_2, \cdots, b_n$ 都是实数. 证明**柯西–布尼亚科夫斯基**[①]**–施瓦茨**[②]**不等式** (Cauchy-Bunyakovsky-Schwarz inequality):

$$\left(\sum_{i=1}^n a_i^2\right)\left(\sum_{i=1}^n b_i^2\right) \geqslant \left(\sum_{i=1}^n a_i b_i\right)^2.$$

证明

$$
\begin{aligned}
&\left(\sum_{i=1}^n a_i^2\right)\left(\sum_{i=1}^n b_i^2\right) - \left(\sum_{i=1}^n a_i b_i\right)^2 \\
=& \begin{vmatrix} \sum\limits_{i=1}^n a_i^2 & \sum\limits_{i=1}^n a_i b_i \\ \sum\limits_{i=1}^n a_i b_i & \sum\limits_{i=1}^n b_i^2 \end{vmatrix} \\
=& \left|\begin{pmatrix} a_1 & a_2 & \cdots & a_n \\ b_1 & b_2 & \cdots & b_n \end{pmatrix}\begin{pmatrix} a_1 & b_1 \\ a_2 & b_2 \\ \vdots & \vdots \\ a_n & b_n \end{pmatrix}\right| \\
=& \sum_{1\leqslant j<k\leqslant n} \begin{vmatrix} a_j & a_k \\ b_j & b_k \end{vmatrix} \begin{vmatrix} a_j & b_j \\ a_k & b_k \end{vmatrix} \\
=& \sum_{1\leqslant j<k\leqslant n} \begin{vmatrix} a_j & a_k \\ b_j & b_k \end{vmatrix}^2 \geqslant 0.
\end{aligned}
$$

□

① Viktor Yakovlevich Bunyakovsky, 1804—1889, 俄国数学家.

② Karl Hermann Amandus Schwarz, 1843—1921, 德国数学家.

习 题 2

1. 确定以下排列的逆序数, 从而确定它们的奇偶性:

(1) 1746 2538;　　(2) 2 8967 5341;　　(3) 8675 3421.

2. 选择 i 与 k 使

(1) $817i25k49$ 成偶排列;　(2) $1i25k4897$ 成奇排列.

3. 假设排列 $i_1i_2\cdots i_{n-1}i_n$ 的逆序数为 k, 则排列 $i_ni_{n-1}\cdots i_2i_1$ 的逆序数是多少?

4. 设 n,k 是正整数, $1\leqslant k\leqslant n$, 在 $1,2,\cdots,n$ 的 n 级排列中

(1) 位于第 k 个位置的数 1 作成多少个逆序?

(2) 位于第 k 个位置的数 n 作成多少个逆序?

5. 在 6 级行列式的展开式中, 下列两项应取什么符号?

(1) $a_{23}a_{31}a_{42}a_{56}a_{14}a_{65}$;　(2) $a_{32}a_{43}a_{14}a_{51}a_{66}a_{25}$.

6. 写出 4 级行列式中所有带有负号并且包含因子 a_{23} 的项.

7. 设整数 $n\geqslant 2$. 由 n 级行列式 $\begin{vmatrix} 1 & 1 & \cdots & 1 \\ 1 & 1 & \cdots & 1 \\ \vdots & \vdots & & \vdots \\ 1 & 1 & \cdots & 1 \end{vmatrix}=0$ 证明奇偶排列各一半.

8. 用行列式的定义证明:

$$\begin{vmatrix} a_{11} & a_{12} & a_{13} & a_{14} & a_{15} \\ a_{21} & a_{22} & a_{23} & a_{24} & a_{25} \\ a_{31} & a_{32} & 0 & 0 & 0 \\ a_{41} & a_{42} & 0 & 0 & 0 \\ a_{51} & a_{52} & 0 & 0 & 0 \end{vmatrix}=0.$$

9. 设 $f(x)=\begin{vmatrix} 2x & x & 1 & 2 \\ 1 & x & 1 & 1 \\ 3 & 2 & x & 1 \\ 1 & 1 & 1 & x \end{vmatrix}$. 用行列式的定义计算 $f(x)$ 中 x^4 与 x^3 的系数, 并求 $f(x)$ 的常数项.

10. 按定义计算行列式:

(1) $\begin{vmatrix} 0 & 1 & 0 & \cdots & \cdots & \cdots & 0 \\ 0 & 0 & 2 & \ddots & & & \vdots \\ \vdots & \vdots & \ddots & \ddots & \ddots & & \vdots \\ \vdots & \vdots & & \ddots & \ddots & \ddots & \vdots \\ \vdots & \vdots & & & \ddots & n-2 & 0 \\ 0 & 0 & \cdots & \cdots & \cdots & 0 & n-1 \\ n & 0 & \cdots & \cdots & \cdots & 0 & 0 \end{vmatrix}$;

(2) $\begin{vmatrix} 0 & \cdots & \cdots & \cdots & 0 & 1 & 0 \\ \vdots & & & \iddots & 2 & 0 & 0 \\ \vdots & & \iddots & \iddots & \iddots & \vdots & \vdots \\ \vdots & \iddots & \iddots & \iddots & & \vdots & \vdots \\ 0 & n-2 & \iddots & & & \vdots & \vdots \\ n-1 & 0 & \cdots & \cdots & \cdots & 0 & 0 \\ 0 & 0 & \cdots & \cdots & \cdots & 0 & n \end{vmatrix}$.

11. 计算下面的行列式:

(1) $\begin{vmatrix} 103 & 100 & 204 \\ 199 & 200 & 395 \\ 301 & 300 & 600 \end{vmatrix}$;　　(2) $\begin{vmatrix} 246 & 427 & 327 \\ 1014 & 543 & 443 \\ -342 & 721 & 621 \end{vmatrix}$;

(3) $\begin{vmatrix} x & y & x+y \\ y & x+y & x \\ x+y & x & y \end{vmatrix}$;　　(4) $\begin{vmatrix} 1 & 2 & 0 & 1 \\ 1 & 3 & 5 & 0 \\ 0 & 1 & 5 & 6 \\ 1 & 2 & 3 & 4 \end{vmatrix}$;

(5) $\begin{vmatrix} 2 & 1 & 7 & 6 \\ 8 & 3 & 0 & 7 \\ 1 & 0 & 4 & 2 \\ 3 & -1 & -2 & -5 \end{vmatrix}$;　　(6) $\begin{vmatrix} x_1 & 0 & y_1 & 0 \\ 0 & u_1 & 0 & v_1 \\ x_2 & 0 & y_2 & 0 \\ 0 & u_2 & 0 & v_2 \end{vmatrix}$.

12. 求下列多项式的根:

(1) $f(x) = \begin{vmatrix} 1 & 1 & 2 \\ 1 & 1 & x^2-2 \\ 2 & x^2+1 & 1 \end{vmatrix}$;

(2) $g(x) = \begin{vmatrix} x-2 & x-1 & x-2 & x-3 \\ 2x-2 & 2x-1 & 2x-2 & 2x-3 \\ 3x-3 & 3x-2 & 4x-5 & 3x-5 \\ 4x & 4x-3 & 5x-7 & 4x-3 \end{vmatrix}$.

13. 计算下面的 n 级行列式:

(1) $\begin{vmatrix} 1 & 2 & 3 & 4 & \cdots & n \\ 2 & 2 & 3 & 4 & \cdots & n \\ 3 & 3 & 3 & 4 & \cdots & n \\ \vdots & \vdots & \vdots & \vdots & & \vdots \\ n & n & n & n & \cdots & n \end{vmatrix}$;

(2) $\begin{vmatrix} 1 & 1 & 1 & \cdots & \cdots & 1 \\ 1 & 2 & 1 & & & \vdots \\ 1 & 1 & 3 & \ddots & & \vdots \\ \vdots & & \ddots & \ddots & \ddots & \vdots \\ \vdots & & & \ddots & n-1 & 1 \\ 1 & \cdots & \cdots & \cdots & 1 & n \end{vmatrix}$;

(3) $\begin{vmatrix} x & y & 0 & \cdots & \cdots & \cdots & 0 \\ 0 & x & y & \ddots & & & \vdots \\ 0 & 0 & x & \ddots & \ddots & & \vdots \\ \vdots & \vdots & \ddots & \ddots & \ddots & \ddots & \vdots \\ \vdots & \vdots & & \ddots & x & y & 0 \\ 0 & 0 & \cdots & \cdots & 0 & x & y \\ y & 0 & \cdots & \cdots & 0 & 0 & x \end{vmatrix}$;

(4) $\begin{vmatrix} x_1-y_1 & x_1-y_2 & \cdots & x_1-y_n \\ x_2-y_1 & x_2-y_2 & \cdots & x_2-y_n \\ \vdots & \vdots & & \vdots \\ x_n-y_1 & x_n-y_2 & \cdots & x_n-y_n \end{vmatrix}$;

(5) $\begin{vmatrix} 1+a_1 & 1 & 1 & \cdots & \cdots & 1 \\ 1 & 1+a_2 & 1 & & & \vdots \\ 1 & 1 & 1+a_3 & \ddots & & \vdots \\ \vdots & & \ddots & \ddots & \ddots & \vdots \\ \vdots & & & \ddots & 1+a_{n-1} & 1 \\ 1 & \cdots & \cdots & \cdots & 1 & 1+a_n \end{vmatrix}$.

14. 设 n 为正整数. 证明:

(1) $\begin{vmatrix} x & 0 & 0 & \cdots & \cdots & 0 & a_0 \\ -1 & x & 0 & \cdots & \cdots & 0 & a_1 \\ 0 & -1 & x & \ddots & & 0 & a_2 \\ \vdots & \ddots & \ddots & \ddots & \ddots & \vdots & \vdots \\ \vdots & & \ddots & \ddots & x & 0 & a_{n-3} \\ \vdots & & & \ddots & -1 & x & a_{n-2} \\ 0 & \cdots & \cdots & \cdots & 0 & -1 & x+a_{n-1} \end{vmatrix}$

$= x^n + a_{n-1}x^{n-1} + \cdots + a_1x + a_0$, 其中 $n \geqslant 2$;

(2) $$\begin{vmatrix} \cos\alpha & 1 & 0 & \cdots & \cdots & \cdots & 0 \\ 1 & 2\cos\alpha & 1 & \ddots & & & \vdots \\ 0 & 1 & 2\cos\alpha & \ddots & \ddots & & \vdots \\ \vdots & \ddots & \ddots & \ddots & \ddots & \ddots & \vdots \\ \vdots & & \ddots & \ddots & 2\cos\alpha & 1 & 0 \\ \vdots & & & \ddots & 1 & 2\cos\alpha & 1 \\ 0 & \cdots & \cdots & \cdots & 0 & 1 & 2\cos\alpha \end{vmatrix}_n = \cos n\alpha.$$

15. 用拉普拉斯定理求下列行列式之值; 再用按一行 (列) 展开的办法求其值, 验证所得两个结果是否相符.

(1) $\begin{vmatrix} 2 & 3 & 5 & 8 \\ -1 & 0 & 2 & 3 \\ 0 & 1 & 7 & 4 \\ 4 & 1 & -2 & 1 \end{vmatrix}$, 按第 2, 4 两行展开;

(2) $\begin{vmatrix} -1 & -5 & 2 & 3 \\ 1 & 2 & 0 & 0 \\ 0 & 1 & 0 & 3 \\ 4 & 2 & 5 & 7 \end{vmatrix}$, 按第 1, 3 两行展开.

16. 证明:

(1) $$\begin{vmatrix} a_{11}+x & a_{12}+x & \cdots & a_{1n}+x \\ a_{21}+x & a_{22}+x & \cdots & a_{2n}+x \\ \vdots & \vdots & & \vdots \\ a_{n1}+x & a_{n2}+x & \cdots & a_{nn}+x \end{vmatrix} = \begin{vmatrix} a_{11} & a_{12} & \cdots & a_{1n} \\ a_{21} & a_{22} & \cdots & a_{2n} \\ \vdots & \vdots & & \vdots \\ a_{n1} & a_{n2} & \cdots & a_{nn} \end{vmatrix} + x\sum_{i=1}^{n}\sum_{j=1}^{n}A_{ij},$$

其中 A_{ij} 是 a_{ij} 的代数余子式, $i,j=1,2,\cdots n$;

(2) $$\sum_{i=1}^{n}\sum_{j=1}^{n}A_{ij} = \begin{vmatrix} a_{11}-a_{12} & a_{12}-a_{13} & \cdots & a_{1,n-1}-a_{1n} & 1 \\ a_{21}-a_{22} & a_{22}-a_{23} & \cdots & a_{2,n-1}-a_{2n} & 1 \\ \vdots & \vdots & & \vdots & \vdots \\ a_{n1}-a_{n2} & a_{n2}-a_{n3} & \cdots & a_{n,n-1}-a_{nn} & 1 \end{vmatrix}.$$

17. 用克拉默法则解下列线性方程组:

(1) $$\begin{cases} 4x_1 - x_2 + 3x_3 + 2x_4 = 8, \\ 2x_1 - 3x_2 + 3x_3 + 2x_4 = 4, \\ 3x_1 - x_2 - x_3 + 2x_4 = 3, \\ 2x_1 - x_2 + 3x_3 - x_4 = 3; \end{cases}$$

(2) $\begin{cases} 2x_1 - x_2 + 3x_3 + 2x_4 = 6, \\ 3x_1 - 3x_2 + 3x_3 + 2x_4 = 5, \\ 3x_1 - x_2 - x_3 + 2x_4 = 3, \\ 3x_1 - x_2 + 3x_3 - x_4 = 4; \end{cases}$

(3) $\begin{cases} x_1 + 2x_2 + 3x_3 - 2x_4 = 6, \\ 2x_1 - x_2 - 2x_3 - 3x_4 = 8, \\ 3x_1 + 2x_2 - x_3 + 2x_4 = 4, \\ 2x_1 - 3x_2 + 2x_3 + x_4 = -8. \end{cases}$

18. 设 $a_1, a_2, \cdots, a_n$ 是数域 F 中互不相同的数, $b_1, b_2, \cdots, b_n$ 是 F 中任意 n 个数. 用克拉默法则证明: 在数域 F 上存在唯一的多项式

$$f(x) = c_0x^{n-1} + c_1x^{n-2} + \cdots + c_{n-1}$$

使得 $f(a_i) = b_i, i = 1, 2, \cdots, n$.

19. 计算下列 n 级行列式:

(1) $\begin{vmatrix} \lambda & x & x & x & \cdots & \cdots & \cdots & x \\ y & \alpha & \beta & \beta & \cdots & \cdots & \cdots & \beta \\ y & \beta & \alpha & \beta & & & & \vdots \\ y & \beta & \beta & \alpha & \ddots & & & \vdots \\ \vdots & \vdots & & \ddots & \ddots & \ddots & & \vdots \\ \vdots & \vdots & & & \ddots & \alpha & \beta & \beta \\ \vdots & \vdots & & & & \beta & \alpha & \beta \\ y & \beta & \cdots & \cdots & \cdots & \beta & \beta & \alpha \end{vmatrix}$;

(2) $\begin{vmatrix} x & a & a & \cdots & \cdots & \cdots & a \\ -a & x & a & & & & \vdots \\ -a & -a & x & \ddots & & & \vdots \\ \vdots & & \ddots & \ddots & \ddots & & \vdots \\ \vdots & & & \ddots & x & a & a \\ \vdots & & & & -a & x & a \\ -a & \cdots & \cdots & \cdots & -a & -a & x \end{vmatrix}$;

(3) $\begin{vmatrix} x & y & y & \cdots & \cdots & \cdots & y \\ z & x & y & & & & \vdots \\ z & z & x & \ddots & & & \vdots \\ \vdots & & \ddots & \ddots & \ddots & & \vdots \\ \vdots & & & \ddots & x & y & y \\ \vdots & & & & z & x & y \\ z & \cdots & \cdots & \cdots & z & z & x \end{vmatrix}$;

(4) $\begin{vmatrix} 1 & 1 & \cdots & 1 \\ x_1 & x_2 & \cdots & x_n \\ \vdots & \vdots & & \vdots \\ x_1^{n-2} & x_2^{n-2} & \cdots & x_n^{n-2} \\ x_1^n & x_2^n & \cdots & x_n^n \end{vmatrix}$;

(5) $\begin{vmatrix} a & b & 0 & \cdots & \cdots & \cdots & \cdots & 0 \\ c & a & b & \ddots & & & & \vdots \\ 0 & c & a & b & \ddots & & & \vdots \\ \vdots & \ddots & c & a & \ddots & \ddots & & \vdots \\ \vdots & & \ddots & \ddots & \ddots & \ddots & \ddots & \vdots \\ \vdots & & & \ddots & \ddots & a & b & 0 \\ \vdots & & & & \ddots & c & a & b \\ 0 & \cdots & \cdots & \cdots & \cdots & 0 & c & a \end{vmatrix}$.

20. 设 $a_{ij}(t)$ 是多项式, $i,j=1,2,\cdots,n$. 证明:

$$\left(\begin{vmatrix} a_{11}(t) & a_{12}(t) & \cdots & a_{1n}(t) \\ a_{21}(t) & a_{22}(t) & \cdots & a_{2n}(t) \\ \vdots & \vdots & & \vdots \\ a_{n1}(t) & a_{n2}(t) & \cdots & a_{nn}(t) \end{vmatrix}\right)' = \sum_{j=1}^{n} \begin{vmatrix} a_{11}(t) & \cdots & a'_{1j}(t) & \cdots & a_{1n}(t) \\ a_{21}(t) & \cdots & a'_{2j}(t) & \cdots & a_{2n}(t) \\ \vdots & & \vdots & & \vdots \\ a_{n1}(t) & \cdots & a'_{nj}(t) & \cdots & a_{nn}(t) \end{vmatrix}.$$

21*. 设 x 是未定元, m 是正整数, $m'=2m-1$. 证明

$$\begin{vmatrix} 1 & 0 & \cdots & 0 & 1 & 0 & \cdots & 0 \\ x^2 & x^2 & \cdots & x^2 & 1 & 1 & \cdots & 1 \\ x^4 & 2x^4 & \cdots & 2^{m-1}x^4 & 1 & 2 & \cdots & 2^{m-1} \\ x^6 & 3x^6 & \cdots & 3^{m-1}x^6 & 1 & 3 & \cdots & 3^{m-1} \\ \vdots & \vdots & & \vdots & \vdots & \vdots & & \vdots \\ x^{2m'} & m'x^{2m'} & \cdots & (m')^{m-1}x^{2m'} & 1 & m' & \cdots & (m')^{m-1} \end{vmatrix}$$

$$= \left(\prod_{i=1}^{m-1} i!\right)^2 x^{m^2-m}\left(1-x^2\right)^{m^2}.$$

22. 设 $A=\begin{pmatrix} 1 & 0 & 1 & -1 \\ 2 & -1 & 0 & -2 \\ -3 & 1 & -2 & 4 \\ 1 & -1 & 0 & -1 \end{pmatrix}$, $B=\begin{pmatrix} 7 & -2 & 4 & -8 \\ 4 & -3 & 0 & -4 \\ -2 & 2 & 1 & 2 \\ 4 & 0 & 4 & -5 \end{pmatrix}$,

$C=\begin{pmatrix} 2 & 1 & 1 & 0 \\ 0 & 1 & 0 & -2 \\ 1 & -1 & 0 & 1 \\ 3 & 0 & 1 & 1 \end{pmatrix}$. 求 $AB, BC, (AB)C, A(BC)$.

23. 设 $A=(a_{ij})_{n\times n}\in \mathrm{M}_n(F)$, 称 A 的主对角线元素之和 $\sum\limits_{i=1}^{n}a_{ii}$ 为 A 的**迹** (trace), 记为 $\mathrm{Tr}(A)$, 即 $\mathrm{Tr}(A)=\sum\limits_{i=1}^{n}a_{ii}$. 如果 $B\in \mathrm{M}_{m\times n}(F)$, $C\in \mathrm{M}_{n\times m}(F)$, 证明: $\mathrm{Tr}(BC)=\mathrm{Tr}(CB)$.

24. 设 $A=\begin{pmatrix} a_1 & & & \\ & a_2 & & \\ & & \ddots & \\ & & & a_n \end{pmatrix}$, 其中 $a_1,a_2,\cdots,a_n$ 互不相同. 证明: 与 A 可交换的矩阵只能是对角矩阵.

25. 设 $A=(a_{ij})_{n\times n}\in \mathrm{M}_n(F)$. 用 E_{ij} 表示第 i 行第 j 列的元素是 1, 而其余元素全为 0 的 n 级方阵. 通常称 E_{ij} 为**矩阵单位** (matrix unit). 证明:

(1) 若 $AE_{12}=E_{12}A$, 则当 $k\neq 1$ 时, $a_{k1}=0$; 当 $k\neq 2$ 时, $a_{2k}=0$;

(2) 若 $AE_{ij}=E_{ij}A$, 则当 $k\neq i$ 时, $a_{ki}=0$; 当 $k\neq j$ 时, $a_{jk}=0$, 且 $a_{ii}=a_{jj}$;

(3) 若 A 与所有的 n 级方阵可交换, 则 A 一定是数量矩阵.

26. 设 n 为正整数. 计算:

(1) $\begin{pmatrix} 1 & 1 \\ 0 & 1 \end{pmatrix}^n$; (2) $\begin{pmatrix} \cos\theta & -\sin\theta \\ \sin\theta & \cos\theta \end{pmatrix}^n$.

27. 设 $A=\begin{pmatrix} \lambda & 1 & 0 & \cdots & \cdots & \cdots & 0 \\ 0 & \lambda & 1 & \ddots & & & \vdots \\ 0 & 0 & \lambda & \ddots & \ddots & & \vdots \\ \vdots & & \ddots & \ddots & \ddots & \ddots & \vdots \\ \vdots & & & \ddots & \lambda & 1 & 0 \\ \vdots & & & & 0 & \lambda & 1 \\ 0 & \cdots & \cdots & \cdots & 0 & 0 & \lambda \end{pmatrix}$ 是 n 级方阵. 求 A^n.

28. 设

(1) $f(x)=x^2-x-1,\ A=\begin{pmatrix} 2 & 1 & 1 \\ 3 & 1 & 2 \\ 1 & -1 & 0 \end{pmatrix}$;

(2) $f(x)=x^2-5x+3,\ A=\begin{pmatrix} 2 & -1 \\ -3 & 3 \end{pmatrix}$.

求 $f(A)$.

29. 设 $A\in \mathrm{M}_n(F)$. 如果对任一 n 维列向量 $X=(x_1,x_2,\cdots,x_n)'$ 都有 $AX=0$, 证明: $A=0$.

30. 证明: 任一方阵都可表为一个对称矩阵与一个反对称矩阵之和.

31. 证明: (1) 如果 A 是可逆对称 (反对称) 矩阵, 那么 A^{-1} 也是可逆对称 (反对称) 矩阵;

(2) 不存在奇数级可逆反对称矩阵.

32. 证明:

(1) 两个上 (下) 三角矩阵的乘积仍是上 (下) 三角矩阵;

(2) 可逆上 (下) 三角矩阵的逆仍是上 (下) 三角矩阵.

33. 设 $A \in \mathrm{M}_n(F)$. 若存在正整数 k 使得 $A^k = 0$, 则称 A 是**幂零矩阵** (nilpotent matrix). 若 $A \in \mathrm{M}_n(F)$ 是幂零矩阵, 证明 $I_n - A \in \mathrm{GL}_n(F)$, 并求 $(I_n - A)^{-1}$.

34. 设 $A \in \mathrm{M}_n(F)$ 是幂零矩阵, $B \in \mathrm{GL}_n(F)$, 并且 $AB = BA$. 证明:

$$A + B, \quad A - B \in \mathrm{GL}_n(F).$$

35. 试用雅各布森引理证明华罗庚等式.

36.* 设 $A, B \in \mathrm{M}_n(F), n \geqslant 2$. 证明: $(AB)^* = B^* A^*$.

37. 设 $A \in \mathrm{M}_n(F), k \in F, n \geqslant 2$. 证明: $(kA)^* = k^{n-1} A^*$.

38. 求下列矩阵的秩:

(1) $\begin{pmatrix} 1 & 2 & 3 \\ 2 & 3 & -5 \\ 4 & 7 & 1 \end{pmatrix}$; (2) $\begin{pmatrix} 0 & 1 & 1 & -1 & 2 \\ 0 & 2 & -2 & -2 & 0 \\ 0 & -1 & -1 & 1 & 1 \\ 1 & 1 & 0 & 1 & -1 \end{pmatrix}$;

(3) $\begin{pmatrix} 1 & -2 & -1 & 0 & 2 \\ -2 & 4 & 2 & 6 & -6 \\ 2 & -1 & 0 & 2 & 3 \\ 3 & 3 & 3 & 3 & 4 \end{pmatrix}$; (4) $\begin{pmatrix} 1 & 0 & 1 & 0 & 0 \\ 1 & 1 & 0 & 0 & 0 \\ 0 & 1 & 1 & 0 & 0 \\ 0 & 0 & 1 & 1 & 0 \\ 0 & 1 & 0 & 1 & 1 \end{pmatrix}$;

(5) $\begin{pmatrix} 0 & 1 & 0 & 1 & 0 \\ 0 & 2 & 0 & -2 & 0 \\ 0 & 3 & 0 & -1 & 0 \\ 1 & 0 & 0 & 1 & 2 \end{pmatrix}$; (6) $\begin{pmatrix} 1 & -1 & 2 & 1 & 0 \\ 2 & -2 & 4 & -2 & 0 \\ 3 & 0 & 6 & -1 & 1 \\ 0 & 3 & 0 & 0 & 1 \end{pmatrix}$.

39. 求下列矩阵的逆:

(1) $\begin{pmatrix} a & b \\ c & d \end{pmatrix}$, 其中 $ad - cb = 1$; (2) $\begin{pmatrix} 1 & 2 & 3 \\ 2 & 2 & 1 \\ 3 & 4 & 3 \end{pmatrix}$;

(3) $\begin{pmatrix} 1 & 1 & -1 \\ 2 & 1 & 0 \\ 1 & -1 & 0 \end{pmatrix}$; (4) $\begin{pmatrix} 1 & 1 & 1 & 1 \\ 1 & 1 & -1 & -1 \\ 1 & -1 & 1 & -1 \\ 1 & -1 & -1 & 1 \end{pmatrix}$;

(5) $\begin{pmatrix} 1 & 3 & -5 & 7 \\ 0 & 1 & 2 & -3 \\ 0 & 0 & 1 & 2 \\ 0 & 0 & 0 & 1 \end{pmatrix}$; (6) $\begin{pmatrix} 2 & 1 & 0 & 0 & 0 \\ 0 & 2 & 1 & 0 & 0 \\ 0 & 0 & 2 & 1 & 0 \\ 0 & 0 & 0 & 2 & 1 \\ 0 & 0 & 0 & 0 & 2 \end{pmatrix}$.

40. 解下列矩阵方程:

(1) $\begin{pmatrix} 1 & 1 & -1 \\ 0 & 2 & 2 \\ 1 & -1 & 0 \end{pmatrix} X = \begin{pmatrix} 1 & -1 & 1 \\ 1 & 1 & 0 \\ 2 & 1 & 1 \end{pmatrix}$;

(2) $X \begin{pmatrix} 1 & 1 & -1 \\ 0 & 2 & 2 \\ 1 & -1 & 0 \end{pmatrix} = \begin{pmatrix} 1 & -1 & 1 \\ 1 & 1 & 0 \\ 2 & 1 & 1 \end{pmatrix}$.

41. 设 $A \in \mathrm{M}_2(F)$, $|A| = 1$. 证明: A 可表为形如 $\begin{pmatrix} 1 & x \\ 0 & 1 \end{pmatrix}$ 与 $\begin{pmatrix} 1 & 0 \\ x & 1 \end{pmatrix}$ 的矩阵乘积.

42. 设整数 $n \geqslant 2$, $A \in \mathrm{M}_n(F)$, $|A| = 1$. 证明: A 可表为一系列倍加初等矩阵 $E(i, j(b))$ 的乘积, 其中 $b \in F$.

43. 设

$$A = \begin{pmatrix} a_1 I_{n_1} & & & \\ & a_2 I_{n_2} & & \\ & & \ddots & \\ & & & a_t I_{n_t} \end{pmatrix},$$

其中 $a_1, a_2, \cdots, a_t$ 互不相同. 证明: 与 A 可交换的矩阵只能是准对角矩阵.

44. 设 $A \in \mathrm{M}_n(F)$ 且 $\mathrm{rank}A = r$. 证明: 存在 $P \in \mathrm{GL}_n(F)$ 使得 PAP^{-1} 的后 $n-r$ 行全为零.

45. 若矩阵 A 的秩等于它的行 (列) 数, 则称 A 是**行 (列) 满秩矩阵** (row (column) full rank matrix). 设 $A \in \mathrm{M}_{m\times r}(F)$. 证明:

(1) A 是列满秩矩阵当且仅当存在 $P \in \mathrm{GL}_m(F)$ 使得 $A = P\begin{pmatrix} I_r \\ 0 \end{pmatrix}$;

(2) A 是行满秩矩阵当且仅当存在 $Q \in \mathrm{GL}_r(F)$ 使得 $A = (I_m, 0)Q$.

46. 设 $A \in \mathrm{M}_{m\times n}(F)$. 证明: $\mathrm{rank}A = r$ 当且仅当存在列满秩矩阵 $B \in \mathrm{M}_{m\times r}(F)$ 与行满秩矩阵 $C \in \mathrm{M}_{r\times n}(F)$ 使得 $A = BC$.

47. 设 $B \in \mathrm{M}_r(F)$, $C \in \mathrm{M}_{r\times n}(F)$, $\mathrm{rank}C = r$. 证明:

(1) 若 $BC = 0$, 则 $B = 0$;

(2) 若 $BC = C$, 则 $B = I_r$.

48. 设 $A \in \mathrm{M}_n(F)$. 证明存在 $R \in \mathrm{GL}_n(F)$ 使得 AR 是对称矩阵.

49. 用两种方法求

$$A = \left(\begin{array}{cc:cc} 1 & 1 & 1 & 1 \\ 1 & -1 & 1 & -1 \\ \hdashline 1 & 1 & -1 & -1 \\ 1 & -1 & -1 & 1 \end{array}\right)$$

的逆:

(1) 用初等变换;

(2) 按 A 中的划分, 利用分块矩阵的初等变换.

50.* 设 $A,B,C,D \in \mathrm{M}_n(F)$.

(1) 如果 $|A| \neq 0$, $AC = CA$, 证明: $\begin{vmatrix} A & B \\ C & D \end{vmatrix} = |AD - CB|$.

(2) 若 $|A| = 0$, $AC = CA$, 上述等式是否成立?

(3) 若 $AC \neq CA$, 结论又如何?

51. 设 $A,B \in \mathrm{M}_n(F)$. 证明:

(1) $\begin{vmatrix} A & B \\ B & A \end{vmatrix} = |A+B||A-B|$;

(2) $\begin{vmatrix} A & I_n \\ I_n & B \end{vmatrix} = |AB - I_n|$.

52. 设 $A \in \mathrm{M}_{s\times m}(F), B \in \mathrm{M}_{m\times n}(F), C \in \mathrm{M}_{n\times t}(F)$. 证明**弗罗贝尼乌斯**[①]**不等式** (Frobenius rank inequality):

$$\mathrm{rank}(ABC) \geqslant \mathrm{rank}(AB)+\mathrm{rank}(BC)-\mathrm{rank}B.$$

53.* 设 $A \in \mathrm{M}_n(F)$. 证明: $\mathrm{rank}A^n = \mathrm{rank}A^{n+1}$.

54. 设 $A \in \mathrm{M}_n(F)$ 且 $\mathrm{rank}A = 1$. 证明:

(1) $A = \begin{pmatrix} a_1 \\ a_2 \\ \vdots \\ a_n \end{pmatrix} (b_1, b_2, \cdots, b_n)$;

(2) $A^2 = kA$, 其中 $k \in F$.

55.* 设 $A \in \mathrm{M}_2(F)$. 如果存在整数 $l \geqslant 2$ 使得 $A^l = 0$, 证明: $A^2 = 0$. 如果 $A \in \mathrm{M}_n(F)$, 并且存在整数 $l \geqslant n$ 使得 $A^l = 0$, 试问 $A^n = 0$ 吗?

56. 设整数 $n \geqslant 2$, $A \in \mathrm{M}_n(F)$. 证明:

(1) $|A^*| = |A|^{n-1}$;

(2) $\mathrm{rank}A^* = \begin{cases} n, & \mathrm{rank}A = n, \\ 1, & \mathrm{rank}A = n-1, \\ 0, & \mathrm{rank}A < n-1; \end{cases}$

(3) $(A^*)^* = |A|^{n-2}A$.

57. 设 $A \in \mathrm{M}_n(F)$. 若 $A^2 = A$, 则称 A 是**幂等矩阵** (idempotent matrix). 证明下列陈述等价:

(1) A 是幂等矩阵;

(2) $\mathrm{rank}A + \mathrm{rank}(A - I_n) = n$;

① Ferdinand Georg Frobenius, 1849—1917, 德国数学家.

(3) 存在可逆矩阵 P 使得 $A = P\begin{pmatrix} I_r & 0 \\ 0 & 0 \end{pmatrix}P^{-1}$.

58. 设 $A \in \mathrm{M}_n(F)$. 若 $A^2 = I_n$, 则称 A 是**对合矩阵** (involutory matrix). 证明下列陈述等价:

(1) A 是对合矩阵;

(2) $\mathrm{rank}(A + I_n) + \mathrm{rank}(A - I_n) = n$;

(3) 存在可逆矩阵 P 使得 $A = P\begin{pmatrix} I_r & 0 \\ 0 & -I_{n-r} \end{pmatrix}P^{-1}$.

59. 设 $A = (a_{ij})_{n\times m}, B = (b_{ij})_{n\times m} \in \mathrm{M}_{n\times m}(F)$, 称

$$(a_{ij}b_{ij})_{n\times m} = \begin{pmatrix} a_{11}b_{11} & a_{12}b_{12} & \cdots & a_{1m}b_{1m} \\ a_{21}b_{21} & a_{22}b_{22} & \cdots & a_{2m}b_{2m} \\ \vdots & \vdots & & \vdots \\ a_{n1}b_{n1} & a_{n2}b_{n2} & \cdots & a_{nm}b_{nm} \end{pmatrix}$$

为 A 与 B 的**阿达马**[①]**积** (Hadamard product), 记为 $A * B$. 证明下述结论成立.

(1) $A * B = B * A$.

(2) 若 $A, B_1, B_2, \cdots, B_s \in \mathrm{M}_{n\times m}(F)$, 则 $A * \left(\sum\limits_{i=1}^{s} B_i\right) = \sum\limits_{i=1}^{s} A * B_i$.

(3) 若 $\alpha, \beta \in F^n$, $\gamma, \delta \in F^m$ 都是列向量, 则 $(\alpha * \beta)(\gamma * \delta)' = (\alpha\gamma') * (\beta\delta')$.

(4) $\mathrm{rank}(A * B) \leqslant \mathrm{rank}A \times \mathrm{rank}B$.

60. 设 $A = (a_{ij})_{n\times n} \in \mathrm{M}_n(F), B \in \mathrm{M}_m(F)$, 称 $\begin{pmatrix} a_{11}B & a_{12}B & \cdots & a_{1n}B \\ a_{21}B & a_{22}B & \cdots & a_{2n}B \\ \vdots & \vdots & & \vdots \\ a_{n1}B & a_{n2}B & \cdots & a_{nn}B \end{pmatrix}$ 为 A 与 B 的**张量积** (tensor product) 或**克罗内克积** (Kronecker product), 记为 $A \otimes B$. 证明下述结论成立.

(1) 若 $A, B, C \in \mathrm{M}_n(F)$, 则

$$A \otimes (B + C) = A \otimes B + A \otimes C; \quad (B + C) \otimes A = B \otimes A + C \otimes A.$$

(2) 若 $A, C \in \mathrm{M}_n(F), B, D \in \mathrm{M}_m(F)$, 则 $(A \otimes B)(C \otimes D) = (AC) \otimes (BD)$.

(3) 若 $A \in \mathrm{M}_n(F), B \in \mathrm{M}_m(F), C \in \mathrm{M}_q(F)$, 则 $(A \otimes B) \otimes C = A \otimes (B \otimes C)$.

(4) $\mathrm{rank}(A \otimes B) = \mathrm{rank}A \times \mathrm{rank}B$.

(5) $|A \otimes B| = |A|^m |B|^n$.

(6) 若 A, B 均可逆, 则 $A \otimes B$ 也可逆, 且 $(A \otimes B)^{-1} = A^{-1} \otimes B^{-1}$.

---

① Jacques Hadamard, 1865—1963, 法国数学家.

61.* 设 $A=(a_{ij})_{n\times n}$, 其中 $a_{ij}=(i,j)$ 是 i 与 j 的正的最大公因数, $1\leqslant i,j\leqslant n$. 求 $|A|$.

62. 利用柯西-比内公式计算例 2.5.12.

63. 设整数 $n\geqslant 2$, 证明**柯西恒等式** (Cauchy identity):

$$\begin{aligned}&\left(\sum_{i=1}^n a_ic_i\right)\left(\sum_{i=1}^n b_id_i\right)-\left(\sum_{i=1}^n a_id_i\right)\left(\sum_{i=1}^n b_ic_i\right)\\=&\sum_{1\leqslant j<k\leqslant n}(a_jb_k-a_kb_j)(c_jd_k-c_kd_j).\end{aligned}$$

第 3 章

线性方程组

线性方程组是中小学阶段的一元一次方程和二元一次方程组的自然推广. 从历史上看, 线性方程组及相关解法都已出现在《九章算术》的“方程”一章中, 领先欧洲达 1700 年之久. 现代通用的形式起源于欧洲, 主要是伴随着笛卡儿于 1637 年引进解析几何 (analytical geometry) 而出现. 事实上, 解析几何中的直线、平面等都是用线性方程来描述的, 而计算这些几何对象相交的部分就等价于解线性方程组. 近代第一个系统求解线性方程组的方法就是使用行列式, 是由关孝和与莱布尼茨首先考虑的 (见第 2 章的章首介绍). 在 1750 年, 克拉默给出了第 2 章介绍的克拉默法则, 后来, 著名数学家高斯给出了现在广泛使用的消元法 —— 这也是《九章算术》中使用的方法.

本章的目的是对大家熟知的有关线性方程 (组) 的知识从理论上加以总结和提高, 给出一般线性方程组有解的判定条件, 并在有解的情况下给出求解方法以及解的表示. 我们将看到矩阵的初等变换是求解线性方程组的基本手段. 为此, 我们从**消元法** (elimination) 和初等变换开始谈起.

3.1 消元法与初等变换

设 F 是数域, 形如

$$\begin{cases} a_{11}x_1 + a_{12}x_2 + \cdots + a_{1n}x_n = b_1, \\ a_{21}x_1 + a_{22}x_2 + \cdots + a_{2n}x_n = b_2, \\ \qquad\qquad \cdots\cdots \\ a_{m1}x_1 + a_{m2}x_2 + \cdots + a_{mn}x_n = b_m \end{cases} \tag{3.1.1}$$

的方程组称为 n 元**线性方程组** (system of linear equations), 其中 $x_1, x_2, \cdots, x_n$ 代表**未知量** (unknown), m 是方程的个数, $a_{ij} \in F\ (1 \leqslant i \leqslant m,\ 1 \leqslant j \leqslant n)$ 称为方程组的**系数**, $b_i \in F\ (1 \leqslant i \leqslant m)$ 称为**常数项**. 事实上, 线性方程组就是多元

一次方程组. 设 $k_1,k_2,\cdots,k_n\in F$, 当 $x_1,x_2,\cdots,x_n$ 分别用 $k_1,k_2,\cdots,k_n$ 代入后, 方程组 (3.1.1) 中每个方程都变为恒等式, 则称 n 维向量 $(k_1,k_2,\cdots,k_n)'$ 为方程组 (3.1.1) 的一个**解** (solution). 方程组的解的全体称为它的**解集合** (solution set). 若两个方程组有相同的解集合, 则称它们为**同解方程组**.

进一步, 令

$$A=\begin{pmatrix} a_{11} & a_{12} & \cdots & a_{1n} \\ a_{21} & a_{22} & \cdots & a_{2n} \\ \vdots & \vdots & & \vdots \\ a_{m1} & a_{m2} & \cdots & a_{mn} \end{pmatrix},\quad X=\begin{pmatrix} x_1 \\ x_2 \\ \vdots \\ x_n \end{pmatrix},\quad \beta=\begin{pmatrix} b_1 \\ b_2 \\ \vdots \\ b_m \end{pmatrix},$$

则 A, (A,β), X, β 分别称为线性方程组 (3.1.1) 的**系数矩阵** (coefficient matrix)、**增广矩阵** (augmented matrix)、**未知向量** (unknown vector) 和**常数向量** (constant vector). 易见, 在不考虑未知量的符号的情况下, 方程组 (3.1.1) 与它的增广矩阵相互唯一确定. 若方程组 (3.1.1) 的增广矩阵为 (简化) 阶梯形矩阵, 则称该方程组为 **(简化) 阶梯形方程组** (linear system of (reduced) echelon form).

利用矩阵的乘法, 线性方程组 (3.1.1) 可写为①

$$AX=\beta. \tag{3.1.2}$$

若 $\beta=0$, 则称 $AX=0$ 为**齐次线性方程组** (system of homogeneous linear equations); 若 $\beta\neq 0$, 则称 $AX=\beta$ 为**非齐次线性方程组** (system of nonhomogeneous linear equations).

注记 3.1.1 本书规定 n 元线性方程组的系数矩阵没有 0 列, 否则, 该线性方程组至多是 $n-1$ 元线性方程组.

给定一个方程组, 有两个自然的问题.

1. (定性) 判断方程组有没有解;
2. (定量) 在有解的情况下给出方程组的所有解.

我们先看一个简单例子.

例 3.1.2 用消元法解方程组

$$\begin{cases} x_1 + x_2 + x_3 = 1, \\ 2x_1 + 2x_2 + 2x_3 = 2, \\ x_1 + x_2 = 3, \\ x_1 - x_2 = 1. \end{cases} \tag{3.1.3}$$

① 线性方程组 (3.1.1) 也可写为 $X'A'=\beta'$, 因此 $AX=\beta$ 和 $X'A'=\beta'$ 都称为线性方程组.

解　方程组 (3.1.3) 的增广矩阵为 $\begin{pmatrix} 1 & 1 & 1 & 1 \\ 2 & 2 & 2 & 2 \\ 1 & 1 & 0 & 3 \\ 1 & -1 & 0 & 1 \end{pmatrix}$.

其实, 消元法解方程组的过程对应着方程组的增广矩阵的初等行变换.

消元法　　　增广矩阵的初等行变换

$$\left\{\begin{array}{l} x_1 + x_2 + x_3 = 1, \\ 2x_1 + 2x_2 + 2x_3 = 2, \\ x_1 + x_2 = 3, \\ x_1 - x_2 = 1. \end{array}\right. \quad \begin{pmatrix} 1 & 1 & 1 & 1 \\ 2 & 2 & 2 & 2 \\ 1 & 1 & 0 & 3 \\ 1 & -1 & 0 & 1 \end{pmatrix}$$

$$\downarrow \qquad\qquad \downarrow$$

$$\left\{\begin{array}{l} x_1 + x_2 + x_3 = 1, \\ x_1 + x_2 = 3, \\ x_1 - x_2 = 1, \\ 2x_1 + 2x_2 + 2x_3 = 2. \end{array}\right. \quad \begin{pmatrix} 1 & 1 & 1 & 1 \\ 1 & 1 & 0 & 3 \\ 1 & -1 & 0 & 1 \\ 2 & 2 & 2 & 2 \end{pmatrix}$$

$$\downarrow \qquad\qquad \downarrow$$

$$\left\{\begin{array}{r} x_1 + x_2 + x_3 = 1, \\ - x_3 = 2, \\ - 2x_2 - x_3 = 0, \\ 0 = 0. \end{array}\right. \quad \begin{pmatrix} 1 & 1 & 1 & 1 \\ 0 & 0 & -1 & 2 \\ 0 & -2 & -1 & 0 \\ 0 & 0 & 0 & 0 \end{pmatrix}$$

$$\downarrow \qquad\qquad \downarrow$$

$$\left\{\begin{array}{r} x_1 + x_2 + x_3 = 1, \\ - 2x_2 - x_3 = 0, \\ - x_3 = 2, \\ 0 = 0. \end{array}\right. \quad \begin{pmatrix} 1 & 1 & 1 & 1 \\ 0 & -2 & -1 & 0 \\ 0 & 0 & -1 & 2 \\ 0 & 0 & 0 & 0 \end{pmatrix}$$

$$\downarrow \qquad\qquad \downarrow$$

$$\left\{\begin{array}{r} x_1 + x_2 + x_3 = 1, \\ x_2 + \frac{1}{2}x_3 = 0, \\ x_3 = -2, \\ 0 = 0. \end{array}\right. \quad \begin{pmatrix} 1 & 1 & 1 & 1 \\ 0 & 1 & \frac{1}{2} & 0 \\ 0 & 0 & 1 & -2 \\ 0 & 0 & 0 & 0 \end{pmatrix}$$

$$\downarrow \qquad\qquad\qquad \downarrow$$

$$\begin{cases} x_1 \qquad\qquad = 2, \\ \qquad x_2 \qquad = 1, \\ \qquad\qquad x_3 = -2, \\ \qquad\qquad 0 = 0. \end{cases} \quad \begin{pmatrix} 1 & 0 & 0 & 2 \\ 0 & 1 & 0 & 1 \\ 0 & 0 & 1 & -2 \\ 0 & 0 & 0 & 0 \end{pmatrix}$$

由此可见, $x_1 = 2, x_2 = 1, x_3 = -2$. □

仔细考察消元法, 它实际上对方程组反复施行了以下三种基本的变换.

(1) 用一个非零常数乘某个方程;

(2) 将一个方程的某个倍数加到另一个方程;

(3) 对换两个方程的位置.

我们称上述三类变换为**线性方程组的初等变换**. 易见, 对线性方程组作初等变换等价于对它的增广矩阵作初等行变换, 初等变换将方程组变成同解方程组. 由于任一矩阵都可经过初等行变换化为 (简化) 阶梯形矩阵, 所以任一线性方程组都同解于一个 (简化) 阶梯形方程组. 由此可见, 初等变换有利于简化方程组但又不改变方程组的解.

例 3.1.3 解下列方程组

$$(1)\begin{cases} x_1 + x_2 + x_3 = 1, \\ 2x_1 + 3x_2 + 5x_3 = 7, \\ 3x_1 + 4x_2 + 6x_3 = 9; \end{cases}$$

$$(2)\begin{cases} 2x_1 - x_2 + 3x_3 = 1, \\ 4x_1 - 2x_2 + 7x_3 = -1, \\ 2x_1 - x_2 + 4x_3 = -2. \end{cases}$$

解 (1) 作初等变换, 原方程组同解于简化阶梯形方程组

$$\begin{cases} x_1 \qquad - 2x_3 = 0, \\ \qquad x_2 + 3x_3 = 0, \\ \qquad\qquad 0 = 1. \end{cases}$$

显然此方程组无解, 从而原方程组无解.

(2) 作初等变换, 原方程组同解于简化阶梯形方程组

$$\begin{cases} x_1 - \dfrac{1}{2}x_2 \qquad = \dfrac{10}{2}, \\ \qquad\qquad x_3 = -3, \\ \qquad\qquad 0 = 0, \end{cases}$$

所以原方程组有无穷多解 $\begin{cases} x_1 = \dfrac{1}{2}(10+k), \\ x_2 = k, \\ x_3 = -3, \end{cases}$ 其中 $k \in F$ 为任意数. □

例 3.1.2 和例 3.1.3 中线性方程组的解的情况有三种可能: 无解、唯一解和无穷多解. 事实上, 一般线性方程组的解的情况也是这三种可能, 我们有以下定理.

定理 3.1.4 设 $A \in \mathrm{M}_{m\times n}(F)$, $\beta \in F^m$.

(1) $AX=\beta$ 有解当且仅当 $\mathrm{rank}A = \mathrm{rank}(A,\beta)$. 进一步,

(1.1) $AX=\beta$ 有唯一解当且仅当 $\mathrm{rank}A = \mathrm{rank}(A,\beta) = n$;

(1.2) $AX=\beta$ 有无穷多解当且仅当 $\mathrm{rank}A = \mathrm{rank}(A,\beta) < n$.

(2) 齐次线性方程组 $AX=0$ 总有零解, 而且

(2.1) $AX=0$ 只有零解当且仅当 $\mathrm{rank}A = n$;

(2.2) $AX=0$ 有非零解当且仅当 $\mathrm{rank}A < n$.

特别地, 当 $A \in \mathrm{M}_n(F)$ 时, $AX=0$ 只有零解当且仅当 $|A| \neq 0$.

证明 (2) 是 (1) 的特殊情形, 故只需证 (1). 由定理 2.7.9 知, 矩阵 (A,β) 可经过初等行变换化为简化阶梯形矩阵 (B,γ). 因此 $AX=\beta$ 与 $BX=\gamma$ 同解. 由定理 2.7.5 知, $\mathrm{rank}A = \mathrm{rank}B$, $\mathrm{rank}(A,\beta) = \mathrm{rank}(B,\gamma)$. 因此不妨设 (A,β) 是简化阶梯形矩阵, $\mathrm{rank}A = r \geqslant 1$. 由定理 2.7.10 知, $\mathrm{rank}(A,\beta) = r$ 或 $r+1$.

若 $\mathrm{rank}A \neq \mathrm{rank}(A,\beta)$, 则 $\mathrm{rank}(A,\beta) = r+1$, 显然 $AX=\beta$ 无解, 因为第 $r+1$ 个方程 $0=1$ 是一个矛盾方程. 由此可见, 必要性成立. 下证充分性.

如果 $\mathrm{rank}(A,\beta) = r = n$, 即 $(A,\beta) = \begin{pmatrix} 1 & & & d_1 \\ & \ddots & & \vdots \\ & & 1 & d_n \\ 0 & \cdots & 0 & 0 \\ \vdots & & \vdots & \vdots \\ 0 & \cdots & 0 & 0 \end{pmatrix}$, 此时 $AX=\beta$ 显然有唯一的解 $X = (d_1, d_2, \cdots, d_n)'$.

如果 $\mathrm{rank}(A,\beta) = r < n$, 将 r 个非零行第一个非零元 1 所在列的列标从小到大依次记为 $i_1, i_2, \cdots, i_r$, 剩余的 $n-r$ 列的列标从小到大依次记为 $i_{r+1}, \cdots, i_n$,

则 $AX=\beta$ 与线性方程组

$$\left\{\begin{array}{llll} x_{i_1} & & +c_{1i_{r+1}}x_{i_{r+1}}+\cdots+c_{1i_n}x_{i_n}=d_1, \\ & \ddots & \vdots \\ & x_{i_r} & +c_{ri_{r+1}}x_{i_{r+1}}+\cdots+c_{ri_n}x_{i_n}=d_r \end{array}\right. \tag{3.1.4}$$

同解. 因此任给 $n-r$ 个数 $k_{i_{r+1}},\cdots,k_{i_n}\in F$, 得到 $AX=\beta$ 的一个解

$$\left\{\begin{array}{l} x_{i_1} \;\;= d_1-c_{1i_{r+1}}k_{i_{r+1}}-\cdots-c_{1i_n}k_{i_n}, \\ \qquad\qquad\cdots\cdots \\ x_{i_r} \;\;= d_r-c_{ri_{r+1}}k_{i_{r+1}}-\cdots-c_{ri_n}k_{i_n}, \\ x_{i_{r+1}}=k_{i_{r+1}}, \\ \qquad\qquad\cdots\cdots \\ x_{i_n} \;\;= k_{i_n}. \end{array}\right.$$

由 $n-r\geqslant 1$ 及 F 是数域知, 此时 $AX=\beta$ 有无穷多解. □

根据方程组 (3.1.4), 我们可以把 $x_{i_1},\cdots,x_{i_r}$ 通过 $x_{i_{r+1}},\cdots,x_{i_n}$ 表示出来. 因此称 $x_{i_{r+1}},\cdots,x_{i_n}$ 为原方程组 $AX=\beta$ 的一组**自由未知量** (free unknown).

推论 3.1.5 设 $A\in \mathrm{M}_{m\times n}(F)$. 若 $m<n$, 则 $AX=0$ 有非零解.

证明 由 $\mathrm{rank}A\leqslant m<n$ 及定理 3.1.4 (2.2) 知 $AX=0$ 有非零解. □

3.2 向量组的线性相关性

线性方程组 (3.1.1) 的解集合是 F^n 的子集, 为了研究线性方程组解的结构, 本节我们将研究列向量空间 F^n 中向量之间的关系.

设 $A=(\beta_1,\beta_2,\cdots,\beta_n)\in \mathrm{M}_{m\times n}(F)$, 即 $\beta_1,\beta_2,\cdots,\beta_n\in F^m$ 是 A 的列向量组, 则由分块矩阵的乘法, 线性方程组 (3.1.2) 可改写为

$$x_1\beta_1+x_2\beta_2+\cdots+x_n\beta_n=\beta, \tag{3.2.1}$$

所以列向量 $\alpha=(k_1,k_2,\cdots,k_n)'\in F^n$ 是线性方程组 (3.1.2) 的一个解当且仅当

$$k_1\beta_1+k_2\beta_2+\cdots+k_n\beta_n=\beta. \tag{3.2.2}$$

定义 3.2.1 设 $\alpha_1,\alpha_2,\cdots,\alpha_s,\beta_1,\beta_2,\cdots,\beta_t,\alpha\in F^n$.

(1) 对任意一组数 $k_1,k_2,\cdots,k_s\in F$, 称向量 $k_1\alpha_1+k_2\alpha_2+\cdots+k_s\alpha_s$ 为 α_1, $\alpha_2,\cdots,\alpha_s$ 的一个**线性组合** (linear combination).

(2) 若存在一组数 $k_1, k_2, \cdots, k_s \in F$ 使得 $\alpha = k_1\alpha_1 + k_2\alpha_2 + \cdots + k_s\alpha_s$, 则称 α 可由 $\alpha_1, \alpha_2, \cdots, \alpha_s$ **线性表出** (linearly expressed).

(3) 若对任意 $i = 1, 2, \cdots, s$, α_i 均可由向量组 $\beta_1, \beta_2, \cdots, \beta_t$ 线性表出, 则称向量组 $\alpha_1, \alpha_2, \cdots, \alpha_s$ 可由向量组 $\beta_1, \beta_2, \cdots, \beta_t$ 线性表出.

(4) 若向量组 $\alpha_1, \alpha_2, \cdots, \alpha_s$ 与 $\beta_1, \beta_2, \cdots, \beta_t$ 能够互相线性表出, 则称向量组 $\alpha_1, \alpha_2, \cdots, \alpha_s$ 与 $\beta_1, \beta_2, \cdots, \beta_t$ **线性等价** (linearly equivalent), 简称等价.

(5) 若存在一组不全为零的数 $k_1, k_2, \cdots, k_s \in F$ 使得 $k_1\alpha_1 + k_2\alpha_2 + \cdots + k_s\alpha_s = 0$, 则称向量组 $\alpha_1, \alpha_2, \cdots, \alpha_s$ **线性相关** (linearly dependent), 否则, 称向量组 $\alpha_1, \alpha_2, \cdots, \alpha_s$ **线性无关** (linearly independent).

注记 3.2.2　若不加说明, 本书所涉及的向量组均是有限向量组, 即由有限多个向量构成的向量组.

定理 3.2.3　设 $A = (\beta_1, \beta_2, \cdots, \beta_n) \in \mathrm{M}_{m\times n}(F)$, $\beta \in F^m$.

(1) 线性方程组 $AX = \beta$ 有解当且仅当 β 可由 $\beta_1, \beta_2, \cdots, \beta_n$ 线性表出.

(2) 齐次线性方程组 $AX = 0$ 有非零解当且仅当 $\beta_1, \beta_2, \cdots, \beta_n$ 线性相关.

(3) 齐次线性方程组 $AX = 0$ 只有零解当且仅当 $\beta_1, \beta_2, \cdots, \beta_n$ 线性无关.

证明　由表达式 (3.2.2) 以及线性表出、线性相关、线性无关的定义即得. □

上述定理表明线性方程组是否有解问题转化为向量组的线性表出、线性相关、线性无关的问题.

例 3.2.4　设 n 是正整数, 令 $\varepsilon_i \in F^n$ 表示第 i 个分量是 1 其余分量是 0 的 n 维列向量, 其中 $i = 1, 2, \cdots, n$, 即

$$\varepsilon_1 = \begin{pmatrix} 1 \\ 0 \\ 0 \\ \vdots \\ 0 \\ 0 \end{pmatrix}, \quad \varepsilon_2 = \begin{pmatrix} 0 \\ 1 \\ 0 \\ \vdots \\ 0 \\ 0 \end{pmatrix}, \quad \cdots, \quad \varepsilon_n = \begin{pmatrix} 0 \\ 0 \\ 0 \\ \vdots \\ 0 \\ 1 \end{pmatrix} \in F^n,$$

则对任意 $\alpha = (k_1, k_2, \cdots, k_n)' \in F^n$ 都有 $\alpha = k_1\varepsilon_1 + k_2\varepsilon_2 + \cdots + k_n\varepsilon_n$, 所以 $k_1\varepsilon_1 + k_2\varepsilon_2 + \cdots + k_n\varepsilon_n = 0$ 当且仅当 $k_1 = k_2 = \cdots = k_n = 0$, 因此向量组 $\varepsilon_1, \varepsilon_2, \cdots, \varepsilon_n$ 线性无关而且任意 n 维列向量均可由其线性表出.

例 3.2.5　(1) 设 $A \in \mathrm{M}_{n\times m}(F), B \in \mathrm{M}_{m\times s}(F)$, 则 AB 的列向量组可由 A 的列向量组线性表出, AB 的行向量组可由 B 的行向量组线性表出.

(2) 设列向量 $\alpha_1, \alpha_2, \cdots, \alpha_m, \gamma_1, \gamma_2, \cdots, \gamma_s \in F^n$, 则向量组 $\gamma_1, \gamma_2, \cdots, \gamma_s$ 可

由向量组 $\alpha_1, \alpha_2, \cdots, \alpha_m$ 线性表出当且仅当存在 $B \in \mathrm{M}_{m\times s}(F)$ 使得

$$(\gamma_1, \gamma_2, \cdots, \gamma_s) = (\alpha_1, \alpha_2, \cdots, \alpha_m)B.$$

证明 (1) 见例 2.9.5.

(2) 充分性 令 $A = (\alpha_1, \alpha_2, \cdots, \alpha_m)$, 则由 (1) 即得.

必要性 设向量组 $\gamma_1, \gamma_2, \cdots, \gamma_s$ 可由向量组 $\alpha_1, \alpha_2, \cdots, \alpha_m$ 线性表出, 则对任意 $j = 1, 2, \cdots, s$, 存在 $b_{1j}, b_{2j}, \cdots, b_{mj} \in F$ 使得

$$\gamma_j = b_{1j}\alpha_1 + b_{2j}\alpha_2 + \cdots + b_{mj}\alpha_m = (\alpha_1, \alpha_2, \cdots, \alpha_m)\begin{pmatrix} b_{1j} \\ b_{2j} \\ \vdots \\ b_{mj} \end{pmatrix}.$$

令 $B = (b_{ij})_{m\times s}$, 则显然有 $(\gamma_1, \gamma_2, \cdots, \gamma_s) = (\alpha_1, \alpha_2, \cdots, \alpha_m)B$. □

命题 3.2.6 n 维向量空间 F^n 中向量组的线性等价是等价关系.

证明 见本章习题 3. □

命题 3.2.7 设 F 是数域, n, m, p, r 是正整数.

(1) F^n 中含有零向量的向量组必线性相关.

(2) 设 $\alpha \in F^n$, 则 α 线性相关当且仅当 $\alpha = 0$; α 线性无关当且仅当 $\alpha \neq 0$.

(3) 设非零向量 $\alpha = (a_1, a_2, \cdots, a_n), \beta = (b_1, b_2, \cdots, b_n) \in F^n$, 则

(3.1) α, β 线性相关当且仅当 α 与 β 的分量对应成比例: $a_i = \lambda b_i$, 其中 λ 为非 0 常数, $i = 1, 2, \cdots, n$;

(3.2) α, β 线性无关当且仅当存在 $1 \leqslant i \neq j \leqslant n$ 使得 $a_ib_j - a_jb_i \neq 0$.

(4) 设 $m \geqslant 2$, 则

(4.1) 向量组 $\alpha_1, \alpha_2, \cdots, \alpha_m \in F^n$ 线性相关当且仅当存在 $i \in \{1, 2, \cdots, m\}$ 使得 α_i 可由其余向量线性表出;

(4.2) 向量组 $\alpha_1, \alpha_2, \cdots, \alpha_m \in F^n$ 线性无关当且仅当对任意 $i = 1, 2, \cdots, m$, α_i 不能由其余向量线性表出.

(5) 设 $\alpha_{i_1}, \cdots, \alpha_{i_r}$ 是向量组 $\alpha_1, \alpha_2, \cdots, \alpha_m \in F^n$ 的一个部分组.

(5.1) 若 $\alpha_{i_1}, \cdots, \alpha_{i_r}$ 线性相关, 则 $\alpha_1, \alpha_2, \cdots, \alpha_m$ 线性相关.

(5.2) 若 $\alpha_1, \alpha_2, \cdots, \alpha_m$ 线性无关, 则 $\alpha_{i_1}, \cdots, \alpha_{i_r}$ 线性无关.

(6) 设列向量 $\alpha_1, \alpha_2, \cdots, \alpha_m \in F^n$ 和列向量 $\beta_1, \beta_2, \cdots, \beta_m \in F^p$, 令

$$\gamma_1 = \begin{pmatrix} \alpha_1 \\ \beta_1 \end{pmatrix}, \quad \gamma_2 = \begin{pmatrix} \alpha_2 \\ \beta_2 \end{pmatrix}, \quad \cdots, \quad \gamma_m = \begin{pmatrix} \alpha_m \\ \beta_m \end{pmatrix} \in F^{n+p}.$$

(6.1) 若 $\alpha_1,\alpha_2,\cdots,\alpha_m$ 线性无关, 则 $\gamma_1,\gamma_2,\cdots,\gamma_m$ 线性无关.

(6.2) 若 $\gamma_1,\gamma_2,\cdots,\gamma_m$ 线性相关, 则 $\alpha_1,\alpha_2,\cdots,\alpha_m$ 线性相关.

证明 由线性相关、线性无关的定义即得. □

定理 3.2.8 设 $\alpha_1,\alpha_2,\cdots,\alpha_m,\beta\in F^n$. 若向量组 $\alpha_1,\alpha_2,\cdots,\alpha_m$ 线性无关, 并且向量组 $\alpha_1,\alpha_2,\cdots,\alpha_m,\beta$ 线性相关, 则 β 可由 $\alpha_1,\alpha_2,\cdots,\alpha_m$ 唯一线性表出.

证明 存在性 即证 β 可由 $\alpha_1,\cdots,\alpha_m$ 线性表出. 事实上, 由 $\alpha_1,\alpha_2,\cdots,\alpha_m,\beta$ 线性相关知, 存在一组不全为零的数 $k_1,k_2,\cdots,k_m,k\in F$ 使得

$$k_1\alpha_1+k_2\alpha_2+\cdots+k_m\alpha_m+k\beta=0. \tag{3.2.3}$$

我们断言 $k\neq 0$, 否则, 若 $k=0$, 则上式变为 $k_1\alpha_1+k_2\alpha_2+\cdots+k_m\alpha_m=0$. 由向量组 $\alpha_1,\alpha_2,\cdots,\alpha_m$ 线性无关知, $k_1=k_2=\cdots=k_m=0$. 这与 $k_1,k_2,\cdots,k_m,k$ 不全为零矛盾. 因此 $k\neq 0$, 再由 (3.2.3) 式得 $\beta=-\dfrac{k_1}{k}\alpha_1-\dfrac{k_2}{k}\alpha_2-\cdots-\dfrac{k_m}{k}\alpha_m$, 从而 β 可由 $\alpha_1,\alpha_2,\cdots,\alpha_m$ 线性表出.

唯一性 假设存在 $k_1,k_2,\cdots,k_m,l_1,l_2,\cdots,l_m\in F$ 使得

$$\begin{aligned}k_1\alpha_1+k_2\alpha_2+\cdots+k_m\alpha_m&=\beta,\\ l_1\alpha_1+l_2\alpha_2+\cdots+l_m\alpha_m&=\beta,\end{aligned}$$

则 $(k_1-l_1)\alpha_1+(k_2-l_2)\alpha_2+\cdots+(k_m-l_m)\alpha_m=0$. 由向量组 $\alpha_1,\alpha_2,\cdots,\alpha_m$ 线性无关知, $k_i-l_i=0$, 即 $k_i=l_i$, $i=1,2,\cdots,m$. □

引理 3.2.9(**斯坦尼茨**[①]**替换引理** (Steinitz exchange lemma)) 设 $\alpha_1,\cdots,\alpha_r$, $\beta_1,\cdots,\beta_m\in F^n$, 且向量组 $\alpha_1,\cdots,\alpha_r$ 可由向量组 $\beta_1,\cdots,\beta_m$ 线性表出. 若 $\alpha_1,\cdots,\alpha_r$ 线性无关, 则 $r\leqslant m$, 并且可用向量组 $\alpha_1,\cdots,\alpha_r$ 替换向量组 $\beta_1,\cdots,\beta_m$ 中的 r 个向量, 不妨设为 $\beta_1,\cdots,\beta_r$, 使得向量组 $\alpha_1,\cdots,\alpha_r,\beta_{r+1},\cdots,\beta_m$ 与 $\beta_1,\cdots,\beta_r,\beta_{r+1},\cdots,\beta_m$ 等价.

证明 对 r 归纳证明. 当 $r=1$ 时, 显然 $r\leqslant m$. 已知 α_1 可由向量组 $\beta_1,\cdots,\beta_m$ 线性表出，即存在 $k_1,k_2,\cdots,k_m\in F$ 使得

$$\alpha_1=k_1\beta_1+k_2\beta_2+\cdots+k_m\beta_m. \tag{3.2.4}$$

由 α_1 线性无关知 $\alpha_1\neq 0$, 从而 $k_1,k_2,\cdots,k_m$ 不全为 0, 不妨设 $k_1\neq 0$. 于是

$$\beta_1=\frac{1}{k_1}\alpha_1-\frac{k_2}{k_1}\beta_2-\cdots-\frac{k_m}{k_1}\beta_m,$$

① Ernst Steinitz, 1871—1928, 德国数学家.

所以向量组 $\beta_1,\beta_2,\cdots,\beta_m$ 可由向量组 $\alpha_1,\beta_2,\cdots,\beta_m$ 线性表出. 由 (3.2.4) 式知, 向量组 $\alpha_1,\beta_2,\cdots,\beta_m$ 可由向量组 $\beta_1,\beta_2,\cdots,\beta_m$ 线性表出, 从而向量组 $\alpha_1,\beta_2,\cdots,\beta_m$ 与 $\beta_1,\beta_2,\cdots,\beta_m$ 等价.

设 $r\geqslant 2$, 并且定理对 $r-1$ 个向量成立. 下证定理对 r 个向量成立. 根据已知条件, $\alpha_1,\cdots,\alpha_{r-1}$ 可由向量组 $\beta_1,\cdots,\beta_m$ 线性表出, 从而由归纳假设, $r-1\leqslant m$, 且 $\alpha_1,\cdots,\alpha_{r-1}$ 可替换向量组 $\beta_1,\cdots,\beta_m$ 中的 $r-1$ 个向量, 不妨设为 $\beta_1,\cdots,\beta_{r-1}$, 使得

$$\alpha_1,\cdots,\alpha_{r-1},\beta_r,\beta_{r+1},\cdots,\beta_m \text{ 与 } \beta_1,\cdots,\beta_{r-1},\beta_r,\beta_{r+1},\cdots,\beta_m \text{ 等价.} \tag{3.2.5}$$

因为 α_r 可由向量组 $\beta_1,\cdots,\beta_{r-1},\ \beta_r,\cdots,\beta_m$ 线性表出, 所以 α_r 由向量组 $\alpha_1,\cdots,\alpha_{r-1},\ \beta_r,\cdots,\beta_m$ 线性表出, 即存在 $k_1,\cdots,k_m\in F$ 使得

$$\alpha_r=k_1\alpha_1+\cdots+k_{r-1}\alpha_{r-1}+k_r\beta_r+\cdots+k_m\beta_m. \tag{3.2.6}$$

若 $r-1=m$ 或 $k_r=\cdots=k_m=0$, 则由上式知 α_r 可由 $\alpha_1,\cdots,\alpha_{r-1}$ 线性表出, 这与 $\alpha_1,\cdots,\alpha_{r-1},\alpha_r$ 线性无关矛盾. 因此 $r-1<m$, 即 $r\leqslant m$, 且 $k_r,\cdots,k_m$ 不全为 0, 不妨设 $k_r\neq 0$. 由 (3.2.6) 式得

$$\beta_r=-\frac{k_1}{k_r}\alpha_1-\cdots-\frac{k_{r-1}}{k_r}\alpha_{r-1}+\frac{1}{k_r}\alpha_r-\frac{k_{r+1}}{k_r}\beta_{r+1}-\cdots-\frac{k_m}{k_r}\beta_m,$$

从而向量组 $\alpha_1,\cdots,\alpha_{r-1},\beta_r,\beta_{r+1}\cdots,\beta_m$ 可由 $\alpha_1,\cdots,\alpha_{r-1},\alpha_r,\beta_{r+1},\cdots,\beta_m$ 线性表出. 根据表达式 (3.2.5), 向量组 $\beta_1,\cdots,\beta_r,\beta_{r+1},\cdots,\beta_m$ 可由 $\alpha_1,\cdots,\alpha_r,\beta_{r+1},\cdots,\beta_m$ 线性表出. 再由已知条件, 向量组 $\alpha_1,\cdots,\alpha_r,\ \beta_{r+1},\cdots,\beta_m$ 可由 $\beta_1,\cdots,\beta_r,\beta_{r+1},\cdots,\beta_m$ 线性表出, 故向量组 $\alpha_1,\cdots,\alpha_r,\beta_{r+1},\cdots,\beta_m$ 与 $\beta_1,\cdots,\beta_r,\beta_{r+1},\cdots,\beta_m$ 等价. □

推论 3.2.10 设 F 是数域, n,m,r 是正整数.

(1) 设 $\alpha_1,\cdots,\alpha_r,\beta_1,\cdots,\beta_m\in F^n$ 且 $\alpha_1,\cdots,\alpha_r$ 可由 $\beta_1,\cdots,\beta_m$ 线性表出. 若 $r>m$, 则 $\alpha_1,\cdots,\alpha_r$ 线性相关.

(2) F^n 中任意 $n+1$ 个向量线性相关.

(3) F^n 中两个等价的线性无关的向量组含有相同个数的向量.

证明 (1) 若 $\alpha_1,\cdots,\alpha_r$ 线性无关, 则由斯坦尼茨替换引理知, $r\leqslant m$, 这与已知 $r>m$ 矛盾.

(2) 由例 3.2.4 知, F^n 中任意 $n+1$ 个向量可由 $\varepsilon_1,\varepsilon_2,\cdots,\varepsilon_n$ 线性表出, 从而由 (1) 知, 结论成立.

(3) 由斯坦尼茨替换引理即得. □

定义 3.2.11 设 $\alpha_1,\alpha_2,\cdots,\alpha_m\in F^n$ 不全为 0. 若向量组 $\alpha_1,\alpha_2,\cdots,\alpha_m$ 的一个部分组 $\alpha_{i_1},\cdots,\alpha_{i_r}$ 满足

(1) $\alpha_{i_1},\cdots,\alpha_{i_r}$ 线性无关,

(2) 对任意 $j=1,2,\cdots,m$, 向量组 $\alpha_j,\alpha_{i_1},\cdots,\alpha_{i_r}$ 线性相关,

则称 $\alpha_{i_1},\cdots,\alpha_{i_r}$ 是向量组 $\alpha_1,\alpha_2,\cdots,\alpha_m$ 的一个**极大线性无关组** (maximal linearly independent set).

注记 3.2.12 由定理 3.2.8 知，上述定义中的 (2) 可替换为

(2′) 对任意 $j=1,2,\cdots,m$, 向量 α_j 可由 $\alpha_{i_1},\cdots,\alpha_{i_r}$ 线性表出.

为方便起见, 我们称全由零向量构成的向量组为**零向量组**, 否则称之为**非零向量组**.

定理 3.2.13 设 $S=\{\alpha_1,\alpha_2,\cdots,\alpha_m\}$ 是 F^n 中任一非零向量组, 则

(1) S 的极大线性无关组是存在的;

(2) S 与其任一极大线性无关组等价;

(3) S 的任意两个极大线性无关组等价;

(4) S 的任意两个极大线性无关组所含向量的个数相等并且不超过 n.

证明 (1) 对 m 归纳证明. 当 $m=1$ 时, $S=\{\alpha_1\}$, 由 $\alpha_1\neq 0$ 知, α_1 线性无关, 从而结论成立. 设 $m\geqslant 2$, 并且对 $m-1$ 个向量组成的非零向量组结论成立, 现考虑非零向量组 $S=\{\alpha_1,\alpha_2,\cdots,\alpha_m\}$. 若 $\alpha_1,\alpha_2,\cdots,\alpha_m$ 线性无关, 则结论显然成立. 若 $\alpha_1,\alpha_2,\cdots,\alpha_m$ 线性相关, 则由命题 3.2.7 (2) 知, 存在某个向量, 不妨设为 α_m, 可由其余向量 $\alpha_1,\cdots,\alpha_{m-1}$ 线性表出. 由归纳假设, 向量组 $\alpha_1,\cdots,\alpha_{m-1}$ 存在一个极大线性无关组 $\alpha_{i_1},\cdots,\alpha_{i_r}$. 由线性表出的传递性知, α_m 可由 $\alpha_{i_1},\cdots,\alpha_{i_r}$ 线性表出. 因此, 由极大线性无关组的定义知, $\alpha_{i_1},\cdots,\alpha_{i_r}$ 是 $\alpha_1,\alpha_2,\cdots,\alpha_m$ 的一个极大线性无关组. 由归纳法, 结论 (1) 成立.

(2) 由向量组的等价以及极大线性无关组的定义即得.

(3) 由 (2) 以及向量组的等价具有传递性即得.

(4) 由 (3) 及推论 3.2.10 即得. □

定义 3.2.14 设 $\alpha_1,\cdots,\alpha_m$ 是 F^n 的一个向量组.

(1) 若 $\alpha_1,\cdots,\alpha_m$ 为零向量组, 则定义其**秩**为零, 记为 $\operatorname{rank}(\alpha_1,\cdots,\alpha_m)=0$.

(2) 若 $\alpha_1,\cdots,\alpha_m$ 为非零向量组, 则定义向量组 $\alpha_1,\cdots,\alpha_m$ 的**秩**为其任一极大线性无关组所含向量的个数, 记为 $\operatorname{rank}(\alpha_1,\cdots,\alpha_m)$.

注记 3.2.15 由定理 3.2.13, F^n 中任一向量组的秩小于等于 n.

命题 3.2.16 设 $\alpha_1,\cdots,\alpha_r,\beta_1,\cdots,\beta_m\in F^n$, $s\in\mathbb{N}^*$, 则

(1) $\operatorname{rank}(\alpha_1,\cdots,\alpha_r)\leqslant r$;

(2) 向量组 $\alpha_1,\cdots,\alpha_r$ 线性无关当且仅当 $\operatorname{rank}(\alpha_1,\cdots,\alpha_r)=r$;

(3) 秩为 s 的向量组中任意 s 个线性无关的向量都是该向量组的一个极大线性无关组;

(4) 如果向量组 $\alpha_1,\cdots,\alpha_r$ 可由向量组 $\beta_1,\cdots,\beta_m$ 线性表出, 那么

$$\operatorname{rank}(\alpha_1,\cdots,\alpha_r)\leqslant\operatorname{rank}(\beta_1,\cdots,\beta_m)\leqslant m;$$

(5) 等价的向量组具有相同的秩.

证明 (1)、(2) 和 (3) 由秩的定义即得.

(4) 设 $\operatorname{rank}(\alpha_1,\cdots,\alpha_r)=s$, $\operatorname{rank}(\beta_1,\cdots,\beta_m)=t$, 则显然有 $t\leqslant m$. 令 $\alpha_{i_1},\cdots,\alpha_{i_s}$ 和 $\beta_{j_1},\cdots,\beta_{j_t}$ 分别是向量组 $\alpha_1,\cdots,\alpha_r$ 与 $\beta_1,\cdots,\beta_m$ 的一个极大线性无关组. 由定理 3.2.13 (2) 知, 向量组 $\alpha_1,\cdots,\alpha_r$ 与 $\alpha_{i_1},\cdots,\alpha_{i_s}$ 等价, $\beta_1,\cdots,\beta_m$ 与 $\beta_{j_1},\cdots,\beta_{j_t}$ 等价. 再由线性表出的传递性以及向量组 $\alpha_1,\cdots,\alpha_r$ 可由向量组 $\beta_1,\cdots,\beta_m$ 线性表出知, 向量组 $\alpha_{i_1},\cdots,\alpha_{i_s}$ 可由 $\beta_{j_1},\cdots,\beta_{j_t}$ 线性表出, 从而由斯坦尼茨替换引理知 $\operatorname{rank}(\alpha_1,\cdots,\alpha_r)=s\leqslant t=\operatorname{rank}(\beta_1,\cdots,\beta_m)\leqslant m$.

(5) 由 (4) 即得. □

有了向量组的秩的定义, 我们自然给出下面的概念.

定义 3.2.17 设 $A\in\mathrm{M}_{n\times m}(F)$, 称 A 的行向量组的秩为 A 的**行秩** (row rank), A 的列向量组的秩为 A 的**列秩** (column rank).

定理 3.2.18 设 $A\in\mathrm{M}_{n\times m}(F)$, 则

(1) 初等行 (列) 变换不改变矩阵的行 (列) 秩;

(2) A 的行秩等于 A 的列秩等于 A 的秩, 从而初等变换不改变矩阵的行秩和列秩.

证明 (1) 由初等行 (列) 变换的定义可得.

(2) 设 A 经过初等行变换变为阶梯形矩阵 B, 则由 (1) 知, A 的行秩等于 B 的行秩. 又易知 B 的行秩等于其非 0 行的个数, 再由定理 2.7.10 知, A 的秩也等于 B 的非 0 行的个数, 从而 A 的行秩等于 A 的秩. 同理, A 的列秩也等于 A 的秩 (也可以这样证: 由前面已证的结论知, A' 的行秩等于 A' 的秩, 从而 A 的列秩等于 A 的秩). 因此, A 的行秩等于 A 的列秩等于 A 的秩. 再由定理 2.7.5 知, 初等变换不改变矩阵的行秩和列秩. □

例 3.2.19 设 $A\in\mathrm{M}_{n\times m}(F)$ 且 $\operatorname{rank}(A)=r\geqslant 1$, 则 A 的任意 r 个线性无关的行向量与 r 个线性无关的列向量交叉处元素构成的 r 级子式非零.

证明 不妨设 A 的前 r 行和前 r 列线性无关, $A=\begin{pmatrix}A_1 & A_2\\ A_3 & A_4\end{pmatrix}$, 其中 A_1

是 r 级方阵. 由于 A 的秩等于 A 的列秩, 所以 A 的后 $n-r$ 个列向量可由 A 的前 r 个列向量线性表出, 从而 A_2 的列向量可由 A_1 的列向量线性表出, 因此分块矩阵 (A_1, A_2) 的列秩等于 A_1 的列秩. 于是

$$\text{rank}A_1 = A_1 \text{ 的列秩} = (A_1, A_2) \text{ 的列秩} = (A_1, A_2) \text{ 的行秩} = r.$$

故 $|A_1| \neq 0$. □

在 3.1 节, 我们利用初等变换证明了定理 3.1.4, 下面利用向量组的线性表出给出另一证明.

设 $A = (\beta_1, \beta_2, \cdots, \beta_n)$, 则

$$\begin{aligned}
&\text{线性方程组 } AX = \beta \text{ 有解} \\
\Longleftrightarrow\ & x_1\beta_1 + x_2\beta_2 + \cdots + x_n\beta_n = \beta \text{ 有解} \\
\Longleftrightarrow\ & \beta \text{ 可由向量组 } \beta_1, \beta_2, \cdots, \beta_n \text{ 线性表出} \\
\Longleftrightarrow\ & \text{向量组 } \beta_1, \beta_2, \cdots, \beta_n \text{ 与向量组 } \beta_1, \beta_2, \cdots, \beta_n, \beta \text{ 等价} \\
\Longleftrightarrow\ & \text{rank}(\beta_1, \beta_2, \cdots, \beta_n) = \text{rank}(\beta_1, \beta_2, \cdots, \beta_n, \beta) \\
\Longleftrightarrow\ & \text{rank}A = \text{rank}(A, \beta).
\end{aligned}$$

当 $\text{rank}A = \text{rank}(A, \beta) = n$ 时, $\text{rank}(\beta_1, \beta_2, \cdots, \beta_n) = \text{rank}(\beta_1, \beta_2, \cdots, \beta_n, \beta) = n$, 从而 $\beta_1, \beta_2, \cdots, \beta_n$ 线性无关, $\beta_1, \beta_2, \cdots, \beta_n, \beta$ 线性相关. 再由定理 3.2.8 知, β 可由 $\beta_1, \beta_2, \cdots, \beta_n$ 唯一线性表出, 即线性方程组 $AX = \beta$ 有唯一解.

当 $\text{rank}A = \text{rank}(A, \beta) = r < n$ 时,

$$\text{rank}(\beta_1, \beta_2, \cdots, \beta_n) = \text{rank}(\beta_1, \beta_2, \cdots, \beta_n, \beta) = r < n,$$

不妨设 $\beta_1, \cdots, \beta_r$ 是向量组 $\beta_1, \beta_2, \cdots, \beta_n$ 的一个极大线性无关组, 则 $\beta_1, \cdots, \beta_r$ 也是向量组 $\beta_1, \beta_2, \cdots, \beta_n, \beta$ 的一个极大线性无关组, 从而 $\beta_{r+1}, \cdots, \beta_n, \beta$ 可由 $\beta_1, \cdots, \beta_r$ 线性表出. 因此, 任给一组数 $k_{r+1}, \cdots, k_n \in F$, 由定理 3.2.8 知, 存在唯一一组数 $k_1, \cdots, k_r \in F$ 使得

$$k_1\beta_1 + \cdots + k_r\beta_r = \beta - k_{r+1}\beta_{r+1} - \cdots - k_n\beta_n,$$

即 $k_1\beta_1 + \cdots + k_r\beta_r + k_{r+1}\beta_{r+1} + \cdots + k_n\beta_n = \beta$. 由此可见, $X = (k_1, k_2, \cdots, k_n)'$ 是线性方程组 $x_1\beta_1 + x_2\beta_2 + \cdots + x_n\beta_n = \beta$ 即 $AX = \beta$ 的一个解.

由前面的讨论知: 任给一组数 $k_{r+1}, \cdots, k_n \in F$, 线性方程组 $AX = \beta$ 有一个解 $X = (k_1, \cdots, k_r, k_{r+1}, \cdots, k_n)'$. 因为 $r < n$ 且 F 中有无穷多个数, 所以 $AX = \beta$ 有无穷多解. □

推论 3.2.20 设 $A \in \mathrm{M}_{m\times n}(F), B \in \mathrm{M}_{m\times r}(F)$, 则矩阵方程 $AX = B$ 有解当且仅当 $\mathrm{rank}(A, B) = \mathrm{rank}A$.

证明

$$\begin{aligned}&\text{矩阵方程 } AX = B \text{ 有解}\\ \Longleftrightarrow\ & B \text{ 的列向量组可由 } A \text{ 的列向量组线性表出}\\ \Longleftrightarrow\ & (A, B) \text{ 的列向量组与 } A \text{ 的列向量组等价}\\ \Longleftrightarrow\ & \mathrm{rank}(A, B) = \mathrm{rank}A.\end{aligned}$$

□

定理 3.1.4 只是给出线性方程组有解的判定条件, 在有无穷多解的情况下并没有给出所有的解, 但从上面证明过程看到, 当 $AX = \beta$ 有无穷多解时, 需要求系数矩阵 A 的列向量组的一个极大线性无关组, 作为本节的结束, 我们将给出求向量组的一个极大线性无关组, 并用此极大线性无关组表示其余向量的方法.

定理 3.2.21 设 $A = (\alpha_1, \alpha_2, \cdots, \alpha_m) \in \mathrm{M}_{n\times m}(F)$. 若 A 经过初等行变换变为 $B = (\beta_1, \beta_2, \cdots, \beta_m)$, $1 \leqslant i_1 < i_2 < \cdots < i_r \leqslant m$, 则

(1) $\alpha_{i_1}, \alpha_{i_2}, \cdots, \alpha_{i_r}$ 线性相关当且仅当 $\beta_{i_1}, \beta_{i_2}, \cdots, \beta_{i_r}$ 线性相关;

(2) $\alpha_{i_1}, \alpha_{i_2}, \cdots, \alpha_{i_r}$ 线性无关当且仅当 $\beta_{i_1}, \beta_{i_2}, \cdots, \beta_{i_r}$ 线性无关;

(3) 如果 $\alpha_{i_1}, \alpha_{i_2}, \cdots, \alpha_{i_r}$ 线性无关, $1 \leqslant j \leqslant m$, 那么

$$\alpha_j = k_{i_1}\alpha_{i_1} + k_{i_2}\alpha_{i_2} + \cdots + k_{i_r}\alpha_{i_r} \text{ 当且仅当 } \beta_j = k_{i_1}\beta_{i_1} + k_{i_2}\beta_{i_2} + \cdots + k_{i_r}\beta_{i_r};$$

(4) $\alpha_{i_1}, \alpha_{i_2}, \cdots, \alpha_{i_r}$ 是向量组 $\alpha_1, \alpha_2, \cdots, \alpha_m$ 的一个极大线性无关组当且仅当 $\beta_{i_1}, \beta_{i_2}, \cdots, \beta_{i_r}$ 是向量组 $\beta_1, \beta_2, \cdots, \beta_m$ 的一个极大线性无关组;

(5) 如果

$$B = (\beta_1, \beta_2, \cdots, \beta_m) = \begin{pmatrix} 1 & 0 & \cdots & & 0 & c_{1,t+1} & \cdots & c_{1m} \\ 0 & 1 & \ddots & & \vdots & c_{2,t+1} & \cdots & c_{2m} \\ \vdots & \ddots & \ddots & \ddots & \vdots & \vdots & & \\ \vdots & & \ddots & \ddots & 0 & c_{t-1,t+1} & \cdots & c_{t-1,m} \\ 0 & \cdots & \cdots & 0 & 1 & c_{t,t+1} & \cdots & c_{tm} \\ 0 & \cdots & \cdots & 0 & 0 & \cdots & \cdots & 0 \\ \vdots & & & \vdots & \vdots & & & \\ 0 & \cdots & \cdots & 0 & 0 & \cdots & \cdots & 0 \end{pmatrix},$$

那么 $\alpha_1, \cdots, \alpha_t$ 是 A 的列向量组 $\alpha_1, \cdots, \alpha_m$ 的一个极大线性无关组, 并且

$$\alpha_j = c_{1j}\alpha_1 + \cdots + c_{tj}\alpha_t, \quad j = t+1, \cdots, m.$$

证明 对列向量组作行变换不改变列向量组的线性组合系数, 因此 (1)、(2)、(3) 、(4) 成立.

(5) 显然 $\beta_1,\cdots,\beta_t$ 是 B 的列向量组 $\beta_1,\cdots,\beta_m$ 的一个极大线性无关组, 并且 $\beta_j=c_{1j}\beta_1+\cdots+c_{tj}\beta_t$, $j=t+1,\cdots,m$. 再由 (3)、(4) 即得 (5). □

思考题 定理 3.2.21 (3) 中的线性无关的条件能否去掉?

注记 3.2.22 设定理 3.2.21 中的 B 是简化阶梯形矩阵, 其中有 t 个非零行, 且非零行第一个非 0 元 1 所在的列分别为第 $i_1,\cdots,i_t$ 列, 即 β_{i_k} 的第 k 个分量为 1 其余分量为 $0, 1\leqslant k\leqslant t$. 由于 B 是简化阶梯形矩阵, 故 B 的其余 $m-t$ 个列向量可设为 $\beta_{i_k}=(c_{1i_k},\cdots,c_{ti_k},0,\cdots,0)', k=t+1,\cdots,m$, 则 $\alpha_{i_1},\cdots,\alpha_{i_t}$ 是向量组 $\alpha_1,\cdots,\alpha_m$ 的一个极大线性无关组, 并且 $\alpha_{i_k}=c_{1i_k}\alpha_{i_1}+c_{2i_k}\alpha_{i_2}+\cdots+c_{ti_k}\alpha_{i_t}$, $k=t+1,\cdots,m$.

例 3.2.23 求向量组 $\alpha_1=(1,-1,1,5)$, $\alpha_2=(2,-2,2,10)$, $\alpha_3=(1,0,2,5)$, $\alpha_4=(1,3,5,5)$, $\alpha_5=(2,-3,2,13)$, $\alpha_6=(0,-1,2,9)$ 的一个极大线性无关组, 并将其余向量表为该极大线性无关组的线性组合.

解 首先, 将 $\alpha_1,\alpha_2,\alpha_3,\alpha_4,\alpha_5,\alpha_6$ 转置得矩阵

$$(\alpha_1',\alpha_2',\alpha_3',\alpha_4',\alpha_5',\alpha_6')=\begin{pmatrix}1&2&1&1&2&0\\-1&-2&0&3&-3&-1\\1&2&2&5&2&2\\5&10&5&5&13&9\end{pmatrix}.$$

其次, 对上述矩阵作初等行变换

$$\begin{pmatrix}1&2&1&1&2&0\\-1&-2&0&3&-3&-1\\1&2&2&5&2&2\\5&10&5&5&13&9\end{pmatrix}$$

$$\xrightarrow[\substack{(-1)\times r_1+r_3\\(-5)\times r_1+r_4}]{1\times r_1+r_2}\begin{pmatrix}1&2&1&1&2&0\\0&0&1&4&-1&-1\\0&0&1&4&0&2\\0&0&0&0&3&9\end{pmatrix}$$

$$\xrightarrow{(-1)\times r_2+r_3}\begin{pmatrix}1&2&1&1&2&0\\0&0&1&4&-1&-1\\0&0&0&0&1&3\\0&0&0&0&3&9\end{pmatrix}$$

$$\xrightarrow{(-3)\times r_3+r_4}\begin{pmatrix}1&2&1&1&2&0\\0&0&1&4&-1&-1\\0&0&0&0&1&3\\0&0&0&0&0&0\end{pmatrix}$$

$$\xrightarrow[(-2)\times r_3+r_1]{1\times r_3+r_2}\begin{pmatrix}1&2&1&1&0&-6\\0&0&1&4&0&2\\0&0&0&0&1&3\\0&0&0&0&0&0\end{pmatrix}$$

$$\xrightarrow{(-1)\times r_2+r_1}\begin{pmatrix}1&2&0&-3&0&-8\\0&0&1&4&0&2\\0&0&0&0&1&3\\0&0&0&0&0&0\end{pmatrix}=(\beta_1,\beta_2,\beta_3,\beta_4,\beta_5,\beta_6).$$

显然 β_1,β_3,β_5 是 $\beta_1,\beta_2,\beta_3,\beta_4,\beta_5,\beta_6$ 的一个极大线性无关组, 并且

$$\beta_2=2\beta_1,\quad \beta_4=-3\beta_1+4\beta_3,\quad \beta_6=-8\beta_1+2\beta_3+3\beta_5.$$

因此 $\alpha_1,\alpha_3,\alpha_5$ 是 $\alpha_1,\alpha_2,\alpha_3,\alpha_4,\alpha_5,\alpha_6$ 的一个极大线性无关组, 并且

$$\alpha_2=2\alpha_1,\quad \alpha_4=-3\alpha_1+4\alpha_3,\quad \alpha_6=-8\alpha_1+2\alpha_3+3\alpha_5.$$ □

3.3 线性方程组解的结构

定理 3.1.4 解决了线性方程组解的存在性问题, 本节将给出线性方程组的定量分析, 即在有解的情况下给出所有的解. 首先考虑齐次线性方程组解的结构.

引理 3.3.1 设 $A\in \mathrm{M}_{m\times n}(F)$, $\alpha_1,\cdots,\alpha_s\in F^n$ 是齐次线性方程组 $AX=0$ 的 s 个解, 则对任意 $k_1,\cdots,k_s\in F$, $k_1\alpha_1+\cdots+k_s\alpha_s$ 是 $AX=0$ 的解.

证明 事实上, $A(k_1\alpha_1+\cdots+k_s\alpha_s)=k_1A\alpha_1+\cdots+k_sA\alpha_s=0$, 因此, $k_1\alpha_1+\cdots+k_s\alpha_s$ 是 $AX=0$ 的解. □

定理 3.3.2 (**齐次线性方程组解的结构** (structure of solutions of a homogeneous system)) 设 $A\in \mathrm{M}_{m\times n}(F)$.

(1) 如果 $\mathrm{rank}A=n$, 那么齐次线性方程组 $AX=0$ 只有零解.

(2) 如果 $\mathrm{rank}A=r<n$, 那么齐次线性方程组 $AX=0$ 有 $n-r$ 个线性无关的解 $\alpha_1,\cdots,\alpha_{n-r}$, 而且 $AX=0$ 的任一解都是 $\alpha_1,\cdots,\alpha_{n-r}$ 的线性组合, 即 $AX=0$ 的解集合为 $\{k_1\alpha_1+\cdots+k_{n-r}\alpha_{n-r}\mid k_1,\cdots,k_{n-r}\in F\}$.

通常称 $k_1\alpha_1+\cdots+k_{n-r}\alpha_{n-r}$ 为 $AX=0$ 的**一般解或通解** (general solution), 其中 $k_1,\cdots,k_{n-r}\in F$ 为任意数.

证明 由定理 3.1.4 (2.1) 知 (1) 成立, 故只需证明 (2). 设 $A=(\beta_1,\cdots,\beta_n)$, 则 $\mathrm{rank}(\beta_1,\cdots,\beta_n)=\mathrm{rank}A=r$. 不妨设 $\beta_1,\cdots,\beta_r$ 是向量组 $\beta_1,\cdots,\beta_n$ 的一个极大线性无关组, 从而 $\beta_{r+1},\cdots,\beta_n$ 可由 $\beta_1,\cdots,\beta_r$ 线性表出. 于是, 对 F 中任意 $n-r$ 个数 $k_{r+1},\cdots,k_n$, 向量 $-k_{r+1}\beta_{r+1}-\cdots-k_n\beta_n$ 可由 $\beta_1,\cdots,\beta_r$ 线性表出, 即存在 $k_1,\cdots,k_r\in F$ 使得

$$k_1\beta_1+\cdots+k_r\beta_r=-k_{r+1}\beta_{r+1}-\cdots-k_n\beta_n,$$

所以 $\alpha=(k_1,\cdots,k_r,k_{r+1},\cdots,k_n)'$ 是 $x_1\beta_1+\cdots+x_r\beta_r+x_{r+1}\beta_{r+1}+\cdots+x_n\beta_n=0$ 即 $AX=0$ 的一个解.

现在让 $(k_{r+1},\cdots,k_n)$ 分别取 $(1,0,\cdots,0),\cdots,(0,\cdots,0,1)$ 得 $AX=0$ 的 $n-r$ 个解

$$\begin{aligned}\alpha_1&=(k_{11},\ \cdots,\ k_{r1},\ 1,\ 0,\ 0,\ \cdots,\ 0,\ 0)',\\ \alpha_2&=(k_{12},\ \cdots,\ k_{r2},\ 0,\ 1,\ 0,\ \cdots,\ 0,\ 0)',\\ &\cdots\cdots\\ \alpha_{n-r}&=(k_{1,n-r},\ \cdots,\ k_{r,n-r},\ 0,\ 0,\ 0,\ \cdots,\ 0,\ 1)'.\end{aligned}$$

由 $n-r$ 维向量组 $(1,0,\cdots,0),\cdots,(0,\cdots,0,1)$ 线性无关知, n 维向量组 $\alpha_1,\cdots,\alpha_{n-r}$ 线性无关.

由引理 3.3.1 知, $\alpha_1,\cdots,\alpha_{n-r}$ 的任一线性组合都是 $AX=0$ 的解. 再设 $\alpha=(k_1,\cdots,k_r,k_{r+1},\cdots,k_n)'$ 是 $AX=0$ 的任一解, 则由引理 3.3.1 知

$$\alpha-k_{r+1}\alpha_1-k_{r+2}\alpha_2-\cdots-k_n\alpha_{n-r}=(l_1,\cdots,l_r,0,\cdots,0)'$$

是 $AX=0$ 的解, 从而 $l_1\beta_1+l_2\beta_2+\cdots+l_r\beta_r=0$. 由 $\beta_1,\beta_2,\cdots,\beta_r$ 线性无关知 $l_1=l_2=\cdots=l_r=0$. 故 $\alpha-k_{r+1}\alpha_1-k_{r+2}\alpha_2-\cdots-k_n\alpha_{n-r}=0$, 即 $\alpha=k_{r+1}\alpha_1+k_{r+2}\alpha_2+\cdots+k_n\alpha_{n-r}$. 因此 $AX=0$ 的解集合为

$$\{k_1\alpha_1+\cdots+k_{n-r}\alpha_{n-r}\mid k_1,\cdots,k_{n-r}\in F\}.$$ □

定义 3.3.3 若齐次线性方程组 $AX=0$ 的一组解 $\alpha_1,\cdots,\alpha_t$ 满足

(1) $\alpha_1,\cdots,\alpha_t$ 线性无关,

(2) $AX=0$ 的任一个解都能表成 $\alpha_1,\cdots,\alpha_t$ 的线性组合,

则称 $\alpha_1,\cdots,\alpha_t$ 为 $AX=0$ 的一个**基础解系** (basis of the solution set).

注记 3.3.4 设 $A \in \mathrm{M}_{m\times n}(F)$. 如果 $\mathrm{rank}A = r < n$, 由定理 3.3.2 知, $AX = 0$ 的基础解系总是存在的, 而且 $AX = 0$ 的任意 $n-r$ 个线性无关的解都是其一个基础解系 (见本章习题 19).

定理 3.3.5 (**非齐次线性方程组解的结构** (structure of solutions of a nonhomogeneous system)) 设 $A \in \mathrm{M}_{m\times n}(F)$, $\beta \in F^m$, $\gamma_0 \in F^n$ 是非齐次线性方程组 $AX=\beta$ 的一个解, 称之为**特解** (particular solution).

(1) 设 γ 是 $AX=\beta$ 的任一解, 则 $\gamma-\gamma_0$ 是 $AX=0$ 的解.

(2) 设 α 是 $AX=0$ 的任一解, 则 $\gamma=\gamma_0+\alpha$ 是 $AX=\beta$ 的解.

(3) 设 $\mathrm{rank}A=n$, 则 $AX=\beta$ 只有特解 γ_0.

(4) 设 $\mathrm{rank}A=r<n, \alpha_1,\cdots,\alpha_{n-r}$ 是 $AX=0$ 的一个基础解系, 则 $AX=\beta$ 的解集合为 $\{\gamma_0+k_1\alpha_1+\cdots+k_{n-r}\alpha_{n-r} \mid k_1,\cdots,k_{n-r}\in F\}$.

通常称 $\gamma_0+k_1\alpha_1+\cdots+k_{n-r}\alpha_{n-r}$ 为 $AX=\beta$ 的**一般解**或**通解**, 其中 $k_1,\cdots,k_{n-r}\in F$ 为任意数.

证明 (1) 由 $A(\gamma-\gamma_0)=A\gamma-A\gamma_0=\beta-\beta=0$ 知, $\gamma-\gamma_0$ 是 $AX=0$ 的解.

(2) 由 $A\gamma=A(\gamma_0+\alpha)=A\gamma_0+A\alpha=\beta+0=\beta$ 知, γ 是 $AX=\beta$ 的解.

(3) 由定理 3.1.4 (1.1) 即得.

(4) 由 (1)、(2) 及定理 3.3.2 即得. □

为方便起见, 我们称 $AX=0$ 为 $AX=\beta$ 的**导出组** (associated homogeneous system).

给定一个线性方程组 $AX=\beta$, 如何判断其是否有解以及在有解的情况下求出其通解, 一般步骤如下.

第一步, 化简增广矩阵. 把增广矩阵 (A,β) 经过初等行变换化为阶梯形矩阵

$$\begin{pmatrix} a'_{1i_1} & \cdots & a'_{1i_2} & \cdots & a'_{1i_r} & \cdots & a'_{1i_n} & b'_1 \\ 0 & \cdots & a'_{2i_2} & \cdots & a'_{2i_r} & \cdots & a'_{2i_n} & b'_2 \\ \vdots & & & & \vdots & & \vdots & \vdots \\ 0 & \cdots & 0 & \cdots & a'_{ri_r} & \cdots & a'_{ri_n} & b'_r \\ 0 & \cdots & 0 & \cdots & 0 & \cdots & 0 & b'_{r+1} \\ 0 & \cdots & 0 & \cdots & 0 & \cdots & 0 & 0 \\ \vdots & & \vdots & & \vdots & & \vdots & \vdots \\ 0 & \cdots & 0 & \cdots & 0 & \cdots & 0 & 0 \end{pmatrix}_{m\times n},$$

其中 $a'_{ji_j}\neq 0,\ j=1,2,\cdots,r$.

第二步，判断解的情况. 若 $b'_{r+1}\neq 0$, 则 $\mathrm{rank}(A,\beta)=r+1>r=\mathrm{rank}A$. 此时 $AX=\beta$ 无解.

若 $r=m$ 或 $b'_{r+1}=0$, 则 $\mathrm{rank}(A,\beta)=\mathrm{rank}A$, 此时 $AX=\beta$ 有解.

第三步, 求特解. 设 $\{i_{r+1}, i_{r+2}\cdots, i_n\}$ 为 $\{i_1, i_2, \cdots, i_r\}$ 在 $\{1, 2, \cdots, n\}$ 中的补集, 并假设 $i_{r+1} < i_{r+2} < \cdots < i_n$. 令 $(x_{i_{r+1}}, x_{i_{r+2}}, \cdots, x_{i_n}) = (0, 0, \cdots, 0)$ 得 $AX = \beta$ 的一个特解 γ_0.

第四步, 求通解. 令 $(x_{i_{r+1}}, x_{i_{r+2}}, \cdots, x_{i_n})$ 分别为 $(1, 0, \cdots, 0), \cdots, (0, 0, \cdots, 0, 1)$ 得导出组 $AX = 0$ 的一个基础解系 $\alpha_1, \alpha_2, \cdots, \alpha_{n-r}$. 因此 $AX = \beta$ 的通解为

$$X = \gamma_0 + k_1\alpha_1 + \cdots + k_{n-r}\alpha_{n-r},$$

其中 $k_1, \cdots, k_{n-r} \in F$ 为任意数.

例 3.3.6 讨论实数 λ 为何值时线性方程组

$$\begin{cases} (2-\lambda)x_1 + 2x_2 - 2x_3 = 1, \\ 2x_1 + (5-\lambda)x_2 - 4x_3 = 2, \\ 2x_1 + 4x_2 - (5-\lambda)x_3 = \lambda + 1, \end{cases}$$

(1) 无解并说明理由; (2) 有唯一解并求其解; (3) 有无穷多解并求其通解.

解 我们对增广矩阵进行如下初等变换:

$$\begin{pmatrix} 2-\lambda & 2 & -2 & 1 \\ 2 & 5-\lambda & -4 & 2 \\ 2 & 4 & \lambda-5 & \lambda+1 \end{pmatrix}$$

$$\xrightarrow{(r_1, r_3)} \begin{pmatrix} 2 & 4 & \lambda-5 & \lambda+1 \\ 2 & 5-\lambda & -4 & 2 \\ 2-\lambda & 2 & -2 & 1 \end{pmatrix}$$

$$\xrightarrow[\frac{\lambda-2}{2}\times r_1 + r_3]{(-1)\times r_1 + r_2} \begin{pmatrix} 2 & 4 & \lambda-5 & \lambda+1 \\ 0 & 1-\lambda & 1-\lambda & 1-\lambda \\ 0 & -2+2\lambda & \frac{1}{2}\lambda^2 - \frac{7}{2}\lambda + 3 & \frac{1}{2}(\lambda^2-\lambda) \end{pmatrix}$$

$$\xrightarrow{2\times r_2 + r_3} \begin{pmatrix} 2 & 4 & \lambda-5 & \lambda+1 \\ 0 & 1-\lambda & 1-\lambda & 1-\lambda \\ 0 & 0 & \frac{1}{2}(\lambda-1)(\lambda-10) & \frac{1}{2}(\lambda-1)(\lambda-4) \end{pmatrix}.$$

(1) $\lambda = 10$ 时, 系数矩阵的秩是 2, 增广矩阵的秩是 3, 故原方程组无解.

(2) $\lambda \neq 1$ 且 $\lambda \neq 10$ 时, 系数矩阵和增广矩阵的秩都是 3, 故原方程组有唯一解 $x_1 = \dfrac{-3}{\lambda-10}$, $x_2 = \dfrac{-6}{\lambda-10}$, $x_3 = \dfrac{\lambda-4}{\lambda-10}$.

(3) $\lambda = 1$ 时, 系数矩阵和增广矩阵的秩都是 1, 小于 3, 所以原方程组有解且有无穷多解. 此时原方程组同解于方程 $2x_1 + 4x_2 - 4x_3 = 2$, 即 $x_1 = 1 - 2x_2 + 2x_3$.

令 $x_2 = x_3 = 0$, 得原方程组的一个特解 $\gamma_0 = (1,0,0)'$. 然后分别取 (x_2,x_3) 为 $(1,0)$ 和 $(0,1)$, 得原方程组的导出组的一个基础解系 $\eta_1 = (-2,1,0)'$, $\eta_2 = (2,0,1)'$. 所以原方程组的通解为: $X=\gamma_0+k_1\eta_1+k_2\eta_2$, 其中 k_1,k_2 为任意实数. □

例 3.3.7 设 $1 \leqslant r < n$. 证明: F^n 中任意 r 个线性无关的向量都是某个齐次线性方程组的基础解系.

证明 设 $\beta_1,\beta_2,\cdots,\beta_r \in F^n$ 线性无关. 令 $B = (\beta_1,\beta_2,\cdots,\beta_r) \in \mathrm{M}_{n\times r}(F)$, 则 $\mathrm{rank}B' = \mathrm{rank}B = r$. 设 n 维列向量组 $\alpha_1,\alpha_2,\cdots,\alpha_{n-r}$ 是齐次线性方程组 $B'X = 0$ 的一个基础解系. 令 $A = (\alpha_1,\alpha_2,\cdots,\alpha_{n-r})' \in \mathrm{M}_{(n-r)\times n}(F)$, 则 $\mathrm{rank}A = n-r$ 并且 $B'A' = 0$, 从而 $AB = 0$, 因此, $\beta_1,\beta_2,\cdots,\beta_r$ 是齐次线性方程组 $AX = 0$ 的 r 个线性无关的解. 又 $r = n-(n-r) = n-\mathrm{rank}A$, 所以 $\beta_1,\beta_2,\cdots,\beta_r$ 是齐次线性方程组 $AX = 0$ 的一个基础解系. □

例 3.3.8 设 $A \in \mathrm{M}_{s\times n}(F), B \in \mathrm{M}_{t\times n}(F)$, 并且 $AX = 0$ 的解都是 $BX = 0$ 的解. 证明:

(1) B 的行向量组可由 A 的行向量组线性表出, 即存在 $C \in \mathrm{M}_{t\times s}(F)$ 使得 $B = CA$;

(2) $\mathrm{rank}B \leqslant \mathrm{rank}A$, 等号成立当且仅当 $AX = 0$ 与 $BX = 0$ 同解.

证明 (1) **方法一** 由 $AX = 0$ 的解都是 $BX = 0$ 的解知, $AX = 0$ 与 $\begin{pmatrix} A \\ B \end{pmatrix} X = 0$ 同解, 因此它们要么只有零解, 要么具有相同的基础解系, 故总有 $n-\mathrm{rank}A = n-\mathrm{rank}\begin{pmatrix} A \\ B \end{pmatrix}$, 即 $\mathrm{rank}A = \mathrm{rank}\begin{pmatrix} A \\ B \end{pmatrix}$. 于是 A 的行向量组的极大线性无关组也是矩阵 $\begin{pmatrix} A \\ B \end{pmatrix}$ 的行向量组的极大线性无关组, 从而 A 和 $\begin{pmatrix} A \\ B \end{pmatrix}$ 的行向量组等价, 故 B 的行向量组可由 A 的行向量组线性表出.

方法二 若 $\mathrm{rank}A = n$, 则由定理 3.2.8 和推论 3.2.10 (2) 知, B 的行向量组可由 A 的行向量组的极大线性无关组线性表出, 从而由 A 的行向量组线性表出. 设 $\mathrm{rank}A = r < n$, $\gamma_1,\gamma_2,\cdots,\gamma_{n-r} \in F^n$ 是 $AX = 0$ 的一个基础解系. 令 $D = (\gamma_1,\gamma_2,\cdots,\gamma_{n-r})$, 则 $D \in \mathrm{M}_{n\times(n-r)}(F)$, $\mathrm{rank}D = n-r$, $AD = 0$. 由 $AX = 0$ 的解都是 $BX = 0$ 的解知 $BD = 0$. 因此由 $D'A' = 0$ 和 $D'B' = 0$ 知, A' 和 B' 的列向量组都是齐次线性方程组 $D'X = 0$ 的解. 设 $\alpha_1,\alpha_2,\cdots,\alpha_r$ 是 A' 的列向量组的一个极大线性无关组, 由 $r = n-(n-r) = n-\mathrm{rank}D'$ 知, $\alpha_1,\alpha_2,\cdots,\alpha_r$ 是 $D'X = 0$ 的一个基础解系, 所以 B' 的列向量组可由 $\alpha_1,\alpha_2,\cdots,\alpha_r$ 线性表出.

故 B' 的列向量组由 A' 的列向量组线性表出, 即 B 的行向量组由 A 的行向量组线性表出.

(2) 由 (1) 知 $B = CA$, 因此 $\mathrm{rank}B \leqslant \mathrm{rank}A$. 若 $\mathrm{rank}B = \mathrm{rank}A = n$, 则 $AX = 0$ 与 $BX = 0$ 都只有零解, 所以它们同解. 若 $\mathrm{rank}B = \mathrm{rank}A < n$, 则由 $AX = 0$ 的解都是 $BX = 0$ 的解知, $AX = 0$ 的基础解系也是 $BX = 0$ 的基础解系, 从而 $AX = 0$ 与 $BX = 0$ 同解. 假设 $AX = 0$ 与 $BX = 0$ 同解. 若它们只有零解, 则 $\mathrm{rank}B = n = \mathrm{rank}A$. 若它们有非零解, 则 $n - \mathrm{rank}A = n - \mathrm{rank}B$, 因此 $\mathrm{rank}A = \mathrm{rank}B$. □

3.4* 结式与二元高次方程组

现在来考虑高次方程组, 解高次方程组的基本想法也是消元, 即减少未知量的个数并希望这个消元的过程是可操作的. 这种想法对于二元高次方程组是行之有效的.

引理 3.4.1 设 $f(x), g(x) \in F[x]$, $\deg(f(x)) = n > 0$, $\deg(g(x)) = m > 0$, 则 $f(x)$ 和 $g(x)$ 有非常数的公因式当且仅当存在 $u(x), v(x) \in F[x]$ 使得 $u(x)f(x) = v(x)g(x)$, 并且 $\deg(u(x)) < m$, $\deg(v(x)) < n$.

证明 必要性 假设 $f(x)$ 与 $g(x)$ 有非常数的公因式 $d(x)$, 则 $f(x) = f_1(x)d(x)$, $g(x) = g_1(x)d(x)$, 其中 $\deg(f_1(x)) < n$, $\deg(g_1(x)) < m$. 令 $u(x) = g_1(x)$, $v(x) = f_1(x)$, 则 $u(x)f(x) = d(x)f_1(x)g_1(x) = v(x)g(x)$.

充分性 假设 $u(x), v(x) \in F[x]$ 使得 $u(x)f(x) = v(x)g(x)$, 并且 $\deg(v(x)) < n$, $\deg(u(x)) < m$. 令 $(f(x), v(x)) = d(x)$, 则存在 $f_1(x), v_1(x) \in F[x]$ 使得 $f(x) = f_1(x)d(x)$, $v(x) = v_1(x)d(x)$. 因此, $d(x)u(x)f_1(x) = d(x)v_1(x)g(x)$, 消去 $d(x)$, 有 $u(x)f_1(x) = v_1(x)g(x)$. 又 $d(x)|v(x)$, 所以 $d(x)$ 的次数小于 n, 故 $f_1(x)$ 的次数大于零. 因为 $(f_1(x), v_1(x)) = 1$, 所以由 $f_1(x)|v_1(x)g(x)$ 知 $f_1(x)|g(x)$. 故 $f(x)$ 与 $g(x)$ 有非常数的公因式 $f_1(x)$. □

现在将引理中的条件转化为线性代数可以处理的情形. 令

$$
\begin{array}{rcccccccc}
f(x) & = & a_0x^n & + & a_1x^{n-1} & + & \cdots & + & a_n, \\
g(x) & = & b_0x^m & + & b_1x^{m-1} & + & \cdots & + & b_m, \\
u(x) & = & u_0x^{m-1} & + & u_1x^{m-2} & + & \cdots & + & u_{m-1}, \\
v(x) & = & v_0x^{n-1} & + & v_1x^{n-2} & + & \cdots & + & v_{n-1},
\end{array}
$$

则由引理中的条件 $u(x)f(x) = v(x)g(x)$ 得到系数之间的关系

$$\begin{cases} a_0u_0 & = b_0v_0, \\ a_1u_0 + a_0u_1 & = b_1v_0 + b_0v_1, \\ a_2u_0 + a_1u_1 + a_0u_2 & = b_2v_0 + b_1v_1 + b_0v_2, \\ \cdots\cdots & \\ a_nu_{m-2} + a_{n-1}u_{m-1} & = b_mv_{n-2} + b_{m-1}v_{n-1}, \\ a_nu_{m-1} & = b_mv_{n-1}. \end{cases} \tag{3.4.1}$$

此式可以看成是一个关于未知量 $u_0, u_1, \cdots, u_{m-1}, v_0, v_1, \cdots, v_{n-1}$ 的齐次线性方程组, 该方程组恰有 $m+n$ 个方程和 $m+n$ 未知量. 显然引理的条件"在 $F[x]$ 中存在非零的次数小于 m 的多项式 $u(x)$ 和次数小于 n 的多项式 $v(x)$ 使得 $u(x)f(x) = v(x)g(x)$" 等价于该方程组有非零解. 我们知道, 这等价于方程组的系数矩阵的行列式等于零.

把上面线性方程组的系数矩阵的行列互换, 再把后面的 n 行反号, 再取行列式得到

$$\begin{vmatrix} a_0 & a_1 & a_2 & \cdots & a_n & & & \\ & a_0 & a_1 & a_2 & \cdots & a_n & & \\ & & \ddots & \ddots & \ddots & & \ddots & \\ & & & a_0 & a_1 & a_2 & \cdots & a_n \\ b_0 & b_1 & b_2 & \cdots & b_m & & & \\ & b_0 & b_1 & b_2 & \cdots & b_m & & \\ & & \ddots & \ddots & \ddots & & \ddots & \\ & & & b_0 & b_1 & b_2 & \cdots & b_m \end{vmatrix}_{m+n}.$$

在此行列式中行向量 $(a_0, a_1, \cdots, a_n)$ 出现了 m 次, 而行向量 $(b_0, b_1, \cdots, b_m)$ 出现了 n 次.

定义 3.4.2 我们称上述行列式为多项式

$$f(x) = a_0x^n + a_1x^{n-1} + \cdots + a_n,$$

$$g(x) = b_0x^m + b_1x^{m-1} + \cdots + b_m$$

的**结式** (resultant), 记为 $R(f, g)$.

综上, 我们得到下面的结论.

定理 3.4.3 设

$$f(x) = a_0x^n + a_1x^{n-1} + \cdots + a_n,$$

$$g(x) = b_0x^m + b_1x^{m-1} + \cdots + b_m$$

是 $F[x]$ 中的两个多项式, 其中 $m, n > 0$, 则 $R(f, g) = 0$ 当且仅当 $f(x)$ 与 $g(x)$ 在 $F[x]$ 中有非常数的公因式或者它们的首项系数 a_0, b_0 全为零.

证明　充分性　若 a_0, b_0 全为零, 或 $f(x), g(x)$ 有一个为零, 则显然 $R(f,g)=0$. 如 $f(x)$ 与 $g(x)$ 全不为零且有非常数公因式, 由引理 3.4.1 知, 存在 $u(x), v(x)$ 且 $\deg(u(x)) < m$, $\deg(v(x)) < n$, 使得 $u(x)f(x) = v(x)g(x)$, 从而方程组 (3.4.1) 有非零解, 由此得 $R(f,g) = 0$.

必要性　设 $R(f,g) = 0$. 若 $f(x), g(x)$ 中有一个是零多项式, 结论显然成立. 在 $f(x), g(x)$ 都不为零且 a_0, b_0 不全为零时, 由 $R(f,g) = 0$ 知方程组 (3.4.1) 有非零解, 从而有不全为零的多项式 $u(x) = u_0x^{m-1} + u_1x^{m-2} + \cdots + u_{m-1}, v(x) = v_0x^{n-1} + v_1x^{n-2} + \cdots + v_{n-1}$ 使得 $u(x)f(x) = v(x)g(x)$. 因为 $f(x), g(x)$ 全不为零, 所以必有 $u(x), v(x)$ 全不为零. 因为 $\deg(u(x)) < m, \deg(v(x)) < n$, 所以由引理 3.4.1, $f(x), g(x)$ 有非常数公因式. 此外就是 $a_0 = 0$, $b_0 = 0$ 的情形. □

例 3.4.4　求多项式 $f(x) = x^4 + 11x^3 + 13x^2 - 44x + 9$ 与 $g(x) = x^3 + 15x^2 + 52x - 18$ 的结式.

解　由定义 3.4.2,

$$R(f,g) = \begin{vmatrix} 1 & 11 & 13 & -44 & 9 & & \\ & 1 & 11 & 13 & -44 & 9 & \\ & & 1 & 11 & 13 & -44 & 9 \\ 1 & 15 & 52 & -18 & & & \\ & 1 & 15 & 52 & -18 & & \\ & & 1 & 15 & 52 & -18 & \\ & & & 1 & 15 & 52 & -18 \end{vmatrix} = 0. \qquad \square$$

由定理 3.4.3 知, $f(x)$, $g(x)$ 有非常数的公因式, 事实上, 由辗转相除法得

$$(f(x), g(x)) = x + 9.$$

设 $f(x,y), g(x,y)$ 是两个复系数的二元多项式, 我们的目标是求方程组

$$\begin{cases} f(x,y) = 0, \\ g(x,y) = 0 \end{cases} \tag{3.4.2}$$

在复数域中的所有解. $f(x,y)$ 和 $g(x,y)$ 可以写成

$$f(x,y) = a_0(y)x^n + a_1(y)x^{n-1} + \cdots + a_n(y),$$
$$g(x,y) = b_0(y)x^m + b_1(y)x^{m-1} + \cdots + b_m(y),$$

其中 $a_i(y), b_j(y)$ $(0 \leqslant i \leqslant n,\ 0 \leqslant j \leqslant m)$ 都是 y 的多项式. 我们现在

将 $f(x,y)$, $g(x,y)$ 看成为 x 的多项式, 令

$$R_x(f,g)=\begin{vmatrix} a_0(y) & a_1(y) & a_2(y) & \cdots & a_n(y) & & & & \\ & a_0(y) & a_1(y) & a_2(y) & \cdots & a_n(y) & & & \\ & & \ddots & \ddots & \ddots & & \ddots & & \\ & & & a_0(y) & a_1(y) & a_2(y) & \cdots & a_n(y) \\ b_0(y) & b_1(y) & b_2(y) & \cdots & b_m(y) & & & \\ & b_0(y) & b_1(y) & b_2(y) & \cdots & b_m(y) & & \\ & & \ddots & \ddots & \ddots & & \ddots & \\ & & & b_0(y) & b_1(y) & b_2(y) & \cdots & b_m(y) \end{vmatrix}.$$

这是有关 y 的一个复系数多项式. 根据定理 3.4.3, 我们有

定理 3.4.5 (1) 如果 (x_0,y_0) 是方程组 (3.4.2) 的一个复数解, 那么 y_0 是结式 $R_x(f,g)$ 的根;

(2) 如果 y_0 是结式 $R_x(f,g)$ 的一个根, 那么 $a_0(y_0)=b_0(y_0)=0$, 或者存在一个复数 x_0 使得 (x_0,y_0) 是方程组 (3.4.2) 的复数解.

由此可知, 为了解方程组 (3.4.2), 我们先求高次方程 $R_x(f,g)=0$ 的全部根, 然后把 $R_x(f,g)=0$ 的根代入方程组 (3.4.2), 再求 x 的值. 这样我们就可以得到方程组 (3.4.2) 的全部解.

例 3.4.6 解方程组 $\begin{cases} x^3+y^3=7x+7y, \\ x^2+y^2=13. \end{cases}$

解 我们先把方程组改写成

$$\begin{cases} x^3-7x+y^3-7y=0, \\ x^2+y^2-13=0. \end{cases} \tag{3.4.3}$$

于是

$$R_x(f,g)=\begin{vmatrix} 1 & 0 & -7 & y^3-7y & 0 \\ 0 & 1 & 0 & -7 & y^3-7y \\ 1 & 0 & y^2-13 & 0 & 0 \\ 0 & 1 & 0 & y^2-13 & 0 \\ 0 & 0 & 1 & 0 & y^2-13 \end{vmatrix}=2y^6-39y^4+241y^2-468.$$

所以, 结式 $R_x(f,g)$ 的 6 个根为 $y=\pm2,\pm3,\pm\dfrac{\sqrt{26}}{2}$. 分别将它们代入到方程组 (3.4.3), 得原方程组的六个解:

$$(2,3),\quad (-2,-3),\quad (3,2),\quad (-3,-2),\quad \left(\frac{\sqrt{26}}{2},-\frac{\sqrt{26}}{2}\right),\quad \left(-\frac{\sqrt{26}}{2},\frac{\sqrt{26}}{2}\right).\quad \square$$

注记 3.4.7 由 x,y 的对称性, 我们也可以先求 $R_y(f,g)=0$ 的全部根, 然后把这些根代入方程组 (3.4.2), 再求 y 的值. 这样也可以得到方程组 (3.4.2) 的全部解.

习 题 3

1. 用消元法解下列线性方程组:

$$(1)\ \begin{cases} x_1+3x_2+5x_3-4x_4 = 1, \\ x_1+3x_2+2x_3-2x_4+x_5=-1, \\ x_1-2x_2+x_3-x_4-x_5=3, \\ x_1-4x_2+x_3+x_4-x_5=3, \\ x_1+2x_2+x_3-x_4+x_5=-1; \end{cases}$$

$$(2)\ \begin{cases} x_1+2x_2-3x_3+x_4-3x_5=1, \\ 2x_1-3x_2+4x_3-5x_4+2x_5=7, \\ x_1-x_2-3x_3+x_4-3x_5=2, \\ 9x_1-9x_2+6x_3-16x_4+2x_5=25; \end{cases}$$

$$(3)\ \begin{cases} x_1+x_2+x_3+x_4+x_5=1, \\ x_1+3x_2+2x_3-2x_4+x_5=-1, \\ 2x_1+4x_2+3x_3-x_4+2x_5=0, \\ 2x_2+x_3-3x_4=-1, \\ x_1+2x_2+x_3-x_4+x_5=-1; \end{cases}$$

$$(4)\ \begin{cases} x_1+2x_2+3x_3-x_4=1, \\ 3x_1+2x_2+x_3-x_4=1, \\ 2x_1+3x_2+x_3+x_4=1, \\ 2x_1+2x_2+2x_3-x_4=1, \\ 5x_1+5x_2+2x_3=2; \end{cases}$$

$$(5)\ \begin{cases} x_1+x_2+x_3+x_4+x_5=0, \\ x_1+2x_2+2x_3+2x_4+2x_5=0, \\ 2x_1+3x_2+3x_3+3x_4+3x_5=0, \\ x_1-4x_2+x_3+x_4-x_5=0, \\ x_1+2x_2+x_3-x_4+x_5=0; \end{cases}$$

$$(6)\ \begin{cases} 2x_1+x_2-x_3+x_4=0, \\ 3x_1-2x_2+2x_3-3x_4=0, \\ 2x_1-x_2+x_3-3x_4=0, \\ 5x_1+x_2-x_3+2x_4=0. \end{cases}$$

2. 将向量 β 表为向量 $\alpha_1,\alpha_2,\alpha_3,\alpha_4$ 的线性组合:

(1) $\alpha_1=(1,1,1,1),\quad \alpha_2=(1,1,-1,-1),\quad \alpha_3=(1,-1,1,-1),$
$\alpha_4=(1,-1,-1,1),\quad \beta=(1,2,1,1);$

(2) $\alpha_1=(1,1,1,1),\quad \alpha_2=(0,1,1,1),\quad \alpha_3=(0,0,1,1),$
$\alpha_4=(0,0,0,1),\quad \beta=(2,1,3,4).$

3. 证明: n 维向量空间 F^n 中向量组的线性等价是等价关系.

4. 设 $\alpha_i=(a_{i1},a_{i2},\cdots,a_{in})$, $1\leqslant i\leqslant n$. 证明: $\alpha_1,\alpha_2,\cdots,\alpha_n$ 线性无关当且仅当 n 级行列式 $|a_{ij}|_n\neq 0$.

5. 设 $1\leqslant r\leqslant n$, $t_1,t_2,\cdots,t_r$ 是 r 个互不相同的数, $\alpha_i=(1,t_i,\cdots,t_i^{n-1})$, $1\leqslant i\leqslant r$. 证明: $\alpha_1,\alpha_2,\cdots,\alpha_r$ 线性无关.

6. 设 $\alpha_1,\alpha_2,\cdots,\alpha_r\in F^n$ 是线性无关的向量组, $\beta_i=\sum\limits_{j=1}^{r}a_{ij}\alpha_j$, $1\leqslant i\leqslant r$. 证明: 向量组 $\beta_1,\beta_2,\cdots,\beta_r$ 线性无关当且仅当 r 级行列式 $|a_{ij}|_r\neq 0$.

7. 证明: 线性方程组

$$\begin{cases} a_{11}x_1+a_{12}x_2+\cdots+a_{1n}x_n=b_1,\\ a_{21}x_1+a_{22}x_2+\cdots+a_{2n}x_n=b_2,\\ \cdots\cdots\\ a_{n1}x_1+a_{n2}x_2+\cdots+a_{nn}x_n=b_n \end{cases}$$

对任何 $b_1,b_2,\cdots,b_n$ 都有解的充分必要条件是系数行列式 $|a_{ij}|_n\neq 0$.

8. 设 $\alpha_1,\alpha_2,\cdots,\alpha_n$ 是一组 n 维向量. 证明: $\alpha_1,\alpha_2,\cdots,\alpha_n$ 线性无关当且仅当任一 n 维向量都可以由它们线性表出.

9. 设向量组 $\alpha_1,\alpha_2,\cdots,\alpha_m\in F^n$ 线性无关, 且每一个 α_i $(1\leqslant i\leqslant m)$ 可由向量组 $\beta_1,\beta_2,\cdots,\beta_s\in F^n$ 线性表出. 证明: 存在 β_j $(1\leqslant j\leqslant s)$ 使得 $\beta_j,\alpha_2,\cdots,\alpha_m$ 线性无关.

10. 设 $\alpha_1=(1,-1,2,4)$, $\alpha_2=(0,3,1,2)$, $\alpha_3=(3,0,7,14)$, $\alpha_4=(1,-1,2,0)$, $\alpha_5=(2,1,5,6)$. 证明: α_1, α_2 线性无关并将其扩充成为向量组 α_1, α_2, α_3, α_4, α_5 的一个极大线性无关组.

11. 证明: F^n 的一个向量组的任何一个线性无关的部分组都可以扩充成一个极大线性无关组.

12. 设向量组 $\alpha_1,\alpha_2,\cdots,\alpha_n$ 的秩为 r, $\alpha_{i_1},\alpha_{i_2},\cdots,\alpha_{i_r}$ 是该向量组中 r 个向量. 证明: $\alpha_{i_1},\alpha_{i_2},\cdots,\alpha_{i_r}$ 是向量组 $\alpha_1,\alpha_2,\cdots,\alpha_n$ 的一个极大线性无关组当且仅当向量组 $\alpha_1,\alpha_2,\cdots,\alpha_n$ 的每个向量均可被 $\alpha_{i_1},\alpha_{i_2},\cdots,\alpha_{i_r}$ 线性表出.

13. 设 F^n 中向量组 $\alpha_1,\alpha_2,\cdots,\alpha_r$ 和 $\beta_1,\beta_2,\cdots,\beta_s$ 的秩相等. 如果 α_1, α_2, $\cdots$, α_r 可由 $\beta_1,\beta_2,\cdots,\beta_s$ 线性表出, 证明: 向量组 $\alpha_1,\alpha_2,\cdots,\alpha_r$ 和 $\beta_1,\beta_2,\cdots,\beta_s$ 线性等价.

14. 设向量组 $\alpha_1,\alpha_2,\cdots,\alpha_s$ 的秩为 r, 在其中任取 m 个向量 $\alpha_{i_1},\alpha_{i_2},\cdots,\alpha_{i_m}$. 证明: $\operatorname{rank}(\alpha_{i_1},\alpha_{i_2},\cdots,\alpha_{i_m})\geqslant r+m-s$.

15. 设 n 级对称方阵 A 的秩 $r>0$. 证明: A 有一个非零的 r 级主子式 (主子式的定义参见第 2.10 节).

16. 设 $\alpha_1,\alpha_2,\cdots,\alpha_r\in F^n$ 线性无关. 令 $(\beta_1,\beta_2,\cdots,\beta_m)=(\alpha_1,\alpha_2,\cdots,\alpha_r)C$, 其中 $C=(\gamma_1,\gamma_2,\cdots,\gamma_m)\in \mathrm{M}_{r\times m}(F)$. 对任意 $1\leqslant i_1<i_2<\cdots<i_s\leqslant m$, 证明:

(1) $\beta_{i_1},\beta_{i_2},\cdots,\beta_{i_s}$ 线性相关当且仅当 $\gamma_{i_1},\gamma_{i_2},\cdots,\gamma_{i_s}$ 线性相关; $\beta_{i_1},\beta_{i_2},\cdots,\beta_{i_s}$ 线性无关当且仅当 $\gamma_{i_1},\gamma_{i_2},\cdots,\gamma_{i_s}$ 线性无关;

(2) $\mathrm{rank}(\beta_1,\beta_2,\cdots,\beta_m)=\mathrm{rank}C$.

17. 设 $A\in \mathrm{M}_{n\times(n+1)}(F)$. 证明: 矩阵方程 $AX=I_n$ 有解当且仅当 $\mathrm{rank}A=n$.

18. 设向量组 $\alpha_1=(-1,2,0,4)$, $\alpha_2=(5,0,3,1)$, $\alpha_3=(3,-1,4,-2)$, $\alpha_4=(-2,4,-5,9)$, $\alpha_5=(1,3,-1,7)$.

(1) 求向量组 $\alpha_1,\alpha_2,\alpha_3,\alpha_4,\alpha_5$ 的秩;

(2) 求向量组 $\alpha_1,\alpha_2,\alpha_3,\alpha_4,\alpha_5$ 的一个极大线性无关组;

(3) 将向量组 $\alpha_1,\alpha_2,\alpha_3,\alpha_4,\alpha_5$ 中其余向量表为 (2) 中所得极大线性无关组的线性组合.

19. 设齐次线性方程组的系数矩阵的秩为 r, 未知量的个数为 n. 证明: 方程组的任意 $n-r$ 个线性无关的解都是该方程组的一个基础解系.

20. 求下列齐次线性方程组的通解:

(1) $\begin{cases} x_1+x_2+x_3+x_4+x_5=0,\\ 3x_1+2x_2+x_3+x_4-3x_5=0,\\ 5x_1+4x_2+3x_3+3x_4-x_5=0;\end{cases}$

(2) $\begin{cases} x_1+x_2-3x_4-x_5=0,\\ x_1-x_2+2x_3-x_4=0,\\ 4x_1-2x_2+6x_3+3x_4-4x_5=0,\\ 2x_1+4x_2-2x_3+4x_4-7x_5=0;\end{cases}$

(3) $\begin{cases} x_1-2x_2+x_3+x_4-x_5=0,\\ 2x_1+x_2-x_3-x_4-x_5=0,\\ x_1+7x_2-5x_3-5x_4+5x_5=0,\\ 3x_1-x_2-2x_3+x_4-x_5=0;\end{cases}$

(4) $\begin{cases} x_1-2x_2+x_3-x_4+x_5=0,\\ 2x_1+x_2-x_3+2x_4-3x_5=0,\\ 3x_1-2x_2-x_3+x_4-2x_5=0,\\ 2x_1-5x_2+x_3-2x_4+2x_5=0.\end{cases}$

21. 给定线性方程组

$$\begin{cases} a_{11}x_1+a_{12}x_2+\cdots+a_{1n}x_n=0,\\ a_{21}x_1+a_{22}x_2+\cdots+a_{2n}x_n=0,\\ \qquad\cdots\cdots\\ a_{n-1,1}x_1+a_{n-1,2}x_2+\cdots+a_{n-1,n}x_n=0.\end{cases}$$

设 M_i 为系数矩阵 $A=(a_{ij})_{(n-1)\times n}$ 中划去第 i 列剩下的 $n-1$ 级方阵的行列式, $1\leqslant i\leqslant n$.

(1) 证明: $\alpha=(M_1,\cdots,(-1)^{i-1}M_i,\cdots,(-1)^{n-1}M_n)'$ 是方程组的一个解;

(2) 如果 A 的秩是 $n-1$, 证明方程组的解全是 α 的倍数.

22. 设 $A\in \mathrm{M}_{n\times m}(F)$ 且 $A\neq 0$, $\beta\in F^n$. 证明: $AX=\beta$ 有解当且仅当 $A'Y=0$ 的解都是 $Y'\beta=0$ 的解.

23. 设 $A\in \mathrm{M}_{n\times m}(\mathbb{R})$. 证明: $\mathrm{rank}(A'A)=\mathrm{rank}A$.

24. 设 $A,B,C\in \mathrm{M}_n(\mathbb{R})$ 且 $A'AB=A'AC$. 证明: $AB=AC$.

25. 证明: 对任意 $A\in \mathrm{M}_{n\times m}(\mathbb{R})$, $\beta\in\mathbb{R}^n$, 矩阵方程 $A'AX=A'\beta$ 有解.

26. 设 $A\in \mathrm{M}_{m\times n}(F), B\in \mathrm{M}_{n\times s}(F)$ 且 $\mathrm{rank}(AB)=\mathrm{rank}B$. 证明: 对任意 $C\in \mathrm{M}_{s\times t}(F)$ 都有 $\mathrm{rank}(ABC)=\mathrm{rank}(BC)$.

27. 用线性方程组的理论证明第 2 章习题 53.

28. 证明: 同解线性方程组对应的增广矩阵的行向量组等价.

29. 判断下列方程组是否有解, 如有解并求其通解:

$$(1)\ \begin{cases} 2x_1+x_2-2x_3=1,\\ x_1+x_2+x_3=3,\\ x_1+2x_2-3x_3=1;\end{cases}$$

$$(2)\ \begin{cases} x_1-x_2+3x_3-x_4=1,\\ 2x_1-x_2-x_3+4x_4=2,\\ 3x_1-2x_2+2x_3+3x_4=3,\\ x_1-4x_3+5x_4=-1;\end{cases}$$

$$(3)\ \begin{cases} x_1-x_2+x_3=1,\\ 3x_1-2x_2-x_3=-1,\\ 4x_1-2x_2+2x_3=5,\\ 8x_1-5x_2+2x_3=5.\end{cases}$$

30. 解含参数 λ 的方程组:

$$(1)\ \begin{cases} 2x_1-x_2+x_3+x_4=1,\\ x_1+2x_2-x_3+4x_4=2,\\ x_1+7x_2-4x_3+11x_4=\lambda;\end{cases}$$

$$(2)\ \begin{cases} \lambda x_1+x_2+x_3+\lambda x_4=1,\\ x_1+\lambda x_2+x_3+\lambda x_4=1,\\ x_1+x_2+\lambda x_3+\lambda x_4=1.\end{cases}$$

31. 设 $A\in \mathrm{M}_{m\times n}(F)$, $0\neq\beta\in F^m$, $\mathrm{rank}(A,\beta)=\mathrm{rank}A=r<s$, $s=n-r$. 证明: 非齐次线性方程组 $AX=\beta$ 存在 $s+1$ 个线性无关的解 $\gamma_0,\gamma_1,\cdots,\gamma_s$, 并且 $AX=\beta$ 的解集合为 $\left\{\gamma\in F^n\ \middle|\ \gamma=\sum\limits_{i=0}^{s}k_i\gamma_i,\ k_0,k_1,\cdots,k_s\in F \text{ 且 } \sum\limits_{i=0}^{s}k_i=1\right\}$.

32. 设 $f(x),g(x)\in F[x]$, $(f(x),g(x))=1$, $N\in \mathrm{M}_n(F)$, $A=f(N)$, $B=g(N)$. 证明: $ABX=0$ 的任一解 γ 有分解 $\gamma=\alpha+\beta$, 其中 α 是 $AX=0$ 的解, β 是 $BX=0$ 的解.

33.* 设 $A\in \mathrm{M}_{s\times n}(\mathbb{R})$ 且 $\mathrm{rank}A=s<n$. 证明: 存在 $B\in \mathrm{M}_{(n-s)\times n}(\mathbb{R})$ 使得 $\begin{pmatrix} A\\ B\end{pmatrix}$ 是 n 级可逆矩阵，并且 $AB'=0$.

34.* 设 $\alpha=(1,2,3)$, $\beta=(0,1,2)\in\mathbb{R}^3$. 求集合

$$\left\{\gamma\in\mathbb{R}^3 \mid \text{存在 } A\in \mathrm{M}_3(\mathbb{R}),\text{使得 } |A|=0,\ \alpha A=\beta,\ \beta A=\gamma,\ \gamma A=\alpha\right\}.$$

35.* 设 $A,B\in \mathrm{M}_n(F)$, 并且 $C=\begin{pmatrix} A \\ B \end{pmatrix}$. 如果 $AB=BA$, 证明:

$$\mathrm{rank}A+\mathrm{rank}B\geqslant \mathrm{rank}C+\mathrm{rank}(AB).$$

36.* (闵可夫斯基[①]) 设 $n\geqslant 2$, $A=(a_{ij})_{n\times n}\in \mathrm{M}_n(\mathbb{R})$. 证明:

(1) 若 $|a_{ii}|>\sum\limits_{j\neq i}|a_{ij}|$, $1\leqslant i\leqslant n$, 则 $|A|\neq 0$;

(2) 若 $a_{ii}>\sum\limits_{j\neq i}|a_{ij}|$, $1\leqslant i\leqslant n$, 则 $|A|>0$.

满足 (1) 中条件的矩阵称为**对角占优矩阵** (diagonally dominant matrix), 满足 (2) 中条件的矩阵称为**严格对角占优矩阵** (strictly diagonally dominant matrix).

37.* 设 $n\geqslant 3$, $A=(a_{ij})_{n\times n}\in \mathrm{M}_n(\mathbb{R})$ 且对任意 $1\leqslant i\neq j\leqslant n$, 都有

$$|a_{ii}a_{jj}|>\left(\sum_{k\neq i}|a_{ik}|\right)\left(\sum_{l\neq j}|a_{jl}|\right).$$

证明：$|A|\neq 0$.

38. 求下列多项式的结式:

(1) x^3+x^2+x+1 和 $x^5+x^4+x^3+x^2+x+1$;

(2) x^n+x+1 和 x^2-3x+2;

(3) x^n+1 和 $(x-1)^n$.

39. 解下列二元高次方程组:

(1) $\begin{cases} 5y^2-6xy+5x^2-16=0, \\ y^2-xy+2x^2-y-x-4=0; \end{cases}$

(2) $\begin{cases} x^2+y^2+4x-2y+3=0, \\ x^2+4xy-y^2+10y-9=0. \end{cases}$

① Hermann Minkowski, 1864—1909, 德国数学家.

第4章

线性空间

线性空间 (linear space) 是线性代数 (linear algebra) 中最为重要的数学概念之一, 也是我们目前遇到的第一个抽象的数学概念. 从历史上看, 线性空间的思想起源于 17 世纪笛卡儿创建的解析几何. 作为解析几何的创始人, 笛卡儿最为重要的贡献之一就是引进了坐标系, 从而为向量 (vector) 这样的概念的产生奠定了基础. 令人惊讶的是, 向量其实出现得比较晚. 事实上, 一直到 19 世纪, 向量这个概念才由贝拉维蒂斯①给出, 最初被贝拉维蒂斯称为"双点" (bipoint): 由一点指向另一点的定向线段. 显然, 这就是我们中学所学的向量. 这个概念被迅速用来表示复数, 促使哈密顿②发现了四元数 (quaternion). 1857 年, 凯莱正式引进了矩阵的概念, 这为线性空间的产生提供了最为直接的帮助. 我们现在看到的线性空间的概念是由佩亚诺③在 1888 年给出的.

最初的线性空间基本上都是定义在实数域上, 且维数是有限的, 这样的线性空间其实就是我们后面第 8 章将要讲述的欧几里得空间, 其中的元素是我们熟知的向量. 随着微积分的建立以及后来泛函分析这门学科发展的需要, 线性空间被推广至无限维, 从而产生了像希尔伯特④空间 (Hilbert space) 和巴拿赫⑤空间 (Banach space) 这样的数学研究领域, 其中的元素通常是各式各样的函数. 时至今日, 线性空间已经成为数学中最为常用的数学概念, 它不仅在数学, 同时在物理、化学、工程学、图像处理、大数据等领域都有着广泛和不可替代的作用.

本章将介绍线性空间的定义、性质、子空间以及商空间等.

---

① Giusto Bellavitis, 1803—1880, 意大利数学家.

② William Rowan Hamilton, 1805—1865, 爱尔兰数学家.

③ Giuseppe Peano, 1858—1932, 意大利数学家.

④ David Hilbert, 1862—1943, 德国数学家.

⑤ Stefan Banach, 1892—1945, 波兰数学家.

4.1 定义与性质

粗略地讲, 线性空间就是向量形成的集合. 所以关键的地方就是需要知道什么是向量, 我们将发现, 它是由对应的运算和运算规律确定的.

定义 4.1.1 设 V 是非空集合, F 是数域. 若存在下述两种运算

加法: $V \times V \longrightarrow V$, $(\alpha,\beta) \longmapsto \alpha+\beta$; 数乘: $F \times V \longrightarrow V, (k,\alpha) \longmapsto k\cdot\alpha$ 使得以下 8 条公理成立:

(1) **加法交换律** $\alpha+\beta=\beta+\alpha$,

(2) **加法结合律** $(\alpha+\beta)+\gamma=\alpha+(\beta+\gamma)$,

(3) **存在零元** (zero element) 存在 $0 \in V$ 使得对 V 中任意元素 α 都有 $0+\alpha=\alpha$ (0 称为 V 的零元或零向量),

(4) **存在负元** (additive inverse) 对任意的 $\alpha \in V$ 都存在 $\alpha' \in V$ 使得 $\alpha+\alpha'=0$ (α' 称为 α 的负元),

(5) **数乘结合律** $(k_1k_2)\cdot\alpha=k_1\cdot(k_2\cdot\alpha)$,

(6) **数乘单位律** $1\cdot\alpha=\alpha$,

(7) **分配律 I** $(k_1+k_2)\cdot\alpha=k_1\cdot\alpha+k_2\cdot\alpha$,

(8) **分配律 II** $k\cdot(\alpha+\beta)=k\cdot\alpha+k\cdot\beta$,

其中 α,β,γ 是 V 中任意元素, k,k_1,k_2 是 F 中任意数, 则称 $(V,F,+,\cdot)$ 为**线性空间或向量空间** (vector space), 简称 V 是 F 上的**线性空间或向量空间**, V 中的元素称为**向量**.

注记 4.1.2 (1) 按照定义, 线性空间由四个要素组成. 对于任意两个线性空间, 四个要素中只要其中有一个不同, 则这两个线性空间是不同的. 例如, $(\mathbb{C},\mathbb{C},+,\cdot)$ 和 $(\mathbb{C},\mathbb{R},+,\cdot)$ 是两个不同的线性空间, 其中的加法和数乘就是复数的加法和乘法.

(2) $\mathbb{R}$ ($\mathbb{C}$) 上的线性空间简称为实 (复) 线性空间, 进一步, 在不引起混淆的情况下, 数域 F 上的线性空间就直接简称为线性空间.

(3) 以后我们用 $U,V,W,\cdots$ 表示线性空间, 用 $\alpha,\beta,\gamma,\cdots$ 表示线性空间中的元素, 用 $k,l,\cdots$ 表示数域中的元素, 将数 k 与向量 α 的数乘 $k\cdot\alpha$ 简记为 $k\alpha$.

例 4.1.3 (1) 数域 F 上的一元多项式环 $F[x]$, 在多项式的加法和数与多项式的数乘运算下成为线性空间. 这个线性空间还有很多子集也是线性空间, 例如, 设 $n \geqslant 1$, $F[x]_n=\{0\}\cup\{f(x)\in F[x] \mid \deg(f(x)) \leqslant n-1\}$, 则 $F[x]_n$ 在多项式的加法和数与多项式的数乘运算下也是线性空间. 显然有下面的线性空间的包含关系

$$0 \subset F[x]_1 \subset F[x]_2 \subset \cdots \subset F[x]_n \subset F[x]_{n+1} \subset \cdots \subset F[x].$$

(2) 数域 F 上所有 $m\times n$ 矩阵形成的集合 $\mathrm{M}_{m\times n}(F)$ 在通常矩阵的加法和数

与矩阵的数乘运算下成为线性空间. 这在 2.7 节中有过详细的描述并给出了这 8 条规律. 这个空间有时也记为 $F^{m\times n}$.

(3) n 元齐次线性方程组的解集合在 n 维向量的加法和数乘下成为线性空间, 称为该齐次线性方程组的**解空间** (solution space).

(4) 闭区间 $[a,b]$ 上的全体连续实函数构成的集合 $C[a,b]$ 在通常函数的加法以及数与函数的乘法下成为实线性空间.

例 4.1.4 考虑集合 $\mathbb{R}^+=\{a\in\mathbb{R}\mid a>0\}$, 定义两种运算.

$$\oplus:\ \mathbb{R}^+\times\mathbb{R}^+\longrightarrow\mathbb{R}^+,\ \ (a,b)\longmapsto ab\ (\text{通常的乘法}),$$
$$\circ:\ \mathbb{R}\times\mathbb{R}^+\longrightarrow\mathbb{R}^+,\ \ (k,a)\longmapsto a^k\ (\text{通常的方幂}).$$

证明: $(\mathbb{R}^+,\mathbb{R},\oplus,\circ)$ 是线性空间.

证明 根据线性空间的定义, 需要验证运算满足 (1) $\sim$ (8) 条公理. 我们逐条来验证: 任取 $a,b,c\in\mathbb{R}^+$, $k,l\in\mathbb{R}$,

(1) 因为 $a\oplus b=ab=ba=b\oplus a$, 所以加法交换律成立.

(2) 因为 $(a\oplus b)\oplus c=(ab)c=a(bc)=a\oplus(b\oplus c)$, 所以加法结合律成立.

(3) 因为 $1\oplus a=1a=a$, 所以加法有零元 (注意, 零元是数 1).

(4) 因为 $a\oplus\dfrac{1}{a}=a\dfrac{1}{a}=1$, 所以加法有负元 (注意, a 的负元是 $\dfrac{1}{a}$).

(5) 因为 $l\circ(k\circ a)=l\circ a^k=a^{lk}=(lk)\circ a$, 所以数乘有结合律.

(6) 因为 $1\circ a=a^1=a$, 所以数乘有单位律.

(7) 因为 $(l+k)\circ a=a^{l+k}=a^la^k=(l\circ a)\oplus(k\circ a)$, 所以分配律 I 成立.

(8) 因为 $l\circ(a\oplus b)=(ab)^l=a^lb^l=(l\circ a)\oplus(l\circ b)$, 所以分配律 II 成立. □

下面我们给出线性空间的一些简单性质.

设 V 是线性空间, $\alpha,\beta\in V$, 称 $\alpha+\beta$ 为 α,β 的**和**. 我们注意到在线性空间的定义中, 只给出了两个向量的和的定义. 怎样定义多个向量的和呢? 为此, 从 V 中任取 n 个向量 $\alpha_1,\alpha_2,\cdots,\alpha_n$, 我们先写出下面的表达式

$$\alpha_1+\alpha_2+\cdots+\alpha_n. \tag{4.1.1}$$

这个表达式现在当然没有意义, 但是, 当 $n=2$ 时, $\alpha_1+\alpha_2$ 显然有意义, 当 $n=3$ 时, 对表达式 (4.1.1) 加括号得 $(\alpha_1+\alpha_2)+\alpha_3=\alpha_1+(\alpha_2+\alpha_3)$ (结合律). 当 $n=4$ 时, 对表达式 (4.1.1) 加括号得到 5 种不同的表达式: $((\alpha_1+\alpha_2)+\alpha_3)+\alpha_4$, $(\alpha_1+(\alpha_2+\alpha_3))+\alpha_4$, $(\alpha_1+\alpha_2)+(\alpha_3+\alpha_4)$, $\alpha_1+((\alpha_2+\alpha_3)+\alpha_4)$, $\alpha_1+(\alpha_2+(\alpha_3+\alpha_4))$. 一个自然的问题: 当 $n\geqslant 4$ 时, 对表达式 (4.1.1) 以不同的方法加括号, 所得结果是否相同? 由于 n 有限, 加括号的方法也有限, 不妨设共有 N 种. 这 N 种加括号的方法所对应的表达式分别为

$$\Sigma_1(\alpha_1,\cdots,\alpha_n),\ \Sigma_2(\alpha_1,\cdots,\alpha_n),\ \cdots,\ \Sigma_N(\alpha_1,\cdots,\alpha_n).$$

命题 4.1.5　设 V 是线性空间, 则对 V 中任意 n 个向量 $\alpha_1,\cdots,\alpha_n$, 其中 $n\geqslant 2$, 我们有 $\Sigma_1(\alpha_1,\cdots,\alpha_n)=\Sigma_2(\alpha_1,\cdots,\alpha_n)=\cdots=\Sigma_N(\alpha_1,\cdots,\alpha_n)$.

证明　首先对 $k\geqslant 1$ 归纳定义向量 $\alpha_1,\cdots,\alpha_k$ 的标准和 $\Sigma(\alpha_1,\cdots,\alpha_k)$ 如下: 当 $k=1$ 时, $\Sigma(\alpha_1)=\alpha_1$. 当 $k=2$ 时, $\Sigma(\alpha_1,\alpha_2)=\alpha_1+\alpha_2$. 假设 $k\geqslant 3$ 且 $\Sigma(\alpha_1,\cdots,\alpha_{k-1})$ 已经定义, 则定义 $\Sigma(\alpha_1,\cdots,\alpha_k)=\Sigma(\alpha_1,\cdots,\alpha_{k-1})+\alpha_k$.

其次证明: 对任意正整数 l,k, 都有

$$\Sigma(\alpha_1,\cdots,\alpha_l)+\Sigma(\alpha_{l+1},\cdots,\alpha_{l+k})=\Sigma(\alpha_1,\cdots,\alpha_{l+k}).\tag{4.1.2}$$

我们对 k 用归纳法. 当 $k=1$ 时, 由标准和的定义即得. 假设 $k\geqslant 2$ 且表达式 (4.1.2) 对 $k-1$ 成立, 则由标准和的定义知

$$\begin{aligned}
&\Sigma(\alpha_1,\cdots,\alpha_l)+\Sigma(\alpha_{l+1},\cdots,\alpha_{l+k})\\
=\!=\!=\!=\;&\Sigma(\alpha_1,\cdots,\alpha_l)+(\Sigma(\alpha_{l+1},\cdots,\alpha_{l+k-1})+\alpha_{l+k})\\
\xlongequal{\text{结合律}}\;&(\Sigma(\alpha_1,\cdots,\alpha_l)+\Sigma(\alpha_{l+1},\cdots,\alpha_{l+k-1}))+\alpha_{l+k}\\
\xlongequal{\text{归纳假设}}\;&\Sigma(\alpha_1,\cdots,\alpha_{l+k-1})+\alpha_{l+k}\\
=\!=\!=\!=\;&\Sigma(\alpha_1,\cdots,\alpha_{l+k}).
\end{aligned}$$

这样我们就完成了表达式 (4.1.2) 的证明.

最后证明: 对任意 $1\leqslant i\leqslant N$, 总有 $\Sigma_i(\alpha_1,\cdots,\alpha_n)=\Sigma(\alpha_1,\cdots,\alpha_n)$. 我们对 n 用归纳法. 当 $n=2$ 时, 结论显然成立. 假设 $n\geqslant 3$ 且向量的个数 $<n$ 时结论成立, 现考虑 n 个向量 $\alpha_1,\cdots,\alpha_n$ 的情形. 首先存在 $1\leqslant s<n$ 使得 $\Sigma_i(\alpha_1,\cdots,\alpha_n)=\Sigma'(\alpha_1,\cdots,\alpha_s)+\Sigma''(\alpha_{s+1},\cdots,\alpha_n)$, 其中 $\Sigma'(\alpha_1,\cdots,\alpha_s)$ 是 $\alpha_1,\cdots,\alpha_s$ 按某种加括号的方式得到的表达式, $\Sigma''(\alpha_{s+1},\cdots,\alpha_n)$ 是 $\alpha_{s+1},\cdots,\alpha_n$ 按某种加括号的方式得到的表达式. 由归纳假设知, $\Sigma'(\alpha_1,\cdots,\alpha_s)=\Sigma(\alpha_1,\cdots,\alpha_s)$, $\Sigma''(\alpha_{s+1},\cdots,\alpha_n)=\Sigma(\alpha_{s+1},\cdots,\alpha_n)$. 再由表达式 (4.1.2) 知,

$$\Sigma_i(\alpha_1,\cdots,\alpha_n)=\Sigma(\alpha_1,\cdots,\alpha_s)+\Sigma(\alpha_{s+1},\cdots,\alpha_n)=\Sigma(\alpha_1,\cdots,\alpha_n).\qquad\square$$

注记 4.1.6　(1) 设 V 是线性空间, $\alpha_1,\alpha_2,\cdots,\alpha_n\in V$. 我们以后用

$$\alpha_1+\alpha_2+\cdots+\alpha_n\quad\text{或}\quad\sum_{i=1}^{n}\alpha_i$$

表示命题 4.1.5 中所有通过加括号的方法得到的唯一结果并称之为 $\alpha_1,\alpha_2,\cdots,\alpha_n$ 的和, 从而表达式 (4.1.1) 就有意义了. 进一步, 由于加法满足交换律, 所以对 $1,2,\cdots,n$ 的任一 n 级排列 $j_1j_2\cdots j_n$, 我们有 $\sum\limits_{i=1}^{n}\alpha_i=\sum\limits_{i=1}^{n}\alpha_{j_i}$.

(2) 细心的读者会发现, 在命题 4.1.5 的证明过程中, 我们其实只用到了加法的结合律. 换句话说, 如果集合 S 上的某种运算

$$\circ: S\times S\to S,\ \ (s_1,s_2)\longmapsto s_1\circ s_2,$$

满足结合律, 即对任意 $s_1,s_2,s_3\in S$ 都有 $(s_1\circ s_2)\circ s_3=s_1\circ(s_2\circ s_3)$, 我们就可以用 $s_1\circ s_2\circ\cdots\circ s_n$ 表示 $s_1,s_2,\cdots,s_n\in S\ (n\geqslant 2)$ 在运算 $\circ$ 下得到的结果. 这极为方便, 结合律的重要性也在于此.

命题 4.1.7 设 V 是线性空间, $\alpha\in V$, $k\in F$, 则

(1) 零元和负元都是唯一的;

(2) $k\alpha=0$ 当且仅当 $k=0$ 或 $\alpha=0$.

证明 (1) 设 $0_1,0_2$ 都是 V 的零元, 则

$$0_1=0_2+0_1=0_1+0_2=0_2.$$

故 $0_1=0_2$, 即零元唯一. 这里第一个等号用到 0_2 是零元, 第二个等号用到交换律, 而最后一个等号用到 0_1 是零元.

类似地, 设 α_1,α_2 都是 $\alpha\in V$ 的负元, 则

$$\begin{aligned}\alpha_1&=0+\alpha_1=(\alpha+\alpha_2)+\alpha_1=(\alpha_2+\alpha)+\alpha_1\\&=\alpha_2+(\alpha+\alpha_1)=\alpha_2+0=0+\alpha_2=\alpha_2.\end{aligned}$$

故 $\alpha_1=\alpha_2$, 即负元唯一.

(2) 充分性 若 $k=0$, 则由 $0\cdot\alpha=(0+0)\cdot\alpha=0\cdot\alpha+0\cdot\alpha$ 知 $0\cdot\alpha=0$. 若 $k\neq 0$, $\alpha=0$, 则由 $k\cdot 0=k\cdot(0+0)=k\cdot 0+k\cdot 0$ 知 $k\cdot 0=0$.

必要性 设 $k\neq 0$, 则 $\alpha=1\alpha=\left(\dfrac{1}{k}\times k\right)\alpha=\dfrac{1}{k}(k\alpha)=\dfrac{1}{k}\cdot 0=0$. □

注记 4.1.8 设 V 是线性空间.

(1) 由命题 4.1.7, 零元是唯一的, 常用 0_V 表示 V 中的零元. 在不引起混淆的情况下, 0_V 简记为 0.

(2) 设 $\alpha\in V$, 由命题 4.1.7, α 的负元是唯一的, 记为 $-\alpha$.

(3) 设 $\alpha,\beta\in V$, 定义 $\alpha-\beta=\alpha+(-\beta)$. 易见, $\alpha+\beta=\gamma$ 当且仅当 $\alpha=\gamma-\beta$.

推论 4.1.9 对任意 $\lambda\in F$, 有 $-(\lambda\alpha)=(-\lambda)\alpha$. 特别地, $-\alpha=(-1)\alpha$.

证明 根据注记 4.1.8 (2), $-(\lambda\alpha)$ 表示向量 $\lambda\alpha$ 的负元. 从而, 只需证 $\lambda\alpha+(-\lambda)\alpha=0$. 事实上, $\lambda\alpha+(-\lambda)\alpha=0\alpha=0$, 这里用到了命题 4.1.7 (2). □

4.2 维数、基与坐标

在 3.2 节中我们给出了向量空间 F^n 的一些概念和性质, 不难发现这些概念和所有不涉及向量分量的性质仅仅用到了加法、数乘以及对应的 8 条运算规律 (见 2.6 节), 而这些都已经包含在线性空间的定义之中, 所以这些概念及性质对任意的线性空间也都是成立的, 可以直接引用. 为方便起见, 这里给出线性组合的定义, 读者可在此基础上给出线性表出、线性等价、线性相关、线性无关、极大线性无关组、向量组的秩等相关概念.

定义 4.2.1 设 V 是线性空间, s 是正整数, $\alpha_1,\alpha_2,\cdots,\alpha_s\in V$, $k_1,k_2,\cdots,k_s\in F$, 称向量 $k_1\alpha_1+k_2\alpha_2+\cdots+k_s\alpha_s$ 为 $\alpha_1,\alpha_2,\cdots,\alpha_s$ 的一个**线性组合**.

为了使用的方便, 我们罗列下述两个重要性质.

引理 4.2.2 设 V 是线性空间, $\alpha_1,\alpha_2,\cdots,\alpha_m,\beta\in V$. 若向量组 $\alpha_1,\alpha_2,\cdots,\alpha_m$ 线性无关, 并且向量组 $\alpha_1,\alpha_2,\cdots,\alpha_m,\beta$ 线性相关, 则 β 可由 $\alpha_1,\alpha_2,\cdots,\alpha_m$ 唯一线性表出.

引理 4.2.3 (斯坦尼茨替换引理 (Steinitz exchange lemma)) 设 V 是线性空间, $\alpha_1,\cdots,\alpha_r,\beta_1,\cdots,\beta_m\in V$, 且向量组 $\alpha_1,\cdots,\alpha_r$ 可由向量组 $\beta_1,\cdots,\beta_m$ 线性表出. 若 $\alpha_1,\cdots,\alpha_r$ 线性无关, 则 $r\leqslant m$, 并且可用向量组 $\alpha_1,\cdots,\alpha_r$ 替换向量组 $\beta_1,\cdots,\beta_m$ 中的 r 个向量, 不妨设为 $\beta_1,\cdots,\beta_r$, 使得向量组 $\alpha_1,\cdots,\alpha_r$, $\beta_{r+1},\cdots,\beta_m$ 与 $\beta_1,\cdots,\beta_r,\beta_{r+1},\cdots,\beta_m$ 等价.

定义 4.2.4 设 V 是线性空间.

(1) 若存在 $n\in\mathbb{N}^*$ 个线性无关的向量 $\alpha_1,\alpha_2,\cdots,\alpha_n\in V$ 使得 V 中所有向量均可由这 n 个向量线性表出, 则称 V 是 n **维线性空间** (n-dimensional linear space), 这 n 个线性无关的向量 $\alpha_1,\alpha_2,\cdots,\alpha_n$ 叫做 V 的一个**基** (basis).

(2) 若 V 仅含有零元, 则称 V 为**零空间** (zero space) 或 0 **维线性空间** (0-dimensional linear space).

(3) 若 V 是 n 维线性空间, 其中 $n\in\mathbb{N}$, 则称 V 是**有限维线性空间** (finite-dimensional linear space), 并称 n 是 V 的**维数** (dimension), 记为 $\dim_F V$, 简记为 $\dim V$. 若 V 不是有限维线性空间, 则称 V 是**无限维线性空间** (infinite-dimensional linear space).

注记 4.2.5 由引理 4.2.3 知, 上述维数的定义是合理的.

例 4.2.6 (1) 例 4.1.3 中的线性空间 $F[x]_n$, $\mathrm{M}_{m\times n}(F)$ 及 F^n 都是有限维线性空间并且

$$\dim F[x]_n=n;\ \ \dim\mathrm{M}_{m\times n}(F)=mn;\ \ \dim F^n=n.$$

事实上, $1, x, \cdots, x^{n-1}$ 是 $F[x]_n$ 的一个基; $\{E_{ij} \mid 1 \leqslant i \leqslant m, 1 \leqslant j \leqslant n\}$ 是 $\mathrm{M}_{m\times n}(F)$ 的一个基, 这里 E_{ij} 的定义见第 2 章习题 25; $\varepsilon_1, \varepsilon_2, \cdots, \varepsilon_n$ (例 3.2.4) 是 F^n 的一个基, 称之为 F^n 的**标准基** (standard basis).

(2) $\dim_{\mathbb{C}}\mathbb{C} = 1$, $\dim_{\mathbb{R}}\mathbb{C} = 2$, $\mathbb{C}$ 是 $\mathbb{Q}$ 上的无限维线性空间. 事实上, 任意非零复数都是复线性空间 $\mathbb{C}$ 的一个基; $1, \mathrm{i}$ 是实线性空间 $\mathbb{C}$ 的一个基; 任给正整数 n, x^n+2 在 $\mathbb{Q}$ 上不可约, 设 α 是 $x^n+2=0$ 在 $\mathbb{C}$ 内的一个根, 则 $1, \alpha, \alpha^2, \cdots, \alpha^{n-1}$ 在 $\mathbb{Q}$ 上线性无关, 因此 $\mathbb{C}$ 是 $\mathbb{Q}$ 上的无限维线性空间. 由此可见, 线性空间的维数依赖于数域.

(3) $F[x]$, $C[a,b]$ 都是无限维的.

注记 4.2.7 有限维线性空间和无限维线性空间有着很大的区别, 若不加说明, 本书研究的都是非零有限维线性空间, 我们将会在第 5 章看到, 维数是有限维线性空间最为重要的特征, 它将完全决定这个线性空间的结构. 由有限维非零线性空间的定义, 基必然是存在的. 需要指出的是, 对于无限维线性空间, 其实也存在线性无关的向量组使得任一向量都可表为这组向量中有限多个向量的线性组合 (证明略显复杂, 在此略去), 这样一组向量通常称为一个**哈梅尔**[①]**基** (Hamel basis). 例如 $\{x^i | i \in \mathbb{N}\}$ 就是 $F[x]$ 的一个哈梅尔基. 比较常见的无限维线性空间包括很多不同形态的函数空间, 比如例 4.2.6 中的 $F[x]$, $C[a,b]$. 这些函数空间将构成另外一个数学分支 —— 泛函分析的主要研究对象.

设 $\alpha_1, \alpha_2, \cdots, \alpha_n$ 是线性空间 V 的一个基, 则由引理 4.2.2 知, V 中的任一元素可唯一地表为 $\alpha_1, \alpha_2, \cdots, \alpha_n$ 的线性组合.

定义 4.2.8 设 $\alpha_1, \alpha_2, \cdots, \alpha_n$ 是 n 维线性空间 V 的一个基, $\alpha \in V$. 若

$$\alpha = k_1\alpha_1 + k_2\alpha_2 + \cdots + k_n\alpha_n, \text{ 其中 } k_1, k_2, \cdots, k_n \in F,$$

则称 $(k_1, k_2, \cdots, k_n)'$ 为向量 α 在基 $\alpha_1, \alpha_2, \cdots, \alpha_n$ 下的**坐标** (coordinate).

例 4.2.9 二维平面 $\mathbb{R}^2$ 中任一向量在基 $\varepsilon_1 = (1,0)$, $\varepsilon_2 = (0,1)$ 下的坐标就是通常的平面直角坐标.

下面探讨一下同一个向量在不同基下坐标之间的关系. 设 V 是线性空间, $\alpha_1, \alpha_2, \cdots, \alpha_n \in V$, $k_i, a_{ij} \in F$, $1 \leqslant i \leqslant n$, $1 \leqslant j \leqslant m$, $A = (a_{ij})_{n\times m}$. 为方便起见, 我们将 $\beta = \sum\limits_{i=1}^{n} k_i\alpha_i$ 形式地记为 $\beta = (\alpha_1, \alpha_2, \cdots, \alpha_n)\begin{pmatrix} k_1 \\ k_2 \\ \vdots \\ k_n \end{pmatrix}$, 从而向量组 $\beta_1 =$

① Georg Karl Wilhelm Hamel, 1877—1954, 德国数学家.

$\sum_{i=1}^{n} a_{i1}\alpha_i,\ \beta_2 = \sum_{i=1}^{n} a_{i2}\alpha_i,\ \cdots,\ \beta_m = \sum_{i=1}^{n} a_{im}\alpha_i$ 可形式地记为 $(\beta_1, \beta_2, \cdots, \beta_m) = (\alpha_1, \alpha_2, \cdots, \alpha_n)A$.

设 $A, C \in \mathrm{M}_{n\times m}(F), B \in \mathrm{M}_{m\times l}(F)$. 直接验证上述形式记法满足以下性质.

(1) $((\alpha_1, \alpha_2, \cdots, \alpha_n)A)B = (\alpha_1, \alpha_2, \cdots, \alpha_n)(AB)$;

(2) $(\alpha_1 + \beta_1, \alpha_2 + \beta_2, \cdots, \alpha_n + \beta_n)A = (\alpha_1, \alpha_2, \cdots, \alpha_n)A + (\beta_1, \beta_2, \cdots, \beta_n)A$;

(3) $(\alpha_1, \alpha_2, \cdots, \alpha_n)(A + C) = (\alpha_1, \alpha_2, \cdots, \alpha_n)A + (\alpha_1, \alpha_2, \cdots, \alpha_n)C$.

设 $\varepsilon_1, \varepsilon_2, \cdots, \varepsilon_n$ 和 $\eta_1, \eta_2, \cdots, \eta_n$ 是 n 维线性空间 V 的两个基, 则存在 $A \in \mathrm{M}_n(F)$ 使得 $(\eta_1, \eta_2, \cdots, \eta_n) = (\varepsilon_1, \varepsilon_2, \cdots, \varepsilon_n)A$, 我们称 A 为从基 $\varepsilon_1, \varepsilon_2, \cdots, \varepsilon_n$ 到基 $\eta_1, \eta_2, \cdots, \eta_n$ 的**过渡矩阵** (transition matrix). 进一步, 令 B 是从基 $\eta_1, \eta_2, \cdots, \eta_n$ 到基 $\varepsilon_1, \varepsilon_2, \cdots, \varepsilon_n$ 的过渡矩阵, 即 $(\varepsilon_1, \varepsilon_2, \cdots, \varepsilon_n) = (\eta_1, \eta_2, \cdots, \eta_n)B$, 则

$$(\eta_1, \eta_2, \cdots, \eta_n) = (\varepsilon_1, \varepsilon_2, \cdots, \varepsilon_n)A = ((\eta_1, \eta_2, \cdots, \eta_n)B)A = (\eta_1, \eta_2, \cdots, \eta_n)(BA),$$

$$(\varepsilon_1, \varepsilon_2, \cdots, \varepsilon_n) = (\eta_1, \eta_2, \cdots, \eta_n)B = ((\varepsilon_1, \varepsilon_2, \cdots, \varepsilon_n)A)B = (\varepsilon_1, \varepsilon_2, \cdots, \varepsilon_n)(AB).$$

由坐标的唯一性知 $AB = BA = I_n$. 由此可见, 过渡矩阵都是可逆的.

设 $\alpha \in V$ 在基 $\varepsilon_1, \varepsilon_2, \cdots, \varepsilon_n$ 和基 $\eta_1, \eta_2, \cdots, \eta_n$ 下的坐标分别为 $X, Y \in F^n$, 即 $\alpha = (\varepsilon_1, \varepsilon_2, \cdots, \varepsilon_n)X = (\eta_1, \eta_2, \cdots, \eta_n)Y$, 则

$$\alpha = (\eta_1, \eta_2, \cdots, \eta_n)Y = ((\varepsilon_1, \varepsilon_2, \cdots, \varepsilon_n)A)Y = (\varepsilon_1, \varepsilon_2, \cdots, \varepsilon_n)(AY).$$

因此, 由坐标的唯一性知 $X = AY$, 这就是坐标转换公式.

4.3 子 空 间

本节按照集合论的思路来研究线性空间, 即研究线性空间的“子、交、并、补”. 读者将看到, “子”与“交”可以直接地推广至线性空间的情形, 但“并”和“补”不能直接硬搬过来, 需要适当的处理, 处理的结果将被称为“(直) 和”以及“直和补、商”.

定义 4.3.1 设 V 是线性空间, W 是 V 的非空子集. 若 W 在 V 的加法和数乘下仍然是线性空间, 则称 W 是 V 的**子空间** (subspace).

例 4.3.2 (1) 设 V 是线性空间. 显然 $\{0\}$ 是 V 的子空间, 称为 V 的**零子空间** (zero subspace), 简记为 0; V 本身也是 V 的子空间. 我们称 V 和 0 为 V 的**平凡子空间** (trivial subspace); 不是平凡的子空间称为**非平凡子空间** (nontrivial subspace); 若子空间 $W \subsetneq V$, 则称 W 是 V 的**真子空间** (proper subspace).

(2) 二维平面 $\mathbb{R}^2$ 的一个非平凡子空间就是一条通过原点的直线; 类似地, 三维空间 $\mathbb{R}^3$ 的一个非平凡子空间就是一条通过原点的直线或者是过原点的平面.

(3) 作为实线性空间, $\mathbb{R}$ 是 $\mathbb{C}$ 的子空间.

(4) $F[x]_n$ 是 $F[x]$ 的 n 维子空间.

(5) 设 $A \in \mathrm{M}_{m\times n}(F)$, 则齐次线性方程组 $AX = 0$ 的解空间是 F^n 的子空间.

(6) $\mathbb{R}$ 按通常实数的加法和乘法成为实线性空间, 易见正实数集 $\mathbb{R}^+$ (例 4.1.4) 不是 $\mathbb{R}$ 的子空间.

引理 4.3.3 设 W 是线性空间 V 的非空子集, 则 W 是 V 的子空间当且仅当 W 在 V 的加法和数乘运算下封闭.

证明 必要性显然, 下证充分性, 即证 W 满足线性空间定义的 8 条公理. 注意到交换律、结合律、单位律、数乘结合律和分配律对 V 中所有元素 (以及对应数域中元素) 成立, 特别地, 对 W 中的元素也是成立的, 所以, 只需证明 W 还包含零元和负元即可. 事实上, 由命题 4.1.7 和推论 4.1.9 以及 W 在数乘下封闭知, 对任意 $\alpha \in W$, 有 $0 = 0\alpha \in W$, $-\alpha = (-1)\alpha \in W$. □

命题 4.3.4 设 W 是有限维线性空间 V 的非零子空间, 则 W 的任一个基都可扩充成 V 的一个基.

证明 由斯坦尼茨替换引理即得. □

引理 4.3.5 设 $\{V_i\}_{i\in I}$ 是线性空间 V 的一组子空间, 则集合 $\bigcap\limits_{i\in I} V_i$ 是 V 的子空间, 称之为 $\{V_i\}_{i\in I}$ 的**交** (intersection).

证明 任取 $\alpha, \beta \in \bigcap\limits_{i\in I} V_i$ 和 $k \in F$. 因为 V_i 是子空间, 所以

$$\alpha + \beta \in V_i, \quad k\alpha \in V_i, \quad i \in I.$$

故 $\alpha + \beta \in \bigcap\limits_{i\in I} V_i$, $k\alpha \in \bigcap\limits_{i\in I} V_i$, 即 $\bigcap\limits_{i\in I} V_i$ 在加法和数乘下封闭. 于是由引理 4.3.3 知, $\bigcap\limits_{i\in I} V_i$ 是 V 的子空间. □

例 4.3.6 设 $A \in \mathrm{M}_{m\times n}(F)$, $B \in \mathrm{M}_{s\times n}(F)$. 令 V_1 与 V_2 分别是齐次线性方程组 $AX = 0$ 与 $BX = 0$ 的解空间, 则 $V_1 \cap V_2$ 是方程组 $\begin{pmatrix} A \\ B \end{pmatrix} X = 0$ 的解空间.

例 4.3.7 在三维空间 $\mathbb{R}^3$ 中, 分别取两个过原点的不同的平面 π_1, π_2, 我们知道 π_1, π_2 都是 $\mathbb{R}^3$ 的子空间, 它们的交 $\pi_1 \cap \pi_2$ 是一条过原点的直线, 从而是一维子空间. 请读者思考一下, 在四维空间 $\mathbb{R}^4$ 中, 两个二维子空间的交还是一维的子空间吗?

设 V 是线性空间, S 是 V 的非空子集, 定义

$$L(S)=\left\{\sum_{i=1}^{m}k_i\alpha_i\ \middle|\ m\in\mathbb{N}^*,\alpha_i\in S,\ k_i\in F,\ i=1,2,\cdots,m\right\},$$

即 S 中任意有限个向量的线性组合形成的集合. 显然, $L(S)$ 在加法和数乘下封闭, 所以它是 V 的子空间, 我们称其为由 S **张成的子空间** (subspace spanned by S), S 称为 $L(S)$ 的**生成集** (generating set).

命题 4.3.8 设 V 是线性空间, $\alpha_i,\gamma_j\in V$, $1\leqslant i\leqslant s,1\leqslant j\leqslant t$, S 是 V 的非空子集.

(1) $L(S)$ 是 V 中包含集合 S 的最小子空间.

(2) $L(\alpha_1,\alpha_2,\cdots,\alpha_s)=L(\gamma_1,\gamma_2,\cdots,\gamma_t)$ 当且仅当向量组 $\alpha_1,\alpha_2,\cdots,\alpha_s$ 与向量组 $\gamma_1,\gamma_2,\cdots,\gamma_t$ 线性等价.

(3) 非零向量组 $\alpha_1,\alpha_2,\cdots,\alpha_s$ 的任一极大线性无关组都是 $L(\alpha_1,\alpha_2,\cdots,\alpha_s)$ 的一个基, 从而 $\dim L(\alpha_1,\alpha_2,\cdots,\alpha_s)=\operatorname{rank}(\alpha_1,\alpha_2,\cdots,\alpha_s)$.

证明 (1) 一方面, 根据定义, $L(S)$ 是包含 S 的子空间. 另一方面, 设 U 是包含 S 的子空间. 由于 U 在加法和数乘下封闭, 从而包含了 S 中任意有限个向量的线性组合, 由此 $L(S)\subseteq U$. 故 $L(S)$ 是 V 中包含集合 S 的最小子空间.

(2) 必要性 因为 $L(\alpha_1,\alpha_2,\cdots,\alpha_s)=L(\gamma_1,\gamma_2,\cdots,\gamma_t)$, 所以每个 α_i 都属于 $L(\gamma_1,\gamma_2,\cdots,\gamma_t)$, $1\leqslant i\leqslant s$, 从而可以被 $\gamma_1,\gamma_2,\cdots,\gamma_t$ 线性表出. 同理, 每个 γ_i $(1\leqslant i\leqslant t)$ 也可以被 $\alpha_1,\alpha_2,\cdots,\alpha_s$ 线性表出. 所以, 向量组 $\alpha_1,\alpha_2,\cdots,\alpha_s$ 与向量组 $\gamma_1,\gamma_2,\cdots,\gamma_t$ 线性等价.

充分性 因为向量组 $\alpha_1,\alpha_2,\cdots,\alpha_s$ 与向量组 $\gamma_1,\gamma_2,\cdots,\gamma_t$ 线性等价, 所以每个 α_i $(1\leqslant i\leqslant s)$ 都属于 $L(\gamma_1,\gamma_2,\cdots,\gamma_t)$, 从而由 (1) 知 $L(\alpha_1,\alpha_2,\cdots,\alpha_s)\subseteq L(\gamma_1,\gamma_2,\cdots,\gamma_t)$. 同理, 我们有 $L(\gamma_1,\gamma_2,\cdots,\gamma_t)\subseteq L(\alpha_1,\alpha_2,\cdots,\alpha_s)$.

(3) 不妨设 $\alpha_{i_1},\alpha_{i_2},\cdots,\alpha_{i_r}$ 是向量组 $\alpha_1,\alpha_2,\cdots,\alpha_s$ 的一个极大线性无关组, 则由基的定义知, $\alpha_{i_1},\alpha_{i_2},\cdots,\alpha_{i_r}$ 是 $L(\alpha_{i_1},\alpha_{i_2},\cdots,\alpha_{i_r})$ 的一个基. 再由 (2) 知, $L(\alpha_1,\alpha_2,\cdots,\alpha_s)=L(\alpha_{i_1},\alpha_{i_2},\alpha_{i_r})$, 于是 $\alpha_{i_1},\alpha_{i_2},\cdots,\alpha_{i_r}$ 是 $L(\alpha_1,\alpha_2,\cdots,\alpha_s)$ 的一个基, 从而 $\dim L(\alpha_1,\alpha_2,\cdots,\alpha_s)=r=\operatorname{rank}(\alpha_1,\alpha_2,\cdots,\alpha_s)$. □

例 4.3.9 设 V_1, V_2 是线性空间 V 的两个子空间. 证明: $V_1\cup V_2$ 是 V 的子空间当且仅当 $V_1\subseteq V_2$ 或 $V_2\subseteq V_1$.

证明 充分性显然. 下证必要性. 假设 $V_1\nsubseteq V_2$ 且 $V_2\nsubseteq V_1$. 于是, 存在 $\alpha\in V_1$ 但 $\alpha\notin V_2$, 以及 $\beta\in V_2$ 但 $\beta\notin V_1$. 因为 $V_1\cup V_2$ 是线性空间, 所以 $\alpha+\beta\in V_1\cup V_2$, 从而 $\alpha+\beta\in V_1$ 或 $\alpha+\beta\in V_2$. 若 $\alpha+\beta\in V_1$, 则由 $\alpha\in V_1$ 知 $\beta\in V_1$, 矛盾. 类似地, $\alpha+\beta\in V_2$ 也是不可能的. □

由上面的例题知, 线性空间的两个子空间的并集未必是线性空间. 但由线性空间 V 的两个子空间 V_1, V_2 的并集 $V_1 \cup V_2$ 张成的子空间 $L(V_1 \cup V_2)$ 是 V 中同时包含 V_1 与 V_2 的最小子空间, 显然 $L(V_1 \cup V_2) = \{\alpha_1 + \alpha_2 \mid \alpha_1 \in V_1,\ \alpha_2 \in V_2\}$.

定义 4.3.10 设 V_1, V_2 是线性空间 V 的子空间, 称 $L(V_1 \cup V_2)$ 是 V_1 与 V_2 的**和** (sum), 记为 $V_1 + V_2$.

例 4.3.11 (1) 二维平面 $\mathbb{R}^2$ 中任意两条过原点的不同直线都是子空间, 不难验证它们的和是 $\mathbb{R}^2$.

(2) 在三维空间 $\mathbb{R}^3$ 中取一条过原点的直线和一个过原点的平面. 若该直线落在此平面中, 则它们的和就是这个平面; 否则, 它们的和为整个 $\mathbb{R}^3$. 类似地, 若取两个过原点的不同的平面, 则它们的和也是 $\mathbb{R}^3$.

(3) 设 V 是线性空间, $\alpha_i, \beta_j \in V$, $1 \leqslant i \leqslant t, 1 \leqslant j \leqslant s$, 则

$$L(\alpha_1, \alpha_2, \cdots, \alpha_t) + L(\beta_1, \beta_2, \cdots, \beta_s) = L(\alpha_1, \alpha_2, \cdots, \alpha_t, \beta_1, \beta_2, \cdots, \beta_s).$$

由上面的例子可以发现, $\dim(V_1 + V_2)$ 可能是 $\dim V_1 + \dim V_2$, 也可能比它小. 确切的关系由下面的结论给出.

定理 4.3.12 (维数公式 (dimension formula)) *设 V 是线性空间, V_1, V_2 是它的两个子空间, 则*

$$\dim(V_1 + V_2) + \dim(V_1 \cap V_2) = \dim V_1 + \dim V_2. \tag{4.3.1}$$

证明 不妨设 $\alpha_1, \alpha_2, \cdots, \alpha_l$ 是 $V_1 \cap V_2$ 的一个基, 并将其分别扩充成 V_1 的一个基 $\alpha_1, \alpha_2, \cdots, \alpha_l, \beta_1, \beta_2, \cdots, \beta_t$ 和 V_2 的一个基 $\alpha_1, \alpha_2, \cdots, \alpha_l, \gamma_1, \gamma_2, \cdots, \gamma_s$. 因为 $V_1 = L(\alpha_1, \alpha_2, \cdots, \alpha_l, \beta_1, \beta_2, \cdots, \beta_t)$, $V_2 = L(\alpha_1, \alpha_2, \cdots, \alpha_l, \gamma_1, \gamma_2, \cdots, \gamma_s)$, 所以

$$V_1 + V_2 = L(\alpha_1, \alpha_2, \cdots, \alpha_l, \beta_1, \beta_2, \cdots, \beta_t, \gamma_1, \gamma_2, \cdots, \gamma_s),$$

从而 $V_1 + V_2$ 中的元素均可由 $\alpha_1, \alpha_2, \cdots, \alpha_l, \beta_1, \beta_2, \cdots, \beta_t, \gamma_1, \gamma_2, \cdots, \gamma_s$ 线性表出. 下证 $\alpha_1, \alpha_2, \cdots, \alpha_l, \beta_1, \beta_2, \cdots, \beta_t, \gamma_1, \gamma_2, \cdots, \gamma_s$ 线性无关. 设

$$a_1\alpha_1 + \cdots + a_l\alpha_l + b_1\beta_1 + \cdots + b_t\beta_t + c_1\gamma_1 + \cdots + c_s\gamma_s = 0,$$

其中 $a_i, b_j, c_k \in F$, $1 \leqslant i \leqslant l$, $1 \leqslant j \leqslant t$, $1 \leqslant k \leqslant s$, 则

$$a_1\alpha_1 + \cdots + a_l\alpha_l + b_1\beta_1 + \cdots + b_t\beta_t = -(c_1\gamma_1 + \cdots + c_s\gamma_s) \in V_1 \cap V_2,$$

从而存在 $d_i \in F$, $1 \leqslant i \leqslant l$, 使得 $-(c_1\gamma_1 + \cdots + c_s\gamma_s) = d_1\alpha_1 + \cdots + d_l\alpha_l$, 即

$$d_1\alpha_1 + \cdots + d_l\alpha_l + c_1\gamma_1 + \cdots + c_s\gamma_s = 0.$$

由于 $\alpha_1,\alpha_2,\cdots,\alpha_l,\gamma_1,\gamma_2,\cdots,\gamma_s$ 是 V_2 的基, 所以 $c_1=\cdots=c_s=0$. 于是

$$a_1\alpha_1+\cdots+a_l\alpha_l+b_1\beta_1+\cdots+b_t\beta_t=0.$$

由 $\alpha_1,\alpha_2,\cdots,\alpha_l,\beta_1,\beta_2,\cdots,\beta_t$ 是 V_1 的基知, $a_1=\cdots=a_l=b_1=\cdots=b_t=0$. 故 $\alpha_1,\alpha_2,\cdots,\alpha_l,\beta_1,\beta_2,\cdots,\beta_t,\gamma_1,\gamma_2,\cdots,\gamma_s$ 线性无关, 从而是 V_1+V_2 的一个基. 因此 (4.3.1) 式成立.

若 $V_1\cap V_2=0$, 则由上面的证明可以看出, $\beta_1,\beta_2,\cdots,\beta_t,\gamma_1,\gamma_2,\cdots,\gamma_s$ 是 V_1+V_2 的一个基. 故 (4.3.1) 式成立. □

下面考虑一种特殊情况: 子空间和的维数等于维数的和.

定义 4.3.13 设 V_1, V_2 是线性空间 V 的两个子空间. 若 V_1+V_2 中的每个向量 α 可唯一分解为 $\alpha=\alpha_1+\alpha_2$, 其中 $\alpha_1\in V_1$, $\alpha_2\in V_2$, 则称和 V_1+V_2 为**直和** (direct sum), 记为 $V_1\oplus V_2$.

命题 4.3.14 设 V_1, V_2 是线性空间 V 的两个子空间, 则下列陈述等价:

(1) V_1+V_2 是直和, 即 $V_1+V_2=V_1\oplus V_2$;

(2) 零向量的分解唯一;

(3) $V_1\cap V_2=0$;

(4) $\dim(V_1+V_2)=\dim V_1+\dim V_2$.

证明 (1) $\Longrightarrow$ (2) 这是显然的.

(2) $\Longrightarrow$ (3) 任取 $\alpha\in V_1\cap V_2$, 则 $0=\alpha+(-\alpha)\in V_1+V_2$. 由 (2) 知 $\alpha=0$, 从而 $V_1\cap V_2=0$.

(3) $\Longrightarrow$ (4) 由维数公式即得.

(4) $\Longrightarrow$ (1) 若 V_1+V_2 不是直和, 则存在 $\alpha\in V_1+V_2$ 使得

$$\alpha=\alpha_1+\alpha_2=\beta_1+\beta_2,$$

其中 $\alpha_1,\beta_1\in V_1$, α_2, $\beta_2\in V_2$, 且 $\alpha_1\neq\beta_1$ 或 $\alpha_2\neq\beta_2$. 不妨设 $\alpha_1\neq\beta_1$, 则

$$0\neq\alpha_1-\beta_1=\beta_2-\alpha_2\in V_1\cap V_2.$$

故 $V_1\cap V_2\neq 0$, 从而 $\dim(V_1\cap V_2)>0$. 由维数公式, $\dim(V_1+V_2)<\dim V_1+\dim V_2$, 这与条件矛盾. □

注记 4.3.15 (1) 类似于两个子空间的和与直和, 可以定义多个子空间的和与直和.

设 $V_1,V_2,\cdots,V_n$ 是 V 的 n 个子空间, 则它们的和 $V_1+V_2+\cdots+V_n$ 定义为集合 $\{\alpha_1+\alpha_2+\cdots+\alpha_n \mid \alpha_i\in V_i,\ 1\leqslant i\leqslant n\}$, 简记为 $\sum\limits_{i=1}^{n}V_i$. 请读者

自行验证 $\sum\limits_{i=1}^{n} V_i$ 是 V 的子空间. 进一步, 若 $\sum\limits_{i=1}^{n} V_i$ 中每个向量 α 可唯一分解为 $\alpha=\sum\limits_{i=1}^{n}\alpha_i$, 其中 $\alpha_i\in V_i$, $1\leqslant i\leqslant n$, 则称和 $V_1+V_2+\cdots+V_n$ 为直和, 记为 $V_1\oplus V_2\oplus\cdots\oplus V_n$, 简记为 $\bigoplus\limits_{i=1}^{n} V_i$. 直接验证, 下列陈述等价:

(1.1) $\sum\limits_{i=1}^{n} V_i$ 是直和, 即 $\sum\limits_{i=1}^{n} V_i=\bigoplus\limits_{i=1}^{n} V_i$;

(1.2) 零向量的分解唯一;

(1.3) 对所有 $1\leqslant i\leqslant n$, 都有 $V_i\cap\left(\sum\limits_{j\neq i} V_j\right)=0$;

(1.4) $\dim\left(\sum\limits_{i=1}^{n} V_i\right)=\sum\limits_{i=1}^{n}\dim V_i$.

(2) 上面定义的和与直和都假定了 $V_1,V_2,\cdots,V_n$ 是某个线性空间 V 的子空间, 换句话说, 这些"和"是在一个大的线性空间 V 的"内部"进行的. 事实上, "直和"也可以在"外部"进行: 任取两个线性空间 W_1,W_2, 考虑集合 $W_1\times W_2=\{(w_1,w_2)\mid w_1\in W_1,\ w_2\in W_2\}$. 定义下面两种运算.

(2.1) 加法 $(W_1\times W_2)\times(W_1\times W_2)\longrightarrow W_1\times W_2,$

$$((w_1,w_2),(w_1',w_2'))\longmapsto(w_1+w_1',w_2+w_2');$$

(2.2) 数乘 $F\times(W_1\times W_2)\longrightarrow W_1\times W_2,\quad (k,(w_1,w_2))\longmapsto(kw_1,kw_2)$.

容易验证这两种运算满足线性空间定义中的 8 条公理 (见本章习题 25), 所以 $W_1\times W_2$ 在这两种运算下也成为线性空间. 任取 W_1 的一个基 $\alpha_1,\alpha_2,\cdots,\alpha_m$ 与 W_2 的一个基 $\beta_1,\beta_2,\cdots,\beta_n$, 则 $(\alpha_1,0),\cdots,(\alpha_m,0),(0,\beta_1),\cdots,(0,\beta_n)$ 为 $W_1\times W_2$ 的一个基, 从而 $\dim W_1+\dim W_2=\dim(W_1\times W_2)$. 类比于直和的等价条件, $W_1\times W_2$ 也可视为 W_1 与 W_2 的某种直和. 为避免混淆, 将 $W_1\times W_2$ 称为 W_1 与 W_2 的**外直和** (external direct sum), 而把前面定义的直和称为**内直和** (internal direct sum). 若不加说明, 我们所说的直和都是内直和. 类似地, 可定义任意有限多个线性空间 $W_1,W_2,\cdots,W_n$ 的外直和 $W_1\times W_2\times\cdots\times W_n$.

(3) 根据外直和的定义, 我们有 $F^n=\overbrace{F\times F\times\cdots\times F}^{n}$, 即 n 维向量空间 F^n 是 n 个一维线性空间 F 的外直和. 类似地, 我们将 n 个线性空间 W 的外直和记为 W^n.

思考题 外直和和内直和之间有什么关系?

定义 4.3.16 设 V_1 是线性空间 V 的子空间. 若存在 V 的另一个子空间 V_2 使得 $V=V_1\oplus V_2$, 则称 V_2 为 V_1 的一个**直和补** (complement).

命题 4.3.17 设 V_1 是 n 维线性空间 V 的子空间, 则它一定有直和补.

证明 如果 V_1 是平凡子空间, 结论显然成立. 因此不妨设 $\alpha_1, \alpha_2, \cdots, \alpha_m$ 是 V_1 的一个基. 由命题 4.3.4 知, 它可以扩充成 V 的基 $\alpha_1, \alpha_2, \cdots, \alpha_m, \alpha_{m+1}, \cdots, \alpha_n$. 设 $V_2 = L(\alpha_{m+1}, \cdots, \alpha_n)$, 则 $V = V_1 \oplus V_2$. □

注记 4.3.18 尽管直和补总是存在的, 但不是唯一的. 例如, 取二维平面 $\mathbb{R}^2$ 的一条过原点的直线, 则任意一条和它不同的过原点的直线都是它的直和补.

4.4 商空间

前面已多次提到了等价关系, 作为等价关系的应用, 本节将通过线性空间 V 的一个固定的子空间对 V 中的元素进行分类.

设 $\sim$ 是集合 A 上的一种等价关系, $a \in A$, 则称集合 $\overline{a} = \{x \in A \mid x \sim a\}$ 为 A 中元素 a 所在的**等价类** (equivalence class), 等价类中的元素称为这个等价类的**代表元** (representative). 由 A 中所有等价类组成的集合称为 A 的关于 $\sim$ 的**商集**, 记为 $A/\sim$, 即 $A/\sim \ = \{\overline{a} \mid a \in A\}$.

设 W 是线性空间 V 的子空间. 在 V 上定义关系: $v_1 \sim v_2$ 当且仅当 $v_1 - v_2 \in W$, 其中 $v_1, v_2 \in V$. 易见, 该关系 $\sim$ 是等价关系, 则 $V/\sim = \{\overline{v} \mid v \in V\}$. 有时也称 $\overline{v}$ 是 v 模 W 的**同余类**. 设 $k \in F, v_1, v_2 \in V$, 定义

$$\text{加法}: \overline{v_1} + \overline{v_2} = \overline{v_1 + v_2}, \quad \text{数乘}: k\overline{v} = \overline{kv}, \ \ k \in F, \ v, v_1, v_2 \in V.$$

引理 4.4.1 上述定义的运算是合理的, 即不依赖于代表元的选取.

证明 如果 $\overline{v_1} = \overline{v_1'}$, $\overline{v_2} = \overline{v_2'}$, $\overline{v} = \overline{v'}$, 需要证明 $\overline{v_1 + v_2} = \overline{v_1' + v_2'}$, $\overline{kv} = \overline{kv'}$. 事实上, 由 $\overline{v_1} = \overline{v_1'}$, $\overline{v_2} = \overline{v_2'}$, $\overline{v} = \overline{v'}$ 知, $v_1 - v_1' \in W$, $v_2 - v_2' \in W$, $v - v' \in W$. 由于 W 是子空间, 所以 $(v_1 + v_2) - (v_1' + v_2') \in W$, $k(v - v') = kv - kv' \in W$. 因此 $\overline{v_1 + v_2} = \overline{v_1' + v_2'}$, $\overline{kv} = \overline{kv'}$. □

由于 $V/\sim$ 上的加法和数乘是由 V 上的加法和数乘确定的, 所以不难验证上述加法和数乘满足线性空间的所有公理, 从而 $V/\sim$ 是线性空间, 记为 V/W.

定义 4.4.2 设 W 是线性空间 V 的子空间, 称线性空间 V/W 是 V 模 W 的**商空间** (quotient space).

商空间具有以下简单性质.

命题 4.4.3 设 W 是有限维线性空间 V 的子空间, 则下述结论成立.

(1) 设 $v \in V$, 则 $\overline{v} = \overline{0}$ 当且仅当 $v \in W$.

(2) 任取 W 在 V 中的一个直和补 W_1, 设 $\alpha_1, \alpha_2, \cdots, \alpha_t$ 为 W_1 的一个基, 则 $\overline{\alpha_1}, \overline{\alpha_2}, \cdots, \overline{\alpha_t}$ 是 V/W 的一个基.

(3) $\dim V/W = \dim V - \dim W$.

证明 (1) 由定义知, $\overline{v} = \overline{0}$ 当且仅当 $v = v - 0 \in W$.

(2) 设 $\beta_1, \beta_2, \cdots, \beta_s$ 是 W 的一个基, 由 $V = W \oplus W_1$ 知, $\beta_1, \beta_2, \cdots, \beta_s, \alpha_1, \alpha_2, \cdots, \alpha_t$ 是 V 的一个基. 于是, 对任意 $v \in V$ 都存在 $k_i \in F$, $l_j \in F$, $1 \leqslant i \leqslant s$, $1 \leqslant j \leqslant t$, 使得 $v = k_1\beta_1 + k_2\beta_2 + \cdots + k_s\beta_s + l_1\alpha_1 + l_2\alpha_2 + \cdots + l_t\alpha_t$. 因此

$$\begin{aligned}\overline{v} &= \overline{k_1\beta_1 + k_2\beta_2 + \cdots + k_s\beta_s + l_1\alpha_1 + l_2\alpha_2 + \cdots + l_t\alpha_t} \\ &= k_1\overline{\beta_1} + k_2\overline{\beta_2} + \cdots + k_s\overline{\beta_s} + l_1\overline{\alpha_1} + l_2\overline{\alpha_2} + \cdots + l_t\overline{\alpha_t} \\ &= k_1\overline{0} + k_2\overline{0} + \cdots + k_s\overline{0} + l_1\overline{\alpha_1} + l_2\overline{\alpha_2} \cdots + l_t\overline{\alpha_t} \\ &= l_1\overline{\alpha_1} + l_2\overline{\alpha_2} + \cdots + l_t\overline{\alpha_t}.\end{aligned}$$

这里第三个等号用到了 (1). 于是, V/W 中的任意向量均可由 $\overline{\alpha_1}, \overline{\alpha_2}, \cdots, \overline{\alpha_t}$ 线性表出, 所以要证明结论, 只需证它们线性无关即可. 为此, 令

$$c_1\overline{\alpha_1} + c_2\overline{\alpha_2} + \cdots + c_t\overline{\alpha_t} = 0,$$

其中 $c_i \in F$, $1 \leqslant i \leqslant t$. 由 (1) 知, $c_1\alpha_1 + c_2\alpha_2 + \cdots + c_t\alpha_t \in W$, 从而存在 $b_j \in F$, $1 \leqslant j \leqslant s$, 使得 $c_1\alpha_1 + c_2\alpha_2 + \cdots + c_t\alpha_t = b_1\beta_1 + b_2\beta_2 + \cdots + b_s\beta_s$. 由于 $\beta_1, \beta_2, \cdots, \beta_s, \alpha_1, \alpha_2, \cdots, \alpha_t$ 是 V 的基, 所以 $c_1 = c_2 = \cdots = c_t = 0$. 故 $\overline{\alpha_1}, \overline{\alpha_2}, \cdots, \overline{\alpha_t}$ 线性无关.

(3) 由 (2) 即得. □

习 题 4

1. 检验以下集合对于所指的运算是否成为实数域上的线性空间:

(1) 次数大于 $n \in \mathbb{N}$ 的实系数多项式全体和零多项式, 对于多项式的加法和数乘;

(2) 全体 n 级上三角矩阵, 对于矩阵的加法和数乘;

(3) 对于集合 $\mathbb{R}^2 = \{(a, b) \mid a, b \in \mathbb{R}\}$, 定义运算:

$$\begin{aligned}&(a_1, b_1) \oplus (a_2, b_2) = (a_1 + a_2, b_1 + b_2 + a_1a_2), \\ &k\circ(a_1, b_1) = \left(ka_1, kb_1 + \frac{k(k-1)}{2}a_1^2\right), \quad a_i, b_i, k \in \mathbb{R}, \quad i = 1, 2;\end{aligned}$$

(4) 对于 (3) 中定义的集合 $\mathbb{R}^2$ 以及取定的两个实数 a, b, 定义运算:

$$\begin{aligned}&(a_1, b_1) \oplus (a_2, b_2) = (aa_1 + aa_2, bb_1 + bb_2), \\ &k\circ(a_1, b_1) = (ka_1, kb_1), \quad a_i, b_i, k \in \mathbb{R}, \quad i = 1, 2;\end{aligned}$$

(5) 对于集合 $\mathbb{R}^2$, 定义运算:

$$(a_1, b_1) \oplus (a_2, b_2) = (a_1 + a_2, b_1 + b_2),$$

$$k \circ (a_1, b_1) = (0, 0), \quad a_i, b_i, k \in \mathbb{R}, \quad i = 1, 2;$$

(6) 对于集合 $\mathbb{R}^2$, 定义运算:

$$(a_1, b_1) \oplus (a_2, b_2) = (a_1 + a_2, b_1 + b_2),$$
$$k \circ (a_1, b_1) = (a_1, b_1), \quad a_i, b_i, k \in \mathbb{R}, \quad i = 1, 2;$$

(7) 设 $G = \{(a, b) \mid a, b \in \mathbb{R}, a^2 = b\}$, 对于二维实向量空间中的向量加法和数量乘法.

2.* 在线性空间的定义的 8 条公理中, 现在仅保留 (2) 到 (8) 条, 同时将第 (3) 条改为

$$\alpha + 0 = \alpha,$$

或将第 (4) 条改为

$$\alpha' + \alpha = 0.$$

证明: 此时我们可以得到第 (1) 条, 即交换律成立.

3. 设 V 是线性空间, $\alpha, \beta \in V$, $k \in F$. 证明: $k(\alpha - \beta) = k\alpha - k\beta$.

4. 在实函数空间中, 证明: $\cos^2 x, \sin^2 x, \cos 2x$ 线性相关.

5. 在实函数空间中, 证明: $\cos^2 x, \sin^2 x, x$ 线性无关.

6. 证明: 如果 $f_1(x), f_2(x)$ 和 $f_3(x)$ 是线性空间 $F[x]$ 中三个互素的多项式, 但其中任意两个都不互素, 那么它们线性无关.

7. 在线性空间 F^4 中, 求向量 α 在基 $\varepsilon_1, \varepsilon_2, \varepsilon_3, \varepsilon_4$ 下的坐标:

(1) $\varepsilon_1 = (1, 1, 0, 0)$, $\varepsilon_2 = (0, 1, 1, 0)$, $\varepsilon_3 = (0, 0, 1, 1)$,
$\varepsilon_4 = (0, 0, 0, 1)$, $\alpha = (1, 2, 4, 3)$;

(2) $\varepsilon_1 = (1, 1, 0, 1)$, $\varepsilon_2 = (2, 1, 3, 1)$, $\varepsilon_3 = (1, 1, 1, 1)$,
$\varepsilon_4 = (0, 1, -1, -1)$, $\alpha = (1, 2, 0, 1)$.

8. 求下列线性空间的一个基和维数:

(1) 数域 F 上 n 级方阵全体;

(2) 数域 F 上 n 级对称 (反对称, 上三角) 矩阵全体;

(3) 实数域上由矩阵 J 的全体实系数多项式组成的线性空间, 其中

$$J = \begin{pmatrix} 1 & 1 & 0 & 0 & 0 \\ 0 & 1 & 1 & 0 & 0 \\ 0 & 0 & 1 & 1 & 0 \\ 0 & 0 & 0 & 1 & 1 \\ 0 & 0 & 0 & 0 & 1 \end{pmatrix}.$$

9. 在线性空间 F^4 中, 求由基 $\varepsilon_1, \varepsilon_2, \varepsilon_3, \varepsilon_4$ 到基 $\eta_1, \eta_2, \eta_3, \eta_4$ 的过渡矩阵, 并求向量 ξ 分别在这两个基下的坐标:

$$(1) \begin{cases} \varepsilon_1 = (1, 0, 0, 0), \\ \varepsilon_2 = (0, 1, 0, 0), \\ \varepsilon_3 = (0, 0, 1, 0), \\ \varepsilon_4 = (0, 0, 0, 1), \end{cases} \quad \begin{cases} \eta_1 = (2, 1, -1, 1), \\ \eta_2 = (0, 3, 1, 0), \\ \eta_3 = (5, 3, 2, 1), \\ \eta_4 = (6, 6, 1, 3), \end{cases} \quad \xi = (1, 2, 3, 4);$$

(2) $\begin{cases} \varepsilon_1 = (1,2,-1,-1), \\ \varepsilon_2 = (1,-1,1,1), \\ \varepsilon_3 = (0,2,1,1), \\ \varepsilon_4 = (-1,-1,0,1), \end{cases}$ $\begin{cases} \eta_1 = (2,1,0,1), \\ \eta_2 = (0,1,2,2), \\ \eta_3 = (-2,1,1,2), \\ \eta_4 = (1,1,1,2), \end{cases}$ $\xi = (4,1,3,3)$;

(3) $\begin{cases} \varepsilon_1 = (1,1,1,1), \\ \varepsilon_2 = (1,1,-1,-1), \\ \varepsilon_3 = (1,-1,1,-1), \\ \varepsilon_4 = (1,-1,-1,1), \end{cases}$ $\begin{cases} \eta_1 = (1,1,0,1), \\ \eta_2 = (2,1,3,1), \\ \eta_3 = (1,1,0,0), \\ \eta_4 = (0,1,-1,-1), \end{cases}$ $\xi = (1,0,0,2)$.

10. 在上题小题 (1) 中, 求一非零向量 ξ 使得它在基 $\varepsilon_1,\varepsilon_2,\varepsilon_3,\varepsilon_4$ 和基 $\eta_1,\eta_2,\eta_3,\eta_4$ 下具有相同的坐标.

11. 设 V_1, V_2 都是 V 的子空间且 $V_1 \subseteq V_2$. 如果 $\dim V_1 = \dim V_2$, 证明: $V_1 = V_2$.

12. 设 $\alpha_1,\alpha_2,\cdots,\alpha_n$ 是 n 维线性空间 V 的一个基, $\beta_1,\beta_2,\cdots,\beta_m \in V$, $A \in \mathrm{M}_{n\times m}(F)$, 且 $(\beta_1,\beta_2,\cdots,\beta_m) = (\alpha_1,\alpha_2,\cdots,\alpha_n)A$. 证明:

$$\operatorname{rank}(\beta_1,\beta_2,\cdots,\beta_m) = \operatorname{rank}A.$$

13. 如果 $c_1\alpha + c_2\beta + c_3\gamma = 0$ 且 $c_1c_3 \neq 0$, 证明: $L(\alpha,\beta) = L(\beta,\gamma)$.

14.* 设 V 是 n 维线性空间, $m \geqslant n$. 证明: 存在 m 个向量 $\alpha_1,\alpha_2,\cdots,\alpha_m \in V$ 使得 $\alpha_1,\alpha_2,\cdots,\alpha_m$ 中任意 n 个向量都线性无关.

15. 设 $A \in \mathrm{M}_n(F)$.

(1) 证明: 全体与 A 可交换的矩阵形成 $\mathrm{M}_n(F)$ 的一个子空间, 记作 $C(A)$;

(2) 当 $A = \begin{pmatrix} 1 & 1 & 0 & 0 & 0 \\ 0 & 1 & 1 & 0 & 0 \\ 0 & 0 & 1 & 1 & 0 \\ 0 & 0 & 0 & 1 & 1 \\ 0 & 0 & 0 & 0 & 1 \end{pmatrix}$ 时, 求 $C(A)$ 的一个基和维数;

(3) 当 $A = \begin{pmatrix} 1 & 0 & 0 \\ 0 & 1 & 0 \\ 1 & 1 & 1 \end{pmatrix}$ 时, 求 $C(A)$ 的一个基和维数.

16. 在 F^4 中, 求由向量 $\alpha_i\ (i=1,2,3,4)$ 张成的子空间的一个基与维数:

(1) $\begin{cases} \alpha_1 = (2,1,3,0), \\ \alpha_2 = (1,2,0,0), \\ \alpha_3 = (-1,0,-1,1), \\ \alpha_4 = (4,-1,0,1); \end{cases}$ (2) $\begin{cases} \alpha_1 = (2,1,3,2), \\ \alpha_2 = (1,-2,1,0), \\ \alpha_3 = (-1,0,0,1), \\ \alpha_4 = (0,-1,0,1). \end{cases}$

17. 在 F^4 中, 求由向量 α_i 张成的子空间与由向量 β_i 张成的子空间的交与和的一个基以及维数:

(1) $\begin{cases} \alpha_1 = (1,2,1,0), \\ \alpha_2 = (-1,1,1,1), \end{cases}$ $\begin{cases} \beta_1 = (2,1,-1,1), \\ \beta_2 = (0,3,1,0); \end{cases}$

(2) $\begin{cases} \alpha_1 = (1,1,0,0), \\ \alpha_2 = (1,0,1,1), \end{cases}$ $\begin{cases} \beta_1 = (0,0,-1,1), \\ \beta_2 = (0,1,1,0); \end{cases}$

(3) $\begin{cases} \alpha_1 = (1,2,-1,-2), \\ \alpha_2 = (3,1,1,1), \\ \alpha_3 = (-1,0,-1,1), \end{cases}$ $\begin{cases} \beta_1 = (2,4,-2,4), \\ \beta_2 = (-1,0,4,3). \end{cases}$

18. 设 $A \in \mathrm{M}_n(F)$. 证明: 存在一个次数不超过 n^2 的非零多项式 $f(x) \in F[x]$ 使得 $f(A) = 0$.

19. 设 $\alpha_1, \alpha_2, \cdots, \alpha_n$ 是线性空间 V 的一个基. 如果 $\beta \in V$ 能被 $\alpha_1, \alpha_2, \cdots, \alpha_n$ 中任意 $n-1$ 个向量线性表出, 证明: $\beta = 0$.

20. 设 F^n 是数域 F 上的 n 维列向量空间.

(1) 证明: 存在 F^n 的子空间 W 使得 W 的任一非零向量的每一个分量都不为 0;

(2) 如果 W 是 F^n 的非零子空间且 W 的任一非零向量的每一个分量都不为 0, 证明: $\dim W = 1$.

21. 设 V_1 与 V_2 分别是齐次线性方程组 $\sum\limits_{i=1}^{n} x_i = 0$ 和 $x_1 = x_2 = \cdots = x_n$ 的解空间. 证明: $F^n = V_1 \oplus V_2$.

22. 证明: 如果 $V = V_1 \oplus V_2$, $V_2 = V_{21} \oplus V_{22}$, 那么 $V = V_1 \oplus V_{21} \oplus V_{22}$.

23. 证明: 每一个 n 维线性空间都可以表成 n 个一维子空间的直和.

24. 设 V_i 都是 V 的子空间, $i = 1, 2, \cdots, m$. 证明: $\sum\limits_{i=1}^{m} V_i = \bigoplus\limits_{i=1}^{m} V_i$ 当且仅当对任意的 $2 \leqslant i \leqslant m$, $V_i \cap \sum\limits_{j=1}^{i-1} V_j = \{0\}$.

25. 证明注记 4.3.15 (2) 中给出的加法和数乘满足线性空间定义的 8 条公理并且有

$$\dim W_1 + \dim W_2 = \dim(W_1 \times W_2).$$

26. 设 V_1, V_2 是线性空间 V 的子空间, $\alpha, \beta \in V$. 证明: 若 $\alpha + V_1 = \beta + V_2$, 则 $V_1 = V_2$. 这里 $\alpha + V_1 = \{\alpha + \alpha_1 \mid \alpha_1 \in V_1\}$, $\beta + V_2 = \{\beta + \alpha_2 \mid \alpha_2 \in V_2\}$.

27. (对照第 1 章习题 43) 设 $a_1, a_2, \cdots, a_n \in F$ 互不相同, 令

$$f_i(x) = (x-a_1)\cdots(x-a_{i-1})(x-a_{i+1})\cdots(x-a_n), \quad i = 1, 2, \cdots, n.$$

(1) 证明: $f_1(x), f_2(x), \cdots, f_n(x)$ 是线性空间 $F[x]_n$ 的一个基;

(2) 如果 $F = \mathbb{C}$, $a_1, a_2, \cdots, a_n$ 为全体 n 次单位根, 求由基 $1, x, \cdots, x^{n-1}$ 到基 $f_1(x), f_2(x), \cdots, f_n(x)$ 的过渡矩阵.

28. 设 $V_1, V_2, \cdots, V_s$ 是线性空间 V 的 s 个非平凡子空间, 其中 $s \geqslant 2$. 证明:

$$V \neq V_1 \cup V_2 \cup \cdots \cup V_s.$$

29. (1) 设 $V = \mathrm{M}_n(F)$, V_1 是由 V 中全体对角矩阵张成的子空间, 给出商空间 V/V_1 的一个基;

(2) 设 $V=\mathrm{M}_3(F)$, $A=\begin{pmatrix}1&0&0\\0&1&0\\0&1&1\end{pmatrix}$. 求 $V/C(A)$ 的一个基, 其中 $C(A)$ 的定义见本章习题 15.

30.* 设 α 是非齐次线性方程组 $AX=\beta$ 的一个特解. 证明: $AX=\beta$ 的解集合是 α 模 W_A 的同余类, 其中 W_A 是 $AX=0$ 的解空间.

31.* 设 W 是 F^n 的非平凡子空间, 对任意 $\alpha\in F^n$, 证明: 存在 $A\in\mathrm{M}_{m\times n}(F)$ 及 $\beta\in F^m$ 使得 $\overline{\alpha}\in F^n/W$ 为 $AX=\beta$ 的解集合.

第 5 章

线 性 映 射

线性映射 (linear mapping) 源于 17、18 世纪的解析几何和射影几何 (projective geometry). 线性变换 (linear transformation) 和矩阵的联系已经隐含在高斯于 1801 年出版的名著《算术研究》(*Disquisitiones Arithmcticae*) 中. 1844 年, 格拉斯曼[①]出版了《线性扩张论》(*Die Lineale Ausdehnungslehre, Ein Neuer Zweig der Mathematik*) 一书, 初步开启了有限维线性空间的线性变换的研究, 其后, 艾森斯坦和埃尔米特[②]在他们的工作中开始将线性变换作为独立的数学对象加以研究. 线性代数一词第一次出现在范德瓦尔登[③]于 1930 年出版的经典教材《近世代数》(*Modern Algebra*) 中, 现在通用的线性映射 (线性变换) 的定义与形式也出现在该书中.

本章将研究线性空间之间的关系 —— 线性映射 (线性空间到自身的线性映射称为线性变换). 取定有限维线性空间的基, 每个线性映射都可用一个矩阵表示. 同一个线性映射 (线性变换) 在不同基下的矩阵恰好是彼此相抵 (相似) 的, 于是寻求线性映射 (线性变换) 的最简矩阵表示, 就归结为在矩阵的相抵 (相似) 类中寻找最简代表元. 为此我们首先介绍线性映射及其矩阵表示, 然后考虑线性空间的分解与方阵的准对角化, 从而引入特征值和特征向量, 讨论矩阵可对角化的条件等, 最后证明: 任一复方阵都相似于一个若尔当[④]矩阵.

5.1 线性映射与同构

从现在开始, 若无特殊说明, 线性空间都是指某个数域 F 上的线性空间.

定义 5.1.1 设 V, W 是线性空间.

(1) 若映射 $\sigma: V \longrightarrow W$ 满足: 对任意 $\alpha, \beta \in V,\ k, l \in F$, 都有

---

① Hermann Günther Grassmann, 1809—1877, 德国数学家.

② Charles Hermite, 1822—1901, 法国数学家.

③ Bartel Leendert van der Waerden, 1903—1996, 荷兰数学家.

④ Marie Ennemond Camille Jordan, 1838—1922, 法国数学家.

$$\sigma(k\alpha + l\beta) = k\sigma(\alpha) + l\sigma(\beta), \tag{5.1.1}$$

则称 σ 是 V 到 W 的 F **线性映射**, 简称线性映射.

(2) 设 σ 是 V 到 W 的线性映射.

(2.1) 若 σ 是单射, 则称 σ 是**单线性映射** (injective linear map);

(2.2) 若 σ 是满射, 则称 σ 是**满线性映射** (surjective linear map);

(2.3) 若 σ 是双射, 则称 σ 是**同构** (isomorphism), 或**可逆线性映射** (invertible linear map).

(3) 若存在同构 $\sigma : V \longrightarrow W$, 则称 V 与 W 是**同构的** (isomorphic) 线性空间, 简称 V 与 W 同构, 记为 $V \cong W$.

(4) V 到 V 的线性映射称为 V 的**线性变换**; V 到 V 的同构称为 V 的**自同构** (automorphism).

(5) 当 $W = F$ 时, 线性映射 $f : V \longrightarrow F$ 称为**线性函数** (linear function).

注记 5.1.2 (1) 在定义 5.1.1 (1) 中, 条件 (5.1.1) 式等价于: 对任意 $\alpha, \beta \in V$, $k \in F$, 都有 $\sigma(\alpha + \beta) = \sigma(\alpha) + \sigma(\beta)$, $\sigma(k\alpha) = k\sigma(\alpha)$.

(2) 线性映射也称为**线性算子** (linear operator) 或**同态** (homomorphism).

(3) 为了叙述和书写的方便, 下面引入一些常用记号. V 到 W 的所有 F 线性映射组成的集合记为 $\mathrm{Hom}_F(V, W)$, 简记为 $\mathrm{Hom}(V, W)$. 特别地

(3.1) $\mathrm{Hom}_F(V, V)$ 常记为 $\mathrm{End}_F(V)$, 简记为 $\mathrm{End}(V)$;

(3.2) V 的所有自同构组成的集合记为 $\mathrm{Aut}_F(V)$, 简记为 $\mathrm{Aut}(V)$;

(3.3) $\mathrm{Hom}_F(V, F)$ 常记为 V^*, 称为 V 的**对偶空间**[①] (dual space).

例 5.1.3 设 V, W 是线性空间.

(1) **零映射** (zero mapping) $0 : V \longrightarrow W$, $\alpha \longmapsto 0_W$, 是线性映射.

(2) **恒等映射** (identity mapping) $1_V : V \longrightarrow V$, $\alpha \longmapsto \alpha$, 是自同构, 称之为 V 的**恒等变换** (identity transformation), 在不引起混淆的情况下简记为 1.

(3) 设 $k \in F$, 则映射 $\sigma_k : V \longrightarrow V, \alpha \longmapsto k\alpha$, 是线性变换, 称之为**数乘变换**.

(4) 设 W 是 V 的子空间, 则映射 $\pi : V \longrightarrow V/W$, $\alpha \longmapsto \overline{\alpha}$, 是线性映射, 称之为**商映射** (quotient map).

例 5.1.4 (1) 迹映射 $\mathrm{Tr} : M_n(F) \longrightarrow F$, $A = (a_{ij})_{n\times n} \longmapsto \mathrm{Tr}(A) = \sum\limits_{i=1}^{n} a_{ii}$, 是线性函数.

(2) 求导运算 $D : F[x] \longrightarrow F[x]$, $f(x) \longmapsto f'(x)$, 是线性变换.

(3) 设 $A \in M_{m\times n}(F)$, s 是正整数, 则由 A 诱导的映射

$$\sigma_A : M_{n\times s}(F) \longrightarrow M_{m\times s}(F),\ B \longmapsto AB,$$

① 参见定理 5.2.2, $\mathrm{Hom}(V, W)$, $\mathrm{End}(V)$ 和 V^* 都是线性空间.

是线性映射. 特别地, 当 $s=1$ 时, $\sigma_A: F^n \longrightarrow F^m,\ X \longmapsto AX$ 是线性映射.

(4) 设 $F=\mathbb{R}$, 则 $I: C[a,b] \longrightarrow \mathbb{R},\ f \longmapsto I(f)=\int_a^b f(x)\mathrm{d}x$, 是线性函数.

例 5.1.5 (1) 设 $V=\mathbb{R}^2$. 给定 $\varphi \in \mathbb{R}$, 将平面绕坐标原点逆时针旋转 φ 角度称为 V 的一个**旋转** (rotation), 记为 R_φ, 如图 5.1 所示. 易见, R_φ 是 V 的一个线性变换, 并且是 V 的自同构. 设向量 α 在直角坐标系下的坐标为 (x_α, y_α), $R_\varphi(\alpha)=\beta$, 则由 $|\alpha|=|\beta|$ 知

$$\begin{aligned} x_\beta &= |\beta|\cos(\omega+\varphi) = |\alpha|\cos\omega\cos\varphi - |\alpha|\sin\omega\sin\varphi = x_\alpha\cos\varphi - y_\alpha\sin\varphi, \\ y_\beta &= |\beta|\sin(\omega+\varphi) = |\alpha|\cos\omega\sin\varphi + |\alpha|\sin\omega\cos\varphi = x_\alpha\sin\varphi + y_\alpha\cos\varphi, \end{aligned}$$

从而 $\begin{pmatrix} x_\beta \\ y_\beta \end{pmatrix} = \begin{pmatrix} \cos\varphi & -\sin\varphi \\ \sin\varphi & \cos\varphi \end{pmatrix} \begin{pmatrix} x_\alpha \\ y_\alpha \end{pmatrix}$.

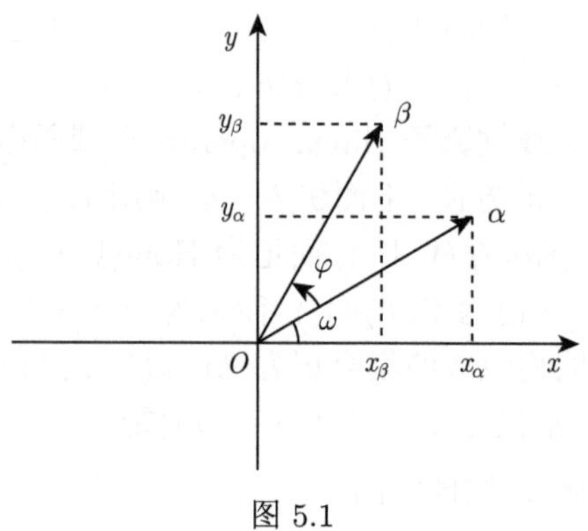

图 5.1

(2) 设 $W=\mathbb{R}^3$. 给定单位向量 $\alpha \in W$ 以及 $\varphi \in \mathbb{R}$, 将空间 W 绕 α 所在的有向直线按右手法则旋转 φ 角度是 W 的一个自同构, 称为**旋转**, 记为 $R_{\alpha,\varphi}$. 对任意 $\eta \in W$, 有

$$R_{\alpha,\varphi}(\eta) = (\cos\varphi)\eta + (\alpha\cdot\eta)(1-\cos\varphi)\alpha + (\sin\varphi)(\alpha\times\eta), \tag{5.1.2}$$

其中, $\alpha\cdot\eta$ 和 $\alpha\times\eta$ 分别表示 α 与 η 的**内积** (inner product) 和**外积** (exterior product). 上述公式称为**罗德里格**①**旋转公式** (Rodrigues rotation formula), 证明参见文献 [47] 或第 8 章习题 16. 我们将在 8.3 节详细介绍旋转.

(3) 设 $W=\mathbb{R}^3$, α 是 W 中的单位向量. 任取 $\eta \in W$, 记 $P_\alpha(\eta)=(\eta\cdot\alpha)\alpha$ 为 η 在 α 所在直线的内射影, 则 $P_\alpha: W \longrightarrow W,\ \eta \longmapsto P_\alpha(\eta)$, 是 W 的线性变换.

① Benjamin Olinde Rodrigues, 1795—1851, 法国数学家.

例 5.1.6 设 V_1, V_2 是有限维线性空间 V 的两个子空间, 并且 $V = V_1 \oplus V_2$. 任取 $\alpha \in V$, 则存在唯一的 $\alpha_i \in V_i, i = 1, 2$, 使得 $\alpha = \alpha_1 + \alpha_2$. 定义 $\pi_i(\alpha) = \alpha_i$, 则 $\pi_i : V \longrightarrow V_i$ 是线性映射, $i = 1, 2$.

根据定义直接验证线性映射具有如下简单性质.

命题 5.1.7 设 V, W, U 是线性空间, $\sigma \in \mathrm{Hom}(V, W)$, $\alpha_i \in V$, $k_i \in F$, $i = 1, 2, \cdots, n$.

(1) $\sigma(0_V) = 0_W$, 在不引起混淆的情况下简记为 $\sigma(0) = 0$.

(2) $\sigma\left(\sum\limits_{i=1}^{n} k_i\alpha_i\right) = \sum\limits_{i=1}^{n} k_i\sigma(\alpha_i)$.

(3) 若 $\alpha_1, \alpha_2, \cdots, \alpha_n$ 线性相关, 则 $\sigma(\alpha_1), \sigma(\alpha_2), \cdots, \sigma(\alpha_n)$ 线性相关.

(4) 若 $\sigma(\alpha_1), \sigma(\alpha_2), \cdots, \sigma(\alpha_n)$ 线性无关, 则 $\alpha_1, \alpha_2, \cdots, \alpha_n$ 线性无关.

(5) 若 σ 是同构, 则 $\alpha_1, \alpha_2, \cdots, \alpha_n$ 线性相关当且仅当 $\sigma(\alpha_1), \sigma(\alpha_2), \cdots, \sigma(\alpha_n)$ 线性相关.

(6) 若 $\tau \in \mathrm{Hom}(W, U)$, 则 $\tau\sigma \in \mathrm{Hom}(V, U)$, 其中 $\tau\sigma = \tau\circ\sigma$ 是 σ 与 τ 的复合映射.

定理 5.1.8 设 V, W 是线性空间, $\dim V = n$, $\alpha_1, \alpha_2, \cdots, \alpha_n$ 是 V 的一个基.

(1) 若 $\sigma \in \mathrm{Hom}(V, W)$, 则 σ 由基 $\alpha_1, \alpha_2, \cdots, \alpha_n$ 的像唯一确定, 即如果 $\tau \in \mathrm{Hom}(V, W)$ 满足 $\tau(\alpha_i) = \sigma(\alpha_i)$, $i = 1, 2, \cdots, n$, 那么 $\tau = \sigma$.

(2) 若 $\beta_1, \beta_2, \cdots, \beta_n \in W$, 则存在唯一的 $\sigma \in \mathrm{Hom}(V, W)$ 使得 $\sigma(\alpha_i) = \beta_i$, $i = 1, 2, \cdots, n$.

证明 (1) 设 $\alpha \in V$, 则存在 $k_1, k_2, \cdots, k_n \in F$ 使得 $\alpha = \sum\limits_{i=1}^{n} k_i\alpha_i$. 所以

$$\sigma(\alpha) = \sigma\left(\sum_{i=1}^{n} k_i\alpha_i\right) = \sum_{i=1}^{n} k_i\sigma(\alpha_i) = \sum_{i=1}^{n} k_i\tau(\alpha_i) = \tau\left(\sum_{i=1}^{n} k_i\alpha_i\right) = \tau(\alpha).$$

因此 $\sigma = \tau$.

(2) 由 (1) 知, 满足条件的 σ 是唯一的, 因此只需证明 σ 的存在性.

设 $\alpha \in V$, 则 α 可唯一表示为 $\alpha = \sum\limits_{i=1}^{n} k_i\alpha_i$, 其中 $k_1, k_2, \cdots, k_n \in F$. 定义映射 $\sigma : V \longrightarrow W$ 使得 $\sigma(\alpha) = \sum\limits_{i=1}^{n} k_i\beta_i$, 则显然有 $\sigma(\alpha_i) = \beta_i, i = 1, 2, \cdots, n$. 再任取 $\gamma \in V$, 则 $\gamma = \sum\limits_{i=1}^{n} l_i\alpha_i$, 其中 $l_1, l_2, \cdots, l_n \in F$. 对任意 $k, l \in F$, $k\alpha + l\gamma =$

$\sum\limits_{i=1}^{n}(kk_i+ll_i)\alpha_i$, 所以 $\sigma(k\alpha+l\gamma)=\sum\limits_{i=1}^{n}(kk_i+ll_i)\beta_i=k\sum\limits_{i=1}^{n}k_i\beta_i+l\sum\limits_{i=1}^{n}l_i\beta_i=k\sigma(\alpha)+l\sigma(\gamma)$. 因此 σ 是线性映射, 即 $\sigma\in\mathrm{Hom}(V,W)$. □

下面我们来讨论线性空间的同构.

定理 5.1.9 线性空间的同构是等价关系.

证明 设 V,W,U 是线性空间.

(1) 自反性 因为恒等映射 $1:V\longrightarrow V$ 是同构, 故 $V\cong V$.

(2) 对称性 设 $V\cong W$, 即存在同构 $\sigma:V\longrightarrow W$. 由 σ 是双射知其逆映射 $\sigma^{-1}:W\longrightarrow V$ 也是双射. 对任意 $\alpha,\beta\in W$, $k,l\in F$, 有

$$\begin{aligned}\sigma(\sigma^{-1}(k\alpha+l\beta))&=(\sigma\sigma^{-1})(k\alpha+l\beta)\\&=k\alpha+l\beta\\&=k(\sigma\sigma^{-1})(\alpha)+l(\sigma\sigma^{-1})(\beta)\\&=k\sigma(\sigma^{-1}(\alpha))+l\sigma(\sigma^{-1}(\beta))\\&=\sigma(k\sigma^{-1}(\alpha)+l\sigma^{-1}(\beta)).\end{aligned}$$

由 σ 是单射知 $\sigma^{-1}(k\alpha+l\beta)=k\sigma^{-1}(\alpha)+l\sigma^{-1}(\beta)$, 即 σ^{-1} 是线性映射. 因此 σ^{-1} 是 W 到 V 的一个同构, 从而 $W\cong V$.

(3) 传递性 设 $V\cong W$, $W\cong U$, 即存在同构 $\sigma:V\longrightarrow W$, $\tau:W\longrightarrow U$. 一方面, 由 σ,τ 都是双射知它们的复合映射 $\tau\sigma$ 也是双射; 另一方面, 由命题 5.1.7 (6) 知 $\tau\sigma$ 是线性映射, 所以 $\tau\sigma$ 是 V 到 U 的一个同构, 故 $V\cong U$. □

定理 5.1.10 设 V 是 n 维线性空间, 则 $V\cong F^n$.

证明 设 $\alpha_1,\alpha_2,\cdots,\alpha_n$ 是 V 的一个基. 根据坐标的唯一性, 定义映射

$$\sigma:V\longrightarrow F^n,\quad \alpha\longmapsto\sigma(\alpha)=(k_1,k_2,\cdots,k_n)',$$

其中 $(k_1,k_2,\cdots,k_n)'$ 是 α 在基 $\alpha_1,\alpha_2,\cdots,\alpha_n$ 下的坐标.

一方面, 显然 σ 是双射; 另一方面, 对任意 $\alpha,\beta\in V$, 则存在 $x_i,y_i\in F$, $i=1,2,\cdots,n$, 使得 $\alpha=\sum\limits_{i=1}^{n}x_i\alpha_i$, $\beta=\sum\limits_{i=1}^{n}y_i\alpha_i$. 所以 $\sigma(\alpha)=(x_1,x_2,\cdots,x_n)'$, $\sigma(\beta)=(y_1,y_2,\cdots,y_n)'$. 又对任意 $k,l\in F$, $k\alpha+l\beta=\sum(kx_i+ly_i)\alpha_i$. 因此

$$\begin{aligned}\sigma(k\alpha+l\beta)&=(kx_1+ly_1,kx_2+ly_2,\cdots,kx_n+ly_n)'\\&=k(x_1,x_2,\cdots,x_n)'+l(y_1,y_2,\cdots,y_n)'\\&=k\sigma(\alpha)+l\sigma(\beta),\end{aligned}$$

从而 σ 是线性映射. 故 σ 是同构, 从而 $V\cong F^n$. □

定理 5.1.11 设 V 和 W 是两个有限维线性空间, 则 V 与 W 同构当且仅当 $\dim V = \dim W$.

证明 充分性 设 $\dim V = \dim W = n$, 则由定理 5.1.10 知, V 与 W 都同构于 F^n. 再由定理 5.1.9 知, V 与 W 同构.

必要性 设 V 与 W 同构, 则存在同构 $\sigma : V \longrightarrow W$. 设 $\dim V=n, \dim W = m$, $\alpha_1, \alpha_2, \cdots, \alpha_n$ 是 V 的一个基, 则 $\alpha_1, \alpha_2, \cdots, \alpha_n$ 线性无关, 故由命题 5.1.7 (5) 知, $\sigma(\alpha_1), \sigma(\alpha_2), \cdots, \sigma(\alpha_n)$ 是 W 中的 n 个线性无关的向量, 因此 $n \leqslant \dim W = m$. 同理 $m \leqslant n$. 所以 $n = m$, 即 $\dim V = \dim W$. □

定义 5.1.12 设 V, W 是线性空间, $\sigma \in \mathrm{Hom}(V, W)$. 定义

$$\mathrm{Ker}(\sigma) = \{\alpha \in V \mid \sigma(\alpha) = 0\}, \text{ 称之为 } \sigma \text{ 的} \textbf{核} \text{ (kernel)};$$

$$\mathrm{Im}(\sigma) = \{\sigma(\alpha) \in W \mid \alpha \in V\}, \text{ 称之为 } \sigma \text{ 的} \textbf{像} \text{ (image)}.$$

有时也将 $\mathrm{Im}(\sigma)$ 记为 $\sigma(V)$.

定理 5.1.13 设 V, W 是线性空间, $\sigma \in \mathrm{Hom}(V, W)$, 则

(1) $\mathrm{Ker}(\sigma)$ 是 V 的子空间;

(2) $\mathrm{Im}(\sigma)$ 是 W 的子空间;

(3) $V/\mathrm{Ker}(\sigma) \cong \mathrm{Im}(\sigma)$.

证明 (1) 设 $\alpha, \beta \in \mathrm{Ker}(\sigma)$, 则 $\sigma(\alpha) = \sigma(\beta) = 0$. 对任意 $k, l \in F$, 有

$$\sigma(k\alpha + l\beta) = k\sigma(\alpha) + l\sigma(\beta) = 0,$$

所以 $k\alpha + l\beta \in \mathrm{Ker}(\sigma)$. 故 $\mathrm{Ker}(\sigma)$ 是 V 的子空间.

(2) 设 $\beta_1, \beta_2 \in \mathrm{Im}(\sigma)$, 则存在 $\alpha_1, \alpha_2 \in V$ 使得 $\beta_i = \sigma(\alpha_i), i = 1, 2$. 对任意 $k, l \in F$, 有 $k\beta_1 + l\beta_2 = k\sigma(\alpha_1) + l\sigma(\alpha_2) = \sigma(k\alpha_1 + l\alpha_2) \in \mathrm{Im}(\sigma)$. 因此 $\mathrm{Im}(\sigma)$ 是 W 的子空间.

(3) 定义 $\overline{\sigma} : V/\mathrm{Ker}(\sigma) \longrightarrow \mathrm{Im}(\sigma)$, $\overline{\alpha} \longmapsto \sigma(\alpha)$, 其中 $\alpha \in V$.

(a) $\overline{\sigma}$ 是映射, 即 $\overline{\sigma}(\overline{\alpha}) = \sigma(\alpha)$ 与 $\overline{\alpha}$ 的代表元的选取无关.

事实上, 设 $\alpha, \beta \in V$ 且 $\overline{\alpha} = \overline{\beta}$, 则存在 $\gamma \in \mathrm{Ker}(\sigma)$ 使得 $\alpha = \beta + \gamma$, 所以 $\sigma(\alpha) = \sigma(\beta + \gamma) = \sigma(\beta) + \sigma(\gamma) = \sigma(\beta)$, 从而 $\overline{\sigma}(\overline{\alpha}) = \overline{\sigma}(\overline{\beta})$. 故 $\overline{\sigma}$ 是映射.

(b) $\overline{\sigma} \in \mathrm{Hom}(V/\mathrm{Ker}(\sigma), \mathrm{Im}(\sigma))$, 即 $\overline{\sigma}$ 是线性映射.

事实上, 对任意 $\alpha, \beta \in V$, $k, l \in F$,

$$\overline{\sigma}(k\overline{\alpha} + l\overline{\beta}) = \overline{\sigma}(\overline{k\alpha + l\beta}) = \sigma(k\alpha + l\beta) = k\sigma(\alpha) + l\sigma(\beta) = k\overline{\sigma}(\overline{\alpha}) + l\overline{\sigma}(\overline{\beta}),$$

从而 $\overline{\sigma}$ 是线性映射.

(c) $\overline{\sigma}$ 是单射.

设 $\alpha,\beta\in V$, $\overline{\sigma}(\overline{\alpha})=\overline{\sigma}(\overline{\beta})$, 则 $\sigma(\alpha)=\sigma(\beta)$. 于是 $\sigma(\alpha-\beta)=\sigma(\alpha)-\sigma(\beta)=0$, 即 $\alpha-\beta\in \mathrm{Ker}(\sigma)$, 从而 $\overline{\alpha}=\overline{\beta}$. 因此 $\overline{\sigma}$ 是单射.

(d) $\overline{\sigma}$ 是满射.

设 $\beta\in \mathrm{Im}(\sigma)$, 则存在 $\alpha\in V$ 使得 $\beta=\sigma(\alpha)$, 从而 $\overline{\sigma}(\overline{\alpha})=\sigma(\alpha)=\beta$. 故 $\overline{\sigma}$ 是满射.

由 (a), (b), (c), (d) 知, $\overline{\sigma}: V/\mathrm{Ker}(\sigma)\longrightarrow \mathrm{Im}(\sigma)$ 是同构映射, 因此 $V/\mathrm{Ker}(\sigma)\cong \mathrm{Im}(\sigma)$. □

定理 5.1.14 设 V, W 是线性空间, $\sigma\in \mathrm{Hom}(V,W)$. 如果 $\dim V<\infty$, 那么 $\mathrm{Ker}(\sigma)$, $\mathrm{Im}(\sigma)$ 都是有限维线性空间, 而且

$$\dim\mathrm{Ker}(\sigma)+\dim\mathrm{Im}(\sigma)=\dim V. \tag{5.1.3}$$

证明 由定理 5.1.13 知, $\dim\mathrm{Ker}(\sigma)\leqslant \dim V<\infty$, 并且由定理 5.1.11 和命题 4.4.3 (3) 得 $\dim\mathrm{Im}(\sigma)=\dim V/\mathrm{Ker}(\sigma)=\dim V-\dim\mathrm{Ker}(\sigma)\leqslant \dim V<\infty$, 所以 $\dim\mathrm{Ker}(\sigma)+\dim\mathrm{Im}(\sigma)=\dim V$. □

定义 5.1.15 设 $\sigma\in \mathrm{Hom}(V,W)$, 称 $\dim\mathrm{Ker}(\sigma)$ 为 σ 的**零度** (nullity), 记为 $N(\sigma)$; 称 $\dim\mathrm{Im}(\sigma)$ 为 σ 的**秩** (rank), 记为 $\mathrm{rank}(\sigma)$.

注记 5.1.16 设 V,W 是线性空间, $\dim V=n$.

(1) 设 $\alpha_1,\alpha_2,\cdots,\alpha_n$ 是 V 的一个基, $\sigma\in \mathrm{Hom}(V,W)$, 则

$$\mathrm{rank}(\sigma)=\dim L(\sigma(\alpha_1),\sigma(\alpha_2),\cdots,\sigma(\alpha_n))=\mathrm{rank}\left(\sigma(\alpha_1),\sigma(\alpha_2),\cdots,\sigma(\alpha_n)\right).$$

(2) 设 $\sigma\in \mathrm{End}(V)$. (5.1.3) 式并不能推出 $V=\mathrm{Ker}(\sigma)+\mathrm{Im}(\sigma)$ (本章习题 8 给出等号成立的刻画), 例如, 设 $n\geqslant 2$, $D: F[x]_n\longrightarrow F[x]_n$, $f(x)\mapsto f'(x)$, 则 $\mathrm{Ker}(D)=F\subseteq \mathrm{Im}(D)=F[x]_{n-1}$. 但是 $\mathrm{Ker}(D)+\mathrm{Im}(D)=\mathrm{Im}(D)\subsetneq F[x]_n$.

引理 5.1.17 设 V,W 是线性空间, $\sigma\in \mathrm{Hom}(V,W)$, 则

(1) σ 是满线性映射当且仅当 $\mathrm{Im}(\sigma)=W$;

(2) σ 是单线性映射当且仅当 $\mathrm{Ker}(\sigma)=0$.

证明 (1) 由定义即得.

(2) 必要性 由 σ 是单射及 $\sigma(0)=0$ 知 $\mathrm{Ker}(\sigma)=0$.

充分性 设 $\alpha,\beta\in V,\sigma(\alpha)=\sigma(\beta)$, 则 $\sigma(\alpha-\beta)=\sigma(\alpha)-\sigma(\beta)=0$, 即 $\alpha-\beta\in \mathrm{Ker}(\sigma)=0$. 故 $\alpha=\beta$, 从而 σ 是单线性映射. □

命题 5.1.18 设 σ 是有限维线性空间 V 的线性变换, 则 σ 是单线性映射当且仅当 σ 是满线性映射当且仅当 σ 是同构.

证明 由 $\dim V < \infty$ 知, (5.1.3) 式成立, 因此

$$\begin{aligned}
\sigma \text{ 是单线性映射} &\Longleftrightarrow \operatorname{Ker}(\sigma)=0 \\
&\Longleftrightarrow \dim\operatorname{Ker}(\sigma)=0 \\
&\Longleftrightarrow \dim V=\dim\operatorname{Im}(\sigma) \\
&\Longleftrightarrow V=\operatorname{Im}(\sigma) \\
&\Longleftrightarrow \sigma \text{ 是满线性映射.}
\end{aligned}$$

又 σ 是 V 的自同构当且仅当 σ 既单又满, 所以结论成立. □

命题 5.1.19 如果 W 是 V 的子空间且 $\pi: V \longrightarrow V/W$ 是商映射, 那么 $\operatorname{Ker}(\pi)=W$.

证明 由核的定义, $\operatorname{Ker}(\pi)=\{\alpha\in V \mid \pi(\alpha)=\overline{0}\}=\{\alpha\in V \mid \overline{\alpha}=\overline{0}\}=W$. □

定理 5.1.20 设 $\sigma\in\operatorname{Hom}(V,W)$, $1\leqslant \dim\operatorname{Ker}(\sigma)=r\leqslant\dim V=n<\infty$, $\alpha_1,\cdots,\alpha_r$ 是 $\operatorname{Ker}(\sigma)$ 的一个基.

(1) 如果将 $\alpha_1,\cdots,\alpha_r$ 扩充为 V 的一个基 $\alpha_1,\cdots,\alpha_r,\alpha_{r+1},\cdots,\alpha_n$, 那么 $\sigma(\alpha_{r+1}),\cdots,\sigma(\alpha_n)$ 是 $\operatorname{Im}(\sigma)$ 的一个基.

(2) 如果 $\beta_1,\cdots,\beta_s\in V$ 且 $\gamma_1=\sigma(\beta_1),\cdots,\gamma_s=\sigma(\beta_s)$ 是 $\operatorname{Im}(\sigma)$ 的一个基, 那么 $\alpha_1,\cdots,\alpha_r,\beta_1,\cdots,\beta_s$ 是 V 的一个基.

证明 (1) 因为

$$\begin{aligned}
\operatorname{Im}(\sigma) &= \{\sigma(\alpha)\mid\alpha\in V\} \\
&= \left\{\sigma\left(\sum_{i=1}^{n}k_i\alpha_i\right)\,\middle|\, k_i\in F, 1\leqslant i\leqslant n\right\} \\
&= \left\{\sum_{i=1}^{n}k_i\sigma(\alpha_i)\mid k_i\in F, 1\leqslant i\leqslant n\right\} \\
&= \left\{\sum_{i=r+1}^{n}k_i\sigma(\alpha_i)\mid k_i\in F, r+1\leqslant i\leqslant n\right\} \\
&= L(\sigma(\alpha_{r+1}),\cdots,\sigma(\alpha_n)),
\end{aligned}$$

所以由命题 4.3.8 和定理 5.1.14 知,

$$\operatorname{rank}(\sigma(\alpha_{r+1}),\cdots,\sigma(\alpha_n))=\dim L(\sigma(\alpha_{r+1}),\cdots,\sigma(\alpha_n))=\dim\operatorname{Im}(\sigma)=n-r.$$

故 $\sigma(\alpha_{r+1}),\cdots,\sigma(\alpha_n)$ 线性无关, 从而是 $\operatorname{Im}(\sigma)$ 的一个基.

(2) 首先, $\alpha_1,\cdots,\alpha_r,\beta_1,\cdots,\beta_s$ 线性无关. 事实上, 若

$$k_1\alpha_1+\cdots+k_r\alpha_r+l_1\beta_1+\cdots+l_s\beta_s=0, \tag{5.1.4}$$

其中 $k_1,\cdots,k_r,l_1,\cdots,l_s\in F$, 则 $\sigma(k_1\alpha_1+\cdots+k_r\alpha_r+l_1\beta_1+\cdots+l_s\beta_s)=\sigma(0)=0$. 所以 $k_1\sigma(\alpha_1)+\cdots+k_r\sigma(\alpha_r)+l_1\sigma(\beta_1)+\cdots+l_s\sigma(\beta_s)=0$, 从而 $l_1\gamma_1+\cdots+l_s\gamma_s=0$. 由 $\gamma_1,\cdots,\gamma_s$ 线性无关知, $l_j=0,\ j=1,\cdots,s$. 将 $l_j=0\ (1\leqslant j\leqslant s)$ 代入 (5.1.4) 式得 $k_1\alpha_1+\cdots+k_r\alpha_r=0$. 再由 $\alpha_1,\cdots,\alpha_r$ 线性无关得 $k_i=0,\ i=1,\cdots,r$. 因此 $\alpha_1,\cdots,\alpha_r,\beta_1,\cdots,\beta_s$ 线性无关.

其次, V 中任意向量 α 可由 $\alpha_1,\cdots,\alpha_r,\beta_1,\cdots,\beta_s$ 线性表出. 事实上, 由 $\sigma(\alpha)\in\mathrm{Im}(\sigma)$ 知, 存在 $k_1,\cdots,k_s\in F$ 使得

$$\sigma(\alpha)=\sum_{i=1}^{s}k_i\gamma_i=\sum_{i=1}^{s}k_i\sigma(\beta_i)=\sigma\left(\sum_{i=1}^{s}k_i\beta_i\right).$$

所以 $\sigma\left(\alpha-\sum\limits_{i=1}^{s}k_i\beta_i\right)=\sigma(\alpha)-\sigma\left(\sum\limits_{i=1}^{s}k_i\beta_i\right)=0$, 即 $\alpha-\sum\limits_{i=1}^{s}k_i\beta_i\in\mathrm{Ker}(\sigma)$, 从而存在 $l_1,\cdots,l_r\in F$ 使得 $\alpha-\sum\limits_{i=1}^{s}k_i\beta_i=\sum\limits_{j=1}^{r}l_j\alpha_j$. 因此 $\alpha=\sum\limits_{j=1}^{r}l_j\alpha_j+\sum\limits_{i=1}^{s}k_i\beta_i$, 即 α 可由 $\alpha_1,\cdots,\alpha_r,\beta_1,\cdots,\beta_s$ 线性表示.

综上所述, $\alpha_1,\cdots,\alpha_r,\beta_1,\cdots,\beta_s$ 是 V 的一个基. □

注记 5.1.21 定理 5.1.20 (2) 给出 (5.1.3) 式的另一证法.

例 5.1.22 设 $\dim V=n,\ \sigma_1,\sigma_2\in\mathrm{End}(V)$. 证明: $\sigma_2(V)\subseteq\sigma_1(V)$ 当且仅当存在 $\sigma\in\mathrm{End}(V)$ 使得 $\sigma_2=\sigma_1\sigma$.

证明 充分性显然, 下证必要性. 设 $\dim\mathrm{Im}(\sigma_2)=r$, 并且 $\sigma_2(\alpha_1),\cdots,\sigma_2(\alpha_r)$ 是 $\mathrm{Im}(\sigma_2)$ 的一个基, 其中 $\alpha_1,\cdots,\alpha_r\in V$. 由 (5.1.3) 式知, $\dim\mathrm{Ker}(\sigma_2)=n-r$, 再设 $\alpha_{r+1},\cdots,\alpha_n$ 是 $\mathrm{Ker}(\sigma_2)$ 的一个基. 由定理 5.1.20 (2) 知, $\alpha_1,\cdots,\alpha_r,\alpha_{r+1},\cdots,\alpha_n$ 是 V 的一个基.

由 $\sigma_2(V)\subseteq\sigma_1(V)$ 知, 存在 $\beta_i\in V$ 使得 $\sigma_1(\beta_i)=\sigma_2(\alpha_i),i=1,\cdots,r$.

再由定理 5.1.8 (2) 知, 存在唯一的 $\sigma\in\mathrm{End}(V)$ 使得

$$\sigma(\alpha_i)=\beta_i,\quad i=1,2,\cdots,r;\quad \sigma(\alpha_j)=0,\quad j=r+1,\cdots,n.$$

所以 $(\sigma_1\sigma)(\alpha_i)=\sigma_2(\alpha_i),\ i=1,\cdots,n$. 因此由定理 5.1.8 (1) 知 $\sigma_2=\sigma_1\sigma$. □

5.2 线性映射的矩阵表示

在 5.1 节, 我们讨论了线性映射的性质, 本节将研究线性映射的矩阵表示.

引理 5.2.1 设 V, W 是线性空间. 对任意 $\sigma, \tau \in \mathrm{Hom}(V, W)$, $k \in F$, 定义

$$\begin{aligned}
&\text{加法} \quad \sigma+\tau: \quad V \longrightarrow W, \quad \alpha \longmapsto \sigma(\alpha)+\tau(\alpha), \\
&\text{数乘} \quad \quad k\sigma: \quad V \longrightarrow W, \quad \alpha \longmapsto k\sigma(\alpha),
\end{aligned}$$

则 $\sigma+\tau$, $k\sigma \in \mathrm{Hom}(V, W)$.

证明 设 $\alpha, \beta \in V$, $a, b, k \in F$, 则

$$\begin{aligned}
(\sigma+\tau)(a\alpha+b\beta) &= \sigma(a\alpha+b\beta)+\tau(a\alpha+b\beta) \\
&= a\sigma(\alpha)+b\sigma(\beta)+a\tau(\alpha)+b\tau(\beta) \\
&= a(\sigma(\alpha)+\tau(\alpha))+b(\sigma(\beta)+\tau(\beta)) \\
&= a(\sigma+\tau)(\alpha)+b(\sigma+\tau)(\beta),
\end{aligned}$$

从而 $\sigma+\tau$ 是线性映射, 即 $\sigma+\tau \in \mathrm{Hom}(V, W)$.

又因为

$$\begin{aligned}
(k\sigma)(a\alpha+b\beta) &= k\sigma(a\alpha+b\beta) \\
&= k(a\sigma(\alpha)+b\sigma(\beta)) \\
&= ka\sigma(\alpha)+kb\sigma(\beta) \\
&= ak\sigma(\alpha)+bk\sigma(\beta) \\
&= a(k\sigma)(\alpha)+b(k\sigma)(\beta),
\end{aligned}$$

所以 $k\sigma$ 是线性映射, 即 $k\sigma \in \mathrm{Hom}(V, W)$. □

易证上述引理中定义的加法和数乘满足线性空间定义中的 8 条公理, 因此我们有

定理 5.2.2 设 V, W 是线性空间, 则 $\mathrm{Hom}(V, W)$ 是线性空间. 特别地, $\mathrm{End}(V)$, V^* 都是线性空间.

例 5.2.3 设 V 是 n 维线性空间, $\sigma \in \mathrm{End}(V)$,

$$f(x)=a_m x^m+a_{m-1} x^{m-1}+\cdots+a_1 x+a_0 \in F[x].$$

定义 $f(\sigma)=a_m \sigma^m+a_{m-1} \sigma^{m-1}+\cdots+a_1 \sigma+a_0 1_V$, 则 $f(\sigma) \in \mathrm{End}(V)$, 称之为 σ **的多项式** (polynomial in σ). 设 $g(x) \in F[x]$, $h(x)=f(x) g(x)$, 则

$$f(\sigma) g(\sigma)=h(\sigma)=g(\sigma) f(\sigma),$$

从而 σ 的任意两个多项式可交换.

注记 5.2.4 设 $\sigma \in \mathrm{Hom}(V, W)$, $\gamma_1, \gamma_2, \cdots, \gamma_r \in V$, 记

$$\sigma(\gamma_1, \gamma_2, \cdots, \gamma_r)=(\sigma(\gamma_1), \sigma(\gamma_2), \cdots, \sigma(\gamma_r)) \in W^r.$$

这种记法为书写和运算带来方便, 例如, 设 $A=(a_{ij})_{n\times r}\in \mathrm{M}_{n\times r}(F)$, $k\in F$, $\alpha_1,\alpha_2,\cdots,\alpha_n\in V$, 则

$$\sigma\left((\alpha_1,\alpha_2,\cdots,\alpha_n)A\right)=\sigma(\alpha_1,\alpha_2,\cdots,\alpha_n)A, \tag{5.2.1}$$

$$(k\sigma)\left((\alpha_1,\alpha_2,\cdots,\alpha_n)A\right)=\sigma(\alpha_1,\alpha_2,\cdots,\alpha_n)(kA). \tag{5.2.2}$$

事实上, 令 $(\gamma_1,\gamma_2,\cdots,\gamma_r)=(\alpha_1,\alpha_2,\cdots,\alpha_n)A$, 则对任意 $j\in\{1,2,\cdots,r\}$, 有 $\gamma_j=\sum\limits_{t=1}^{n}a_{tj}\alpha_t$, 从而

$$\sigma(\gamma_j)=\sum_{t=1}^{n}a_{tj}\sigma(\alpha_t)=(\sigma(\alpha_1),\sigma(\alpha_2),\cdots,\sigma(\alpha_n))\begin{pmatrix}a_{1j}\\ \vdots\\ a_{nj}\end{pmatrix}=\sigma(\alpha_1,\alpha_2,\cdots,\alpha_n)\begin{pmatrix}a_{1j}\\ \vdots\\ a_{nj}\end{pmatrix}.$$

因此

$$\begin{aligned}\sigma\left((\alpha_1,\alpha_2,\cdots,\alpha_n)A\right)&=\sigma(\gamma_1,\gamma_2,\cdots,\gamma_r)\\&=(\sigma(\gamma_1),\sigma(\gamma_2),\cdots,\sigma(\gamma_r))\\&=\sigma(\alpha_1,\alpha_2,\cdots,\alpha_n)A,\end{aligned}$$

即 (5.2.1) 式成立. 同理可证 (5.2.2) 式.

定理 5.2.5 设 $\alpha_1,\alpha_2,\cdots,\alpha_n$ 和 $\beta_1,\beta_2,\cdots,\beta_m$ 分别是线性空间 V 与 W 的基, 则下列陈述成立.

(1) 映射 $\psi:\mathrm{Hom}(V,W)\longrightarrow \mathrm{M}_{m\times n}(F)$, $\sigma\longmapsto A$, 是线性空间 $\mathrm{Hom}(V,W)$ 到 $\mathrm{M}_{m\times n}(F)$ 的同构, 其中 A 由

$$\sigma(\alpha_1,\alpha_2,\cdots,\alpha_n)=(\beta_1,\beta_2,\cdots,\beta_m)A \tag{5.2.3}$$

确定. 因此 $\mathrm{Hom}(V,W)\cong \mathrm{M}_{m\times n}(F)$, $\dim\mathrm{Hom}(V,W)=mn$.

(2) 映射 $\psi:\mathrm{End}(V)\longrightarrow \mathrm{M}_n(F)$, $\sigma\longmapsto A$, 是线性空间 $\mathrm{End}(V)$ 到 $\mathrm{M}_n(F)$ 的同构, 其中 A 由

$$\sigma(\alpha_1,\alpha_2,\cdots,\alpha_n)=(\alpha_1,\alpha_2,\cdots,\alpha_n)A \tag{5.2.4}$$

确定. 因此 $\mathrm{End}(V)\cong \mathrm{M}_n(F)$, $\dim\mathrm{End}(V)=n^2$.

(3) $V^*\cong \mathrm{M}_{1\times n}(F)$, 因此 $\dim V^*=\dim V$, $V^*\cong V$.

证明 由于 (2) 和 (3) 是 (1) 的特殊情况, 故只需证明 (1).

首先, ψ 是单射. 设 $\sigma,\tau\in\mathrm{Hom}(V,W)$. 若 $\psi(\sigma)=\psi(\tau)$, 则对任意 $j=1,2,\cdots,n$, $\sigma(\alpha_j)$ 与 $\tau(\alpha_j)$ 在基 $\beta_1,\beta_2,\cdots,\beta_m$ 下的坐标相同, 从而 $\sigma(\alpha_j)=\tau(\alpha_j)$. 所以由定理 5.1.8 知 $\sigma=\tau$.

其次, ψ 是满射. 事实上, 对任意 $A \in \mathrm{M}_{m\times n}(F)$, 令

$$(\gamma_1, \gamma_2, \cdots, \gamma_n) = (\beta_1, \beta_2, \cdots, \beta_m)A,$$

则由定理 5.1.8 知, 存在 $\sigma \in \mathrm{Hom}(V, W)$ 使得 $\sigma(\alpha_i) = \gamma_i$, $i = 1, 2, \cdots, n$. 因此 $\psi(\sigma) = A$.

最后, ψ 是线性映射. 任取 $\sigma, \tau \in \mathrm{Hom}(V, W)$, 设 $\psi(\sigma) = A$, $\psi(\tau) = B$, 即

$$\begin{aligned}\sigma(\alpha_1, \alpha_2, \cdots, \alpha_n) &= (\beta_1, \beta_2, \cdots, \beta_m)A,\\ \tau(\alpha_1, \alpha_2, \cdots, \alpha_n) &= (\beta_1, \beta_2, \cdots, \beta_m)B.\end{aligned}$$

对任意 $k, l \in F$, 有

$$\begin{aligned}&(k\sigma + l\tau)(\alpha_1, \alpha_2, \cdots, \alpha_n)\\ =&((k\sigma + l\tau)(\alpha_1), (k\sigma + l\tau)(\alpha_2), \cdots, (k\sigma + l\tau)(\alpha_n))\\ =&(k\sigma(\alpha_1) + l\tau(\alpha_1), k\sigma(\alpha_2) + l\tau(\alpha_2), \cdots, k\sigma(\alpha_n) + l\tau(\alpha_n))\\ =&(k\sigma(\alpha_1), k\sigma(\alpha_2), \cdots, k\sigma(\alpha_n)) + (l\tau(\alpha_1), l\tau(\alpha_2), \cdots, l\tau(\alpha_n))\\ =&(k\sigma)(\alpha_1, \alpha_2, \cdots, \alpha_n) + (l\tau)(\alpha_1, \alpha_2, \cdots, \alpha_n)\\ =&(\beta_1, \beta_2, \cdots, \beta_m)(kA) + (\beta_1, \beta_2, \cdots, \beta_m)(lB)\\ =&(\beta_1, \beta_2, \cdots, \beta_m)(kA + lB).\end{aligned}$$

故 $\psi(k\sigma + l\tau) = kA + lB = k\psi(\sigma) + l\psi(\tau)$.

综上所述, ψ 是同构. □

定义 5.2.6 表达式 (5.2.3) 中的矩阵 A 称为线性映射 $\sigma \in \mathrm{Hom}(V, W)$ **在 V 的基 $\alpha_1, \alpha_2, \cdots, \alpha_n$ 和 W 的基 $\beta_1, \beta_2, \cdots, \beta_m$ 下的矩阵** (matrix of σ with respect to the bases $\alpha_1, \alpha_2, \cdots, \alpha_n$ and $\beta_1, \beta_2, \cdots, \beta_m$). 表达式 (5.2.4) 中的矩阵 A 称为线性变换 $\sigma \in \mathrm{End}(V)$ **在 V 的基 $\alpha_1, \alpha_2, \cdots, \alpha_n$ 下的矩阵** (matrix of σ with respect to the basis $\alpha_1, \alpha_2, \cdots, \alpha_n$).

例 5.2.7 (1) 设 $V = \mathbb{R}^2$, 给定 $\varphi \in \mathbb{R}$, 则旋转 R_φ 是 V 的自同构 (参见例 5.1.5 (1)). 设 $\epsilon_1, \epsilon_2 \in V$ 是相互垂直的两个单位向量, 如图 5.2, 显然 ϵ_1, ϵ_2 是 V 的一个基, 并且

$$R_\varphi(\epsilon_1) = (\cos\varphi)\epsilon_1 + (\sin\varphi)\epsilon_2, \quad R_\varphi(\epsilon_2) = -(\sin\varphi)\epsilon_1 + (\cos\varphi)\epsilon_2.$$

因此 R_φ 在基 ϵ_1, ϵ_2 下的矩阵为 $\begin{pmatrix} \cos\varphi & -\sin\varphi \\ \sin\varphi & \cos\varphi \end{pmatrix}$.

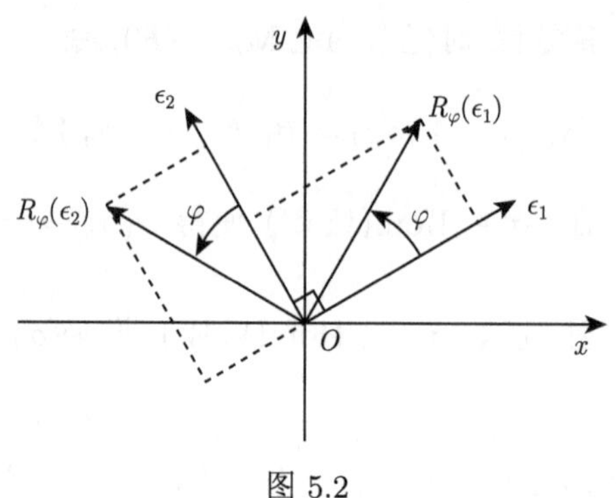

图 5.2

(2) 设 $W=\mathbb{R}^3$, $\alpha,\beta,\gamma\in W$ 是两两垂直的单位向量且 $\beta\times\gamma=\alpha$, 则 α,β,γ 是 W 的一个基. 给定 $\varphi\in\mathbb{R}$, 设 $R_{\alpha,\varphi}$ 是空间 W 绕 α 所在的有向直线按右手法则旋转 φ 角度的旋转自同构 (参见例 5.1.5 (2)). 由罗德里格旋转公式 (5.1.2) 得

$$R_{\alpha,\varphi}(\alpha)=\alpha,\ R_{\alpha,\varphi}(\beta)=(\cos\varphi)\beta+(\sin\varphi)\gamma,\ R_{\alpha,\varphi}(\gamma)=-(\sin\varphi)\beta+(\cos\varphi)\gamma.$$

因此 $R_{\alpha,\varphi}$ 在基 α,β,γ 下的矩阵为 $\begin{pmatrix}1&0&0\\0&\cos\varphi&-\sin\varphi\\0&\sin\varphi&\cos\varphi\end{pmatrix}$.

例 5.2.8 设 $A\in\mathrm{M}_{m\times n}(F)$. 令 $V=F^n,W=F^m$, 则 A 诱导了一个线性映射 $\sigma_A:\ F^n\longrightarrow F^m,\ \ \alpha\longmapsto A\alpha$. 反之, 设 $\sigma\in\mathrm{Hom}(F^n,F^m)$, 则一定存在 $A\in\mathrm{M}_{m\times n}(F)$ 使得 A 诱导的线性映射 σ_A 就是 σ, 即 $\sigma=\sigma_A$. 事实上, 设 $\varepsilon_1,\varepsilon_2,\cdots,\varepsilon_n$ 及 $\eta_1,\eta_2,\cdots,\eta_m$ 分别是 F^n 和 F^m 的标准基, 即 $I_n=(\varepsilon_1,\varepsilon_2,\cdots,\varepsilon_n)$, $I_m=(\eta_1,\eta_2,\cdots,\eta_m)$. 令 A 是 σ 在 F^n 的基 $\varepsilon_1,\varepsilon_2,\cdots,\varepsilon_n$ 和 F^m 的基 $\eta_1,\eta_2,\cdots,\eta_m$ 下的矩阵. 设 $\alpha\in F^n$, 则

$$\sigma(\alpha)=\sigma((\varepsilon_1,\varepsilon_2,\cdots,\varepsilon_n)\alpha)=\sigma(\varepsilon_1,\varepsilon_2,\cdots,\varepsilon_n)\alpha=(\eta_1,\eta_2,\cdots,\eta_m)A\alpha=A\alpha=\sigma_A(\alpha).$$

因此 $\sigma=\sigma_A$.

推论 5.2.9 设 $\psi:\mathrm{End}(V)\longrightarrow\mathrm{M}_n(F)$ 是定理 5.2.5 中由线性空间 V 的基 $\alpha_1,\alpha_2,\cdots,\alpha_n$ 确定的同构, 则

(1) $\psi(1_V)=I_n$;

(2) $\psi(\sigma\tau)=\psi(\sigma)\psi(\tau)$, 其中 $\sigma,\tau\in\mathrm{End}(V)$;

(3) V 的自同构在 ψ 下与 n 级可逆矩阵一一对应, 即 $\psi:\mathrm{Aut}(V)\longrightarrow\mathrm{GL}_n(F)$ 是双射, 而且对任意 $\sigma\in\mathrm{Aut}(V)$, $\psi(\sigma^{-1})=\psi(\sigma)^{-1}$.

证明 (1) 由 ψ 的定义即得.

(2) 设 $\psi(\sigma)=A=(a_{ij})_{n\times n}$, $\psi(\tau)=B=(b_{ij})_{n\times n}$, 即

$$\sigma(\alpha_1,\alpha_2,\cdots,\alpha_n)=(\alpha_1,\alpha_2,\cdots,\alpha_n)A,\quad \tau(\alpha_1,\alpha_2,\cdots,\alpha_n)=(\alpha_1,\alpha_2,\cdots,\alpha_n)B,$$

因此

$$\begin{aligned}(\sigma\tau)(\alpha_1,\alpha_2,\cdots,\alpha_n)&=\sigma(\tau(\alpha_1,\alpha_2,\cdots,\alpha_n))\\&=\sigma((\alpha_1,\alpha_2,\cdots,\alpha_n)B)\\&=\sigma(\alpha_1,\alpha_2,\cdots,\alpha_n)B\\&=((\alpha_1,\alpha_2,\cdots,\alpha_n)A)\,B\\&=(\alpha_1,\alpha_2,\cdots,\alpha_n)(AB),\end{aligned}$$

从而 $\psi(\sigma\tau)=AB=\psi(\sigma)\psi(\tau)$.

(3) 由 $\sigma(\alpha_1,\alpha_2,\cdots,\alpha_n)=(\alpha_1,\alpha_2,\cdots,\alpha_n)A$ 以及 $\alpha_1,\alpha_2,\cdots,\alpha_n$ 是 V 的一个基知

$$\mathrm{Im}(\sigma)=L(\sigma(\alpha_1),\sigma(\alpha_2),\cdots,\sigma(\alpha_n)),\ \ \mathrm{rank}\,(\sigma(\alpha_1),\sigma(\alpha_2,)\cdots,\sigma(\alpha_n))=\mathrm{rank}A.$$

所以

$$\begin{aligned}A\in \mathrm{GL}_n(F)&\Longleftrightarrow \mathrm{rank}A=n\\&\Longleftrightarrow \mathrm{rank}\,(\sigma(\alpha_1),\sigma(\alpha_2,)\cdots,\sigma(\alpha_n))=n\\&\Longleftrightarrow \mathrm{dimIm}(\sigma)=n\\&\Longleftrightarrow \mathrm{Im}(\sigma)=V\\&\Longleftrightarrow \sigma\text{ 是满射}\\&\Longleftrightarrow \sigma\text{ 是自同构.}\end{aligned}$$

设 $\sigma\in\mathrm{Aut}(V)$, 由 (1) 和 (2) 知, $\psi(\sigma)\psi(\sigma^{-1})=\psi(\sigma\sigma^{-1})=\psi(1_V)=I_n$, 故 $\psi(\sigma^{-1})=\psi(\sigma)^{-1}$. □

定理 5.2.10 (**坐标变换** (coordinate transformation)) 设 $\alpha_1,\alpha_2,\cdots,\alpha_n$ 和 $\beta_1,\beta_2,\cdots,\beta_m$ 分别是线性空间 V 和 W 的基. 任取 $\alpha\in V$, $\beta\in W$, 记 $X_\alpha\in F^n$ 为 α 在基 $\alpha_1,\alpha_2,\cdots,\alpha_n$ 下的坐标, $Y_\beta\in F^m$ 为 β 在基 $\beta_1,\beta_2,\cdots,\beta_m$ 下的坐标, 即

$$\alpha=(\alpha_1,\alpha_2,\cdots,\alpha_n)X_\alpha,\quad \beta=(\beta_1,\beta_2,\cdots,\beta_m)Y_\beta.$$

(1) 设 $\sigma\in\mathrm{Hom}(V,W)$ 在 V 的基 $\alpha_1,\alpha_2,\cdots,\alpha_n$ 和 W 的基 $\beta_1,\beta_2,\cdots,\beta_m$ 下的矩阵为 A, 则 $Y_{\sigma(\alpha)}=AX_\alpha$.

(2) 设 $\tau\in\mathrm{End}(V)$, 记 τ 在基 $\alpha_1,\alpha_2,\cdots,\alpha_n$ 下的矩阵为 B, 则 $X_{\tau(\alpha)}=BX_\alpha$.

证明 (2) 是 (1) 的特殊情况, 只需证 (1).

因为 $\alpha=(\alpha_1,\alpha_2,\cdots,\alpha_n)X_\alpha$, 所以

$$\begin{aligned}\sigma(\alpha)&=\sigma\left((\alpha_1,\alpha_2,\cdots,\alpha_n)X_\alpha\right)\\&=\sigma(\alpha_1,\alpha_2,\cdots,\alpha_n)X_\alpha\\&=\left((\beta_1,\beta_2,\cdots,\beta_m)A\right)X_\alpha\\&=(\beta_1,\beta_2,\cdots,\beta_m)\left(AX_\alpha\right).\end{aligned}$$

又由 $\sigma(\alpha)=(\beta_1,\beta_2,\cdots,\beta_m)Y_{\sigma(\alpha)}$ 及坐标的唯一性知 $Y_{\sigma(\alpha)}=AX_\alpha$. □

定理 5.2.11　设 $\alpha_1,\alpha_2,\cdots,\alpha_n$ 和 $\beta_1,\beta_2,\cdots,\beta_n$ 是 n 维线性空间 V 的两个基, $\gamma_1,\gamma_2,\cdots,\gamma_m$ 和 $\delta_1,\delta_2,\cdots,\delta_m$ 是 m 维线性空间 W 的两个基, 并且

$$(\beta_1,\beta_2,\cdots,\beta_n)=(\alpha_1,\alpha_2,\cdots,\alpha_n)P,\ \ P\in\mathrm{GL}_n(F),$$

$$(\delta_1,\delta_2,\cdots,\delta_m)=(\gamma_1,\gamma_2,\cdots,\gamma_m)Q,\ \ Q\in\mathrm{GL}_m(F).$$

(1) 如果 $\sigma\in\mathrm{Hom}(V,W)$, 并且

$$\sigma(\alpha_1,\alpha_2,\cdots,\alpha_n)=(\gamma_1,\gamma_2,\cdots,\gamma_m)A,\ \ A\in\mathrm{M}_{m\times n}(F),$$

$$\sigma(\beta_1,\beta_2,\cdots,\beta_n)=(\delta_1,\delta_2,\cdots,\delta_m)B,\ \ B\in\mathrm{M}_{m\times n}(F),$$

那么 $B=Q^{-1}AP$.

(2) 如果 $\sigma\in\mathrm{End}(V)$, 并且

$$\sigma(\alpha_1,\alpha_2,\cdots,\alpha_n)=(\alpha_1,\alpha_2,\cdots,\alpha_n)A,\ \ A\in\mathrm{M}_n(F),$$

$$\sigma(\beta_1,\beta_2,\cdots,\beta_n)=(\beta_1,\beta_2,\cdots,\beta_n)B,\ \ B\in\mathrm{M}_n(F),$$

那么 $B=P^{-1}AP$.

证明　(2) 是 (1) 的特殊情况, 只需证 (1). 由已知条件得

$$\begin{aligned}\sigma(\beta_1,\beta_2,\cdots,\beta_n)&=\sigma\left((\alpha_1,\alpha_2,\cdots,\alpha_n)P\right)\\&=\sigma(\alpha_1,\alpha_2,\cdots,\alpha_n)P\\&=\left((\gamma_1,\gamma_2,\cdots,\gamma_m)A\right)P\\&=(\delta_1,\delta_2,\cdots,\delta_m)\left(Q^{-1}AP\right).\end{aligned}$$

又由 $\sigma(\beta_1,\beta_2,\cdots,\beta_n)=(\delta_1,\delta_2,\cdots,\delta_m)B$ 及坐标的唯一性得 $B=Q^{-1}AP$. □

定义 5.2.12　设 $A,B\in\mathrm{M}_n(F)$. 若存在 $P\in\mathrm{GL}_n(F)$ 使得 $B=P^{-1}AP$, 则称 A 与 B 在域 F 上**相似** (similar), 简称 A 与 B 相似.

命题 5.2.13 矩阵的相似是等价关系.

由定理 5.2.11 知, 两个有限维线性空间之间的同一线性映射在不同基下的矩阵相抵; 有限维线性空间的同一线性变换在不同基下的矩阵相似. 下面的定理告诉我们, 反之亦然.

定理 5.2.14 (1) 设 $A,B\in \mathrm{M}_{m\times n}(F)$. 若 A 与 B 相抵, 则存在 n 维线性空间 V 的两个基 $\alpha_1,\alpha_2,\cdots,\alpha_n$ 和 $\beta_1,\beta_2,\cdots,\beta_n$; m 维线性空间 W 的两个基 $\gamma_1,\gamma_2,\cdots,\gamma_m$ 和 $\delta_1,\delta_2,\cdots,\delta_m$ 以及 $\sigma\in\mathrm{Hom}(V,W)$ 使得

$$\sigma(\alpha_1,\alpha_2,\cdots,\alpha_n)=(\gamma_1,\gamma_2,\cdots,\gamma_m)A,$$
$$\sigma(\beta_1,\beta_2,\cdots,\beta_n)=(\delta_1,\delta_2,\cdots,\delta_m)B.$$

(2) 设 $A,B\in\mathrm{M}_n(F)$. 若 A 与 B 相似, 则存在 n 维线性空间 V 的两个基 $\alpha_1,\alpha_2,\cdots,\alpha_n$ 和 $\beta_1,\beta_2,\cdots,\beta_n$ 使得

$$\sigma(\alpha_1,\alpha_2,\cdots,\alpha_n)=(\alpha_1,\alpha_2,\cdots,\alpha_n)A,$$
$$\sigma(\beta_1,\beta_2,\cdots,\beta_n)=(\beta_1,\beta_2,\cdots,\beta_n)B.$$

证明 (2) 是 (1) 的特殊情况, 只需证 (1).

任取 n 维线性空间 V 的一个基 $\alpha_1,\alpha_2,\cdots,\alpha_n$ 和 m 维线性空间 W 的一个基 $\gamma_1,\gamma_2,\cdots,\gamma_m$. 由定理 5.1.8 知, 存在 $\sigma\in\mathrm{Hom}(V,W)$ 使得

$$\sigma(\alpha_1,\alpha_2,\cdots,\alpha_n)=(\gamma_1,\gamma_2,\cdots,\gamma_m)A.$$

由 B 与 A 相抵知, 存在 $P\in\mathrm{GL}_n(F),Q\in\mathrm{GL}_m(F)$ 使得 $B=QAP$. 令

$$(\beta_1,\beta_2,\cdots,\beta_n)=(\alpha_1,\alpha_2,\cdots,\alpha_n)P,\ \ (\delta_1,\delta_2,\cdots,\delta_m)=(\gamma_1,\gamma_2,\cdots,\gamma_m)Q^{-1},$$

则由 P,Q 可逆知, $\beta_1,\beta_2,\cdots,\beta_n$ 是 V 的一个基, $\delta_1,\delta_2,\cdots,\delta_m$ 是 W 的一个基. 再由定理 5.2.11 知

$$\sigma(\beta_1,\beta_2,\cdots,\beta_n)=(\delta_1,\delta_2,\cdots,\delta_m)QAP=(\delta_1,\delta_2,\cdots,\delta_m)B.$$

□

例 5.2.15 设 $A,B\in\mathrm{M}_n(F),f(x)\in F[x]$. 若 A 与 B 相似, 则 $f(A)$ 与 $f(B)$ 相似.

证明 设 A 与 B 相似, 即存在 $P\in\mathrm{GL}_n(F)$ 使得 $B=P^{-1}AP$, 则对任意正整数 k, 有 $B^k=(P^{-1}AP)^k=P^{-1}A^kP$. 设 $f(x)=a_0+a_1x+\cdots+a_mx^m$, 则

$$\begin{aligned}f(B)&=a_0I_n+a_1B+a_2B^2+\cdots+a_mB^m\\&=a_0I_n+a_1P^{-1}AP+a_2P^{-1}A^2P+\cdots+a_mP^{-1}A^mP\\&=P^{-1}\left(a_0I_n+a_1A+a_2A^2+\cdots+a_mA^m\right)P\\&=P^{-1}f(A)P.\end{aligned}$$

□

思考题　$\mathrm{M}_n(F)$ 在相似等价关系下分成若干不相交的类, 在每一个类中, 如何去找一个“简单”的代表元?

5.3　不变子空间

对角矩阵和准对角矩阵是相对简单的矩阵, 本节将利用线性变换研究 n 维线性空间的分解与 n 级方阵相似于准对角矩阵之间的关系.

定义 5.3.1　设 W 是线性空间 V 的子空间, $\sigma \in \mathrm{End}(V)$.

(1) 若对任意 $\alpha \in W$ 都有 $\sigma(\alpha) \in W$, 则称 W 是 σ–**不变子空间** (σ-invariant subspace), 简称 σ–**子空间** (σ-subspace).

(2) 若 W 是 σ–子空间, 则 σ 限制在 W 上是 W 的线性变换, 称之为 σ 在 W 上的**限制** (restriction), 记为 $\sigma|_W$.

例 5.3.2　设 $\sigma \in \mathrm{End}(V)$, 则 $\mathrm{Ker}(\sigma)$, $\mathrm{Im}(\sigma)$ 都是 σ–子空间.

例 5.3.3　设 $\sigma \in \mathrm{End}(V)$. 若 $\tau \in \mathrm{End}(V)$ 满足 $\sigma\tau = \tau\sigma$, 则 $\mathrm{Ker}(\sigma)$ 与 $\mathrm{Im}(\sigma)$ 都是 τ–子空间.

证明　设 $\alpha \in \mathrm{Ker}(\sigma)$, 即 $\sigma(\alpha) = 0$, 则 $\sigma(\tau(\alpha)) = \tau(\sigma(\alpha)) = \tau(0) = 0$, 所以 $\tau(\alpha) \in \mathrm{Ker}(\sigma)$, 从而 $\mathrm{Ker}(\sigma)$ 是 τ–子空间.

设 $\beta \in \mathrm{Im}(\sigma)$, 则存在 $\alpha \in V$ 使得 $\beta = \sigma(\alpha)$, 从而

$$\tau(\beta) = \tau(\sigma(\alpha)) = \sigma(\tau(\alpha)) \in \mathrm{Im}(\sigma).$$

因此 $\mathrm{Im}(\sigma)$ 是 τ–子空间. □

命题 5.3.4　设 V 是线性空间, $\sigma \in \mathrm{End}(V)$.

(1) 若 $W_1, W_2, \cdots, W_m \subseteq V$ 都是 σ–子空间, 则 $\sum\limits_{i=1}^{m} W_i$ 也是 σ–子空间.

(2) 若 $\{W_i\}_{i\in I}$ 是 V 的一组 σ–子空间, 则 $\bigcap\limits_{i\in I} W_i$ 是 σ–子空间, 其中 I 为指标集.

(3) 设 W 是 σ–子空间, 定义 $\overline{\sigma}: V/W \longrightarrow V/W$, $\overline{\alpha} \longmapsto \overline{\sigma(\alpha)}$, 则 $\overline{\sigma}$ 是 V/W 的线性变换, 即 $\overline{\sigma} \in \mathrm{End}(V/W)$.

证明　由 σ–子空间的定义知, (1) 和 (2) 显然成立. 下证 (3).

首先, 证明 $\overline{\sigma}$ 是映射. 事实上, 设 $\alpha, \beta \in V$, $\overline{\alpha} = \overline{\beta}$, 则存在 $\gamma \in W$ 使得 $\alpha = \beta + \gamma$. 由 W 是 σ–子空间知 $\sigma(\gamma) \in W$. 所以 $\sigma(\alpha) - \sigma(\beta) = \sigma(\alpha - \beta) = \sigma(\gamma) \in W$. 因此 $\overline{\sigma(\alpha)} = \overline{\sigma(\beta)}$, 即 $\overline{\sigma}(\overline{\alpha}) = \overline{\sigma}(\overline{\beta})$, 从而 $\overline{\sigma}$ 是映射.

其次, 证明 $\overline{\sigma}$ 是线性映射. 事实上, 任取 $k, l \in F$, $\alpha, \beta \in V$, 则

$$\overline{\sigma}(k\overline{\alpha} + l\overline{\beta}) = \overline{\sigma}(\overline{k\alpha + l\beta})$$

$$
\begin{aligned}
&=\overline{\sigma(k\alpha+l\beta)}=\overline{k\sigma(\alpha)+l\sigma(\beta)}=k\overline{\sigma(\alpha)}+l\overline{\sigma(\beta)}\\
&=k\overline{\sigma}(\overline{\alpha})+l\overline{\sigma}(\overline{\beta}).
\end{aligned}
$$

故 $\overline{\sigma}\in \mathrm{End}(V/W)$. □

命题 5.3.5 设 V 是 n 维线性空间, $\sigma\in\mathrm{End}(V)$, W 是 r 维 σ–子空间. 取 W 的一个基 $\alpha_1,\cdots,\alpha_r$, 并将其扩充为 V 的一个基 $\alpha_1,\cdots,\alpha_r,\alpha_{r+1},\cdots,\alpha_n$, 则

(1) $\overline{\alpha_{r+1}},\cdots,\overline{\alpha_n}$ 是 V/W 的一个基;

(2) $\sigma(\alpha_1,\cdots,\alpha_r,\alpha_{r+1},\cdots,\alpha_n)=(\alpha_1,\cdots,\alpha_r,\alpha_{r+1},\cdots,\alpha_n)\begin{pmatrix}A_{11}&A_{12}\\0&A_{22}\end{pmatrix}$, 其中 A_{11} 是 $\sigma|_W$ 在 W 的基 $\alpha_1,\cdots,\alpha_r$ 下的矩阵, A_{22} 是 $\overline{\sigma}$ 在 V/W 的基 $\overline{\alpha_{r+1}},\cdots,\overline{\alpha_n}$ 下的矩阵.

证明 由命题 4.4.3 知 (1) 成立, 故只需证明 (2).

由 W 是 σ–子空间知, 对任意 $1\leqslant i\leqslant r$, $\sigma(\alpha_i)\in W$, 从而存在 $a_{1i},\cdots,a_{ri}\in F$ 使得 $\sigma(\alpha_i)=(\alpha_1,\cdots,\alpha_r,\alpha_{r+1},\cdots,\alpha_n)X_i$, 其中 $X_i=(a_{1i},\cdots,a_{ri},0,\cdots,0)'\in F^n$. 又对任意 $r+1\leqslant j\leqslant n$, 存在 $a_{1j},\cdots,a_{rj},a_{r+1,j},\cdots,a_{nj}\in F$ 使得 $\sigma(\alpha_j)=(\alpha_1,\cdots,\alpha_r,\alpha_{r+1},\cdots,\alpha_n)X_j$, 其中 $X_j=(a_{1j},\cdots,a_{rj},a_{r+1,j},\cdots,a_{nj})'\in F^n$. 于是

$$
\begin{aligned}
&\sigma(\alpha_1,\cdots,\alpha_r,\alpha_{r+1},\cdots,\alpha_n)\\
=&(\alpha_1,\cdots,\alpha_r,\alpha_{r+1},\cdots,\alpha_n)\begin{pmatrix}
a_{11}&\cdots&a_{1r}&a_{1,r+1}&\cdots&a_{1n}\\
\vdots&&\vdots&\vdots&&\vdots\\
a_{r1}&\cdots&a_{rr}&a_{r,r+1}&\cdots&a_{rn}\\
0&\cdots&0&a_{r+1,r+1}&\cdots&a_{r+1,n}\\
\vdots&&\vdots&\vdots&&\vdots\\
0&\cdots&0&a_{n,r+1}&\cdots&a_{nn}
\end{pmatrix}\\
=&(\alpha_1,\cdots,\alpha_r,\alpha_{r+1},\cdots,\alpha_n)\begin{pmatrix}A_{11}&A_{12}\\0&A_{22}\end{pmatrix},
\end{aligned}
$$

其中 $A_{11}=(a_{ij})_{r\times r}$, 所以 $\sigma|_W(\alpha_1,\cdots,\alpha_r)=\sigma(\alpha_1,\cdots,\alpha_r)=(\alpha_1,\cdots,\alpha_r)A_{11}$, 即 A_{11} 是 $\sigma|_W$ 在 W 的基 $\alpha_1,\cdots,\alpha_r$ 下的矩阵. 又对 $r+1\leqslant j\leqslant n$,

$$\begin{aligned}\overline{\sigma(\alpha_j)} &= \overline{a_{1j}\alpha_1 + \cdots + a_{rj}\alpha_r + a_{r+1,j}\alpha_{r+1} + \cdots + a_{nj}\alpha_n} \\ &= a_{1j}\overline{\alpha_1} + \cdots + a_{rj}\overline{\alpha_r} + a_{r+1,j}\overline{\alpha_{r+1}} + \cdots + a_{nj}\overline{\alpha_n} \\ &= a_{r+1,j}\overline{\alpha_{r+1}} + \cdots + a_{nj}\overline{\alpha_n} \\ &= (\overline{\alpha_{r+1}}, \cdots, \overline{\alpha_n})\begin{pmatrix} a_{r+1,j} \\ \vdots \\ a_{nj} \end{pmatrix},\end{aligned}$$

所以

$$\overline{\sigma}(\overline{\alpha_{r+1}}, \cdots, \overline{\alpha_n}) = (\overline{\alpha_{r+1}}, \cdots, \overline{\alpha_n})\begin{pmatrix} a_{r+1,r+1} & \cdots & a_{r+1,n} \\ \vdots & & \vdots \\ a_{n,r+1} & \cdots & a_{nn} \end{pmatrix} = (\overline{\alpha_{r+1}}, \cdots, \overline{\alpha_n})A_{22},$$

即 A_{22} 是 $\overline{\sigma}$ 在 V/W 的基 $\overline{\alpha_{r+1}}, \cdots, \overline{\alpha_n}$ 下的矩阵. □

上述命题的逆命题也是成立的, 即有下述结论, 其证明留给读者.

命题 5.3.6 设 $\alpha_1, \cdots, \alpha_r, \alpha_{r+1}, \cdots, \alpha_n$ 是线性空间 V 的一个基, $\sigma \in \mathrm{End}(V)$ 且 $\sigma(\alpha_1, \cdots, \alpha_r, \alpha_{r+1}, \cdots, \alpha_n) = (\alpha_1, \cdots, \alpha_r, \alpha_{r+1}, \cdots, \alpha_n)\begin{pmatrix} A_{11} & A_{12} \\ 0 & A_{22} \end{pmatrix}$, 其中 $A_{11} \in \mathrm{M}_r(F)$, $A_{22} \in \mathrm{M}_{n-r}(F)$, 则

(1) $W = L(\alpha_1, \cdots, \alpha_r)$ 是 σ–子空间;

(2) $\overline{\alpha_{r+1}}, \cdots, \overline{\alpha_n}$ 是 V/W 的一个基, 且 $\overline{\sigma}(\overline{\alpha_{r+1}}, \cdots, \overline{\alpha_n}) = (\overline{\alpha_{r+1}}, \cdots, \overline{\alpha_n})A_{22}$.

定理 5.3.7 设 $\alpha_1, \alpha_2, \cdots, \alpha_n$ 是线性空间 V 的一个基, $\sigma \in \mathrm{End}(V)$ 在该基下的矩阵为 A, 则 A 相似于准对角矩阵 $\mathrm{diag}(A_1, A_2, \cdots, A_s)$ 当且仅当存在 V 的非零 σ–子空间 $W_1, W_2, \cdots, W_s$ 使得 $V = \bigoplus\limits_{i=1}^{s} W_i$, 且 A_i 是 $\dim W_i$ 级方阵, $i = 1, 2, \cdots, s$.

证明 设 A 相似于准对角矩阵 $B = \mathrm{diag}(A_1, A_2, \cdots, A_s)$, 即存在 $P \in \mathrm{GL}_n(F)$ 使得 $P^{-1}AP = B$. 令 $(\beta_1, \beta_2, \cdots, \beta_n) = (\alpha_1, \alpha_2, \cdots, \alpha_n)P$, 则 $\beta_1, \beta_2, \cdots, \beta_n$ 是 V 的一个基, 并有

$$\sigma(\beta_1, \beta_2, \cdots, \beta_n) = (\beta_1, \beta_2, \cdots, \beta_n)B. \tag{5.3.1}$$

设 A_i 是 n_i 级方阵, $i = 1, 2, \cdots, s$. 令

$$t_i = \begin{cases} 0, & i = 1, \\ \sum\limits_{j=1}^{i-1} n_j, & i = 2, 3, \cdots, s. \end{cases}$$

由 (5.3.1) 式得, $\sigma(\beta_{t_i+1},\cdots,\beta_{t_i+n_i})=(\beta_{t_i+1},\cdots,\beta_{t_i+n_i})A_i$, 所以

$$W_i=L(\beta_{t_i+1},\beta_{t_i+2},\cdots,\beta_{t_i+n_i})$$

是非零 σ–子空间, $\dim W_i=n_i$, $i=1,2,\cdots,s$, 并且 $V=\bigoplus_{i=1}^{s}W_i$.

反之, 设 V 是 s 个非零 σ–子空间 $W_1,W_2,\cdots,W_s$ 的直和. 任取 $i\in\{1,2,\cdots,s\}$, 设 $\dim W_i=n_i$, $\beta_{i1},\cdots,\beta_{in_i}$ 是 W_i 的一个基, σ 在基 $\beta_{i1},\cdots,\beta_{in_i}$ 下的矩阵为 A_i, 则 $\beta_{11},\cdots,\beta_{1n_1},\beta_{21},\cdots,\beta_{2n_2},\cdots,\beta_{s1},\cdots,\beta_{sn_s}$ 是 V 的一个基, 并且

$$\begin{aligned}&\sigma(\beta_{11},\cdots,\beta_{1n_1},\beta_{21},\cdots,\beta_{2n_2},\cdots,\beta_{s1},\cdots,\beta_{sn_s})\\=&(\beta_{11},\cdots,\beta_{1n_1},\beta_{21},\cdots,\beta_{2n_2},\cdots,\beta_{s1},\cdots,\beta_{sn_s})B,\end{aligned}$$

其中 $B=\operatorname{diag}(A_1,A_2,\cdots,A_s)$. 再设

$$(\beta_{11},\cdots,\beta_{1n_1},\beta_{21},\cdots,\beta_{2n_2},\cdots,\beta_{s1},\cdots,\beta_{sn_s})=(\alpha_1,\cdots,\alpha_n)P,$$

则 $P\in\mathrm{GL}_n(F)$, 并且 $P^{-1}AP=\operatorname{diag}(A_1,A_2,\cdots,A_s)$, 即 A 相似于准对角矩阵. □

推论 5.3.8 设 $\alpha_1,\alpha_2,\cdots,\alpha_n$ 是 n 维线性空间 V 的一个基, $\sigma\in\mathrm{End}(V)$ 在该基下的矩阵为 A, 则 A 在 F 上相似于对角矩阵当且仅当 $V=\bigoplus_{i=1}^{n}W_i$, 其中 W_i 是 1 维 σ–子空间, $i=1,2,\cdots,n$.

定义 5.3.9 设 $A\in\mathrm{M}_n(F)$. 若存在 $P\in\mathrm{GL}_n(F)$ 使得 $P^{-1}AP$ 是对角矩阵, 则称 A 在 F 上**可对角化** (diagonalizable), 简称 A 可对角化.

由推论 5.3.8 知, A 可对角化对应于 V 可分解为一维 σ–子空间的直和. 设 W 是 V 的一维 σ–子空间, 则对任意 $\alpha\in W$ 且 $\alpha\neq0$, 都有 $W=\{k\alpha\mid k\in F\}$. 因此由 $\sigma(\alpha)\in W$ 知, 存在 $\lambda\in F$ 使得 $\sigma(\alpha)=\lambda\alpha$, 即 α 在线性变换 σ 的作用下变成 α 的常数倍, 这是一类重要而特殊的向量, 将在下一节具体研究.

5.4 特征值与特征向量

定义 5.4.1 设 V 是线性空间, $\sigma\in\mathrm{End}(V)$. 若存在 $\lambda\in F$, $0\neq\alpha\in V$ 使得 $\sigma(\alpha)=\lambda\alpha$, 则称 λ 是 σ 的**特征值** (eigenvalue), α 是 σ 的属于特征值 λ 的**特征向量** (eigenvector).

注记 5.4.2 设 V 是线性空间, $\sigma\in\mathrm{End}(V)$.

(1) 尽管对任意 $\lambda\in F$, 都有 $\sigma(0)=\lambda0$, 但 0 不是特征向量.

(2) 线性变换 σ 的特征值与特征向量是同时出现的: 有特征值, 必然有特征向量; 特征向量必然是属于某个特征值的特征向量.

设 $\alpha_1,\alpha_2,\cdots,\alpha_n$ 是线性空间 V 的一个基, $\sigma\in\mathrm{End}(v)$ 在该基下矩阵为 $A\in\mathrm{M}_n(F)$, 即 $\sigma(\alpha_1,\alpha_2,\cdots,\alpha_n)=(\alpha_1,\alpha_2,\cdots,\alpha_n)A$. 任取 $\alpha\in V$, 记 $X_\alpha\in F^n$ 为 α 在基 $\alpha_1,\alpha_2,\cdots,\alpha_n$ 下的坐标. 由定理 5.2.10 知, $\sigma(\alpha)$ 在基 $\alpha_1,\alpha_2,\cdots,\alpha_n$ 下的坐标为 $X_{\sigma(\alpha)}=AX_\alpha$, 所以

$$\sigma(\alpha)=\lambda\alpha\Longleftrightarrow X_{\sigma(\alpha)}=X_{\lambda\alpha}\Longleftrightarrow AX_\alpha=\lambda X_\alpha. \tag{5.4.1}$$

注意到 $\alpha\neq 0$ 当且仅当 $X_\alpha\neq 0$, 因此我们有如下定义.

定义 5.4.3 设 $A\in\mathrm{M}_n(F)$. 若存在 $\lambda\in F$, $0\neq X\in F^n$ 使得 $AX=\lambda X$, 则称 λ 是 A 的**特征值**, X 是 A 的属于特征值 λ 的**特征向量**.

根据 (5.4.1) 式, 我们有

引理 5.4.4 设 $\alpha_1,\alpha_2,\cdots,\alpha_n$ 是线性空间 V 的一个基, $\sigma\in\mathrm{End}(V)$ 在该基下的矩阵为 A, $\lambda\in F$, 则

(1) λ 是 σ 的特征值当且仅当 λ 是 A 的特征值;

(2) $\alpha\in V$ 是 σ 的属于特征值 λ 的特征向量当且仅当 α 在基 $\alpha_1,\alpha_2,\cdots,\alpha_n$ 下的坐标 $X_\alpha\in F^n$ 是 A 的属于特征值 λ 的特征向量.

对 n 维线性空间 V, 有两个自然的问题:

1. (定性) 设 $\sigma\in\mathrm{End}(V)$ (或 $A\in\mathrm{M}_n(F)$), σ (或 A) 有没有特征值?

2. (定量) 如果 σ (或 A) 有特征值, 有多少特征值? 对每一个特征值 λ, 又有多少属于特征值 λ 的特征向量?

由引理 5.4.4, 对上述两个问题我们只需考虑 $A\in\mathrm{M}_n(F)$ 即可.

定理 5.4.5 设 $A\in\mathrm{M}_n(F)$, $\lambda_0\in F$, 则

(1) λ_0 是 A 的特征值当且仅当 λ_0 是方程 $|\lambda I_n-A|=0$ 的根;

(2) $X_0\in F^n$ 是 A 的属于特征值 λ_0 的特征向量当且仅当 X_0 是齐次线性方程组 $(\lambda_0 I_n-A)X=0$ 的非零解.

证明 由于

$$\begin{aligned}
&\lambda_0 \text{ 是 } A \text{ 的特征值}\\
\Longleftrightarrow\ &\text{存在非零向量 } X_0\in F^n \text{ 使得 } AX_0=\lambda_0X_0\\
\Longleftrightarrow\ &\text{存在非零向量 } X_0\in F^n \text{ 使得 } (\lambda_0I_n-A)X_0=0\\
\Longleftrightarrow\ &\text{齐次线性方程组 } (\lambda_0I_n-A)X=0 \text{ 有非零解 } X_0\in F^n\\
\Longleftrightarrow\ &|\lambda_0I_n-A|=0\\
\Longleftrightarrow\ &\lambda_0 \text{ 是方程 } |\lambda I_n-A|=0 \text{ 的根},
\end{aligned}$$

因此 (1) 和 (2) 成立. □

例 5.4.6 设 $A=\begin{pmatrix}-1 & -4 & -6\\ -5 & -13 & -20\\ 3 & 10 & 15\end{pmatrix}\in \mathrm{M}_3(\mathbb{R})$. 求 A 的实特征值和对应的特征向量.

解 解方程 $|\lambda I_3-A|=(\lambda-1)(\lambda^2+1)=0$ 得唯一实数解 $\lambda=1$. 解齐次线性方程组 $(I_3-A)X=0$ 得通解 $X=k(2,5,-4)'$, 其中 k 为任意实数. 由定理 5.4.5 知, 矩阵 A 有唯一实特征值 1, 对任意实数 $k\neq 0$, 向量 $k(2,5,-4)'$ 是 A 的属于特征值 1 的特征向量. □

引理 5.4.7 设 $A\in \mathrm{M}_n(F)$, 则 $f_A(\lambda)=|\lambda I_n-A|$ 是 F 上的 n 次首一多项式. 进一步, 若

$$f_A(\lambda)=\lambda^n-p_1\lambda^{n-1}+\cdots+(-1)^{n-1}p_{n-1}\lambda+(-1)^np_n \tag{5.4.2}$$

的 n 个复根为 $\lambda_1,\lambda_2,\cdots,\lambda_n$, 则

$$p_k=\sum_{1\leqslant i_1<i_2<\cdots<i_k\leqslant n}\lambda_{i_1}\lambda_{i_2}\cdots\lambda_{i_k}=s_k, \tag{5.4.3}$$

其中 s_k 为 A 的所有 k 级主子式之和, $k=1,2,\cdots,n$. 特别地,

$$\mathrm{Tr}(A)=\sum_{i=1}^n\lambda_i,\quad |A|=\prod_{i=1}^n\lambda_i,\quad \mathrm{Tr}(A^*)=\sum_{i=1}^n\lambda_i^*, \tag{5.4.4}$$

其中 A^* 为 A 的伴随矩阵,

$$\lambda_i^*=\prod_{\substack{j=1\\ j\neq i}}^n\lambda_j=\begin{cases}\lambda_2\lambda_3\cdots\lambda_n, & i=1,\\ \lambda_1\cdots\lambda_{i-1}\lambda_{i+1}\cdots\lambda_n, & i=2,\cdots,n-1,\\ \lambda_1\lambda_2\cdots\lambda_{n-1}, & i=n.\end{cases} \tag{5.4.5}$$

证明 首先, 通过比较等式

$$\begin{aligned}\lambda^n-p_1\lambda^{n-1}+\cdots+(-1)^{n-1}p_{n-1}\lambda+(-1)^np_n&=\prod_{i=1}^n(\lambda-\lambda_i)\\ =\lambda^n-\left(\sum_{i=1}^n\lambda_i\right)\lambda^{n-1}+\cdots+(-1)^{n-1}&\left(\sum_{i=1}^n\lambda_i^*\right)\lambda+(-1)^n\prod_{i=1}^n\lambda_i\end{aligned}$$

两端的系数得 (5.4.3) 式中第一个等号.

其次, 设 $I_n=(\varepsilon_1,\varepsilon_2,\cdots,\varepsilon_n)$, $A=(\alpha_1,\alpha_2,\cdots,\alpha_n)$, 则

$$\begin{aligned}
f_A(\lambda)&=|\lambda\varepsilon_1-\alpha_1,\lambda\varepsilon_2-\alpha_2,\cdots,\lambda\varepsilon_n-\alpha_n|\\
&=|\lambda\varepsilon_1,\lambda\varepsilon_2,\cdots,\lambda\varepsilon_n|\\
&\quad+\sum_{\substack{1\leqslant t\leqslant n-1\\ 1\leqslant i_1<\cdots<i_t\leqslant n}}|-\alpha_1,\cdots,-\alpha_{i_1-1},\lambda\varepsilon_{i_1},-\alpha_{i_1+1},\cdots,-\alpha_{i_t-1},\lambda\varepsilon_{i_t},-\alpha_{i_t+1},\cdots,-\alpha_n|\\
&\quad+|-\alpha_1,-\alpha_2,\cdots,-\alpha_n|\\
&=\lambda^n+\sum_{t=1}^{n-1}(-1)^{n-t}p_{n-t}\lambda^t+(-1)^n|A|\\
&=\lambda^n-p_1\lambda^{n-1}+\cdots+(-1)^{n-1}p_{n-1}\lambda+(-1)^np_n,
\end{aligned}$$

其中 $p_n=|A|$, 对 $1\leqslant t\leqslant n-1$,

$$p_{n-t}\lambda^t=\sum_{1\leqslant i_1<\cdots<i_t\leqslant n}|\alpha_1,\cdots,\alpha_{i_1-1},\lambda\varepsilon_{i_1},\alpha_{i_1+1},\cdots,\alpha_{i_t-1},\lambda\varepsilon_{i_t},\alpha_{i_t+1},\cdots,\alpha_n|=s_{n-t}\lambda^t,$$

注意, 上式中第二个等号是对第一个等号右边每一个行列式的第 $i_1,\cdots,i_t$ 列应用拉普拉斯定理得到的. 因此, $f_A(\lambda)$ 是 F 上的 n 次首一多项式, 并且对 $1\leqslant k\leqslant n$, $p_k=s_k$. □

定义 5.4.8 设 $A\in \mathrm{M}_n(F)$.

(1) $f_A(\lambda)=|\lambda I_n-A|$ 称为 A 的**特征多项式** (characteristic polynomial).

(2) 方程 $f_A(\lambda)=0$ 称为 A 的**特征方程** (characteristic equation).

(3) 设 $\lambda\in F$ 是 A 的特征值, F^n 的子空间

$$V_\lambda=\mathrm{Ker}(\lambda I_n-A)=\{\alpha\in F^n\mid(\lambda I_n-A)\alpha=0\}$$

称为 A 的属于特征值 λ 的**特征子空间** (eigenspace).

推论 5.4.9 (1) 设 $A\in\mathrm{M}_n(F)$, 则 $A\in\mathrm{GL}_n(F)$ 当且仅当 0 不是 A 的特征值, 即 $f_A(0)\neq 0$.

(2) 设 $A\in\mathrm{GL}_n(F)$, $0\neq\lambda\in F$, 则 λ 是 A 的特征值当且仅当 λ^{-1} 是 A^{-1} 的特征值当且仅当 $\lambda^*=\dfrac{|A|}{\lambda}$ 是 A^* 的特征值; 并且 α 是 A 的属于特征值 λ 的特征向量当且仅当 α 是 A^{-1} 的属于特征值 λ^{-1} 的特征向量当且仅当 α 是 A^* 的属于特征值 λ^* 的特征向量. 因此 A, A^{-1} 和 A^* 具有相同的特征向量.

证明 (1) 由 (5.4.4) 式即得.

(2) 由 $A\alpha=\lambda\alpha\Longleftrightarrow A^{-1}\alpha=\lambda^{-1}\alpha$ 以及 $A^*=|A|A^{-1}$ 易知结论成立. □

引理 5.4.10 设 $A, B \in \mathrm{M}_n(F)$. 若 A 与 B 相似, 则

$$f_A(\lambda) = f_B(\lambda), \quad \mathrm{Tr}(A) = \mathrm{Tr}(B), \quad |A| = |B|.$$

证明 设 $B = P^{-1}AP$, $P \in \mathrm{GL}_n(F)$, 则

$$f_B(\lambda)=|\lambda I_n - B|=|\lambda I_n - P^{-1}AP|=|P^{-1}(\lambda I_n - A)P|=|P^{-1}||\lambda I_n - A||P|=f_A(\lambda).$$

由引理 5.4.7 知, $\mathrm{Tr}(A) = \mathrm{Tr}(B)$, $|A| = |B|$. □

注记 5.4.11 (1) 引理 5.4.10 的逆命题不成立, 例如

$$A = \begin{pmatrix} 0 & 0 \\ 0 & 0 \end{pmatrix}, \quad B = \begin{pmatrix} 0 & 1 \\ 0 & 0 \end{pmatrix}, \quad f_A(\lambda) = f_B(\lambda) = \lambda^2, \text{ 但 } A \text{ 与 } B \text{ 不相似}.$$

(2) 设 n 是正整数, 定义映射 $f : \mathrm{M}_n(F) \longrightarrow F[x]$, $A \longmapsto f_A(x)$, 则 f 不是单射, 并且 $\mathrm{Im}(f) = \{x^n + a_{n-1}x^{n-1} + \cdots + a_1x + a_0 \mid a_0, a_1, \cdots, a_{n-1} \in F\}$. 事实上, 由 (1) 知 f 不是单射, 由第 2 章习题 14 (1) 知, 每一个 n 次首一多项式都是某个 n 级方阵的特征多项式.

(3) 设 $A \in \mathrm{M}_{n\times m}(F)$, $B \in \mathrm{M}_{m\times n}(F)$. 由例 2.9.21 知, $\lambda^m f_{AB}(\lambda) = \lambda^n f_{BA}(\lambda)$. 因此 AB 与 BA 具有相同的非零特征值.

(4) 由 (3) 知, 当 A, B 是 n 级方阵时, AB 与 BA 有相同的特征多项式, 从而它们有相同的特征值.

定义 5.4.12 设 $\alpha_1, \alpha_2, \cdots, \alpha_n$ 是 n 维线性空间 V 的一个基, $\sigma \in \mathrm{End}(V)$ 在该基下的矩阵为 A.

(1) A 的特征多项式称为 σ 的**特征多项式**, 记为 $f_\sigma(\lambda)$;

(2) 方程 $f_\sigma(\lambda) = 0$ 称为 σ 的**特征方程**;

(3) $\mathrm{Tr}(A)$ 称为 σ 的**迹**, 记为 $\mathrm{Tr}(\sigma)$;

(4) $|A|$ 称为 σ 的**行列式**, 记为 $|\sigma|$ 或 $\det(\sigma)$.

(5) 设 $\lambda_0 \in F$ 是 σ 的特征值, V 的子空间

$$\mathrm{Ker}(\lambda_0 1_V - \sigma) = \{\alpha \in V \mid \sigma(\alpha) = \lambda_0 \alpha\}$$

称为 σ 的属于特征值 λ_0 的**特征子空间**.

注记 5.4.13 由于 n 级方阵的特征多项式、迹、行列式在矩阵的相似下不变, 因此线性变换的特征多项式、迹、行列式与 V 的基的选取无关.

由引理 5.4.4 和定理 5.4.5, 我们得到如何计算线性变换的特征值及对应的特征向量的方法. 设 $\alpha_1, \alpha_2, \cdots, \alpha_n$ 是线性空间 V 的一个基, $\sigma \in \mathrm{End}(V)$ 在该基下的矩阵为 A.

(1) 解特征方程 $f_A(\lambda)=0$ 在 F 内的根得 σ 的特征值.

(2) 设 λ_0 是 σ 的特征值, 解齐次线性方程组 $(\lambda_0 I_n - A)X = 0$ 得基础解系 $X_1, X_2, \cdots, X_t$, 则

$$\beta_i = (\alpha_1, \alpha_2, \cdots, \alpha_n)X_i, \quad i = 1, 2, \cdots, t$$

是 σ 的属于特征值 λ_0 的特征子空间 W_{λ_0} 的一个基.

例 5.4.14 设 $a \in F$, 定义映射 $\sigma\colon F[x]_3 \longrightarrow F[x]_3$, $f(x) \mapsto xf'(x)+f(x+a)$. 易知 σ 是 $F[x]_3$ 的线性变换, 求 σ 的特征值及对应的特征子空间的一个基.

解 由例 4.2.6 知, $1, x, x^2$ 是 $F[x]_3$ 的一个基, 再由 σ 的定义得

$$\sigma(1) = 1, \quad \sigma(x) = 2x + a, \quad \sigma(x^2) = 3x^2 + 2ax + a^2.$$

因此 $\sigma(1, x, x^2) = (1, x, x^2)A$, 其中 $A = \begin{pmatrix} 1 & a & a^2 \\ 0 & 2 & 2a \\ 0 & 0 & 3 \end{pmatrix}$. 解特征方程

$$f_\sigma(\lambda) = f_A(\lambda) = |\lambda I_3 - A| = (\lambda-1)(\lambda-2)(\lambda-3) = 0$$

得特征值 $\lambda_1 = 1$, $\lambda_2 = 2$, $\lambda_3 = 3$.

解齐次线性方程组 $(I_3 - A)X = 0$ 得矩阵 A 的属于特征值 1 的特征子空间 V_1 的一个基 $X_1 = (1, 0, 0)'$, 从而 $f_1(x) = (1, x, x^2)X_1 = 1$ 是 σ 的属于特征值 1 的特征子空间 W_1 的一个基.

同理得 $f_2(x) = a + x$ 是 σ 的属于特征值 2 的特征子空间 W_2 的一个基, $f_3(x) = \dfrac{3a^2}{2} + 2ax + x^2$ 是 σ 的属于特征值 3 的特征子空间 W_3 的一个基. □

定理 5.4.15 设 $\alpha_1, \alpha_2, \cdots, \alpha_n$ 是 n 维线性空间 V 的一个基, $\sigma \in \mathrm{End}(V)$ 在该基下的矩阵为 A, 则下列陈述等价:

(1) V 中存在一维 σ–子空间 W;

(2) σ 的特征方程 $f_\sigma(\lambda) = 0$ 在 F 内有一个根;

(3) σ 有一个特征值;

(4) 存在 $P \in \mathrm{GL}_n(F)$ 使得 $P^{-1}AP = \begin{pmatrix} \lambda_0 & \beta \\ 0 & A_1 \end{pmatrix}$, 其中 $\beta \in \mathrm{M}_{1\times(n-1)}(F)$, $A_1 \in \mathrm{M}_{n-1}(F)$, $\lambda_0 \in F$.

证明 (2) $\Longleftrightarrow$ (3) $\Longleftrightarrow$ (4) 是显然的, 因此只需证明 (1) 与 (3) 等价.

(1) $\Longrightarrow$ (3) 设 W 是 V 的一维 σ–子空间, $0 \neq \alpha_0 \in W$, 则

$$W = L(\alpha_0) = \{k\alpha_0 \mid k \in F\}.$$

由 $\sigma(\alpha_0)\in W$ 知, 存在 $\lambda_0\in F$ 使得 $\sigma(\alpha_0)=\lambda_0\alpha_0$, 所以 λ_0 是 σ 的特征值.

(3) $\Longrightarrow$ (1) 设 $\lambda_0\in F$ 是 σ 的特征值, 从而存在 $\alpha_0\in V\setminus\{0\}$ 使得 $\sigma(\alpha_0)=\lambda_0\alpha_0$. 令 $W=L(\alpha_0)=\{k\alpha_0\mid k\in F\}$, 则 $\dim W=1$. 设 $\alpha\in W$, 则存在 $k\in F$ 使得 $\alpha=k\alpha_0$. 所以 $\sigma(\alpha)=\sigma(k\alpha_0)=k\sigma(\alpha_0)=k(\lambda_0\alpha_0)=(k\lambda_0)\alpha_0\in W$. 因此 W 是 V 的一维 σ–子空间. □

例 5.4.16 设 $A\in \mathrm{M}_n(F)$, $g(\lambda)\in F[\lambda]$, $\alpha\in F^n$ 是 A 的属于特征值 λ_0 的特征向量, 则 $g(\lambda_0)$ 是 $g(A)$ 的特征值, 且 α 是矩阵 $g(A)$ 的属于特征值 $g(\lambda_0)$ 的特征向量.

证明 由题意, $A\alpha=\lambda_0\alpha$, 则对任意正整数 i, 有 $A^i\alpha=\lambda_0A^{i-1}\alpha=\cdots=\lambda_0^i\alpha$. 设 $g(\lambda)=a_0+a_1\lambda+a_2\lambda^2+\cdots+a_m\lambda^m$, 则

$$
\begin{aligned}
g(A)\alpha&=\left(a_0I_n+a_1A+a_2A^2+\cdots+a_mA^m\right)\alpha\\
&=a_0\alpha+a_1A\alpha+a_2A^2\alpha+\cdots+a_mA^m\alpha\\
&=a_0\alpha+a_1\lambda_0\alpha+a_2\lambda_0^2\alpha+\cdots+a_m\lambda_0^m\alpha\\
&=\left(a_0+a_1\lambda_0+\cdots+a_m\lambda_0^m\right)\alpha\\
&=g(\lambda_0)\alpha.
\end{aligned}
$$

因此 $g(\lambda_0)$ 是 $g(A)$ 的特征值且 α 是矩阵 $g(A)$ 的属于特征值 $g(\lambda_0)$ 的特征向量. □

定理 5.4.17 设 $A\in \mathrm{M}_n(F)$, $f_A(\lambda)=|\lambda I_n-A|$ 为 A 的特征多项式.

(1) 若 $f_A(\lambda)=g(\lambda)\prod\limits_{i=1}^{t}(\lambda-\lambda_i)$, 其中 $\lambda_1,\lambda_2,\cdots,\lambda_t\in F$, $g(\lambda)\in F[\lambda]$, 则存在 $P\in \mathrm{GL}_n(F)$ 使得 $P^{-1}AP=\begin{pmatrix}A_{11}&A_{12}\\0&A_{22}\end{pmatrix}$, 其中 $A_{11}=\begin{pmatrix}\lambda_1&\star&\star\\&\ddots&\star\\&&\lambda_t\end{pmatrix}$ 是上三角矩阵, $A_{12}\in \mathrm{M}_{t\times(n-t)}(F)$, $A_{22}\in \mathrm{M}_{n-t}(F)$.

(2) 若 $F=\mathbb{C}$, 则 $f_A(\lambda)=\prod\limits_{i=1}^{n}(\lambda-\lambda_i)$, 从而存在 $P\in \mathrm{GL}_n(\mathbb{C})$ 使得

$P^{-1}AP=\begin{pmatrix}\lambda_1&\star&\star\\&\ddots&\star\\&&\lambda_n\end{pmatrix}$ 是上三角矩阵.

证明 (1) 对 t 归纳证明. 当 $t=1$ 时, 由定理 5.4.15 即得. 假设 $t\geqslant 2$ 并且结论对 $t-1$ 成立, 现考虑矩阵 A 的特征多项式 $f_A(\lambda)$ 在 F 内有 t 个根 $\lambda_1,\lambda_2,\cdots,\lambda_t$

的情形, 即 $f_A(\lambda)=g(\lambda)\prod_{i=1}^{t}(\lambda-\lambda_i)$. 由定理 5.4.15 知, 存在 $P_1\in \mathrm{GL}_n(F)$ 使得

$$B=P_1^{-1}AP_1=\begin{pmatrix}\lambda_1 & \star\\ 0 & C\end{pmatrix},$$

其中 $C\in \mathrm{M}_{n-1}(F)$. 所以 $g(\lambda)\prod_{i=1}^{t}(\lambda-\lambda_i)=f_A(\lambda)=f_B(\lambda)=(\lambda-\lambda_1)f_C(\lambda)$. 故 $f_C(\lambda)=g(\lambda)\prod_{i=2}^{t}(\lambda-\lambda_i)$. 从而由归纳假设知存在 $P_2\in \mathrm{GL}_{n-1}(F)$ 使得

$$P_2^{-1}CP_2=\begin{pmatrix}C_{11} & C_{12}\\ 0 & C_{22}\end{pmatrix},$$

其中 $C_{11}=\begin{pmatrix}\lambda_2 & \star & \star\\ & \ddots & \star\\ & & \lambda_t\end{pmatrix}$ 是 $t-1$ 级上三角矩阵.

令 $P=P_1\begin{pmatrix}1 & 0\\ 0 & P_2\end{pmatrix}$, 则 $P\in \mathrm{GL}_n(F)$ 且

$$P^{-1}AP=\begin{pmatrix}1 & 0\\ 0 & P_2^{-1}\end{pmatrix}\begin{pmatrix}\lambda_1 & \star\\ 0 & C\end{pmatrix}\begin{pmatrix}1 & 0\\ 0 & P_2\end{pmatrix}=\begin{pmatrix}\lambda_1 & \star\\ 0 & P_2^{-1}CP_2\end{pmatrix}=\begin{pmatrix}A_{11} & A_{12}\\ 0 & A_{22}\end{pmatrix},$$

其中 $A_{11}=\begin{pmatrix}\lambda_1 & \star & \star\\ & \ddots & \star\\ & & \lambda_t\end{pmatrix}$ 是上三角矩阵, $A_{12}\in \mathrm{M}_{t\times(n-t)}(F)$, $A_{22}=C_{22}\in \mathrm{M}_{n-t}(F)$.

(2) 当 $F=\mathbb{C}$ 时, $f_A(\lambda)=\prod_{i=1}^{n}(\lambda-\lambda_i)$, 从而由 (1) 即得 (2) 中结论. □

推论 5.4.18 设 $\lambda_1,\lambda_2,\cdots,\lambda_n\in F$ 是矩阵 $A\in \mathrm{M}_n(F)$ 的 n 个特征值, 即 $f_A(\lambda)=\prod_{i=1}^{n}(\lambda-\lambda_i)$, 则

(1) 对任意 $g(\lambda)\in F[\lambda]$, $g(\lambda_1),g(\lambda_2),\cdots,g(\lambda_n)$ 是 $g(A)$ 的 n 个特征值, 即

$$f_{g(A)}(\lambda)=|\lambda I_n-g(A)|=\prod_{i=1}^{n}(\lambda-g(\lambda_i));$$

(2) 由 (5.4.5) 式定义的 n 个数 $\lambda_1^*,\lambda_2^*,\cdots,\lambda_n^*$ 是 A 的伴随矩阵 A^* 的 n 个特征值, 即 $f_{A^*}(\lambda)=|\lambda I_n-A^*|=\prod_{i=1}^{n}(\lambda-\lambda_i^*)$.

证明 由定理 5.4.17 知, 存在 $P\in \mathrm{GL}_n(F)$ 使得

$$P^{-1}AP=\begin{pmatrix}\lambda_1 & \star & \star\\ & \ddots & \star\\ & & \lambda_n\end{pmatrix}\ \text{是上三角矩阵.} \tag{5.4.6}$$

(1) 设 $g(\lambda)\in F[\lambda]$, 则 $P^{-1}g(A)P=g(P^{-1}AP)=\begin{pmatrix}g(\lambda_1) & \star & \star\\ & \ddots & \star\\ & & g(\lambda_n)\end{pmatrix}$ 是上三角矩阵. 因此 $f_{g(A)}(\lambda)=\prod\limits_{i=1}^{n}(\lambda-g(\lambda_i))$, 即 $g(\lambda_1),g(\lambda_2),\cdots,g(\lambda_n)\in F$ 恰好是 $g(A)$ 的 n 个特征值.

(2) 由 $(P^*)^{-1}=(P^{-1})^*$, 第 2 章习题 36 以及 (5.4.6) 式得

$$P^*A^*(P^*)^{-1}=(P^{-1}AP)^*=\begin{pmatrix}\lambda_1^* & \star & \star\\ & \ddots & \star\\ & & \lambda_n^*\end{pmatrix}\ \text{是上三角矩阵.}$$

所以 $f_{A^*}(\lambda)=f_{P^*A^*(P^*)^{-1}}(\lambda)=\prod\limits_{i=1}^{n}(\lambda-\lambda_i^*)$, 从而 $\lambda_1^*,\lambda_2^*,\cdots,\lambda_n^*\in F$ 是矩阵 A 的伴随矩阵 A^* 的 n 个特征值. □

例 5.4.19 利用推论 5.4.18 证明例 2.5.14, 即证

$$D=\begin{vmatrix}
a_0 & a_1 & a_2 & \cdots & \cdots & a_{n-3} & a_{n-2} & a_{n-1}\\
a_{n-1} & a_0 & a_1 & \ddots & \ddots & \ddots & a_{n-3} & a_{n-2}\\
a_{n-2} & a_{n-1} & a_0 & \ddots & \ddots & \ddots & \ddots & a_{n-3}\\
\vdots & \ddots & \ddots & \ddots & \ddots & \ddots & \ddots & \vdots\\
\vdots & \ddots & \ddots & \ddots & \ddots & \ddots & \ddots & \vdots\\
a_3 & \ddots & \ddots & \ddots & \ddots & a_0 & a_1 & a_2\\
a_2 & a_3 & \ddots & \ddots & \ddots & a_{n-1} & a_0 & a_1\\
a_1 & a_2 & a_3 & \cdots & \cdots & a_{n-2} & a_{n-1} & a_0
\end{vmatrix}=\prod_{i=0}^{n-1}f(\xi^i),$$

其中 $f(x)=a_0+a_1x+\cdots+a_{n-1}x^{n-1}$, ξ 是任一 n 次本原单位根.

证明 令

$$B = \begin{pmatrix} 0 & 1 & 0 & \cdots & \cdots & \cdots & 0 \\ 0 & 0 & 1 & \ddots & & & \vdots \\ 0 & 0 & 0 & \ddots & \ddots & & \vdots \\ \vdots & \vdots & \ddots & \ddots & \ddots & \ddots & \vdots \\ \vdots & \vdots & & \ddots & 0 & 1 & 0 \\ 0 & 0 & \cdots & \cdots & 0 & 0 & 1 \\ 1 & 0 & \cdots & \cdots & 0 & 0 & 0 \end{pmatrix}$$

以及 $A = f(B) = a_0 I_n + a_1 B + a_2 B^2 + \cdots + a_{n-1} B^{n-1}$, 则 $D = |A|$, 并且 B 的特征多项式为

$$|\lambda I_n - B| = \begin{vmatrix} \lambda & -1 & 0 & \cdots & \cdots & \cdots & 0 \\ 0 & \lambda & -1 & \ddots & & & \vdots \\ 0 & 0 & \lambda & \ddots & \ddots & & \vdots \\ \vdots & \vdots & \ddots & \ddots & \ddots & \ddots & \vdots \\ \vdots & \vdots & & \ddots & \lambda & -1 & 0 \\ 0 & 0 & \cdots & \cdots & 0 & \lambda & -1 \\ -1 & 0 & \cdots & \cdots & 0 & 0 & \lambda \end{vmatrix} = \lambda^n - 1.$$

所以, B 的特征值为 $\xi^i, i = 0, 1, \cdots, n-1$, 其中 ξ 是任一 n 次本原单位根. 从而由推论 5.4.18 知, $A = f(B)$ 的特征值为 $f(\xi^i), i = 0, 1, \cdots, n-1$. 故

$$D = |A| = \prod_{i=0}^{n-1} f(\xi^i). \qquad \square$$

5.5 最小多项式

设 $A \in \mathrm{M}_n(F)$, 由第 4 章习题 18 知, 存在一个次数不超过 n^2 的非零多项式 $f(\lambda) \in F[\lambda]$ 使得 $f(A) = 0$. 现在我们给出如下定义.

定义 5.5.1 设 $A \in \mathrm{M}_n(F)$.

(1) 若 $f(\lambda) \in F[\lambda]$ 满足 $f(A) = 0$, 则称 $f(\lambda)$ 是 A 的**零化多项式** (annihilating polynomial).

(2) 在 A 的所有非零的零化多项式中, 次数最低的首一多项式 $m_A(\lambda) \in F[\lambda]$ 称为 A 的**最小多项式** (minimal polynomial).

定理 5.5.2 (**凯莱–哈密顿定理** (Cayley-Hamilton theorem)) 设 $A \in \mathrm{M}_n(F)$ 且其特征多项式为

$$f_A(\lambda) = \lambda^n + a_1\lambda^{n-1} + \cdots + a_{n-1}\lambda + a_n \in F[\lambda], \tag{5.5.1}$$

则 $f_A(\lambda)$ 是 A 的零化多项式, 即

$$f_A(A) = A^n + a_1A^{n-1} + \cdots + a_{n-1}A + a_nI_n = 0. \tag{5.5.2}$$

证明 由伴随矩阵的定义可设 (也可参见引理 6.3.1)

$$(\lambda I_n - A)^* = \lambda^{n-1}B_0 + \lambda^{n-2}B_1 + \cdots + \lambda B_{n-2} + B_{n-1},$$

其中 $B_i \in \mathrm{M}_n(F)$, $i = 0, 1, \cdots, n-1$. 从而由 $(\lambda I_n - A)^*(\lambda I_n - A) = f_A(\lambda)I_n$ 得

$$\begin{aligned}&\lambda^nB_0+\lambda^{n-1}(B_1-B_0A)+\lambda^{n-2}(B_2-B_1A)+\cdots+\lambda(B_{n-1}-B_{n-2}A)-B_{n-1}A\\&=\lambda^nI_n + a_1\lambda^{n-1}I_n + \cdots + a_{n-1}\lambda I_n + a_nI_n.\end{aligned}$$

因此

$$\begin{aligned}B_0 &= I_n,\\ B_1 - B_0A &= a_1I_n,\\ B_2 - B_1A &= a_2I_n,\\ &\cdots\cdots\\ B_{n-1} - B_{n-2}A &= a_{n-1}I_n,\\ -B_{n-1}A &= a_nI_n.\end{aligned}$$

以上 $n+1$ 个式子从上至下依次右乘 $A^n, A^{n-1}, \cdots, A, I_n$ 然后相加即得

$$f_A(A)=0.$$

□

注记 5.5.3 弗罗贝尼乌斯于 1878 年给出了凯莱–哈密顿定理的第一个完整证明.

设 n 级方阵 A 的特征多项式 $f_A(\lambda)$ 的表达式为 (5.5.1) 式. 若 A 可逆, 则 $f_A(0) = a_n \neq 0$, 从而由 (5.5.2) 式得

$$I_n = -\frac{1}{a_n}(A^{n-1} + a_1A^{n-2} + \cdots + a_{n-1}I_n)A.$$

故 $A^{-1} = -\dfrac{1}{a_n}\left(A^{n-1} + a_1A^{n-2} + \cdots + a_{n-1}I_n\right)$. 若令

$$g(\lambda) = -\frac{1}{a_n}\left(\lambda^{n-1} + a_1\lambda^{n-2} + \cdots + a_{n-1}\right) \in F[\lambda],$$

则 $A^{-1} = g(A)$. 因此我们有以下推论.

推论 5.5.4　设 $A \in \mathrm{GL}_n(F)$, $\lambda_0 \in F$ 是 A 的特征值, 则存在 $g(\lambda), h(\lambda) \in F[\lambda]$ 使得 $A^{-1} = g(A)$, $A^* = h(A)$, 并且 $\lambda_0^{-1} = g(\lambda_0)$, $\lambda_0^* = \dfrac{|A|}{\lambda_0} = h(\lambda_0)$.

凯莱–哈密顿定理表明 n 级方阵的最小多项式的次数小于等于 n. 下面我们将证明 n 级方阵的最小多项式不仅是其特征多项式的因式, 而且它们具有相同的不可约因式.

定理 5.5.5　设方阵 A 的特征多项式 $f_A(\lambda) = p_1(\lambda)^{e_1} p_2(\lambda)^{e_2} \cdots p_s(\lambda)^{e_s}$, 其中 $p_1(\lambda), p_2(\lambda), \cdots, p_s(\lambda) \in F[\lambda]$ 是互不相同的首一不可约多项式, $e_1, e_2, \cdots, e_s \in \mathbb{N}^*$, 则下列陈述成立.

(1) 矩阵 A 的最小多项式 $m_A(\lambda)$ 存在.

(2) 设 $g(\lambda) \in F[\lambda]$, 则 $g(A) = 0$ 当且仅当 $m_A(\lambda) | g(\lambda)$.

(3) $m_A(\lambda)$ 是唯一的, 并且 $m_A(\lambda) = p_1(\lambda)^{r_1} p_2(\lambda)^{r_2} \cdots p_s(\lambda)^{r_s}$, 其中 $1 \leqslant r_i \leqslant e_i$, $i = 1, 2, \cdots, s$.

(4) 设 $B \in \mathrm{M}_n(F)$, 如果 A 与 B 相似, 那么 $m_A(\lambda) = m_B(\lambda)$.

(5) 设 $C \in \mathrm{M}_t(F)$, $D = \begin{pmatrix} A & 0 \\ 0 & C \end{pmatrix}$, 则 $m_D(\lambda) = [m_A(\lambda), m_C(\lambda)]$.

证明　(1) 由凯莱–哈密顿定理知, 矩阵 A 的最小多项式 $m_A(\lambda)$ 是存在的.

(2) 必要性　设 $g(\lambda) = q(\lambda) m_A(\lambda) + r(\lambda)$, 其中 $r(\lambda) = 0$ 或 $\deg(r(\lambda)) < \deg(m_A(\lambda))$, 则 $0 = g(A) = q(A) m_A(A) + r(A) = r(A)$. 由 $m_A(\lambda)$ 的最小性知 $r(\lambda) = 0$. 故 $m_A(\lambda) | g(\lambda)$.

充分性　由 $m_A(\lambda) | g(\lambda)$ 得 $g(\lambda) = q(\lambda) m_A(\lambda)$, 从而 $g(A) = q(A) m_A(A) = 0$.

(3) 若 $m_1(\lambda), m_2(\lambda) \in F[\lambda]$ 都是 A 的最小多项式, 则由 (2) 知, $m_1(\lambda) | m_2(\lambda)$, $m_2(\lambda) | m_1(\lambda)$, 又 $m_1(\lambda), m_2(\lambda)$ 都是首一多项式, 从而 $m_1(\lambda) = m_2(\lambda)$.

由凯莱–哈密顿定理及 (2) 得 $m_A(\lambda) | f_A(\lambda)$. 所以

$$m_A(\lambda) = p_1(\lambda)^{r_1} p_2(\lambda)^{r_2} \cdots p_s(\lambda)^{r_s}, \quad 0 \leqslant r_i \leqslant e_i, \quad i = 1, \cdots, s.$$

任取 $i \in \{1, 2, \cdots, s\}$, 下证 $r_i \geqslant 1$. 设 $c \in \mathbb{C}$ 是 $p_i(\lambda) = 0$ 的一个根, 则 $f_A(c) = 0$. 将 A 视为复方阵, 则 c 是 A 的一个复特征值. 设 α 是 A 的属于特征值 c 的特征向量, 即 $\alpha \neq 0$, $A\alpha = c\alpha$. 由例 5.4.16 知, α 是矩阵 $m_A(A)$ 的属于特征值 $m_A(c)$ 的特征向量, 即 $m_A(A)\alpha = m_A(c)\alpha$. 由 $m_A(A) = 0$, $\alpha \neq 0$ 得 $m_A(c) = 0$. 再由 $p_i(\lambda) \in F[\lambda]$ 不可约及 $m_A(\lambda) \in F[\lambda]$ 知 $p_i(\lambda) | m_A(\lambda)$. 因此 $1 \leqslant r_i \leqslant e_i$.

(4) 设 $B = P^{-1}AP$, 则 $m_A(B) = m_A(P^{-1}AP) = P^{-1} m_A(A) P = 0$. 由 (2) 得 $m_B(\lambda) | m_A(\lambda)$. 同理, $m_A(\lambda) | m_B(\lambda)$. 再由 $m_A(\lambda), m_B(\lambda)$ 都是首一多项式知 $m_A(\lambda) = m_B(\lambda)$.

(5) 令 $m(\lambda)=[m_A(\lambda),m_C(\lambda)]$. 一方面, $m(D)=\begin{pmatrix} m(A) & 0 \\ 0 & m(C)\end{pmatrix}=\begin{pmatrix} 0 & 0 \\ 0 & 0\end{pmatrix}=0.$ 所以由 (2) 得 $m_D(\lambda)|m(\lambda)$; 另一方面, $0=m_D(D)=\begin{pmatrix} m_D(A) & 0 \\ 0 & m_D(C)\end{pmatrix}$, 故 $m_D(A)=0$, $m_D(C)=0$. 再由 (2) 知, $m_A(\lambda)|m_D(\lambda)$, $m_C(\lambda)|m_D(\lambda)$. 因此, $[m_A(\lambda),m_C(\lambda)]|\,m_D(\lambda)$. 又由 $m_D(\lambda)$ 与 $[m_A(\lambda),m_C(\lambda)]$ 都是首一多项式得 $m_D(\lambda)=[m_A(\lambda),m_C(\lambda)]$. □

设 $A,B\in \mathrm{M}_n(F)$, 由注记 5.4.11 知 AB 与 BA 的特征多项式相同, 但 AB 与 BA 的最小多项式未必相同. 例如, $A=\begin{pmatrix} 0 & 0 \\ 0 & 1\end{pmatrix}$, $B=\begin{pmatrix} 0 & 1 \\ 0 & 0\end{pmatrix}$, 则

$$AB=\begin{pmatrix} 0 & 0 \\ 0 & 0\end{pmatrix},\quad BA=\begin{pmatrix} 0 & 1 \\ 0 & 0\end{pmatrix},\quad f_{AB}(\lambda)=\lambda^2=f_{BA}(\lambda),$$

但 $m_{AB}(\lambda)=\lambda\neq\lambda^2=m_{BA}(\lambda)$.

例 5.5.6 设 $A=aI_n$, $a\in F$, 则 $f_A(\lambda)=(\lambda-a)^n$, $m_A(\lambda)=\lambda-a$.

例 5.5.7 证明: n 级方阵 $A=J_n(\lambda_0)=\begin{pmatrix} \lambda_0 & & & \\ 1 & \ddots & & \\ & \ddots & \ddots & \\ & & 1 & \lambda_0\end{pmatrix}$ 的最小多项式与特征多项式都等于 $(\lambda-\lambda_0)^n$, 即 $m_A(\lambda)=f_A(\lambda)=(\lambda-\lambda_0)^n$.

证明 显然 $f_A(\lambda)=(\lambda-\lambda_0)^n$. 因此 $m_A(\lambda)=(\lambda-\lambda_0)^r$, $1\leqslant r\leqslant n$. 令

$$N=\begin{pmatrix} 0 & & & \\ 1 & \ddots & & \\ & \ddots & \ddots & \\ & & 1 & 0\end{pmatrix}_{n\times n},$$

则 $A-\lambda_0 I_n=N$ 且 $N^n=0$, 但对任意 $1\leqslant k\leqslant n-1$, $N^k\neq 0$. 故 $m_A(\lambda)=(\lambda-\lambda_0)^n$. □

例 5.5.8 设 $f(\lambda)=c_0+c_1\lambda+\cdots+c_{n-1}\lambda^{n-1}+\lambda^n\in F[\lambda]$, 令

$$C=C(f(\lambda))=\begin{pmatrix}0 & & & & -c_0\\ 1 & \ddots & & & -c_1\\ & \ddots & \ddots & & \vdots\\ & & \ddots & 0 & -c_{n-2}\\ & & & 1 & -c_{n-1}\end{pmatrix}_{n\times n},$$

则 $m_C(\lambda)=f_C(\lambda)=f(\lambda)$. 矩阵 $C(f(\lambda))$ 称为首一多项式 $f(\lambda)$ 的**友矩阵** (companion matrix).

证明 直接验证 $f_C(\lambda)=|\lambda I_n-C|=f(\lambda)$, 或参见第 2 章习题 14 (1).

设 $\varepsilon_1,\varepsilon_2,\cdots,\varepsilon_n$ 是列向量空间 F^n 的标准基, 则

$$C\varepsilon_1=\varepsilon_2,\quad C\varepsilon_2=\varepsilon_3,\quad \cdots,\quad C\varepsilon_{n-1}=\varepsilon_n.$$

若 $g(\lambda)=a_0+a_1\lambda+\cdots+a_{n-1}\lambda^{n-1}\in F[\lambda]$ 满足 $g(C)=0$, 则

$$0=g(C)\varepsilon_1=a_0\varepsilon_1+a_1C\varepsilon_1+\cdots+a_{n-1}C^{n-1}\varepsilon_1=a_0\varepsilon_1+a_1\varepsilon_2+\cdots+a_{n-1}\varepsilon_n.$$

由 $\varepsilon_1,\varepsilon_2,\cdots,\varepsilon_n$ 线性无关得 $a_i=0,i=0,1,\cdots,n-1$, 从而 $g(\lambda)=0$, 故 $\deg(m_C(\lambda))\geqslant n$. 因此 $m_C(\lambda)=f_C(\lambda)=f(\lambda)$. □

注记 5.5.9 设 V 是 n 维线性空间, $\sigma\in\mathrm{End}(V)$, 类似可定义 σ 的**零化多项式和最小多项式**. 通常将 σ 的最小多项式记为 $m_\sigma(\lambda)$.

定理 5.5.10 设 $\alpha_1,\alpha_2,\cdots,\alpha_n$ 是 n 维线性空间 V 的一个基, $\sigma\in\mathrm{End}(V)$ 在该基下的矩阵为 A, 则

(1) $g(\lambda)\in F[\lambda]$ 是 σ 的零化多项式当且仅当 $g(\lambda)$ 是 A 的零化多项式;

(2) (**凯莱–哈密顿定理**) $f_\sigma(\sigma)=0$;

(3) $m(\lambda)\in F[\lambda]$ 是 σ 的最小多项式当且仅当 $m(\lambda)$ 是 A 的最小多项式, 即 $m_\sigma(\lambda)=m_A(\lambda)$.

证明 (1) 设 $g(\lambda)\in F[\lambda]$, 则由定理 5.2.5 (2) 和推论 5.2.9 知

$$g(\sigma)(\alpha_1,\alpha_2,\cdots,\alpha_n)=(\alpha_1,\alpha_2,\cdots,\alpha_n)g(A).$$

因此 $g(\sigma)=0\iff g(A)=0$.

(2) 和 (3) 由 (1) 即得. □

5.6 矩阵可对角化的条件

研究方阵在相似下的不变量, 譬如, 方阵的特征多项式、迹、行列式等, 希望在相似类中找一个具有良好性质又相对简单的代表元进行研究, 显然对角矩阵既简单又有很好的性质, 但并不是每一个方阵都相似于对角矩阵, 因此在本节我们将研究方阵相似于对角矩阵的条件.

定义 5.6.1 设 $A \in \mathrm{M}_n(F)$, $\lambda_0 \in F$ 是 A 的特征值, V_{λ_0} 是矩阵 A 的属于特征值 λ_0 的特征子空间, A 的特征多项式 $f_A(\lambda) = (\lambda - \lambda_0)^e g(\lambda)$, 其中 $g(\lambda) \in F[\lambda]$ 且 $g(\lambda_0) \neq 0$, 称 e 与 $\dim V_{\lambda_0}$ 分别是特征值 λ_0 的**代数重数** (algebraic multiplicity) 和**几何重数** (geometric multiplicity).

类似可定义有限维线性空间上线性变换的特征值的代数重数和几何重数.

引理 5.6.2 数域 F 上任一方阵 (或 F 上有限维线性空间的任一线性变换) 的特征值的几何重数小于等于其代数重数.

证明 设 λ_0 是矩阵 $A \in \mathrm{M}_n(F)$ 的特征值且其代数重数为 e, 几何重数为 $r = \dim V_{\lambda_0}$, 其中 V_{λ_0} 是 A 的属于特征值 λ_0 的特征子空间, 则 $f_A(\lambda) = (\lambda-\lambda_0)^e g(\lambda)$, 其中 $g(\lambda) \in F[\lambda]$ 且 $g(\lambda_0) \neq 0$. 再设 $\alpha_1, \cdots, \alpha_r$ 是 V_{λ_0} 的一个基, 并将其扩充为 F^n 的一个基 $\alpha_1, \cdots, \alpha_r, \alpha_{r+1}, \cdots, \alpha_n$. 令 $P = (\alpha_1, \cdots, \alpha_r, \alpha_{r+1}, \cdots, \alpha_n)$, 则 $P \in \mathrm{GL}_n(F)$, 且

$$\begin{aligned} AP &= A(\alpha_1, \cdots, \alpha_r, \alpha_{r+1}, \cdots, \alpha_n) \\ &= (\alpha_1, \cdots, \alpha_r, \alpha_{r+1}, \cdots, \alpha_n) \begin{pmatrix} \lambda_0 I_r & \star \\ 0 & A_1 \end{pmatrix} \\ &= P \begin{pmatrix} \lambda_0 I_r & \star \\ 0 & A_1 \end{pmatrix}. \end{aligned}$$

于是 $P^{-1}AP = \begin{pmatrix} \lambda_0 I_r & \star \\ 0 & A_1 \end{pmatrix}$, 因此

$$(\lambda - \lambda_0)^e g(\lambda) = f_A(\lambda) = f_{P^{-1}AP}(\lambda) = (\lambda - \lambda_0)^r f_{A_1}(\lambda),$$

从而由 $g(\lambda_0) \neq 0$ 知 $r \leqslant e$. □

引理 5.6.3 设 $A \in \mathrm{M}_n(F)$, $\lambda_1, \lambda_2, \cdots, \lambda_s \in F$ 是 A 的 s 个互不相同的特征值, V_{λ_i} 是 A 的属于特征值 λ_i 的特征子空间, $1 \leqslant i \leqslant s$, 则 A 的属于不同特征值的特征向量线性无关, 即 $\sum\limits_{i=1}^{s} V_{\lambda_i} = \bigoplus\limits_{i=1}^{s} V_{\lambda_i}$.

证明 对 s 归纳证明. 当 $s=1$ 时结论显然成立. 假设 $s\geqslant 2$ 并且结论对 $s-1$ 成立, 现在考虑 s 的情况. 任取 $i\in\{1,2,\cdots,s\}$, 设 $\alpha_{i1},\cdots,\alpha_{ir_i}$ 是特征子空间 V_{λ_i} 的一个基, 其中 $r_i=\dim V_{\lambda_i}$. 下证 $\alpha_{11},\cdots,\alpha_{1r_1},\alpha_{21},\cdots,\alpha_{2r_2},\cdots,\alpha_{s1},\cdots,\alpha_{sr_s}$ 线性无关. 假设

$$\sum_{i=1}^{s}(k_{i1}\alpha_{i1}+k_{i2}\alpha_{i2}+\cdots+k_{ir_i}\alpha_{ir_i})=0, \tag{5.6.1}$$

其中 $k_{i1},k_{i2},\cdots,k_{ir_i}\in F$, $i=1,2,\cdots,s$. 用 $\mathcal{A}$ 作用 (5.6.1) 式两端得

$$\sum_{i=1}^{s}\lambda_i(k_{i1}\alpha_{i1}+k_{i2}\alpha_{i2}+\cdots+k_{ir_i}\alpha_{ir_i})=0. \tag{5.6.2}$$

用 λ_s 乘 (5.6.1) 式得

$$\lambda_s\sum_{i=1}^{s}(k_{i1}\alpha_{i1}+k_{i2}\alpha_{i2}+\cdots+k_{ir_i}\alpha_{ir_i})=0. \tag{5.6.3}$$

(5.6.3) 式减 (5.6.2) 式得

$$\sum_{i=1}^{s-1}(\lambda_s-\lambda_i)(k_{i1}\alpha_{i1}+k_{i2}\alpha_{i2}+\cdots+k_{ir_i}\alpha_{ir_i})=0.$$

由归纳假设知, $\alpha_{11},\cdots,\alpha_{1r_1},\cdots,\alpha_{s-1,1},\cdots,\alpha_{s-1,r_{s-1}}$ 线性无关, 从而

$$(\lambda_s-\lambda_i)k_{i1}=(\lambda_s-\lambda_i)k_{i2}=\cdots=(\lambda_s-\lambda_i)k_{ir_i}=0,\quad i=1,2,\cdots,s-1.$$

因为 $\lambda_1,\lambda_2,\cdots,\lambda_s$ 互不相同, 所以 $\lambda_s-\lambda_i\neq 0, i=1,2,\cdots,s-1$, 从而

$$k_{i1}=k_{i2}=\cdots=k_{ir_i}=0,\quad i=1,2,\cdots,s-1.$$

再由 (5.6.1) 式知 $k_{s1}\alpha_{s1}+k_{s2}\alpha_{s2}+\cdots+k_{sr_s}\alpha_{sr_s}=0$. 又因为 $\alpha_{s1},\alpha_{s2},\cdots,\alpha_{sr_s}$ 线性无关, 所以 $k_{s1}=k_{s2}=\cdots=k_{sr_s}=0$. 因此 $\alpha_{11},\cdots,\alpha_{1r_1}$, $\alpha_{21},\cdots,\alpha_{2r_2},\cdots,\alpha_{s1},\cdots,\alpha_{sr_s}$ 线性无关, 故 $V_{\lambda_1}+V_{\lambda_2}+\cdots+V_{\lambda_s}=V_{\lambda_1}\oplus V_{\lambda_2}\oplus\cdots\oplus V_{\lambda_s}$. □

设 $A\in \mathrm{M}_n(F)$, 我们说 A 可对角化是指存在 $P\in \mathrm{GL}_n(F)$ 使得 $P^{-1}AP$ 为对角矩阵. 自然地, 我们说 n 维线性空间 V 上的线性变换 σ **可对角化**是指存在 V 的一个基使得 σ 在此基下的矩阵为对角矩阵. 设 σ 在 V 的某个基下的矩阵为 $A\in \mathrm{M}_n(F)$, 则由定理 5.2.11 和定理 5.2.14 知, σ 可对角化当且仅当 A 可对角化. 因此我们只需讨论域 F 上 n 级方阵可对角化的条件.

定理 5.6.4 设 $A\in \mathrm{M}_n(F)$, 并且 $f_A(\lambda)=(\lambda-\lambda_1)^{e_1}(\lambda-\lambda_2)^{e_2}\cdots(\lambda-\lambda_s)^{e_s}$, 其中 $\lambda_1,\lambda_2,\cdots,\lambda_s\in F$ 互不相同, $e_1,e_2,\cdots,e_s\in\mathbb{N}^*$. 令 $V_{\lambda_i}=\mathrm{Ker}(\lambda_i I_n-A)\subseteq F^n$ 是 A 的属于特征值 λ_i 的特征子空间, $i=1,2,\cdots,s$, 则下列陈述等价:

(1) A 可对角化;

(2) 存在 A 的 n 个线性无关的特征向量;

(3) $\sum\limits_{i=1}^{s}\mathrm{dim}V_{\lambda_i}=n$;

(4) 对任意 $i\in\{1,2,\cdots,s\}$, λ_i 的几何重数等于其代数重数, 即 $\mathrm{dim}V_{\lambda_i}=e_i$;

(5) $\sum\limits_{i=1}^{s}(n-\mathrm{rank}(\lambda_i I_n-A))=n$;

(6) $\sum\limits_{i=1}^{s}\mathrm{rank}(\lambda_i I_n-A)=(s-1)n$.

证明 首先证明 (1) $\Longleftrightarrow$ (2), 事实上若 $f_A(\lambda)=\prod\limits_{i=1}^{n}(\lambda-\mu_i)$, 则

$$
\begin{aligned}
A\text{ 可对角化}\ &\Longleftrightarrow \text{存在 } P\in \mathrm{GL}_n(F) \text{ 使得 } P^{-1}AP=\mathrm{diag}(\mu_1,\mu_2,\cdots,\mu_n)\\
&\Longleftrightarrow \text{存在 } P\in \mathrm{GL}_n(F) \text{ 使得 } AP=P\mathrm{diag}(\mu_1,\mu_2,\cdots,\mu_n)\\
&\Longleftrightarrow \text{存在 } n \text{ 个线性无关的向量 } \alpha_1,\alpha_2,\cdots,\alpha_n\in F^n \text{ 使得}\\
&\qquad A(\alpha_1,\alpha_2,\cdots,\alpha_n)=(\alpha_1,\alpha_2,\cdots,\alpha_n)\mathrm{diag}(\mu_1,\mu_2,\cdots,\mu_n)\\
&\qquad\qquad\qquad\qquad\quad\ =(\mu_1\alpha_1,\mu_2\alpha_2,\cdots,\mu_n\alpha_n)\\
&\Longleftrightarrow \text{存在 } n \text{ 个线性无关的向量 } \alpha_1,\alpha_2,\cdots,\alpha_n\in F^n \text{ 使得}\\
&\qquad A\alpha_i=\mu_i\alpha_i,\quad i=1,2,\cdots,n,\\
&\Longleftrightarrow \text{存在 } A \text{ 的 } n \text{ 个线性无关的特征向量.}
\end{aligned}
$$

其次, 显然有 (3) $\Longleftrightarrow$ (5) $\Longleftrightarrow$ (6), 以及 (2) $\xLeftrightarrow{\text{引理 5.6.3}}$ (3) $\xLeftrightarrow{\text{引理 5.6.2}}$ (4).

综上所述, 我们证明了 (1) $\sim$ (6) 是相互等价的. □

推论 5.6.5 若 $A\in\mathrm{M}_n(F)$ 有 n 个互不相同的特征值, 则 A 可对角化.

证明 由已知条件, 矩阵 A 的 n 个特征值的代数重数和几何重数都是 1, 因此 A 可对角化. □

推论 5.6.6 设 $A\in\mathrm{M}_n(F)$, $g(\lambda)=(\lambda-x_1)^{r_1}(\lambda-x_2)^{r_2}\cdots(\lambda-x_t)^{r_t}\in F[\lambda]$, 其中 $x_1,x_2,\cdots,x_t\in F$ 互不相同, $r_1,r_2,\cdots,r_t\in\mathbb{N}^*$. 若 $g(A)=0$, 则

$$\sum_{i=1}^{t}(n-\mathrm{rank}(x_iI_n-A))=\sum_{i=1}^{t}\mathrm{dimKer}(x_iI_n-A)\leqslant n,$$

并且下列陈述等价:

(1) A 可对角化;

(2) $\sum\limits_{i=1}^{t}\dim\mathrm{Ker}(x_iI_n-A)=n$;

(3) $\sum\limits_{i=1}^{t}(n-\mathrm{rank}(x_iI_n-A))=n$;

(4) $\sum\limits_{i=1}^{t}\mathrm{rank}(x_iI_n-A)=(t-1)n$.

证明 一方面, 由定理 5.5.5 知 $m_A(\lambda)|g(\lambda)$, 而且 $m_A(\lambda)$ 与 $f_A(\lambda)$ 具有相同的不可约因式, 因此存在 $\lambda_1,\lambda_2,\cdots,\lambda_s\in\{x_1,x_2,\cdots,x_t\}$, $e_1,e_2,\cdots,e_s\in\mathbb{N}^*$ 使得

$$f_A(\lambda)=(\lambda-\lambda_1)^{e_1}(\lambda-\lambda_2)^{e_2}\cdots(\lambda-\lambda_s)^{e_s}.$$

另一方面, 若 x_i 不是 A 的特征值, 即 $x_i\neq\lambda_j$, $j=1,2,\cdots,s$, 则 $|x_iI_n-A|\neq 0$, 即 $\mathrm{rank}(x_iI_n-A)=n$, 从而 $\dim\mathrm{Ker}(x_iI_n-A)=0$. 因此由引理 5.6.2 知

$$\sum_{i=1}^{t}\dim\mathrm{Ker}(x_iI_n-A)=\sum_{j=1}^{s}\dim\mathrm{Ker}(\lambda_jI_n-A)\leqslant\sum_{j=1}^{s}e_j=n.$$

又因为

$$\sum_{i=1}^{t}\dim\mathrm{Ker}(x_iI_n-A)=n\Longleftrightarrow\sum_{j=1}^{s}\dim\mathrm{Ker}(\lambda_jI_n-A)=n,$$

$$\sum_{i=1}^{t}(n-\mathrm{rank}(x_iI_n-A))=n\Longleftrightarrow\sum_{j=1}^{s}(n-\mathrm{rank}(\lambda_jI_n-A))=n,$$

$$\sum_{i=1}^{t}\mathrm{rank}(x_iI_n-A)=(t-1)n\Longleftrightarrow\sum_{j=1}^{s}\mathrm{rank}(\lambda_jI_n-A)=(s-1)n,$$

所以由定理 5.6.4 即得 (1) $\sim$ (4) 相互等价. □

推论 5.6.7 设 $A=\mathrm{diag}(A_1,A_2,\cdots,A_t)$, 其中 $A_i\in\mathrm{M}_{n_i}(F)$, $i=1,2,\cdots,t$, 则 A 可对角化当且仅当 $A_1,A_2,\cdots,A_t$ 均可对角化.

证明 充分性 若 $A_1,A_2,\cdots,A_t$ 均可对角化, 则存在 $P_i\in\mathrm{GL}_{n_i}(F)$ 使得 $P_i^{-1}A_iP_i=\Lambda_i$ 是对角矩阵, $i=1,2,\cdots,t$. 令 $P=\mathrm{diag}(P_1,P_2,\cdots,P_t)$, 则 P 是可逆方阵, 并且 $P^{-1}AP=\mathrm{diag}(\Lambda_1,\Lambda_2,\cdots,\Lambda_t)$. 故 A 可对角化.

必要性 不妨设 A 的特征多项式为 $f_A(\lambda)=(\lambda-\lambda_1)^{e_1}(\lambda-\lambda_2)^{e_2}\cdots(\lambda-\lambda_s)^{e_s}$,

其中 $\lambda_1, \lambda_2, \cdots, \lambda_s \in F$ 互不相同, $e_1, e_2, \cdots, e_s \in \mathbb{N}^*$, $n = \sum\limits_{i=1}^{s} e_i$. 由凯莱–哈密顿定理知 $f_A(A) = 0$, 从而, 对任意 $j = 1, 2, \cdots, t$, $f_A(A_j) = 0$. 由推论 5.6.6 知

$$\sum_{i=1}^{s}(n_j - \text{rank}(\lambda_i I_{n_j} - A_j)) \leqslant n_j, \quad j = 1, 2, \cdots, t.$$

再由定理 5.6.4 以及 A 可对角化知

$$\begin{aligned} n &= \sum_{i=1}^{s}(n - \text{rank}(\lambda_i I_n - A)) \\ &= \sum_{i=1}^{s}\sum_{j=1}^{t}(n_j - \text{rank}(\lambda_i I_{n_j} - A_j)) \\ &= \sum_{j=1}^{t}\sum_{i=1}^{s}(n_j - \text{rank}(\lambda_i I_{n_j} - A_j)) \\ &\leqslant \sum_{j=1}^{t} n_j = n. \end{aligned}$$

因此, 对任意 $j = 1, 2, \cdots, t$, 都有 $\sum\limits_{i=1}^{s}(n_j - \text{rank}(\lambda_i I_{n_j} - A_j)) = n_j$, 从而由推论 5.6.6 知 A_j 可对角化. □

例 5.6.8 设 $A^2 = A \in \text{M}_n(F)$, $r = \text{rank}A$, 证明: A 可对角化, 且存在 $P \in \text{GL}_n(F)$ 使得 $P^{-1}AP = \begin{pmatrix} I_r & 0 \\ 0 & 0 \end{pmatrix}$, 从而 $f_A(\lambda) = \lambda^{n-r}(\lambda - 1)^r$.

证明 **方法一** 参见第 2 章习题 57.

方法二 令 $g(\lambda) = \lambda^2 - \lambda = \lambda(\lambda - 1)$, 则由 $A^2 = A$ 知 $g(A) = 0$. 由定理 5.5.5 知, A 的最小多项式为 $m_A(\lambda) = \lambda$, 或 $\lambda - 1$, 或 $\lambda(\lambda - 1)$, 从而 A 的特征多项式为 $f_A(\lambda) = \lambda^{n-t}(\lambda - 1)^t$, 其中 $0 \leqslant t \leqslant n$. 若 $t = 0$ 或 $t = n$, 则 $A = 0$ 或 $A = I_n$, 此时结论显然成立. 下设 $0 < t < n$. 由推论 5.6.6 知,

A 可对角化当且仅当 $\text{rank}(0I_n - A) + \text{rank}(I_n - A) = \text{rank}A + \text{rank}(I_n - A) = n$.

由 $A^2 = A$ 得 $A(I_n - A) = 0$, 从而 $\text{rank}A + \text{rank}(I_n - A) \leqslant n$. 又

$$n = \text{rank}(I_n) = \text{rank}(A + I_n - A) \leqslant \text{rank}A + \text{rank}(I_n - A),$$

所以 $\text{rank}A + \text{rank}(I_n - A) = n$, 故 A 可对角化, 从而存在 $P \in \text{GL}_n(F)$ 使得 $P^{-1}AP = \begin{pmatrix} I_t & 0 \\ 0 & 0 \end{pmatrix}$. 因此

$$t = \text{rank}(P^{-1}AP) = \text{rank}A = r, \quad f_A(\lambda) = \lambda^{n-r}(\lambda - 1)^r.$$

□

对于线性变换, 定理 5.6.4 可叙述为

定理 5.6.9　设 σ 是 n 维线性空间 V 的线性变换且其特征多项式 $f_\sigma(\lambda)$ 有分解 $f_\sigma(\lambda)=(\lambda-\lambda_1)^{e_1}(\lambda-\lambda_2)^{e_2}\cdots(\lambda-\lambda_s)^{e_s}$, 其中 $\lambda_1,\lambda_2,\cdots,\lambda_s\in F$ 互不相同, $e_1,e_2,\cdots,e_s\in\mathbb{N}^*$. 令 $V_{\lambda_i}=\mathrm{Ker}(\lambda_i 1_V-\sigma)\subseteq V$ 是 σ 的属于特征值 λ_i 的特征子空间, $i=1,2,\cdots,s$, 则下列陈述等价:

(1) σ 可对角化;

(2) 存在 σ 的 n 个线性无关的特征向量;

(3) $\sum\limits_{i=1}^{s}\mathrm{dim}V_{\lambda_i}=n$;

(4) 对任意 $i\in\{1,2,\cdots,s\}$, λ_i 的几何重数等于其代数重数, 即 $\mathrm{dim}V_{\lambda_i}=e_i$;

(5) $\sum\limits_{i=1}^{s}(n-\mathrm{rank}(\lambda_i 1_V-\sigma))=n$;

(6) $\sum\limits_{i=1}^{s}\mathrm{rank}(\lambda_i 1_V-\sigma)=(s-1)n$.

对数域 F 上的 n 级方阵 A, 定理 5.6.4 不仅给出 A 是否可对角化的判定条件, 而且其证明过程也给出在 A 可对角化情形下使得 $P^{-1}AP$ 为对角矩阵的可逆矩阵 P 的具体构造, 步骤如下:

(1) 求 A 的特征多项式 $f_A(\lambda)$ 并在 F 上因式分解.

(2) 若 $f_A(\lambda)$ 在 F 上有高于 1 次的不可约因式, 则 A 不可对角化.

(3) 设 $f_A(\lambda)=(\lambda-\lambda_1)^{e_1}(\lambda-\lambda_2)^{e_2}\cdots(\lambda-\lambda_s)^{e_s}$, 其中 $\lambda_1,\lambda_2,\cdots,\lambda_s\in F$ 互不相同, $e_1,e_2,\cdots,e_s\in\mathbb{N}^*$. 对每一个特征值 λ_i, 解齐次线性方程组 $(\lambda_i I_n-A)X=0$ 得基础解系 $\alpha_{i1},\alpha_{i2},\cdots,\alpha_{in_i}$, $i=1,2,\cdots,s$.

(a) 若存在 $i_0\in\{1,2,\cdots,s\}$ 使得 $n_{i_0}\neq e_{i_0}$, 则 A 不可对角化.

(b) 若对任意 $i=1,2,\cdots,s$, 都有 $n_i=e_i$, 则 A 可对角化, 此时

$$P=(\alpha_{11},\cdots,\alpha_{1e_1},\alpha_{21},\cdots,\alpha_{2e_2},\cdots,\alpha_{s1},\cdots,\alpha_{se_s})\in\mathrm{GL}_n(F)$$

且 $P^{-1}AP=\begin{pmatrix}\lambda_1 I_{e_1} & & & \\ & \lambda_2 I_{e_2} & & \\ & & \ddots & \\ & & & \lambda_s I_{e_s}\end{pmatrix}$.

例 5.6.10　判断下列方阵 $A=A_i\ (i=1,2,3)$ 在实数域上是否可对角化, 若可对角化, 求可逆实矩阵 P 使得 $P^{-1}AP$ 为对角矩阵.

$$A_1=\begin{pmatrix}0&0&1\\1&0&-1\\0&1&1\end{pmatrix},\ A_2=\begin{pmatrix}2&0&1\\0&1&1\\0&0&1\end{pmatrix},\ A_3=\begin{pmatrix}28&-4&-8\\6&10&-4\\9&-13&10\end{pmatrix}.$$

解 (1) 因为 A_1 的特征多项式 $f_{A_1}(\lambda)=|\lambda I_3-A_1|=(\lambda-1)(\lambda^2+1)$ 在实数域 $\mathbb{R}$ 上有 2 次不可约因式 λ^2+1, 所以 A_1 在 $\mathbb{R}$ 上不可对角化.

(2) A_2 的特征多项式 $f_{A_2}(\lambda)=|\lambda I_3-A_2|=(\lambda-2)(\lambda-1)^2$, 而特征值 1 的几何重数等于 $3-\operatorname{rank}(I_3-A_2)=1$, 代数重数等于 2, 因此 A_2 不可对角化.

(3) A_3 的特征多项式 $f_{A_3}(\lambda)=|\lambda I_3-A_3|=(\lambda-8)(\lambda-16)(\lambda-24)$ 有 3 个不同的实根 $8,16,24$. 因此 A_3 在 $\mathbb{R}$ 上可对角化.

解齐次线性方程组 $(8I_3-A_3)X=0$ 得基础解系 $\alpha_1=(1,1,2)'$;

解齐次线性方程组 $(16I_3-A_3)X=0$ 得基础解系 $\alpha_2=(2,0,3)'$;

解齐次线性方程组 $(24I_3-A_3)X=0$ 得基础解系 $\alpha_3=(3,1,1)'$.

令 $P=(\alpha_1,\alpha_2,\alpha_3)$, 则 $P\in \mathrm{GL}_3(\mathbb{R})$ 且 $P^{-1}A_3P=\operatorname{diag}(8,16,24)$. □

注记 5.6.11 (1) 例 5.6.10 中的矩阵 A_1 看成复矩阵是可对角化的, 这是因为 A_1 有 3 个不同的复根 $1,\mathrm{i},-\mathrm{i}$.

(2) 矩阵的可对角化为计算矩阵的方幂带来方便.

若 $P^{-1}AP=\operatorname{diag}(\lambda_1,\lambda_2,\cdots,\lambda_n)$, 则对任意正整数 m, 有

$$A^m=P\operatorname{diag}(\lambda_1^m,\lambda_2^m,\cdots,\lambda_n^m)P^{-1}.$$

(3) 若 A 可对角化, 则使得 $P^{-1}AP$ 为对角矩阵的可逆矩阵 P 不是唯一的.

5.7 空间第一分解定理

5.3 节利用线性变换的不变子空间理论讨论了方阵相似于准对角矩阵的充分必要条件; 本节将利用特征多项式的标准分解将线性空间分解成一些不变子空间的直和.

设 V 是 n 维线性空间, $\sigma\in\operatorname{End}(V)$, 由例 5.2.3 知, 对任意

$$f(\lambda)=a_m\lambda^m+a_{m-1}\lambda^{m-1}+\cdots+a_1\lambda+a_0\in F[\lambda],$$

$f(\sigma)=a_m\sigma^m+a_{m-1}\sigma^{m-1}+\cdots+a_1\sigma+a_0 1_V\in\operatorname{End}(V)$. 下面的引理给出了线性变换 $f(\sigma)$ 的核 $\operatorname{Ker}(f(\sigma))$ 与像 $\operatorname{Im}(f(\sigma))$ 的一些性质.

引理 5.7.1 设 V 是线性空间, $\sigma\in\operatorname{End}(V)$, $f(\lambda),g(\lambda)\in F[\lambda]$, 则下列陈述成立.

(1) $\operatorname{Ker}(f(\sigma))$ 和 $\operatorname{Im}(f(\sigma))$ 都是 σ–子空间.

(2) 如果 $f(\sigma)=0$, 那么 $\operatorname{Ker}(f(\sigma))=V$; 如果 $f(\sigma)$ 可逆, 那么 $\operatorname{Ker}(f(\sigma))=0$.

(3) 如果 $g(\lambda)|f(\lambda)$, 那么 $\operatorname{Ker}(g(\sigma))\subseteq\operatorname{Ker}(f(\sigma))$.

(4) $\operatorname{Ker}(g(\sigma))\cap\operatorname{Ker}(f(\sigma))=\operatorname{Ker}(d(\sigma))$, 其中 $d(\lambda)=(f(\lambda),g(\lambda))$.

(5) $\operatorname{Ker}(g(\sigma))+\operatorname{Ker}(f(\sigma))=\operatorname{Ker}(M(\sigma))$, 其中 $M(\lambda)=[f(\lambda),g(\lambda)]$.

(6) 如果 $(f(\lambda),g(\lambda))=1$, 那么

$$\operatorname{Ker}(f(\sigma)g(\sigma))=\operatorname{Ker}(f(\sigma))+\operatorname{Ker}(g(\sigma))=\operatorname{Ker}(f(\sigma))\oplus\operatorname{Ker}(g(\sigma)).$$

(7) 若 $f(\lambda)=\prod\limits_{i=1}^{s}f_i(\lambda)$, 其中 $f_1(\lambda),f_2(\lambda),\cdots,f_s(\lambda)\in F[\lambda]$ 且两两互素, 则

$$\operatorname{Ker}(f(\sigma))=\bigoplus_{i=1}^{s}\operatorname{Ker}(f_i(\sigma)).$$

进一步, 如果 $f(\sigma)=0$, 那么

$$V=\bigoplus_{i=1}^{s}\operatorname{Ker}(f_i(\sigma))=\bigoplus_{i=1}^{s}\operatorname{Im}(g_i(\sigma)),$$

其中 $g_i(\lambda)=\dfrac{f(\lambda)}{f_i(\lambda)}$, $i=1,2,\cdots,s$.

证明 (1) 由 $f(\sigma)\sigma=\sigma f(\sigma)$ 及例 5.3.3 知, $\operatorname{Ker}(f(\sigma))$ 与 $\operatorname{Im}(f(\sigma))$ 都是 σ–子空间.

(2) 结论显然成立.

(3) 由 $g(\lambda)|f(\lambda)$ 知 $f(\lambda)=g(\lambda)h(\lambda)$, $h(\lambda)\in F[\lambda]$. 设 $\alpha\in\operatorname{Ker}(g(\sigma))$, 即 $g(\sigma)(\alpha)=0$, 则 $f(\sigma)(\alpha)=(h(\sigma)g(\sigma))(\alpha)=h(\sigma)(g(\sigma)(\alpha))=h(\sigma)(0)=0$. 所以 $\alpha\in\operatorname{Ker}(f(\sigma))$. 因此 $\operatorname{Ker}(g(\sigma))\subseteq\operatorname{Ker}(f(\sigma))$.

(4) 设 $d(\lambda)=(f(\lambda),g(\lambda))$. 由 (3) 知, $\operatorname{Ker}(d(\sigma))\subseteq\operatorname{Ker}(f(\sigma))\cap\operatorname{Ker}(g(\sigma))$.

由定理 1.5.11, 存在 $u(\lambda),v(\lambda)\in F[\lambda]$ 使得 $u(\lambda)f(\lambda)+v(\lambda)g(\lambda)=d(\lambda)$. 所以, 对任意 $\alpha\in\operatorname{Ker}(f(\sigma))\cap\operatorname{Ker}(g(\sigma))$, 即 $f(\sigma)(\alpha)=0$, $g(\sigma)(\alpha)=0$, 有

$$\begin{aligned}d(\sigma)(\alpha)&=(u(\sigma)f(\sigma)+v(\sigma)g(\sigma))(\alpha)\\&=u(\sigma)(f(\sigma)(\alpha))+v(\sigma)(g(\sigma)(\alpha))\\&=u(\sigma)(0)+v(\sigma)(0)=0,\end{aligned}$$

从而 $\alpha\in\operatorname{Ker}(d(\sigma))$. 因此 $\operatorname{Ker}(f(\sigma))\cap\operatorname{Ker}(g(\sigma))\subseteq\operatorname{Ker}(d(\sigma))$. 故

$$\operatorname{Ker}(g(\sigma))\cap\operatorname{Ker}(f(\sigma))=\operatorname{Ker}(d(\sigma)).$$

(5) 设 $M(\lambda)=[f(\lambda),g(\lambda)]$, 则由 (3) 知, $\operatorname{Ker}(g(\sigma))$ 和 $\operatorname{Ker}(f(\sigma))$ 都是 $\operatorname{Ker}(M(\sigma))$ 的子空间, 从而 $\operatorname{Ker}(g(\sigma))+\operatorname{Ker}(f(\sigma))\subseteq\operatorname{Ker}(M(\sigma))$.

再设 $M(\lambda) = f(\lambda)f_1(\lambda) = g(\lambda)g_1(\lambda)$, 则 $(f_1(\lambda), g_1(\lambda)) = 1$, 从而由定理 1.5.11 知, 存在 $u(\lambda), v(\lambda) \in F[\lambda]$ 使得 $f_1(\lambda)u(\lambda) + g_1(\lambda)v(\lambda) = 1$. 所以, 对任意 $\alpha \in \mathrm{Ker}(M(\sigma))$, 有

$$\alpha = (f_1(\sigma)u(\sigma) + g_1(\sigma)v(\sigma))(\alpha) = (f_1(\sigma)u(\sigma))(\alpha) + (g_1(\sigma)v(\sigma))(\alpha).$$

又因为

$$f(\sigma)((f_1(\sigma)u(\sigma))(\alpha)) = M(\sigma)u(\sigma)(\alpha) = u(\sigma)(M(\sigma)(\alpha)) = u(\sigma)(0) = 0,$$

所以 $(f_1(\sigma)u(\sigma))(\alpha) \in \mathrm{Ker}(f(\sigma))$. 同理 $(g_1(\sigma)v(\sigma))(\alpha) \in \mathrm{Ker}(g(\sigma))$. 因此

$$\alpha = (f_1(\sigma)u(\sigma))(\alpha) + (g_1(\sigma)v(\sigma))(\alpha) \in \mathrm{Ker}(f(\sigma)) + \mathrm{Ker}(g(\sigma)).$$

从而 $\mathrm{Ker}(M(\sigma) \subseteq \mathrm{Ker}(f(\sigma)) + \mathrm{Ker}(g(\sigma))$. 故 $\mathrm{Ker}(M(\sigma)) = \mathrm{Ker}(f(\sigma)) + \mathrm{Ker}(g(\sigma))$.

(6) 若 $(f(\lambda), g(\lambda)) = 1$, 则由 (4) 知, $\mathrm{Ker}(f(\sigma)) \cap \mathrm{Ker}(g(\sigma)) = 0$. 因此

$$\mathrm{Ker}(f(\sigma)) + \mathrm{Ker}(g(\sigma)) = \mathrm{Ker}(f(\sigma)) \oplus \mathrm{Ker}(g(\sigma)).$$

由于 $M(\lambda) = [f(\lambda), g(\lambda)]$ 是 $f(\lambda)g(\lambda)$ 的非零常数倍及 (5) 知

$$\mathrm{Ker}(f(\sigma)g(\sigma)) = \mathrm{Ker}(M(\sigma)) = \mathrm{Ker}(f(\sigma)) + \mathrm{Ker}(g(\sigma)) = \mathrm{Ker}(f(\sigma)) \oplus \mathrm{Ker}(g(\sigma)).$$

(7) 根据假设, 对任意 $1 \leqslant i \neq j \leqslant s$, $(f_i(\lambda), f_j(\lambda)) = 1$, 从而由 (6) 知

$$\mathrm{Ker}(f(\sigma)) = \bigoplus_{i=1}^{s} \mathrm{Ker}(f_i(\sigma)).$$

进一步, 若 $f(\sigma) = 0$, 则 $V = \mathrm{Ker}(f(\sigma)) = \bigoplus\limits_{i=1}^{s} \mathrm{Ker}(f_i(\sigma))$. 令 $g_i(\lambda) = \dfrac{f(\lambda)}{f_i(\lambda)}$, 则 $(f_i(\lambda), g_i(\lambda)) = 1$, 下证 $\mathrm{Ker}(f_i(\sigma)) = \mathrm{Im}(g_i(\sigma))$, $i = 1, 2, \cdots, s$.

设 $\beta \in \mathrm{Im}(g_i(\sigma))$, 则存在 $\alpha \in V$ 使得 $\beta = g_i(\sigma)(\alpha)$, 所以

$$f_i(\sigma)(\beta) = f_i(\sigma)(g_i(\sigma)(\alpha)) = (f_i(\sigma)g_i(\sigma))(\alpha) = f(\sigma)(\alpha) = 0.$$

因此 $\beta \in \mathrm{Ker}(f_i(\sigma))$, 从而

$$\mathrm{Im}(g_i(\sigma)) \subseteq \mathrm{Ker}(f_i(\sigma)). \tag{5.7.1}$$

由 $(f_i(\lambda), g_i(\lambda)) = 1$ 及 (6) 得 $V = \mathrm{Ker}(f(\sigma)) = \mathrm{Ker}(f_i(\sigma)) \oplus \mathrm{Ker}(g_i(\sigma))$. 从而 $\dim V = \dim\mathrm{Ker}(f_i(\sigma)) + \dim\mathrm{Ker}(g_i(\sigma))$. 又因为

$$\dim V = \dim\mathrm{Im}(g_i(\sigma)) + \dim\mathrm{Ker}(g_i(\sigma)),$$

所以

$$\dim\mathrm{Ker}(f_i(\sigma)) = \dim\mathrm{Im}(g_i(\sigma)). \tag{5.7.2}$$

因此由 (5.7.1) 式和 (5.7.2) 式得 $\mathrm{Ker}(f_i(\sigma)) = \mathrm{Im}(g_i(\sigma))$. 故

$$V = \bigoplus_{i=1}^{s} \mathrm{Ker}(f_i(\sigma)) = \bigoplus_{i=1}^{s} \mathrm{Im}(g_i(\sigma)). \qquad \square$$

定理 5.7.2 (**第一分解定理** (first decomposition theorem)) 设 V 是 n 维线性空间, $\sigma \in \mathrm{End}(V)$ 的特征多项式和最小多项式分别为

$$f_\sigma(\lambda) = p_1(\lambda)^{e_1} p_2(\lambda)^{e_2} \cdots p_s(\lambda)^{e_s}, \quad m_\sigma(\lambda) = p_1(\lambda)^{r_1} p_2(\lambda)^{r_2} \cdots p_s(\lambda)^{r_s},$$

其中 $p_1(\lambda), p_2(\lambda), \cdots, p_s(\lambda) \in F[\lambda]$ 是互不相同的首一不可约多项式, $1 \leqslant r_i \leqslant e_i$, $i = 1, 2, \cdots, s$, 则下列陈述成立.

(1) 对任意 $i \in \{1, 2, \cdots, s\}$, $l \in \mathbb{N}$, 有

$$\mathrm{Ker}\left(p_i(\sigma)^{r_i}\right) = \mathrm{Ker}\left(p_i(\sigma)^{r_i+l}\right) = \left\{\alpha \in V \mid \text{存在 } k \in \mathbb{N}^* \text{ 使得 } p_i(\sigma)^k(\alpha) = 0\right\},$$

特别地, $\mathrm{Ker}\left(p_i(\sigma)^{r_i}\right) = \mathrm{Ker}\left(p_i(\sigma)^{e_i}\right)$.

(2) $V = \bigoplus\limits_{i=1}^{s} W_i$, 其中 $W_i = \mathrm{Ker}\left(p_i(\sigma)^{r_i}\right), i = 1, 2, \cdots, s$.

(3) 对任意 $i \in \{1, 2, \cdots, s\}$, 令 $\sigma_i = \sigma|_{W_i}$, 则 σ_i 的特征多项式和最小多项式分别为 $f_{\sigma_i}(\lambda) = p_i(\lambda)^{e_i}$, $m_{\sigma_i}(\lambda) = p_i(\lambda)^{r_i}$, 从而 $\dim W_i = \deg(f_{\sigma_i}(\lambda)) = \deg(p_i(\lambda)^{e_i})$.

(4) 对任意 $i \in \{1, 2, \cdots, s\}$, 令

$$\pi_i : V = \bigoplus_{j=1}^{s} W_j \longrightarrow W_i \subset V, \quad \alpha = \sum_{j=1}^{s} \alpha_j \longmapsto \alpha_i,$$

则存在 $h_i(x) \in F[x]$ 使得 $\pi_i = h_i(\sigma)$.

(5) 设 $\tau \in \mathrm{End}(V)$ 且 $\sigma\tau = \tau\sigma$, 则 W_i 是 τ-子空间, $i = 1, 2, \cdots, s$.

证明 (1) 设 $1 \leqslant i \leqslant s$, $1 \leqslant k \leqslant r_i$, 则 $p_i(\lambda)^k | p_i(\lambda)^{r_i}$, 从而由引理 5.7.1 (3) 知 $\mathrm{Ker}\left(p_i(\sigma)^k\right) \subseteq \mathrm{Ker}\left(p_i(\sigma)^{r_i}\right)$.

对于任意 $k \geqslant r_i$, $p_i(\lambda)^{r_i} = (m_\sigma(\lambda), p_i(\lambda)^k)$, 因此

$$\mathrm{Ker}\left(p_i(\sigma)^{r_i}\right) = \mathrm{Ker}\left(m_\sigma(\sigma)\right) \cap \mathrm{Ker}\left(p_i(\sigma)^k\right) = V \cap \mathrm{Ker}\left(p_i(\sigma)^k\right) = \mathrm{Ker}\left(p_i(\sigma)^k\right),$$

从而 $\mathrm{Ker}\left(p_i(\sigma)\right) \subseteq \mathrm{Ker}\left(p_i(\sigma)^2\right) \subseteq \cdots \subseteq \mathrm{Ker}\left(p_i(\sigma)^{r_i}\right) = \mathrm{Ker}\left(p_i(\sigma)^{r_i+1}\right) = \cdots$, 所以

$$
\begin{aligned}
\operatorname{Ker}(p_i(\sigma)^{e_i}) &= \operatorname{Ker}(p_i(\sigma)^{r_i}) \\
&= \bigcup_{k=1}^{r_i} \operatorname{Ker}\left(p_i(\sigma)^k\right) \\
&= \bigcup_{k=1}^{\infty} \operatorname{Ker}\left(p_i(\sigma)^k\right) \\
&= \left\{\alpha \in V \mid \text{存在 } k \in \mathbb{N}^* \text{ 使得 } p_i(\sigma)^k(\alpha) = 0\right\}.
\end{aligned}
$$

(2) 由引理 5.7.1 (7) 即得.

(3) 设 $1 \leqslant i \leqslant s$, 首先证明 $m_{\sigma_i}(\lambda) = p_i(\lambda)^{r_i}$. 显然 $p_i(\sigma_i)^{r_i} = p_i(\sigma)^{r_i}|_{W_i} = 0$. 设 $g(\lambda) \in F[\lambda]$ 且 $g(\sigma_i) = 0$. 令 $g_i(\lambda) = \dfrac{m_\sigma(\lambda)}{p_i(\lambda)^{r_i}}$, $h(\lambda) = g(\lambda)g_i(\lambda)$. 任取 $\alpha \in V$, 由 (2) 知, $\alpha = \sum\limits_{j=1}^{s} \alpha_j$, 其中 $\alpha_j \in W_j = \operatorname{Ker}(p_j(\sigma)^{r_j})$, 即 $p_j(\sigma)^{r_j}(\alpha_j) = 0$, $1 \leqslant j \leqslant s$.

设 $j \neq i$, 则 $p_j(\lambda)^{r_j} | g_i(\lambda)$, 从而 $g_i(\sigma)(\alpha_j) = 0$. 因此

$$
\begin{aligned}
h(\sigma)(\alpha) &= \sum_{j=1}^{s} h(\sigma)(\alpha_j) \\
&= (g(\sigma)g_i(\sigma))(\alpha_i) + \sum_{j\neq i}(g(\sigma)g_i(\sigma))(\alpha_j) \\
&= g_i(\sigma)(g(\sigma)(\alpha_i)) + \sum_{j\neq i} g(\sigma)(g_i(\sigma)(\alpha_j)) \\
&= g_i(\sigma)(g(\sigma_i)(\alpha_i)) + \sum_{j\neq i} g(\sigma)(0) \\
&= 0.
\end{aligned}
$$

从而由 α 的任意性知 $h(\sigma) = 0$. 于是 $m_\sigma(\lambda) | h(\lambda)$, 即 $p_i(\lambda)^{r_i} g_i(\lambda) | g(\lambda) g_i(\lambda)$. 故有 $p_i(\lambda)^{r_i} | g(\lambda)$. 因此 $m_{\sigma_i}(\lambda) = p_i(\lambda)^{r_i}$.

设 $n_i = \dim W_i$, $\alpha_{i1}, \cdots, \alpha_{in_i}$ 是 W_i 的一个基. 由定理 5.5.5 知, σ_i 的特征多项式 $f_{\sigma_i}(\lambda) = p_i(\lambda)^{k_i}$, 其中 $k_i \geqslant r_i$, 从而 $n_i = \deg(p_i(\lambda)^{k_i})$. 由 $V = \bigoplus\limits_{i=1}^{s} W_i$ 知, $\alpha_{11}, \cdots, \alpha_{1n_1}, \alpha_{21}, \cdots, \alpha_{2n_2}, \cdots, \alpha_{s1}, \cdots, \alpha_{sn_s}$ 是 V 的一个基, 并且

$$
\begin{aligned}
&\sigma(\alpha_{11}, \cdots, \alpha_{1n_1}, \alpha_{21}, \cdots, \alpha_{2n_2}, \cdots, \alpha_{s1}, \cdots, \alpha_{sn_s}) \\
= &(\alpha_{11}, \cdots, \alpha_{1n_1}, \alpha_{21}, \cdots, \alpha_{2n_2}, \cdots, \alpha_{s1}, \cdots, \alpha_{sn_s}) \operatorname{diag}(A_1, A_2, \cdots, A_s),
\end{aligned}
$$

其中 $\sigma(\alpha_{i1}, \cdots, \alpha_{in_i}) = (\alpha_{i1}, \cdots, \alpha_{in_i}) A_i$, $A_i \in \mathrm{M}_{n_i}(F)$, $i = 1, 2, \cdots, s$. 因此 $f_{A_i}(\lambda) = f_{\sigma_i}(\lambda) = p_i(\lambda)^{k_i}$, 从而 $\prod\limits_{i=1}^{s} p_i(\lambda)^{e_i} = f_\sigma(\lambda) = \prod\limits_{i=1}^{s} f_{A_i}(\lambda) = \prod\limits_{i=1}^{s} p_i(\lambda)^{k_i}$. 故 $e_i = k_i$, 即 $f_{\sigma_i}(\lambda) = p_i(\lambda)^{e_i}$, $1 \leqslant i \leqslant s$, 所以

$$
\dim W_i = \deg(f_{\sigma_i}(\lambda)) = \deg(p_i(\lambda)^{e_i}), \quad 1 \leqslant i \leqslant s.
$$

(4) 由已知条件及 (3) 中 $g_i(\lambda)$ 的定义知 $(g_1(\lambda),g_2(\lambda),\cdots,g_s(\lambda))=1$. 再由定理 1.5.11 知, 存在 $u_1(\lambda),u_2(\lambda),\cdots,u_s(\lambda)\in F[\lambda]$ 使得 $\sum\limits_{i=1}^{s}g_i(\lambda)u_i(\lambda)=1$. 所以 $\sum\limits_{i=1}^{s}g_i(\sigma)u_i(\sigma)=1_V$. 从而对任意 $\alpha\in V$, 有

$$\alpha=\sum_{i=1}^{s}g_i(\sigma)u_i(\sigma)(\alpha)=\sum_{i=1}^{s}\alpha_i,$$

其中 $\alpha_i=(g_i(\sigma)u_i(\sigma))(\alpha)=g_i(\sigma)(u_i(\sigma)(\alpha))\in\mathrm{Im}(g_i(\sigma))=\mathrm{Ker}(p_i(\sigma)^{r_i})=W_i$, $1\leqslant i\leqslant s$. 所以 $\pi_i(\alpha)=\alpha_i=(g_i(\sigma)u_i(\sigma))(\alpha)$. 于是 $\pi_i=g_i(\sigma)u_i(\sigma)=h_i(\sigma)$, 其中 $h_i(\lambda)=g_i(\lambda)u_i(\lambda)\in F[\lambda],1\leqslant i\leqslant s$.

(5) 设 $\tau\in\mathrm{End}(V)$ 且 $\sigma\tau=\tau\sigma$, 则 $\tau p_i(\sigma)^{r_i}=p_i(\sigma)^{r_i}\tau$, 从而由例 5.3.3 知, $W_i=\mathrm{Ker}\,(p_i(\sigma)^{r_i})$ 是 τ–子空间. □

推论 5.7.3 设 $A\in\mathrm{M}_n(F)$ 且 A 的特征多项式和最小多项式分别为

$$f_A(\lambda)=\prod_{i=1}^{s}p_i(\lambda)^{e_i},\quad m_A(\lambda)=\prod_{i=1}^{s}p_i(\lambda)^{r_i},\quad 1\leqslant r_i\leqslant e_i,\quad i=1,2,\cdots,s,$$

其中 $p_1(\lambda),p_2(\lambda),\cdots,p_s(\lambda)\in F[\lambda]$ 是互不相同的首一不可约多项式, 则

(1) 存在 $P\in\mathrm{GL}_n(F)$ 使得 $A=P\mathrm{diag}(A_1,A_2,\cdots,A_s)P^{-1}$, 其中 $A_i\in\mathrm{M}_{n_i}(F)$, $n_i=\deg(p_i(\lambda)^{e_i})$, 而且 A_i 的特征多项式和最小多项式分别为

$$f_{A_i}(\lambda)=p_i(\lambda)^{e_i},\quad m_{A_i}(\lambda)=p_i(\lambda)^{r_i},\quad i=1,2,\cdots,s;$$

(2) 对任意 $i\in\{1,2,\cdots,s\}$, 存在 $h_i(\lambda)\in F[\lambda]$ 使得

$$P\mathrm{diag}(0,\cdots,0,I_{n_i},0,\cdots,0)P^{-1}=h_i(A);$$

(3) 如果 $B\in\mathrm{M}_n(F)$ 满足 $AB=BA$, 那么 $B=P\mathrm{diag}(B_1,\cdots,B_s)P^{-1}$, 其中 $B_i\in\mathrm{M}_{n_i}(F)$, $i=1,2,\cdots,s$.

证明 设 $\alpha_1,\alpha_2,\cdots,\alpha_n$ 是 n 维线性空间 V 的一个基, 由定理 5.2.5 知, 存在 $\sigma,\tau\in\mathrm{End}(V)$ 使得

$$\sigma(\alpha_1,\alpha_2,\cdots,\alpha_n)=(\alpha_1,\alpha_2,\cdots,\alpha_n)A,\ \ \tau(\alpha_1,\alpha_2,\cdots,\alpha_n)=(\alpha_1,\alpha_2,\cdots,\alpha_n)B.$$

因此 $f_\sigma(\lambda)=f_A(\lambda)$, $m_\sigma(\lambda)=m_A(\lambda)$, 并且 $\sigma\tau=\tau\sigma$ 当且仅当 $AB=BA$.

由定理 5.7.2 知, $W_i=\mathrm{Ker}\,(p_i(\sigma)^{e_i})$ 是 $n_i=\deg(p_i(\lambda)^{e_i})$ 维 σ–子空间, $1\leqslant i\leqslant s$, 且 $V=\bigoplus\limits_{i=1}^{s}W_i$. 对任意 $i\in\{1,2,\cdots,s\}$, 设 $\alpha_{i1},\cdots,\alpha_{in_i}$ 是 W_i 的一个基, 则

(i) 由 $\sigma(W_i)\subseteq W_i$ 知, $\sigma(\alpha_{i1},\cdots,\alpha_{in_i})=(\alpha_{i1},\cdots,\alpha_{in_i})A_i$, $A_i\in \mathrm{M}_{n_i}(F)$.

(ii) $\alpha_{11},\cdots,\alpha_{1n_1},\alpha_{21},\cdots,\alpha_{2n_2},\cdots,\alpha_{s1},\cdots,\alpha_{sn_s}$ 是 V 的一个基, 并且

$$\begin{aligned}&\sigma(\alpha_{11},\cdots,\alpha_{1n_1},\alpha_{21},\cdots,\alpha_{2n_2},\cdots,\alpha_{s1},\cdots,\alpha_{sn_s})\\=&(\alpha_{11},\cdots,\alpha_{1n_1},\alpha_{21},\cdots,\alpha_{2n_2},\cdots,\alpha_{s1},\cdots,\alpha_{sn_s})\mathrm{diag}(A_1,A_2,\cdots,A_s).\end{aligned}$$

设 $(\alpha_{11},\cdots,\alpha_{1n_1},\alpha_{21},\cdots,\alpha_{2n_2},\cdots,\alpha_{s1},\cdots,\alpha_{sn_s})=(\alpha_1,\cdots,\alpha_n)P$, 则 $P\in\mathrm{GL}_n(F)$, 且 $P^{-1}AP=\mathrm{diag}(A_1,A_2,\cdots,A_s)$, 即 $A=P\mathrm{diag}(A_1,A_2,\cdots,A_s)P^{-1}$. 由 $AB=BA$ 知 $\sigma\tau=\tau\sigma$, 从而 W_i 是 τ–子空间, 即 $\tau(W_i)\subseteq W_i$. 设

$$\tau(\alpha_{i1},\cdots,\alpha_{in_i})=(\alpha_{i1},\cdots,\alpha_{in_i})B_i,\quad B_i\in\mathrm{M}_{n_i}(F),\quad i=1,2,\cdots,s,$$

那么

$$\begin{aligned}&\tau(\alpha_{11},\cdots,\alpha_{1n_1},\alpha_{21},\cdots,\alpha_{2n_2},\cdots,\alpha_{s1},\cdots,\alpha_{sn_s})\\=&(\alpha_{11},\cdots,\alpha_{1n_1},\alpha_{21},\cdots,\alpha_{2n_2},\cdots,\alpha_{s1},\cdots,\alpha_{sn_s})\mathrm{diag}(B_1,B_2,\cdots,B_s).\end{aligned}$$

所以 $P^{-1}BP=\mathrm{diag}(B_1,B_2,\cdots,B_s)$, 即 $B=P\mathrm{diag}(B_1,B_2,\cdots,B_s)P^{-1}$.

对任意 $i\in\{1,2,\cdots,s\}$, 设 $\pi_i:\ V=\bigoplus\limits_{j=1}^{s}W_j\longrightarrow W_i\subset V,\alpha=\sum\limits_{j=1}^{s}\alpha_j\longmapsto\alpha_i$, 以及 $\pi_i(\alpha_1,\alpha_2,\cdots,\alpha_n)=(\alpha_1,\alpha_2,\cdots,\alpha_n)E_i$, 则对任意 $j=1,2,\cdots,s$, W_j 是 π_i–不变子空间, 且 $\pi_i|_{Wj}=\begin{cases}1_{W_i}, & j=i,\\ 0, & j\neq i,\end{cases}$ 从而

$$\begin{aligned}&\pi_i(\alpha_{i1},\cdots,\alpha_{in_i})=(\alpha_{i1},\cdots,\alpha_{in_i})I_{n_i},\\&\pi_i(\alpha_{j1},\cdots,\alpha_{jn_j})=(\alpha_{i1},\cdots,\alpha_{in_j})0,\quad j\neq i.\end{aligned}$$

所以

$$\begin{aligned}&\pi_i(\alpha_{11},\cdots,\alpha_{1n_1},\cdots,\alpha_{i1},\cdots,\alpha_{in_i},\cdots,\alpha_{s1},\cdots,\alpha_{sn_s})\\=&(\alpha_{11},\cdots,\alpha_{1n_1},\cdots,\alpha_{i1},\cdots,\alpha_{in_i},\cdots,\alpha_{s1},\cdots,\alpha_{sn_s})\mathrm{diag}(0,\cdots,0,I_{n_i},0,\cdots,0).\end{aligned}$$

因此 $P\mathrm{diag}(0,\cdots,0,I_{n_i},0,\cdots,0)P^{-1}=E_i$. 由定理 5.7.2 (4) 知, 存在 $h_i(\lambda)\in F[\lambda]$ 使得 $\pi_i=h_i(\sigma)$, 从而 $E_i=h_i(A)$. 故

$$P\mathrm{diag}(0,\cdots,0,I_{n_i},0,\cdots,0)P^{-1}=h_i(A).$$ □

推论 5.7.4 设 V 是 n 维线性空间, $\sigma\in\mathrm{End}(V)$ 的特征多项式和最小多项式分别为 $f_\sigma(\lambda)=\prod\limits_{i=1}^{s}(\lambda-\lambda_i)^{e_i}$ 和 $m_\sigma(\lambda)=\prod\limits_{i=1}^{s}(\lambda-\lambda_i)^{r_i}$, 其中 $\lambda_1,\lambda_2,\cdots,\lambda_s\in F$

互不相同, $1 \leqslant r_i \leqslant e_i$, $i = 1, 2, \cdots, s$, 则下列陈述成立.

(1) $V = \bigoplus_{i=1}^{s} W_i$, 其中 $W_i = \operatorname{Ker}(\sigma - \lambda_i 1_V)^{r_i}$, 称之为 σ 的属于特征值 λ_i 的**根子空间** (root subspace), 且 $\dim W_i = e_i, i = 1, 2, \cdots, s$.

(2) $f_{\sigma_i}(\lambda) = (\lambda - \lambda_i)^{e_i}$, $m_{\sigma_i}(\lambda) = (\lambda - \lambda_i)^{r_i}$, 其中 $\sigma_i = \sigma|_{W_i}$, $i = 1, 2, \cdots, s$.

(3) 通过 $W_i \subseteq V$ 将投射 $\pi_i : V \longrightarrow W_i$ 看成 V 的线性变换, 则 π_i 是 σ 的多项式, 即存在 $h_i(\lambda) \in F[\lambda]$ 使得 $\pi_i = h_i(\sigma)$, $i = 1, 2, \cdots, s$.

(4) 如果 $\tau \in \operatorname{End}(V)$ 且 $\sigma\tau = \tau\sigma$, 那么 W_i 是 τ–子空间, $i = 1, 2, \cdots, s$.

(5) 对任意 $i \in \{1, 2, \cdots, s\}$, σ 的属于特征值 λ_i 的特征子空间 V_{λ_i} 是 W_i 的子空间, 从而 $V_{\lambda_i} = W_i$ 当且仅当 $\dim V_{\lambda_i} = e_i$. 因此 σ 可对角化当且仅当对任意 $i \in \{1, 2, \cdots, s\}$, 都有 $V_{\lambda_i} = W_i$.

推论 5.7.5 设 $A \in \mathrm{M}_n(F)$, 则 A 可对角化当且仅当 $m_A(\lambda) = \prod_{i=1}^{s}(\lambda - \lambda_i)$, 其中 $\lambda_1, \lambda_2, \cdots, \lambda_s \in F$ 互不相同. 特别地, 当 $F = \mathbb{C}$ 时, A 可对角化当且仅当 A 的最小多项式 $m_A(\lambda)$ 没有重根.

证明 必要性 设 A 可对角化, 即存在 $P \in \mathrm{GL}_n(F)$ 使得

$$P^{-1}AP = \Lambda = \operatorname{diag}(\lambda_1 I_{n_1}, \lambda_2 I_{n_2}, \cdots, \lambda_s I_{n_s}),$$

其中 $\lambda_1, \lambda_2, \cdots, \lambda_s \in F$ 互不相同. 因为 $\lambda_i I_{n_i}$ 的最小多项式为 $m_{\lambda_i I_{n_i}}(\lambda) = \lambda - \lambda_i$, $i = 1, 2, \cdots, s$, 于是

$$m_A(\lambda) = m_\Lambda(\lambda) = \left[m_{\lambda_1 I_{n_1}}(\lambda), m_{\lambda_2 I_{n_2}}(\lambda), \cdots, m_{\lambda_s I_{n_s}}(\lambda)\right] = \prod_{i=1}^{s}(\lambda - \lambda_i).$$

充分性 设 $m_A(\lambda) = \prod_{i=1}^{s}(\lambda - \lambda_i)$, 其中 $\lambda_1, \lambda_2, \cdots, \lambda_s \in F$ 互不相同. 所以由推论 5.7.3 知, 存在 $P \in \mathrm{GL}_n(F)$ 使得 $P^{-1}AP = \operatorname{diag}(A_1, A_2, \cdots, A_s)$, 而且 $m_{A_i}(\lambda) = \lambda - \lambda_i$, 从而 $0 = m_{A_i}(A_i) = A_i - \lambda_i I_{n_i}$, 即 $A_i = \lambda_i I_{n_i}$, $1 \leqslant i \leqslant s$. 因此 $P^{-1}AP = \operatorname{diag}(\lambda_1 I_{n_1}, \lambda_2 I_{n_2}, \cdots, \lambda_s I_{n_s})$. 故 A 可对角化. □

例5.7.6 设 $A = \begin{pmatrix} 0 & -1 & 2 & 0 \\ 1 & 0 & -2 & 0 \\ 0 & 0 & 1 & 0 \\ 1 & 1 & -2 & 1 \end{pmatrix}$. 将 A 看成 $\mathbb{R}^4$ 的线性变换 $A : \mathbb{R}^4 \longrightarrow \mathbb{R}^4$, $\alpha \mapsto A\alpha$. 求 $\mathbb{R}^4$ 关于 A 的第一空间分解 $V = \bigoplus_{i=1}^{s} W_i$, 每个投射 $\pi_i : \mathbb{R}^4 \longrightarrow W_i$ 看成 $\mathbb{R}^4$ 的线性变换, 将 π_i 写成 A 的多项式.

解 因为 A 的特征多项式 $f_A(\lambda)=(\lambda-1)^2(\lambda^2+1)$, 所以 A 仅有二重实特征值 1, 假设 V_1 是 A 的属于特征值 1 的特征子空间, W_1 是 A 的属于特征值 1 的根子空间. 由 $V_1\subseteq W_1$ 及 $\dim_{\mathbb{R}}V_1=4-\operatorname{rank}(I_4-A)=4-2=2=\dim_{\mathbb{R}}W_1$ 知

$$V_1=W_1=\{\alpha\in\mathbb{R}^4\mid A\alpha=\alpha\}.$$

因此 $\mathbb{R}^4=W_1\oplus W_2$, 其中 $W_2=\operatorname{Ker}(A^2+I_4)=\{\alpha\in\mathbb{R}^4\mid (A^2+I_4)\alpha=0\}$. 分别解相应的齐次线性方程组 $(A-I_4)X=0$ 和 $(A^2+I_4)X=0$ 得 W_1 的一个基 $\alpha_1=(2,0,1,0)'$, $\alpha_2=(0,0,0,1)'$ 和 W_2 的一个基 $\alpha_3=(-1,0,0,1)'$, $\alpha_4=(0,1,0,0)'$, 并且

$$\begin{aligned}A(\alpha_1,\alpha_2,\alpha_3,\alpha_4)&=(\alpha_1,\alpha_2,\alpha_3,\alpha_4)\begin{pmatrix}1&0&0&0\\0&1&0&0\\0&0&0&1\\0&0&-1&0\end{pmatrix}\\&=(\alpha_1,\alpha_2,\alpha_3,\alpha_4)\begin{pmatrix}A_1&0\\0&A_2\end{pmatrix},\end{aligned}$$

其中 $A_1=\begin{pmatrix}1&0\\0&1\end{pmatrix}$, $A_2=\begin{pmatrix}0&1\\-1&0\end{pmatrix}$. 易知 $m_{A_1}(\lambda)=\lambda-1$, $m_{A_2}(\lambda)=\lambda^2+1$. 因此 $m_A(\lambda)=[m_{A_1}(\lambda),m_{A_2}(\lambda)]=(\lambda-1)(\lambda^2+1)$, 从而 $g_1(\lambda)=\lambda^2+1$, $g_2(\lambda)=\lambda-1$. 取 $u_1(\lambda)=\dfrac{1}{2}, u_2(\lambda)=-\dfrac{1}{2}(\lambda+1)$, 则 $u_1(\lambda)g_1(\lambda)+u_2(\lambda)g_2(\lambda)=1$. 所以 $\pi_1=\dfrac{1}{2}(A^2+I_4):V\longrightarrow W_1$, $\pi_2=-\dfrac{1}{2}(A+I_4)(A-I_4):V\longrightarrow W_2$. □

5.8* 空间第二分解定理

本节将对空间第一分解定理中的 σ–子空间继续分解, 得到空间第二分解定理. 最后证明: 任一复方阵都相似于若尔当矩阵.

定义 5.8.1 设 V 是 n 维线性空间, $\sigma\in\operatorname{End}(V)$, $\alpha\in V$ 且 $\alpha\neq 0$.

(1) 若 $f(\lambda)\in F[\lambda]$ 满足 $f(\sigma)(\alpha)=0$, 则称 $f(\lambda)$ 是 α 关于 σ 的**零化多项式**.

(2) 在 α 关于 σ 的所有零化多项式中, 次数最低的首一多项式称为 α 关于 σ 的**最小多项式**, 记为 $m_{\sigma,\alpha}(\lambda)$.

注记 5.8.2 由凯莱–哈密顿定理知, 任意非零向量 α 关于线性变换 σ 的最小多项式是存在的.

命题 5.8.3 设 $\dim V = n$, $\sigma \in \mathrm{End}(V)$, $0 \neq \alpha \in V$, $m_{\sigma,\alpha}(\lambda) \in F[\lambda]$ 是 α 关于 σ 的最小多项式, 且 $\deg(m_{\sigma,\alpha}(\lambda)) = k$, 则下列陈述成立.

(1) 设 $f(\lambda) \in F[\lambda]$, 则 $f(\sigma)(\alpha) = 0$ 当且仅当 $m_{\sigma,\alpha}(\lambda)|f(\lambda)$.

(2) $m_{\sigma,\alpha}(\lambda) = a_k + a_{k-1}\lambda + \cdots + a_1\lambda^{k-1} + \lambda^k$ 当且仅当 $\alpha, \sigma(\alpha), \cdots, \sigma^{k-1}(\alpha)$ 线性无关, 且 $a_k\alpha + a_{k-1}\sigma(\alpha) + \cdots + a_1\sigma^{k-1}(\alpha) + \sigma^k(\alpha) = 0$.

(3) 设 $W_\sigma(\alpha) = L(\alpha, \sigma(\alpha), \cdots, \sigma^{k-1}(\alpha))$, 则

$$W_\sigma(\alpha) = \{g(\sigma)(\alpha) \in V \mid g(\lambda) \in F[\lambda]\},$$

并且 $W_\sigma(\alpha)$ 是 V 中包含 α 的最小 σ–子空间.

(4) $\alpha, \sigma(\alpha), \cdots, \sigma^{k-1}(\alpha)$ 是 $W_\sigma(\alpha)$ 的一个基, 从而 $\dim W_\sigma(\alpha) = k$, 并且 $\sigma|_{W_\sigma(\alpha)}$ 在基 $\alpha, \sigma(\alpha), \cdots, \sigma^{k-1}(\alpha)$ 下的矩阵是 $m_{\sigma,\alpha}(\lambda)$ 的友矩阵 $C(m_{\sigma,\alpha}(\lambda))$, 即

$$\sigma(\alpha, \sigma(\alpha), \cdots, \sigma^{k-1}(\alpha)) = (\alpha, \sigma(\alpha), \cdots, \sigma^{k-1}(\alpha))C(m_{\sigma,\alpha}(\lambda)).$$

(5) $\sigma|_{W_\sigma(\alpha)}$ 的最小多项式和特征多项式都等于 $m_{\sigma,\alpha}(\lambda)$, 即

$$f_{\sigma|_{W_\sigma(\alpha)}}(\lambda) = m_{\sigma|_{W_\sigma(\alpha)}}(\lambda) = m_{\sigma,\alpha}(\lambda).$$

证明 为了方便起见, 记 $m(\lambda) = m_{\sigma,\alpha}(\lambda)$.

(1) 充分性显然成立. 下证必要性. 设

$$f(\lambda) = q(\lambda)m(\lambda) + r(\lambda), \text{其中 } r(\lambda) = 0 \text{ 或 } \deg(r(\lambda)) < \deg(m(\lambda)),$$

则 $0 = f(\sigma)(\alpha) = q(\sigma)m(\sigma)(\alpha) + r(\sigma)(\alpha) = r(\sigma)(\alpha)$. 所以由 $m(\lambda)$ 的最小性知 $r(\lambda) = 0$.

(2) 由 $m(\lambda) = m_{\sigma,\alpha}(\lambda)$ 的定义即得.

(3) 令 $U_\sigma(\alpha) = \{g(\sigma)(\alpha) \in V \mid g(\lambda) \in F[\lambda]\}$. 显然 $W_\sigma(\alpha) \subseteq U_\sigma(\alpha)$. 反之, 任取 $\beta \in U_\sigma(\alpha)$, 则存在 $g(\lambda) \in F[\lambda]$ 使得 $\beta = g(\sigma)(\alpha)$. 根据带余除法, $g(\lambda) = q(\lambda)m(\lambda) + r(\lambda)$, 其中 $q(\lambda), r(\lambda) \in F[\lambda]$, $r(\lambda) = 0$ 或 $\deg(r(\lambda)) \leqslant \deg(m(\lambda)) - 1 = k - 1$. 因此 $\beta = g(\sigma)(\alpha) = q(\sigma)(m(\sigma)(\alpha)) + r(\sigma)(\alpha) = r(\sigma)(\alpha) \in W_\sigma(\alpha)$. 所以

$$W_\sigma(\alpha) = U_\sigma(\alpha) = \{g(\sigma)(\alpha) \in V \mid g(\lambda) \in F[\lambda]\}.$$

设 W 是包含 α 的任一 σ-子空间, 则对任意 $g(\lambda) \in F[\lambda]$, 有 $g(\sigma)(\alpha) \in W$, 因此 $W_\sigma(\alpha) \subseteq W$. 故 $W_\sigma(\alpha)$ 是 V 中包含 α 的最小 σ-子空间.

(4) 由 (2) 和 (3) 即得.

(5) 由 (4) 即得. □

定义 5.8.4 设 V 是 n 维线性空间, $\alpha \in V$, $\sigma \in \mathrm{End}(V)$.

(1) 称 $W_\sigma(\alpha)$ 为由 α 生成的**循环 σ–子空间** (cyclic σ–subspace).

(2) 若 $V = W_\sigma(\alpha)$, 即 $\alpha, \sigma(\alpha), \cdots, \sigma^{n-1}(\alpha)$ 是 V 的一个基, 则称 α 是 σ 的**循环向量** (cyclic vector).

引理 5.8.5 设 $\dim V = m$, $\tau \in \mathrm{End}(V)$ 是幂零线性变换, 即存在正整数 n 使得 $\tau^n = 0$, 则存在 $\alpha_1, \alpha_2 \cdots, \alpha_t \in V$ 以及正整数 $k_1, k_2, \cdots, k_t$ 使得

$$\begin{array}{cccc}
\alpha_1, & \alpha_2, & \cdots, & \alpha_t, \\
\tau(\alpha_1), & \tau(\alpha_2), & \cdots, & \tau(\alpha_t), \\
\vdots & \vdots & & \vdots \\
\tau^{k_1-1}(\alpha_1), & \tau^{k_2-1}(\alpha_2), & \cdots, & \tau^{k_t-1}(\alpha_t)
\end{array}$$

是 V 的一个基, 并且 $\tau^{k_1}(\alpha_1) = 0, \tau^{k_2}(\alpha_2) = 0, \cdots, \tau^{k_t}(\alpha_t) = 0$, 从而

$$V = C_1 \oplus C_2 \oplus \cdots \oplus C_t,$$

其中 $C_j = W_\tau(\alpha_j)$ 是由 α_j 生成的循环 τ–子空间, $j = 1, 2, \cdots, t$.

证明 对 $m = \dim V$ 归纳证明.

当 $m = 1$ 时, 任取非零向量 $\alpha_1 \in V$, 则 $V = F\alpha_1 = \{k\alpha_1 \mid k \in F\}$, 并且存在 $\lambda_1 \in F$ 使得 $\tau(\alpha_1) = \lambda_1 \alpha_1$. 由 τ 幂零知存在 $n \geqslant 1$ 使得 $\tau^n = 0$, 所以

$$\lambda_1^n \alpha_1 = \tau^n(\alpha_1) = 0.$$

由 $\alpha_1 \neq 0$ 知 $\lambda_1 = 0$, 从而 $\tau(\alpha_1) = 0$, 即 $k_1 = 1$. 因此当 $m = 1$ 时, 结论成立.

当 $m \geqslant 2$ 时, 并假设对于维数 $\leqslant m-1$ 的线性空间及其上的幂零线性变换结论成立. 现考虑 $\dim V = m$, 并设 $\tau \in \mathrm{End}(V)$ 是幂零变换, 即存在 $n \geqslant 1$ 使得 $\tau^n = 0$. 我们断言 $\mathrm{Im}(\tau) \subsetneqq V$. 若不然, 则 $\mathrm{Im}(\tau) = V$, 即 $\tau(V) = V$, 从而

$$V = \tau(V) = \tau^2(V) = \cdots = \tau^{n-1}(V) = \tau^n(V) = 0,$$

这与 $\dim V = m \geqslant 2$ 矛盾. 故 $\dim \mathrm{Im}(\tau) \leqslant m-1$. 由 τ 是 $\mathrm{Im}(\tau)$ 上的幂零线性变换及归纳假设知, 存在 $\beta_1, \beta_2, \cdots, \beta_s \in \mathrm{Im}(\tau)$ 以及正整数 $k_1, k_2, \cdots, k_s$ 使得

$$\begin{matrix} \beta_1, & \beta_2, & \cdots, & \beta_s, \\ \tau(\beta_1), & \tau(\beta_2), & \cdots, & \tau(\beta_s), \\ \vdots & \vdots & & \vdots \\ \tau^{k_1-1}(\beta_1), & \tau^{k_2-1}(\beta_2), & \cdots, & \tau^{k_s-1}(\beta_s) \end{matrix} \tag{5.8.1}$$

是 $\mathrm{Im}(\tau)$ 的一个基, 并且 $\tau^{k_1}(\beta_1)=0,\ \tau^{k_2}(\beta_2)=0,\ \cdots,\tau^{k_s}(\beta_s)=0$. 又存在 $\alpha_1,\alpha_2,\cdots,\alpha_s\in V$ 使得 $\tau(\alpha_1)=\beta_1,\tau(\alpha_2)=\beta_2,\cdots,\tau(\alpha_s)=\beta_s$, 因此

$$\begin{matrix} \alpha_1, & \alpha_2, & \cdots, & \alpha_s, \\ \tau(\alpha_1), & \tau(\alpha_2), & \cdots, & \tau(\alpha_s), \\ \vdots & \vdots & & \vdots \\ \tau^{k_1-1}(\alpha_1), & \tau^{k_2-1}(\alpha_2), & \cdots, & \tau^{k_s-1}(\alpha_s) \end{matrix}$$

是 $\mathrm{Im}(\tau)$ 的基 (5.8.1) 在 τ 下的一组原像. 又因为向量组

$$\tau^{k_1}(\alpha_1)=\tau^{k_1-1}(\beta_1),\quad \tau^{k_2}(\alpha_2)=\tau^{k_2-1}(\beta_2),\quad \cdots,\quad \tau^{k_s}(\alpha_s)=\tau^{k_s-1}(\beta_s)\in \mathrm{Ker}(\tau)$$

线性无关, 故它可扩充为 $\mathrm{Ker}(\tau)$ 的一个基 $\tau^{k_1}(\alpha_1),\tau^{k_2}(\alpha_2),\cdots,\tau^{k_s}(\alpha_s),\alpha_{s+1},\cdots,\alpha_t$. 因此由定理 5.1.20 知

$$\begin{matrix} \alpha_1, & \alpha_2, & \cdots, & \alpha_s, & \alpha_{s+1}, & \cdots, & \alpha_t, \\ \tau(\alpha_1), & \tau(\alpha_2), & \cdots, & \tau(\alpha_s), & & & \\ \vdots & \vdots & & \vdots & & & \\ \tau^{k_1-1}(\alpha_1), & \tau^{k_2-1}(\alpha_2), & \cdots, & \tau^{k_s-1}(\alpha_s), & & & \\ \tau^{k_1}(\alpha_1), & \tau^{k_2}(\alpha_2), & \cdots, & \tau^{k_s}(\alpha_s) & & & \end{matrix}$$

是 V 的一个基, 并且

$$\begin{aligned} &\tau^{k_1+1}(\alpha_1)=0,\quad \tau^{k_2+1}(\alpha_2)=0,\quad \cdots,\quad \tau^{k_s+1}(\alpha_s)=0,\\ &\tau(\alpha_{s+1})=0,\quad \cdots,\quad \tau(\alpha_t)=0. \end{aligned}$$

令 $C_i=W_\tau(\alpha_i)$, $i=1,2,\cdots,t$, 则 $V=C_1\oplus C_2\oplus\cdots\oplus C_t$. □

定理 5.8.6 (第二分解定理 (second decomposition theorem)) 设 V 是 n 维线性空间, $\sigma\in\mathrm{End}(V)$ 且 $f_\sigma(\lambda)=\prod_{i=1}^{s}(\lambda-\lambda_i)^{e_i}$, 其中 $\lambda_1,\lambda_2,\cdots,\lambda_s\in F$ 互不相

同, $e_1, e_2, \cdots, e_s \in \mathbb{N}^*$. 令 $W_i = \operatorname{Ker}(\sigma - \lambda_i 1_V)^{e_i}$, $i = 1, 2, \cdots, s$, 则

(1) 对任意 $i \in \{1, 2, \cdots, s\}$, 存在 $\alpha_{i1}, \alpha_{i2}, \cdots, \alpha_{it_i} \in V$ 使得 $W_i = \bigoplus_{j=1}^{t_i} C_{ij}$, 其中 C_{ij} 是由 α_{ij} 生成的循环 σ-子空间 $W_\sigma(\alpha_{ij})$, $j = 1, 2, \cdots, t_i$;

(2) $V = \bigoplus_{i=1}^{s} \bigoplus_{j=1}^{t_i} C_{ij}$.

证明 由空间第一分解定理知, (1) 蕴含 (2), 因此只需证 (1).

设 $1 \leqslant i \leqslant s$, 令 $\tau_i = \sigma - \lambda_i 1_V$, 则 $W_i = \operatorname{Ker}(\tau_i^{e_i})$ 是 τ_i-子空间, 且 $\tau_i|_{W_i}$ 是 W_i 的幂零线性变换, 事实上, $\tau_i^{e_i} = 0$. 因此由引理 5.8.5 知, 存在 $\alpha_{i1}, \alpha_{i2}, \cdots, \alpha_{it_i} \in W_i \subseteq V$ 使得

$$W_i = C_{i1} \oplus C_{i2} \oplus \cdots \oplus C_{it_i},$$

其中 $C_{ij} = W_{\tau_i}(\alpha_{ij})$ 是由 α_{ij} 生成的循环 τ_i–子空间, $j = 1, 2, \cdots, t_i$. 设 $1 \leqslant i \leqslant s$; $1 \leqslant j \leqslant t_i$, 由命题 5.8.3 (3) 知

$$\begin{aligned} C_{ij} = W_{\tau_i}(\alpha_{ij}) &= \{g(\tau_i)(\alpha_{ij}) \mid g(\lambda) \in F[\lambda]\} \\ &= \{h(\sigma)(\alpha_{ij}) \mid h(\lambda) \in F[\lambda]\} = W_\sigma(\alpha_{ij}), \end{aligned}$$

即 C_{ij} 是由 α_{ij} 生成的循环 σ-子空间 $W_\sigma(\alpha_{ij})$. □

定义 5.8.7 (1) 设 $J_n(\lambda) = \begin{pmatrix} \lambda & & & \\ 1 & \lambda & & \\ & \ddots & \ddots & \\ & & 1 & \lambda \end{pmatrix} \in \mathrm{M}_n(F)$, 称 $J_n(\lambda)$ 是特征值为 λ 的 n 级**若尔当块** (Jordan block).

(2) 形如 $J = \operatorname{diag}(J_1, J_2, \cdots, J_s)$ 的准对角矩阵称为**若尔当矩阵** (Jordan matrix), 其中 J_i 是 n_i 级若尔当块, $i = 1, 2, \cdots, s$.

注记 5.8.8 矩阵 $J_n(\lambda)$ 的转置 $J_n(\lambda)' = \begin{pmatrix} \lambda & 1 & & & \\ & \lambda & 1 & & \\ & & \ddots & \ddots & \\ & & & \lambda & 1 \\ & & & & \lambda \end{pmatrix}_{n \times n}$ 也称

为特征值为 λ 的 n 级若尔当块. 事实上, $J_n(\lambda)$ 与 $J_n(\lambda)'$ 是相似的

$$J_n(\lambda)' = S^{-1}J_n(\lambda)S, \quad \text{其中 } S = \begin{pmatrix} & & 1 \\ & \iddots & \\ 1 & & \end{pmatrix}_{n\times n}.$$

定理 5.8.9 (**若尔当标准形** (Jordan canonical form)) (1) 设 $A \in \mathrm{M}_n(F)$. 若 A 的特征多项式 $f_A(\lambda)$ 在 F 内有 n 个根 (可能有重根), 则存在 $P \in \mathrm{GL}_n(F)$ 使得 $P^{-1}AP = J = \mathrm{diag}(J_1, J_2, \cdots, J_s)$ 是若尔当矩阵, 其中 J_i 是 n_i 级若尔当块, $i = 1, 2, \cdots, t$, 并且 J 在不计若尔当块 $J_1, \cdots, J_t$ 的排列次序下由 A 唯一确定. 若尔当矩阵 J 称为 A 的**若尔当标准形**.

(2) 设 $A \in \mathrm{M}_n(\mathbb{C})$, 则 A 一定相似于若尔当矩阵, 即存在 $P \in \mathrm{GL}_n(\mathbb{C})$ 使得 $P^{-1}AP = J$ 是若尔当矩阵, 并且 J 在不计若尔当块的排列次序下由 A 唯一确定.

证明　(2) 由 (1) 即得, 故只需证 (1).

存在性　设 $\alpha_1, \alpha_2, \cdots, \alpha_n$ 是 n 维线性空间 V 的一个基. 由定理 5.2.5 (2) 知, 存在 $\sigma \in \mathrm{End}(V)$ 使得 $\sigma(\alpha_1, \alpha_2, \cdots, \alpha_n) = (\alpha_1, \alpha_2, \cdots, \alpha_n)A$. 所以

$$f_\sigma(\lambda) = f_A(\lambda) = (\lambda - \lambda_1)^{e_1}(\lambda - \lambda_2)^{e_2} \cdots (\lambda - \lambda_s)^{e_s},$$

其中 $\lambda_1, \lambda_2, \cdots, \lambda_s \in F$ 互不相同, $e_1, e_2, \cdots, e_s \in \mathbb{N}^*$, 且 $e_1 + e_2 + \cdots + e_s = n$. 由空间第二分解定理知

$$V = \bigoplus_{j=1}^{s}\bigoplus_{i=1}^{t_j} W_{\tau_j}(\alpha_{ji}),$$

其中 $\tau_j = \sigma - \lambda_j 1_V$, $m_{\tau_j,\alpha_{ji}}(\lambda) = \lambda^{k_{ji}}$, $\alpha_{ji}, \tau_j(\alpha_{ji}), \cdots, \tau_j^{k_{ji}-1}(\alpha_{ji})$ 是 τ_j–循环子空间 $W_{\tau_j}(\alpha_{ji})$ 的一个基, 并且

$$\begin{aligned} &\tau_j(\alpha_{ji}, \tau_j(\alpha_{ji}), \cdots, \tau_j^{k_{ji}-1}(\alpha_{ji})) \\ &= (\alpha_{ji}, \tau_j(\alpha_{ji}), \cdots, \tau_j^{k_{ji}-1}(\alpha_{ji})) \begin{pmatrix} 0 & & & \\ 1 & \ddots & & \\ & \ddots & \ddots & \\ & & 1 & 0 \end{pmatrix}_{k_{ji}\times k_{ji}}. \end{aligned}$$

因此由 $\sigma = \tau_j + \lambda_j 1_V$ 得

$$\sigma(\alpha_{ji},\tau_j(\alpha_{ji}),\cdots,\tau_j^{k_{ji}-1}(\alpha_{ji}))$$

$$=(\alpha_{ji},\tau_j(\alpha_{ji}),\cdots,\tau_j^{k_{ji}-1}(\alpha_{ji}))\begin{pmatrix}\lambda_j & & & \\ 1 & \ddots & & \\ & \ddots & \ddots & \\ & & 1 & \lambda_j\end{pmatrix}_{k_{ji}\times k_{ji}}.$$

令 $J_{k_{ji}}(\lambda_j)=\begin{pmatrix}\lambda_j & & & & \\ 1 & \ddots & & & \\ & \ddots & \ddots & & \\ & & \ddots & \ddots & \\ & & & 1 & \lambda_j\end{pmatrix}_{k_{ji}\times k_{ji}}$, $j=1,2,\cdots,s;\ i=1,2,\cdots,t_j$. 因此 σ 在 V 的基 $\alpha_{11},\tau_1(\alpha_{11}),\cdots,\tau_1^{k_{11}-1}(\alpha_{11}),\cdots,\alpha_{st_s},\tau_s(\alpha_{st_s}),\cdots,\tau_s^{k_{st_s}-1}(\alpha_{st_s})$ 下的矩阵为若尔当矩阵

$$J=\mathrm{diag}(J_{k_{11}}(\lambda_1),\cdots,J_{k_{1t_1}}(\lambda_1),\cdots,J_{k_{s1}}(\lambda_s),\cdots,J_{k_{st_s}}(\lambda_s)).$$

若设

$(\alpha_{11},\tau_1(\alpha_{11}),\cdots,\tau_1^{k_{11}-1}(\alpha_{11}),\cdots,\alpha_{st_s},\tau_s(\alpha_{st_s}),\cdots,\tau_s^{k_{st_s}-1}(\alpha_{st_s}))=(\alpha_1,\alpha_2,\cdots,\alpha_n)P$,
则 $P\in \mathrm{GL}_n(F)$ 且 $P^{-1}AP=J$ 为若尔当矩阵.

唯一性 参见本章习题 66 或第 6 章定理 6.4.3. □

推论 5.8.10 设 $A\in \mathrm{M}_3(\mathbb{C})$, 则 A 的若尔当标准形由 A 的特征子空间的维数唯一确定, 即特征值 λ 所对应的若尔当块由 $\dim V_\lambda$ 唯一确定.

证明 考虑 A 的特征多项式 $f_A(\lambda)$ 有无重根, 分以下三种情况.

(1) 若 $f_A(\lambda)=(\lambda-\lambda_1)^3$, 则

$$A\text{ 相似于}\begin{cases}\begin{pmatrix}\lambda_1 & & \\ & \lambda_1 & \\ & & \lambda_1\end{pmatrix} & \text{当且仅当 } \dim V_{\lambda_1}=3;\\[2ex] \begin{pmatrix}\lambda_1 & & \\ & \lambda_1 & \\ & 1 & \lambda_1\end{pmatrix} & \text{当且仅当 } \dim V_{\lambda_1}=2;\\[2ex] \begin{pmatrix}\lambda_1 & & \\ 1 & \lambda_1 & \\ & 1 & \lambda_1\end{pmatrix} & \text{当且仅当 } \dim V_{\lambda_1}=1.\end{cases}$$

(2) 若 $f_A(\lambda) = (\lambda - \lambda_1)(\lambda - \lambda_2)^2$, 其中 $\lambda_1 \neq \lambda_2$, 则 $\dim V_{\lambda_1} = 1$ 且

$$A \text{ 相似于 } \begin{cases} \begin{pmatrix} \lambda_1 & & \\ & \lambda_2 & \\ & & \lambda_2 \end{pmatrix} \text{ 当且仅当 } \dim V_{\lambda_2} = 2; \\ \begin{pmatrix} \lambda_1 & & \\ & \lambda_2 & \\ & 1 & \lambda_2 \end{pmatrix} \text{ 当且仅当 } \dim V_{\lambda_2} = 1. \end{cases}$$

(3) 若 $f_A(\lambda) = (\lambda - \lambda_1)(\lambda - \lambda_2)(\lambda - \lambda_3)$, 其中 $\lambda_1, \lambda_2, \lambda_3$ 互不相同, 则 $\dim V_{\lambda_i} = 1$, $i = 1, 2, 3$, 且 A 相似于 $\begin{pmatrix} \lambda_1 & & \\ & \lambda_2 & \\ & & \lambda_3 \end{pmatrix}$. □

推论 5.8.11 设 $A \in \mathrm{M}_n(\mathbb{C})$, 则 A 可对角化当且仅当对于 A 的每一个特征值 λ, 都有 $\mathrm{rank}(A - \lambda I_n) = \mathrm{rank}(A - \lambda I_n)^2$.

证明 设 $J_m(\rho)$ 是特征值为 ρ 的 m 级若尔当块. 一方面, 易知

$$\mathrm{rank}(J_m(\rho) - \rho I_m) = \mathrm{rank}(J_m(\rho) - \rho I_m)^2 \Longleftrightarrow m = 1 \Longleftrightarrow J_m(\rho) \text{ 可对角化}; \tag{5.8.2}$$

另一方面, 总有

$$\mathrm{rank}(J_m(\rho) - \lambda I_m) = \mathrm{rank}(J_m(\rho) - \lambda I_m)^2, \quad \lambda \neq \rho. \tag{5.8.3}$$

设 $J = \mathrm{diag}(J_1, J_2, \cdots, J_s)$ 是矩阵 A 的若尔当标准形, 其中 $J_i = J_{n_i}(\lambda_i)$ 是特征值为 λ_i 的 n_i 级若尔当块, 则

$$\begin{aligned}
& A \text{ 可对角化} \\
\Longleftrightarrow\ & J \text{ 可对角化} \\
\xLeftrightarrow{\text{推论 5.6.7}}\ & \text{对任意 } i \in \{1, 2, \cdots, s\},\ J_i \text{ 可对角化} \\
\xLeftrightarrow{(5.8.2)}\ & \text{对任意 } i \in \{1, 2, \cdots, s\},\ \mathrm{rank}(J_i - \lambda_i I_{n_i}) = \mathrm{rank}(J_i - \lambda_i I_{n_i})^2 \\
\xLeftrightarrow{(5.8.3)}\ & \text{对任意 } i \in \{1, 2, \cdots, s\},\ \sum_{j=1}^{s} \mathrm{rank}(J_j - \lambda_i I_{n_j}) = \sum_{j=1}^{s} \mathrm{rank}(J_j - \lambda_i I_{n_j})^2 \\
\Longleftrightarrow\ & \text{对任意 } i \in \{1, 2, \cdots, s\},\ \mathrm{rank}(J - \lambda_i I_n) = \mathrm{rank}(J - \lambda_i I_n)^2 \\
\Longleftrightarrow\ & \text{对 } A \text{ 的任意特征值 } \lambda, \text{ 都有 } \mathrm{rank}(A - \lambda I_n) = \mathrm{rank}(A - \lambda I_n)^2.
\end{aligned}$$

□

习 题 5

1. 判别下面所定义的映射, 哪些是线性的, 哪些不是线性的.

(1) 平移映射: 设 α 是线性空间 V 中一固定的向量, 定义

$$\sigma_\alpha : V \longrightarrow V, \quad \xi \longmapsto \xi + \alpha.$$

(2) $\sigma : F^3 \longrightarrow F^3, (a_1, a_2, a_3) \longmapsto (a_1 - a_2, a_2 - a_3, a_3 - a_1)$.

(3) $\sigma : F^3 \longrightarrow F^3, (a_1, a_2, a_3) \longmapsto (a_1^2, a_2^2, a_3^2)$.

(4) $\sigma : F[x] \longrightarrow F[x], f(x) \longmapsto f(x+1)$.

(5) $\sigma : F[x] \longrightarrow F[x], f(x) \longmapsto f(x_0)$, 其中 $x_0 \in F$ 是一个固定的元素.

(6) 把复数域看成复线性空间, $\sigma : \mathbb{C} \longrightarrow \mathbb{C}$, $\alpha \longmapsto \overline{\alpha}$, 其中 $\alpha \in \mathbb{C}$, $\overline{\alpha}$ 表示 α 的共轭复数.

(7) 设 $V = \mathrm{M}_n(F)$, 对一固定的矩阵 $A \in \mathrm{M}_n(F)$, 定义

$$\sigma : V \longrightarrow V, \quad X \longmapsto AX - XA.$$

(8) 设 $V = \mathrm{M}_n(F)$, 对固定的矩阵 $A, B \in \mathrm{M}_n(F)$, 定义

$$\sigma : V \longrightarrow V, \quad X \longmapsto AXB.$$

2. 设 V 是线性空间, $\sigma_1, \sigma_2, \cdots, \sigma_s \in \mathrm{End}(V)$ 两两不同. 证明: 存在 $\alpha \in V$ 使得 $\sigma_1(\alpha)$, $\sigma_2(\alpha), \cdots, \sigma_s(\alpha)$ 也两两不同.

3. 设 $f : \mathrm{M}_n(F) \longrightarrow F$ 是线性函数, 并且对任意 $A, B \in \mathrm{M}_n(F)$, 都有 $f(AB) = f(BA)$, 证明: 存在 $\lambda \in F$ 使得 $f = \lambda \mathrm{Tr}$, 即对任意 $A \in \mathrm{M}_n(F)$, $f(A) = \lambda \mathrm{Tr}(A)$.

4.* 设 W 是实线性空间 $M_n(\mathbb{R})$ 的子空间.

(1) 若 $p = \max\{\mathrm{rank} A \mid A \in W\}$, 证明: $\dim W \leqslant np$.

(2) 若 $\dim W = n^2 - n + 1$, 证明: $W \cap \mathrm{GL}_n(\mathbb{R}) \neq \varnothing$.

5. 设 $V = \left\{ \begin{pmatrix} a & b \\ -b & a \end{pmatrix} \middle| \ a, b \in \mathbb{R} \right\}$, 并定义映射:

$$f : \mathbb{C} \longrightarrow V, \ \ a + b\mathrm{i} \longmapsto \begin{pmatrix} a & b \\ -b & a \end{pmatrix}.$$

证明: (1) V 是实线性空间 $\mathrm{M}_2(\mathbb{R})$ 的子空间;

(2) f 是从实线性空间 $\mathbb{C}$ 到 V 的同构, 并且对任意 $\alpha, \beta \in \mathbb{C}$,

$$f(\alpha\beta) = f(\alpha) f(\beta).$$

6. 设 V 是 n 维线性空间, $\sigma \in \mathrm{End}(V)$, 并且存在 V 的子空间 V_1, V_2 使得 $\mathrm{Ker}(\sigma) = V_1 \cap V_2$. 证明: 存在 $\sigma_1, \sigma_2 \in \mathrm{End}(V)$ 使得 $V_i \subseteq \mathrm{Ker}(\sigma_i)$, $i = 1, 2$, 并且 $\sigma_1 + \sigma_2 = \sigma$.

7. 设线性变换 $\sigma : \mathbb{R}^3 \longrightarrow \mathbb{R}^3$, $(a, b, c)' \longmapsto (b, c, 0)'$. 分别求 $\mathrm{Im}(\sigma)$, $\mathrm{Ker}(\sigma)$ 及 $\mathrm{Im}(\sigma) \cap \mathrm{Ker}(\sigma)$ 的一个基.

8. 设 V 是 n 维线性空间, $\sigma \in \mathrm{End}(V)$, 证明下列结论等价:

(1) $V = \mathrm{Ker}(\sigma) + \mathrm{Im}(\sigma)$;

(2) $V = \mathrm{Ker}(\sigma) \oplus \mathrm{Im}(\sigma)$;

(3) $\mathrm{Im}(\sigma) = \mathrm{Im}(\sigma^2)$;

(4) $\mathrm{rank}(\sigma) = \mathrm{rank}(\sigma^2)$;

(5) $\mathrm{Ker}(\sigma) = \mathrm{Ker}(\sigma^2)$;

(6) $N(\sigma) = N(\sigma^2)$.

9. 设 V 是 n 维线性空间, $\sigma \in \mathrm{End}(V)$.

(1) 设 W 是 V 的子空间. 证明: $\sigma(W) = \{\sigma(\alpha) \mid \alpha \in W\}$ 也是 V 的子空间, 并且 $\dim W = \dim\sigma(W) + \dim\left(\mathrm{Ker}(\sigma) \bigcap W\right)$.

(2) 设 W_1, W_2 是 V 的子空间, 并且 $V = W_1 \oplus W_2$. 证明: σ 是 V 的自同构当且仅当 $V = \sigma(W_1) \oplus \sigma(W_2)$.

10. 设 V 是 n 维线性空间, $\sigma, \tau \in \mathrm{End}(V)$. 证明:

$$\dim\mathrm{Ker}(\sigma\tau) \leqslant \dim\mathrm{Ker}(\sigma) + \dim\mathrm{Ker}(\tau).$$

11. 设 V_i 是有限维线性空间, $i = 0, 1, \cdots, n+1$, $V_0 = V_{n+1} = 0$, 并且对任意 $i \in \{0, 1, \cdots, n\}$, 都存在 $\sigma_i \in \mathrm{Hom}(V_i, V_{i+1})$ 满足 $\mathrm{Ker}(\sigma_{j+1}) = \mathrm{Im}(\sigma_j)$, 其中 $j = 0, 1, \cdots, n-1$. 证明:

$$\sum_{i=1}^{n}(-1)^i \dim V_i = 0.$$

12. 设 V 是 n 维线性空间, $\sigma, \tau \in \mathrm{End}(V)$, $\sigma\tau = \tau\sigma$, 且存在 $\alpha \in V$ 使得 α, $\sigma(\alpha)$, $\sigma^2(\alpha), \cdots, \sigma^{n-1}(\alpha)$ 是 V 的一个基. 证明: 存在 $g(x) \in F[x]$ 使得 $\tau = g(\sigma)$.

13. 设 U, V 是线性空间, $\dim V = n$, $\dim U = m$. 若 $\alpha \in V$, 令

$$K(\alpha) = \{\sigma \in \mathrm{Hom}(V, U) \mid \sigma(\alpha) = 0\}.$$

证明: $K(\alpha)$ 是 $\mathrm{Hom}(V, U)$ 的子空间, 并求 $\dim K(\alpha)$.

14. 设 V 是 n 维线性空间, $\sigma \in \mathrm{End}(V)$. 令 $K(\sigma) = \{\tau \in \mathrm{End}(V) \mid \sigma\tau = 0\}$.

(1) 证明: $K(\sigma)$ 是 $\mathrm{End}(V)$ 的子空间.

(2) 求 $\sigma_1, \sigma_2, \sigma_3 \in \mathrm{End}(V)$ 使得

$$\dim K(\sigma_1) = 0, \quad \dim K(\sigma_2) = n, \quad \dim K(\sigma_3) = n^2.$$

15. 设 V 是 n 维线性空间, $\sigma, \tau \in \mathrm{End}(V)$ 且 $\sigma^2 = \sigma, \tau^2 = \tau$. 证明:

(1) $\mathrm{Im}(\sigma) = \mathrm{Im}(\tau)$ 当且仅当 $\sigma\tau = \tau$, $\tau\sigma = \sigma$;

(2) $\mathrm{Ker}(\sigma) = \mathrm{Ker}(\tau)$ 当且仅当 $\sigma\tau = \sigma$, $\tau\sigma = \tau$;

(3) 若 $(\sigma + \tau)^2 = \sigma + \tau$, 则 $\sigma\tau = \tau\sigma = 0$;

(4) 若 $\sigma\tau = \tau\sigma$, 则 $(\sigma + \tau - \sigma\tau)^2 = \sigma + \tau - \sigma\tau$.

16. 设 V 是 n 维线性空间, $\sigma_1,\sigma_2,\cdots,\sigma_t\in \mathrm{End}(V)$ 满足

$$\sigma_i^2=\sigma_i,\quad i=1,2,\cdots,t;\quad \sigma_i\sigma_j=0,\quad 1\leqslant i\neq j\leqslant t.$$

证明: (1) $\mathrm{Im}(\sigma_1+\sigma_2+\cdots+\sigma_t)=\mathrm{Im}(\sigma_1)\oplus\mathrm{Im}(\sigma_2)\oplus\cdots\oplus\mathrm{Im}(\sigma_t)$;

(2) $\mathrm{Ker}(\sigma_1+\sigma_2+\cdots+\sigma_t)=\bigcap\limits_{i=1}^{t}\mathrm{Ker}(\sigma_i)$;

(3) $V=\mathrm{Im}(\sigma_1)\oplus\mathrm{Im}(\sigma_2)\oplus\cdots\oplus\mathrm{Im}(\sigma_t)\oplus\left(\bigcap\limits_{i=1}^{t}\mathrm{Ker}(\sigma_i)\right)$.

17. 设 $\alpha_1,\alpha_2,\cdots,\alpha_n$ 是 n 维线性空间 V 的一个基. 对任意 $i=1,2,\cdots,n$, 定义 $\alpha_i^*\in V^*$ 如下: $\alpha_i^*(\alpha_j)=\delta_{ij}$, $j=1,2,\cdots,n$, 其中 δ_{ij} 是克罗内克符号. 证明: $\alpha_1^*,\alpha_2^*,\cdots,\alpha_n^*$ 是 V^* 的一个基, 称之为 $\alpha_1,\alpha_2,\cdots,\alpha_n$ 的**对偶基** (dual basis), 并且对任意 $f\in V^*$, 有 $f=\sum\limits_{i=1}^{n}f(\alpha_i)\alpha_i^*$, 即 $f(\alpha)=\sum\limits_{i=1}^{n}f(\alpha_i)\alpha_i^*(\alpha)$, $\alpha\in V$.

18. 设 V 是 n 维线性空间, $V^{**}=(V^*)^*$ 是 V^* 的对偶空间. 任取 $\alpha\in V$, 定义 $\alpha^{**}: V^*\longrightarrow F$, $f\longmapsto f(\alpha)$. 证明:

(1) $\alpha^{**}\in V^{**}$, 从而 $\delta_V: V\longrightarrow V^{**}$, $\alpha\longmapsto\alpha^{**}$, 是映射;

(2) δ_V 是同构, 从而 V 与 V^{**} 同构.

19. 设 σ,τ 是 n 维线性空间 V 的线性变换, 证明: $\sigma\tau-\tau\sigma\neq 1_V$. 试问该结论对无限维线性空间是否成立?

20. 设 $V=F^4$, 定义 $\sigma\in\mathrm{End}(V)$ 如下: 设 $\alpha=(a_1,a_2,a_3,a_4)'\in V$,

$$\sigma(\alpha)=\begin{pmatrix} a_1-2a_2+a_3+a_4\\ -a_1+2a_2+a_3+2a_4\\ 2a_1+a_2-a_3-2a_4\\ a_1+3a_2+2a_3+3a_4\end{pmatrix}.$$

(1) 求出 V 的一个基以及 σ 在该基下的矩阵;

(2) 求 $\mathrm{Ker}(\sigma)$ 的基及维数;

(3) 求 $\mathrm{Im}(\sigma)$ 的基及维数.

21. 设 V 是 n 维线性空间, $\sigma\in\mathrm{End}(V)$, 并且 $\mathrm{Im}(\sigma)=\mathrm{Ker}(\sigma)$. 证明: n 是偶数并且存在 V 的一个基 $\varepsilon_1,\varepsilon_2,\cdots,\varepsilon_n$ 使得 σ 在该基下的矩阵为 $\begin{pmatrix}0 & I_{\frac{n}{2}}\\ 0 & 0\end{pmatrix}$.

22. 设 V 是 n 维线性空间, $\sigma\in\mathrm{End}(V)$ 且存在 $\alpha\in V$ 使得 $\sigma^{n-1}(\alpha)\neq 0$, 但 $\sigma^n(\alpha)=0$. 证明: $\alpha,\sigma(\alpha),\sigma^2(\alpha),\cdots,\sigma^{n-1}(\alpha)$ 是 V 的一个基, 并求 σ 在该基下的矩阵.

23. 设 V 是 n 维线性空间, $\sigma,\tau\in\mathrm{End}(V)$ 且 $\sigma^2=\sigma$. 证明: $\mathrm{Ker}(\sigma)$ 和 $\mathrm{Im}(\sigma)$ 都是 τ–子空间的充分必要条件是 $\sigma\tau=\tau\sigma$.

24. 设 V 是 n 维线性空间, $\sigma\in\mathrm{End}(V)$. 令

$$V_1=\{\alpha\in V\mid \text{存在 } m\in\mathbb{N}^* \text{ 使得 } \sigma^m(\alpha)=0\},\quad V_2=\bigcap_{i=1}^{\infty}\sigma^i(V).$$

证明: (1) V_1, V_2 都是 σ–子空间且 $V = V_1 \oplus V_2$;

(2) $\sigma|_{V_1}$ 是 V_1 的幂零变换, $\sigma|_{V_2}$ 是 V_2 的自同构.

25. 设 V 是二维实线性空间, $\sigma \in \mathrm{End}_{\mathbb{R}}(V)$ 在 V 的一个基 $\varepsilon_1, \varepsilon_2$ 下的矩阵是

$$A = \begin{pmatrix} \cos\theta & \sin\theta \\ -\sin\theta & \cos\theta \end{pmatrix},\ \ \theta \neq k\pi,\ k \in \mathbb{Z}.$$

证明: σ 没有非平凡的不变子空间.

26. 设 V 是 n 维复线性空间, $\sigma, \tau \in \mathrm{End}_{\mathbb{C}}(V)$ 且 $\sigma + \tau + \sigma\tau = 0$. 证明:

(1) $\sigma\tau = \tau\sigma$;

(2) σ 与 τ 有公共的特征向量;

(3) 存在 V 的一个基使得 σ, τ 在该基下的矩阵同为上三角矩阵.

27. 设 V 是 n 维线性空间, $\sigma, \tau \in \mathrm{End}(V)$. 若 $\sigma\tau = \tau\sigma$ 并且 σ 有 n 个互不相同的特征值, 证明: 存在 $g(x) \in F[x]$ 使得 $\tau = g(\sigma)$.

28. 设 $A \in \mathrm{M}_n(F)$, $\lambda_1, \lambda_2, \cdots, \lambda_n$ 是 $f_A(\lambda)$ 的 n 个复根. 若某个 $\lambda_i \in F$, $\alpha \in F^n$ 是 A 的属于特征值 λ_i 的特征向量, 证明：$\lambda_i^* \in F$, 并且 α 是 A^* 的属于特征值 λ_i^* 的特征向量, 其中 λ_i^* 参见 (5.4.5) 式, $1 \leqslant i \leqslant n$.

29. 设 $A \in \mathrm{M}_m(\mathbb{C})$, $B \in \mathrm{M}_n(\mathbb{C})$. 证明：矩阵方程 $AX = XB$ 只有零解当且仅当 A 与 B 没有公共特征值.

30. 设 $A, B \in \mathrm{M}_n(\mathbb{C})$. 定义映射 $\varphi : \mathrm{M}_n(\mathbb{C}) \longrightarrow \mathrm{M}_n(\mathbb{C})$, $X \longmapsto AX - XB$. 证明:

(1) $\varphi \in \mathrm{End}_{\mathbb{C}}(\mathrm{M}_n(\mathbb{C}))$, 即 φ 是线性的;

(2) $\varphi \in \mathrm{Aut}_{\mathbb{C}}(\mathrm{M}_n(\mathbb{C}))$ 当且仅当 A 与 B 没有公共特征值.

31. 设 $A, B \in \mathrm{M}_n(\mathbb{C})$, λ 是 AB 和 BA 的一个非零特征值, W_λ, V_λ 分别是 AB 和 BA 的属于特征值 λ 的特征子空间. 证明: $\dim W_\lambda = \dim V_\lambda$.

32. 设 $A, B \in \mathrm{M}_n(\mathbb{C})$. 证明: $f_A(B)$ 可逆当且仅当 A 与 B 没有公共特征值.

33. 设 $A \in \mathrm{M}_n(\mathbb{R})$, $f_A(\lambda) = \prod\limits_{i=1}^{t}(\lambda - \lambda_i)\prod\limits_{j=1}^{r}(\lambda^2 + a_j\lambda + b_j)$, 其中 $t, r \in \mathbb{N}$, $t + 2r = n$, $\lambda_i, a_j, b_j \in \mathbb{R}$, $a_j^2 - 4b_j < 0$, $1 \leqslant i \leqslant t$, $1 \leqslant j \leqslant r$. A 诱导了 $\mathbb{R}^n$ 的一个线性变换, 仍记为 $A : \mathbb{R}^n \longrightarrow \mathbb{R}^n, X \longmapsto AX$. 视 $A \in \mathrm{M}_n(\mathbb{C})$, 并设 $\alpha = X + \mathrm{i}Y \in \mathbb{C}^n$ 是 A 的属于特征值 $\lambda = a + b\mathrm{i} \in \mathbb{C}$ 的特征向量, 即 $A\alpha = \lambda\alpha$, 其中 $a, b \in \mathbb{R}$, $X, Y \in \mathbb{R}^n$ 且 $b \neq 0$. 证明:

(1) X, Y 是 $\mathbb{R}$ 线性无关的向量;

(2) $W = L(X, Y)$ 是 $\mathbb{R}^n$ 的 A–子空间并且存在 $P \in \mathrm{GL}_n(\mathbb{R})$ 使得

$$P^{-1}AP = \begin{pmatrix} A_{11} & A_{12} \\ 0 & A_{22} \end{pmatrix},$$

其中 $A_{11} = \begin{pmatrix} a & b \\ -b & a \end{pmatrix}$, $A_{12} \in \mathrm{M}_{2\times(n-2)}(\mathbb{R})$, $A_{22} \in \mathrm{M}_{n-2}(\mathbb{R})$;

(3) 存在 $P \in \mathrm{GL}_n(\mathbb{R})$ 使得

$$P^{-1}AP=\begin{pmatrix}\lambda_1 & \star & \star & \star & \star & \star\\ & \ddots & \star & \star & \star & \star\\ & & \lambda_t & \star & \star & \star\\ & & & A_1 & \star & \star\\ & & & & \ddots & \star\\ & & & & & A_r\end{pmatrix}$$

是分块上三角矩阵, 其中 $A_j=\begin{pmatrix}c_j & d_j\\ -d_j & c_j\end{pmatrix}\in \mathrm{M}_2(\mathbb{R})$, 并且 A_j 的特征多项式为 $f_{A_j}(\lambda)=\lambda^2+a_j\lambda+b_j$, $1\leqslant j\leqslant r$.

34. 设 V 是 n 维线性空间, $\sigma\in \mathrm{End}(V)$.

(1) 若 V 是实线性空间, 证明: 存在 σ–子空间 $V_1,V_2,\cdots,V_m=V$ 满足

$$V_1\subseteq V_2\subseteq\cdots\subseteq V_m=V,\quad \mathrm{dim}V_{i+1}/V_i=1 \text{ 或 } 2,\quad i=1,2,\cdots,m-1.$$

(2) 若 V 是复线性空间, 证明: 存在 σ–子空间 $V_1,V_2,\cdots,V_n=V$ 满足

$$V_1\subseteq V_2\subseteq\cdots\subseteq V_n=V,\quad \mathrm{dim}V_{i+1}/V_i=1,\quad i=1,2,\cdots,n-1.$$

35. 设 $A\in \mathrm{M}_2(\mathbb{C})$. 证明: A 相似于形如 $\begin{pmatrix}a & 0\\ 0 & b\end{pmatrix}$ 或 $\begin{pmatrix}a & 1\\ 0 & a\end{pmatrix}$ 的矩阵.

36*. 设 $A\in \mathrm{M}_n(F)$ 且 $\mathrm{Tr}(A)=0$. 证明:

(1) 存在 $B\in \mathrm{M}_n(F)$ 使得 A 与 B 相似且 B 的对角线上的元素全为 0;

(2) 存在 $X,Y\in \mathrm{M}_n(F)$ 使得 $A=XY-YX$.

37. 设 $A\in \mathrm{M}_n(F)$. 证明: A 是幂零矩阵当且仅当 $f_A(\lambda)=\lambda^n$.

38. 设 $A,B\in \mathrm{M}_n(\mathbb{C})$, 令 $C=AB-BA$. 若 $AC=CA$, 证明: C 是幂零矩阵.

39. 设 V 是 n 维线性空间, $\sigma\in \mathrm{End}(V)$ 在 V 的某个基下的矩阵正好是首一多项式 $f(\lambda)\in F[\lambda]$ 的友矩阵. 证明: 存在 $\alpha\in V$ 使得

$$V=\{g(\sigma)(\alpha)\in V\mid g(\lambda)\in F[\lambda]\},$$

而且 $f_\sigma(\lambda)=m_\sigma(\lambda)=f(\lambda)$.

40. 设 σ 是 n 维线性空间 V 的线性变换. 证明: 若 σ 有 n 个互不相同的特征值, 则 σ 有且只有 2^n 个不变子空间.

41. 设 $A,B\in \mathrm{M}_n(\mathbb{C})$. 若 A 的特征值互异, 证明: A 的特征向量恒为 B 的特征向量当且仅当 $AB=BA$.

42. 设 $A=\begin{pmatrix}2 & 0 & 0\\ a & 2 & 0\\ b & c & -1\end{pmatrix}\in \mathrm{M}_3(\mathbb{C})$. 证明: A 可对角化当且仅当 $a=0$.

43. 设 $A \in V = \mathrm{M}_n(F)$, 定义 V 上的线性变换 $T: V \longrightarrow V,\ B \longmapsto T(B) = AB$.

(1) 证明: T 与 A 有相同的最小多项式;

(2) 证明: T 可对角化当且仅当 A 可对角化;

(3) 求 T 的迹和行列式.

44. 设 $A \in V = \mathrm{M}_n(F)$, 定义 V 上的线性变换 $T: V \longrightarrow V,\ B \longmapsto T(B) = AB - BA$.

(1) 若 A 是幂零矩阵, 证明: T 是幂零的线性变换;

(2) 若 A 可对角化, 证明: T 可对角化.

45. 设 σ 是 n 维线性空间 V 的一个可对角化的线性变换, $\lambda_1, \lambda_2, \cdots, \lambda_t$ 是 σ 的所有互不相同的特征值. 证明: 存在 $\sigma_1, \sigma_2, \cdots, \sigma_t \in \mathrm{End}(V)$ 使得

(1) $\sigma = \lambda_1\sigma_1 + \lambda_2\sigma_2 + \cdots + \lambda_t\sigma_t$;

(2) $\sigma_1 + \sigma_2 + \cdots + \sigma_t = 1_V$;

(3) $\sigma_i\sigma_j = 0,\ 1 \leqslant i \neq j \leqslant t$;

(4) $\sigma_i(V) = V_{\lambda_i},\ i = 1, 2, \cdots, t$.

46. 设 $\alpha, \beta \in \mathbb{R}^n$ 是列向量, 令 $A = \alpha\beta'$. 求 A 的特征多项式并讨论 A 是否可对角化.

47. 设 $A \in \mathrm{M}_n(F)$ 且 $A^2 = I_n$. 证明: A 可对角化, 并且存在 $P \in \mathrm{GL}_n(F)$ 使得

$$P^{-1}AP = \begin{pmatrix} I_r & 0 \\ 0 & -I_{n-r} \end{pmatrix}, \quad 0 \leqslant r \leqslant n.$$

48. 设 $A = \begin{pmatrix} 4 & 6 & 0 \\ -3 & -5 & 0 \\ -3 & -6 & 1 \end{pmatrix}$. 求 A^{10}.

49. 设 $A, B \in \mathrm{M}_n(F)$ 且 $AB = BA$. 若 A, B 都可对角化, 证明: 存在 $P \in \mathrm{GL}_n(F)$ 使得 $P^{-1}AP$ 和 $P^{-1}BP$ 同为对角矩阵.

50.* 设 $\{A_j\}_{j\in J}$ 是一组 n 级复方阵且对任意 $i, j \in J$, $A_iA_j = A_jA_i$. 若每一个 A_j 可对角化, $j \in J$, 证明: 存在 $P \in \mathrm{GL}_n(\mathbb{C})$ 使得对任意 $j \in J$, $P^{-1}A_jP$ 是对角矩阵.

51. 设 k 为正整数, 令

$$C(k) = \begin{pmatrix} 0 & \cdots & \cdots & \cdots & \cdots & 0 & 1 \\ 1 & 0 & \cdots & \cdots & \cdots & 0 & 0 \\ 0 & 1 & \ddots & & & \vdots & \vdots \\ \vdots & \ddots & \ddots & \ddots & & \vdots & \vdots \\ \vdots & & \ddots & \ddots & \ddots & \vdots & \vdots \\ \vdots & & & \ddots & 1 & 0 & 0 \\ 0 & \cdots & \cdots & \cdots & 0 & 1 & 0 \end{pmatrix}_{k\times k}.$$

证明: $C(k)$ 在复数域上可对角化.

52. 设 A 是复数域上的 n 级**置换矩阵** (permutation matrix), 即 A 是有限个对换初等矩阵的乘积, 证明: A 可对角化.

53. 证明: 存在 $P\in \mathrm{GL}_n(\mathbb{C})$ 使得对任意 $a_0,a_1,\cdots,a_{n-1}\in\mathbb{C}$,

$$P^{-1}\begin{pmatrix} a_0 & a_1 & a_2 & \ddots & \ddots & a_{n-2} & a_{n-1}\\ a_{n-1} & a_0 & a_1 & \ddots & \ddots & \ddots & a_{n-2}\\ a_{n-2} & a_{n-1} & a_0 & \ddots & \ddots & \ddots & \ddots\\ \ddots & \ddots & \ddots & \ddots & \ddots & \ddots & \ddots\\ \ddots & \ddots & \ddots & \ddots & a_0 & a_1 & a_2\\ a_2 & \ddots & \ddots & \ddots & a_{n-1} & a_0 & a_1\\ a_1 & a_2 & \ddots & \ddots & a_{n-2} & a_{n-1} & a_0 \end{pmatrix}P$$

都是对角矩阵.

54. 判断下列方阵 $A=A_i\quad(i=1,2,3)$ 在实数域上是否可对角化, 若可对角化, 求可逆实方阵 P 使得 $P^{-1}AP$ 为对角矩阵.

$$A_1=\begin{pmatrix}13&-4&-3\\61&-24&-24\\-33&13&13\end{pmatrix},\ A_2=\begin{pmatrix}-5&-2&-6\\-39&-10&-35\\21&6&20\end{pmatrix},\ A_3=\begin{pmatrix}1&-2&-4\\-12&-10&-26\\6&6&15\end{pmatrix}.$$

55. 设 V 是 n 维线性空间, $\sigma\in\mathrm{End}(V)$ 的最小多项式为

$$m_\sigma(\lambda)=p_1(\lambda)^{r_1}p_2(\lambda)^{r_2}\cdots p_s(\lambda)^{r_s},$$

其中 $p_1(\lambda),p_2(\lambda),\cdots,p_s(\lambda)\in F[\lambda]$ 是互不相同的首一不可约多项式, $r_i\geqslant 1$. 令 $W_i=\mathrm{Ker}\left(p_i(\sigma)^{r_i}\right),\ i=1,2,\cdots,s$. 证明: 对 V 的任一 σ–子空间 W, 有

$$W=(W\cap W_1)\oplus(W\cap W_2)\oplus\cdots\oplus(W\cap W_s).$$

56. 设 $\sigma\in\mathrm{End}_{\mathbb{R}}(\mathbb{R}^3)$ 在 $\mathbb{R}^3$ 的标准基下的矩阵为 $A=\begin{pmatrix}6&-3&-2\\4&-1&-2\\10&-5&-3\end{pmatrix}$. 求由 σ 确定的 $\mathbb{R}^3$ 的第一空间分解.

57. 设 V 是三维复线性空间, $\sigma\in\mathrm{End}_{\mathbb{C}}(V)$ 在基 $\alpha_1,\alpha_2,\alpha_3$ 下的矩阵为 $\begin{pmatrix}4&-5&2\\5&-7&3\\6&-9&4\end{pmatrix}$.

求 σ 的特征值及对应的根子空间.

58. 设 $A\in\mathrm{M}_n(\mathbb{C})$ 且 $A^m=I_n$. 证明: A 可对角化.

59. 设数域 F 上 n 维线性空间 V 的线性变换 σ 的最小多项式 $m_\sigma(\lambda)$ 在 F 上不可约, W 是 σ–子空间. 证明:

(1) $\deg\left(m_\sigma(\lambda)\right)|n$;

(2) 对任意 $\alpha_1,\alpha_2\in V$ 都有 $W_\sigma(\alpha_1)=W_\sigma(\alpha_2)$ 或 $W_\sigma(\alpha_1)\cap W_\sigma(\alpha_2)=0$;

(3) 存在 $\alpha_1,\alpha_2,\cdots,\alpha_r\in W$ 使得 $W=\bigoplus\limits_{i=1}^{r}W_\sigma(\alpha_i)$;

(4) 存在 σ–子空间 U 使得 $V=W\oplus U$.

60. 设 V 是 n 维复线性空间, $\sigma \in \mathrm{End}_{\mathbb{C}}(V)$ 在 V 的基 $\alpha_1, \alpha_2, \cdots, \alpha_n$ 下的矩阵是特征值为 λ 的 n 级若尔当块. 令 $V_i = L(\alpha_{n-i+1}, \alpha_{n-i+2}, \cdots, \alpha_n)$, $1 \leqslant i \leqslant n$. 证明:

(1) $V_i = \mathrm{Ker}(\sigma - \lambda\, 1_V)^i$, 从而 V_i 是 σ–子空间, $i = 1, 2, \cdots, n$;

(2) V 中包含 α_1 的 σ–子空间只有 $V = V_n$ 自身;

(3) V 中任一非零 σ–子空间都包含 α_n;

(4) 设 W 是 V 的 σ–子空间, 若 $\mathrm{dim}W = i \geqslant 1$, 则 $W = V_i$. 因此, 除了 $V_1, V_2, \cdots, V_n$ 之外, V 没有其他非零 σ–子空间;

(5) V 不能分解成两个非平凡的 σ–子空间的直和.

61. (**若尔当分解定理** (Jordan decomposition theorem)) 设 $A \in \mathrm{M}_n(F)$ 且

$$f_A(\lambda) = (\lambda - \lambda_1)^{e_1}(\lambda - \lambda_2)^{e_2} \cdots (\lambda - \lambda_s)^{e_s},$$

其中 $\lambda_1, \lambda_2, \cdots, \lambda_s \in F$ 互不相同. 证明：$A = D + N$, 其中 $D, N \in \mathrm{M}_n(F)$, D 可对角化, N 幂零且 D 和 N 都是 A 的多项式并由 A 唯一确定.

62. 设 $A, B \in \mathrm{M}_3(\mathbb{C})$, 并且 A, B 都只有一个特征值 λ. 证明: A 与 B 相似当且仅当 $\mathrm{dim}V_\lambda(A) = \mathrm{dim}V_\lambda(B)$, 其中 $V_\lambda(A), V_\lambda(B)$ 分别表示 A 与 B 对应于 λ 的特征子空间.

63. 求下列矩阵的若尔当标准形.

$$\begin{pmatrix} 4 & 5 & -2 \\ -2 & -2 & 1 \\ -1 & -1 & 1 \end{pmatrix}; \quad \begin{pmatrix} 1 & 2 & 0 \\ 0 & 2 & 0 \\ -2 & -2 & 1 \end{pmatrix}; \quad \begin{pmatrix} -4 & 2 & 10 \\ 4 & 3 & 7 \\ -3 & 1 & 7 \end{pmatrix}.$$

64.* 设 V 是数域 F 上的有限维线性空间, $\sigma \in \mathrm{End}(V)$. 若对任意的 σ–子空间 W, 都存在 σ–子空间 U 使得 $V = W \oplus U$, 则称 σ 是**半单线性变换** (semisimple linear transformation). 证明:

(1) 设 σ 的最小多项式 $m_\sigma(\lambda) = p(\lambda)^e$, 其中 $p(\lambda) \in F[\lambda]$ 首一不可约, 则 σ 是半单线性变换当且仅当 $e = 1$, 即 $m_\sigma(\lambda)$ 不可约;

(2) σ 是半单线性变换当且仅当 σ 的最小多项式 $m_\sigma(\lambda)$ 具有分解

$$m_\sigma(\lambda) = p_1(\lambda)p_2(\lambda) \cdots p_s(\lambda),$$

其中 $p_1(\lambda), p_2(\lambda), \cdots, p_s(\lambda) \in F[\lambda]$ 是互不相同的首一不可约多项式;

(3) 若 F 是复数域, 则 σ 是半单线性变换当且仅当 σ 可对角化;

(4) σ 是半单线性变换当且仅当 σ 在 V 的一个基下的矩阵看成复矩阵是可对角化的.

65.* 设 $N \in \mathrm{M}_n(F)$ 是幂零方阵, m 为 N 的**幂零指数** (nilpotence index) (即满足 $N^m = 0$ 的最小的正整数 m). 若 N 的若尔当标准形为 $J = \mathrm{diag}(J_1, J_2, \cdots, J_s)$, 证明:

(1) 若尔当块的个数 $s = n - \mathrm{rank}N = \mathrm{dimKer}(N) = \mathrm{dim}V_0$, 其中 V_0 是 N 的属于特征值 0 的特征子空间;

(2) $m = \max\limits_{1 \leqslant i \leqslant s}\{n_i \mid J_i \text{ 是 } n_i \text{ 级若尔当块}\}$;

(3) J 中 k 级若尔当块的个数为 $\operatorname{rank}\left(N^{k-1}\right)-2\operatorname{rank}\left(N^{k}\right)+\operatorname{rank}\left(N^{k+1}\right)$, 其中 $k=1,2,\cdots,m$;

(4) J 在不计若尔当块 $J_1,J_2,\cdots,J_s$ 的排列次序下由 N 唯一确定.

66.* 设 $A\in \mathrm{M}_n(F)$ 且 $f_A(\lambda)=\prod\limits_{i=1}^{s}(\lambda-\lambda_i)^{e_i}$, 其中 $\lambda_1,\lambda_2,\cdots,\lambda_s\in F$ 互不相同, $e_1,e_2,\cdots,e_s\in\mathbb{N}^*$. 证明:

(1) A 的若尔当标准形 J 中若尔当块的个数 $t=\sum\limits_{i=1}^{s}\dim V_{\lambda_i}$, 其中 V_{λ_i} 是 A 的属于特征值 λ_i 的特征子空间, $i=1,2,\cdots,s$;

(2) A 的若尔当标准形 J 中 k $(1\leqslant k\leqslant n)$ 级若尔当块的个数 r_k 为

$$\sum_{j=1}^{s}\left(\operatorname{rank}(A-\lambda_j I_n)^{k-1}-2\operatorname{rank}(A-\lambda_j I_n)^{k}+\operatorname{rank}(A-\lambda_j I_n)^{k+1}\right);$$

(3) A 的若尔当标准形 $J=\operatorname{diag}(J_1,J_2,\cdots,J_t)$ 在不计若尔当块 $J_1,J_2,\cdots,J_t$ 的排列次序下由 A 唯一确定.

第 6 章

λ–矩阵

1861 年, 史密斯[①]给出了整数矩阵上的史密斯标准形 (Smith normal form). 1878 年, 弗罗贝尼乌斯给出了矩阵的不变因子 (invariant factor) 和初等因子 (elementary divisor) 的概念. 随着抽象代数理论的创立, 人们发现这些概念和理论对于主理想整环 (整数环和域上一元多项式环都是主理想整环) 上的矩阵都是存在的 (参见文献 [39] 第 3 章).

本章主要研究一元多项式环上的矩阵, 即 λ–矩阵. 我们首先给出 λ–矩阵的史密斯标准形, 然后研究 λ–矩阵的相抵不变量, 证明了两个数字矩阵相似当且仅当它们的特征矩阵相抵. 在此基础上, 给出了若尔当标准形定理 5.8.9 的一个简洁证明. 最后简单介绍了整数矩阵及其史密斯标准形.

6.1 λ–矩阵在相抵下的标准形

设 F 是一个数域, $F[\lambda]$ 表示 F 上关于未定元 λ 的一元多项式环.

定义 6.1.1 设 m,n 是正整数, $a_{ij}(\lambda)\in F[\lambda]$, $i=1,\cdots,m$; $j=1,\cdots,n$, 则矩阵

$$A(\lambda)=\begin{pmatrix} a_{11}(\lambda) & a_{12}(\lambda) & \cdots & a_{1n}(\lambda)\\ a_{21}(\lambda) & a_{22}(\lambda) & \cdots & a_{2n}(\lambda)\\ \vdots & \vdots & & \vdots\\ a_{m1}(\lambda) & a_{m2}(\lambda) & \cdots & a_{mn}(\lambda)\end{pmatrix}$$

称为 F 上的 $m\times n$ **λ–矩阵** (λ–matrix), 特别地, $n\times n$ λ–矩阵称为 n 级 λ–方阵. 所有 $m\times n$ λ-矩阵组成的集合记为 $\mathrm{M}_{m\times n}(F[\lambda])$, 将 $\mathrm{M}_{n\times n}(F[\lambda])$ 简记为 $\mathrm{M}_n(F[\lambda])$. 为了区别, 以后称 F 上的矩阵为**数字矩阵**.

① Henry John Stephen Smith, 1826—1883, 英国数学家.

数域 F 上的数字矩阵的加法、数乘 (域 F 中的数与矩阵的乘法)、矩阵的乘法、以及方阵的行列式都是通过数域 F 中的加法、减法、乘法定义的, 因此 λ–矩阵的加法、$F[\lambda]$ 中的元素与 λ–矩阵的乘法, λ–矩阵与 λ–矩阵的乘法、以及 λ–方阵的行列式与通常数域 F 上的数字矩阵的运算类似, 可通过 $F[\lambda]$ 中多项式的加法、减法及乘法来定义.

通常数字矩阵的秩由非零子式的最大级数来定义, 因此同样可以引入 λ–矩阵的秩. 一个 λ–矩阵 $A(\lambda)$ 的**秩**是指 $A(\lambda)$ 中非零子式的最大级数, 记为 $\operatorname{rank}(A(\lambda))$. 显然, 一个 n 级 λ–方阵 $A(\lambda)$ 的秩为 n 当且仅当 $|A(\lambda)| \neq 0$.

数域 F 上数字矩阵的那些只涉及数域 F 的加、减、乘三种运算的性质在 λ–矩阵中仍然成立, 譬如 λ–方阵的伴随矩阵仍是 λ–矩阵, 拉普拉斯定理和柯西–比内公式在 λ–矩阵中仍然成立.

可逆 λ–矩阵与可逆数字矩阵可类似定义. 设 $A(\lambda)\in \mathrm{M}_n(F[\lambda])$, 若存在 $B(\lambda) \in \mathrm{M}_n(F[\lambda])$ 使得 $A(\lambda)B(\lambda) = B(\lambda)A(\lambda) = I_n$, 其中 I_n 是 n 级单位矩阵, 则称 $A(\lambda)$ 是**可逆的** (invertible) 或**可逆矩阵** (invertible matrix); $B(\lambda)$ 称为 $A(\lambda)$ 的**逆** (inverse), 并且易证 $B(\lambda)$ 由 $A(\lambda)$ 唯一确定, 记为 $A(\lambda)^{-1}$. 所有 n 级可逆 λ–方阵组成的集合记为 $\mathrm{GL}_n(F[\lambda])$.

数域 F 上 n 级数字方阵 A 可逆当且仅当 $|A| \neq 0$, 即 $|A| \in F\backslash\{0\} = \mathrm{GL}_1(F)$ (数域 F 中每一个非零的元素在 F 中可逆), 而且此时 $A^{-1} = \dfrac{1}{|A|}A^*$, 其中 A^* 为 A 的伴随矩阵. 设 $f(\lambda) \in F[\lambda]$ 在 $F[\lambda]$ 中可逆, 即存在 $g(\lambda) \in F[\lambda]$ 使得 $f(\lambda)g(\lambda) = 1$, 由于多项式乘积的次数等于因子的次数和, 故 $f(\lambda)$ 是数域 F 中的非零常数, 即 $f(\lambda) \in F^* = F \setminus \{0\} = \mathrm{GL}_1(F)$. 因此 $\mathrm{GL}_1(F[\lambda]) = F^*$.

定理 6.1.2 设 $A(\lambda) \in \mathrm{M}_n(F[\lambda])$, 则 $A(\lambda) \in \mathrm{GL}_n(F[\lambda])$ 当且仅当 $|A(\lambda)| \in F^*$, 此时, $A(\lambda)^{-1} = \dfrac{1}{|A(\lambda)|}A(\lambda)^*$.

证明 必要性 设 $A(\lambda) \in \mathrm{GL}_n(F[\lambda])$, 则由定义知存在 $B(\lambda) \in \mathrm{M}_n(F[\lambda])$ 使得 $A(\lambda)B(\lambda) = I_n$, 两边取行列式, 得 $|A(\lambda)||B(\lambda)| = 1$. 因此 $|A(\lambda)|$ 在 $F[\lambda]$ 中可逆, 从而 $|A(\lambda)| \in F^*$.

充分性 设 $A(\lambda) \in \mathrm{M}_n(F[\lambda])$, 并且 $|A(\lambda)| \in F^*$. 由于 $A(\lambda)$ 的伴随矩阵 $A(\lambda)^*$ 也是 λ–矩阵, 故 $B(\lambda) = \dfrac{1}{|A(\lambda)|}A(\lambda)^* \in \mathrm{M}_n(F[\lambda])$. 又 $A(\lambda)B(\lambda) = B(\lambda)A(\lambda) = I_n$, 因此 $A(\lambda)$ 可逆, 并且 $A(\lambda)^{-1} = \dfrac{1}{|A(\lambda)|}A(\lambda)^*$. □

下面将采用研究数字矩阵的相抵标准形的思想和方法来研究 λ–矩阵在相抵下的标准形, 为此首先给出 λ–矩阵的初等变换.

定义 6.1.3 以下三种变换称为 λ–矩阵的**初等行 (列) 变换**.

(1) 以 F 中非 0 数 k 乘 λ–矩阵的某一行 (列);

(2) 将 λ–矩阵中某一行 (列) 的 $f(\lambda)$ 倍加到另一行 (列), 其中 $f(\lambda) \in F[\lambda]$;

(3) 对换 λ–矩阵中两行 (列) 的位置.

λ–矩阵的初等行变换和初等列变换统称为 λ–矩阵的**初等变换**.

注记 6.1.4 由于我们要求初等变换都是可逆的, 以及 $\mathrm{GL}_1(F[\lambda]) = F \setminus \{0\}$, 因此第一类初等变换中某行 (列) 乘的是一个可逆的多项式, 即非零常数.

与数字矩阵一样, 可以引入三类**初等 λ–矩阵**, 即单位矩阵经过一次 λ–矩阵的初等变换得到的矩阵.

(1) **倍乘初等 λ–矩阵** 以非 0 数 k 乘单位矩阵的第 i 行 (列), 得到**倍乘初等 λ–矩阵**

$$E(i(k)) = \begin{pmatrix} 1 & & & & & & \\ & \ddots & & & & & \\ & & 1 & & & & \\ & & & k & & & \\ & & & & 1 & & \\ & & & & & \ddots & \\ & & & & & & 1 \end{pmatrix} \text{第 } i \text{ 行}.$$

(2) **倍加初等 λ–矩阵** 以多项式 $f(\lambda)$ 乘单位矩阵的第 j 行加到第 i 行 (或以多项式 $f(\lambda)$ 乘单位矩阵的第 i 列加到第 j 列), 得到**倍加初等 λ–矩阵**

$$E(i,j(f(\lambda))) = \begin{pmatrix} 1 & & & & & & \\ & \ddots & & & & & \\ & & 1 & & f(\lambda) & & \\ & & & \ddots & & & \\ & & & & 1 & & \\ & & & & & \ddots & \\ & & & & & & 1 \end{pmatrix} \begin{matrix} \text{第 } i \text{ 行} \\ \\ \text{第 } j \text{ 行} \end{matrix}, \quad i < j;$$

或

$$E(i,j(f(\lambda)))=\begin{pmatrix}1&&&&&&\\&\ddots&&&&&\\&&1&&&&\\&&&\ddots&&&\\&&f(\lambda)&&1&&\\&&&&&\ddots&\\&&&&&&1\end{pmatrix}\begin{matrix}\\\\\text{第 }j\text{ 行}\\\\\text{第 }i\text{ 行}\\\\\\\end{matrix},\quad i>j.$$

(3) **对换初等 λ–矩阵** 对换单位矩阵的第 i,j 行 (列) $(i\neq j)$, 得到**对换初等 λ–矩阵**

$$E(i,j)=\begin{pmatrix}1&&&&&&&&&\\&\ddots&&&&&&&&\\&&1&&&&&&&\\&&&0&&&&1&&\\&&&&1&&&&&\\&&&&&\ddots&&&&\\&&&&&&1&&&\\&&&1&&&&0&&\\&&&&&&&&1&\\&&&&&&&&&\ddots&\\&&&&&&&&&&1\end{pmatrix}.$$

与初等矩阵类似 (参见注记 2.8.6), 初等 λ–矩阵都是可逆的, 并且

$$E(i(k))^{-1}=E(i(k^{-1})),\quad E(i,j(f(\lambda)))^{-1}=E(i,j(-f(\lambda))),\quad E(i,j)^{-1}=E(i,j),$$

所以初等 λ–矩阵的逆与其是同类型的初等 λ–矩阵. 与数字矩阵的初等变换一样, λ–矩阵的初等变换也不改变矩阵的秩, 并且对 λ–矩阵 $A(\lambda)$ 施行一次初等行 (列) 变换, 相当于在 $A(\lambda)$ 的左 (右) 边乘相应的初等 λ–矩阵.

定义 6.1.5 设 $A(\lambda),B(\lambda)\in \mathrm{M}_{m\times n}(F[\lambda])$. 若 $A(\lambda)$ 经过有限次 λ–矩阵的初等变换变为 $B(\lambda)$, 则称 $A(\lambda)$ 与 $B(\lambda)$ **相抵**.

由 λ–矩阵的初等变换与初等 λ–矩阵的关系知, $m\times n$ 矩阵 $A(\lambda)$ 与 $B(\lambda)$ 相抵的充分必要条件是存在 m 级初等 λ–矩阵 $P_1(\lambda),\cdots,P_s(\lambda)$ 以及 n 级初等 λ–矩

阵 $Q_1(\lambda),\cdots,Q_t(\lambda)$ 使得

$$B(\lambda)=P_s(\lambda)\cdots P_1(\lambda)A(\lambda)Q_1(\lambda)\cdots Q_t(\lambda). \tag{6.1.1}$$

定理 6.1.6 λ–矩阵的相抵是等价关系.

证明 由定义直接验证即得. □

引理 6.1.7 设 $A(\lambda)\in \mathrm{M}_{m\times n}(F[\lambda])$ 且 $A(\lambda)\neq 0$, 则 $A(\lambda)$ 相抵于矩阵 $B(\lambda)=(b_{ij}(\lambda))_{m\times n}$, 其中 $b_{11}(\lambda)\neq 0$, 且对任意 $1\leqslant i\leqslant m, 1\leqslant j\leqslant n$, 都有 $b_{11}(\lambda)|b_{ij}(\lambda)$.

证明 由 $A(\lambda)=(a_{ij}(\lambda))_{m\times n}\neq 0$ 知, 存在某个 $a_{ij}(\lambda)\neq 0$, 所以

$$E(1,i)A(\lambda)E(1,j)=\begin{pmatrix} a_{ij}(\lambda) & \star \\ \star & \star \end{pmatrix}.$$

因此可不妨设 $a_{11}(\lambda)\neq 0$. 下面对次数 $\deg(a_{11}(\lambda))$ 归纳证明. 当 $\deg(a_{11}(\lambda))=0$ 时, 即 $a_{11}(\lambda)\in F^*$, 显然 $a_{11}(\lambda)|a_{ij}(\lambda)$, $1\leqslant i\leqslant m, 1\leqslant j\leqslant n$, 此时引理结论成立. 假设 $t\geqslant 1$, 并且引理对 $\deg(a_{11}(\lambda))\leqslant t-1$ 成立, 下证引理对 $\deg(a_{11}(\lambda))=t$ 成立.

若对任意 $1\leqslant i\leqslant m, 1\leqslant j\leqslant n$, 都有 $a_{11}(\lambda)|a_{ij}(\lambda)$, 则此时结论已成立. 因此不妨设存在 $i_0\in\{1,\cdots,m\}, j_0\in\{1,\cdots,n\}$, 使得 $a_{11}(\lambda)\nmid a_{i_0j_0}(\lambda)$.

(1) 若 $i_0=1$, 即 $a_{11}(\lambda)\nmid a_{1j_0}(\lambda)$, 则由带余除法, 存在 $q(\lambda),r(\lambda)\in F[\lambda]$ 使得 $a_{1j_0}(\lambda)=q(\lambda)a_{11}(\lambda)+r(\lambda)$, 其中 $r(\lambda)\neq 0$, 并且 $0\leqslant \deg(r(\lambda))<t$. 因此

$$A(\lambda)E(1,j_0(-q(\lambda)))E(1,j_0)=\begin{pmatrix} r(\lambda) & \star \\ \star & \star \end{pmatrix},$$

即 $A(\lambda)$ 相抵于 $\begin{pmatrix} r(\lambda) & \star \\ \star & \star \end{pmatrix}$. 由于 $r(\lambda)\neq 0$, $\deg(r(\lambda))\leqslant t-1$, 所以由归纳假设知, 对 λ–矩阵 $\begin{pmatrix} r(\lambda) & \star \\ \star & \star \end{pmatrix}$, 引理成立, 从而对 $A(\lambda)$ 引理成立.

(2) 设 $j_0=1$, 即 $a_{11}(\lambda)\nmid a_{i_01}(\lambda)$. 证明类似于 (1), 只需将 (1) 中的列改为行.

(3) 设 $a_{11}(\lambda)$ 既整除第一行, 也整除第一列, 即 $a_{11}(\lambda)|a_{1k}(\lambda)$, $a_{11}(\lambda)|a_{l1}(\lambda)$, $k=1,2,\cdots,n$, $l=1,2,\cdots,m$, 且 $a_{11}(\lambda)\nmid a_{i_0j_0}(\lambda), i_0\neq 1, j_0\neq 1$. 令 $a_{i_01}(\lambda)=$

$q_{i_01}(\lambda)a_{11}(\lambda)$, 则

$$A(\lambda)=\begin{pmatrix} a_{11}(\lambda) & a_{12}(\lambda) & \cdots & a_{1j_0}(\lambda) & \cdots & a_{1n}(\lambda) \\ \vdots & \vdots & & \vdots & & \vdots \\ a_{i_01}(\lambda) & a_{i_02}(\lambda) & \cdots & a_{i_0j_0}(\lambda) & \cdots & a_{i_0n}(\lambda) \\ \vdots & \vdots & & \vdots & & \vdots \\ a_{m1}(\lambda) & a_{m2}(\lambda) & \cdots & a_{mj_0}(\lambda) & \cdots & a_{mn}(\lambda) \end{pmatrix}$$

$$\xrightarrow{(-q_{i_01}(\lambda))\times r_1+r_{i_0}}\begin{pmatrix} a_{11}(\lambda) & a_{12}(\lambda) & \cdots & a_{1j_0}(\lambda) & \cdots & a_{1n}(\lambda) \\ \vdots & \vdots & & \vdots & & \vdots \\ 0 & b_{i_02}(\lambda) & \cdots & b_{i_0j_0}(\lambda) & \cdots & b_{i_0n}(\lambda) \\ \vdots & \vdots & & \vdots & & \vdots \\ a_{m1}(\lambda) & a_{m2}(\lambda) & \cdots & a_{mj_0}(\lambda) & \cdots & a_{mn}(\lambda) \end{pmatrix}$$

$$\xrightarrow{1\times r_{i_0}+r_1}\begin{pmatrix} a_{11}(\lambda) & c_{12}(\lambda) & \cdots & c_{1j_0}(\lambda) & \cdots & c_{1n}(\lambda) \\ \vdots & \vdots & & \vdots & & \vdots \\ 0 & b_{i_02}(\lambda) & \cdots & b_{i_0j_0}(\lambda) & \cdots & b_{i_0n}(\lambda) \\ \vdots & \vdots & & \vdots & & \vdots \\ a_{m1}(\lambda) & a_{m2}(\lambda) & \cdots & a_{mj_0}(\lambda) & \cdots & a_{mn}(\lambda) \end{pmatrix},$$

其中

$$b_{i_0k}(\lambda)=a_{i_0k}(\lambda)-q_{i_01}(\lambda)a_{1k}(\lambda),$$

$$c_{1k}(\lambda)=a_{1k}(\lambda)+b_{i_0k}(\lambda)=a_{i_0k}(\lambda)+(1-q_{i_01}(\lambda))a_{1k}(\lambda),\quad k=2,\cdots,n.$$

由 $a_{11}(\lambda)|a_{1j_0}(\lambda)$, $a_{11}(\lambda)\nmid a_{i_0j_0}(\lambda)$ 知 $a_{11}(\lambda)\nmid c_{1j_0}(\lambda)$, 于是化为情形 (1). 所以结论成立. □

定理 6.1.8 设 $A(\lambda)\in \mathrm{M}_{m\times n}(F[\lambda])$, $r=\mathrm{rank}(A(\lambda))$. 若 $r\geqslant 1$, 则 $A(\lambda)$ 相抵于矩阵

$$\Lambda(\lambda)=\begin{pmatrix} d_1(\lambda) & & & & \\ & d_2(\lambda) & & & \\ & & \ddots & & \\ & & & d_r(\lambda) & \\ & & & & 0_{(m-r)\times(n-r)} \end{pmatrix},$$

其中 $d_1(\lambda), d_2(\lambda), \cdots, d_r(\lambda)$ 都是 F 上的首一多项式，并且 $d_i(\lambda)|d_{i+1}(\lambda), i = 1, 2, \cdots, r-1$, 称 $\Lambda(\lambda)$ 是矩阵 $A(\lambda)$ 的**史密斯标准形** (Smith normal form). 若 $r = 0$, 规定零矩阵的史密斯标准形为零.

证明 设 $A(\lambda) \neq 0$, 则由引理 6.1.7 知, $A(\lambda)$ 相抵于 λ–矩阵 $B(\lambda) = (b_{ij}(\lambda))_{m\times n}$, 其中

$$b_{11}(\lambda) \neq 0 \text{ 且整除 } B(\lambda) \text{ 的每一个元素}. \tag{6.1.2}$$

因此由相抵的传递性, 只需证明矩阵 $B(\lambda)$ 相抵于史密斯标准形 $\Lambda(\lambda)$. 下面对 $B(\lambda)$ 的行数 m 归纳证明.

若 $m = 1$, 并且对任意正整数 n, $B(\lambda) = (b_{11}(\lambda), b_{12}(\lambda), \cdots, b_{1n}(\lambda))$ 满足条件 (6.1.2). 设 $b_{1k}(\lambda) = f_k(\lambda)b_{11}(\lambda), f_k(\lambda) \in F[\lambda]$, $k = 2, \cdots, n$, 则对 $B(\lambda)$ 施行第二类列变换, 将 $-f_k(\lambda)$ 乘第一列然后加到第 k $(k = 2, \cdots, n)$ 列, 得

$$B(\lambda)E(1, 2(-f_2(\lambda)))\cdots E(1, n(-f_n(\lambda))) = (b_{11}(\lambda), 0, \cdots, 0).$$

设 $b_{11}(\lambda)$ 的首项系数为 $b \in F^*$, 令 $d_1(\lambda) = b^{-1}b_{11}(\lambda)$, 则 $d_1(\lambda) \in F[\lambda]$ 是首一多项式且 $E(1(b^{-1}))B(\lambda)E(1, 2(-f_2(\lambda)))\cdots E(1, n(-f_n(\lambda))) = (d_1(\lambda), 0, \cdots, 0)$. 所以 $B(\lambda)$ 相抵于史密斯标准形 $\Lambda(\lambda)$, 从而当 $m = 1$ 时, 对任意正整数 n, 结论都成立.

若 $m \geqslant 2$, 并假设 $m - 1$ 时结论成立, 即对任意正整数 n, 满足条件 (6.1.2) 的 $(m-1)\times n$ λ–矩阵 $B(\lambda)$ 都相抵于标准形 $\Lambda(\lambda)$. 现考虑 $m \times n$ λ–矩阵 $B(\lambda)$ 且满足条件 (6.1.2).

如果 $n = 1$, 证明类似于 $m = 1$, $B(\lambda)$ 相抵于史密斯标准形 $\Lambda(\lambda)$.

如果 $n \geqslant 2$, 由条件 (6.1.2) 可设 $b_{ij}(\lambda) = b_{11}(\lambda)f_{ij}(\lambda)$, 其中 $f_{ij}(\lambda) \in F[\lambda]$, $1 \leqslant i \leqslant m, 1 \leqslant j \leqslant n$. 利用 $b_{11}(\lambda) \neq 0$, 分别作第二类初行等变换和第二类初等列变换得

$$E(n, 1(-f_{n1}(\lambda)))\cdots E(2, 1(-f_{21}(\lambda)))B(\lambda)E(1, 2(-f_{12}(\lambda)))\cdots E(1, n(-f_{1n}(\lambda)))$$

$$= \begin{pmatrix} b_{11}(\lambda) & 0 & \cdots & 0 \\ 0 & c_{22}(\lambda) & \cdots & c_{2n}(\lambda) \\ \vdots & \vdots & & \vdots \\ 0 & c_{m2}(\lambda) & \cdots & c_{mn}(\lambda) \end{pmatrix}, \text{ 其中 } c_{kl}(\lambda) = b_{kl}(\lambda) - f_{k1}(\lambda)b_{1l}(\lambda),$$

因此 $b_{11}(\lambda)|c_{kl}(\lambda)$, $k = 2, \cdots, m$; $l = 2, \cdots, n$.

令 $A_1(\lambda) = \begin{pmatrix} c_{22}(\lambda) & \cdots & c_{2n}(\lambda) \\ \vdots & & \vdots \\ c_{m2}(\lambda) & \cdots & c_{mn}(\lambda) \end{pmatrix}$. 若 $A_1(\lambda) = 0$, 则结论成立. 否

则, 由引理 6.1.7 知, $A_1(\lambda)$ 相抵于满足条件 (6.1.2) 的 $(m-1)\times(n-1)$ λ–矩阵 $B_1(\lambda)$, 而且此时 $b_{11}(\lambda)$ 整除 $B_1(\lambda)$ 的每一个元素. 由归纳假设知, $B_1(\lambda)$ 相抵于史密斯标准形

$$\Lambda_1(\lambda)=\begin{pmatrix} d_2(\lambda) & & & \\ & \ddots & & \\ & & d_r(\lambda) & \\ & & & 0_{(m-r)\times(n-r)} \end{pmatrix},$$

其中 $d_2(\lambda),\cdots,d_r(\lambda)\in F[\lambda]$ 是首一多项式, 并且 $d_i(\lambda)|d_{i+1}(\lambda), i=2,\cdots,r-1$. 设 $b_{11}(\lambda)$ 的首项系数为 $b\in F^*$, 令 $d_1(\lambda)=b^{-1}b_{11}(\lambda)$, 则 $d_1(\lambda)|d_k(\lambda), k=2,\cdots,r$, 并且 $B(\lambda)$ 相抵于 λ–矩阵

$$\begin{pmatrix} d_1(\lambda) & & & & \\ & d_2(\lambda) & & & \\ & & \ddots & & \\ & & & d_r(\lambda) & \\ & & & & 0_{(m-r)\times(n-r)} \end{pmatrix}=\Lambda(\lambda).$$

综上, $A(\lambda)$ 相抵于史密斯标准形 $\Lambda(\lambda)$. □

推论 6.1.9 *设 $A(\lambda)\in \mathrm{M}_{m\times n}(F[\lambda])$, 则存在 m 级初等 λ-矩阵 $P_1(\lambda),\cdots,P_s(\lambda)$ 及 n 级初等 λ-矩阵 $Q_1(\lambda),\cdots,Q_t(\lambda)$ 使得 $P_s(\lambda)\cdots P_1(\lambda)A(\lambda)Q_1(\lambda)\cdots Q_t(\lambda)$ 是 $A(\lambda)$ 的史密斯标准形.*

推论 6.1.10 *设 $A(\lambda)\in \mathrm{M}_n(F[\lambda])$, 则 $A(\lambda)$ 可逆当且仅当 $A(\lambda)$ 可以表示为有限个初等 λ–矩阵的乘积.*

证明 充分性是显然的, 因为初等 λ–矩阵都是可逆的, 有限个初等 λ–矩阵的乘积仍是可逆 λ–矩阵. 反过来, 设 $A(\lambda)$ 是 n 级可逆 λ-方阵, 则存在 n 级初等 λ–矩阵 $P_1(\lambda),\cdots,P_s(\lambda),Q_1(\lambda),\cdots,Q_t(\lambda)\in \mathrm{GL}_n(F[\lambda])$ 使得

$$P_s(\lambda)\cdots P_1(\lambda)A(\lambda)Q_1(\lambda)\cdots Q_t(\lambda)=\mathrm{diag}\left(d_1(\lambda),d_2(\lambda),\cdots,d_n(\lambda)\right),$$

其中 $d_1(\lambda),d_2(\lambda),\cdots,d_n(\lambda)\in F[\lambda]$ 是首一多项式且 $d_i(\lambda)|d_{i+1}(\lambda), i=1,2,\cdots,n-1$. 由于 $|P_1(\lambda)|,\cdots,|P_s(\lambda)|,|A(\lambda)|,|Q_1(\lambda)|,\cdots,|Q_t(\lambda)|\in F^*$, 因此 $d_i(\lambda)\in F^*$, 从而 $d_i(\lambda)=1$, $i=1,2,\cdots,n$. 所以

$$A(\lambda)=P_1(\lambda)^{-1}P_2(\lambda)^{-1}\cdots P_s(\lambda)^{-1}Q_t(\lambda)^{-1}\cdots Q_2(\lambda)^{-1}Q_1(\lambda)^{-1}.$$

由于初等 λ–矩阵的逆矩阵也是初等 λ–矩阵, 故 $A(\lambda)$ 可表示为有限个初等 λ–矩阵的乘积. □

由 (6.1.1) 式及推论 6.1.10 即得

推论 6.1.11 设 $A(\lambda), B(\lambda) \in \mathrm{M}_{m\times n}(F[\lambda])$, 则 $A(\lambda)$ 与 $B(\lambda)$ 相抵的充分必要条件是存在 $P(\lambda) \in \mathrm{GL}_m(F[\lambda])$ 及 $Q(\lambda) \in \mathrm{GL}_n(F[\lambda])$ 使得

$$B(\lambda) = P(\lambda)A(\lambda)Q(\lambda).$$

6.2 λ–矩阵的相抵不变量

6.1 节证明了任一 λ–矩阵的史密斯标准形是存在的, 本节将继续研究 λ–矩阵在相抵下的不变量, 并证明 λ–矩阵的史密斯标准形是唯一的.

定义 6.2.1 设 $A(\lambda) \in \mathrm{M}_{m\times n}(F[\lambda])$ 且 $\mathrm{rank}(A(\lambda)) = r \geqslant 1$. 对于正整数 k $(1 \leqslant k \leqslant r)$, λ–矩阵 $A(\lambda)$ 的所有 k 级子式的首一最大公因式称为 $A(\lambda)$ 的 k 级**行列式因子** (determinantal divisor), 记为 $D_k(A(\lambda))$, 在不引起混淆的情况下简记为 $D_k(\lambda)$.

显然, 秩为 r $(\geqslant 1)$ 的 λ–矩阵 $A(\lambda)$ 的行列式因子 $D_1(\lambda), D_2(\lambda), \cdots, D_r(\lambda)$ 都是首一多项式, 由行列式的按行 (列) 展开知, $A(\lambda)$ 的任一 $i+1$ 级子式是 $A(\lambda)$ 的 i 级子式的组合, 从而 $D_i(\lambda)$ 整除 $A(\lambda)$ 的所有 $i+1$ 级子式, 所以 $D_i(\lambda)|D_{i+1}(\lambda)$, $i = 1, 2, \cdots, r-1$.

定理 6.2.2 λ–矩阵的初等变换不改变行列式因子.

证明 设 $A(\lambda), B(\lambda) \in \mathrm{M}_{m\times n}(F[\lambda])$ 且它们相抵, 则 $A(\lambda)$ 与 $B(\lambda)$ 具有相同的秩, 不妨设为 $r \geqslant 1$. 只需证明当 $A(\lambda)$ 经过一次初等变换变为 $B(\lambda)$ 时, $A(\lambda)$ 与 $B(\lambda)$ 具有相同的行列式因子. 此时, 对任意 $1 \leqslant k \leqslant r$, $B(\lambda)$ 的任一 k 级子式都是 $A(\lambda)$ 的某些 k 级子式的组合, 从而被 $D_k(A(\lambda))$ 整除, 所以 $D_k(A(\lambda))|D_k(B(\lambda))$. 由于相抵具有对称性, 同理可得 $D_k(B(\lambda))|D_k(A(\lambda))$. 再由 $D_k(A(\lambda))$ 与 $D_k(B(\lambda))$ 都是首一多项式, 故 $D_k(A(\lambda)) = D_k(B(\lambda))$. □

定理 6.2.3 λ–矩阵的史密斯标准形是唯一的.

证明 设 $A(\lambda) \in \mathrm{M}_{m\times n}(F[\lambda])$ 且 $\mathrm{rank}\,(A(\lambda)) = r \geqslant 1$. 由定理 6.1.8 知, 存在 $P(\lambda) \in \mathrm{GL}_m(F[\lambda])$ 及 $Q(\lambda) \in \mathrm{GL}_n(F[\lambda])$ 使得

$$P(\lambda)A(\lambda)Q(\lambda) = \Lambda(\lambda) = \begin{pmatrix} d_1(\lambda) & & & & \\ & d_2(\lambda) & & & \\ & & \ddots & & \\ & & & d_r(\lambda) & \\ & & & & 0_{(m-r)\times(n-r)} \end{pmatrix},$$

其中 $d_1(\lambda), d_2(\lambda), \cdots, d_r(\lambda) \in F[\lambda]$ 都是首一多项式, 并且 $d_i(\lambda)|d_{i+1}(\lambda)$, $i = 1, 2, \cdots, r-1$. 由定理 6.2.2 知, $D_k(A(\lambda)) = D_k(\Lambda(\lambda))$, $k = 1, 2, \cdots, r$. 又易知

$$D_k(\Lambda(\lambda)) = d_1(\lambda)d_2(\lambda)\cdots d_k(\lambda), \quad k = 1, 2, \cdots, r.$$

因此

$$d_1(\lambda) = D_1(A(\lambda)), \quad d_k(\lambda) = \frac{D_k(A(\lambda))}{D_{k-1}(A(\lambda))}, \quad k = 2, \cdots, r, \tag{6.2.1}$$

即 $d_1(\lambda), d_2(\lambda), \cdots, d_r(\lambda)$ 由 $A(\lambda)$ 的行列式因子唯一确定, 从而史密斯标准形 $\Lambda(\lambda)$ 由 $A(\lambda)$ 唯一确定. □

定义 6.2.4 设 $A(\lambda) \in \mathrm{M}_{m\times n}(F[\lambda])$ 且 $\mathrm{rank}(A(\lambda)) = r \geqslant 1$, 则 $A(\lambda)$ 的史密斯标准形 $\Lambda(\lambda)$ 中 r 个首一多项式 $d_1(\lambda), d_2(\lambda), \cdots, d_r(\lambda)$ 称为 $A(\lambda)$ 的**不变因子** (invariant factor).

定理 6.2.5 设 $A(\lambda), B(\lambda) \in \mathrm{M}_{m\times n}(F[\lambda])$ 且 $A(\lambda) \neq 0, B(\lambda) \neq 0$, 则下列陈述等价:

(1) $A(\lambda)$ 与 $B(\lambda)$ 相抵;

(2) $A(\lambda)$ 与 $B(\lambda)$ 具有相同的不变因子;

(3) $A(\lambda)$ 与 $B(\lambda)$ 具有相同的行列式因子.

证明 由 (6.2.1) 式知, λ–矩阵的不变因子和行列式因子相互唯一确定, 因此 (2) $\Longleftrightarrow$ (3). 一方面, 由定理 6.2.2 知 (1) $\Longrightarrow$ (3); 另一方面, 若 $A(\lambda)$ 与 $B(\lambda)$ 具有相同的不变因子, 则 $A(\lambda)$ 与 $B(\lambda)$ 相抵于同一个史密斯标准形, 从而 $A(\lambda)$ 与 $B(\lambda)$ 相抵, 所以 (2) $\Longrightarrow$ (1). □

至此, 我们给出了数域 F 上 λ–矩阵的标准形理论, 并给出了求 λ–矩阵的不变因子的两种方法: (1) 利用 λ–矩阵元素的特性, 先求行列式因子, 进而求出不变因子; (2) 利用 λ–矩阵的初等变换, 将 λ–矩阵化成史密斯标准形, 求出不变因子; 也可以对 λ–矩阵作初等变换化为对角 λ–矩阵, 然后求出行列式因子, 进而计算出不变因子.

例 6.2.6 求 $A(\lambda) \in \mathrm{GL}_n(F[\lambda])$ 的不变因子.

解 由 $A(\lambda) \in \mathrm{GL}_n(F[\lambda])$ 知, $\mathrm{rank}(A(\lambda)) = n$ 且 $|A(\lambda)| \in F^*$, 所以 $D_n(\lambda) = 1$, 从而 $A(\lambda)$ 的 n 个行列式因子为 $D_1(\lambda) = D_2(\lambda) = \cdots = D_n(\lambda) = 1$. 故 $A(\lambda)$ 的 n 个不变因子为 $d_1(\lambda) = d_2(\lambda) = \cdots = d_n(\lambda) = 1$. □

例6.2.7　设 $\lambda_0 \in F$, 求 n 级 λ–方阵 $A(\lambda) = \begin{pmatrix} \lambda-\lambda_0 & & & \\ -1 & \ddots & & \\ & \ddots & \ddots & \\ & & -1 & \lambda-\lambda_0 \end{pmatrix}$ 的不变因子.

解　易见, $\mathrm{rank}(A(\lambda)) = n$, 并且 $D_n(\lambda) = (\lambda-\lambda_0)^n$. 又 $A(\lambda)$ 有一个 $n-1$ 级子式

$$A(\lambda)\begin{pmatrix} 2 & 3 & \cdots & n \\ 1 & 2 & \cdots & n-1 \end{pmatrix} = \begin{vmatrix} -1 & \lambda-\lambda_0 & & & \\ & -1 & \lambda-\lambda_0 & & \\ & & \ddots & \ddots & \\ & & & -1 & \lambda-\lambda_0 \\ & & & & -1 \end{vmatrix} = (-1)^{n-1}.$$

因此 $D_{n-1}(\lambda) = 1$, 从而 $A(\lambda)$ 的 n 个行列式因子为 $D_i(\lambda) = 1,\ i = 1, 2, \cdots, n-1$, $D_n(\lambda) = (\lambda-\lambda_0)^n$. 故 $A(\lambda)$ 的 n 个不变因子为 $d_i(\lambda) = 1,\ i = 1, 2, \cdots, n-1$, $d_n(\lambda) = (\lambda-\lambda_0)^n$. □

例 6.2.8　求 λ–矩阵 $A(\lambda) = \begin{pmatrix} \lambda+1 & 2 & -6 \\ 1 & \lambda & -3 \\ 1 & 1 & \lambda-4 \end{pmatrix}$ 的不变因子.

解　对 $A(\lambda)$ 作初等变换:

$$\begin{aligned} A(\lambda) &= \begin{pmatrix} \lambda+1 & 2 & -6 \\ 1 & \lambda & -3 \\ 1 & 1 & \lambda-4 \end{pmatrix} \\ &\xrightarrow[(-1)\times r_3+r_2]{(-\lambda-1)\times r_3+r_1} \begin{pmatrix} 0 & -\lambda+1 & -\lambda^2+3\lambda-2 \\ 0 & \lambda-1 & -\lambda+1 \\ 1 & 1 & \lambda-4 \end{pmatrix} \\ &\xrightarrow[\substack{(-1)\times c_1+c_2 \\ (4-\lambda)\times c_1+c_3}]{(r_1,r_3)} \begin{pmatrix} 1 & 0 & 0 \\ 0 & \lambda-1 & -\lambda+1 \\ 0 & -\lambda+1 & -\lambda^2+3\lambda-2 \end{pmatrix} \end{aligned}$$

$$\xrightarrow{1\times r_2+r_3}\begin{pmatrix}1 & 0 & 0\\ 0 & \lambda-1 & -\lambda+1\\ 0 & 0 & -\lambda^2+2\lambda-1\end{pmatrix}$$

$$\xrightarrow[(-1)\times r_3]{1\times c_2+c_3}\begin{pmatrix}1 & 0 & 0\\ 0 & \lambda-1 & 0\\ 0 & 0 & (\lambda-1)^2\end{pmatrix}.$$

所以 $A(\lambda)$ 的不变因子为 $d_1(\lambda)=1, d_2(\lambda)=\lambda-1, d_3(\lambda)=(\lambda-1)^2$. □

第 1 章讲了数域 F 上的首一多项式都可唯一分解为互不相同的首一不可约因式方幂的乘积, 因此我们将利用首一不可约因式的方幂给出 λ–矩阵在相抵下的另一不变量.

定义 6.2.9 设 $A(\lambda)\in \mathrm{M}_{m\times n}(F[\lambda])$, $\mathrm{rank}\,(A(\lambda))=r\geqslant 1$. 将 $A(\lambda)$ 的不等于 1 的不变因子分解为互不相同的首一不可约因式方幂的乘积, 所有这些首一不可约因式的方幂 (相同的按出现的次数计算) 称为 $A(\lambda)$ 的**初等因子** (elementary divisor).

例 6.2.10 设 λ–矩阵 $A(\lambda)$ 的不变因子为

$$d_1(\lambda)=\lambda(\lambda-1),\quad d_2(\lambda)=\lambda(\lambda-1)(\lambda+1),\quad d_3(\lambda)=\lambda(\lambda-1)^2(\lambda+1)^2,$$

则 $A(\lambda)$ 的初等因子为 $\lambda,\ \lambda,\ \lambda,\ \lambda-1,\ \lambda-1,\ (\lambda-1)^2,\ \lambda+1,\ (\lambda+1)^2$.

定理 6.2.11 设 $A(\lambda), B(\lambda)\in \mathrm{M}_{m\times n}(F[\lambda])$ 都是非零 λ–矩阵, 则 $A(\lambda)$ 与 $B(\lambda)$ 相抵当且仅当它们具有相同的秩和初等因子.

证明 必要性 设 $A(\lambda)$ 与 $B(\lambda)$ 相抵, 显然 $\mathrm{rank}(A(\lambda))=\mathrm{rank}(B(\lambda))$, 并且它们具有相同的不变因子, 而 λ–矩阵的初等因子由它的不变因子唯一确定, 因此 $A(\lambda)$ 与 $B(\lambda)$ 具有相同的初等因子.

充分性 设 $\mathrm{rank}(A(\lambda))=\mathrm{rank}(B(\lambda))=r\geqslant 1$, 且 $A(\lambda)$ 与 $B(\lambda)$ 具有相同的初等因子

$$\begin{array}{cccc}p_1(\lambda)^{m_{11}}, & p_1(\lambda)^{m_{12}}, & \cdots, & p_1(\lambda)^{m_{1k_1}},\\ p_2(\lambda)^{m_{21}}, & p_2(\lambda)^{m_{22}}, & \cdots, & p_2(\lambda)^{m_{2k_2}},\\ \vdots & \vdots & & \vdots\\ p_s(\lambda)^{m_{s1}}, & p_s(\lambda)^{m_{s2}}, & \cdots, & p_s(\lambda)^{m_{sk_s}},\end{array}$$

其中 $p_1(\lambda), p_2(\lambda),\cdots,p_s(\lambda)\in F[\lambda]$ 是互不相同的首一不可约多项式, $m_{j1}\geqslant m_{j2}\geqslant\cdots\geqslant m_{jk_j}>0,\ j=1,2,\cdots,s$. 由于 $A(\lambda)$ 的每个初等因子必定是 $A(\lambda)$ 的某个不变因子的一个因子, 因此对于 $1\leqslant j\leqslant s$, 则 $k_j\leqslant r$. 若 $k_j<r$, 令 $m_{j,k_j+1}=\cdots=m_{jr}=0$. 设 $d_1(\lambda), d_2(\lambda),\cdots,d_r(\lambda)$ 是 $A(\lambda)$ 的不变因

子. 由于 $d_i(\lambda)|d_{i+1}(\lambda), i=1,2,\cdots,r-1$, 因此 $d_r(\lambda)$ 是初等因子中首一不可约因式 $p_1(\lambda),p_2(\lambda),\cdots,p_s(\lambda)$ 的最高次幂的初等因子 $p_1(\lambda)^{m_{11}}$, $p_2(\lambda)^{m_{21}}$, $\cdots$, $p_s(\lambda)^{m_{s1}}$ 的乘积, 即

$$d_r(\lambda)=p_1(\lambda)^{m_{11}}p_2(\lambda)^{m_{21}}\cdots p_s(\lambda)^{m_{s1}}.$$

同理可得

$$\begin{aligned}
d_{r-1}(\lambda)&=p_1(\lambda)^{m_{12}}p_2(\lambda)^{m_{22}}\cdots p_s(\lambda)^{m_{s2}},\\
d_{r-2}(\lambda)&=p_1(\lambda)^{m_{13}}p_2(\lambda)^{m_{23}}\cdots p_s(\lambda)^{m_{s3}},\\
&\ \ \vdots\\
d_1(\lambda)\quad&=p_1(\lambda)^{m_{1r}}p_2(\lambda)^{m_{2r}}\cdots p_s(\lambda)^{m_{sr}}.
\end{aligned}$$

这表明 λ–矩阵 $A(\lambda)$ 的不变因子由 $A(\lambda)$ 的秩和初等因子唯一确定. 由于 $A(\lambda)$ 与 $B(\lambda)$ 具有相同的秩和初等因子, 因此它们具有相同的不变因子, 从而由定理 6.2.5 知, $A(\lambda)$ 与 $B(\lambda)$ 相抵. □

注记 6.2.12 定理 6.2.11 中秩的条件是必不可少的, 例如, 设

$$A(\lambda)=\begin{pmatrix}(\lambda-1)^2&0&0&0\\0&0&0&0\\0&0&0&0\end{pmatrix},\quad B(\lambda)=\begin{pmatrix}1&0&0&0\\0&(\lambda-1)^2&0&0\\0&0&0&0\end{pmatrix},$$

则 $A(\lambda)$ 与 $B(\lambda)$ 具有相同的初等因子 $(\lambda-1)^2$. 但 $\mathrm{rank}(A(\lambda))=1, \mathrm{rank}(B(\lambda))=2$, 故 $A(\lambda)$ 与 $B(\lambda)$ 不相抵.

例6.2.13 设 $\lambda_0\in\mathbb{C}$, 求 n 级 λ–方阵 $A(\lambda)=\begin{pmatrix}\lambda-\lambda_0&&&\\-1&\ddots&&\\&\ddots&\ddots&\\&&-1&\lambda-\lambda_0\end{pmatrix}$ 的初等因子.

解 由例 6.2.7 知, λ–方阵 $A(\lambda)$ 的不变因子为 $1,\cdots,1,(\lambda-\lambda_0)^n$. 因此 $A(\lambda)$ 的初等因子为 $(\lambda-\lambda_0)^n$. □

欲求一个 λ–矩阵的初等因子, 由定义, 需先求出其不变因子, 然后再将不变因子因式分解. 下面我们将给出不需要事先求出 λ–矩阵的不变因子就可求出其初等因子的一种方法.

定理 6.2.14 设 $A(\lambda)\in \mathrm{M}_{m\times n}(F[\lambda])$ 经过有限次初等变换化为

$$B(\lambda)=\begin{pmatrix} f_1(\lambda) & & & & \\ & f_2(\lambda) & & & \\ & & \ddots & & \\ & & & f_r(\lambda) & \\ & & & & 0_{(m-r)\times(n-r)} \end{pmatrix}, \tag{6.2.2}$$

其中 $f_i(\lambda)\in F[\lambda]$ 是首一多项式, $1\leqslant i\leqslant r$. 如果将 $f_1(\lambda),f_2(\lambda),\cdots,f_r(\lambda)$ 中非零次多项式分解为互不相同的首一不可约因式方幂的乘积, 那么这些首一不可约因式的方幂 (相同的按出现的次数计算) 就是 $A(\lambda)$ 的全部初等因子.

证明 不妨设 $f_i(\lambda)=\prod\limits_{j=1}^{s}p_j(\lambda)^{f_{ij}}$, 其中 $p_1(\lambda),\ p_2(\lambda),\ \cdots,p_s(\lambda)\in F[\lambda]$ 是 s 个互不相同的首一不可约多项式, $f_{ij}\in\mathbb{N},\ 1\leqslant i\leqslant r, 1\leqslant j\leqslant s$. 由题设条件知 $r=\mathrm{rank}(A(\lambda))$. 对 $k=1,2,\cdots,r$, 由定理 6.2.5 知, $D_k(A(\lambda))=D_k(B(\lambda))$, 记为 $D_k(\lambda)$. 因此 $D_k(\lambda)$ 是 C_r^k 个多项式 $f_{i_1}(\lambda)f_{i_2}(\lambda)\cdots f_{i_k}(\lambda)$ $(1\leqslant i_1<i_2<\cdots<i_k\leqslant r)$ 的首一最大公因式, 从而 $D_k(\lambda)=\prod\limits_{j=1}^{s}p_j(\lambda)^{\alpha_{kj}}$, 其中,

$$\alpha_{kj}=\min_{1\leqslant i_1<i_2<\cdots<i_k\leqslant r}(f_{i_1j}+f_{i_2j}+\cdots+f_{i_kj}),\quad j=1,2,\cdots,s.$$

对固定的 j, 将 $f_{1j},f_{2j},\cdots,f_{rj}$ 按由小到大重新排列, 记为 $e_{1j},e_{2j},\cdots,e_{rj}$, 则

$$\alpha_{kj}=\min_{1\leqslant i_1<i_2<\cdots<i_k\leqslant r}(f_{i_1j}+f_{i_2j}+\cdots+f_{i_kj})=e_{1j}+e_{2j}+\cdots+e_{kj},$$

从而 $D_k(\lambda)=\prod\limits_{j=1}^{s}p_j(\lambda)^{e_{1j}+e_{2j}+\cdots+e_{kj}}$, $1\leqslant k\leqslant r$. 故 $A(\lambda)$ 的不变因子 $d_k(\lambda)=\dfrac{D_k(\lambda)}{D_{k-1}(\lambda)}=\prod\limits_{j=1}^{s}p_j(\lambda)^{e_{kj}}$, $1\leqslant k\leqslant r$, 其中 $D_0(\lambda)=1$. 因此 $A(\lambda)$ 的初等因子为 (相同的按出现的次数计算)

$$\{p_j(\lambda)^{e_{kj}}\mid e_{kj}>0,1\leqslant j\leqslant s,1\leqslant k\leqslant r\}=\{p_j(\lambda)^{f_{kj}}\mid f_{kj}>0,1\leqslant j\leqslant s,1\leqslant k\leqslant r\}.\quad\square$$

定理 6.2.15 设 $A_1(\lambda)\in\mathrm{M}_{m\times n}(F[\lambda])$, $A_2(\lambda)\in\mathrm{M}_{p\times q}(F[\lambda])$,

$$A(\lambda)=\begin{pmatrix} A_1(\lambda) & 0\\ 0 & A_2(\lambda)\end{pmatrix}\in\mathrm{M}_{(m+p)\times(n+q)}(F[\lambda]),$$

则 $A(\lambda)$ 的初等因子由 $A_1(\lambda)$ 的全部初等因子和 $A_2(\lambda)$ 的全部初等因子合并而成 (相同的按出现的次数计算).

证明　由定理 6.1.8 和推论 6.1.11 知, 存在

$$P_1(\lambda)\in \mathrm{GL}_m(F[\lambda]),\quad Q_1(\lambda)\in \mathrm{GL}_n(F[\lambda]),$$
$$P_2(\lambda)\in \mathrm{GL}_p(F[\lambda]),\quad Q_2(\lambda)\in \mathrm{GL}_q(F[\lambda]),$$

使得

$$P_1(\lambda)A_1(\lambda)Q_1(\lambda)=\Lambda_1(\lambda)=\begin{pmatrix}\mathrm{diag}(d_1(\lambda),\cdots,d_s(\lambda)) & 0_{s\times(n-s)}\\ 0_{(m-s)\times s} & 0_{(m-s)\times(n-s)}\end{pmatrix},$$

$$P_2(\lambda)A_2(\lambda)Q_2(\lambda)=\Lambda_2(\lambda)=\begin{pmatrix}\mathrm{diag}(d_{s+1}(\lambda),\cdots,d_{s+r}(\lambda)) & 0_{r\times(q-r)}\\ 0_{(p-r)\times r} & 0_{(p-r)\times(q-r)}\end{pmatrix},$$

其中 $\mathrm{rank}(A_1(\lambda))=s$, $\mathrm{rank}(A_2(\lambda))=r$, $\Lambda_1(\lambda)$ 和 $\Lambda_2(\lambda)$ 分别是 $A_1(\lambda)$ 和 $A_2(\lambda)$ 的史密斯标准形. 令 $P(\lambda)=\begin{pmatrix}P_1(\lambda) & 0\\ 0 & P_2(\lambda)\end{pmatrix}$, $Q(\lambda)=\begin{pmatrix}Q_1(\lambda) & 0\\ 0 & Q_2(\lambda)\end{pmatrix}$, 则 $P(\lambda)\in \mathrm{GL}_{m+p}(F[\lambda])$, $Q(\lambda)\in \mathrm{GL}_{n+q}(F[\lambda])$, 并且

$$P(\lambda)A(\lambda)Q(\lambda)=\begin{pmatrix}d_1(\lambda) &&&&&&&\\ &\ddots&&&&&&\\ &&d_s(\lambda)&&&&&\\ &&&0_1&&&&\\ &&&&d_{s+1}(\lambda)&&&\\ &&&&&\ddots&&\\ &&&&&&d_{s+r}(\lambda)&\\ &&&&&&&0_2\end{pmatrix},$$

其中 $0_1,0_2$ 分别是 $(m-s)\times(n-s)$ 和 $(p-r)\times(q-r)$ 零矩阵. 对上述矩阵再作第三类初等变换, 则 $A(\lambda)$ 相抵于矩阵

$$\begin{pmatrix}d_1(\lambda) &&&&&&\\ &\ddots&&&&&\\ &&d_s(\lambda)&&&&\\ &&&d_{s+1}(\lambda)&&&\\ &&&&\ddots&&\\ &&&&&d_{s+r}(\lambda)&\\ &&&&&&0_{(m+p-r-s)\times(n+q-r-s)}\end{pmatrix}.$$

将 $d_1(\lambda),\cdots,d_s(\lambda)$ 分解成互不相同的首一不可约因式的方幂, 便得 $A_1(\lambda)$ 的全部初等因子, 将 $d_{s+1}(\lambda),\cdots,d_{s+r}(\lambda)$ 分解成互不相同的首一不可约因式的方幂, 便得 $A_2(\lambda)$ 的全部初等因子, 因此由定理 6.2.14 知 $A(\lambda)$ 的初等因子由 $A_1(\lambda)$ 的全部初等因子和 $A_2(\lambda)$ 的全部初等因子合并而成 (相同的按出现的次数计算). □

6.3 数字矩阵的相似及有理标准形

本节将利用 λ–矩阵的理论解决数域 F 上矩阵的相似问题. 设 $A\in \mathrm{M}_n(F)$, 称 λ–矩阵 $\lambda I_n - A$ 为数字矩阵 A 的**特征矩阵** (characteristic matrix). 本节我们证明: 两个 n 级数字方阵相似的充分必要条件是它们的特征矩阵相抵.

引理 6.3.1 设 $A(\lambda)\in \mathrm{M}_{n\times m}(F[\lambda])$. 若 $A(\lambda)\neq 0$, 则存在唯一的自然数 d 及 $A_0,A_1,\cdots,A_d\in \mathrm{M}_{n\times m}(F)$ 使得 $A(\lambda)$ 可以写成以“矩阵为系数”的多项式

$$A(\lambda)=A_d\lambda^d+A_{d-1}\lambda^{d-1}+\cdots+A_1\lambda+A_0, \tag{6.3.1}$$

或

$$A(\lambda)=\lambda^d A_d+\lambda^{d-1}A_{d-1}+\cdots+\lambda A_1+A_0,$$

其中 $A_d\neq 0$, d 称为 $A(\lambda)$ 的**次数**, 记为 $\deg(A(\lambda))=d$. 对 F 上的数字矩阵 $B=(b_{ij})_{n\times m}$ 及未定元 λ, $B\lambda^k=\lambda^k B$ 表示 λ–矩阵 $(b_{ij}\lambda^k)\in \mathrm{M}_{n\times m}(F[\lambda])$, $k\in\mathbb{N}$.

证明 存在性 设 $A(\lambda)=(a_{ij}(\lambda))_{n\times m}$, $a_{ij}(\lambda)\in F[\lambda]$. 令

$$d=\max\{\deg(a_{ij}(\lambda))\mid 1\leqslant i\leqslant n, 1\leqslant j\leqslant m, a_{ij}(\lambda)\neq 0\},$$

则对 $1\leqslant i\leqslant n,\quad 1\leqslant j\leqslant m$, 有

$$a_{ij}(\lambda)=a_{ij}^{(d)}\lambda^d+a_{ij}^{(d-1)}\lambda^{d-1}+\cdots+a_{ij}^{(1)}\lambda+a_{ij}^{(0)},\quad a_{ij}^{(k)}\in F,\quad k=0,1,\cdots,d.$$

令 $A_k=(a_{ij}^{(k)})\in \mathrm{M}_{n\times m}(F)$, $k=0,1,2,\cdots,d$, 则

$$A(\lambda)=A_d\lambda^d+A_{d-1}\lambda^{d-1}+\cdots+A_1\lambda+A_0,$$

并且由 d 的选取知 $A_d\neq 0$.

唯一性 假设 $A(\lambda)$ 具有两种表示方式:

$$A(\lambda)=A_d\lambda^d+A_{d-1}\lambda^{d-1}+\cdots+A_1\lambda+A_0,$$
$$A(\lambda)=B_l\lambda^l+B_{l-1}\lambda^{l-1}+\cdots+B_1\lambda+B_0,$$

其中 $A_d\neq 0, B_l\neq 0$, $A_i,B_j\in \mathrm{M}_{n\times m}(F)$, $0\leqslant i\leqslant d$, $0\leqslant j\leqslant l$. 由于两个矩阵相等当且仅当矩阵的对应元素相等, 两个多项式相等当且仅当多项式的对应系数相等, 因此 $d=l$, 并且 $A_i=B_i$, $0\leqslant i\leqslant d$, 即 $A(\lambda)$ 具有唯一的表达式 (6.3.1). □

引理 6.3.2 设 $A(\lambda) \in \mathrm{M}_{n\times m}(F[\lambda]), B(\lambda) \in \mathrm{M}_{m\times p}(F[\lambda])$ 并且

$$A(\lambda) = A_d\lambda^d + A_{d-1}\lambda^{d-1} + \cdots + A_1\lambda + A_0,$$
$$B(\lambda) = B_l\lambda^l + B_{l-1}\lambda^{l-1} + \cdots + B_1\lambda + B_0,$$

其中 $A_0, A_1, \cdots, A_d \in \mathrm{M}_{n\times m}(F), A_d \neq 0,\ B_0, B_1, \cdots, B_l \in \mathrm{M}_{m\times p}(F), B_l \neq 0$. 若 $A(\lambda)B(\lambda) \neq 0$, 则

$$\deg(A(\lambda)B(\lambda)) \leqslant \deg(A(\lambda)) + \deg(B(\lambda)),$$

等号成立当且仅当 $A_dB_l \neq 0$.

证明 由 $A(\lambda)B(\lambda) = A_dB_l\lambda^{d+l} + (A_dB_{l-1} + A_{d-1}B_l)\lambda^{d+l-1} + \cdots + A_0B_0$ 知, 若 $A(\lambda)B(\lambda) \neq 0$, 则 $\deg(A(\lambda)B(\lambda)) \leqslant \deg(A(\lambda)) + \deg(B(\lambda))$, 且

$$\deg(A(\lambda)B(\lambda)) = \deg(A(\lambda)) + \deg(B(\lambda)) \text{ 当且仅当 } A_dB_l \neq 0. \qquad \square$$

注记6.3.3 (1) 设 $A(\lambda) \in M_{m\times n}(F[\lambda]), B(\lambda) \in M_{n\times m}(F[\lambda])$, 则 $\deg(A(\lambda)B(\lambda))$ 与 $\deg(B(\lambda)A(\lambda))$ 未必相等.

(2) 设 $A(\lambda) \in \mathrm{M}_n(F[\lambda]),\ N \in \mathrm{M}_n(F)$.

若 $A(\lambda) = 0$, 定义 $A(N)_L = A(N)_R = 0$.

若 $A(\lambda) \neq 0$, 设 $\deg(A(\lambda)) = d$, 由引理 6.3.1 知

$$A(\lambda) = A_d\lambda^d + A_{d-1}\lambda^{d-1} + \cdots + A_1\lambda + A_0 = \lambda^dA_d + \lambda^{d-1}A_{d-1} + \cdots + \lambda A_1 + A_0,$$

其中 $A_0, A_1, \cdots, A_d \in \mathrm{M}_n(F)$. 定义

$$A(N)_R = A_dN^d + A_{d-1}N^{d-1} + \cdots + A_1N + A_0 \in \mathrm{M}_n(F),$$

$$A(N)_L = N^dA_d + N^{d-1}A_{d-1} + \cdots + NA_1 + A_0 \in \mathrm{M}_n(F).$$

$A(N)_R$ 和 $A(N)_L$ 分别称为 $A(\lambda)$ 在 N 处的**右值** (right value) 和**左值** (left value). 再设 $B(\lambda) \in \mathrm{M}_n(F[\lambda])$, 由于矩阵的乘法不满足交换律, 一般来说,

$$A(N)_R \neq A(N)_L, \quad (A(\lambda)B(\lambda))(N)_X \neq A(N)_YB(N)_Z, \quad X, Y, Z \in \{R, L\}.$$

设 $f(\lambda) \in F[\lambda], c \in F$, 由多项式的带余除法, 存在唯一的 $q(\lambda) \in F[\lambda], r \in F$ 使得 $f(\lambda) = (\lambda - c)q(\lambda) + r$, 并且 $r = f(c)$. 类似地, 关于 λ–矩阵, 我们有以下结论.

引理 6.3.4 设 $A \in \mathrm{M}_n(F), U(\lambda) \in \mathrm{M}_n(F[\lambda])$, 则存在唯一的 $Q(\lambda), R(\lambda) \in \mathrm{M}_n(F[\lambda])$ 及 $W, V \in \mathrm{M}_n(F)$ 使得

$$(\lambda I_n - A)Q(\lambda) + W = U(\lambda) = R(\lambda)(\lambda I_n - A) + V, \tag{6.3.2}$$

并且 $W = U(A)_L,\ V = U(A)_R$.

证明 由于 (6.3.2) 式中两个等式是对称的, 故我们只需证明第一个等式.

存在性 若 $U(\lambda)=0$, 令 $Q(\lambda)=0$, $W=0$, 则它们满足 (6.3.2) 式. 若 $U(\lambda)\neq 0$, 设 $\deg(U(\lambda))=m$, 由引理 6.3.1,

$$U(\lambda)=U_m\lambda^m+U_{m-1}\lambda^{m-1}+\cdots+U_1\lambda+U_0,$$

其中 $U_m,U_{m-1},\cdots,U_1,U_0\in \mathrm{M}_n(F)$.

若 $m=0$, 令 $Q(\lambda)=0$, $W=U(\lambda)=U_0$, 则它们满足 (6.3.2) 式.

若 $m\geqslant 1$, 设 $Q(\lambda)=Q_{m-1}\lambda^{m-1}+Q_{m-2}\lambda^{m-2}+\cdots+Q_1\lambda+Q_0$, 其中 $Q_{m-1},Q_{m-2},\cdots,Q_1,Q_0\in \mathrm{M}_n(F)$ 是待定的矩阵. 于是

$$(\lambda I_n-A)Q(\lambda)=Q_{m-1}\lambda^m+(Q_{m-2}-AQ_{m-1})\lambda^{m-1}+\cdots+(Q_0-AQ_1)\lambda-AQ_0.$$

欲使 (6.3.2) 式成立, 只需取

$$\begin{aligned}
Q_{m-1}&=U_m\\
Q_{m-2}&=U_{m-1}+AQ_{m-1}\\
&\cdots\cdots\\
Q_k&=U_{k+1}+AQ_{k+1}\\
&\cdots\cdots\\
Q_0&=U_1+AQ_1\\
W&=U_0+AQ_0,
\end{aligned}$$

此时

$$\begin{aligned}
U(A)_L&=A^mU_m+A^{m-1}U_{m-1}+\cdots+AU_1+U_0\\
&=A^mQ_{m-1}+A^{m-1}(Q_{m-2}-AQ_{m-1})+\cdots+A(Q_0-AQ_1)-AQ_0+W\\
&=W.
\end{aligned}$$

唯一性 若存在 $Q(\lambda),Q_1(\lambda)\in \mathrm{M}_n(F[\lambda])$ 以及 $W,W_1\in \mathrm{M}_n(F)$ 使得

$$U(\lambda)=(\lambda I_n-A)Q(\lambda)+W=(\lambda I_n-A)Q_1(\lambda)+W_1,$$

则 $(\lambda I_n-A)(Q(\lambda)-Q_1(\lambda))=W_1-W$. 若 $Q(\lambda)-Q_1(\lambda)\neq 0$, 则由引理 6.3.2,

$$\deg\left((\lambda I_n-A)(Q(\lambda)-Q_1(\lambda))\right)=\deg(\lambda I_n-A)+\deg(Q(\lambda)-Q_1(\lambda))\geqslant 1,$$

这与 W_1-W 是数字矩阵矛盾. 因此 $Q(\lambda)-Q_1(\lambda)=0$, 即 $Q(\lambda)=Q_1(\lambda)$, 从而 $W=W_1$. □

定理 6.3.5 设 $A,B\in \mathrm{M}_n(F)$, 则 A 与 B 在 F 上相似当且仅当它们的特征矩阵 λI_n-A 与 λI_n-B 相抵.

证明 若 A 与 B 在 F 上相似, 即存在 $P \in \mathrm{GL}_n(F)$ 使得 $B = P^{-1}AP$, 则 $P, P^{-1} \in \mathrm{GL}_n(F[\lambda])$ 且 $\lambda I_n - B = \lambda I_n - P^{-1}AP = P^{-1}(\lambda I_n - A)P$, 所以 $\lambda I_n - A$ 与 $\lambda I_n - B$ 相抵.

反之, 若 $\lambda I_n - A$ 与 $\lambda I_n - B$ 相抵, 则由推论 6.1.11 知, 存在 $P(\lambda), Q(\lambda) \in \mathrm{GL}_n(F[\lambda])$ 使得

$$P(\lambda)(\lambda I_n - A) = (\lambda I_n - B)Q(\lambda). \tag{6.3.3}$$

由引理 6.3.4 知, 存在 $P_1(\lambda), Q_1(\lambda) \in \mathrm{M}_n(F[\lambda])$ 及 $P, Q \in \mathrm{M}_n(F)$ 使得

$$P(\lambda) = (\lambda I_n - B)P_1(\lambda) + P,\ Q(\lambda) = Q_1(\lambda)(\lambda I_n - A) + Q, \tag{6.3.4}$$

并且 $P = P(B)_L, Q = Q(A)_R$. 将 (6.3.4) 式代入 (6.3.3) 式得

$$\lambda(P - Q) + BQ - PA = (\lambda I_n - B)(Q_1(\lambda) - P_1(\lambda))(\lambda I_n - A). \tag{6.3.5}$$

若 $Q_1(\lambda) \neq P_1(\lambda)$, 由引理 6.3.2 知

$$\begin{aligned}&\deg\left((\lambda I_n - B)(Q_1(\lambda) - P_1(\lambda))(\lambda I_n - A)\right)\\ =&\deg(\lambda I_n - B) + \deg(Q_1(\lambda) - P_1(\lambda)) + \deg(\lambda I_n - A) \geqslant 2,\end{aligned}$$

这与 (6.3.5) 式左端要么是零矩阵要么其次数小于等于 1 矛盾. 故 $Q_1(\lambda) = P_1(\lambda)$. 再由 (6.3.5) 式得

$$P = Q, \quad BQ = PA. \tag{6.3.6}$$

因此只需证明 P 是 n 级可逆矩阵. 因为 $P(\lambda)$ 可逆, 由引理 6.3.4 得

$$P(\lambda)^{-1} = (\lambda I_n - A)C(\lambda) + \widetilde{P}, \tag{6.3.7}$$

其中 $C(\lambda) \in \mathrm{M}_n(F[\lambda])$, $\widetilde{P} \in \mathrm{M}_n(F)$ 是 $P(\lambda)^{-1}$ 在 A 处的左值. 因此

$$\begin{aligned}I_n &=\!=\!= P(\lambda)P(\lambda)^{-1}\\ &\xlongequal{(6.3.7)} P(\lambda)(\lambda I_n - A)C(\lambda) + P(\lambda)\widetilde{P}\\ &\xlongequal[(6.3.4)]{(6.3.3)} (\lambda I_n - B)Q(\lambda)C(\lambda) + (\lambda I_n - B)P_1(\lambda)\widetilde{P} + P\widetilde{P}\\ &=\!=\!= (\lambda I_n - B)\left(Q(\lambda)C(\lambda) + P_1(\lambda)\widetilde{P}\right) + P\widetilde{P}.\end{aligned}$$

比较上式两端的次数, 得 $Q(\lambda)C(\lambda) + P_1(\lambda)\widetilde{P} = 0$, 从而 $I_n = P\widetilde{P}$, 即 P 可逆. 再由 (6.3.6) 式得 $B = PAP^{-1}$. 故 A 与 B 相似. □

由上述证明过程可得

推论 6.3.6 设 $A, B \in \mathrm{M}_n(F)$, $P(\lambda)$, $Q(\lambda) \in \mathrm{GL}_n(F[\lambda])$ 且

$$P(\lambda)(\lambda I_n - A)Q(\lambda) = \lambda I_n - B.$$

若令 $M(\lambda) = P(\lambda)^{-1}$, $N(\lambda) = Q(\lambda)^{-1}$, 则

(1) $P(B)_L M(A)_L = I_n$, $Q(B)_R N(A)_R = I_n$;

(2) $P(B)_L = N(A)_R$;

(3) $B = P^{-1}AP$, 其中 $P = Q(B)_R = (P(B)_L)^{-1} = M(A)_L$.

例 6.3.7 设 $A = \begin{pmatrix} -1 & -4 & -6 \\ -5 & -13 & -20 \\ 3 & 10 & 15 \end{pmatrix}$, $B = \begin{pmatrix} 1 & 0 & 0 \\ 0 & 0 & 1 \\ 0 & -1 & 0 \end{pmatrix}$. 证明: A 与 B 在 $\mathbb{Q}$ 上相似, 并求 $P \in \mathrm{GL}_3(\mathbb{Q})$ 使得 $B = P^{-1}AP$.

证明 对 $\lambda I_3 - A$ 作初等变换:

$$\lambda I_3 - A = \begin{pmatrix} \lambda+1 & 4 & 6 \\ 5 & \lambda+13 & 20 \\ -3 & -10 & \lambda-15 \end{pmatrix}$$

$$\xrightarrow[(c_2,c_3)]{(r_1,r_2)} \begin{pmatrix} 5 & 20 & \lambda+13 \\ \lambda+1 & 6 & 4 \\ -3 & \lambda-15 & -10 \end{pmatrix}$$

$$\xrightarrow[\substack{(-4)\times c_1+c_2 \\ \left(-\frac{1}{5}(\lambda+13)\right)\times c_1+c_3}]{\substack{\frac{3}{5}\times r_1+r_3 \\ \left(-\frac{1}{5}(\lambda+1)\right)\times r_1+r_2}} \begin{pmatrix} 5 & 0 & 0 \\ 0 & -4\lambda+2 & -\dfrac{1}{5}(\lambda^2+14\lambda-7) \\ 0 & \lambda-3 & \dfrac{1}{5}(3\lambda-11) \end{pmatrix}$$

$$\xrightarrow[\left(-\frac{1}{50}(\lambda^2+2\lambda+37)\right)\times c_2+c_3]{\substack{\frac{1}{5}\times r_1 \\ 4\times r_3+r_2}} \begin{pmatrix} 1 & 0 & 0 \\ 0 & -10 & 0 \\ 0 & \lambda-3 & -\dfrac{1}{50}(\lambda-1)(\lambda^2+1) \end{pmatrix}$$

$$\xrightarrow{\frac{1}{10}(\lambda-3)\times r_2+r_3} \begin{pmatrix} 1 & 0 & 0 \\ 0 & -10 & 0 \\ 0 & 0 & -\dfrac{1}{50}(\lambda-1)(\lambda^2+1) \end{pmatrix}$$

$$\xrightarrow[(-50)\times r_3]{(-\frac{1}{10})\times r_2}\begin{pmatrix}1&0&0\\0&1&0\\0&0&(\lambda-1)(\lambda^2+1)\end{pmatrix}=\Lambda(\lambda).$$

将上述过程写成矩阵等式, 即 $P_1(\lambda)(\lambda I_3-A)Q_1(\lambda)=\Lambda(\lambda)$, 其中

$$\begin{aligned}P_1(\lambda)&=E(3(-50))E\left(2\left(-\frac{1}{10}\right)\right)E\left(3,2\left(\frac{\lambda-3}{10}\right)\right)E(2,3(4))E\left(1\left(\frac{1}{5}\right)\right)\\&\quad\cdot E\left(2,1\left(-\frac{1}{5}(\lambda+1)\right)\right)E\left(3,1\left(\frac{3}{5}\right)\right)E(1,2),\\Q_1(\lambda)&=E(2,3)E\left(1,2(-4)\right)E\left(1,3\left(-\frac{1}{5}(\lambda+13)\right)\right)\\&\quad\cdot E\left(2,3\left(-\frac{1}{50}(\lambda^2+2\lambda+37)\right)\right)\\&=\begin{pmatrix}1&-4&\frac{1}{25}(2\lambda^2-\lambda+9)\\0&0&1\\0&1&-\frac{1}{50}(\lambda^2+2\lambda+37)\end{pmatrix}.\end{aligned}$$

同理, 对 λI_3-B 作初等变换:

$$\lambda I_3-B=\begin{pmatrix}\lambda-1&0&0\\0&\lambda&-1\\0&1&\lambda\end{pmatrix}$$

$$\xrightarrow[(r_1,r_3)]{(c_1,c_2)}\begin{pmatrix}1&0&\lambda\\\lambda&0&-1\\0&\lambda-1&0\end{pmatrix}$$

$$\xrightarrow[(-\lambda)\times c_1+c_3]{\substack{(-\lambda)\times r_1+r_2\\(\lambda+1)\times r_3+r_2}}\begin{pmatrix}1&0&0\\0&\lambda^2-1&-1-\lambda^2\\0&\lambda-1&0\end{pmatrix}$$

$$\xrightarrow[\frac{\lambda-1}{2}\times r_2+r_3]{1\times c_3+c_2}\begin{pmatrix}1&0&0\\0&-2&-1-\lambda^2\\0&0&-\frac{1}{2}(\lambda-1)(\lambda^2+1)\end{pmatrix}$$

$$\xrightarrow[\left(-\frac{\lambda^2+1}{2}\right)\times c_2+c_3]{\substack{\left(-\frac{1}{2}\right)\times r_2\\(-2)\times r_3}}\begin{pmatrix}1&0&0\\0&1&0\\0&0&(\lambda-1)(\lambda^2+1)\end{pmatrix}=\Lambda(\lambda),$$

上述变换过程写成矩阵等式, 即 $P_2(\lambda)(\lambda I_3-B)Q_2(\lambda)=\Lambda(\lambda)$, 其中

$$\begin{aligned}P_2(\lambda)=&E\left(3\left(-2\right)\right)E\left(3\left(-\frac{1}{2}\right)\right)E\left(3,2\left(\frac{\lambda-1}{2}\right)\right)E(2,3\left(\lambda+1\right))\\&\cdot E(2,1\left(-\lambda\right))\,E(1,3),\end{aligned}$$

$$\begin{aligned}Q_2(\lambda)&=E(1,2)E(1,3(-\lambda))\,E(3,2(1))E\left(2,3\left(-\frac{\lambda^2+1}{2}\right)\right)\\&=\begin{pmatrix}0&1&-\dfrac{\lambda^2+1}{2}\\1&-\lambda&\dfrac{\lambda^3-\lambda}{2}\\0&1&\dfrac{1-\lambda^2}{2}\end{pmatrix}.\end{aligned}$$

令 $P(\lambda)=P_2(\lambda)^{-1}P_1(\lambda),Q(\lambda)=Q_1(\lambda)Q_2(\lambda)^{-1}$, 则 $P(\lambda),Q(\lambda)\in\mathrm{GL}_3(\mathbb{Q}[\lambda])$ 且 $\lambda I_3-B=P(\lambda)(\lambda I_3-A)Q(\lambda)$, 因此 λI_3-A 与 λI_3-B 在 $\mathrm{M}_3(\mathbb{Q}[\lambda])$ 中相抵, 从而 A 与 B 在 $\mathbb{Q}$ 上相似.

又 $Q_2(\lambda)^{-1}=\begin{pmatrix}0&1&\lambda\\\dfrac{1-\lambda^2}{2}&0&\dfrac{\lambda^2+1}{2}\\-1&0&1\end{pmatrix}$, 因此

$$\begin{aligned}Q(\lambda)&=\begin{pmatrix}1&-4&\dfrac{1}{25}(2\lambda^2-\lambda+9)\\0&0&1\\0&1&-\dfrac{1}{50}(\lambda^2+2\lambda+37)\end{pmatrix}\begin{pmatrix}0&1&\lambda\\\dfrac{1-\lambda^2}{2}&0&\dfrac{\lambda^2+1}{2}\\-1&0&1\end{pmatrix}\\&=\begin{pmatrix}\dfrac{1}{25}(48\lambda^2+\lambda-59)&1&\dfrac{1}{25}(-48\lambda^2+24\lambda-41)\\-1&0&1\\\dfrac{1}{25}(-12\lambda^2+\lambda+31)&0&\dfrac{1}{25}(12\lambda^2-\lambda-6)\end{pmatrix}\end{aligned}$$

$$= \begin{pmatrix} \frac{48}{25} & 0 & -\frac{48}{25} \\ 0 & 0 & 0 \\ -\frac{12}{25} & 0 & \frac{12}{25} \end{pmatrix}\lambda^2 + \begin{pmatrix} \frac{1}{25} & 0 & \frac{24}{25} \\ 0 & 0 & 0 \\ \frac{1}{25} & 0 & -\frac{1}{25} \end{pmatrix}\lambda + \begin{pmatrix} -\frac{59}{25} & 1 & -\frac{41}{25} \\ -1 & 0 & 1 \\ \frac{31}{25} & 0 & -\frac{6}{25} \end{pmatrix}.$$

令 $P = Q(B)_R$, 则 $P = \begin{pmatrix} -\frac{2}{5} & \frac{1}{25} & \frac{7}{25} \\ -1 & 0 & 1 \\ \frac{4}{5} & \frac{1}{25} & -\frac{18}{25} \end{pmatrix}$, 从而由推论 6.3.6 知 P 可逆且 $B = P^{-1}AP$. 事实上, $|P| = \frac{1}{125}$, $P^{-1} = \begin{pmatrix} -5 & 5 & 5 \\ 10 & 8 & 15 \\ -5 & 6 & 5 \end{pmatrix}$, 并且

$$\begin{pmatrix} -5 & 5 & 5 \\ 10 & 8 & 15 \\ -5 & 6 & 5 \end{pmatrix}\begin{pmatrix} -1 & -4 & -6 \\ -5 & -13 & -20 \\ 3 & 10 & 15 \end{pmatrix}\begin{pmatrix} -\frac{2}{5} & \frac{1}{25} & \frac{7}{25} \\ -1 & 0 & 1 \\ \frac{4}{5} & \frac{1}{25} & -\frac{18}{25} \end{pmatrix} = \begin{pmatrix} 1 & 0 & 0 \\ 0 & 0 & 1 \\ 0 & -1 & 0 \end{pmatrix}. \quad \square$$

注记 6.3.8　设 $\alpha_1, \alpha_2, \cdots, \alpha_n$ 是 n 维线性空间 V 的一个基, $\sigma \in \mathrm{End}(V)$ 在该基下的矩阵为 A.

(1) 为方便起见, 将数字矩阵 A 的特征矩阵 $\lambda I_n - A$ 的行列式因子、不变因子和初等因子分别称为矩阵 A (线性变换 σ) 的**行列式因子、不变因子和初等因子**.

(2) 由于 $|\lambda I_n - A| = f_A(\lambda) = \lambda^n - p_1\lambda^{n-1} + \cdots + (-1)^{n-1}p_{n-1}\lambda + (-1)^n p_n \neq 0$, 因此 $\mathrm{rank}(\lambda I_n - A) = n$, 从而矩阵 A (线性变换 σ) 有 n 个行列式因子和 n 个不变因子, 而且 $f_A(\lambda) = D_n(\lambda) = \prod\limits_{i=1}^{n} d_i(\lambda)$ 等于 A 的所有初等因子的乘积.

由定理 6.2.5, 定理 6.2.11 和定理 6.3.5 得

定理 6.3.9　设 $A, B \in \mathrm{M}_n(F)$, 则下列陈述等价:

(1) A 与 B 相似;

(2) A 与 B 具有相同的行列式因子;

(3) A 与 B 具有相同的不变因子;

(4) A 与 B 具有相同的初等因子.

定义 6.3.10　设

$$R = \mathrm{diag}(R_1, R_2, \cdots, R_s) \in \mathrm{M}_n(F), \tag{6.3.8}$$

其中 $R_i \in \mathrm{M}_{n_i}(F)$ 是首一多项式 $d_i(\lambda) \in F[\lambda]$ 的友矩阵, $1 \leqslant i \leqslant s$, 并且 $d_i(\lambda)|d_{i+1}(\lambda)$, $i=1,2,\cdots,s-1$, 则称 R 是 F 上的一个**有理标准形** (rational canonical form) 或**弗罗贝尼乌斯标准形** (Frobenius normal form).

引理 6.3.11 (1) 设 $d(\lambda)=\lambda^n+a_1\lambda^{n-1}+\cdots+a_n \in F[\lambda]$ 的友矩阵为 C, 则 C 的不变因子为 $d_1(\lambda)=\cdots=d_{n-1}(\lambda)=1, d_n(\lambda)=d(\lambda)$.

(2) 定义 6.3.10 中的 n 级有理标准形 R 的不变因子为 $1,\cdots,1,d_1(\lambda),\cdots,d_s(\lambda)$, 其中 1 的个数为 $n-s$.

证明 (1) 由于 $C=\begin{pmatrix} 0 & & & & -a_n \\ 1 & 0 & & & -a_{n-1} \\ & \ddots & \ddots & & \vdots \\ & & \ddots & 0 & -a_2 \\ & & & 1 & -a_1 \end{pmatrix}$, 所以特征矩阵 $\lambda I_n - C$ 存在一个 $n-1$ 级子式 $\begin{vmatrix} -1 & \lambda & & \\ & \ddots & \ddots & \\ & & \ddots & \lambda \\ & & & -1 \end{vmatrix}=(-1)^{n-1}$, 从而 $D_{n-1}(\lambda)=1$. 又 $D_n(\lambda)=f_C(\lambda)=d(\lambda)$, 因此 C 的行列式因子为 $D_1(\lambda)=\cdots=D_{n-1}(\lambda)=1$, $D_n(\lambda)=d(\lambda)$, 故 C 的不变因子为 $d_1(\lambda)=\cdots=d_{n-1}(\lambda)=1$, $d_n(\lambda)=d(\lambda)$.

(2) 对 $i=1,2,\cdots,s$, 由 (1) 知, $\lambda I_{n_i}-R_i$ 的不变因子为 $1,\cdots,1,d_i(\lambda)$, 故可用 λ–矩阵的初等变换将 $\lambda I_{n_i}-R_i$ 变为 $\mathrm{diag}\,(1,\cdots,1,d_i(\lambda))$. 因此可用 λ–矩阵的初等变换将 $\lambda I_n - R=\mathrm{diag}\,(\lambda I_{n_1}-R_1,\lambda I_{n_2}-R_2,\cdots,\lambda I_{n_s}-R_s)$ 变为

$$\mathrm{diag}\,(1,\cdots,1,d_1(\lambda),1,\cdots,1,d_2(\lambda),\cdots,1,\cdots,1,d_s(\lambda)).$$

再进一步作初等变换, 则上述 λ–矩阵变为

$$\Lambda(\lambda)=\mathrm{diag}\,(1,\cdots,1,d_1(\lambda),d_2(\lambda),\cdots,d_s(\lambda)).$$

根据已知条件 $d_i(\lambda)|d_{i+1}(\lambda)$, $i=1,2,\cdots,s-1$, λ–矩阵 $\Lambda(\lambda)$ 是 $\lambda I_n - R$ 的史密斯标准形. 因此 $1,\cdots,1,d_1(\lambda),d_2(\lambda),\cdots,d_s(\lambda)$ 是 R (或 $\lambda I_n - R$) 的不变因子. □

定理 6.3.12 设 $A \in \mathrm{M}_n(F)$, 则 A 在 F 上相似于唯一的一个有理标准形 R, 称之为 A 的**有理标准形**.

证明　设矩阵 A 的不变因子为

$$d_1(\lambda)=\cdots=d_{n-s}(\lambda)=1,\quad d_{n-s+1}(\lambda),\quad d_{n-s+2}(\lambda),\quad \cdots,\quad d_n(\lambda),$$

其中 $\deg(d_{n-s+j}(\lambda))\geqslant 1,\ j=1,2,\cdots,s$, 则 $n=\sum\limits_{j=1}^{s}\deg(d_{n-s+j}(\lambda))$. 再设 $d_{n-s+j}(\lambda)$ 的友矩阵为 $R_j,\ j=1,2,\cdots,s,\ R=\operatorname{diag}(R_1,R_2,\cdots,R_s)$, 则 R 是 F 上的一个有理标准形, 且由引理 6.3.11 知, R 与 A 具有相同的不变因子, 故 A 与 R 相似.

又 R 是由 A 的不变因子唯一确定, 因此 R 由 A 唯一确定. □

推论 6.3.13　*设 $A\in \mathrm{M}_n(F)$, 则 A 的最小多项式 $m_A(\lambda)$ 是 A 的第 n 个不变因子 $d_n(\lambda)$, 即 $m_A(\lambda)=d_n(\lambda)$.*

证明　由定理 6.3.12, 可设 A 的有理标准形为 (6.3.8) 式中的矩阵 R, 则由定理 5.5.5 (4) (5) 及例 5.5.8 知

$$m_A(\lambda)=m_R(\lambda)=[m_{R_1}(\lambda),\cdots,m_{R_s}(\lambda)]=[d_{n-s+1}(\lambda),\cdots,d_n(\lambda)]=d_n(\lambda).\quad \square$$

用线性变换的语言, 定理 6.3.12 可叙述为

定理 6.3.14　*设 V 是 n 维线性空间, $\sigma\in\operatorname{End}(V)$, 则下列陈述成立.*

*(1) 存在 V 的一个基使得 σ 在该基下的矩阵 R 是有理标准形, 并且 R 由 σ 唯一确定, 称之为 σ 的**有理标准形**.*

(2) 设 σ 的不变因子为 $d_1(\lambda)=\cdots=d_r(\lambda)=1,\ d_{r+1}(\lambda)\neq 1,\cdots,d_n(\lambda),\ 0\leqslant r<n$. 令 $s=n-r,\ n_i=\deg(d_{r+i}(\lambda))$, R_i 是 $d_{r+i}(\lambda)$ 的友矩阵, $i=1,2,\cdots,s$, 则存在 $\alpha_1,\cdots,\alpha_s\in V$ 使得 $V=V_1\oplus V_2\oplus\cdots\oplus V_s$, 其中 $V_i=W_\sigma(\alpha_i)$ 是 n_i 维由 α_i 生成的 σ 循环子空间, 且 σ 在 V_i 的基 $\alpha_i,\sigma(\alpha_i),\cdots,\sigma^{n_i-1}(\alpha_i)$ 下的矩阵是 R_i, $i=1,2,\cdots,s$. 因此 σ 在 V 的基 $\alpha_1,\sigma(\alpha_1),\cdots,\sigma^{n_1-1}(\alpha_1),\cdots,\alpha_s,\sigma(\alpha_s),\cdots,\sigma^{n_s-1}(\alpha_s)$ 下的矩阵为 (6.3.8) 式中的有理标准形 R.

6.4　复方阵在相似下的若尔当标准形

复数域 $\mathbb{C}$ 上首一不可约多项式 $p(\lambda)$ 都是一次的, 即 $p(\lambda)=\lambda-c,\ c\in\mathbb{C}$. 因此任一 n 级复方阵 A 的初等因子都是一次首一多项式的方幂

$$(\lambda-\lambda_1)^{e_1},\quad (\lambda-\lambda_2)^{e_2},\quad \cdots,\quad (\lambda-\lambda_t)^{e_t},$$

其中 $\lambda_1,\lambda_2,\cdots,\lambda_t\in\mathbb{C}$ (有可能相同), $e_1,e_2,\cdots,e_t\in\mathbb{N}^*$ 且

$$f_A(\lambda)=(\lambda-\lambda_1)^{e_1}(\lambda-\lambda_2)^{e_2}\cdots(\lambda-\lambda_t)^{e_t}.$$

本节我们将利用初等因子证明: 任一复方阵都相似于若尔当矩阵.

由例 6.2.7 和例 6.2.13 得

引理 6.4.1 设 $J_n(\lambda_0)=\begin{pmatrix}\lambda_0 & & & \\ 1 & \ddots & & \\ & \ddots & \ddots & \\ & & 1 & \lambda_0\end{pmatrix}$ 是特征值为 $\lambda_0\in\mathbb{C}$ 的 n 级若尔当块, 则

(1) $J_n(\lambda_0)$ 的行列式因子和不变因子均为 $1,\cdots,1,(\lambda-\lambda_0)^n$;

(2) $J_n(\lambda_0)$ 的初等因子为 $(\lambda-\lambda_0)^n$.

再由定理 6.2.15 得

引理 6.4.2 设若尔当矩阵 $J=\mathrm{diag}\,(J_1,J_2,\cdots,J_s)$, 其中 J_i 是特征值为 λ_i 的 n_i 级若尔当块, $i=1,2,\cdots,s$, 则 J 的初等因子为

$$(\lambda-\lambda_1)^{n_1},\quad (\lambda-\lambda_2)^{n_2},\quad \cdots,\quad (\lambda-\lambda_s)^{n_s}.$$

定理 6.4.3 (若尔当标准形) 设 $A\in\mathrm{M}_n(\mathbb{C})$, 则 A 一定相似于若尔当矩阵, 即存在 $P\in\mathrm{GL}_n(\mathbb{C})$ 使得 $P^{-1}AP=J=\mathrm{diag}\,(J_1,J_2,\cdots,J_s)$ 是若尔当矩阵, 并且在不计若尔当块 $J_1,J_2,\cdots,J_s$ 的排列次序下, J 由 A 唯一确定.

证明 设矩阵 A 的初等因子为 $(\lambda-\lambda_1)^{n_1},(\lambda-\lambda_2)^{n_2},\cdots,(\lambda-\lambda_s)^{n_s}$. 令

$$J_i=\begin{pmatrix}\lambda_i & & & \\ 1 & \ddots & & \\ & \ddots & \ddots & \\ & & 1 & \lambda_i\end{pmatrix}\in\mathrm{M}_{n_i}(\mathbb{C}),\quad i=1,\cdots,s;\ J=\mathrm{diag}\,(J_1,J_2,\cdots,J_s),$$

则由引理 6.4.2 知若尔当矩阵 J 与矩阵 A 具有相同的初等因子, 从而它们相似.

如果矩阵 A 还与另一若尔当矩阵 J' 相似, 那么 J' 与 A 具有相同的初等因子, 因此 J' 和 J 除了其中若尔当块的排列次序外由 A 的初等因子唯一确定. □

定理 6.4.3 用线性变换的语言叙述

定理 6.4.4 设 V 是 n 维复线性空间, $\sigma\in\mathrm{End}(V)$, 则

(1) σ 在 V 的某个基下的矩阵是若尔当矩阵 $J=\mathrm{diag}\,(J_1,J_2,\cdots,J_s)$, 其中 $J_i=J_{n_i}(\lambda_i)$ 是特征值为 λ_i 的 n_i 级若尔当块, $i=1,2,\cdots,s$, 并且在不计若尔当块的排列次序下, J 由 σ 唯一确定;

(2) $V=\bigoplus\limits_{i=1}^{s}V_i$, 其中 V_i 是 n_i 维 σ–子空间, 且存在 V_i 的一个基 $\alpha_{i1},\cdots,\alpha_{in_i}$ 使得 σ 在该基下的矩阵为若尔当块 $J_i=J_{n_i}(\lambda_i),i=1,2,\cdots,s$, 从而 σ 在 V 的基 $\alpha_{11},\cdots,\alpha_{1n_1},\cdots,\alpha_{s1},\cdots,\alpha_{sn_s}$ 下的矩阵为若尔当矩阵 J.

注意到对角矩阵是特殊的若尔当矩阵, 其若尔当块都是一级若尔当块, 即初等因子都是一次的, 再由推论 6.3.13 知一个 n 级数字矩阵的最小多项式就是其第 n 个不变因子, 因此有以下结论.

定理 6.4.5　设 $A\in \mathrm{M}_n(\mathbb{C})$, 则下列陈述等价:

(1) A 可对角化;

(2) A 的初等因子全为一次的;

(3) A 的不变因子没有重根;

(4) A 的第 n 个不变因子 $d_n(\lambda)$ 没有重根;

(5) A 的最小多项式 $m_A(\lambda)$ 没有重根.

给定一个 n 级复方阵 A, 如何求 A 的若尔当标准形 J 及 n 级可逆方阵 P 使得 $P^{-1}AP=J$? 我们用两种方法处理此类问题. 第一种方法, 适用于级数 n 较小的情况, 可先通过特征值确定 A 的若尔当标准形 J, 然后根据 $AP=PJ$ 解出 P 的列向量 (见例 6.4.6 方法一). 第二种方法, 利用 λ–矩阵的理论, 通过初等因子确定若尔当标准形, 然后根据推论 6.3.6 求出可逆矩阵 P, 其步骤如下:

(1) 求 A 的不变因子. 对 λI_n-A 作初等变换化为史密斯标准形 $\Lambda(\lambda)=\mathrm{diag}(d_1(\lambda),d_2(\lambda),\cdots,d_n(\lambda))$, 得 A 的不变因子 $d_1(\lambda),d_2(\lambda),\cdots,d_n(\lambda)$, 并求出 $P_1(\lambda),Q_1(\lambda)\in \mathrm{GL}_n(\mathbb{C}[\lambda])$ 使得 $P_1(\lambda)(\lambda I_n-A)Q_1(\lambda)=\Lambda(\lambda)$.

(2) 求 A 的初等因子. 将 A 的所有次数大于等于 1 的不变因子 $d_i(\lambda)$ 分解为一次因式的方幂, 得 A 的初等因子: $(\lambda-\lambda_1)^{n_1},(\lambda-\lambda_2)^{n_2},\cdots,(\lambda-\lambda_s)^{n_s}$.

(3) 求 A 的若尔当标准形. 写出初等因子 $(\lambda-\lambda_i)^{n_i}$ $(i=1,2,\cdots,s)$ 对应的若尔当块 $J_i=J_{n_i}(\lambda_i)$, 则若尔当矩阵 $J=\mathrm{diag}\,(J_1,J_2,\cdots,J_s)$ 是 A 的若尔当标准形.

(4) 求可逆矩阵 P 使得 $P^{-1}AP=J$. 对 λI_n-J 作初等变换化为史密斯标准形 $\Lambda(\lambda)$, 从而求出 $P_2(\lambda),Q_2(\lambda)\in\mathrm{GL}_n(\mathbb{C}[\lambda])$ 使得 $P_2(\lambda)(\lambda I_n-J)Q_2(\lambda)=\Lambda(\lambda)$. 令 $Q(\lambda)=Q_1(\lambda)Q_2(\lambda)^{-1}$, 则 $P=Q(J)_R\in \mathrm{GL}_n(\mathbb{C})$ 即为所求.

例 6.4.6　求矩阵 $A=\begin{pmatrix}4&5&-2\\-2&-2&1\\-1&-1&1\end{pmatrix}$ 的若尔当标准形 J 及 $P\in \mathrm{GL}_3(\mathbb{C})$ 使得 $P^{-1}AP=J$.

解　**方法一**　因为 A 的特征多项式 $f_A(\lambda)=|\lambda I_3-A|=(\lambda-1)^3$, 所

以 A 只有一个 3 重特征值 1. 由 $\operatorname{rank}(I_3-A)=2$ 知, 属于特征值 1 的特征子空间 V_1 的维数为 $3-2=1$. 因此矩阵 A 的若尔当标准形为 $J=\begin{pmatrix}1&0&0\\1&1&0\\0&1&1\end{pmatrix}$.

设 $P=(\alpha_1,\alpha_2,\alpha_3)\in \mathrm{GL}_3(\mathbb{C})$ 使得 $P^{-1}AP=J$, 则由

$$A(\alpha_1,\alpha_2,\alpha_3)=AP=PJ=(\alpha_1+\alpha_2,\alpha_2+\alpha_3,\alpha_3)$$

得 $A\alpha_3=\alpha_3$, $A\alpha_2=\alpha_2+\alpha_3$, $A\alpha_1=\alpha_1+\alpha_2$, 即 $(A-I_3)\alpha_3=0$, $(A-I_3)\alpha_2=\alpha_3$, $(A-I_3)\alpha_1=\alpha_2$.

首先, 解齐次线性方程组 $(A-I_3)X=0$ 得通解 $X=k(-1,1,1)',k\in\mathbb{C}$. 取 $\alpha_3=(-1,1,1)'$.

其次, 解非齐次线性方程组 $(A-I_3)X=\alpha_3$ 得通解 $X=(-2,1,0)'+k\alpha_3,k\in\mathbb{C}$. 取 $\alpha_2=(-2,1,0)'$.

最后, 解非齐次线性方程组 $(A-I_3)X=\alpha_2$ 得通解 $X=(1,-1,0)'+k\alpha_3,k\in\mathbb{C}$. 取 $\alpha_1=(1,-1,0)'$.

令 $P=(\alpha_1,\alpha_2,\alpha_3)=\begin{pmatrix}1&-2&-1\\-1&1&1\\0&0&1\end{pmatrix}$, 则 P 可逆且 $P^{-1}AP=J$.

方法二 首先对特征矩阵 λI_3-A 作初等变换:

$$\lambda I_3-A=\begin{pmatrix}\lambda-4&-5&2\\2&\lambda+2&-1\\1&1&\lambda-1\end{pmatrix}$$

$$\xrightarrow[\substack{(-1)\times c_1+c_2\\(1-\lambda)\times c_1+c_3}]{(r_1,r_3)}\begin{pmatrix}1&0&0\\2&\lambda&1-2\lambda\\\lambda-4&-1-\lambda&-\lambda^2+5\lambda-2\end{pmatrix}$$

$$\xrightarrow[(4-\lambda)\times r_1+r_3]{(-2)\times r_1+r_2}\begin{pmatrix}1&0&0\\0&\lambda&1-2\lambda\\0&-\lambda-1&-\lambda^2+5\lambda-2\end{pmatrix}$$

$$\xrightarrow{1\times r_3+r_2}\begin{pmatrix}1&0&0\\0&-1&-\lambda^2+3\lambda-1\\0&-\lambda-1&-\lambda^2+5\lambda-2\end{pmatrix}$$

$$\xrightarrow{(-1)\times r_2}\begin{pmatrix}1&0&0\\0&1&\lambda^2-3\lambda+1\\0&-\lambda-1&-\lambda^2+5\lambda-2\end{pmatrix}$$

$$\xrightarrow[(\lambda+1)\times r_2+r_3]{(-\lambda^2+3\lambda-1)\times c_2+c_3}\begin{pmatrix}1&0&0\\0&1&0\\0&0&(\lambda-1)^3\end{pmatrix}=\Lambda(\lambda). \tag{6.4.1}$$

因此矩阵 A 的不变因子为 $1,1,(\lambda-1)^3$, 从而 A 的初等因子为 $(\lambda-1)^3$. 故 A 的若尔当标准形为 $J=\begin{pmatrix}1&0&0\\1&1&0\\0&1&1\end{pmatrix}$. 把上述变换过程 (6.4.1) 写成矩阵等式, 即 $P_1(\lambda)(\lambda I_3-A)Q_1(\lambda)=\Lambda(\lambda)$, 其中

$$Q_1(\lambda)=\begin{pmatrix}1&-1&0\\0&1&0\\0&0&1\end{pmatrix}\begin{pmatrix}1&0&1-\lambda\\0&1&0\\0&0&1\end{pmatrix}\begin{pmatrix}1&0&0\\0&1&-\lambda^2+3\lambda-1\\0&0&1\end{pmatrix}$$
$$=\begin{pmatrix}1&-1&\lambda^2-4\lambda+2\\0&1&-\lambda^2+3\lambda-1\\0&0&1\end{pmatrix}.$$

其次, 再对 J 的特征矩阵 λI_3-J 作初等变换:

$$\lambda I_3-J=\begin{pmatrix}\lambda-1&0&0\\-1&\lambda-1&0\\0&-1&\lambda-1\end{pmatrix}$$

$$\xrightarrow[(\lambda-1)\times c_1+c_2]{(r_1,r_2)}\begin{pmatrix}-1&0&0\\\lambda-1&(\lambda-1)^2&0\\0&-1&\lambda-1\end{pmatrix}$$

$$\xrightarrow[(-1)\times r_3]{(\lambda-1)\times r_1+r_2}\begin{pmatrix}-1&0&0\\0&(\lambda-1)^2&0\\0&1&1-\lambda\end{pmatrix}$$

$$\xrightarrow[(-1)\times r_1]{(r_2,r_3)}\begin{pmatrix}1&0&0\\0&1&1-\lambda\\0&(\lambda-1)^2&0\end{pmatrix}$$

$$\xrightarrow[(\lambda-1)\times c_2+c_3]{\left(-(\lambda-1)^2\right)\times r_2+r_3}\begin{pmatrix}1&0&0\\0&1&0\\0&0&(\lambda-1)^3\end{pmatrix}=\Lambda(\lambda).$$

上述变换过程写成矩阵等式: $P_2(\lambda)(\lambda I_3-J)Q_2(\lambda)=\Lambda(\lambda)$, 其中

$$Q_2(\lambda)=\begin{pmatrix}1&\lambda-1&0\\0&1&0\\0&0&1\end{pmatrix}\begin{pmatrix}1&0&0\\0&1&\lambda-1\\0&0&1\end{pmatrix}=\begin{pmatrix}1&\lambda-1&(\lambda-1)^2\\0&1&\lambda-1\\0&0&1\end{pmatrix}.$$

令 $P(\lambda)=P_2(\lambda)^{-1}P_1(\lambda), Q(\lambda)=Q_1(\lambda)Q_2(\lambda)^{-1}$, 则 $P(\lambda)(\lambda I_3-A)Q(\lambda)=\lambda I_3-J$, 其中 $Q(\lambda)=\begin{pmatrix}0&0&1\\0&0&-1\\0&0&0\end{pmatrix}\lambda^2+\begin{pmatrix}0&-1&-3\\0&0&2\\0&0&0\end{pmatrix}\lambda+\begin{pmatrix}1&0&1\\0&1&0\\0&0&1\end{pmatrix}$. 由推论 6.3.6 知, $P=Q(J)_R=\begin{pmatrix}1&-2&-1\\-1&1&1\\0&0&1\end{pmatrix}\in \mathrm{GL}_3(\mathbb{C})$, $P^{-1}AP=J$. 事实上, $|P|=-1$, $P^{-1}=\begin{pmatrix}-1&-2&1\\-1&-1&0\\0&0&1\end{pmatrix}$, 并且

$$\begin{pmatrix}-1&-2&1\\-1&-1&0\\0&0&1\end{pmatrix}\begin{pmatrix}4&5&-2\\-2&-2&1\\-1&-1&1\end{pmatrix}\begin{pmatrix}1&-2&-1\\-1&1&1\\0&0&1\end{pmatrix}=\begin{pmatrix}1&0&0\\1&1&0\\0&1&1\end{pmatrix}. \quad \square$$

6.5* 整数矩阵简介

本节简单介绍整数矩阵的相关定义和结论, 鼓励读者仿照 λ–矩阵理论中有关结论的论证给出相应的证明. 下面用 $\mathrm{M}_{m\times n}(\mathbb{Z})$ 表示所有 $m\times n$ **整数矩阵** (integer matrix) 组成的集合, $\mathrm{M}_n(\mathbb{Z})$ 表示所有 n 级整数方阵组成的集合.

定义 6.5.1 设 $A\in \mathrm{M}_n(\mathbb{Z})$. 若存在 $B\in \mathrm{M}_n(\mathbb{Z})$ 使得 $AB=BA=I_n$, 则称 A 在 $\mathrm{M}_n(\mathbb{Z})$ 中是**可逆的**, B 称为 A 的逆.

定理 6.5.2 设 $A\in \mathrm{M}_n(\mathbb{Z})$.

(1) 若 A 在 $\mathrm{M}_n(\mathbb{Z})$ 中可逆, 则其逆是唯一的, 记为 A^{-1}.

(2) A 在 $\mathrm{M}_n(\mathbb{Z})$ 中可逆当且仅当 $|A|=\pm1$, 此时 $A^{-1}=\dfrac{1}{|A|}A^*$, 其中 A^* 为 A 的伴随矩阵.

$\mathrm{M}_n(\mathbb{Z})$ 中所有可逆的 n 级方阵组成的集合记为 $\mathrm{GL}_n(\mathbb{Z})$, 则 $\mathrm{GL}_1(\mathbb{Z})=\{1,-1\}$, 即在 $\mathbb{Z}$ 中可逆的整数只有 ± 1. 因此整数矩阵的三类**初等行 (列) 变换**为

(1) 数 k 乘矩阵的某行 (列), 其中 $k\in \mathrm{GL}_1(\mathbb{Z})=\{1,-1\}$;

(2) 将矩阵中某行 (列) 的 b 倍加到另一行 (列), 其中 $b\in\mathbb{Z}$;

(3) 互换矩阵中两行 (列) 的位置.

类似可定义整数矩阵的**初等矩阵**, 这些初等矩阵都是可逆的, 且其逆矩阵是同种类型的初等矩阵, 对整数矩阵 A 作一次行 (列) 变换, 相当于在矩阵 A 的左 (右) 边乘以一个相应的初等矩阵.

定义 6.5.3　设 $A,B\in \mathrm{M}_{m\times n}(\mathbb{Z})$. 若 A 经过有限次整数矩阵的初等变换变为 B, 则称 A 与 B **相抵**.

定理 6.5.4　*整数矩阵的相抵有如下性质:*

(1) 整数矩阵的相抵是等价关系.

(2) 相抵的整数矩阵具有相同的秩.

(3) 设 $A,B\in \mathrm{M}_{m\times n}(\mathbb{Z})$ 相抵, 则存在整数初等矩阵 $P_1,\cdots,P_s\in \mathrm{GL}_m(\mathbb{Z})$ 及 $Q_1,\cdots,Q_t\in \mathrm{GL}_n(\mathbb{Z})$ 使得 $B=P_s\cdots P_1AQ_1\cdots Q_t$.

定义 6.5.5　设 $A\in \mathrm{M}_{m\times n}(\mathbb{Z})$, $r=\mathrm{rank}A\geqslant 1$. 对任意 $1\leqslant k\leqslant r$, 矩阵 A 的所有 k 级子式的正的最大公因数记为 D_k, 称为矩阵 A 的 k 级**行列式因子**.

定理 6.5.6　*设 $A\in \mathrm{M}_{m\times n}(\mathbb{Z})$, $r=\mathrm{rank}A\geqslant 1$.*

(1) 相抵的整数矩阵具有相同的行列式因子.

(2) A 相抵于

$$\Lambda=\begin{pmatrix} d_1 & & & & \\ & d_2 & & & \\ & & \ddots & & \\ & & & d_r & \\ & & & & 0_{(m-r)\times(n-r)} \end{pmatrix},$$

*称之为整数矩阵 A 的**史密斯标准形**, 其中 $d_1,d_2,\cdots,d_r$ 是正整数且 $d_i|d_{i+1}$, $i=1,2,\cdots,r-1$.*

*(3) 整数矩阵 A 的史密斯标准形是唯一的, d_i 称为整数矩阵 A 的**不变因子**, $i=1,2,\cdots,r$, 并且 $d_1=D_1, d_k=\dfrac{D_k}{D_{k-1}}, k=2,3,\cdots,r$.*

定义 6.5.7　设 $d_1,d_2,\cdots,d_r$ 是整数矩阵 A 的不变因子. 将大于 1 的不变因子分解为互不相同的一些素数的方幂的乘积, 所有这些素数的方幂 (相同的按重数计算) 称为整数矩阵 A 的**初等因子**.

定理 6.5.8　*设 $A,B\in \mathrm{M}_{m\times n}(\mathbb{Z})$ 且 $\mathrm{rank}A=\mathrm{rank}B\geqslant 1$, 则下列陈述等价:*

(1) A 与 B 作为整数矩阵相抵;

(2) A 与 B 具有相同的行列式因子;

(3) A 与 B 具有相同的不变因子;

(4) A 与 B 具有相同的初等因子.

例 6.5.9 设 $m,n\in\mathbb{N}^*$, 令 $\mathrm{M}_n(m)=\{A\in\mathrm{M}_n(\mathbb{Z})\mid |A|=m\}$. 若 $A\in\mathrm{M}_2(4)$, 则 A 的史密斯标准形有两种可能:

$$D(1,4)=\begin{pmatrix}1&0\\0&4\end{pmatrix}\ \text{或}\ D(2,2)=\begin{pmatrix}2&0\\0&2\end{pmatrix}.$$

令

$$S(1,4)=\left\{A\in\mathrm{M}_2(4)\ \middle|\ A\ \text{的史密斯标准形为}\ D(1,4)\right\},$$

$$S(2,2)=\left\{A\in\mathrm{M}_2(4)\ \middle|\ A\ \text{的史密斯标准形为}\ D(2,2)\right\}.$$

显然有 $S(1,4)\cap S(2,2)=\varnothing$, $\mathrm{M}_2(4)=S(1,4)\cup S(2,2)$. 一个自然的问题是如何比较集合 $S(1,4)$ 与 $S(2,2)$ 的“大小”? 或者说 $S(1,4)$ 与 $S(2,2)$ 各自在 $\mathrm{M}_2(4)$ 中的“占比”是多少? 为此, 对 $A=\begin{pmatrix}a&b\\c&d\end{pmatrix}\in\mathrm{M}_2(\mathbb{Z})$, 定义 A 的**欧几里得范数** (Euclidean norm) 为 $\|A\|=\sqrt{a^2+b^2+c^2+d^2}$.

定理 6.5.10 设 r 是正实数, 令

$$T_2(1,4;r)=|\{A\in\mathrm{M}_2(4)\mid A\ \text{的史密斯标准形为}\ D(1,4),\ \|A\|\leqslant r\}|,$$

$$T_2(2,2;r)=|\{A\in\mathrm{M}_2(4)\mid A\ \text{的史密斯标准形为}\ D(2,2),\ \|A\|\leqslant r\}|,$$

$$T_2(4;r)=|\{A\in\mathrm{M}_2(4)\mid \|A\|\leqslant r\}|,\rho(2,2;r)=\frac{T_2(2,2;r)}{T_2(4;r)},$$

则极限 $\lim\limits_{r\longrightarrow+\infty}\rho(2,2;r)$ 存在, 并且 $\lim\limits_{r\longrightarrow+\infty}\rho(2,2;r)=\dfrac{1}{7}$, 从而

$$\lim_{r\longrightarrow+\infty}\frac{T_2(2,2;r)}{T_2(1,4;r)}=\frac{1}{6}.$$

由于证明超出本书范围, 有兴趣的读者可参见文献 [36] 中的例 1.6.

思考题 由定理 6.5.6 知, 行列式为正整数 m 的 n 级整数方阵的史密斯标准形只有有限多个, 记为 $N_n(m)$, 将 $\mathrm{M}_n(m)$ 按史密斯标准形分为 $N_n(m)$ 个互不相交的子集, 类似于定理 6.5.10, 考虑各个子集在 $\mathrm{M}_n(m)$ 中的占比情况.

习 题 6

1. 求下列 λ–矩阵的史密斯标准形:

(1) $\begin{pmatrix} \lambda^3-\lambda & 2\lambda^2 \\ \lambda^2+5\lambda & 3\lambda \end{pmatrix}$; (2) $\begin{pmatrix} \lambda-2 & -1 & 0 \\ 0 & \lambda-2 & -1 \\ 0 & 0 & \lambda-2 \end{pmatrix}$.

2. 设 $A=\begin{pmatrix} \lambda & 0 & 0 \\ 1 & \lambda & 0 \\ 0 & 1 & \lambda \end{pmatrix}$, 求 A^k, 其中 k 为正整数.

3. 求下列矩阵的特征矩阵的史密斯标准形及其不变因子:

(1) $\begin{pmatrix} 3 & 2 & -5 \\ 2 & 6 & -10 \\ 1 & 2 & -3 \end{pmatrix}$; (2) $\begin{pmatrix} 4 & 6 & -15 \\ 1 & 3 & -5 \\ 1 & 2 & -4 \end{pmatrix}$.

4. 求下列矩阵的有理标准形:

(1) $\begin{pmatrix} 37 & -20 & -4 \\ 34 & -17 & -4 \\ 119 & -70 & -11 \end{pmatrix}$; (2) $\begin{pmatrix} 1 & -3 & 3 \\ -2 & -6 & 13 \\ -1 & -4 & 8 \end{pmatrix}$.

5. 设 $A\in \mathrm{M}_n(\mathbb{C})$. 证明下列陈述等价:

(1) 存在 $\alpha\in\mathbb{C}^n$ 使得 $\alpha, A\alpha, A^2\alpha,\cdots, A^{n-1}\alpha$ 线性无关;

(2) A 的所有特征子空间都是 1 维的;

(3) 对于 A 的每一个特征值, A 的若尔当标准形中只有一个若尔当块与之对应;

(4) A 的最小多项式和特征多项式相等, 即 $m_A(\lambda)=f_A(\lambda)$;

(5) A 的有理标准形是 A 的特征多项式的友矩阵.

6. 设 $d_n(\lambda)$ 是矩阵 $A\in \mathrm{M}_n(F)$ 的第 n 个不变因子, $g(\lambda)\in F[\lambda]$. 证明:

(1) $\mathrm{rank}(g(A))=\mathrm{rank}(d(A))$, 其中 $d(\lambda)=(g(\lambda),d_n(\lambda))$;

(2) $g(A)$ 可逆当且仅当 $(g(\lambda),d_n(\lambda))=1$.

7. 设 $A\in \mathrm{M}_n(\mathbb{C})$, k 是自然数且 $\mathrm{rank}A^k=\mathrm{rank}A^{k+1}$. 证明：矩阵 A 的零特征值对应的初等因子的次数不超过 k.

8. 设 $A,B\in \mathrm{M}_n(\mathbb{C})$. 若 A,B 的初等因子都是一次的且 $AB=BA$, 证明：存在 n 级可逆矩阵 P 使得 $P^{-1}AP$ 和 $P^{-1}BP$ 均为对角形矩阵.

9. 设 $A\in \mathrm{M}_n(\mathbb{C})$. 证明：$A$ 是数量矩阵当且仅当 A 的不变因子的次数全大于 0.

10. 设 $A,B\in \mathrm{M}_n(\mathbb{C})$.

(1) $n=2$. 证明: A 与 B 相似当且仅当 A 与 B 具有相同的最小多项式.

(2) $n=3$. 证明: A 与 B 相似当且仅当 A 与 B 具有相同的特征多项式和最小多项式.

(3) 举例说明存在不相似的 4 级复方阵 A 与 B, 并且 A 与 B 具有相同的特征多项式和最小多项式.

11. 设 $A\in \mathrm{M}_n(F)$. 证明: A 和 A' 有相同的有理标准形.

12. 设数域 L 是数域 F 的扩域 (即 F, L 都是数域且 $F \subseteq L$), $A, B \in \mathrm{M}_n(F)$. 若 A, B 看成数域 L 上的矩阵是相似的, 证明: A, B 作为数域 F 上的矩阵也是相似的.
13. 设 $A(\lambda) \in \mathrm{M}_n(F[\lambda])$, $\mathrm{rank}(A(\lambda)) = n$. 证明: 存在唯一分解 $A(\lambda) = P(\lambda)Q(\lambda)$, 其中 $P(\lambda) \in \mathrm{GL}_n(F[\lambda])$, $Q(\lambda) = (q_{ij}(\lambda))_{n\times n}$ 是上三角 λ–矩阵, 而且对任意 $i = 1, 2, \cdots, n$, $q_{ii}(\lambda)$ 是首一多项式, 对任意 $1 \leqslant i < j \leqslant n$, $q_{ij}(\lambda) = 0$ 或 $\deg(q_{ij}(\lambda)) < \deg(q_{jj}(\lambda))$.
14. 设复方阵 A 的特征值全为 1. 证明: A 的任意正整数次幂都与 A 相似.
15. 设 $A \in \mathrm{M}_5(\mathbb{C})$. 若 A 的特征多项式和最小多项式分别为

$$f_A(x) = (x-2)^3(x+7)^2 \quad 与 \quad m_A(x) = (x-2)^2(x+7),$$

求 A 的若尔当标准形.

16. 求矩阵 $A = \begin{pmatrix} 2 & 0 & 0 & 0 & 0 & 0 \\ 1 & 2 & 0 & 0 & 0 & 0 \\ -1 & 0 & 2 & 0 & 0 & 0 \\ 0 & 1 & 0 & 2 & 0 & 0 \\ 1 & 1 & 1 & 1 & 2 & 0 \\ 0 & 0 & 0 & 0 & 1 & -1 \end{pmatrix}$ 的若尔当标准形.
17. 设 $J_n(\lambda_1), J_m(\lambda_2)$ 分别是对应于特征值 λ_1, λ_2 (其中 λ_1, λ_2 可能相同, 也可能不同) 的 n 级和 m 级若尔当块, 令

$$J = \begin{pmatrix} J_n(\lambda_1) & 0 \\ 0 & J_m(\lambda_2) \end{pmatrix}, \quad C(J) = \{A \in \mathrm{M}_{n+m}(\mathbb{C}) \mid AJ = JA\}.$$

证明: $C(J)$ 是 $\mathrm{M}_{n+m}(\mathbb{C})$ 的子空间, 并求其维数.

18. 证明: n 级若尔当矩阵 J 有分解 $J = S_1S_2 = S_3S_4$, 其中 S_1, S_4 都是 n 级实对称可逆矩阵, S_2, S_3 都是 n 级复对称矩阵.
19.* 证明: n 级复方阵 A 有分解 $A = C_1C_2 = C_3C_4$, 其中 C_1, C_2, C_3, C_4 都是 n 级复对称矩阵且 C_1, C_4 都是 n 级可逆方阵.
20.* 设 $A \in \mathrm{M}_n(\mathbb{C})$. 证明: 存在 n 级对称可逆矩阵 P 使得 $P^{-1}AP = A'$.
21.* 设 $A \in \mathrm{GL}_n(\mathbb{C})$. 证明: 存在 $B \in \mathrm{GL}_n(\mathbb{C})$ 使得 $A = B^2$.
22.* (外尔①) 设 $A, B \in \mathrm{M}_n(\mathbb{C})$. 证明: A 与 B 相似当且仅当对任意 $a \in \mathbb{C}$ 及任意正整数 k, 都有 $\mathrm{rank}(aI_n - A)^k = \mathrm{rank}(aI_n - B)^k$.

① Hermann Weyl, 1885—1955, 德国数学家, 物理学家.

第 7 章

二 次 型

人类对二次型的研究有着漫长而光辉的历史. 最早研究的二次型的系数都是整数, 而且限定多项式的未定元取值也只能是整数, 这样的二次型我们称之为整二次型. 费马①、欧拉、拉格朗日、勒让德②、高斯等很多伟大的数学家在整二次型的研究中作出了重要的贡献. 高斯在研究二元二次型的合成律时, 发现了具有相同判别式的二元二次型等价类具有群结构. 到了 19 世纪, 闵可夫斯基等人意识到如果把整数换成有理数, 研究系数和未定元取值都是有理数的二次型, 那么相应的理论更简单, 而且也能够为整二次型的研究提供很有帮助的信息, 从而建立了有理二次型的一般理论. 对实数域上的二次型, 西尔维斯特于 1852 年提出了惯性定理, 但是未加证明. 1857 年, 雅可比③独立地发现并严格证明了惯性定理.

本章首先介绍一般数域上的二次型理论, 然后重点研究实数域和复数域上的二次型.

7.1 二次型的矩阵与矩阵的合同

定义 7.1.1 设 F 是数域, 我们称 F 上关于 n 个未定元 $x_1, x_2, \cdots, x_n$ 的二次齐次多项式 $f(x_1, x_2 \cdots, x_n)$ 为 F 上的 n 元**二次型** (quadratic form). 通常把 F 中的元素 0 也看成二次型, 称之为**平凡二次型** (trivial quadratic form).

从现在开始, 本节所涉及的二次型都是数域 F 上的二次型.

例 7.1.2 $f(x_1, x_2, x_3) = 5x_1^2 + 3x_2^2 - 12x_3^2$ 是三元二次型, $g(x_1, x_2, x_3, x_4) = x_1^2 + 3x_1x_2 - 4x_2^2 + x_2x_3 + x_1x_4$ 是四元二次型, 而 $x_1^2 + 1$, $x_1^2 + x_2$ 都不是二次型.

注记 7.1.3 n 元二次型的一般形式是

$$f(x_1, x_2, \cdots, x_n) = \sum_{1 \leqslant i \leqslant j \leqslant n} c_{ij} x_i x_j. \tag{7.1.1}$$

① Pierre de Fermat, 1601—1665, 法国数学家.

② Adrien-Marie Legendre, 1752—1833, 法国数学家.

③ Carl Gustav Jacob Jacobi, 1804—1851, 德国数学家.

为了写成对称的形式, 我们通常在 $i<j$ 时, 记 $a_{ij}=a_{ji}=\dfrac{c_{ij}}{2}$; 当 $i=j$ 时, 记 $a_{ii}=c_{ii}$. 因此, (7.1.1) 式可以改写为

$$f(x_1,x_2,\cdots,x_n)=X'AX, \tag{7.1.2}$$

其中 $X=(x_1,x_2,\cdots,x_n)'$, $A=(a_{ij})_{n\times n}$.

定义 7.1.4 我们称 (7.1.2) 式中 n 级对称矩阵 A 为**二次型** $f(x_1,x_2,\cdots,x_n)$ **的矩阵** (matrix of the quadratic form $f(x_1,x_2,\cdots,x_n)$).

由定义 7.1.4 知, 二次型的矩阵由二次型唯一确定. 反之, 若给定了 n 级对称矩阵 $A=(a_{ij})_{n\times n}$, 则 (7.1.2) 式也唯一地定义了一个 n 元二次型. 因此数域 F 上 n 元二次型和 n 级对称矩阵一一对应.

例 7.1.5 设 $f(x,y)=(x,y)\begin{pmatrix}1&2\\3&4\end{pmatrix}\begin{pmatrix}x\\y\end{pmatrix}$, 求二次型 $f(x,y)$ 的矩阵.

解 因为 $f(x,y)=x^2+5xy+4y^2=(x,y)\begin{pmatrix}1&\frac{5}{2}\\\frac{5}{2}&4\end{pmatrix}\begin{pmatrix}x\\y\end{pmatrix}$, 所以二次型 $f(x,y)$ 的矩阵是 $\begin{pmatrix}1&\frac{5}{2}\\\frac{5}{2}&4\end{pmatrix}$. □

注记 7.1.6 对任意 $B\in \mathrm{M}_n(F)$, 多项式 $f(x_1,x_2,\cdots,x_n)=X'BX$ 都是二次型, 但是这个二次型 $f(x_1,x_2,\cdots,x_n)$ 的矩阵是 $\dfrac{B+B'}{2}$. 在本书中, 把二次型 $f(x_1,x_2,\cdots,x_n)$ 写成 $f(x_1,x_2,\cdots,x_n)=X'AX$ 的形式时, 总是默认 A 是对称的.

定义 7.1.7 二次型 $f(x_1,x_2,\cdots,x_n)=X'AX$ 的矩阵 A 的秩称为 $f(x_1,x_2,\cdots,x_n)$ 的**秩**, 记为 $\operatorname{rank}(f)$.

例 7.1.8 求二次型 $f(x_1,x_2,x_3)=x_1^2+5x_1x_2-2x_2^2+4x_2x_3$ 的秩.

解 二次型 $f(x_1,x_2,x_3)$ 的矩阵为 $A=\begin{pmatrix}1&\frac{5}{2}&0\\\frac{5}{2}&-2&2\\0&2&0\end{pmatrix}$. 因为 A 的秩为 3, 所以 $f(x_1,x_2,x_3)$ 的秩是 3. □

定义 7.1.9　设 $f(x_1,x_2,\cdots,x_n)$ 是 n 元二次型, 令

$$\begin{cases} x_1 = c_{11}y_1 + c_{12}y_2 + \cdots + c_{1n}y_n, \\ x_2 = c_{21}y_1 + c_{22}y_2 + \cdots + c_{2n}y_n, \\ \qquad\cdots\cdots \\ x_n = c_{n1}y_1 + c_{n2}y_2 + \cdots + c_{nn}y_n, \end{cases}$$

即 $X = CY$, 其中 $C = (c_{ij})_{n\times n}$, $X = (x_1,x_2,\cdots,x_n)'$, $Y = (y_1,y_2,\cdots,y_n)'$, 则称 $X = CY$ 为**线性替换** (linear substitution). 如果矩阵 C 是可逆的, 我们称 $X = CY$ 为**可逆线性替换** (invertible linear substitution), 或**非退化线性替换** (non-degenerate linear substitution).

若二次型 $f(x_1,x_2,\cdots,x_n)$ 经过可逆线性替换 $X = CY$ 化为 $g(y_1,y_2,\cdots,y_n)$, 则称 $f(x_1,x_2,\cdots,x_n)$ 与 $g(y_1,y_2,\cdots,y_n)$ **等价** (equivalent).

易见, 二次型的等价是等价关系.

例 7.1.10　二次型 $f(x_1,x_2)=x_1x_2$ 经过可逆线性替换 $\begin{pmatrix} x_1 \\ x_2 \end{pmatrix}=\begin{pmatrix} 1 & 1 \\ 1 & -1 \end{pmatrix}\begin{pmatrix} y_1 \\ y_2 \end{pmatrix}$ 化为 $g(y_1,y_2) = y_1^2 - y_2^2$, 所以 $f(x_1,x_2)$ 与 $g(y_1,y_2)$ 等价.

由二次型的矩阵的唯一性可知下面的命题成立.

命题 7.1.11　*设二次型 $f(x_1,x_2,\cdots,x_n) = X'AX$ 经过可逆线性替换 $X = CY$ 化为 $g(y_1,y_2,\cdots,y_n) = Y'C'ACY$, 则二次型 $g(y_1,y_2,\cdots,y_n)$ 的矩阵是 $C'AC$.*

根据命题 7.1.11, 我们给出如下定义.

定义 7.1.12　设 $A, B \in \mathrm{M}_n(F)$. 若存在 n 级可逆矩阵 C 使得 $A = C'BC$, 则称 A 与 B **合同** (congruent), 或者说 A 合同于 B.

容易验证合同是等价关系. 由定义 7.1.12 可知, 与对称矩阵合同的矩阵仍是对称的. 如果 A 和 B 合同, 那么它们相抵. 下面的例子说明反过来并不成立, 即如果 A 和 B 相抵, 那么它们不一定合同.

例 7.1.13　设 $A = \begin{pmatrix} 1 & 0 \\ 0 & 0 \end{pmatrix}$, $B = \begin{pmatrix} 0 & 1 \\ 0 & 0 \end{pmatrix}$, 则由 $\mathrm{rank}A = \mathrm{rank}B = 1$ 知, A 和 B 相抵. 由于 A 是对称矩阵, 所以与 A 合同的矩阵 $C'AC$ 还是对称的. 而 B 不是对称矩阵, 故 B 不合同于 A.

注记 7.1.14　我们在第 2 章中学过, 任何 n 级方阵 A 和它的转置 A' 相抵,

由第 6 章习题 11 知, n 级方阵 A 和它的转置 A' 相似. 事实上, 数域 F 上任何 n 级方阵 A 和它的转置 A' 也合同 (参见文献 [34]).

所有 n 级对称矩阵按照合同关系可以分成若干等价类. 每个等价类中, 都可以选择一个简单的代表元. 在下面的定理 7.1.15 中, 我们将证明每一个对称矩阵都合同于一个对角矩阵, 即每个二次型都等价于某个只有平方项而没有交叉项的二次型.

定理 7.1.15 任一非零二次型 $f(x_1,x_2,\cdots,x_n)=X'AX$ 都可经过可逆的线性替换 $X=CY$ 化为二次型

$$d_1y_1^2+d_2y_2^2+\cdots+d_ry_r^2,\text{ 其中 } d_1d_2\cdots d_r\neq 0,\ r=\operatorname{rank}(f),$$

从而 $C'AC=\operatorname{diag}(d_1,d_2,\cdots,d_r,0,\cdots,0)$. 二次型 $d_1y_1^2+d_2y_2^2+\cdots+d_ry_r^2$ 称为 $f(x_1,x_2,\cdots,x_n)$ 的**一个标准形** (standard form).

证明 对未定元的个数 n 进行归纳. 当 $n=1$ 时, 定理显然成立. 当 $n>1$ 时, 假设定理对 $n-1$ 元二次型成立. 下面考虑关于 n 元非零二次型 $f(x_1,x_2,\cdots,x_n)$.

如果 $f(x_1,x_2,\cdots,x_n)$ 没有平方项, 我们选择 $f(x_1,x_2,\cdots,x_n)$ 中出现的一个交叉项 x_ix_j, 令

$$\begin{aligned}x_i&=y_i+y_j,\\x_j&=y_i-y_j,\\x_k&=y_k,\quad k\neq i,j.\end{aligned}$$

经过这样的可逆线性替换, $f(x_1,x_2,\cdots,x_n)$ 化为含有平方项的二次型.

不妨设二次型 $f(x_1,x_2,\cdots,x_n)$ 有平方项 $d_1x_1^2$, 其系数 $d_1\neq 0$. 此时

$$f(x_1,x_2,\cdots,x_n)=d_1x_1^2+2g(x_2,\cdots,x_n)x_1+h(x_2,\cdots,x_n),$$

其中 $g(x_2,\cdots,x_n)$ 是 $x_2,\cdots,x_n$ 的线性组合, $h(x_2,\cdots,x_n)$ 是关于 $x_2,\cdots,x_n$ 的二次型. 经过配方

$$f(x_1,x_2,\cdots,x_n)=d_1\left(x_1+\frac{g(x_2,\cdots,x_n)}{d_1}\right)^2+h(x_2,\cdots,x_n)-\frac{g(x_2,\cdots,x_n)^2}{d_1}.$$

令

$$\begin{cases}y_1=x_1+\dfrac{g(x_2,\cdots,x_n)}{d_1},\\y_i=x_i,\quad i\geqslant 2\end{cases}\quad\text{或}\quad\begin{cases}x_1=y_1-\dfrac{g(y_2,\cdots,y_n)}{d_1},\\x_i=y_i,\quad i\geqslant 2,\end{cases}$$

即 $X=C_1Y$, 其中 C_1 是对角线元素都为 1 的上三角矩阵. 易见 C_1 是可逆矩阵, 从而 $f(x_1,x_2,\cdots,x_n)$ 经过可逆线性替换 $X=C_1Y$ 变为

$$\widetilde{f}(y_1,y_2,\cdots,y_n)=d_1y_1^2+f_1(y_2,\cdots,y_n),$$

其中 $f_1(y_2,\cdots,y_n)=h(y_2,\cdots,y_n)-\dfrac{g(y_2,\cdots,y_n)^2}{d_1}$ 是关于 $y_2,\cdots,y_n$ 的 $n-1$ 元二次型. 根据归纳假设, 存在可逆线性替换 $\begin{pmatrix}y_2\\ \vdots\\ y_n\end{pmatrix}=C_2\begin{pmatrix}z_2\\ \vdots\\ z_n\end{pmatrix}$ 将 $f_1(y_2,\cdots,y_n)$ 化为 $d_2z_2^2+\cdots+d_rz_r^2$, 其中 $r=\operatorname{rank}(f)$. 令 $Z=(z_1,z_2,\cdots,z_n)'$, $X=C_1\begin{pmatrix}1&0\\0&C_2\end{pmatrix}Z$, 则二次型 $f(x_1,x_2,\cdots,x_n)$ 化为标准形 $d_1z_1^2+d_2z_2^2+\cdots+d_rz_r^2$. □

例 7.1.16 设二次型 $f(x_1,x_2,x_3)=2x_1^2-4x_1x_2+x_2^2-4x_2x_3$. 用可逆线性替换将 $f(x_1,x_2,x_3)$ 变为标准形.

解 我们用配方法作未定元替换,

$$\begin{aligned}f(x_1,x_2,x_3)&=2x_1^2-4x_1x_2+x_2^2-4x_2x_3\\&=2(x_1-x_2)^2-x_2^2-4x_2x_3\\&=2(x_1-x_2)^2-(x_2+2x_3)^2+(2x_3)^2\\&=2y_1^2-y_2^2+y_3^2,\end{aligned}$$

其中 $\begin{cases}y_1=x_1-x_2,\\y_2=x_2+2x_3,\\y_3=2x_3,\end{cases}$ 即 $\begin{cases}x_1=y_1+y_2-y_3,\\x_2=y_2-y_3,\\x_3=\dfrac{y_3}{2}.\end{cases}$ □

根据定理 7.1.15 和例 7.1.16, 我们知道如何通过可逆线性替换把二次型变为标准形. 其实, 对给定的对称矩阵 A, 也可以用初等变换的方法找可逆矩阵 C 使得 $C'AC=D$ 为对角矩阵.

定义 7.1.17 设 $A\in\mathrm{M}_{m\times n}(F)$, $1\leqslant i\neq j\leqslant\min(m,n)$. 我们称以下三种变换为**初等合同变换**:

(1) 将 A 的第 i 行乘以非零数 k, 再将第 i 列乘以 k, 其中 $k\in F$;

(2) 将 A 的第 i 行的 b 倍加到第 j 行, 再将第 i 列的 b 倍加到第 j 列, 其中 $b\in F$;

(3) 将 A 的第 i,j 行对换, 再将第 i,j 列对换.

下面我们提供了一种具体的操作方法, 该方法类似于 2.8 节中利用矩阵的初等变换求可逆矩阵的逆的方法, 将对称矩阵通过一系列初等合同变换化为对角矩阵.

设 A 是 n 级对称矩阵, 对 $2n\times n$ 矩阵 $\begin{pmatrix} A \\ \hdashline I_n \end{pmatrix}$ 作初等合同变换. 当 $\begin{pmatrix} A \\ \hdashline I_n \end{pmatrix}$ 的上半部分 A 变成对角矩阵 D 时, 其下半部分 I_n 就变为要找的可逆矩阵 C, 即

$$\begin{pmatrix} A \\ \hdashline I_n \end{pmatrix} \xrightarrow{\text{初等合同变换}} \begin{pmatrix} C' & 0 \\ 0 & I_n \end{pmatrix}\begin{pmatrix} A \\ \hdashline I_n \end{pmatrix} C = \begin{pmatrix} C'AC \\ \hdashline C \end{pmatrix} = \begin{pmatrix} D \\ \hdashline C \end{pmatrix}.$$

例 7.1.18 设 $A=\begin{pmatrix} 2 & -2 & 0 \\ -2 & 1 & -2 \\ 0 & -2 & 0 \end{pmatrix}$, 求可逆矩阵 C 使得 $C'AC$ 为对角矩阵.

解 对 $\begin{pmatrix} A \\ \hdashline I_3 \end{pmatrix}$ 作初等合同变换,

$$\begin{pmatrix} 2 & -2 & 0 \\ -2 & 1 & -2 \\ 0 & -2 & 0 \\ \hdashline 1 & 0 & 0 \\ 0 & 1 & 0 \\ 0 & 0 & 1 \end{pmatrix} \xrightarrow[c_1+c_2]{r_1+r_2} \begin{pmatrix} 2 & 0 & 0 \\ 0 & -1 & -2 \\ 0 & -2 & 0 \\ \hdashline 1 & 1 & 0 \\ 0 & 1 & 0 \\ 0 & 0 & 1 \end{pmatrix} \xrightarrow[(-2)\times c_2+c_3]{(-2)\times r_2+r_3} \begin{pmatrix} 2 & 0 & 0 \\ 0 & -1 & 0 \\ 0 & 0 & 4 \\ \hdashline 1 & 1 & -2 \\ 0 & 1 & -2 \\ 0 & 0 & 1 \end{pmatrix}.$$

因此 $C=\begin{pmatrix} 1 & 1 & -2 \\ 0 & 1 & -2 \\ 0 & 0 & 1 \end{pmatrix}$, $C'AC=\begin{pmatrix} 2 & 0 & 0 \\ 0 & -1 & 0 \\ 0 & 0 & 4 \end{pmatrix}$. □

注记 7.1.19 例 7.1.16 中的二次型 $f(x_1,x_2,x_3)$ 的矩阵就是例 7.1.18 中的 A, 将 $f(x_1,x_2,x_3)$ 化为标准形所用的线性替换的矩阵 $C=\begin{pmatrix} 1 & 1 & -1 \\ 0 & 1 & -1 \\ 0 & 0 & \dfrac{1}{2} \end{pmatrix}$ 与例 7.1.18 中的 C 并不相同. 例 7.1.16 中得到的标准形对应的对角矩阵 $\begin{pmatrix} 2 & 0 & 0 \\ 0 & -1 & 0 \\ 0 & 0 & 1 \end{pmatrix}$ 与

例 7.1.18 中得到的对角矩阵也不同, 从而, $2y_1^2-y_2^2+y_3^2$ 和 $2y_1^2-y_2^2+4y_3^2$ 都是二次型 $f(x_1,x_2,x_3)=2x_1^2-4x_1x_2+x_2^2-4x_2x_3$ 的标准形. 由此可见, 二次型的标准形不唯一, 依赖于可逆线性替换的选取.

7.2 二次型的规范形

7.1 节介绍了一般数域上的二次型的标准形理论. 本节我们介绍实数域和复数域上比标准形更精细的规范形.

定理 7.2.1 设 $f(x_1,x_2,\cdots,x_n)$ 是复二次型, 则存在可逆线性替换 $X=CY$, 把 $f(x_1,x_2,\cdots,x_n)$ 化为 $g(y_1,y_2,\cdots,y_n)=y_1^2+y_2^2+\cdots+y_r^2$, 其中 $r=\operatorname{rank}(f)$, $g(y_1,y_2,\cdots,y_n)$ 称为复二次型 $f(x_1,x_2,\cdots,x_n)$ 的**规范形** (canonical form). 复二次型的规范形由它的秩完全确定.

证明 根据定理 7.1.15, $f(x_1,x_2,\cdots,x_n)$ 等价于一个标准形. 因此我们不妨设 $f(x_1,x_2,\cdots,x_n)=d_1x_1^2+d_2x_2^2+\cdots+d_rx_r^2$. 令 $y_1=\sqrt{d_1}x_1,y_2=\sqrt{d_2}x_2,\cdots,y_r=\sqrt{d_r}x_r,y_{r+1}=x_{r+1},y_{r+2}=x_{r+2},\cdots,y_n=x_n$, 则 $f(x_1,x_2,\cdots,x_n)$ 变为规范形 $g(y_1,y_2,\cdots,y_n)=y_1^2+\cdots+y_r^2$. 易见 $f(x_1,x_2,\cdots,x_n)$ 的规范形由 $f(x_1,x_2,\cdots,x_n)$ 的秩 r 唯一确定. □

根据定理 7.2.1, 对任何 n 级复对称矩阵 A, 都能找到 n 级可逆复矩阵 C 使得 $C'AC=\begin{pmatrix} I_r & 0 \\ 0 & 0 \end{pmatrix}$, $r=\operatorname{rank}(A)$, 我们称 $\begin{pmatrix} I_r & 0 \\ 0 & 0 \end{pmatrix}$ 为 A 的**规范形**.

定理 7.2.1 的证明中很关键的地方是每个系数 d_i 在复数域中都有平方根, 但是负数在实数域中没有平方根, 故有

定理 7.2.2 (**惯性定理** (law of inertia)) 设 $f(x_1,x_2,\cdots,x_n)$ 是秩为 r 的 n 元实二次型, 则一定存在可逆线性替换 $X=CY$, 把 $f(x_1,x_2,\cdots,x_n)$ 变为

$$g(y_1,y_2,\cdots,y_n)=y_1^2+y_2^2+\cdots+y_p^2-y_{p+1}^2-y_{p+2}^2-\cdots-y_r^2. \tag{7.2.1}$$

这个标准形称为实二次型 $f(x_1,x_2,\cdots,x_n)$ 的**规范形**. $f(x_1,x_2,\cdots,x_n)$ 的规范形由 $f(x_1,x_2,\cdots,x_n)$ 唯一确定. (7.2.1) 式中的 p 称为 $f(x_1,x_2,\cdots,x_n)$ 的**正惯性指数** (positive index of inertia), $q=r-p$ 称为 $f(x_1,x_2,\cdots,x_n)$ 的**负惯性指数** (negative index of inertia), $p-q$ 称为 $f(x_1,x_2,\cdots,x_n)$ 的**符号差** (signature).

证明 任意二次型都可以用可逆线性替换变成惯性定理中的规范形 (模仿复数域情形的证明即可. 唯一不同的是, 在实数域中, 非负数才有平方根).

下面我们证明正惯性指数由原来的二次型唯一确定, 从而负惯性指数也由原来的二次型唯一确定.

设二次型 $f(x_1,x_2,\cdots,x_n)$ 既可以经过可逆线性替换 $X=C_1Y$ 变成

$$g(y_1,y_2,\cdots,y_n)=y_1^2+\cdots+y_p^2-y_{p+1}^2-\cdots-y_r^2, \tag{7.2.2}$$

又可以经过可逆线性替换 $X=C_2Z$ 变成

$$h(z_1,z_2,\cdots,z_n)=z_1^2+\cdots+z_s^2-z_{s+1}^2-\cdots-z_r^2. \tag{7.2.3}$$

下证 $p=s$. 注意, 所有 y_i,z_i 都是 $x_1,x_2,\cdots,x_n$ 的线性组合. 若 $p<s$, 则线性方程组

$$y_1=0,\quad \cdots,\quad y_p=0,\quad z_{s+1}=0,\quad \cdots,\quad z_n=0$$

中方程的个数 $n-s+p<n$, 从而它有非零解 $(x_1,x_2,\cdots,x_n)'=(a_1,a_2,\cdots,a_n)'$.

设 $\begin{pmatrix}b_1\\b_2\\\vdots\\b_n\end{pmatrix}=C_1^{-1}\begin{pmatrix}a_1\\a_2\\\vdots\\a_n\end{pmatrix}$, $\begin{pmatrix}c_1\\c_2\\\vdots\\c_n\end{pmatrix}=C_2^{-1}\begin{pmatrix}a_1\\a_2\\\vdots\\a_n\end{pmatrix}$, 则

$$b_1=b_2=\cdots=b_p=0,\quad c_{s+1}=c_{s+2}=\cdots=c_n=0,$$

从而 $c_1,c_2,\cdots,c_s$ 不全为零. 由 (7.2.2) 式与 (7.2.3) 式得 $g(b_1,b_2,\cdots,b_n)=-b_{p+1}^2-\cdots-b_r^2\leqslant 0$, $h(c_1,c_2,\cdots,c_n)=c_1^2+c_2^2+\cdots+c_s^2>0$, 这与 $g(b_1,b_2,\cdots,b_n)=f(a_1,a_2,\cdots,a_n)=h(c_1,c_2,\cdots,c_n)$ 矛盾. 所以 $p\geqslant s$.

同理可证, $p\leqslant s$, 从而 $p=s$. 故正负惯性指数由 $f(x_1,x_2,\cdots,x_n)$ 唯一确定. □

注记 7.2.3 定理 7.2.2 中的"惯性"是指在变换下保持不变的东西.

根据上面的惯性定理, 对任一 n 级实对称矩阵 A, 我们都能找到 n 级实可逆矩阵 C 使得 $C'AC=\begin{pmatrix}I_p&0&0\\0&-I_q&0\\0&0&0\end{pmatrix}$, 称之为 A 的**规范形**.

7.3 正定二次型

本节将讨论实二次型, n 元实二次型可看作 $\mathbb{R}^n$ 上的函数.

定义 7.3.1 设 $f(x_1,x_2,\cdots,x_n)$ 是实二次型. 若对任意不全为零的实数 $a_1,a_2,\cdots,a_n$ 都有 $f(a_1,a_2,\cdots,a_n)>0$, 则称 $f(x_1,x_2,\cdots,x_n)$ 是**正定** (positive definite) 二次型. 如果对任意实数 $a_1,a_2,\cdots,a_n$ 都有 $f(a_1,a_2,\cdots,a_n)\geqslant 0$, 那么

称 $f(x_1,x_2,\cdots,x_n)$ 是**半正定** (positive semi-definite) 二次型. 类似地, 可以定义**负定** (negative definite) 二次型与**半负定** (negative semi-definite) 二次型. 如果二次型既可以取正值, 也可以取负值, 称之为**不定** (indefinite) 二次型.

设 A 是 n 级实对称矩阵. 若 $f(x_1,x_2,\cdots,x_n)=X'AX$ 是正定二次型, 则称 A 为**正定矩阵**. 类似地, 可以定义**半正定矩阵**、**负定矩阵**、**半负定矩阵**、**不定矩阵**.

易见, 如果 $f(x_1,x_2,\cdots,x_n)$ 与 $g(x_1,x_2,\cdots,x_n)$ 等价, 那么 $f(x_1,x_2,\cdots,x_n)$ 正定 (负定、半正定、半负定、不定) 当且仅当 $g(x_1,x_2,\cdots,x_n)$ 正定 (负定、半正定、半负定、不定). 设 A 是 n 级方阵, A 中前 k $(1\leqslant k\leqslant n)$ 行和前 k 列组成的 k 级子式称为 A 的 k **级顺序主子式** (leading principal minor of order k).

定理 7.3.2　*设 $f(x_1,x_2,\cdots,x_n)=X'AX$ 是实二次型, 则下列陈述等价:*

(1) $f(x_1,x_2,\cdots,x_n)$ 是正定二次型;

(2) $f(x_1,x_2,\cdots,x_n)$ 的正惯性指数为 n;

(3) A 合同于单位矩阵;

(4) 存在 $D\in \mathrm{GL}_n(\mathbb{R})$ 使得 $A=D'D$;

(5) A 的顺序主子式全大于零;

(6) A 的所有主子式全大于零.

证明　(1) $\Longrightarrow$ (2) 如果 $f(x_1,x_2,\cdots,x_n)$ 的正惯性指数为 $p<n$, 那么一定存在可逆线性替换把 $f(x_1,x_2,\cdots,x_n)$ 化为规范形 $y_1^2+\cdots+y_p^2+d_{p+1}y_{p+1}^2+\cdots+d_ny_n^2$, 其中 $d_{p+1},\cdots,d_n$ 是 -1 或者是 0. 考虑关于 $x_1,x_2,\cdots,x_n$ 的线性方程组

$$y_1=0,\ \cdots,\ y_p=0,\ y_{p+1}=1,\ \cdots,\ y_n=1.$$

因为从 $x_1,x_2,\cdots,x_n$ 到 $y_1,y_2,\cdots,y_n$ 的线性替换是可逆的, 所以上述线性方程组的系数矩阵可逆, 故它有唯一非零解 $(a_1,a_2,\cdots,a_n)'$. 因此 $f(a_1,a_2,\cdots,a_n)=d_{p+1}+\cdots+d_n\leqslant 0$, 这与 $f(x_1,x_2,\cdots,x_n)$ 是正定二次型矛盾.

(2) $\Longrightarrow$ (3) $\Longrightarrow$ (4) $\Longrightarrow$ (1) 容易证得, 所以前 4 条是等价的.

(1) $\Longrightarrow$ (6) 设由 A 的第 $i_1,i_2,\cdots,i_t$ 行与第 $i_1,i_2,\cdots,i_t$ 列交点上的 t^2 个元素按原来的排法组成 t 级方阵 B. 令 $x_{i_1}=y_1,\cdots,x_{i_t}=y_t$, 其余的未定元 x_j 都取 0, 我们得到一个 t 元正定二次型 $g(y_1,\cdots,y_t)=(y_1,\cdots,y_t)B\begin{pmatrix}y_1\\ \vdots\\ y_t\end{pmatrix}$. 由 (4) 知, 存在 $C\in\mathrm{GL}_t(\mathbb{R})$ 使得 $B=C'C$. 故 $|B|=|C'C|=|C|^2>0$.

(6) $\Longrightarrow$ (5) 显然.

(5) $\Longrightarrow$ (1) 我们使用数学归纳法证明. 当 $n=1$ 时, 定理显然成立. 假设 $n\geqslant 2$, 且定理对 $n-1$ 级方阵成立. 现在考虑 n 级实对称矩阵 A. 把 $A=(a_{ij})_{n\times n}$ 写成分块矩阵的形式 $A=\begin{pmatrix} B & Y \\ Y' & a_{nn} \end{pmatrix}$, 其中 B 是 $n-1$ 级方阵. 由 (5) 知 A 的顺序主子式都是正的, 因此, $|A|>0, |B|>0$. 故 B 是可逆的. 因为

$$\begin{pmatrix} I_{n-1} & -B^{-1}Y \\ 0 & 1 \end{pmatrix}' \begin{pmatrix} B & Y \\ Y' & a_{nn} \end{pmatrix} \begin{pmatrix} I_{n-1} & -B^{-1}Y \\ 0 & 1 \end{pmatrix} = \begin{pmatrix} B & 0 \\ 0 & a_{nn}-Y'B^{-1}Y \end{pmatrix},$$

所以 $b=a_{nn}-Y'B^{-1}Y=\dfrac{|A|}{|B|}>0$. 因此 $f(x_1,x_2,\cdots,x_n)$ 等价于二次型

$$\begin{aligned} g(y_1,\cdots,y_{n-1},y_n) &= (y_1,\cdots,y_{n-1},y_n)\begin{pmatrix} B & 0 \\ 0 & b \end{pmatrix}\begin{pmatrix} y_1 \\ \vdots \\ y_{n-1} \\ y_n \end{pmatrix} \\ &= (y_1,\cdots,y_{n-1})B\begin{pmatrix} y_1 \\ \vdots \\ y_{n-1} \end{pmatrix} + by_n^2. \end{aligned}$$

由于 $n-1$ 级方阵 B 是正定的, 所以 $(y_1,\cdots,y_{n-1})B\begin{pmatrix} y_1 \\ \vdots \\ y_{n-1} \end{pmatrix}\geqslant 0$, 等号成立当且仅当 $y_1=\cdots=y_{n-1}=0$. 因为 $b>0$, 所以 $g(y_1,y_2,\cdots,y_{n-1},y_n)\geqslant 0$, 等号成立当且仅当 $y_1=\cdots=y_{n-1}=y_n=0$. 故 $g(y_1,y_2,\cdots,y_{n-1},y_n)$ 是正定二次型, 从而 $f(x_1,x_2,\cdots,x_n)=X'AX$ 是正定二次型. □

注记 7.3.3 对称矩阵 A 是负定的当且仅当 $-A$ 是正定的, 当且仅当 A 的奇数级顺序主子式是负的且偶数级顺序主子式是正的.

定理 7.3.4 设 $f(x_1,x_2,\cdots,x_n)=X'AX$ 是二次型, 则下列陈述等价:

(1) $f(x_1,x_2,\cdots,x_n)$ 是半正定二次型;

(2) $f(x_1,x_2,\cdots,x_n)$ 的负惯性指数为 0;

(3) A 合同于 $\begin{pmatrix} I_r & 0 \\ 0 & 0 \end{pmatrix}$;

(4) 存在 $D \in \mathrm{M}_n(\mathbb{R})$ 使得 $A = D'D$;

(5) A 的所有主子式都是非负的.

证明　前 4 条等价是显然的. 我们只需要证明它们和第 5 条等价.

我们用数学归纳法. 当 $n = 1$ 时定理显然成立. 当 $n > 1$ 时, 假设定理对级数小于 n 的方阵成立.

(1) $\Longrightarrow$ (5) 设由 A 的第 $i_1, i_2, \cdots, i_t$ 行与第 $i_1, i_2, \cdots, i_t$ 列交点上的 t^2 个元素按原来的排法组成 t 级方阵 B. 令 $x_{i_1} = y_1, x_{i_2} = y_2, \cdots, x_{i_t} = y_t$, 其余未定元 x_j 都取 0, 我们得到一个 t 元半正定二次型

$$g(y_1, y_2, \cdots, y_t) = (y_1, y_2, \cdots, y_t) B \begin{pmatrix} y_1 \\ y_2 \\ \vdots \\ y_t \end{pmatrix}.$$

由 (4) 知, 存在 $C \in \mathrm{M}_t(\mathbb{R})$ 使得 $B = C'C$. 故 $|B| = |C'C| = |C|^2 \geqslant 0$.

(5) $\Longrightarrow$ (1) 如果 A 的所有主子式都是非负的, 我们要证明 A 是半正定的. 考虑多项式 $|\lambda I_n + A| = \lambda^n + s_1\lambda^{n-1} + \cdots + s_n$. 根据引理 5.4.7, 其中 s_k 是 A 的所有 k 级主子式之和. 由 (5) 知, 每个 s_k 都是非负的, 从而对任意正数 λ, $|\lambda I_n + A|$ 都是正数. 同理, $\lambda I_n + A$ 的所有顺序主子式都是正的, 由定理 7.3.2 知, $\lambda I_n + A$ 是正定的.

由于对任意小的正数 λ, 都有 $\lambda I_n + A$ 是正定的. 如果存在非零向量 Y, 使得 $Y'AY < 0$, 那么 $Y'(\lambda I_n + A)Y < 0$ 对 $0 < \lambda < -\dfrac{Y'AY}{Y'Y}$ 成立, 这与 $\lambda I_n + A$ 正定矛盾. 因此不存在非零向量 Y 使得 $Y'AY < 0$, 故 A 是半正定的. □

注意, 在定理 7.3.2 中, 实对称矩阵正定当且仅当顺序主子式都是正数当且仅当所有主子式都是正数. 而在定理 7.3.4 中, 实对称矩阵半正定当且仅当其所有主子式都是非负数, 仅顺序主子式非负不足以保证矩阵是半正定的. 例如, $A = \begin{pmatrix} 0 & 0 & 0 \\ 0 & 1 & 0 \\ 0 & 0 & -1 \end{pmatrix}$ 的顺序主子式都是 0. 但是, A 是不定的.

习　题　7

1. 证明: 秩为 r 的对称矩阵可以写成 r 个秩为 1 的对称矩阵之和.

2. 证明: 一个实二次型可以分解成两个实系数的一次齐次多项式的乘积的充分必要条件是它的秩等于 2 且符号差等于 0, 或者秩等于 1.

3. 写出下面的二次型的标准形:

(1) $\sum\limits_{i=1}^{n} x_i^2 + \sum\limits_{1 \leqslant i < j \leqslant n} x_i x_j$;

(2) $\sum\limits_{i=1}^{n} x_i^2 + \sum\limits_{i=1}^{n-1} x_i x_{i+1}$;

(3) $x_1x_2 + x_2x_3 + \cdots + x_{n-1}x_n$;

(4) $x_1x_{2n} + x_2x_{2n-1} + \cdots + x_nx_{n+1}$;

(5) $(x_1 - \bar{x})^2 + (x_2 - \bar{x})^2 + \cdots + (x_n - \bar{x})^2$, 其中 $\bar{x} = \dfrac{x_1 + x_2 + \cdots + x_n}{n}$.

4. 设实二次型 $f(x_1, x_2, \cdots, x_n) = \sum\limits_{i=1}^{s} (a_{i1}x_1 + a_{i2}x_2 + \cdots + a_{in}x_n)^2$, 证明: f 的秩等于矩阵 $A = (a_{ij})_{s \times n}$ 的秩.

5. 如果把 n 级实对称矩阵按照合同关系进行分类, 那么共有几类?

6. 证明: n 级实方阵 $\operatorname{diag}(\lambda_1, \lambda_2, \cdots, \lambda_n)$ 与 $\operatorname{diag}(\lambda_{i_1}, \lambda_{i_2}, \cdots, \lambda_{i_n})$ 合同, 其中 $i_1 i_2 \cdots i_n$ 是 $1, 2, \cdots, n$ 的一个排列.

7. 设 A 是 n 级实方阵, α, $\beta \in \mathbb{R}^n$ 满足 $\alpha' A \alpha > 0$, $\beta' A \beta < 0$. 证明: 存在非零向量 $\gamma \in \mathbb{R}^n$ 使得 $\gamma' A \gamma = 0$.

8. 求下列实对称矩阵的规范形:

(1) $A = \begin{pmatrix} 1 & 1 & 4 \\ 1 & 0 & 6 \\ 4 & 6 & 4 \end{pmatrix}$; (2) $A = \begin{pmatrix} & & & & 1 \\ & & & 1 & \\ & & \iddots & & \\ & 1 & & & \\ 1 & & & & \end{pmatrix}$; (3) $A = \begin{pmatrix} 0 & I_n \\ I_n & 0 \end{pmatrix}$.

9. 设 $X = \begin{pmatrix} x_{11} & x_{12} & \cdots & x_{1n} \\ x_{21} & x_{22} & \cdots & x_{2n} \\ \vdots & \vdots & & \vdots \\ x_{n1} & x_{n2} & \cdots & x_{nn} \end{pmatrix}$, 求 n^2 元二次型 $f(x_{11}, x_{12}, \cdots, x_{nn}) = \operatorname{Tr}(X'X)$ 的正惯性指数和负惯性指数.

10. 设 A 是 n 级实对称矩阵, 且 $|A| < 0$. 证明: 存在 n 维实向量 $X \neq 0$ 使得 $X'AX < 0$.

11. 实数 t 满足什么条件时, 下列二次型正定:

(1) $x_1^2 + x_2^2 + 5x_3^2 + 2tx_1x_2 - 2x_1x_3 + 4x_2x_3$;

(2) $x_1^2 + x_2^2 + x_3^2 + tx_1x_2 + 10x_1x_3 + 3x_2x_3$;

(3) $t(x_1^2 + x_2^2 + x_3^2) + 2x_1x_2 - 2x_1x_3 + 2x_2x_3$.

12. 实数 a, b 满足什么条件时, 矩阵 $\begin{pmatrix} a & 1 & b \\ 1 & -1 & 0 \\ b & 0 & -1 \end{pmatrix}$ 正定、负定、半正定、半负定、不定.

13. 写出下列实二次型的矩阵与规范形, 并判断它们是否正定、负定、半正定、半负定、不定:

(1) $-x_1^2-2x_2^2-2x_3^2+2x_1x_2$;

(2) $-4x_1^2-x_2^2+6x_1x_3-2x_3^2+2x_2x_3$;

(3) $x_1^2-2x_1x_2+x_1x_3+2x_2x_3+2x_3^2+3x_3x_1$;

(4) $-x_1^2-x_2^2+2x_1x_3+4x_2x_3+2x_3^2$;

(5) $-x_1^2+2x_1x_2-2x_2^2+2x_1x_3-5x_3^2+4x_2x_3$;

(6) $2x_1^2+2x_1x_2+2x_2^2+4x_3^2$;

(7) $x_1^2+2x_2^2+3x_3^2+4x_1x_2+2x_1x_3+2x_2x_3$.

14. 证明: 二次型 $f(x_1,x_2,\cdots,x_n)=n\sum\limits_{i=1}^{n}x_i^2-\left(\sum\limits_{i=1}^{n}x_i\right)^2$ 半正定.

15. 设实二次型 $f(x_1,x_2,\cdots,x_n)=l_1^2+\cdots+l_p^2-l_{p+1}^2-\cdots-l_{p+q}^2$, 其中每个 l_i 是 $x_1,x_2,\cdots,x_n$ 的一次齐次式. 证明: $f(x_1,x_2,\cdots,x_n)$ 的正惯性指数 $\leqslant p$, 负惯性指数 $\leqslant q$.

16. 证明: 正定矩阵 A 的逆 A^{-1} 也是正定矩阵.

17. 证明: 任一实对称矩阵都是两个正定矩阵的差.

18. 设 A 是 n 级实矩阵, 证明:

(1) A 是反对称矩阵当且仅当对任意 n 维列向量 X 都有 $X'AX=0$;

(2) 如果 A 是对称矩阵, 而且对任意 n 维列向量 X 都有 $X'AX=0$, 那么 $A=0$.

19. 设 $A=(a_{ij})_{n\times n}$ 为正定矩阵. 证明:

(1) $f(y_1,y_2,\cdots,y_n)=\begin{vmatrix}A & Y\\ Y' & 0\end{vmatrix}$ 是负定的, 其中 $Y=(y_1,y_2,\cdots,y_n)'$;

(2) $|A|\leqslant a_{nn}P_{n-1}$, 其中 P_{n-1} 是 A 的 $n-1$ 级顺序主子式;

(3) $|A|\leqslant\prod\limits_{i=1}^{n}a_{ii}$;

(4) 如果 $T=(t_{ij})_{n\times n}$ 是可逆矩阵, 那么 $|T|^2\leqslant\prod\limits_{i=1}^{n}(t_{1i}^2+\cdots+t_{ni}^2)$.

20. 设 $A\in\mathrm{GL}_n(F)$. 证明: 存在下三角矩阵 L 和对角元素都为 1 的上三角矩阵 U 使得 $A=LU$ 当且仅当 A 的顺序主子式都不为 0, 且在上述分解式中, L, U 是唯一的. 这种分解称为矩阵的 LU **分解** (LU decomposition).

21. 设 $A\in\mathrm{GL}_n(F)$. 证明: A 可分解为 $A=LDU$, 其中 L 是对角元素都为 1 的下三角矩阵, D 为对角矩阵, U 是对角元素都为 1 的上三角矩阵, 当且仅当 A 的顺序主子式都不为 0, 且在上述分解式中, L, D, U 是唯一的. 这种分解称为矩阵的 LDU **分解** (LDU decomposition).

22. 设 A 是秩为 1 的 n 级半正定矩阵. 证明: 存在 n 维非零实向量 α 使得 $A=\alpha\alpha'$.

23. 设 A 是 F 上 n 级反对称矩阵. 证明: 存在 F 上可逆矩阵 C 使得

$$C'AC=\mathrm{diag}\left(\begin{pmatrix}0 & 1\\ -1 & 0\end{pmatrix},\cdots,\begin{pmatrix}0 & 1\\ -1 & 0\end{pmatrix},0,\cdots,0\right).$$

24. 设 A 是 n 级反对称整数矩阵. 证明: 存在 $m \in \mathbb{Z}$ 使得 $|A| = m^2$.

25. 设 $A = (a_{ij})_{n\times n}$ 是半正定矩阵, 而且某个 $a_{ii} = 0$. 证明: 对任意 $j \neq i$, 都有 $a_{ij} = a_{ji} = 0$.

26. 设 $A = (a_{ij})_{n\times n}$, 其中 $a_{ij} = \min\{i, j\}, 1 \leqslant i, j \leqslant n$. 证明: A 是正定矩阵.

27. 设 $A = (a_{ij})_{n\times n}$ 是正定矩阵. 证明: $B = \left(\dfrac{a_{ij}}{\sqrt{a_{ii}a_{jj}}}\right)_{n\times n}$ 也是正定矩阵.

28.* 设 $A = (x_{ij})_{n\times n}$ 是偶数级反对称矩阵. 证明: 存在关于未定元 x_{ij} $(i < j)$ 的多项式 $f(x_{12}, x_{13}, \cdots, x_{1n}, x_{23}, \cdots, x_{2n}, \cdots, x_{n-1,n})$ 使得

$$|A| = (f(x_{12}, x_{13}, \cdots, x_{1n}, x_{23}, \cdots, x_{2n}, \cdots, x_{n-1,n}))^2.$$

29.* 设 $A = (a_{ij})_{n\times n}$, 其中 $a_{ij} = (i, j), 1 \leqslant i, j \leqslant n$. 证明: A 是正定矩阵.

30.* 设 $A = (a_{ij})_{n\times n}$, 其中 $a_{ij} = \dfrac{1}{i+j}, 1 \leqslant i, j \leqslant n$. 证明: A 是正定矩阵.

第 8 章

内 积 空 间

按照定义, 线性空间只有代数运算, 没有长度、角度等几何概念, 能够建立这些几何概念的线性空间是内积空间 (inner product space), 即带有内积的线性空间. 事实上, 我们早期遇到的线性空间都是内积空间. 三维空间就是特殊的内积空间, 两千多年前的古希腊人就已经对三维空间进行了深入研究, 得到了勾股定理等重要的数学成果. 1637 年, 笛卡儿引入解析几何, 使得内积空间的几何问题得以转化为代数问题, 从而借助代数方法进行研究. 现代意义上的内积空间最早由佩亚诺于 1898 年引入. 20 世纪泛函分析领域的希尔伯特空间和巴拿赫空间等都是特殊的内积空间.

带有内积的有限维实线性空间称为欧几里得空间, 带有内积的有限维复线性空间称为酉空间. 本章将介绍这些内积空间, 重点研究欧几里得空间中保持向量长度不变的线性变换 (正交变换), 并用四元数研究旋转, 通过矩阵的摩尔①-彭罗斯②逆研究最小二乘解.

8.1 欧几里得空间

本节我们将给出欧几里得空间的定义及其性质.

定义 8.1.1 设 V 是实线性空间. 若映射 $f: V\times V\to\mathbb{R}$ 满足下面的条件:

(1) $f(\alpha,\beta)=f(\beta,\alpha)$,

(2) $f(\alpha+\beta,\gamma)=f(\alpha,\gamma)+f(\beta,\gamma)$,

(3) $f(k\alpha,\beta)=kf(\alpha,\beta)$,

(4) $f(\alpha,\alpha)\geqslant 0$, 等号成立当且仅当 $\alpha=0$,

其中 α,β,γ 是 V 中任意向量, k 是任意实数, 则称 f 为 V 上的**内积** (inner product), $f(\alpha,\beta)$ 称为 α 与 β 的内积, 简记为 (α,β). 带有内积的有限维实线性性

---

① Eliakim Hastings Moore, 1862—1932, 美国数学家.

② Roger Penrose, 1931—, 英国数学家, 2020 年诺贝尔物理学奖获得者.

空间称为**欧几里得空间** (Euclidean space), 简称为**欧氏空间**, 并将实线性空间 V 的维数定义为欧氏空间的**维数**.

注记 8.1.2 (1) 欧几里得是公元前 3—4 世纪的古希腊伟大的数学家, 是《几何原本》的作者.《几何原本》在西方叫《原本》(*Elements*). 该书曾在两千多年的时间里被许多国家作为数学教科书, 堪称数学史上的奇迹. 明朝的时候, 中国数学家徐光启①和意大利数学家利玛窦②合作将这本书的前六卷翻译成中文, 出版时命名为《几何原本》, 中文几何的名称就是由此而得来的.

(2) 有些文献将带有内积的无限维实线性空间也称为欧几里得空间.

由定义 5.1.1 知, 从实线性空间 V 到 W 的线性映射 σ 满足 $\sigma(k\alpha+l\beta)=k\sigma(\alpha)+l\sigma(\beta)$, 其中 $\alpha,\beta\in V,\ k,l\in\mathbb{R}$. 对欧氏空间之间的线性映射, 我们希望线性变换 σ 还能保持内积不变.

定义 8.1.3 设 V, W 是欧氏空间, $\sigma: V\longrightarrow W$ 是 V 到 W 的线性映射. 若对任意 $\alpha,\beta\in V$ 都有 $(\sigma(\alpha),\sigma(\beta))=(\alpha,\beta)$, 则称 σ 是 V 到 W 的**等距** (isometry).

由定义 8.1.1 (4) 易知, 等距是单射.

定义 8.1.4 设 V, W 是欧氏空间. 若 $\sigma: V\longrightarrow W$ 是 V 到 W 的等距, 并且 σ 是满射, 则称 σ 是 V 到 W 的**同构**. 若存在同构 $\sigma: V\longrightarrow W$, 则称 V 与 W 是同构的, 简称 V 与 W 同构.

根据定义, 对于欧氏空间 V 和 W, $\sigma: V\longrightarrow W$ 是欧氏空间的同构当且仅当 $\sigma: V\longrightarrow W$ 是线性空间的同构, 并且对任意 $\alpha,\beta\in V$ 都有 $(\sigma(\alpha),\sigma(\beta))=(\alpha,\beta)$.

例 8.1.5 设 $\alpha=(x_1,x_2,\cdots,x_n)'$, $\beta=(y_1,y_2,\cdots,y_n)'\in\mathbb{R}^n$, 定义 $\mathbb{R}^n$ 中内积为

$$(\alpha,\beta)=\alpha'\beta=(x_1,x_2,\cdots,x_n)\begin{pmatrix}y_1\\y_2\\\vdots\\y_n\end{pmatrix}=x_1y_1+x_2y_2+\cdots+x_ny_n. \tag{8.1.1}$$

以后在没有特别声明的情况下, 欧氏空间 $\mathbb{R}^n$ 中内积是指由 (8.1.1) 式定义的内积.

柯西–布尼亚科夫斯基–施瓦茨不等式是大家熟知的 (参见例 2.10.6). 这个不等式可以推广到欧氏空间中.

① 徐光启, 1562—1633, 明朝科学家、思想家、政治家、军事家.

② Matteo Ricci, 1552—1610, 意大利数学家、学者.

定理 8.1.6　设 α,β 是欧氏空间 V 中的两个向量, 则

$$(\alpha,\beta)^2 \leqslant (\alpha,\alpha)(\beta,\beta),$$

等号成立当且仅当 α,β 线性相关.

证明　当 α,β 中有一个是零向量时, 结论显然成立.

设 α,β 都不为零, 令 $f(t)=(\alpha,\alpha)t^2+2(\alpha,\beta)t+(\beta,\beta)$, 则 $f(t)$ 是首项系数为正数的一元二次多项式. 对任意 $t\in\mathbb{R}$, 由定义 8.1.1 知, $f(t)=(t\alpha+\beta,t\alpha+\beta)\geqslant 0$. 因此 $f(t)$ 的判别式 $\Delta=4(\alpha,\beta)^2-4(\alpha,\alpha)(\beta,\beta)\leqslant 0$. 所以 $(\alpha,\beta)^2\leqslant(\alpha,\alpha)(\beta,\beta)$, 等号成立当且仅当存在实数 t 使得 $t\alpha+\beta=0$, 即 α,β 线性相关. □

定义 8.1.7　设 V 是欧氏空间, $\alpha\in V$, 定义 $|\alpha|=\sqrt{(\alpha,\alpha)}$ 为 α 的**长度** (length), 或**范数** (norm). 长度为 1 的向量称为**单位向量** (unit vector).

由定理 8.1.6 知, 对任意 $\alpha,\beta\in V$ 都有 $|(\alpha,\beta)|\leqslant|\alpha||\beta|$, 从而

$$\begin{aligned}(\alpha+\beta,\alpha+\beta)&=(\alpha,\alpha)+(\beta,\beta)+2(\alpha,\beta)\\&\leqslant(\alpha,\alpha)+(\beta,\beta)+2|\alpha||\beta|\\&=|\alpha|^2+|\beta|^2+2|\alpha||\beta|\\&=(|\alpha|+|\beta|)^2.\end{aligned}$$

取平方根之后, 上式变成 $|\alpha+\beta|\leqslant|\alpha|+|\beta|$, 这就是我们熟悉的三角不等式.

定义 8.1.8　设 α,β 为欧氏空间 V 中非零向量, 定义它们的**夹角** (included angle) 为

$$\theta=\arccos\frac{(\alpha,\beta)}{|\alpha||\beta|}.$$

定义 8.1.9　设 $\alpha_1,\alpha_2,\cdots,\alpha_n$ 是欧氏空间 V 的一个基. 定义 V **关于这个基的度量矩阵** (metric matrix of V with respect to the basis $\alpha_1,\alpha_2,\cdots,\alpha_n$) 为

$$\begin{pmatrix}(\alpha_1,\alpha_1)&(\alpha_1,\alpha_2)&\cdots&(\alpha_1,\alpha_n)\\(\alpha_2,\alpha_1)&(\alpha_2,\alpha_2)&\cdots&(\alpha_2,\alpha_n)\\\vdots&\vdots&&\vdots\\(\alpha_n,\alpha_1)&(\alpha_n,\alpha_2)&\cdots&(\alpha_n,\alpha_n)\end{pmatrix}.$$

度量矩阵也称为**格拉姆**①**矩阵** (Gram matrix).

命题 8.1.10　设 $\alpha_1,\alpha_2,\cdots,\alpha_n$ 是欧氏空间 V 的一个基, 则 V 关于基 $\alpha_1,\alpha_2,\cdots,\alpha_n$ 的度量矩阵 A 是正定矩阵. 若 V 关于另一个基 $\beta_1,\beta_2,\cdots,\beta_n$ 的度量矩阵为 B, 从 $\alpha_1,\alpha_2,\cdots,\alpha_n$ 到 $\beta_1,\beta_2,\cdots,\beta_n$ 的过渡矩阵为 C, 则 $B=C'AC$.

① Jørgen Pedersen Gram, 1850—1916, 丹麦数学家.

证明 任取非零向量 $X=(c_1,c_2,\cdots,c_n)'\in\mathbb{R}^n$, 令 $\gamma=c_1\alpha_1+c_2\alpha_2+\cdots+c_n\alpha_n\in V$, 则 $\gamma\neq 0$, 从而 $X'AX=(\gamma,\gamma)>0$. 故 A 是正定矩阵.

由已知条件得, $(\beta_1,\cdots,\beta_n)=(\alpha_1,\cdots,\alpha_n)C$. 设 $C=(c_{ij})_{n\times n}$, 则 $\beta_i=\sum\limits_{k=1}^{n}c_{ki}\alpha_k$, $1\leqslant i\leqslant n$. 因此矩阵 B 的 (i,j) 位置的元素

$$(\beta_i,\beta_j)=\left(\sum_{k=1}^{n}c_{ki}\alpha_k,\sum_{l=1}^{n}c_{lj}\alpha_l\right)=(c_{1i},c_{2i},\cdots,c_{ni})A\begin{pmatrix}c_{1j}\\c_{2j}\\\vdots\\c_{nj}\end{pmatrix}.$$

故 $B=C'AC$. □

定义 8.1.11 设 V 是欧氏空间, $\alpha,\beta\in V$. 若 $(\alpha,\beta)=0$, 则称 α,β **正交** (orthogonal) 或者说 α 正交于 β, 记为 $\alpha\perp\beta$. 若有一组非零向量两两正交, 则称这组向量是**正交向量组** (set of orthogonal vectors). 设 $\alpha\in V$, W 是 V 的子空间. 若对任意 $\beta\in W$ 都有 $(\alpha,\beta)=0$, 则称 α 与 W 正交, 记为 $\alpha\perp W$. 设 V_1,V_2 都是 V 的子空间, 若对任意 $\alpha_1\in V_1$ 以及 $\alpha_2\in V_2$, 都有 $(\alpha_1,\alpha_2)=0$, 则称 V_1 与 V_2 正交, 记为 $V_1\perp V_2$.

命题 8.1.12 设 V_1 与 V_2 是欧氏空间 V 的两个正交的子空间, 则 V_1+V_2 为直和.

证明 任取 $\alpha\in V_1\cap V_2$. 因为 V_1,V_2 是正交的, 所以 $(\alpha,\alpha)=0$, 从而 $\alpha=0$. 故 V_1,V_2 的和为直和. □

命题 8.1.13 设 $\alpha_1,\alpha_2,\cdots,\alpha_k$ 是正交向量组, 则 $\alpha_1,\alpha_2,\cdots,\alpha_k$ 线性无关.

证明 设实数 c_1, c_2, $\cdots$, c_k 满足 $\sum\limits_{i=1}^{k}c_i\alpha_i=0$, 则

$$0=\left(\sum_{i=1}^{k}c_i\alpha_i,\sum_{i=1}^{k}c_i\alpha_i\right)=\sum_{i=1}^{k}c_i^2(\alpha_i,\alpha_i),$$

从而 $c_1=c_2=\cdots=c_k=0$. 故 $\alpha_1,\alpha_2,\cdots,\alpha_k$ 线性无关. □

定义 8.1.14 设 n 维欧氏空间 V 的向量 $\alpha_1,\alpha_2,\cdots,\alpha_k$ 满足对任意 $1\leqslant i,j\leqslant k$, $(\alpha_i,\alpha_j)=\delta_{ij}$, 则称 $\alpha_1,\alpha_2,\cdots,\alpha_k$ 是 V 的**标准正交向量组** (set of orthonormal vectors). 若 $e_1,e_2,\cdots,e_n$ 是 V 的标准正交向量组 (正交向量组), 则称 $e_1,e_2,\cdots,e_n$ 是 V 的**标准正交基** (orthonormal basis) (**正交基** (orthogonal basis)).

例 8.1.15 在例 8.1.5 中取 $n=2$, 则 $\begin{pmatrix}\cos\theta\\\sin\theta\end{pmatrix}$, $\begin{pmatrix}\sin\theta\\-\cos\theta\end{pmatrix}$ 是 V 的一个标

准正交基, 其中 $\theta \in \mathbb{R}$.

由命题 8.1.10 知, 欧氏空间 V 关于任意一个基 $\alpha_1, \alpha_2, \cdots, \alpha_n$ 的度量矩阵 A 都是正定矩阵, 所以存在 n 级可逆实矩阵 C 使得 $C'AC = I_n$. 令 $(\beta_1, \beta_2, \cdots, \beta_n) = (\alpha_1, \alpha_2, \cdots, \alpha_n)C$, 则 $\beta_1, \beta_2, \cdots, \beta_n$ 是 V 的一个基, 再由命题 8.1.10 知, V 关于基 $\beta_1, \beta_2, \cdots, \beta_n$ 的度量矩阵为单位矩阵, 从而 $\beta_1, \beta_2, \cdots, \beta_n$ 是 V 的一个标准正交基. 下面的定理告诉我们, 可以取上述过渡矩阵 C 为上三角矩阵.

定理 8.1.16　设 $\alpha_1, \alpha_2, \cdots, \alpha_n$ 是欧氏空间 V 的一组线性无关的向量, $W = L(\alpha_1, \alpha_2, \cdots, \alpha_n)$, 则存在 W 的一个标准正交基 $e_1, e_2, \cdots, e_n$ 使得对任意 $1 \leqslant m \leqslant n$ 都有 $L(e_1, e_2, \cdots, e_m) = L(\alpha_1, \alpha_2, \cdots, \alpha_m)$.

证明　我们首先构造 W 的一个正交基 $\beta_1, \beta_2, \cdots, \beta_n$ 使得

$$L(\beta_1, \beta_2, \cdots, \beta_m) = L(\alpha_1, \alpha_2, \cdots, \alpha_m), \quad 1 \leqslant m \leqslant n. \tag{8.1.2}$$

为此, 令

$$\begin{aligned}
\beta_1 &= \alpha_1, \\
\beta_2 &= \alpha_2 - \frac{(\alpha_2, \beta_1)}{(\beta_1, \beta_1)}\beta_1, \\
\beta_3 &= \alpha_3 - \frac{(\alpha_3, \beta_1)}{(\beta_1, \beta_1)}\beta_1 - \frac{(\alpha_3, \beta_2)}{(\beta_2, \beta_2)}\beta_2, \\
&\cdots\cdots \\
\beta_m &= \alpha_m - \frac{(\alpha_m, \beta_1)}{(\beta_1, \beta_1)}\beta_1 - \cdots - \frac{(\alpha_m, \beta_{m-1})}{(\beta_{m-1}, \beta_{m-1})}\beta_{m-1}, \\
&\cdots\cdots \\
\beta_n &= \alpha_n - \frac{(\alpha_n, \beta_1)}{(\beta_1, \beta_1)}\beta_1 - \cdots - \frac{(\alpha_n, \beta_{n-1})}{(\beta_{n-1}, \beta_{n-1})}\beta_{n-1}.
\end{aligned}$$

容易验证, $\beta_1, \beta_2, \cdots, \beta_n$ 是 W 的一个正交基, 并且满足等式 (8.1.2).

再将 $\beta_1, \beta_2, \cdots, \beta_n$ 单位化: 令 $e_m = \dfrac{\beta_m}{|\beta_m|}$, $1 \leqslant m \leqslant n$, 则 $e_1, e_2, \cdots, e_n$ 即为所求. □

上述定理的证明中求标准正交向量组的过程叫做**格拉姆–施密特**[①]**标准正交化过程** (Gram–Schmidt orthonormalization process), 简称**施密特标准正交化** (Schmidt orthonormalization).

① Erhard Schmidt, 1876—1959, 德国数学家.

注记 8.1.17 (1) 在格拉姆–施密特标准正交化过程中, 把线性无关向量组变成标准正交向量组的方法是施密特于 1907 年发表的, 该方法本质上与格拉姆于 1883 年发表的一篇论文中使用的方法相同.

(2) 施密特标准正交化过程也可在每一步做完正交化后, 接着进行单位化:

$$\begin{cases} \beta_1 = \alpha_1, & e_1 = \dfrac{\beta_1}{|\beta_1|}; \\ \beta_2 = \alpha_2 - (\alpha_2, e_1)e_1, & e_2 = \dfrac{\beta_2}{|\beta_2|}; \\ \quad\vdots \qquad\qquad \vdots & \qquad\vdots \\ \beta_n = \alpha_n - (\alpha_n, e_1)e_1 - \cdots - (\alpha_n, e_{n-1})e_{n-1}, & e_n = \dfrac{\beta_n}{|\beta_n|}. \end{cases}$$

例 8.1.18 设 $\alpha_1 = \begin{pmatrix}1\\1\\1\end{pmatrix}$, $\alpha_2 = \begin{pmatrix}1\\0\\2\end{pmatrix}$, $\alpha_3 = \begin{pmatrix}0\\0\\1\end{pmatrix} \in \mathbb{R}^3$. 证明 $\alpha_1, \alpha_2, \alpha_3$ 是 $\mathbb{R}^3$ 的一个基, 并用施密特标准正交化将其化为标准正交基.

证明 由 $\begin{vmatrix}1 & 1 & 0\\1 & 0 & 0\\1 & 2 & 1\end{vmatrix} = -1$ 知, α_1, α_2, α_3 是 $\mathbb{R}^3$ 的一个基.

先正交化

$$\beta_1 = \alpha_1 = \begin{pmatrix}1\\1\\1\end{pmatrix}, \quad \beta_2 = \alpha_2 - \frac{(\alpha_2, \beta_1)}{(\beta_1, \beta_1)}\beta_1 = \begin{pmatrix}0\\-1\\1\end{pmatrix},$$

$$\beta_3 = \alpha_3 - \frac{(\alpha_3, \beta_1)}{(\beta_1, \beta_1)}\beta_1 - \frac{(\alpha_3, \beta_2)}{(\beta_2, \beta_2)}\beta_2 = \begin{pmatrix}-\dfrac{1}{3}\\ \dfrac{1}{6}\\ \dfrac{1}{6}\end{pmatrix}.$$

再单位化

$$e_1 = \frac{\beta_1}{|\beta_1|} = \begin{pmatrix}\dfrac{1}{\sqrt{3}}\\ \dfrac{1}{\sqrt{3}}\\ \dfrac{1}{\sqrt{3}}\end{pmatrix}, \quad e_2 = \frac{\beta_2}{|\beta_2|} = \begin{pmatrix}0\\ -\dfrac{1}{\sqrt{2}}\\ \dfrac{1}{\sqrt{2}}\end{pmatrix}, \quad e_3 = \frac{\beta_3}{|\beta_3|} = \begin{pmatrix}-\dfrac{2}{\sqrt{6}}\\ \dfrac{1}{\sqrt{6}}\\ \dfrac{1}{\sqrt{6}}\end{pmatrix}.$$

故 e_1, e_2, e_3 是 $\mathbb{R}^3$ 的一个标准正交基. □

定理 8.1.19　设 V, W 是欧氏空间, 则 V 与 W 同构当且仅当 $\dim V = \dim W$.

证明　必要性　若 V 与 W 同构, 则由定理 5.1.11 知, $\dim V = \dim W$.

充分性　设 $\dim V = \dim W = n, \alpha_1, \alpha_2, \cdots, \alpha_n$ 与 $\beta_1, \beta_2, \cdots, \beta_n$ 分别是 V 与 W 的标准正交基. 定义线性映射 $\sigma: V \longrightarrow W$ 使得 $\sigma(\alpha_i) = \beta_i$, $i = 1, 2, \cdots, n$. 易知 σ 是欧氏空间 V 到 W 的同构, 所以 V 与 W 同构. □

由上述定理可知, 维数相同的欧氏空间都是同构的. 特别地, n 维欧氏空间都同构于 $\mathbb{R}^n$.

定义 8.1.20　设 W 是欧氏空间 V 的子空间, 定义 W 的**正交补** (orthogonal complement) $W^{\perp} = \{x \in V \mid (x, \alpha) = 0$ 对任意 $\alpha \in W$ 成立$\}$.

易知, 子空间 W 的正交补 $W^{\perp}$ 也是 V 的子空间, 且 W 与 $W^{\perp}$ 正交.

定理 8.1.21　设 U, W 是欧氏空间 V 的子空间, 则下列结论成立.

(1) $V^{\perp} = 0$, $0^{\perp} = V$.

(2) 若 $U \subseteq W$, 则 $W^{\perp} \subseteq U^{\perp}$.

(3) $V = W \oplus W^{\perp}$.

(4) $W = (W^{\perp})^{\perp}$.

(5) $(U + W)^{\perp} = U^{\perp} \cap W^{\perp}$.

(6) $(U \cap W)^{\perp} = U^{\perp} + W^{\perp}$.

证明　由定义 8.1.20 易知 (1)、(2) 成立.

(3) 若 W 是 V 的平凡子空间, 由 (1) 知结论成立.

下设 W 是非平凡子空间, 维数为 k. 为了证明 $V = W \oplus W^{\perp}$, 由命题 8.1.12 知, 只要证明 $V = W + W^{\perp}$. 任取 $\alpha \in V$ 以及 W 的一个标准正交基 $\alpha_1, \alpha_2, \cdots, \alpha_k$. 令 $x_1 = (\alpha, \alpha_1)$, $x_2 = (\alpha, \alpha_2)$, $\cdots$, $x_k = (\alpha, \alpha_k)$, 则对每个 $1 \leqslant i \leqslant k$ 都有

$$
\begin{aligned}
& (\alpha - x_1\alpha_1 - x_2\alpha_2 - \cdots - x_k\alpha_k, \alpha_i) \\
= \ & (\alpha, \alpha_i) - x_1(\alpha_1, \alpha_i) - x_2(\alpha_2, \alpha_i) - \cdots - x_k(\alpha_k, \alpha_i) \\
= \ & (\alpha, \alpha_i) - x_i(\alpha_i, \alpha_i) \\
= \ & x_i - x_i \\
= \ & 0.
\end{aligned}
$$

令 $\beta = \alpha - x_1\alpha_1 - x_2\alpha_2 - \cdots - x_k\alpha_k$, 则 β 与 $\alpha_1, \alpha_2, \cdots, \alpha_k$ 都正交, 所以 $\beta \in W^{\perp}$. 由于 $\alpha - \beta \in W$, 所以 $\alpha = (\alpha - \beta) + \beta \in W + W^{\perp}$, 因此 $V \subseteq W + W^{\perp} \subseteq V$. 故 $V = W + W^{\perp}$.

(4) 由定义 8.1.20 易知 $W \subseteq (W^{\perp})^{\perp}$. 再由 (3) 知, $\dim W = \dim(W^{\perp})^{\perp}$. 故 $W = (W^{\perp})^{\perp}$.

(5) 由定义 8.1.20 易知结论成立.

(6) 由 (4) 和 (5) 可知结论成立. □

注记 8.1.22 对无限维内积空间, 定理 8.1.21 一般不成立. 例如, 令 $V = \mathbb{R}[x]$ 为实系数多项式组成的无限维实线性空间, 易知

$$\left(\sum_{i=0}^{n} a_i x^i, \sum_{j=0}^{m} b_j x^j\right) = \sum_{k=0}^{\min(m,n)} a_k b_k$$

是 V 上内积, $W = \{f(x) \in V \mid f(1) = 0\}$ 是 V 的非平凡子空间. 假设 $0 \neq g(x) = \sum\limits_{j=0}^{m} b_j x^j \in W^{\perp}$, 其中 $b_m \neq 0$. 令 $f(x) = x^{m+1} - x^m$, 则 $f(x) \in W$. 由 $(g(x), f(x)) = 0$ 知 $b_m = 0$, 矛盾! 故 $W^{\perp} = 0$, 从而 $V \neq W \oplus W^{\perp}$.

定义 8.1.23 设 W 是欧氏空间 V 的子空间. 若线性映射 $\sigma : V \longrightarrow W$ 满足 $\sigma|_W = 1_W$ 且 $\sigma|_{W^{\perp}} = 0$, 则称 σ 是从 V 到 W 的**正交投射** (或**正交投影**) (orthogonal projection).

由定理 8.1.21 可知, 从 V 到 W 的正交投射由 W 唯一确定. 例如, 令 $W = \{(t,t) |\ t \in \mathbb{R}\}$, 则 W 是欧氏空间 $\mathbb{R}^2$ 的子空间, 从 V 到 W 的正交投射是

$$\sigma : V \longrightarrow W,\ (x, y) \mapsto \left(\frac{x+y}{2}, \frac{x+y}{2}\right).$$

8.2 正交矩阵与正交变换

8.1 节讨论了标准正交基的求法, 现在我们讨论从标准正交基到标准正交基的过渡矩阵.

设 $e_1, e_2, \cdots, e_n$ 和 $f_1, f_2, \cdots, f_n$ 是 V 的两个标准正交基, 从 $e_1, e_2, \cdots, e_n$ 到 $f_1, f_2, \cdots, f_n$ 的过渡矩阵是 $A = (a_{ij})_{n\times n}$, 即 $(f_1, f_2, \cdots, f_n) = (e_1, e_2, \cdots, e_n)A$, 因此 $(f_i, f_j) = \sum\limits_{k=1}^{n} a_{ki} a_{kj}, 1 \leqslant i, j \leqslant n$. 由于 $f_1, f_2, \cdots, f_n$ 是标准正交基, 所以 $(f_i, f_j) = \delta_{ij}$, 从而 $\sum\limits_{k=1}^{n} a_{ki} a_{kj} = \delta_{ij}, 1 \leqslant i, j \leqslant n$, 即 $A'A = I_n$. 因此, 我们引入

定义 8.2.1 设 $A \in \mathrm{M}_n(\mathbb{R})$. 若 $A'A = I_n$, 则称 A 是**正交矩阵** (orthogonal matrix). 所有 n 级正交矩阵组成的集合记为 $\mathrm{O}(n)$, 称为 n 级**正交群** (orthogonal group).

易见正交矩阵的行列式等于 ±1; 从标准正交基到标准正交基的过渡矩阵是正交矩阵; n 级正交矩阵的列 (行) 向量组构成了 $\mathbb{R}^n$ 的一个标准正交基.

由定义 5.1.1 知, 实线性空间 V 上的线性变换 σ 满足 $\sigma(k\alpha+l\beta)=k\sigma(\alpha)+l\sigma(\beta)$, 其中 $\alpha,\beta\in V$, $k,l\in\mathbb{R}$. 对欧氏空间 V, 我们希望线性变换 σ 还能保持内积不变, 故有

定义 8.2.2 设 V 是 n 维欧氏空间, $\sigma\in\mathrm{End}(V)$. 若对任意 $\alpha,\beta\in V$ 都有 $(\alpha,\beta)=(\sigma(\alpha),\sigma(\beta))$, 则称 σ 是 V 上的**正交变换** (orthogonal transformation).

下面我们给出正交变换的几个等价刻画.

定理 8.2.3 设 V 是 n 维欧氏空间, $\sigma\in\mathrm{End}(V)$, 则下列陈述等价:

(1) σ 是正交变换;

(2) 对任意 $\alpha\in V$ 都有 $|\sigma(\alpha)|=|\alpha|$;

(3) σ 在 V 的标准正交基下的矩阵是正交矩阵;

(4) σ 将 V 的标准正交基变为标准正交基.

证明 (1) $\Longrightarrow$ (2). 因为 σ 是正交变换, 所以由定义 8.2.2 知, 对任意 $\alpha\in V$ 都有 $(\sigma(\alpha),\sigma(\alpha))=(\alpha,\alpha)$, 从而 $|\sigma(\alpha)|=|\alpha|$.

(2) $\Longrightarrow$ (1). 假设对任意 $\alpha\in V$ 都有 $|\sigma(\alpha)|=|\alpha|$. 由定义 8.1.1 知, 对任意 $\alpha,\beta\in V$,

$$(\alpha,\beta)=\frac{1}{2}((\alpha+\beta,\alpha+\beta)-(\alpha,\alpha)-(\beta,\beta))=\frac{1}{2}(|\alpha+\beta|^2-|\alpha|^2-|\beta|^2).$$

同理, $(\sigma(\alpha),\sigma(\beta))=\frac{1}{2}(|\sigma(\alpha+\beta)|^2-|\sigma(\alpha)|^2-|\sigma(\beta)|^2)$. 因为 $|\sigma(\alpha+\beta)|=|\alpha+\beta|$, $|\sigma(\alpha)|=|\alpha|$, $|\sigma(\beta)|=|\beta|$, 所以 $(\alpha,\beta)=(\sigma(\alpha),\sigma(\beta))$ 对任意向量 $\alpha,\beta\in V$ 成立. 故 σ 是正交变换.

(1) $\Longleftrightarrow$ (3). 设 σ 在 V 的标准正交基 $e_1,e_2,\cdots,e_n$ 下的矩阵 $A=(a_{ij})_{n\times n}$, 则 $\sigma(e_1,e_2,\cdots,e_n)=(e_1,e_2,\cdots,e_n)A$. 因此对任意 $1\leqslant i\leqslant n$ 都有 $\sigma(e_i)=\sum\limits_{k=1}^{n}a_{ki}e_k$, 从而

$$\begin{aligned}(\sigma(e_i),\sigma(e_j))&=\left(\sum_{k=1}^{n}a_{ki}e_k,\sum_{l=1}^{n}a_{lj}e_l\right)=\sum_{k,l=1}^{n}a_{ki}a_{lj}(e_k,e_l)\\&=\sum_{k,l=1}^{n}a_{ki}a_{lj}\delta_{kl}=\sum_{k=1}^{n}a_{ki}a_{kj},\quad 1\leqslant i,j\leqslant n.\end{aligned}$$

设 $A'A=(c_{ij})_{n\times n}$, 则 $c_{ij}=\sum\limits_{k=1}^{n}a_{ki}a_{kj}$. 因此

$$(\sigma(e_i),\sigma(e_j))=c_{ij},\quad 1\leqslant i,j\leqslant n. \tag{8.2.1}$$

若 σ 是正交变换, 则 $(\sigma(e_i),\sigma(e_j))=(e_i,e_j)=\delta_{ij},1\leqslant i,j\leqslant n$. 由 (8.2.1) 式知 $c_{ij}=\delta_{ij}$, 所以 $A'A=I_n$, 即 A 是正交矩阵.

若 A 是正交矩阵, 则由 $A'A=I_n$ 知, $c_{ij}=\sum\limits_{k=1}^{n}a_{ki}a_{kj}=\delta_{ij}$. 再由 (8.2.1) 式得 $(\sigma(e_i),\sigma(e_j))=(e_i,e_j),1\leqslant i,j\leqslant n$, 因此 σ 保持基向量之间的内积不变, 从而由内积定义知, 对任意 $\alpha,\beta\in V$ 都有 $(\sigma(\alpha),\sigma(\beta))=(\alpha,\beta)$, 即 σ 是 V 上的正交变换.

(1) $\Longrightarrow$ (4). 设 $e_1,e_2,\cdots,e_n$ 是 V 的标准正交基. 由 (1) 知, σ 是 V 上的正交变换, 所以 $(\sigma(e_i),\sigma(e_j))=(e_i,e_j)=\delta_{ij},1\leqslant i,j\leqslant n$. 故 $\sigma(e_1),\sigma(e_2),\cdots,\sigma(e_n)$ 是标准正交基.

(4) $\Longrightarrow$ (3). 设 σ 在 V 的标准正交基 $e_1,e_2,\cdots,e_n$ 下的矩阵为 A, 则

$$(\sigma(e_1),\sigma(e_2),\cdots,\sigma(e_n))=(e_1,e_2,\cdots,e_n)A.$$

由 (4) 知, $\sigma(e_1),\sigma(e_2),\cdots,\sigma(e_n)$ 是 V 的标准正交基, 从而 A 是从标准正交基 $e_1,e_2,\cdots,e_n$ 到标准正交基 $\sigma(e_1),\sigma(e_2),\cdots,\sigma(e_n)$ 的过渡矩阵. 由此可见, A 是正交矩阵. □

注记 8.2.4 设 V 是 n 维欧氏空间, $\sigma\in\mathrm{End}(V)$, 由定义和定理 8.2.3 知, σ 是 V 上的正交变换当且仅当 σ 是 V 的自同构 (即 V 到 V 的同构).

定义 8.2.5 行列式为 1 的正交矩阵称为**特殊正交矩阵** (special orthogonal matrix). 所有 n 级特殊正交矩阵组成的集合记为 $\mathrm{SO}(n)$, 称为 n 级**特殊正交群** (special orthogonal group). 行列式为 1 的正交变换称为**旋转** (rotation).

显然, 欧氏空间的正交变换是旋转当且仅当它在标准正交基下的矩阵是特殊正交矩阵.

定理 8.2.6 设 σ 是欧氏空间 V 上的正交变换. 若 W 是 σ–子空间, 则 W 的正交补 $W^{\perp}$ 也是 σ–子空间.

证明 任取 $\alpha\in W^{\perp}$, 下面证明 $(\sigma(\alpha),\beta)=0$ 对任意 $\beta\in W$ 成立. 由于 σ 是同构, 所以它限制在 σ–子空间 W 上时也是同构, 因此对任意 $\beta\in W$, 都存在 $\gamma\in W$ 使得 $\sigma(\gamma)=\beta$. 故 $(\sigma(\alpha),\beta)=(\sigma(\alpha),\sigma(\gamma))=(\alpha,\gamma)$. 又 $\alpha\in W^{\perp},\gamma\in W$, 所以 $(\alpha,\gamma)=0$. 因此 $(\sigma(\alpha),\beta)=0$, 即 $\sigma(\alpha)\in W^{\perp}$. 故 $W^{\perp}$ 也是 σ–子空间. □

注意, 如果 σ 不是正交变换, 那么 σ–子空间的正交补不一定是 σ–子空间 (参见本章习题 7).

命题 8.2.7 设 $A\in\mathrm{SO}(2)$, 则存在 $0\leqslant\theta<2\pi$ 使得 $A=\begin{pmatrix}\cos\theta & -\sin\theta\\ \sin\theta & \cos\theta\end{pmatrix}$.

若 $A \in \mathrm{O}(2)$ 且 $|A| = -1$, 则存在 $0 \leqslant \theta < 2\pi$ 使得 $A = \begin{pmatrix} \cos\theta & \sin\theta \\ \sin\theta & -\cos\theta \end{pmatrix}$.

证明 设 $A = \begin{pmatrix} a & b \\ c & d \end{pmatrix}$, 则由 $A'A = I_2$ 知, $a^2+c^2 = 1, b^2+d^2 = 1, ab+cd = 0$.

因为 $a^2 + c^2 = 1$, 所以一定存在实数 θ 使得 $a = \cos\theta, c = \sin\theta$, $0 \leqslant \theta < 2\pi$. 同理, 一定存在 φ 使得 $b = \cos\varphi, d = \sin\varphi$, $0 \leqslant \varphi < 2\pi$. 因为 $ab + cd = 0$, 所以 $\cos\theta\cos\varphi + \sin\theta\sin\varphi = \cos(\theta - \varphi) = 0$. 故 $\theta - \varphi = \pm\dfrac{\pi}{2}$ 或者 $\pm\dfrac{3\pi}{2}$.

若 $\theta - \varphi = -\dfrac{\pi}{2}$ 或者 $\dfrac{3\pi}{2}$, 则 $A = \begin{pmatrix} \cos\theta & -\sin\theta \\ \sin\theta & \cos\theta \end{pmatrix}$, $|A| = 1$.

若 $\theta - \varphi = \dfrac{\pi}{2}$ 或者 $-\dfrac{3\pi}{2}$, 则 $A = \begin{pmatrix} \cos\theta & \sin\theta \\ \sin\theta & -\cos\theta \end{pmatrix}$, $|A| = -1$. □

定义 8.2.8 设 $A, B \in \mathrm{M}_n(\mathbb{R})$. 若存在 $C \in \mathrm{O}(n)$ 使得 $A = C^{-1}BC$, 则称 A 与 B **正交相似** (orthogonally similar).

如果 A 与 B 正交相似, 那么 A 与 B 既相似又合同.

例 8.2.9 设 A 是行列式为 -1 的二级正交矩阵, 则 A 正交相似于 $\begin{pmatrix} 1 & 0 \\ 0 & -1 \end{pmatrix}$.

证明 由命题 8.2.7 知, 存在 $0 \leqslant \theta < 2\pi$ 使得 $A = A(\theta) = \begin{pmatrix} \cos\theta & \sin\theta \\ \sin\theta & -\cos\theta \end{pmatrix}$. 通过计算知 $A(\theta)$ 的特征多项式为 $\lambda^2 - 1$, 所以 $A(\theta)$ 有特征值 $1, -1$. 易知 $A(0) = \begin{pmatrix} 1 & 0 \\ 0 & -1 \end{pmatrix}$ 与 $A(\pi) = \begin{pmatrix} -1 & 0 \\ 0 & 1 \end{pmatrix}$ 都是对角矩阵.

若 $\theta \neq 0, \pi$, 则通过解方程组 $\begin{pmatrix} 1-\cos\theta & -\sin\theta \\ -\sin\theta & 1+\cos\theta \end{pmatrix}\begin{pmatrix} x_1 \\ x_2 \end{pmatrix} = \begin{pmatrix} 0 \\ 0 \end{pmatrix}$ 得 $\alpha = \begin{pmatrix} 1+\cos\theta \\ \sin\theta \end{pmatrix}$ 是属于特征值 1 的特征向量, 同理可求得 $\beta = \begin{pmatrix} 1-\cos\theta \\ -\sin\theta \end{pmatrix}$ 是属于特征值 -1 的特征向量. 由 $(1+\cos\theta)(1-\cos\theta) - \sin^2\theta = 0$ 知 α, β 是两个互相

正交的向量, 令

$$C(\theta)=\left(\frac{\alpha}{|\alpha|},\frac{\beta}{|\beta|}\right)=\begin{pmatrix}\dfrac{1+\cos\theta}{\sqrt{2+2\cos\theta}} & \dfrac{1-\cos\theta}{\sqrt{2-2\cos\theta}}\\ \dfrac{\sin\theta}{\sqrt{2+2\cos\theta}} & \dfrac{-\sin\theta}{\sqrt{2-2\cos\theta}}\end{pmatrix},\quad \theta\neq 0,\pi,$$

则 $C(\theta)$ 是正交矩阵, 而且 $C(\theta)^{-1}A(\theta)C(\theta)=\begin{pmatrix}1&0\\0&-1\end{pmatrix},\theta\neq 0,\pi$, 从而 $A(\theta)$ 正交相似于 $\begin{pmatrix}1&0\\0&-1\end{pmatrix}$. □

命题 8.2.10 设 $A=(a_{ij})_{n\times n},B=(b_{ij})_{n\times n}\in \mathrm{M}_n(\mathbb{R})$, 且 A 与 B 正交相似, 则

$$\sum_{i,j=1}^{n}a_{ij}^2=\sum_{i,j=1}^{n}b_{ij}^2.$$

证明 首先注意到 $\mathrm{Tr}(AA')=\sum\limits_{i,j=1}^{n}a_{ij}^2$, $\mathrm{Tr}(BB')=\sum\limits_{i,j=1}^{n}b_{ij}^2$. 如果存在正交矩阵 T 使得 $T^{-1}AT=B$, 那么 $\mathrm{Tr}(BB')=\mathrm{Tr}(T^{-1}AA'T)=\mathrm{Tr}(AA')$. 故命题成立. □

例 8.2.11 令 $A=\begin{pmatrix}3&1\\-2&0\end{pmatrix}$, $B=\begin{pmatrix}1&1\\0&2\end{pmatrix}$, 则 A 与 B 的特征多项式都是 $(\lambda-1)(\lambda-2)$. 因此 A 与 B 都相似于 $\begin{pmatrix}1&0\\0&2\end{pmatrix}$. 但是 $\mathrm{Tr}(AA')=14$, $\mathrm{Tr}(BB')=6$, 由命题 8.2.10 知, 它们不是正交相似的.

例 8.2.12 令 $A=\begin{pmatrix}0&1\\0&0\end{pmatrix},B=\begin{pmatrix}0&2\\0&0\end{pmatrix}$. 因为 $\begin{pmatrix}2&0\\0&1\end{pmatrix}\begin{pmatrix}0&1\\0&0\end{pmatrix}\begin{pmatrix}2&0\\0&1\end{pmatrix}^{-1}=\begin{pmatrix}0&2\\0&0\end{pmatrix}$, 所以 A 与 B 相似. 由于 $\begin{pmatrix}1&0\\0&2\end{pmatrix}\begin{pmatrix}0&1\\0&0\end{pmatrix}\begin{pmatrix}1&0\\0&2\end{pmatrix}=\begin{pmatrix}0&2\\0&0\end{pmatrix}$, 故它们也合同. 由命题 8.2.10 知, 它们不正交相似.

注记 8.2.13 设 $A,B\in\mathrm{M}_n(\mathbb{R})$. 若存在 n 级可逆实矩阵 P 使得 $P^{-1}AP=B$, $P^{-1}A'P=B'$, 则 A 正交相似于 B (见本章习题 39).

定理 8.2.14 任意 $A \in \mathrm{O}(n)$ 都正交相似于准对角矩阵 $\mathrm{diag}(A_1, A_2, \cdots, A_k)$, 其中每个 $A_i = \pm 1$ 或者 $A_i = \begin{pmatrix} \cos\theta_i & -\sin\theta_i \\ \sin\theta_i & \cos\theta_i \end{pmatrix}$, $0 < \theta_i < 2\pi$, $\theta_i \neq \pi$.

证明 我们用数学归纳法证明, 易见定理对一级正交矩阵成立. 设 $n > 1$ 且定理对级数小于 n 的正交矩阵成立. 该定理等价于: 任给欧氏空间 $\mathbb{R}^n$ 上的正交变换 σ, 一定存在 $\mathbb{R}^n$ 的一个标准正交基, 使得 σ 在该基下的矩阵是定理中给出的形式.

任取 $\mathbb{R}^n$ 的一个标准正交基 $e_1, e_2, \cdots, e_n$. 正交矩阵 A 在这个基下决定了一个正交变换 σ 使得 $\sigma(e_1, e_2, \cdots, e_n) = (e_1, e_2, \cdots, e_n)A$.

首先如果 σ 有实特征值, 那么一定有一维 σ–子空间 W. 其次如果 σ 没有实特征值, 那么由第 5 章习题 33 知, 线性变换 σ 一定有二维 σ–子空间 W.

由定理 8.2.6 知, W 的正交补 $W^{\perp}$ 也是 σ–子空间, 但是维数小于 n. 根据归纳假设, 定理对 $W^{\perp}$ 成立, 即 σ 在 $W^{\perp}$ 的某个标准正交基下的矩阵是定理中的准对角矩阵. 由于 $\dim W \leqslant 2$, W 上正交变换在标准正交基下的矩阵是 ± 1 或者 $\begin{pmatrix} \cos\theta & -\sin\theta \\ \sin\theta & \cos\theta \end{pmatrix}$, 其中 $0 \leqslant \theta < 2\pi, \theta \neq \pi$. 因为 W 与 $W^{\perp}$ 的标准正交基合起来就是 V 的标准正交基, 所以 σ 在这个基下的矩阵是定理中的准对角矩阵. □

定义 8.2.15 设 σ 是 n 维欧氏空间 V 上的正交变换. 若 σ 在某个标准正交基下的矩阵为 $\begin{pmatrix} I_{n-1} & 0 \\ 0 & -1 \end{pmatrix}$, 则称 σ 为**镜面反射** (mirror reflection). 欧氏空间上的镜面反射在标准正交基下的矩阵称为**镜面反射矩阵**.

命题 8.2.16 设 σ 是 n 维欧氏空间 V 上的正交变换, 若 σ 是恒等变换, 则 σ 是两个镜面反射的乘积. 若 σ 不是恒等变换, 则 σ 可以写成 $n-k$ 个镜面反射的乘积, 其中 k 是 σ 的特征值 1 的重数 (如果 1 不是 σ 的特征值, 那么 $k = 0$).

证明 若 σ 是恒等变换, 则由 $I_n = \begin{pmatrix} I_{n-1} & 0 \\ 0 & -1 \end{pmatrix} \begin{pmatrix} I_{n-1} & 0 \\ 0 & -1 \end{pmatrix}$ 知 σ 是两个镜面反射的乘积.

下设 σ 不是恒等变换. 根据定理 8.2.14, 存在 V 的一个基使得 σ 在这个基下的矩阵是准对角矩阵 $\mathrm{diag}(A_1, A_2, \cdots, A_t)$, 其中每个 A_i $(1 \leqslant i \leqslant t)$ 都是 ± 1 或者 $\begin{pmatrix} \cos\theta & -\sin\theta \\ \sin\theta & \cos\theta \end{pmatrix}$, $0 < \theta < 2\pi$, $\theta \neq \pi$. 注意, $\begin{pmatrix} \cos\theta & -\sin\theta \\ \sin\theta & \cos\theta \end{pmatrix} = \begin{pmatrix} \cos\theta & \sin\theta \\ \sin\theta & -\cos\theta \end{pmatrix} \begin{pmatrix} 1 & 0 \\ 0 & -1 \end{pmatrix}$. 由例 8.2.9 知, $\begin{pmatrix} 1 & 0 \\ 0 & -1 \end{pmatrix}$ 与 $\begin{pmatrix} \cos\theta & \sin\theta \\ \sin\theta & -\cos\theta \end{pmatrix}$ 都是

镜面反射. 故 $\begin{pmatrix}\cos\theta & -\sin\theta\\ \sin\theta & \cos\theta\end{pmatrix}$ 是两个镜面反射的乘积. 又因为每个特征值 -1 都对应于一个镜面反射, 所以 σ 可以写成 $n-k$ 个镜面反射的乘积, 其中 k 是 σ 的特征值 1 的重数 (如果 1 不是 σ 的特征值, 那么 $k=0$). □

8.3 三维空间中的旋转与四元数

命题 8.2.7 刻画了 $\mathbb{R}^2$ 中的旋转在标准正交基下的矩阵. 下面证明定义 8.2.5 中的旋转在 $n=3$ 时就是例 5.1.5 和例 5.2.7 中的旋转 $\sigma=R_{\alpha,\varphi}$.

定理 8.3.1 *设线性变换 $\sigma:\mathbb{R}^3\longrightarrow\mathbb{R}^3$ 是旋转, 则存在 $\mathbb{R}^3$ 的一个标准正交基 α,β,γ 使得 σ 在这个基下的矩阵是 $\begin{pmatrix}1 & 0 & 0\\ 0 & \cos\varphi & -\sin\varphi\\ 0 & \sin\varphi & \cos\varphi\end{pmatrix}$, 即 $\sigma=R_{\alpha,\varphi}$.*

证明 因为 σ 是旋转, 所以由定理 8.2.14 知 σ 有特征值 1, 从而存在单位向量 $\alpha\in\mathbb{R}^3$ 使得 $\sigma(\alpha)=\alpha$. 将 α 扩充为 $\mathbb{R}^3$ 的一个标准正交基 α,β,γ. 记 $W=L(\beta,\gamma)$, 则 W 是 $L(\alpha)$ 的正交补. 由定理 8.2.6 知, W 也是 σ–子空间, 所以 σ 在 W 上仍是旋转. 故由命题 8.2.7 知, 存在 φ 使得 $\sigma(\beta,\gamma)=(\beta,\gamma)\begin{pmatrix}\cos\varphi & -\sin\varphi\\ \sin\varphi & \cos\varphi\end{pmatrix}$. 再由 $\sigma(\alpha)=\alpha$, 得 $\sigma(\alpha,\beta,\gamma)=(\alpha,\beta,\gamma)\begin{pmatrix}1 & 0 & 0\\ 0 & \cos\varphi & -\sin\varphi\\ 0 & \sin\varphi & \cos\varphi\end{pmatrix}$. 故 $\sigma=R_{\alpha,\varphi}$. □

注记 8.3.2 由于两个行列式为 1 的三级正交矩阵的乘积仍是行列式为 1 的三级正交矩阵, 所以旋转的复合仍是旋转, 即设 σ_1 是围绕着向量 α_1 沿右手法则方向 (即当右手的大拇指指向旋转轴的正向时, 其余四指弯曲的方向) 转 θ_1 角度, σ_2 是围绕着向量 α_2 沿右手法则方向转 θ_2 角度, 则 $\sigma_2\sigma_1$ 仍是旋转, 即一定存在 $\alpha_3\in V,\theta_3\in\mathbb{R}$ 使得 $\sigma_2\sigma_1$ 是围绕着向量 α_3 沿右手法则方向转 θ_3 角度.

物理中经常采用**欧拉角** (Euler angles) 描述旋转. 令 $\mathbb{R}^3$ 的坐标系为 xyz, 基向量为

$$\varepsilon_1=\begin{pmatrix}1\\0\\0\end{pmatrix},\quad \varepsilon_2=\begin{pmatrix}0\\1\\0\end{pmatrix},\quad \varepsilon_3=\begin{pmatrix}0\\0\\1\end{pmatrix}. \tag{8.3.1}$$

设经过旋转 σ 之后, 坐标系 xyz 变成 uvw, (8.3.1) 式中的基向量变成 $\alpha=\sigma(\varepsilon_1)$, $\beta=\sigma(\varepsilon_2)$, $\gamma=\sigma(\varepsilon_3)$.

我们下面把 σ 分解为三步完成, 每一步都是绕某坐标轴旋转一个角度, 这三个角度合起来称为旋转 σ 的欧拉角 (θ,φ,ψ). 如果 xy 平面和 uv 平面重合, 取 $\alpha_1=\alpha$. 否则, 设 xy 平面和 uv 平面的交线为 N, 即 $L(\varepsilon_1,\varepsilon_2)\cap L(\alpha,\beta)=N$. 取 $\alpha_1=\dfrac{\varepsilon_3\times\gamma}{|\varepsilon_3\times\gamma|}$, 其中 $\varepsilon_3\times\gamma$ 为 ε_3 与 γ 的外积, 则 $|\alpha_1|=1$.

(1) 保持 z 轴不动, 旋转 xy 平面使得 ε_1 旋转到 α_1 的位置, 设所旋转的角度为 θ. 记 β_1 为 ε_2 旋转到的位置, $\gamma_1=\varepsilon_3$. 这一步的变换 σ_1 用矩阵写出来是

$$(\alpha_1,\beta_1,\gamma_1)=\sigma_1(\varepsilon_1,\varepsilon_2,\varepsilon_3)=(\varepsilon_1,\varepsilon_2,\varepsilon_3)\begin{pmatrix}\cos\theta&-\sin\theta&0\\\sin\theta&\cos\theta&0\\0&0&1\end{pmatrix}. \tag{8.3.2}$$

(2) 保持 N 不动, 旋转 zw 平面使得 z 旋转到 w 的位置, 设所旋转的角度为 φ, 此时原来的 xy 平面已经旋转到与 uv 平面重合的位置. 记 $\alpha_2=\alpha_1$, 并令 β_1,γ_1 分别旋转到 β_2,γ_2. 这一步的变换 σ_2 用矩阵写出来是

$$(\alpha_2,\beta_2,\gamma_2)=\sigma_2(\alpha_1,\beta_1,\gamma_1)=(\alpha_1,\beta_1,\gamma_1)\begin{pmatrix}1&0&0\\0&\cos\varphi&-\sin\varphi\\0&\sin\varphi&\cos\varphi\end{pmatrix}. \tag{8.3.3}$$

(3) 保持 w 不动, 旋转 xy 平面使得 xy 旋转到 uv 的位置, 设所旋转的角度为 ψ. 这一步的变换 σ_3 用矩阵写出来是

$$(\alpha,\beta,\gamma)=\sigma_3(\alpha_2,\beta_2,\gamma_2)=(\alpha_2,\beta_2,\gamma_2)\begin{pmatrix}\cos\psi&-\sin\psi&0\\\sin\psi&\cos\psi&0\\0&0&1\end{pmatrix}. \tag{8.3.4}$$

由 (8.3.2), (8.3.3), (8.3.4) 式知, σ 可以分解为 $\sigma=\sigma_3\sigma_2\sigma_1$, 即三级特殊正交矩阵 A 可表为

$$A=\begin{pmatrix}\cos\psi&-\sin\psi&0\\\sin\psi&\cos\psi&0\\0&0&1\end{pmatrix}\begin{pmatrix}1&0&0\\0&\cos\varphi&-\sin\varphi\\0&\sin\varphi&\cos\varphi\end{pmatrix}\begin{pmatrix}\cos\theta&-\sin\theta&0\\\sin\theta&\cos\theta&0\\0&0&1\end{pmatrix}.$$

以上把一个旋转分解为三个绕坐标轴旋转的复合如下图所示.

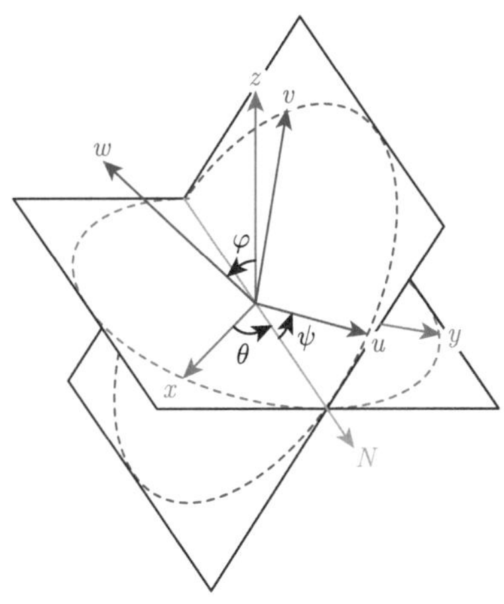

欧拉角 (θ,φ,ψ) 示意图

我们也可以用四元数来刻画三维空间中的旋转.

在 1.3 节中, 复数域 $\mathbb{C}$ 可以看成是实数域上由 1, i 张成的二维线性空间, 即 $\mathbb{C}=\{x+y\mathrm{i}\mid x,y\in\mathbb{R}\}$. 四元数是复数的高维推广.

定义 8.3.3 设 $\mathbb{H}=\{w+x\mathbf{i}+y\mathbf{j}+z\mathbf{k}\mid w,x,y,z\in\mathbb{R}\}$ 是以 1, $\mathbf{i}$, $\mathbf{j}$, $\mathbf{k}$ 为基的四维实线性空间. 对任意 $q_1=w_1+x_1\mathbf{i}+y_1\mathbf{j}+z_1\mathbf{k}$, $q_2=w_2+x_2\mathbf{i}+y_2\mathbf{j}+z_2\mathbf{k}\in\mathbb{H}$, 定义 q_1 与 q_2 的积为

$$\begin{aligned}q_1q_2&=(w_1+x_1\mathbf{i}+y_1\mathbf{j}+z_1\mathbf{k})(w_2+x_2\mathbf{i}+y_2\mathbf{j}+z_2\mathbf{k})\\&=(w_1w_2-x_1x_2-y_1y_2-z_1z_2)+(w_1x_2+x_1w_2+y_1z_2-z_1y_2)\mathbf{i}\\&\quad+(w_1y_2+y_1w_2+z_1x_2-x_1z_2)\mathbf{j}+(w_1z_2+z_1w_2+x_1y_2-y_1x_2)\mathbf{k}.\end{aligned}\tag{8.3.5}$$

在上述运算下, $\mathbb{H}$ 称为**四元数代数** (quaternion algebra), 其中元素称为**四元数**.

注记 8.3.4 容易验证下述事实.

(1) **乘法满足结合律** $q_1(q_2q_3)=(q_1q_2)q_3$.

(2) **乘法对加法满足左分配律** $q_1(q_2+q_3)=q_1q_2+q_1q_3$.

(3) **乘法对加法满足右分配律** $(q_1+q_2)q_3=q_1q_3+q_2q_3$.

(4) **乘法有逆元** 设 $\alpha\neq 0$, 则存在唯一的 β 使得 $\alpha\beta=\beta\alpha=1,\beta$ 称为 α 的逆 (inverse), 记为 α^{-1}. 事实上, 如果 $\alpha=w+x\mathbf{i}+y\mathbf{j}+z\mathbf{k}\neq 0$, 那么 $\alpha^{-1}=\dfrac{w-x\mathbf{i}-y\mathbf{j}-z\mathbf{k}}{w^2+x^2+y^2+z^2}$.

(5) **乘法不满足交换律** $\mathbf{ij}=\mathbf{k}\neq\mathbf{ji}=-\mathbf{k}$.

(6) $\mathbf{i}^2=\mathbf{j}^2=\mathbf{k}^2=\mathbf{ijk}=-1$.

注记 8.3.5 在 19 世纪早期, 复数理论已经发展得很成熟. 由于复数可以跟二维实平面上的点一一对应, 数学家们希望找到能跟三维实空间中的点对应的"三元数", 可是却一直没有成功. 据说, 1843 年 10 月 16 日, 哈密顿和他的妻子沿着一条河散步时, 突然想到了"三元数"是不存在的, 但是可以按照 (8.3.5) 式定义四元数的乘法. 哈密顿在狂喜中掏出了一把刀子, 把四元数的乘法公式刻在了布洛姆桥 (Brougham Bridge) 下的一块巨石上, 他刻的是"$\mathbf{i}^2=\mathbf{j}^2=\mathbf{k}^2=\mathbf{ijk}=-1$".

四元数的发现极大地促进了数学和物理学的发展. 凯莱在四元数的基础上发现了八元数, 并发展出矩阵理论, 物理学家麦克斯韦①用四元数阐述了电磁方程.

在用矩阵来解释四元数之前, 我们先看看如何用矩阵解释复数. 考虑集合 $V=\left\{\begin{pmatrix} x & y \\ -y & x\end{pmatrix}\ \middle|\ x,\ y\in\mathbb{R}\right\}$. 由第 5 章习题 5 知

$$\sigma:\mathbb{C}\longrightarrow V,\quad x+y\mathrm{i}\longmapsto x\begin{pmatrix}1 & 0\\ 0 & 1\end{pmatrix}+y\begin{pmatrix}0 & 1\\ -1 & 0\end{pmatrix}$$

是实线性空间同构, 且满足 $\sigma(\alpha\beta)=\sigma(\alpha)\sigma(\beta)$, 其中 $\alpha,\ \beta\in\mathbb{C}$.

四元数也可以用类似的方法定义. 考虑集合 $H=\left\{\begin{pmatrix} u & v \\ -\overline{v} & \overline{u}\end{pmatrix}\ \middle|\ u,\ v\in\mathbb{C}\right\}$. 设 $u=w+x\mathrm{i}$, $v=y+z\mathrm{i}$, 其中 $w,x,y,z\in\mathbb{R}$, 则

$$\begin{pmatrix} u & v \\ -\overline{v} & \overline{u}\end{pmatrix}=w\begin{pmatrix}1 & 0\\ 0 & 1\end{pmatrix}+x\begin{pmatrix}\mathrm{i} & 0\\ 0 & -\mathrm{i}\end{pmatrix}+y\begin{pmatrix}0 & 1\\ -1 & 0\end{pmatrix}+z\begin{pmatrix}0 & \mathrm{i}\\ \mathrm{i} & 0\end{pmatrix}.$$

因此 H 是实数域上的四维线性空间. 定义线性映射 $\sigma:\mathbb{H}\longrightarrow H$ 使得

$$\sigma(1)=\begin{pmatrix}1 & 0\\ 0 & 1\end{pmatrix},\quad \sigma(\mathbf{i})=\begin{pmatrix}\mathrm{i} & 0\\ 0 & -\mathrm{i}\end{pmatrix},$$
$$\sigma(\mathbf{j})=\begin{pmatrix}0 & 1\\ -1 & 0\end{pmatrix},\quad \sigma(\mathbf{k})=\begin{pmatrix}0 & \mathrm{i}\\ \mathrm{i} & 0\end{pmatrix},$$

则 σ 是实线性空间同构.

设 $\mathbb{H}^0=\{x\mathbf{i}+y\mathbf{j}+z\mathbf{k}\mid x,\ y,\ z\in\mathbb{R}\}$, 则 $\mathbb{H}^0$ 是三维实线性空间, 称 $\mathbb{H}^0$ 中元素为**纯四元数** (pure quaternion). 对任意 $\alpha,\beta\in\mathbb{H}^0$, 定义

$$(\alpha,\beta)=\frac{-\alpha\beta-\beta\alpha}{2},\quad \alpha\times\beta=\frac{\alpha\beta-\beta\alpha}{2}. \tag{8.3.6}$$

① James Clerk Maxwell, 1831—1879, 英国物理学家.

设 $\alpha = x_1\mathbf{i}+y_1\mathbf{j}+z_1\mathbf{k}$, $\beta = x_2\mathbf{i}+y_2\mathbf{j}+z_2\mathbf{k}$, 则 $(\alpha,\beta) = x_1x_2+y_1y_2+z_1z_2$, $\alpha\times\beta = (y_1z_2-y_2z_1)\mathbf{i}+(x_2z_1-x_1z_2)\mathbf{j}+(x_1y_2-x_2y_1)\mathbf{k}$. 易见, (8.3.6) 式定义了 $\mathbb{H}^0$ 上的**内积与外积**, 而且分别和通常三维空间中的内积 $\alpha\cdot\beta$ 与外积 $\alpha\times\beta$ 是相同的. 故 $\mathbb{H}^0$ 与 $\mathbb{R}^3$ 作为欧氏空间同构.

定义 8.3.6 设 $q = w+x\mathbf{i}+y\mathbf{j}+z\mathbf{k}$, 称 $\overline{q} = w-x\mathbf{i}-y\mathbf{j}-z\mathbf{k}$ 为 q 的**共轭** (conjugate), 而 $|q| = \sqrt{q\overline{q}} = \sqrt{w^2+x^2+y^2+z^2}$ 称为 q 的**长度** (length).

对 $q_1,q_2\in\mathbb{H}$, 易见 $|q_1q_2| = |q_1||q_2|$.

定理 8.3.7 任何四元数 q 都可以写成 $|q|(\cos\theta+\alpha\sin\theta)$, 其中 θ 是实数, α 是长度为 1 的纯四元数.

证明 设 $q = w+x\mathbf{i}+y\mathbf{j}+z\mathbf{k}\in\mathbb{H}$. 当 $q=0$ 时, 定理显然成立. 下设 $q\neq 0$, 取 $\theta\in\mathbb{R}$ 使得 $\cos\theta = \dfrac{w}{|q|}$, $\sin\theta = \dfrac{\sqrt{x^2+y^2+z^2}}{|q|}$. 令 $\alpha = \dfrac{x\mathbf{i}+y\mathbf{j}+z\mathbf{k}}{\sqrt{x^2+y^2+z^2}}$, 即知定理成立. □

定理 8.3.8 设 $0\neq\delta\in\mathbb{H}$. 若对所有 $q\in\mathbb{H}^0$ 都有 $\delta q = q\delta$, 则 $\delta\in\mathbb{R}$.

证明 设 $\delta = w+x\mathbf{i}+y\mathbf{j}+z\mathbf{k}$. 令 $q=\mathbf{i}$, 则 $\delta\mathbf{i} = -x+w\mathbf{i}+z\mathbf{j}-y\mathbf{k}$, $\mathbf{i}\delta = -x+w\mathbf{i}-z\mathbf{j}+y\mathbf{k}$. 故 $\delta\mathbf{i}=\mathbf{i}\delta$ 当且仅当 $y=z=0$. 同理取 $q=\mathbf{j}$, 知 $\delta\mathbf{j}=\mathbf{j}\delta$ 当且仅当 $x=z=0$. 因此 $\delta = w\in\mathbb{R}$. □

下面我们用四元数来刻画旋转.

定理 8.3.9 设 $\alpha\in\mathbb{H}^0$ 且 $|\alpha|=1$, $\sigma = R_{\alpha,\varphi}\in\mathrm{End}(\mathbb{H}^0)$, 则存在长度为 1 的 $\delta\in\mathbb{H}$ 使得对任意 $\xi\in\mathbb{H}^0$ 都有 $\sigma(\xi) = \delta\xi\delta^{-1}$.

证明 取单位向量 $\beta\in\mathbb{H}^0$ 使得 $(\alpha,\beta)=0$, 所以 $\alpha\beta = -\beta\alpha$. 令 $\gamma=\alpha\beta$, 则 $|\gamma| = |\alpha||\beta| = 1$ 且 $\alpha\gamma = \alpha^2\beta = -\alpha\beta\alpha = -\gamma\alpha$. 因此 $(\alpha,\gamma)=0$, 同理 $(\beta,\gamma)=0$. 故 α,β,γ 是三个两两正交长度为 1 的向量, 它们构成了 $\mathbb{H}^0$ 的一个标准正交基. 设 $0\leqslant\theta<2\pi$. 令 $\delta = \cos\theta+\alpha\sin\theta$, 则 $|\delta|=1$ 且 $\delta^{-1} = \cos\theta-\alpha\sin\theta$. 考虑映射 $\tau:\ \mathbb{H}^0\longrightarrow\mathbb{H}^0,\ \xi\longmapsto\delta\xi\delta^{-1}$, 易知, τ 是线性变换, 并且

$$
\begin{aligned}
\tau(\alpha) &= (\cos\theta+\alpha\sin\theta)\alpha(\cos\theta-\alpha\sin\theta) = \alpha,\\
\tau(\beta) &= (\cos\theta+\alpha\sin\theta)\beta(\cos\theta-\alpha\sin\theta) = \beta\cos(2\theta)+\gamma\sin(2\theta),\\
\tau(\gamma) &= (\cos\theta+\alpha\sin\theta)\gamma(\cos\theta-\alpha\sin\theta) = \gamma\cos(2\theta)-\beta\sin(2\theta).
\end{aligned}
$$

因此 $\tau(\alpha,\beta,\gamma) = (\alpha,\beta,\gamma)\begin{pmatrix}1 & 0 & 0\\ 0 & \cos(2\theta) & -\sin(2\theta)\\ 0 & \sin(2\theta) & \cos(2\theta)\end{pmatrix}$, 故 τ 是围绕 α 按照右手的

方向旋转了 2θ 角度的正交变换. 令 $\theta=\dfrac{\varphi}{2}$, 则 $\sigma=\tau$. □

从上述证明可知, 每个单位长度的四元数 $\delta=\cos\dfrac{\varphi}{2}+\alpha\sin\dfrac{\varphi}{2}$ 都对应于 $\mathbb{H}^0$ 中的旋转 $R_{\alpha,\varphi}$. 用四元数表述旋转有很大的优点. 首先, 在知道了旋转轴 α 和旋转角度 φ 之后, 很容易求得 $\delta=\cos\dfrac{\varphi}{2}+\alpha\sin\dfrac{\varphi}{2}$. 其次, 利用四元数计算两个旋转的复合很容易, 只需要计算两个四元数的乘积即可, 而用欧拉角的办法计算旋转的复合非常复杂. 最后, 还可以利用 (8.3.6) 式和定理 8.3.9 证明罗德里格旋转公式成立 (参见本章习题 16).

8.4 实对称矩阵与实矩阵的极分解

实对称矩阵有很多特殊的性质. 我们将证明实对称矩阵的特征值都是实数, 并且实对称矩阵都是可以对角化的. 本节还将讲述矩阵的极分解和奇异值分解.

定理 8.4.1 实对称矩阵的复特征值都是实数, 并且属于不同特征值的特征向量必正交.

证明 设 A 是实对称矩阵, $\lambda\in\mathbb{C}$ 是 A 的复特征值, $\alpha=(a_1,a_2,\cdots,a_n)'\in\mathbb{C}^n$ 是 A 的属于 λ 的特征向量, 则 $A\alpha=\lambda\alpha$, 从而 $\overline{\alpha'}A\alpha=\lambda\,\overline{\alpha'}\alpha$. 两边取共轭转置得 $\overline{\alpha'}A\alpha=\overline{\lambda}\,\overline{\alpha'}\alpha$, 因此 $\lambda\overline{\alpha'}\alpha=\overline{\lambda}\,\overline{\alpha'}\alpha$. 由于 $\alpha\neq 0$, 所以 $\overline{\alpha'}\alpha=|a_1|^2+|a_2|^2+\cdots+|a_n|^2>0$. 故 $\lambda=\overline{\lambda}$, 即 λ 是实数.

设 $A\alpha=\lambda\alpha, A\beta=\mu\beta$, 其中 α,β 是非零向量, $\lambda\neq\mu$, 则 $\beta'A\alpha=\beta'\lambda\alpha=\lambda\beta'\alpha$. 又 $\beta'A\alpha=(A\beta)'\alpha=(\mu\beta)'\alpha=\mu\beta'\alpha$, 所以 $(\lambda-\mu)\beta'\alpha=0$. 由于 $\lambda\neq\mu$, 故 $\beta'\alpha=0$, 即 α, β 正交. □

定理 8.4.2 任一 n 级实对称矩阵 A 都正交相似于对角矩阵.

证明 当 $n=1$ 时, 定理显然成立. 设 $n>1$, 且定理对任意 $n-1$ 级实对称矩阵成立. 现在考虑 n 级实对称矩阵 A.

由定理 8.4.1 知, A 有实特征值 λ. 设 $A\alpha=\lambda\alpha$, 其中 α 是单位长度的实特征向量. 将 α 扩充为 $\mathbb{R}^n$ 的一个标准正交基, $\alpha_1=\alpha,\alpha_2,\cdots,\alpha_n$. 令 $C=(\alpha_1,\alpha_2,\cdots,\alpha_n)$, 则 C 是正交矩阵, 且 $AC=C\begin{pmatrix}\lambda&\star\\0&\star\end{pmatrix}$, 即 $C'AC=\begin{pmatrix}\lambda&\star\\0&\star\end{pmatrix}$. 由于 A 是对称矩阵, 所以 $C'AC$ 也是对称矩阵, 从而 $C'AC=\begin{pmatrix}\lambda&0\\0&B\end{pmatrix}$, 其中 B 是 $n-1$ 级实对称矩阵. 根据归纳假设, B 正交相似于对角矩阵, 所以 A 正交相似于对角矩阵. □

定义 8.4.3 在定义 7.1.9 中, 如果 $F=\mathbb{R}$, $C\in \mathrm{O}(n)$, 则称线性替换 $X=CY$ 为**正交线性替换** (orthogonal linear substitution).

利用二次型的语言, 定理 8.4.2 可表述为下述定理.

定理 8.4.4 (**西尔维斯特惯性定理** (Sylvester law of inertia)) *设 $f(x_1, x_2,\cdots,x_n)=X'AX$ 是 $\mathbb{R}$ 上的秩 r 的 n 元二次型, 则一定存在正交线性替换 $X=CY$ 将 $f(x_1,x_2,\cdots,x_n)$ 化为*

$$g(y_1,y_2,\cdots,y_n)=d_1y_1^2+\cdots+d_py_p^2-d_{p+1}y_{p+1}^2-\cdots-d_ry_r^2,$$

其中 $d_1,\cdots,d_p$ 为 A 的正特征值, $-d_{p+1},\cdots,-d_r$ 为 A 的负特征值.

用正交线性替换将二次型 $f(x_1,x_2,\cdots,x_n)$ 化为标准形的过程可以分成下面四步.

(1) 写出二次型的矩阵 A, 求出 A 的全部不同的特征值 $\lambda_1,\lambda_2,\cdots,\lambda_k$.

(2) 对每个 λ_i, 解线性方程组 $(\lambda_iI_n-A)X=0$, 求出其基础解系, 即 λ_i 的特征子空间 V_{λ_i} 的一个基 $\alpha_{i1},\cdots,\alpha_{ia_i}$. 由定理 8.4.2 知, 实对称矩阵是可对角化的, 所以 $\mathbb{R}^n=V_{\lambda_1}\oplus\cdots\oplus V_{\lambda_k}$.

(3) 对 $\alpha_{i1},\cdots,\alpha_{ia_i}$ 作施密特标准正交化, 得到 V_{λ_i} 的标准正交基 $\beta_{i1},\cdots,\beta_{ia_i}$, 则由定理 8.4.1 知, $\beta_{11},\cdots,\beta_{1a_1},\cdots,\beta_{k1},\cdots,\beta_{ka_k}$ 是 $\mathbb{R}^n$ 的标准正交基.

(4) 令 $C=(\beta_{11},\cdots,\beta_{1a_1},\cdots,\beta_{k1},\cdots,\beta_{ka_k})$, 则 $C'AC$ 为对角矩阵, $X=CY$ 是正交线性替换.

例 8.4.5 用正交线性替换将 $f(x_1,x_2,x_3)=7x_1^2+x_2^2+7x_3^2-8x_1x_2-4x_1x_3-8x_2x_3$ 化为标准形.

解 二次型 $f(x_1,x_2,x_3)$ 的矩阵 $A=\begin{pmatrix}7&-4&-2\\-4&1&-4\\-2&-4&7\end{pmatrix}$, 其特征多项式 $|\lambda I_3-A|=\lambda^3-15\lambda^2+27\lambda+243=(\lambda+3)(\lambda-9)^2$, 特征值为 $-3,9$.

解线性方程组 $(-3I_3-A)X=0$ 得属于特征值 -3 的特征向量 $\alpha_1=\begin{pmatrix}1\\2\\1\end{pmatrix}$; 解线性方程组 $(9I_3-A)X=0$ 得属于特征值 9 的两个线性无关的特征向量 $\alpha_2=\begin{pmatrix}-2\\1\\0\end{pmatrix}$, $\alpha_3=\begin{pmatrix}-1\\0\\1\end{pmatrix}$. 对 $\alpha_1,\alpha_2,\alpha_3$ 作施密特标准正交化得

$$e_1=\begin{pmatrix}\frac{\sqrt{6}}{6}\\ \frac{\sqrt{6}}{3}\\ \frac{\sqrt{6}}{6}\end{pmatrix},\quad e_2=\begin{pmatrix}-\frac{2\sqrt{5}}{5}\\ \frac{\sqrt{5}}{5}\\ 0\end{pmatrix},\quad e_3=\begin{pmatrix}-\frac{\sqrt{30}}{30}\\ -\frac{\sqrt{30}}{15}\\ \frac{\sqrt{30}}{6}\end{pmatrix}.$$

令 $C=(e_1,e_2,e_3)$, 则 $X=CY$ 为正交线性替换, 该正交线性替换将原二次型化为标准形 $-3y_1^2+9y_2^2+9y_3^2$. □

例 8.4.6　复对称矩阵不一定可对角化, 例如 $A=\begin{pmatrix}1 & \mathrm{i}\\ \mathrm{i} & -1\end{pmatrix}$ 的若尔当标准形为 $\begin{pmatrix}0 & 0\\ 1 & 0\end{pmatrix}$, 故 A 不可对角化.

定理 8.4.7　*设 A 是实对称矩阵, 则*

(1) A 正定当且仅当 A 的特征值都是正数;

(2) A 半正定当且仅当 A 的特征值都是非负数.

证明　由定理 8.4.2 知, 实对称矩阵正交相似于对角矩阵, 而对角矩阵是正定 (半正定) 的当且仅当对角线上的元素都是正数 (非负数). 故实对称矩阵是正定 (半正定) 的当且仅当它的特征值都是正数 (非负数). □

定义 8.4.8　设 σ 是欧氏空间 V 上的线性变换. 若对任意 $\alpha,\beta\in V$ 都有 $(\sigma(\alpha),\beta)=(\alpha,\sigma(\beta))$, 则称 σ 是**对称变换** (symmetric transformation).

定理 8.4.9　*设 σ 是 n 维欧氏空间 V 上的线性变换, 则 σ 是对称变换当且仅当 σ 在标准正交基下的矩阵是对称矩阵.*

证明　设 $\alpha_1,\alpha_2,\cdots,\alpha_n$ 是 V 的一个标准正交基, σ 在这个基下的矩阵为 $A=(a_{ij})_{n\times n}$, 则 $\sigma(\alpha_k)=a_{1k}\alpha_1+a_{2k}\alpha_2+\cdots+a_{nk}\alpha_n, 1\leqslant k\leqslant n$. 易见, σ 是对称变换当且仅当对所有 $1\leqslant i,j\leqslant n$ 都有 $(\sigma(\alpha_i),\alpha_j)=(\alpha_i,\sigma(\alpha_j))$, 即 $a_{ji}=a_{ij}$. 故 σ 是对称变换当且仅当 A 是对称矩阵. □

注记 8.4.10　由于同一个线性变换在不同的标准正交基下的矩阵是正交相似的, 所以只要 σ 在某一个标准正交基下的矩阵是对称矩阵, 那么它在任意标准正交基下的矩阵都是对称矩阵. 注意, 对称变换在非标准正交基下的矩阵不一定是对称矩阵 (留作习题).

命题 8.4.11　*设 A,B 都是实对称矩阵, B 是正定矩阵, 则 A 正定当且仅当 AB 的特征值都是正数.*

证明 因为 B 正定, 所以由定理 7.3.2 知存在可逆实矩阵 T 使得 $B = T'T$, 从而 $AB = AT'T = T^{-1}(TAT')T$. 故 AB 的特征值都是正数当且仅当 TAT' 的特征值都是正数. 由定理 8.4.7 知, TAT' 的特征值都是正数当且仅当 TAT' 正定, 即 A 正定. □

定理 8.4.12 设 A 是半正定矩阵, k 是正整数, 则存在唯一的半正定矩阵 B 使得 $B^k = A$. 如果 A 是正定的, 那么这里的 B 也是正定的.

证明 先证存在性. 因为 A 是半正定矩阵, 所以存在正交矩阵 T 使得 $T'AT = \mathrm{diag}(\lambda_1, \lambda_2, \cdots, \lambda_n)$, 其中 $\lambda_1, \lambda_2, \cdots, \lambda_n$ 是非负实数. 令

$$B = T\mathrm{diag}(\lambda_1^{\frac{1}{k}}, \lambda_2^{\frac{1}{k}}, \cdots, \lambda_n^{\frac{1}{k}})T',$$

则 B 是半正定的且 $B^k = A$.

再证唯一性. 设 $A = B^k = C^k$, 其中 B, C 都是半正定矩阵. 因为 B, C 是具有相同特征值的半正定矩阵, 所以它们可以正交相似于同一个对角矩阵. 设 $B = U'\mathrm{diag}(\lambda_1^{\frac{1}{k}}, \lambda_2^{\frac{1}{k}}, \cdots, \lambda_n^{\frac{1}{k}})U$, $C = V'\mathrm{diag}(\lambda_1^{\frac{1}{k}}, \lambda_2^{\frac{1}{k}}, \cdots, \lambda_n^{\frac{1}{k}})V$, 其中 λ_1, $\lambda_2, \cdots$, λ_n 是 A 的 n 个特征值, U, V 都是正交矩阵. 不妨设 A 的互异特征值为 $\lambda_1, \cdots, \lambda_t$, 则 $\mathrm{diag}(\lambda_1^{\frac{1}{k}}, \cdots, \lambda_n^{\frac{1}{k}})$ 正交相似于 $\Lambda = \mathrm{diag}(\lambda_1^{\frac{1}{k}} I_{n_1}, \cdots, \lambda_t^{\frac{1}{k}} I_{n_t})$. 因此可设 $B = U'\Lambda U, C = V'\Lambda V$.

由 $B^k = C^k$ 知 $U'\Lambda^k U = V'\Lambda^k V$, 从而 $\Lambda^k UV' = UV'\Lambda^k$. 根据第 2 章习题 43, $UV' = \mathrm{diag}(N_1, N_2, \cdots, N_t)$, 其中 $N_i \in \mathrm{M}_{n_i}(\mathbb{R})$, $i = 1, \cdots, t$. 故 $\Lambda UV' = \mathrm{diag}(\lambda_1^{\frac{1}{k}} N_1, \lambda_2^{\frac{1}{k}} N_2, \cdots, \lambda_t^{\frac{1}{k}} N_t) = UV'\Lambda$, 因此 $U'\Lambda U = V'\Lambda V$, 即 $B = C$. □

定义 8.4.13 设 A 是 $m \times n$ 实矩阵, 则 n 级半正定矩阵 $A'A$ 的正特征值的算术平方根称为矩阵 A 的**奇异值** (singular value).

定理 8.4.14 设 $A \in \mathrm{M}_{m\times n}(\mathbb{R})$, 则存在 $U \in \mathrm{O}(m)$, $V \in \mathrm{O}(n)$ 和分块矩阵 $S = \begin{pmatrix} \mathrm{diag}(\lambda_1, \lambda_2, \cdots, \lambda_r) & 0 \\ 0 & 0 \end{pmatrix}$ 使得 $A = USV$, 其中 $\lambda_1, \lambda_2, \cdots, \lambda_r$ 是 A 的奇异值, 这种分解称为矩阵 A 的**奇异值分解** (singular value decomposition).

证明 由定理 8.4.2 知, 存在 $C \in \mathrm{O}(n)$ 使得

$$A'A = C\mathrm{diag}(\lambda_1^2, \lambda_2^2, \cdots, \lambda_r^2, 0, 0, \cdots, 0)C'.$$

令 $D = \mathrm{diag}(\lambda_1^2, \lambda_2^2, \cdots, \lambda_r^2)$, $C = (C_1, C_2)$, 其中 $C_1 \in \mathrm{M}_{n\times r}(\mathbb{R})$, $C_2 \in \mathrm{M}_{n\times(n-r)}(\mathbb{R})$, 则 $A'A = C_1DC_1'$. 由 C 为正交矩阵知, $C_1'C_1 = I_r$, $C_1'C_2 = 0$, 从而

$$(AC_2)'AC_2 = C_2'A'AC_2 = C_2'C_1DC_1'C_2 = 0,$$

所以, 由第 3 章习题 23 知 $AC_2=0$. 令 $D_1=\mathrm{diag}(\lambda_1,\lambda_2,\cdots,\lambda_r)$, $S=\begin{pmatrix}D_1 & 0\\ 0 & 0\end{pmatrix}$, $U_1=AC_1D_1^{-1}$, 则 $U_1'U_1=(AC_1D_1^{-1})'AC_1D_1^{-1}=I_r$. 因此, U_1 的列向量组 $\beta_1,\beta_2,\cdots,\beta_r$ 是标准正交向量组, 将 $\beta_1,\beta_2,\cdots,\beta_r$ 扩充为 $\mathbb{R}^m$ 的一个标准正交基 $\beta_1,\beta_2,\cdots,\beta_r,\beta_{r+1},\cdots,\beta_m$. 令 $U_2=(\beta_{r+1},\cdots,\beta_m)$, $U=(U_1,U_2)$, $V=C'$, 则 $U\in\mathrm{O}(m),V\in\mathrm{O}(n)$. 由于 $I_n=CC'=(C_1,C_2)\begin{pmatrix}C_1'\\ C_2'\end{pmatrix}=C_1C_1'+C_2C_2'$, 所以

$$\begin{aligned}U\begin{pmatrix}D_1 & 0\\ 0 & 0\end{pmatrix}V&=(U_1,U_2)\begin{pmatrix}D_1 & 0\\ 0 & 0\end{pmatrix}\begin{pmatrix}C_1'\\ C_2'\end{pmatrix}=U_1D_1C_1'\\ &=AC_1C_1'=A(I_n-C_2C_2')=A.\end{aligned}$$

故 $A=USV$. □

定理 8.4.15 设 $A\in\mathrm{M}_n(\mathbb{R})$, 则一定存在 n 级正交矩阵 R 和半正定矩阵 P 使得 $A=RP$ (或者 $A=PR$), 其中 P 由 A 唯一确定. 如果 A 是可逆的, 那么 R 也由 A 唯一确定且 P 正定. 这种分解称为矩阵的**极分解** (polar decomposition).

证明 把实矩阵 A 写成正交矩阵和半正定矩阵乘积的时候, $A=RP$ 与 $A=PR$ 的证明是对称的, 只需要证明其中一个即可. 我们只证明 $A=RP$ 的情形.

若存在正交矩阵 R 和半正定矩阵 P 使得 $A=RP$, 则 $A'A=P'R'RP=P^2$. 由定理 8.4.12 知, P 是唯一的.

由定理 8.4.14 知, 存在 $U\in\mathrm{O}(m)$, $V\in\mathrm{O}(n)$ 和分块矩阵

$$S=\begin{pmatrix}\mathrm{diag}(\lambda_1,\lambda_2,\cdots,\lambda_r) & 0\\ 0 & 0\end{pmatrix}$$

使得 $A=USV$. 故有 $A=(UV)(V'SV)$, 其中 UV 是正交矩阵, $V'SV$ 是半正定矩阵. □

这个分解可以类比于复数的指数表示. 任何复数 α 都可以写成 $\alpha=r\mathrm{e}^{\mathrm{i}\theta}$ 的形式, 极分解中的半正定矩阵 P 可以类比于长度 r, 正交矩阵可以类比于 $\mathrm{e}^{\mathrm{i}\theta}$.

定义 8.4.16 设 $A\in\mathrm{M}_{m\times n}(\mathbb{R})$. 若存在 $B\in\mathrm{M}_{n\times m}(\mathbb{R})$ 满足

$$ABA=A,\quad BAB=B,\quad (AB)'=AB,\quad (BA)'=BA, \tag{8.4.1}$$

则称 B 是 A 的**摩尔–彭罗斯逆** (Moore–Penrose inverse), 记为 A^+.

矩阵的摩尔–彭罗斯逆分别由摩尔于 1920 年, 彭罗斯于 1951 年独立发现, 在数理统计和计算数学中有重要的应用.

定理 8.4.17 设 $A \in \mathrm{M}_{m\times n}(\mathbb{R})$, 则 A^+ 存在且唯一.

证明 存在性 设 A 的奇异值分解为 $A = USV$, 其中 $U \in \mathrm{O}(m)$, $V \in \mathrm{O}(n)$, $S = \begin{pmatrix} D & 0 \\ 0 & 0 \end{pmatrix}$, D 为对角矩阵, 对角元素为 A 的奇异值. 令 $B = V'S^+U'$, 其中 $S^+ = \begin{pmatrix} D^{-1} & 0 \\ 0 & 0 \end{pmatrix}$, 则 $ABA = USVV'S^+U'USV = USS^+SV = USV = A$. 类似可证 B 也满足 (8.4.1) 中其余三个等式.

唯一性 设 B, C 都是 A 的摩尔–彭罗斯逆, 则

$$\begin{aligned} B &= (BA)B = (A'B')B = A'(B'B) = (A'C'A')(B'B) \\ &= (A'C')(A'B')B = (CA)(BA)B = C(ABA)B = CAB. \end{aligned}$$

类似可证

$$\begin{aligned} C &= C(AC) = C(C'A') = (CC')A' = (CC')(A'B'A') \\ &= C(C'A')(B'A') = C(AC)(AB) = C(ACA)B = CAB, \end{aligned}$$

从而 $B = C$. 故 A^+ 存在且唯一. □

注记 8.4.18 容易验证摩尔–彭罗斯逆满足下述性质.

(1) 若 $A \in \mathrm{GL}_n(\mathbb{R})$, 则 $A^+ = A^{-1}$. 故摩尔–彭罗斯逆推广了矩阵的逆.

(2) 若 $A \in \mathrm{M}_{m\times n}(\mathbb{R})$, 则 $(A^+)^+ = A$.

(3) 若 $A \in \mathrm{M}_{m\times n}(\mathbb{R})$, 则 $(A^+)' = (A')^+$.

(4) 若 $A \in \mathrm{M}_{m\times n}(\mathbb{R})$, $B \in \mathrm{M}_{n\times p}(\mathbb{R})$, 则 $(AB)^+ = (A^+AB)^+(ABB^+)^+$.

8.5 最小二乘法

我们知道线性方程组 $AX = \beta$ 有解当且仅当 $\mathrm{rank}A = \mathrm{rank}(A, \beta)$, 其中 $A \in \mathrm{M}_{m\times n}(F)$, $X = (x_1, x_2, \cdots, x_n)'$, $\beta \in F^m$. 本节取数域 $F = \mathbb{R}$. 当线性方程组 $AX = \beta$ 无解时, 我们希望能找到一个近似解 $X_0 \in \mathbb{R}^n$ 使得 $|AX_0 - \beta|$ 最小.

定理 8.5.1 设 W 是 $\mathbb{R}^m$ 的非零子空间, $\beta \in \mathbb{R}^m$, 则存在 $w \in W$ 使得 $|w - \beta| = \min\{|\widetilde{w} - \beta| \mid \widetilde{w} \in W\}$.

证明 设 $w_1, w_2, \cdots, w_k$ 是 W 的一个标准正交基, $a_i = (\beta, w_i)$, 其中 $i = 1, 2, \cdots, k$. 令 $w = \sum\limits_{i=1}^{k} a_i w_i$, 则 $w - \beta \in W^\perp$. 对任意 $\widetilde{w} \in W$,

$$|\widetilde{w} - \beta|^2 = |\widetilde{w} - w + w - \beta|^2 = |\widetilde{w} - w|^2 + |w - \beta|^2 + 2(\widetilde{w} - w, w - \beta)$$

$$= |\widetilde{w} - w|^2 + |w - \beta|^2 \geqslant |w - \beta|^2.$$

故 $|w - \beta| = \min\{|\widetilde{w} - \beta| \mid \widetilde{w} \in W\}$. □

定义 8.5.2 设 W 是 $\mathbb{R}^m$ 的子空间, $\beta \in \mathbb{R}^m$, 称 $\min\{|\beta - \gamma| | \gamma \in W\}$ 为 β 到 W 的**距离** (distance).

令 $W = \{A\alpha | \alpha \in \mathbb{R}^n\}$, 则 W 是 $\mathbb{R}^m$ 的子空间, 其元素是 A 的列向量的线性组合. 设 $\beta \notin W$, 下面看如何求 β 到子空间 W 的距离. 由定理 8.5.1 的证明知, 需找 $X_0 \in \mathbb{R}^n$ 使得 $AX_0 - \beta \in W^\perp$, 即 $A'(AX_0 - \beta) = 0$. 这样最小距离问题就转化成了求解非齐次线性方程组 $A'AX = A'\beta$ 的问题. 由第 3 章习题 25 知, 该非齐次线性方程组有解. 注意, 当 $AX = \beta$ 有解时, $AX = \beta$ 与 $A'AX = A'\beta$ 同解.

定义 8.5.3 设 $A \in \mathrm{M}_{m\times n}(\mathbb{R})$, $\beta \in \mathbb{R}^m$. 当 $AX = \beta$ 无解时, 称 $A'AX = A'\beta$ 的解为 $AX = \beta$ 的**最小二乘解** (least squares solution), 称用最小二乘解作为 $AX = \beta$ 的近似解的方法为**最小二乘法** (method of least squares).

我们可以利用摩尔–彭罗斯逆直接给出最小二乘解.

定理 8.5.4 设 $A \in \mathrm{M}_{m\times n}(\mathbb{R})$, $\beta \in \mathbb{R}^m$, 则 $AX = \beta$ 的最小二乘解集合为 $\{A^+\beta + (I_n - A^+A)w \mid w \in \mathbb{R}^n\}$.

证明 该定理等价于证明 $\{A^+\beta + (I_n - A^+A)w \mid w \in \mathbb{R}^n\}$ 是 $A'AX = A'\beta$ 的解集合. 首先 $A^+\beta$ 是 $A'AX = A'\beta$ 的解. 事实上,

$$A'A(A^+\beta) = A'(AA^+)'\beta = (AA^+A)'\beta = A'\beta.$$

其次, 设 $V_1 = \{(I_n - A^+A)w \mid w \in \mathbb{R}^n\}$, V_2 是 $A'AX = 0$ 的解空间. 由线性方程组解的结构定理知, 只需证明 $V_1 = V_2$. 一方面, V_1 显然是 $\mathbb{R}^n$ 的子空间, 而且对任意 $w \in \mathbb{R}^n$, 有 $A'A(I_n - A^+A)w = (A'A - A'AA^+A)w = (A'A - A'A)w = 0$, 从而 $V_1 \subseteq V_2$. 另一方面, 由 $A = AA^+A$ 知, $\mathrm{rank}(A^+A) = \mathrm{rank}A$, $(A^+A)^2 = A^+A$, 所以由第 2 章习题 57 知,

$$\dim V_1 = \mathrm{rank}(I_n - A^+A) = n - \mathrm{rank}(A^+A) = n - \mathrm{rank}A = n - \mathrm{rank}(A'A) = \dim V_2.$$

因此 $V_1 = V_2$. □

由定理 8.5.4 知, 最小二乘解唯一当且仅当 $A^+A = I_n$.

定理 8.5.5 设 $A \in \mathrm{M}_{m\times n}(\mathbb{R})$, $\beta \in \mathbb{R}^m$, X_0 为 $AX = \beta$ 的一个最小二乘解, 则 $|X_0| \geqslant |A^+\beta|$, 等号成立当且仅当 $X_0 = A^+\beta$.

证明 由定理 8.5.4 知, 可设 $X_0 = A^+\beta + (I_n - A^+A)w$, $w \in \mathbb{R}^n$. 因为 $(A^+\beta)'(I_n - A^+A)w = \beta'(A^+)'(I_n - A^+A)w = \beta'(A^+)'(I_n - (A^+A)')w = 0$, 所以

$A^+\beta$ 与 $(I_n - A^+A)w$ 正交. 故 $|X_0|^2 = |A^+\beta|^2 + |(I_n - A^+A)w|^2 \geqslant |A^+\beta|^2$, 等号成立当且仅当 $X_0 = A^+\beta$. □

由上述定理可知, $A^+\beta$ 是所有最小二乘解中范数最小者, 故称 $A^+\beta$ 为 $AX = \beta$ 的**极小范数最小二乘解** (minimal norm least squares solution), 或**最优解** (optimal solution).

注记 8.5.6 最小二乘法是高斯于 1795 年发现的, 但是未正式发表. 勒让德于 1805 年最早发表关于最小二乘法的工作. 最小二乘法有重要的实际应用. 1801 年 1 月 1 日, 皮亚齐①发现了谷神星. 他在 1801 年 1 月 24 日给朋友的信中公布了他的发现. 在 1801 年 4 月, 皮亚齐给出了完整的观测报告, 并于 1801 年 9 月正式发表. 不过此时谷神星的位置改变了, 因为太靠近太阳而无法观测, 从而使得其他天文学家难以确认皮亚齐的发现. 当年年底应该可以再次观测到谷神星, 但是由于已经经过很长的时间, 难以预测它确切的位置. 天文学家不知道该在天空的哪个区域去寻找谷神星. 这时 24 岁的高斯利用最小二乘法, 在已有的观测数据的基础上准确预测出谷神星会在哪里出现, 他把预测出来的谷神星的路线发送给天文学家冯 · 扎克②. 1801 年 12 月 31 日, 冯 · 扎克果然就在高斯预测的位置看到了谷神星.

例8.5.7 已知一个物理量 $f(t)$ 是时间 t 的一次多项式, 实际测量发现 $f(1) = 1$, $f(2) = 2$, $f(3) = 2$. 用最小二乘法求 $f(t)$ 的近似表达式.

解 设 $f(t) = at + b$, a, b 待定. 易见方程组

$$\begin{cases} a + b - 1 = 0, \\ 2a + b - 2 = 0, \\ 3a + b - 2 = 0 \end{cases}$$

无解. 我们需要找 a, b 使得向量 $\begin{pmatrix} a+b-1 \\ 2a+b-2 \\ 3a+b-2 \end{pmatrix}$ 的长度达到最小值, 即找方程组 $\begin{pmatrix} 1 & 1 \\ 2 & 1 \\ 3 & 1 \end{pmatrix} \begin{pmatrix} a \\ b \end{pmatrix} = \begin{pmatrix} 1 \\ 2 \\ 2 \end{pmatrix}$ 的最小二乘解. 根据定义 8.5.3, 我们应该寻找矩阵方程 $\begin{pmatrix} 1 & 2 & 3 \\ 1 & 1 & 1 \end{pmatrix} \begin{pmatrix} 1 & 1 \\ 2 & 1 \\ 3 & 1 \end{pmatrix} \begin{pmatrix} a \\ b \end{pmatrix} = \begin{pmatrix} 1 & 2 & 3 \\ 1 & 1 & 1 \end{pmatrix} \begin{pmatrix} 1 \\ 2 \\ 2 \end{pmatrix}$, 即 $\begin{pmatrix} 14 & 6 \\ 6 & 3 \end{pmatrix} \begin{pmatrix} a \\ b \end{pmatrix} = \begin{pmatrix} 11 \\ 5 \end{pmatrix}$ 的解.

① Giuseppe Piazzi, 1746—1826, 意大利天文学家.

② Franz Xaver von Zach, 1754—1832, 匈牙利天文学家.

易见 $\begin{cases} a = \dfrac{1}{2}, \\ b = \dfrac{2}{3}. \end{cases}$ 因此, 与 $(1,1),(2,2),(3,2)$ 这 3 点最接近的直线是 $y = \dfrac{1}{2}t + \dfrac{2}{3}$. 故 $f(t)$ 的近似表达式是 $f(t) = \dfrac{1}{2}t + \dfrac{2}{3}$. □

8.6* 酉 空 间

定义 8.6.1 设 V 是 n 维复线性空间. 若映射 $f: V \times V \to \mathbb{C}$ 满足下面的条件:

(1) $f(\alpha,\beta) = \overline{f(\beta,\alpha)}$,

(2) $f(\alpha+\beta,\gamma) = f(\alpha,\gamma) + f(\beta,\gamma)$,

(3) $f(k\alpha,\beta) = kf(\alpha,\beta)$,

(4) $f(\alpha,\alpha) \geqslant 0$, 等号成立当且仅当 $\alpha = 0$,

其中 $\alpha,\beta,\gamma \in V$, $k \in \mathbb{C}$, 则称 f 为 V 上的**内积**, $f(\alpha,\beta)$ 称为 α,β 的内积, 简记为 (α,β). 带有这种内积的有限维复线性空间 V 称为**酉空间** (unitary space).

注记 8.6.2 (1) 定义 8.6.1 中的内积虽然对第一个分量是线性的, 但是对第二个分量却是**半线性的** (semi-linear), 即

$$f(\alpha,\beta_1+\beta_2) = f(\alpha,\beta_1) + f(\alpha,\beta_2), \quad f(\alpha,k\beta) = \overline{k}f(\alpha,\beta),$$

其中 $\alpha,\beta,\beta_1,\beta_2 \in V, k \in \mathbb{C}$.

(2) 在酉空间中, 可以类似于欧氏空间定义向量 α 的长度为 $|\alpha| = \sqrt{(\alpha,\alpha)}$. 这个长度也满足柯西-布尼亚科夫斯基-施瓦茨不等式. 我们也可以类似地定义正交与正交补等概念.

例 8.6.3 设 $V = \mathbb{C}^n$, 对任意 $\alpha = (a_1,a_2,\cdots,a_n)'$, $\beta = (b_1,b_2,\cdots,b_n)'$, 定义

$$(\alpha,\beta) = a_1\overline{b_1} + a_2\overline{b_2} + \cdots + a_n\overline{b_n}.$$

不难验证, 这样定义的内积满足定义 8.6.1 中的条件.

定义 8.6.4 若 n 级复方阵 A 满足 $\overline{A'}A = I_n$, 则称 A 是**酉矩阵** (unitary matrix). 记 n 级酉矩阵全体为 $\mathrm{U}(n)$. 设 V 是 n 维酉空间, $\sigma \in \mathrm{End}(V)$. 若对任意 $\alpha,\beta \in V$ 都有 $(\alpha,\beta) = (\sigma(\alpha),\sigma(\beta))$, 则称 σ 是 V 上的**酉变换** (unitary transformation).

例 8.6.5 根据定义可以证明

$$\mathrm{U}(1) = \{\mathrm{e}^{\mathrm{i}\theta} \mid \theta \in \mathbb{R}\},\ \mathrm{U}(2) = \left\{ \left. \begin{pmatrix} \alpha & -\overline{\beta} \\ \mathrm{e}^{\mathrm{i}\theta}\beta & \mathrm{e}^{\mathrm{i}\theta}\overline{\alpha} \end{pmatrix} \right| \alpha,\beta \in \mathbb{C},\ \theta \in \mathbb{R},\ |\alpha|^2 + |\beta|^2 = 1 \right\}.$$

行列式等于 1 的二级酉矩阵全体记为 SU(2), 可以证明

$$\mathrm{SU}(2)=\left\{\left(\begin{array}{cc}\alpha & -\overline{\beta}\\ \beta & \overline{\alpha}\end{array}\right)\ \middle|\ \alpha,\beta\in\mathbb{C},|\alpha|^2+|\beta|^2=1\right\}.$$

酉变换与正交变换有类似的性质, 比如, 对应于定理 8.2.3, 酉变换有如下等价刻画.

定理 8.6.6 设 V 是 n 维酉空间, $\sigma\in\mathrm{End}(V)$, 则下列陈述等价:

(1) σ 是酉变换;

(2) 对任意 $\alpha\in V$ 都有 $|\sigma(\alpha)|=|\alpha|$;

(3) σ 在 V 的标准正交基下的矩阵是酉矩阵;

(4) σ 将 V 的标准正交基变为标准正交基.

定义 8.6.7 设 $A\in\mathrm{M}_n(\mathbb{C})$. 若 A 满足 $A=\overline{A'}$, 则称 A 是**埃尔米特矩阵** (Hermitian matrix). 若 A 满足 $A=-\overline{A'}$, 则称 A 是**反埃尔米特矩阵** (skew-Hermitian matrix).

如果 A 是 n 级实矩阵, 那么 A 是埃尔米特矩阵当且仅当 A 是对称矩阵. 我们在第 7 章看到, 实数域上对称矩阵与反对称矩阵的性质有很大的差异. 但是, 复矩阵 A 为反埃尔米特矩阵当且仅当 $\mathrm{i}A$ 为埃尔米特矩阵, 即反埃尔米特矩阵与埃尔米特矩阵只相差一个系数 i.

定义 8.6.8 设 V 是 n 维酉空间, $\sigma\in\mathrm{End}(V)$. 若对任意 $\alpha,\beta\in V$ 都有 $(\sigma(\alpha),\beta)=(\alpha,\sigma(\beta))$, 则称 σ 是 V 上的**埃尔米特变换** (Hermitian transformation).

从定义可以看出, 酉空间上的埃尔米特变换与欧氏空间上的对称变换类似, 比如, 对应于定理 8.4.9, n 维酉空间 V 上的线性变换 σ 是埃尔米特变换当且仅当 σ 在 V 的标准正交基下的矩阵是埃尔米特矩阵.

定义 8.6.9 设 $A,B\in\mathrm{M}_n(\mathbb{C})$. 若存在酉矩阵 U 使得 $U^{-1}AU=B$, 则称 A 与 B **酉相似** (unitarily similar).

容易看出酉相似是等价关系. 注意, 两个矩阵相似, 它们不一定是酉相似的, 见例 8.2.11.

命题 8.6.10 设 $A=(a_{ij})_{n\times n}$, $B=(b_{ij})_{n\times n}\in\mathrm{M}_n(\mathbb{C})$ 且 A,B 酉相似, 则

$$\sum_{i,j=1}^{n}|a_{ij}|^2=\sum_{i,j=1}^{n}|b_{ij}|^2.$$

证明 根据条件, 存在酉矩阵 U 使得 $U^{-1}AU=B$, 因此

$$\sum_{i,j=1}^{n}|b_{ij}|^2=\mathrm{Tr}(B\overline{B'})=\mathrm{Tr}(U^{-1}A\overline{A'}U)=\mathrm{Tr}(A\overline{A'})=\sum_{i,j=1}^{n}|a_{ij}|^2.$$ □

定理 8.6.11 埃尔米特矩阵的特征值都是实数, 并且属于不同特征值的特征向量必正交.

证明 仿照定理 8.4.1 证明即可. □

定理 8.6.12 任一埃尔米特矩阵都酉相似于对角矩阵.

证明 我们对级数 n 进行归纳. 当 $n=1$ 时定理显然成立. 设 $n\geqslant 2$ 且定理对 $n-1$ 级埃尔米特矩阵成立, 即任何 $n-1$ 级埃尔米特矩阵都酉相似于对角矩阵.

设 A 是 n 级埃尔米特矩阵, λ 是 A 的特征值, α 是 A 的属于 λ 的单位长度的特征向量, 则 $A\alpha=\lambda\alpha$. 将 α 扩充为酉空间 $\mathbb{C}^n$ 的一个标准正交基, $\alpha_1=\alpha,\alpha_2,\cdots,\alpha_n$. 令 $U=(\alpha_1,\alpha_2,\cdots,\alpha_n)$, 则 U 是酉矩阵且 $AU=U\begin{pmatrix}\lambda & \star\\ 0 & B\end{pmatrix}$, 从而 $\overline{U'}AU=\begin{pmatrix}\lambda & \star\\ 0 & B\end{pmatrix}$. 由于 A 是埃尔米特矩阵, 所以 $\begin{pmatrix}\lambda & \star\\ 0 & B\end{pmatrix}$ 也是埃尔米特矩阵, 从而 "$\star$" 位置必须是零矩阵, B 是 $n-1$ 级埃尔米特矩阵. 因此 A 酉相似于 $\begin{pmatrix}\lambda & 0\\ 0 & B\end{pmatrix}$. 由归纳假设, B 酉相似于 $n-1$ 级对角矩阵. 故 A 酉相似于对角矩阵. □

根据定理 8.6.12, 埃尔米特矩阵 A 有一组特征向量可构成 $\mathbb{C}^n$ 的标准正交基.

下面的定理说明 n 级埃尔米特矩阵 A 的单位特征向量的分量的绝对值可以从 A 和它的 n 个子矩阵的特征值计算出来.

定理 8.6.13 设 n 级埃尔米特矩阵 A 的 n 个特征值为 $\lambda_1(A),\lambda_2(A),\cdots,\lambda_n(A)$, $v_i=(v_{i1},\cdots,v_{ij},\cdots,v_{in})'$ 是 A 的属于特征值 $\lambda_i(A)$ 的单位长度的特征向量, $i=1,2,\cdots,n$, 并且 $v_1,v_2,\cdots,v_n$ 两两正交. 对 $1\leqslant j\leqslant n$, 令 M_j 为 A 中删去第 j 行和第 j 列之后剩下的 $n-1$ 级子矩阵, M_j 的 $n-1$ 个特征值为 $\lambda_1(M_j)$, $\lambda_2(M_j),\cdots,\lambda_{n-1}(M_j)$, 则

$$|v_{ij}|^2\prod_{\substack{k=1\\k\neq i}}^{n}(\lambda_i(A)-\lambda_k(A))=\prod_{k=1}^{n-1}(\lambda_i(A)-\lambda_k(M_j)),\quad 1\leqslant i,j\leqslant n. \tag{8.6.1}$$

证明 令 $C=(v_1,v_2,\cdots,v_n)$, 则 C 是酉矩阵. 由推论 5.4.18 与第 5 章习题 28 知, C 的列向量 v_t $(1\leqslant t\leqslant n)$ 是 A^* 的属于特征值

$$\lambda_t^*(A)=\prod_{\substack{k=1\\k\neq t}}^{n}\lambda_k(A)$$

的特征向量, 故 $A^*C = C\mathrm{diag}(\lambda_1^*(A), \lambda_2^*(A), \cdots, \lambda_n^*(A))$. 于是

$$A^* = \sum_{t=1}^{n} \lambda_t^*(A) v_t \overline{v_t'}. \tag{8.6.2}$$

因为 v_t $(1 \leqslant t \leqslant n)$ 是 $\lambda_i(A)I_n - A$ 的属于特征值 $\lambda_i(A) - \lambda_t(A)$ 的特征向量, 所以将 (8.6.2) 式中的 A 换成 $\lambda_i(A)I_n - A$ 得

$$\begin{aligned}(\lambda_i(A)I_n - A)^* &= \sum_{t=1}^{n} \left(\prod_{\substack{k=1\\k\neq t}}^{n} (\lambda_i(A) - \lambda_k(A)) \right) v_t \overline{v_t'} \\ &= \prod_{\substack{k=1\\k\neq i}}^{n} (\lambda_i(A) - \lambda_k(A)) v_i \overline{v_i'}.\end{aligned} \tag{8.6.3}$$

由 (8.6.3) 式中的 (j, j) 位置相等, 得

$$|\lambda_i(A)I_{n-1} - M_j| = \left(\prod_{\substack{k=1\\k\neq i}}^{n} (\lambda_i(A) - \lambda_k(A)) \right) |v_{ij}|^2.$$

注意, $|\lambda_i(A)I_{n-1} - M_j| = \prod\limits_{k=1}^{n-1} (\lambda_i(A) - \lambda_k(M_j))$, 故定理成立. □

注记 8.6.14 2019 年 8 月, 三位研究中微子散射的物理学家写了一封电子邮件给 2006 年菲尔兹奖获得者陶哲轩[①], 谈到他们发现了定理 8.6.13 中的等式 (8.6.1). 这个等式让他们可以非常简单地利用矩阵的特征值来计算特征向量, 而计算特征向量对研究中微子的行为非常重要. 他们通过大量的计算知道等式 (8.6.1) 是正确的, 而且用来计算特征向量效率很高, 可是却无法证明. 于是三位物理学家向举世公认的数学天才陶哲轩求助.

陶哲轩说他看到这个公式的第一反应是“它不可能是对的 (looked too good to be true)”. 如此简洁优美又强大的公式如果存在的话, 应该早就出现在了线性代数的教科书上. 然而据他所知, 没有哪本线性代数的教科书上有这个公式. 可是这个公式又不可能是错的, 因为物理学家已经验证了它是成立的.

仅两个小时后, 陶哲轩就给三位物理学家回复了电子邮件. 他坦承自己从来没见过这个公式, 但是这个公式是对的, 他已经严格证明了公式是对的, 而且给出三种完全不同的证明方法. 这个数学和物理互相扶持的美妙故事迅速地在全世界传播, 然后大家才发现这个公式其实在文献中早已经有了. 陶哲轩等人仔细地检索文献之后发现, 定理 8.6.13 竟然有着极其丰富的历史. 第一次发现这个定理的

① Terence Tao, 1975 年 7 月 17 日出生于澳大利亚, 华裔, 现为美国数学家.

是伟大的数学家雅可比. 雅可比在 1834 年的一篇关于二次型的论文中证明的一个公式本质上就是 (8.6.1) 式, 而此时"矩阵"尚未出现. 在接下来的近两百年的时间里, 公式 (8.6.1) 不断地被各个领域的数学家们独立发现, 然后销声匿迹, 等待着下一次被发现. 直到 2019 年, 因为陶哲轩和三位物理学家的合作, 这个定理才广为人知.

定理 8.6.13 的详细历史综述和多种证明可参见文献 [33].

定义 8.6.15　设 $A \in \mathrm{M}_n(\mathbb{C})$. 若 $A\overline{A'} = \overline{A'}A$, 则称 A 是**正规矩阵** (normal matrix).

例 8.6.16　埃尔米特矩阵与酉矩阵都是正规矩阵. 对任意实数 a 与 b, 二级实方阵 $\begin{pmatrix} a & b \\ -b & a \end{pmatrix}$ 也是正规矩阵.

定理 8.6.17　设 $A \in \mathrm{M}_n(\mathbb{C})$, 则 A 是正规矩阵当且仅当 A 酉相似于对角矩阵.

证明　我们只需要证明如果 A 是正规矩阵, 那么 A 酉相似于对角矩阵. 另一个方向直接由定义知成立.

记 $B = \dfrac{1}{2}(A + \overline{A'})$, $C = -\dfrac{\mathrm{i}}{2}(A - \overline{A'})$, 则 $A = B + \mathrm{i}C$. 易证 B, C 都是埃尔米特矩阵. 因为 $A\overline{A'} = \overline{A'}A$, 所以 $(B + \mathrm{i}C)(\overline{B'} - \mathrm{i}\overline{C'}) = (\overline{B'} - \mathrm{i}\overline{C'})(B + \mathrm{i}C)$. 由于 $\overline{B'} = B, \overline{C'} = C$, 所以 $2\mathrm{i}(BC - CB) = 0$, 从而 $BC = CB$. 故 B, C 同时酉相似于对角矩阵 (本章习题 45), 因此 A 酉相似于对角矩阵. □

定理 8.6.18 (舒尔[①]不等式)　设 $A = (a_{ij})_{n\times n} \in \mathrm{M}_n(\mathbb{C})$, $\lambda_1, \cdots, \lambda_n$ 是 A 的特征值, 则

$$\sum_{i,j=1}^{n} |a_{ij}|^2 \geqslant \sum_{i=1}^{n} |\lambda_i|^2, \tag{8.6.4}$$

等号成立当且仅当 A 是正规矩阵.

证明　在 (8.6.4) 式中, $\sum\limits_{i,j=1}^{n} |a_{ij}|^2 = \mathrm{Tr}\,(\overline{A'}A)$. 由命题 8.6.10 知, 对 A 进行酉相似变换不改变 $\mathrm{Tr}\,(\overline{A'}A)$. 由于任何复矩阵都酉相似于上三角矩阵 (参见本章习题 43), 因此, 可设 A 是上三角矩阵且 $a_{11} = \lambda_1, a_{22} = \lambda_2, \cdots, a_{nn} = \lambda_n$, 则

$$\sum_{i,j=1}^{n} |a_{ij}|^2 = \sum_{i=1}^{n} |a_{ii}|^2 + \sum_{1\leqslant i<j\leqslant n} |a_{ij}|^2$$

① Issai Schur, 1875—1941, 俄罗斯数学家.

$$= \sum_{i=1}^{n} |\lambda_i|^2 + \sum_{1 \leqslant i < j \leqslant n} |a_{ij}|^2$$
$$\geqslant \sum_{i=1}^{n} |\lambda_i|^2,$$

等号成立当且仅当 A 为对角矩阵. 由定理 8.6.17 知, A 酉相似于对角矩阵当且仅当 A 是正规矩阵. 故舒尔不等式中等号成立当且仅当 A 是正规矩阵. □

第 7 章定义了正定矩阵. 类似地, 在复数域上, 我们给出如下定义.

定义 8.6.19 设 H 是 n 级埃尔米特矩阵. 若对任意非零列向量 $\alpha \in \mathbb{C}^n$ 都有 $\overline{\alpha'} H\alpha > 0$ ($\overline{\alpha'} H\alpha \geqslant 0$) , 则称 H 是**正定的** (**半正定的**); 若对任意非零列向量 $\alpha \in \mathbb{C}^n$ 都有 $\overline{\alpha'} H\alpha < 0$ ($\overline{\alpha'} H\alpha \leqslant 0$), 则称 H 是**负定的** (**半负定的**).

以下三个定理证明与实矩阵的情形类似, 留作习题.

定理 8.6.20 设 H 是 n 级埃尔米特矩阵, 则下列陈述等价:

(1) H 是正定的;

(2) 存在可逆复矩阵 C 使得 $H = \overline{C'}C$;

(3) H 的每个顺序主子式全大于零;

(4) H 的每个主子式全大于零;

(5) H 的特征值都是正的.

定理 8.6.21 设 A 是 n 级复矩阵, 则一定存在酉矩阵 U 和半正定埃尔米特矩阵 H 使得 $A = UH$, 其中 H 由 A 唯一确定. 如果 A 是可逆的, 那么 U 也由 A 唯一确定, 而且 H 是正定的. 这种分解称为**极分解**.

定理 8.6.22 设 $A \in \mathrm{M}_{m\times n}(\mathbb{C})$, 则存在 $U \in \mathrm{U}(m)$, $V \in \mathrm{U}(n)$ 和分块矩阵 $S = \begin{pmatrix} \mathrm{diag}(\lambda_1, \lambda_2, \cdots, \lambda_r) & 0 \\ 0 & 0 \end{pmatrix}$ 使得 $A = USV$, 其中 $\lambda_1, \lambda_2, \cdots, \lambda_r$ 是正数, 称为 A 的**奇异值**, 这种分解称为矩阵 A 的**奇异值分解**.

对复矩阵 A, 也可以如下定义其摩尔–彭罗斯逆 A^+.

定义 8.6.23 设 $A \in \mathrm{M}_{m\times n}(\mathbb{C})$. 若 $A^+ \in \mathrm{M}_{n\times m}(\mathbb{C})$ 满足

$$AA^+A = A, \quad A^+AA^+ = A^+, \quad (\overline{AA^+})' = AA^+, \quad (\overline{A^+A})' = A^+A,$$

则称 A^+ 是 A 的**摩尔–彭罗斯逆**.

与定理 8.4.17 类似, 可证明 A 的摩尔–彭罗斯逆存在且唯一. 设 $A \in \mathrm{M}_{m\times n}(\mathbb{C})$ 有奇异值分解 $A = USV$, 其中 $U \in \mathrm{U}(m)$, $V \in \mathrm{U}(n)$, $S = \begin{pmatrix} D & 0 \\ 0 & 0 \end{pmatrix}$, D 为对角

矩阵, 其对角元素为 A 的奇异值, 则 $A^+ = \overline{V}'S^+\overline{U}'$, 其中 $S^+ = \begin{pmatrix} D^{-1} & 0 \\ 0 & 0 \end{pmatrix}$ 是 S 的摩尔–彭罗斯逆.

与注 8.4.18 类似, 容易验证复矩阵的摩尔–彭罗斯逆满足下述性质:

(1) 若 $A \in \mathrm{GL}_n(\mathbb{C})$, 则 $A^+ = A^{-1}$;

(2) 若 $A \in \mathrm{M}_{m\times n}(\mathbb{C})$, 则 $(A^+)^+ = A$;

(3) 若 $A \in \mathrm{M}_{m\times n}(\mathbb{C})$, 则 $(\overline{A^+})' = (\overline{A'})^+$;

(4) 若 $A \in \mathrm{M}_{m\times n}(\mathbb{C})$, $B \in \mathrm{M}_{n\times p}(\mathbb{C})$, 则 $(AB)^+ = (A^+AB)^+(ABB^+)^+$.

习 题 8

1. 在 $\mathbb{R}[x]_4$ 中定义内积 $(f(x), g(x)) = \int_0^1 f(x)g(x)\mathrm{d}x$.

   (1) 证明: $\mathbb{R}[x]_4$ 成为欧氏空间.

   (2) 求 $\mathbb{R}[x]_4$ 中和 $1, x, x^2$ 都正交的多项式.

2. 证明: 实方阵 A 都可以分解为 $A = QR$, 其中 Q 是正交矩阵, R 是上三角矩阵. 这种分解称为实矩阵的 QR **分解** (QR decomposition).

3. 证明: 任何正定矩阵 A 都可以分解为 $A = T'T$, 其中 T 是上三角矩阵, 对角元素都是正数. 这种分解称为正定矩阵的**楚列斯基**[①]**分解** (Cholesky decomposition).

4. 用施密特标准正交化方法将下列线性无关向量组化为标准正交向量组:

   (1) $(1,2,2)$, $(-1,0,2) \in \mathbb{R}^3$;

   (2) $(1,-1,1,-1)$, $(1,1,3,-1)$, $(3,7,1,-3) \in \mathbb{R}^4$.

5. 如果实方阵 $A = (a_{ij})_{n\times n}$ 的行向量是两两正交的, 即对任意 $1 \leqslant i \neq j \leqslant n$, 都有 $a_{i1}a_{j1} + a_{i2}a_{j2} + \cdots + a_{in}a_{jn} = 0$, 那么其列向量是否也正交? 即是否有下面的等式 $a_{1i}a_{1j} + a_{2i}a_{2j} + \cdots + a_{ni}a_{nj} = 0$ 对任意 $1 \leqslant i \neq j \leqslant n$ 成立? 请证明你的论断或者举出反例.

6. 设 $W = \{A \in \mathrm{M}_n(\mathbb{R}) \mid A = A'\}$, 定义 $f: W \times W \to \mathbb{R}$ 使得 $f(A,B) = \mathrm{Tr}(AB)$.

   (1) 证明: f 是 W 上的内积;

   (2) 设 $S = \{A \in W \mid \mathrm{Tr}(A) = 0\}$, 试求 S 在 W 中的正交补 $S^\perp$.

7. 举例说明如果欧氏空间的线性变换 σ 不是正交变换, 那么不变子空间的正交补不一定还是不变子空间.

8. 证明: 正交变换的复特征值的模等于 1.

9. 设 $A \in \mathrm{SO}(3)$, 证明: 存在实数 θ, ψ, ϕ 使得

$$A = \begin{pmatrix} \cos\theta\cos\psi & -\cos\phi\sin\psi + \sin\phi\sin\theta\cos\psi & \sin\phi\sin\psi + \cos\phi\sin\theta\cos\psi \\ \cos\theta\sin\psi & \cos\phi\cos\psi + \sin\phi\sin\theta\sin\psi & -\sin\phi\cos\psi + \cos\phi\sin\theta\sin\psi \\ -\sin\theta & \sin\phi\cos\theta & \cos\phi\cos\theta \end{pmatrix}.$$

① André-Louis Cholesky, 1875—1918, 法国数学家.

10. 设 $\alpha_1, \alpha_2, \cdots, \alpha_m$ 和 $\beta_1, \beta_2, \cdots, \beta_m$ 是 n 维欧氏空间 V 中的两个向量组. 证明: 存在正交变换 σ 使得 $\sigma(\alpha_i) = \beta_i, i = 1, 2, \cdots, m$ 的充分必要条件为 $(\alpha_i, \alpha_j) = (\beta_i, \beta_j), i, j = 1, 2, \cdots, m$.
11. 设 A 是 n 级正交矩阵, k 是正奇数. 证明: 存在 n 级正交矩阵 B 使得 $A = B^k$.
12. 在 $\mathbb{R}^3$ 中取标准基 $e_1 = (1,\ 0,\ 0)'$, $e_2 = (0,\ 1,\ 0)'$, $e_3 = (0,\ 0,\ 1)'$. 把 $\mathbb{R}^3$ 中的所有向量绕固定向量 $(1,\ 1,\ 1)'$ 按照右手法则旋转 $120°$, 求该旋转在标准基 $e_1,\ e_2,\ e_3$ 下的矩阵.
13. 求 $(1 + 2\mathbf{i} + 3\mathbf{j} + 4\mathbf{k})(5 + 6\mathbf{i} + 7\mathbf{j} + 8\mathbf{k})$.
14. 求四元数 $1 + \mathbf{i} + \mathbf{j} + \mathbf{k}$ 的逆.
15. 若自然数 $n = a^2 + b^2 + c^2 + d^2$, 其中 $a, b, c, d \in \mathbb{Z}$, 则称 n 能表为四个平方和. 如果 m, n 都能表为四个平方和, 证明: mn 也能表为四个平方和.
16. 利用四元数证明例 5.1.5 中罗德里格旋转公式.
17. 设 A 是 n 级实对称矩阵, B 是 n 级正定矩阵. 证明: 存在 n 级可逆矩阵 C 使得 $C'AC$ 和 $C'BC$ 同时为对角矩阵.
18*. 设 A, B, C 都是正定矩阵. 如果 ABC 是对称矩阵, 即 $ABC = CBA$, 证明: ABC 是正定矩阵.
19*. 设 A 与 B 是 n 级半正定矩阵. 证明: 存在 n 级可逆矩阵 C 使得 $C'AC$ 和 $C'BC$ 同时为对角矩阵.
20. 证明: 欧氏空间 V 的线性变换 σ 是镜面反射当且仅当存在 V 中的单位向量 η 使得 $\sigma(\alpha) = \alpha - 2(\eta, \alpha)\eta$ 对任意向量 $\alpha \in V$ 成立.
21. 设 α, β 是欧氏空间 V 中两个单位向量. 证明: 存在镜面反射 σ 使得 $\sigma(\alpha) = \beta$.
22. 设 σ 是欧氏空间 V 到 V 的映射. 如果对任意 $\alpha, \beta \in V$ 都有 $(\sigma(\alpha), \sigma(\beta)) = (\alpha, \beta)$, 证明: σ 是线性的, 从而 σ 是正交变换.
23. 求正交矩阵 T 使得 $T'AT$ 是对角矩阵, 其中 A 为

(1) $\begin{pmatrix} -3 & 4 \\ 4 & 3 \end{pmatrix}$;　　(2) $\begin{pmatrix} -1 & 1 & 1 \\ 1 & -1 & 1 \\ 1 & 1 & -1 \end{pmatrix}$;　　(3) $\begin{pmatrix} 1 & 0 & 1 \\ 0 & 1 & 0 \\ 1 & 0 & 1 \end{pmatrix}$;

(4) $\begin{pmatrix} 0 & 1 & 0 \\ 1 & 0 & 1 \\ 0 & 1 & 0 \end{pmatrix}$;　　(5) $\begin{pmatrix} 2 & 2 & -2 \\ 2 & 5 & -4 \\ -2 & -4 & 5 \end{pmatrix}$;　　(6) $\begin{pmatrix} 1 & 1 & 1 & 1 \\ 1 & 1 & 1 & 1 \\ 1 & 1 & 1 & 1 \\ 1 & 1 & 1 & 1 \end{pmatrix}$.

24. 用正交线性替换把下列二次型化为标准形:

(1) $2x_1^2 + 2x_2^2 - 2x_1x_2$;

(2) $x_1x_2 + x_2x_3$;

(3) $8x_1x_3 + 2x_1x_4 + 2x_2x_3 + 8x_2x_4$;

(4) $\sum\limits_{1 \leqslant i < j \leqslant n} x_ix_j$.

25. 设实对称矩阵 A 的一级主子式之和与二级主子式之和都为 0. 证明: $A = 0$.

26. 举例说明对称变换在非标准正交基下的矩阵可以不是对称矩阵.

27. 设 A 是 n 级实对称矩阵. 证明: 存在实数 $c>0$ 使得对任意 n 维实向量 X 都有 $|X'AX|\leqslant cX'X$.

28. (**瑞利**[①]**定理** (Rayleigh theorem)) 设 $S^{n-1}=\{X\in\mathbb{R}^n \mid |X|=1\}$ 为 $n-1$ 维球面, A 为 n 级实对称矩阵. 证明: 对任意 $X\in S^{n-1}$ 都有 $\lambda\leqslant X'AX\leqslant\mu$, 其中 λ 是 A 的最小的特征值, μ 是 A 的最大的特征值.

29. 设 V_1,V_2 是 n 维欧氏空间 V 的两个子空间. 如果 V_1 的维数小于 V_2 的维数, 证明: 在 V_2 中存在非零向量 α 使得 $\alpha\perp V_1$.

30. 设 A 与 B 是 n 级半正定矩阵, 而且 A^2 与 B^2 正交相似. 证明: A 与 B 正交相似.

31.* 设 $A\in\mathrm{M}_{m\times n}(\mathbb{R})$. 证明: $A^+=\lim\limits_{\varepsilon\to0}(A'A+\varepsilon I_n)^{-1}A'$.

32.* 设 $A\in\mathrm{M}_{m\times n}(\mathbb{R})$, $\mathrm{rank}A=r\geqslant1$, $A=GH$, 其中 $G\in\mathrm{M}_{m\times r}(\mathbb{R}), H\in\mathrm{M}_{r\times n}(\mathbb{R})$. 证明: $A^+=H'(HH')^{-1}(G'G)^{-1}G'$.

33. 求下列方程组的最小二乘解 (用三位有效数字计算):

$$\begin{cases} a+b+c=10,\\ 4a+2b+c=5.49,\\ 9a+3b+c=0.89,\\ 16a+4b+c=-0.14,\\ 25a+5b+c=-1.07,\\ 36a+6b+c=0.84. \end{cases}$$

34. 设 xy 平面上有 5 个点, 分别是 $(-2,0)$, $(-1,0)$, $(0,\ 1)$, $(1,0)$, $(2,\ 0)$. 利用最小二乘法求出和这 5 个点最接近的抛物线.

35. 证明: 二级实正规矩阵一定是对称矩阵或者是形如 $\begin{pmatrix} a & b\\ -b & a\end{pmatrix}$ 的矩阵.

36. 证明: 实矩阵 $A=\begin{pmatrix} 5 & -3\\ 4 & -2\end{pmatrix}$ 与 $B=\begin{pmatrix} 1 & -1\\ 0 & 2\end{pmatrix}$ 相似, 但不正交相似.

37. (1) 设实矩阵 $A=\begin{pmatrix} a_{11} & a_{12}\\ a_{21} & a_{22}\end{pmatrix}$ 与 $B=\begin{pmatrix} b_{11} & b_{12}\\ b_{21} & b_{22}\end{pmatrix}$ 相似, 且 $\sum\limits_{i,j=1}^{2}a_{ij}^2=\sum\limits_{i,j=1}^{2}b_{ij}^2$. 证明: A 与 B 正交相似.

(2) 举例说明 (1) 中的结论对三级矩阵不成立.

38. 设 $A\in\mathrm{M}_n(\mathbb{R})$, B 是 n 级正定矩阵, k 是正整数, $AB^k=B^kA$. 证明: $AB=BA$.

39.* (1) 设 $A,B\in\mathrm{M}_n(\mathbb{R})$. 证明: A 正交相似于 B 当且仅当存在 $P\in\mathrm{GL}_n(\mathbb{R})$ 使得 $P^{-1}AP=B,\ P^{-1}A'P=B'$.

(2) 设 $A,B\in\mathrm{M}_n(\mathbb{C})$. 证明: A 酉相似于 B 当且仅当存在 $P\in\mathrm{GL}_n(\mathbb{C})$ 使得 $P^{-1}AP=B,\ P^{-1}\overline{A'}P=\overline{B'}$.

40. 设 $A\in\mathrm{M}_n(\mathbb{R})$ 是实正规矩阵. 证明: A 是对称矩阵当且仅当 A 的特征值都是实数.

---

① John William Strutt, 3rd Baron Rayleigh, 1842—1919, 英国物理学家, 1904 年诺贝尔奖获得者.

41. 设 S 是 n 级半正定矩阵, O 是 n 级正交矩阵, 而且 SO 的特征多项式和 S 的特征多项式相同. 证明: $SO = S$.

42*. 设 $A, B \in \mathrm{M}_n(\mathbb{R})$ 且 A 酉相似于 B. 证明: A 正交相似于 B.

43. 证明: 任何 n 级复矩阵都酉相似于上三角矩阵.

44. 设 n 级复矩阵 $A = B + \mathrm{i}C$, 其中 B 和 C 是 n 级实矩阵. 证明: A 是酉矩阵的充分必要条件是 $B'C$ 是对称矩阵而且 $B'B + C'C = I_n$.

45. 证明: 两个可交换的可酉相似于对角矩阵的 n 级复矩阵 A, B 可以同时酉相似于对角矩阵.

46. 证明定理 8.6.20.

47. 证明定理 8.6.21.

48. 证明定理 8.6.22.

第 9 章

双线性函数

17 世纪初, 笛卡儿和费马对二维线性空间上的双线性函数 (bilinear form) 进行了深入研究. 随后, 在 18 世纪, 欧拉将双线性函数推广到了三维空间. 19 世纪初, 蒙日[①]研究了现代意义上的双线性函数. 若尔当等在 19 世纪后期对双线性函数和典型群 (classical group) 理论之间的深刻联系进行了系统深入的研究. 反对称双线性函数在几何学和物理学中有着广泛的应用, 外尔在 1930 年将带有反对称双线性函数的线性空间命名为辛空间 (symplectic space), 将保持辛空间的度量不变的线性变换构成的群称为辛群 (symplectic group).

本章研究一般数域上的双线性函数及其基本性质, 并重点研究对称和反对称双线性函数及其对应的二次空间和辛空间.

9.1 双线性函数

若无特殊说明, 线性空间都是指某个数域 F 上的有限维线性空间.

定义 9.1.1 设 V 是线性空间. 若映射 $f\colon V\times V\longrightarrow F$ 满足下面的条件:

(1) $f(k\alpha+l\beta,\gamma)=kf(\alpha,\gamma)+lf(\beta,\gamma)$,

(2) $f(\alpha,k\beta+l\gamma)=kf(\alpha,\beta)+lf(\alpha,\gamma)$,

其中 α,β,γ 是 V 中任意向量, k,l 是 F 中任意数, 则称 f 是 V 上的**双线性函数**.

设 f 是 V 上的双线性函数. 若对任意 $\alpha,\beta\in V$ 都有 $f(\alpha,\beta)=f(\beta,\alpha)$, 则称 f 是**对称双线性函数** (symmetric bilinear form). 若对任意 $\alpha,\beta\in V$ 都有 $f(\alpha,\beta)=-f(\beta,\alpha)$, 则称 f 是**反对称双线性函数** (skew-symmetric bilinear form).

例 9.1.2 $\mathbb{R}^2$ 上的函数 $f\left((x_1,y_1),(x_2,y_2)\right)=x_1y_2-x_2y_1$ 是反对称双线性函数, $g\left((x_1,y_1),(x_2,y_2)\right)=x_1x_2-y_1y_2$ 是对称双线性函数.

① Gaspard Monge, 1746—1818, 法国数学家.

定义 9.1.3　设 f 是 V 上的双线性函数, $\alpha_1,\alpha_2,\cdots,\alpha_n$ 是 V 的一个基, 称矩阵

$$\begin{pmatrix} f(\alpha_1,\alpha_1) & f(\alpha_1,\alpha_2) & \cdots & f(\alpha_1,\alpha_n) \\ f(\alpha_2,\alpha_1) & f(\alpha_2,\alpha_2) & \cdots & f(\alpha_2,\alpha_n) \\ \vdots & \vdots & & \vdots \\ f(\alpha_n,\alpha_1) & f(\alpha_n,\alpha_2) & \cdots & f(\alpha_n,\alpha_n) \end{pmatrix}$$

为 f 关于基 $\alpha_1,\alpha_2,\cdots,\alpha_n$ 的**度量矩阵**.

例 9.1.4　在例 9.1.2 中, 双线性函数 f 与 g 关于 $\mathbb{R}^2$ 的基 $\alpha_1=(1,0),\alpha_2=(0,1)$ 的度量矩阵分别是反对称矩阵 $\begin{pmatrix} 0 & 1 \\ -1 & 0 \end{pmatrix}$ 与对称矩阵 $\begin{pmatrix} 1 & 0 \\ 0 & -1 \end{pmatrix}$.

定理 9.1.5　*设线性空间 V 上的双线性函数 f 关于 V 的基 $\alpha_1, \alpha_2, \cdots, \alpha_n$ 与基 $\beta_1,\beta_2,\cdots,\beta_n$ 的度量矩阵分别是 A 与 B. 如果从 $\alpha_1,\alpha_2,\cdots,\alpha_n$ 到 $\beta_1,\beta_2,\cdots,\beta_n$ 的过渡矩阵是 C, 那么 $B=C'AC$.*

证明　根据已知条件, $(\beta_1,\beta_2,\cdots,\beta_n)=(\alpha_1,\alpha_2,\cdots,\alpha_n)C$, 其中 $C\in \mathrm{GL}_n(F)$. 令 $C=(c_{ij})_{n\times n}$, 则 $(\beta_i,\beta_j)=\sum\limits_{k,l=1}^{n} c_{ki}(\alpha_k,\alpha_l)c_{lj}$ 对任意 $1\leqslant i, j\leqslant n$ 成立. 由矩阵乘法知, $B=C'AC$, 即 A 与 B 是合同的. □

因为合同的矩阵有相同的秩, 所以我们称双线性函数 f 关于一个基的度量矩阵的秩为 f 的**秩**, 记为 $\mathrm{rank}(f)$.

定义 9.1.6　设 f 是线性空间 V 上的双线性函数, 定义

$$\mathrm{rad}_L(f)=\{v\in V \mid f(v,w)=0 \text{ 对任意 } w\in V \text{ 成立}\},$$
$$\mathrm{rad}_R(f)=\{w\in V \mid f(v,w)=0 \text{ 对任意 } v\in V \text{ 成立}\},$$

分别称 $\mathrm{rad}_L(f)$ 和 $\mathrm{rad}_R(f)$ 为 f 的**左根** (left radical) 和**右根** (right radical).

定理 9.1.7　*设 f 是 n 维线性空间 V 上的双线性函数, 则下列陈述等价:*

(1) f 关于某个基的度量矩阵是可逆的;

(2) $\mathrm{rad}_L(f)=0$;

(3) $\mathrm{rad}_R(f)=0$.

*若 f 满足上述等价条件, 则称 f 为**非退化双线性函数** (non–degenerate bilinear form), 否则称之为**退化双线性函数** (degenerate bilinear form).*

证明　设 $\alpha_1, \alpha_2, \cdots, \alpha_n$ 是 V 的一个基.

(2) $\Longrightarrow$ (1) 如果 f 关于 $\alpha_1, \alpha_2, \cdots, \alpha_n$ 的度量矩阵 $(f(\alpha_i,\alpha_j))_{n\times n}$ 不可逆,

那么存在不全为零的 $c_1, c_2, \cdots, c_n \in F$ 使得 $\sum\limits_{i=1}^{n} c_i(f(\alpha_i, \alpha_1), \cdots, f(\alpha_i, \alpha_n)) = 0$, 从而 $\left(f\left(\sum\limits_{i=1}^{n} c_i\alpha_i, \alpha_1\right), \cdots, f\left(\sum\limits_{i=1}^{n} c_i\alpha_i, \alpha_n\right)\right) = 0$. 由于 $c_1, c_2, \cdots, c_n$ 不全为 0, 所以 $\alpha = \sum\limits_{i=1}^{n} c_i\alpha_i \neq 0$, 且 $f(\alpha, \alpha_i) = 0$, $i = 1, 2, \cdots, n$. 设 $\beta \in V$, 则存在 $x_1, x_2, \cdots, x_n \in F$ 使得 $\beta = \sum\limits_{i=1}^{n} x_i\alpha_i$. 因此

$$f(\alpha, \beta) = f(\alpha, \sum_{i=1}^{n} x_i\alpha_i) = \sum_{i=1}^{n} x_i f(\alpha, \alpha_i) = 0.$$

故 $\alpha \in \mathrm{rad}_L(f)$, 与 (2) 矛盾.

(1) $\Longrightarrow$ (2) 若有非零向量 $\alpha = \sum\limits_{i=1}^{n} c_i\alpha_i \in \mathrm{rad}_L(f)$, 则

$$\left(f\left(\sum_{i=1}^{n} c_i\alpha_i, \alpha_1\right), \cdots, f\left(\sum_{i=1}^{n} c_i\alpha_i, \alpha_n\right)\right) = 0,$$

即 $\sum\limits_{i=1}^{n} c_i(f(\alpha_i, \alpha_1), \cdots, f(\alpha_i, \alpha_n)) = 0$. 由此可见, f 关于 α_1, α_2, $\cdots$, α_n 的度量矩阵 $(f(\alpha_i, \alpha_j))_{n\times n}$ 的行向量组线性相关, 故 $(f(\alpha_i, \alpha_j))_{n\times n}$ 不是可逆矩阵, 矛盾.

类似可证 (1) $\Longleftrightarrow$ (3). □

容易看出, 若 f 是线性空间 V 上的对称 (反对称) 双线性函数, 则 f 关于任何基的度量矩阵都是对称 (反对称) 矩阵.

9.2* 二次空间

定义 9.2.1 设 f 是线性空间 V 上的对称双线性函数. 定义函数 $Q: V \longrightarrow F$ 使得对任意 $\alpha \in V$, $Q(\alpha) = f(\alpha, \alpha)$, 称 Q 是 V 上的**二次型**, 而 V 称为带有二次型 Q 的**二次空间** (quadratic space), 记为 (V, Q). 在 Q 的含义明确的情况下, (V, Q) 简记为 V. 若 f 是非退化的对称双线性函数, 则称 V 是**非退化的二次空间** (non–degenerate quadratic space), 否则称 V 是**退化的二次空间** (degenerate quadratic space).

注记 9.2.2 设 (V, Q) 是非零二次空间, α_1, α_2, $\cdots$, α_n 是 V 的一个基.

(1) 令 $g(x_1, x_2, \cdots, x_n) = Q\left(\sum\limits_{i=1}^{n} x_i\alpha_i\right)$, 则

$$g(x_1, x_2, \cdots, x_n) = f\left(\sum_{i=1}^{n} x_i\alpha_i, \sum_{i=1}^{n} x_i\alpha_i\right) = \sum_{i,j=1}^{n} f(\alpha_i, \alpha_j)x_i x_j$$

是第 7 章介绍过的 n 元二次型, 称之为 V 在基 α_1, α_2, $\cdots$, α_n 下的二次型.

(2) 由定义 9.2.1 知, 二次型 Q 由对称双线性函数 f 唯一确定. 反之, 二次型 Q 也唯一确定了双线性函数 f. 事实上,

$$f(\alpha,\beta)=\frac{1}{2}(f(\alpha+\beta,\alpha+\beta)-f(\alpha,\alpha)-f(\beta,\beta))=\frac{1}{2}(Q(\alpha+\beta)-Q(\alpha)-Q(\beta)),$$

其中 $\alpha,\beta\in V$. 由此可见, V 上的二次型 Q 与 V 上的对称双线性函数 f 一一对应.

(3) 本节所讨论的二次空间都是有限维的, 一律简记为 V, 其上的二次型是 Q, 对应的对称双线性函数是 f.

定义 9.2.3 设 V 是二次空间. 若 $\alpha,\beta\in V$ 满足 $f(\alpha,\beta)=0$, 则称 α 与 β **正交**, 或者说 α 正交于 β. 若 W 是 V 的子空间, 定义 W 的正交补为

$$W^{\perp}=\{\alpha\in V\mid f(\alpha,\beta)=0 \text{ 对任意 } \beta\in W \text{ 成立}\}.$$

$V^{\perp}$ 称为 V 的**根空间** (radical space), 记为 $\mathrm{rad}(V)$. 设 V_1, V_2 是 V 的两个子空间, 若 V_1 中的任何向量都与 V_2 中的任何向量正交, 则称 V_1 与 V_2 **正交**.

由定理 9.1.7 知 $\mathrm{rad}(V)=0$ 当且仅当 V 是非退化的.

定义 9.2.4 设 V 是二次空间. 若非零向量 $\alpha\in V$ 满足 $Q(\alpha)=0$, 则称 α 是**迷向向量** (isotropic vector). 含有迷向向量的子空间称为**迷向子空间** (isotropic subspace), 完全由零向量和迷向向量组成的子空间称为**完全迷向子空间** (totally isotropic subspace).

定义 9.2.5 设 $\alpha_1,\alpha_2,\cdots,\alpha_n$ 是二次空间 V 的一个基. 若 $\alpha_1,\alpha_2,\cdots,\alpha_n$ 两两正交, 则称其为一个**正交基**. 若正交基 $\alpha_1,\alpha_2,\cdots,\alpha_n$ 中的所有 α_i $(1\leqslant i\leqslant n)$ 都满足 $Q(\alpha_i)=1$, 则称 $\alpha_1,\alpha_2,\cdots,\alpha_n$ 为一个**标准正交基**.

命题 9.2.6 设 W 是二次空间 V 的非退化的非零子空间, 则 $V=W\oplus W^{\perp}$.

证明 首先, 若存在 $0\neq\alpha\in W\cap W^{\perp}$, 则 $\alpha\in W^{\perp}$, 所以 α 正交于 W, 故 W 是退化的, 矛盾. 由此可见 $W+W^{\perp}$ 是直和.

其次, 设 $\alpha\in V$. 任取 W 的基 $\alpha_1,\alpha_2,\cdots,\alpha_k$, 下面证明存在 $c_1,c_2,\cdots,c_k\in F$ 使得 $\alpha-c_1\alpha_1-c_2\alpha_2-\cdots-c_k\alpha_k\in W^{\perp}$. 事实上, 设 f 限制在 W 上时关于 W 的基 $\alpha_1,\alpha_2,\cdots,\alpha_k$ 的度量矩阵为 A, 由定义知 A 是非退化矩阵. 易见, $f(\alpha-c_1\alpha_1-c_2\alpha_2-\cdots-c_k\alpha_k,\alpha_i)=0$ 对所有 $i=1,\cdots,k$ 都成立当且仅当 $(c_1,c_2,\cdots,c_k)'$ 是线性方程组 $AX=\beta$ 的解, 其中 $\beta=(f(\alpha,\alpha_1),f(\alpha,\alpha_2),\cdots,f(\alpha,\alpha_n))'$. 由此可见, 只需取 $(c_1,c_2,\cdots,c_k)'=A^{-1}\beta$ 即可.

令 $\gamma=c_1\alpha_1+c_2\alpha_2+\cdots+c_k\alpha_k$, 则 $\alpha=\gamma+(\alpha-\gamma)\in W+W^{\perp}$. 故 $V=W\oplus W^{\perp}$. □

命题 9.2.7 非零二次空间 V 存在正交基.

证明 对二次空间 V 的维数 n 用归纳法. 当 $n=1$ 时, 命题显然成立. 对任意 $n\geqslant 2$, 假设命题对维数小于 n 的二次空间成立.

如果二次空间 V 是完全迷向空间, 那么所有的非零向量都是迷向的. 因此对任何两个向量 $\alpha,\beta\in V$ 都有 $f(\alpha,\beta)=\dfrac{1}{2}(f(\alpha+\beta,\alpha+\beta)-f(\alpha,\alpha)-f(\beta,\beta))=0$, 所以任何一个基都是正交基.

如果二次空间 V 不是完全迷向空间, 那么一定存在非迷向的非零向量 $\alpha\in V$. 由命题 9.2.6 知, $V=L(\alpha)\oplus L(\alpha)^{\perp}$. 根据归纳假设, $L(\alpha)^{\perp}$ 有正交基 $\alpha_1,\cdots,\alpha_{n-1}$. 故 $\alpha,\alpha_1,\cdots,\alpha_{n-1}$ 是 V 的正交基. □

注记 9.2.8 (1) 命题 9.2.7 等价于定理 7.1.15.

(2) 虽然非零二次空间 V 一定存在正交基, 但是不一定存在由非迷向向量组成的正交基. 事实上, 二次空间 V 中存在由非迷向向量组成的正交基当且仅当 V 是非退化的. 证明留给读者.

(3) 欧氏空间中任一正交向量组都可以扩充为空间的一个正交基, 但这个结论对一般的二次空间不成立. 例如, 设二维二次空间 V 上的对称双线性函数 f 关于基 α_1,α_2 的度量矩阵是 $\begin{pmatrix}1&0\\0&-1\end{pmatrix}$, 则 $f(\alpha_1+\alpha_2,\alpha_1+\alpha_2)=0$. 下面我们证明 $\alpha_1+\alpha_2$ 不能扩充成 V 的一个正交基.

事实上, 对 $x,y\in F$, 若 $f(x\alpha_1+y\alpha_2,\alpha_1+\alpha_2)=0$, 则 $x=y$, 所以与 $\alpha_1+\alpha_2$ 正交的向量一定属于 $L(\alpha_1+\alpha_2)$, 因此 $\alpha_1+\alpha_2$ 不能扩充成 V 的一个正交基.

定理 9.2.9 设 U 与 W 是 n 维非退化二次空间 V 的子空间, 其中 $n\geqslant 1$, 则下列结论成立.

(1) $V^{\perp}=0$, $0^{\perp}=V$.

(2) 若 $U\subseteq W$, 则 $W^{\perp}\subseteq U^{\perp}$.

(3) $n=\dim U+\dim U^{\perp}$.

(4) $U=(U^{\perp})^{\perp}$.

(5) $(U+W)^{\perp}=U^{\perp}\cap W^{\perp}$.

(6) $(U\cap W)^{\perp}=U^{\perp}+W^{\perp}$.

(7) $\mathrm{rad}(U)=\mathrm{rad}(U^{\perp})=U\cap U^{\perp}$.

证明 我们只证明 (3), 由根子空间的定义知 (7) 成立, 其余结论的证明与定理 8.1.21 的证明类似.

(3) 由命题 9.2.7 知, V 存在正交基 $\alpha_1,\alpha_2,\cdots,\alpha_n$. 如果 $U=0$, 结论显然成

立. 若 $U \neq 0$, 设 $\beta_j = \sum\limits_{i=1}^{n} b_{ij}\alpha_i, j=1,2,\cdots,k$, 是 U 的一个基, 则

$$\begin{aligned}\gamma = \sum_{l=1}^{n} c_l\alpha_l \in U^{\perp} &\Longleftrightarrow f(\beta_j,\gamma)=0,\ j=1,2,\cdots,k\\ &\Longleftrightarrow \sum_{l,i=1}^{n} b_{ij}f(\alpha_i,\alpha_l)c_l = 0,\ j=1,2,\cdots,k\\ &\Longleftrightarrow B'A(c_1,c_2,\cdots,c_n)'=0,\end{aligned}$$

其中 $A=(f(\alpha_i,\alpha_l))_{n\times n} \in \mathrm{GL}_n(F)$ 为 f 关于基 $\alpha_1,\alpha_2,\cdots,\alpha_n$ 的度量矩阵, $B=(b_{ij})_{n\times\beta}\in \mathrm{M}_{n\times k}(F)$ 为列满秩矩阵. 由定理 3.3.2 知, $B'AX=0$ 的解空间维数为 $n-\mathrm{rank}(B'A)=n-k$, 故 $\dim U^{\perp}=n-k$, 从而 $n=\dim U+\dim U^{\perp}$. □

定义 9.2.10 设 φ 是二次空间 (V,Q) 到 (V',Q') 的线性映射. 若对任意 $\alpha\in V$, 都有 $Q'(\varphi(\alpha))=Q(\alpha)$, 则称 φ 是二次空间之间的**等距映射**, 简称**等距** (isometry). 若 $(V,Q)=(V',Q')$, 则称 φ 是 V 的**等距变换** (isometric transformation). 若等距 φ 是双射, 则称 φ 是**等距同构** (isometric isomorphism). 若两个二次空间 (V,Q) 和 (V',Q') 之间存在等距同构, 则称这两个二次空间**同构**.

注记 9.2.11 设 (V,Q) 是非退化的二次空间, φ 是 (V,Q) 到 (V',Q') 的等距, 则 φ 一定是单射. 事实上, 如果 φ 不是单射, 那么存在非零向量 α 使得 $\varphi(\alpha)=0$. 设 Q 与 Q' 对应的对称双线性函数分别为 f 与 f', 则对任意 $\beta\in V$ 都有 $f(\alpha,\beta)=f'(\varphi(\alpha),\varphi(\beta))=0$, 这与 V 是非退化的二次空间矛盾. 因此, (有限维) 非退化二次空间的等距变换一定是同构.

定理 9.2.12 (**维特**[①]**扩张定理** (Witt extension theorem)) 如果 (V,Q) 与 (V',Q') 是两个同构的非退化二次空间, U 是 V 的子空间, $\sigma: U\longrightarrow V'$ 是二次空间之间的等距, 那么存在等距同构 $\tau: V\longrightarrow V'$ 使得 $\tau|_U=\sigma$, 即 σ 能扩充为 V 到 V' 的等距同构.

证明 不妨设 $(V,Q)=(V',Q')$, 这是因为若 $\varphi: V\longrightarrow V'$ 是同构, 则 $\varphi^{-1}\sigma: U\longrightarrow V$ 是等距, 若能证明 $\varphi^{-1}\sigma$ 能扩充成 V 的等距同构 $\tau: V\longrightarrow V$, 则 $\varphi\tau$ 是 σ 的扩充并且是 (V,Q) 和 (V',Q') 之间的等距同构.

如果 U 是退化的, 那么存在非零向量 $\alpha\in\mathrm{rad}(U)$. 取 U 的子空间 W 使得 $U=L(\alpha)\oplus W$, 则 $L(\alpha)$ 和 W 是正交的 (因为 $\alpha\in\mathrm{rad}(U)$, 故 α 和 U 中任何向量都正交). 由定理 9.2.9 知 $W^{\perp}\supsetneq U^{\perp}$. 故存在 $\gamma\in W^{\perp}$ 使得 $\gamma\notin U^{\perp}$. 若 $f(\alpha,\gamma)=0$, 则 $\gamma\in W^{\perp}\bigcap L(\alpha)^{\perp}=U^{\perp}$, 矛盾. 故 $f(\alpha,\gamma)\neq 0$. 给 γ 乘以适

① Ernst Witt, 1911—1991, 德国数学家.

当的系数, 可设 $f(\alpha,\gamma)=1$. 注意, 由于 U 中的向量都与 α 正交, 所以 $\gamma\notin U$. 令 $\beta=\gamma-\dfrac{f(\gamma,\gamma)}{2}\alpha\in W^{\perp}$, 直接验算可知, $f(\alpha,\beta)=1$, $f(\beta,\beta)=0$. 故 β 是迷向的, 且 $\beta\notin U$. 类似地, 可以找到 $\gamma_1\in\sigma(W)^{\perp}$ 使得 $f(\sigma(\alpha),\gamma_1)=1$. 令 $\beta_1=\gamma_1-\dfrac{f(\gamma_1,\gamma_1)}{2}\sigma(\alpha)\in\sigma(W)^{\perp}$, 则 $f(\sigma(\alpha),\beta_1)=1$, $f(\beta_1,\beta_1)=0$. 故 β_1 是迷向的, 且 $\beta_1\notin\sigma(U)$.

定义 $\widetilde{\sigma}:U\oplus L(\beta)\longrightarrow V$ 使得 $\widetilde{\sigma}(\alpha_1+c\beta)=\sigma(\alpha_1)+c\beta_1$, 其中 $\alpha_1\in U$, $c\in F$, 则 $\widetilde{\sigma}|_U=\sigma$, $f(\widetilde{\sigma}(\beta),\widetilde{\sigma}(\beta))=f(\beta_1,\beta_1)=0=f(\beta,\beta)$. 对任意 $a\alpha+w\in U$, 其中 $a\in F,w\in W$, 都有 $f(a\alpha+w,\beta)=af(\alpha,\beta)+f(w,\beta)=a$, $f(\sigma(a\alpha+w),\beta_1)=af(\sigma(\alpha),\beta_1)+f(\sigma(w),\beta_1)=a$, 从而对任意 $\alpha_1\in U$, 都有 $f(\widetilde{\sigma}(\alpha_1),\widetilde{\sigma}(\beta))=f(\sigma(\alpha_1),\beta_1)=f(\alpha_1,\beta)$. 故 $\widetilde{\sigma}$ 是等距. 这就将 σ 扩充到高一维的空间 $U\oplus L(\beta)$ 上去了. 故我们只需对非退化的 U 证明定理成立即可.

下设 U 是非退化的. 我们对 U 的维数进行归纳证明.

设 $\dim U=1$, 则 U 由非迷向向量 α 张成. 设 $\beta=\sigma(\alpha)$, 则 $f(\alpha,\alpha)=f(\beta,\beta)$. 若 $f(\alpha+\beta,\alpha+\beta)=f(\alpha-\beta,\alpha-\beta)=0$, 则 $f(\alpha,\alpha)=f(\alpha,\beta)=0$, 与 α 是非迷向向量矛盾. 故 $f(\alpha+\beta,\alpha+\beta)$ 与 $f(\alpha-\beta,\alpha-\beta)$ 中至少有一个不为 0. 设 $f(\alpha+\varepsilon\beta,\alpha+\varepsilon\beta)\neq 0$, 其中 $\varepsilon=1$ 或者 -1. 令 $\gamma=\alpha+\varepsilon\beta$, 则由命题 9.2.6 知, $V=L(\gamma)^{\perp}\oplus L(\gamma)$. 定义 $\tau:\ V\longrightarrow V$ 使得 $\tau(\omega_1+\omega_2)=\omega_1-\omega_2$, 其中 $\omega_1\in L(\gamma)^{\perp}$, $\omega_2\in L(\gamma)$. 易见, τ 是等距变换, $\alpha-\varepsilon\beta\in L(\gamma)^{\perp}$, 所以 $\tau(\alpha-\varepsilon\beta)=\alpha-\varepsilon\beta$, $\tau(\alpha+\varepsilon\beta)=-\alpha-\varepsilon\beta$. 于是 $\tau(\alpha)=\dfrac{1}{2}(\tau(\alpha-\varepsilon\beta)+\tau(\alpha+\varepsilon\beta))=-\varepsilon\beta$, 因此 $-\varepsilon\tau(\alpha)=\beta$. 故 $-\varepsilon\tau$ 是 σ 的扩充.

设 $\dim(U)>1$, 并且定理对维数比 $\dim(U)$ 小的空间成立. 根据注记 9.2.8 (2), 存在 U 的相互正交的非平凡的非退化子空间 U_1,U_2 使得 $U=U_1\bigoplus U_2$. 由归纳假设, σ 在 U_1 上的限制可以扩充成 V 的自同构 ρ, 将 σ 用 $\rho^{-1}\sigma$ 替代, 故可设 σ 限制在 U_1 上是恒等. 由于 σ 是等距, 所以 σ 会把与 U_1 正交的子空间 U_2 仍然变为与 U_1 正交的子空间, 即 $\sigma(U_2)\subseteq U_1^{\perp}$.

再由归纳假设, σ 在 U_2 上的限制 $\sigma|_{U_2}$ 可以扩充为 $U_1^{\perp}$ 的等距变换 ϕ. 由命题 9.2.6 知, $V=U_1^{\perp}\oplus U_1$. 定义 V 的等距变换 τ 使得 $\tau(\alpha+\beta)=\phi(\alpha)+\beta$, 其中 $\alpha\in U_1^{\perp}$, $\beta\in U_1$. 易见 τ 为 σ 的扩充.

综上所述, σ 可以扩充为 (V,Q) 和 (V',Q') 之间的等距同构. □

定理 9.2.13 (**维特消去定理** (Witt cancellation theorem)) *设 (V,Q) 和 (V',Q') 是两个同构的非退化二次空间, U 是 V 的子空间, U' 是 V' 的子空间. 如果 U 同构于 U', 那么 $U^{\perp}$ 同构于 $U'^{\perp}$.*

证明 设 $\sigma: U \longrightarrow U'$ 为等距同构, 则 $\sigma: U \longrightarrow V'$ 是等距. 由定理 9.2.12 知, σ 可扩充为等距同构 $\tau: V \longrightarrow V'$. 由于 τ 是等距, 所以 $\tau(U^{\perp}) \subseteq \tau(U)^{\perp} = U'^{\perp}$. 又因为 τ 是单射, 从而 $\tau|_{U^{\perp}}$ 是单射, 因此 $\dim\tau(U^{\perp}) = \dim U^{\perp}$. 再由 $\dim U = \dim U'$ 得 $\dim U^{\perp} = \dim U'^{\perp}$, 从而 $\dim\tau(U^{\perp}) = \dim U'^{\perp}$, 所以 $\tau(U^{\perp}) = U'^{\perp}$. 故 $U^{\perp}$ 等距同构于 $U'^{\perp}$. □

9.3* 辛 空 间

在第 8 章中, 我们讨论了欧氏空间和酉空间, 现在我们讨论另一种类型的度量空间 —— 辛空间. 辛空间在数学, 物理等多个领域都有重要的应用.

定义 9.3.1 设 V 是线性空间, f 是 V 上的非退化反对称双线性函数, 则称 (V, f) 是**辛空间**, 简称 V 是辛空间. 设 (V_1, f_1), (V_2, f_2) 是两个辛空间, $\sigma: V_1 \longrightarrow V_2$ 是线性映射而且对任意 $\alpha, \beta \in V_1$ 都有 $f_1(\alpha, \beta) = f_2(\sigma(\alpha), \sigma(\beta))$, 则称 σ 为**辛映射** (symplectic map). 若 σ 是双射, 则称 σ 为**辛同构** (symplectic isomorphism). 若 $\alpha, \beta \in V$ 满足 $f(\alpha, \beta) = 0$, 则称 α 与 β **辛正交** (symplectically orthogonal). 设 $\alpha \in V$, W 是 V 的子空间. 若对任意 $\beta \in W$ 都有 $f(\alpha, \beta) = 0$, 则称 α 与 W 辛正交. 设 W_1, W_2 是 V 的两个子空间, 若对任意 $\alpha \in W_1, \beta \in W_2$ 都有 $f(\alpha, \beta) = 0$, 则称 W_1 与 W_2 辛正交.

定理 9.3.2 设 (V, f) 是辛空间, 则 V 的维数一定是偶数, 而且存在 V 的一个基 $e_1, e_2, \cdots, e_{2n}$ 使得 f 关于该基的度量矩阵是 $J_n = \begin{pmatrix} 0 & I_n \\ -I_n & 0 \end{pmatrix}$. 我们称 $e_1, e_2, \cdots, e_{2n}$ 为 V 的**辛正交基**.

证明 因为 (V, f) 是辛空间, 所以 f 是非退化反对称双线性函数. 于是 f 关于 V 的任意基的度量矩阵 A 是可逆反对称矩阵. 由例 2.2.2 知, A 是偶数级的. 再由第 7 章习题 23 知, A 合同于 $\widetilde{J_n} = \operatorname{diag}\left(\begin{pmatrix} 0 & 1 \\ -1 & 0 \end{pmatrix}, \begin{pmatrix} 0 & 1 \\ -1 & 0 \end{pmatrix}, \cdots, \begin{pmatrix} 0 & 1 \\ -1 & 0 \end{pmatrix}\right)$, 故存在 V 的一个基 $\alpha_1, \alpha_2, \cdots, \alpha_n, \alpha_{n+1}$, $\alpha_{n+2}, \cdots$, α_{2n} 使得 f 关于此基的度量矩阵为 $\widetilde{J_n}$. 令 $e_1 = \alpha_1, e_2 = \alpha_3, \cdots, e_n = \alpha_{2n-1}, e_{n+1} = \alpha_2$, $e_{n+2} = \alpha_4$, $\cdots$, $e_{2n} = \alpha_{2n}$, 则 f 关于基 $e_1, e_2, \cdots, e_{2n}$ 的度量矩阵是 $J_n = \begin{pmatrix} 0 & I_n \\ -I_n & 0 \end{pmatrix}$. □

定义 9.3.3 设 $S \in \mathrm{M}_{2n}(F)$. 若 $S' J_n S = J_n$, 则称 S 是**辛矩阵** (symplectic matrix). 设 σ 是辛空间 (V, f) 上的线性变换. 若对任意 $\alpha, \beta \in V$ 都有 $f(\alpha, \beta) = f(\sigma(\alpha), \sigma(\beta))$, 则称 σ 是**辛变换** (symplectic transformation).

不难证明, 辛矩阵的转置与逆仍是辛矩阵, 两个同级的辛矩阵乘积也是辛矩阵 (参见本章习题 16).

命题 9.3.4　辛矩阵的行列式为 1.

证明　设 S 是 $2n$ 级辛矩阵, $S=\begin{pmatrix}A & B\\ C & D\end{pmatrix}$, 其中 A,B,C,D 都是 n 级方阵. 由定义 9.3.3 知, $\begin{pmatrix}A' & C'\\ B' & D'\end{pmatrix}\begin{pmatrix}0 & I_n\\ -I_n & 0\end{pmatrix}\begin{pmatrix}A & B\\ C & D\end{pmatrix}=\begin{pmatrix}0 & I_n\\ -I_n & 0\end{pmatrix}$, 因此 $C'A=A'C$, $D'B=B'D$, $A'D-C'B=I_n$, $D'A-B'C=I_n$.

如果 A 可逆, 那么

$$\begin{aligned}\begin{vmatrix}A & B\\ C & D\end{vmatrix}=\begin{vmatrix}A & B\\ 0 & D-CA^{-1}B\end{vmatrix}&=|A||D-CA^{-1}B|\\ &=|A'||D-CA^{-1}B|=|A'D-A'CA^{-1}B|\\ &=|A'D-C'AA^{-1}B|=|A'D-C'B|=1.\end{aligned}$$

设 A 不可逆. 由第 2 章习题 48 知, 存在可逆矩阵 R 使得 $R'C$ 是对称矩阵, 即 $R'C=C'R$. 注意, 只有有限多个 $\lambda\in F$ 使得 $|A+\lambda R|=|R||\lambda I_n+R^{-1}A|=0$. 于是, 存在无限多个 $\lambda\in F$ 使得 $|A+\lambda R|\neq 0$, 从而

$$\begin{aligned}\begin{vmatrix}A+\lambda R & B\\ C & D\end{vmatrix}&=\begin{vmatrix}A+\lambda R & B\\ 0 & D-C(A+\lambda R)^{-1}B\end{vmatrix}\\ &=|A+\lambda R||D-C(A+\lambda R)^{-1}B|\\ &=|(A+\lambda R)'||D-C(A+\lambda R)^{-1}B|\\ &=|A'D+\lambda R'D-(A+\lambda R)'C(A+\lambda R)^{-1}B|\\ &=|A'D+\lambda R'D-C'(A+\lambda R)(A+\lambda R)^{-1}B|\\ &=|A'D-C'B+\lambda R'D|=|I_n+\lambda R'D|.\end{aligned}$$

由此可见, 上面等式两边作为关于 λ 的多项式是相同的, 所以对 $\lambda=0$ 也成立. 故 $|S|=1$. □

命题 9.3.5　设 $e_1,e_2,\cdots,e_{2n}$ 是辛空间 V 的一个辛正交基, σ 是 V 上的辛变换, 则 σ 在 $e_1,e_2,\cdots,e_{2n}$ 下的矩阵 S 是辛矩阵.

证明　由辛变换的定义知, $\sigma(e_1)$, $\sigma(e_2)$, $\cdots$, $\sigma(e_{2n})$ 是 V 的辛正交基. 根据已知条件, $\sigma(e_1,e_2,\cdots,e_{2n})=(e_1,e_2,\cdots,e_{2n})S$. 因此 S 是从辛正交基

$e_1, e_2, \cdots, e_{2n}$ 到辛正交基 $\sigma(e_1)$, $\sigma(e_2)$, $\cdots$, $\sigma(e_{2n})$ 的过渡矩阵. 于是, 由定理 9.1.5 知, $S'J_nS = J_n$. 故 S 是辛矩阵. □

定义 9.3.6 设 W 是辛空间 (V, f) 的子空间. 定义

$$W^\perp = \{\alpha \in V \mid f(\alpha, \beta) = 0 \text{ 对任意 } \beta \in W \text{ 成立}\},$$

称之为 W 的**辛正交补** (symplectic complement).

定理 9.3.7 设 W 是辛空间 (V, f) 的子空间, 则 $W^\perp$ 也是 V 的子空间且 $\dim W + \dim W^\perp = \dim V$.

证明 易见, $W^\perp$ 是 V 的子空间. 设 f 关于 V 的基 $e_1, e_2, \cdots, e_{2n}$ 的度量矩阵是 A, $\alpha_1, \alpha_2, \cdots, \alpha_k$ 是 W 的一个基, 且 $(\alpha_1, \alpha_2, \cdots, \alpha_k) = (e_1, e_2, \cdots, e_{2n})C$, 其中 $C = (C_1, C_2, \cdots, C_k) \in \mathrm{M}_{2n\times k}(F)$, 则 $\mathrm{rank}(C) = k$. 设 $\beta = \sum\limits_{i=1}^{2n} x_i e_i = (e_1, e_2, \cdots, e_{2n})X_\beta \in V$, 则

$$\begin{aligned}\beta \in W^\perp &\Longleftrightarrow f(\alpha_i, \beta) = 0,\ i = 1, 2, \cdots, k\\ &\Longleftrightarrow C_i'AX_\beta = 0,\ i = 1, 2, \cdots, k\\ &\Longleftrightarrow C'AX_\beta = 0\\ &\Longleftrightarrow X_\beta \text{ 是方程组 } C'AX = 0 \text{ 的解.}\end{aligned}$$

由于 A 可逆, 所以 $\mathrm{rank}(C'A) = k$. 设 $\eta_1, \eta_2, \cdots, \eta_{2n-k}$ 是方程组 $C'AX = 0$ 的一个基础解系, 令 $\gamma_i = (e_1, e_2, \cdots, e_{2n})\eta_i$, $i = 1, 2, \cdots, 2n-k$, 则 $\gamma_1, \gamma_2, \cdots, \gamma_{2n-k}$ 是 $W^\perp$ 的一个基. 故 $\dim W + \dim W^\perp = \dim V$. □

注记 9.3.8 注意, 辛空间 V 的子空间 W 与 $W^\perp$ 的和未必是直和.

定义 9.3.9 设 W 是辛空间 (V, f) 的子空间. 如果 $W \subseteq W^\perp$, 我们称 W 为 (V, f) 的**迷向子空间** (isotropic subspace); 如果 $W = W^\perp$, 我们称 W 为 (V, f) 的**极大迷向子空间** (maximal isotropic subspace) (不唯一), 或**拉格朗日子空间** (Lagrangian subspace); 如果 $W \cap W^\perp = 0$, 我们称 W 为 (V, f) 的**辛子空间** (symplectic subspace).

例 9.3.10 设 (V, f) 是有限维辛空间, $e_1, e_2, \cdots, e_{2n}$ 是 V 的辛正交基, 则对任意正整数 $1 \leqslant k \leqslant n$, 子空间 $L(e_1, e_2, \cdots, e_k)$ 是迷向子空间, $L(e_1, e_2, \cdots, e_n)$ 是拉格朗日子空间, $L(e_1, e_2, \cdots, e_k, e_{n+1}, \cdots, e_{n+k})$ 是辛子空间.

定理 9.3.11 设 (V, f) 是辛空间, U, W 是 V 的子空间, 则下列陈述成立.

(1) $(W^\perp)^\perp = W$.

(2) 如果 $U \subset W$, 那么 $W^\perp \subset U^\perp$.

(3) 如果 W 为 (V,f) 的辛子空间, 那么 $W\oplus W^{\perp}=V$.

(4) 如果 W 为 (V,f) 的迷向子空间, 那么 $\dim W\leqslant\dfrac{1}{2}\dim V$.

(5) 如果 W 为 (V,f) 的拉格朗日子空间, 那么 $\dim W=\dfrac{1}{2}\dim V$.

证明 由定理 9.3.7 与定义即得. □

定理 9.3.12 设 (V,f) 是 $2n$ 维辛空间, W 是 V 的拉格朗日子空间, 则 W 的任一个基 $e_1,e_2,\cdots,e_n$ 可以扩充为 V 的辛正交基.

证明 设 $W_i=L(e_1,\ \cdots,e_{i-1},e_{i+1},\cdots,e_n)$, 则 $W_i^{\perp}$ 是 $n+1$ 维子空间. 由定理 9.3.11 知 $W\subsetneq W_i^{\perp}$. 取 $e_{n+1}\in W_1^{\perp}$ 使得 $e_{n+1}\notin W$ 且 $f(e_1,e_{n+1})=1$ (可以通过乘上系数使得右边恰好是 1). 再取 $e_{n+2}\in W_2^{\perp}$ 使得 $e_{n+2}\notin W$ 且 $f(e_2,e_{n+2})=1$. 这时 e_{n+2} 不一定和 e_{n+1} 正交, 但是可以选取适当的 x 使得 $e_{n+2}+xe_1$ 满足 $f(e_{n+2}+xe_1,e_{n+1})=0$. 用 $e_{n+2}+xe_1$ 替代 e_{n+2}, 我们就有了 $f(e_2,e_{n+2})=1$ 而且 e_{n+2} 和 $W_2\oplus L(e_{n+1})$ 正交. 依次类推, 可得向量 $e_{n+3},\cdots,e_{2n}$ 使得 $e_1,e_2,\cdots,e_n,e_{n+1},\cdots,e_{2n}$ 成为 V 的辛正交基. □

推论 9.3.13 辛空间的迷向子空间的基可以扩充成 V 的辛正交基.

证明 辛空间 V 的迷向子空间的基先扩充成拉格朗日子空间的基, 然后扩充成 V 的正交基. □

定理 9.3.14 设 W 是辛空间 (V,f) 的辛子空间, 则 W 的辛正交基可以扩成 V 的辛正交基.

证明 由定理 9.3.11 (3) 即得. □

定理 9.3.15 设 S 为 $2n$ 级辛矩阵, 则 S 的特征多项式 $f(\lambda)$ 满足

$$f(\lambda)=\lambda^{2n}f\left(\frac{1}{\lambda}\right).$$

证明 设辛矩阵 S 的特征多项式在复数域中的分解式为 $f(\lambda)=\prod\limits_{i=1}^{2n}(\lambda-\lambda_i)$, 则 $\lambda^{2n}f\left(\dfrac{1}{\lambda}\right)=\prod\limits_{i=1}^{2n}(1-\lambda\lambda_i)=\left(\prod\limits_{i=1}^{2n}\lambda_i\right)\left(\prod\limits_{i=1}^{2n}(\lambda-\lambda_i^{-1})\right)$. 再由命题 9.3.4 知, 辛矩阵 S 的行列式等于 1, 故其所有特征值的乘积为 1, 即 $\prod\limits_{i=1}^{2n}\lambda_i=1$. 于是 $\lambda^{2n}f\left(\dfrac{1}{\lambda}\right)=\prod\limits_{i=1}^{2n}(\lambda-\lambda_i^{-1})$ 为 S^{-1} 的特征多项式. 故只需证明 S 和 S^{-1} 的特征多项式相同即可.

由定义 9.3.3 知, $S=J_n^{-1}(S^{-1})'J_n$, 从而 S 与 $(S^{-1})'$ 的特征多项式相同. 故 S 和 S^{-1} 的特征多项式相同. □

定理 9.3.16 设 σ 是辛空间 (V,f) 上的辛变换, λ,μ 是 σ 的两个特征值且 $\lambda\mu\neq 1$, V_λ,V_μ 分别是特征值 λ,μ 的特征子空间, 则 V_λ 与 V_μ 辛正交.

证明 设 $\alpha\in V_\lambda$, $\beta\in V_\mu$, 则 $\sigma(\alpha)=\lambda\alpha$, $\sigma(\beta)=\mu\beta$. 因为 σ 是辛空间 (V,f) 上的辛变换, 所以 $f(\alpha,\beta)=f(\sigma(\alpha),\sigma(\beta))=f(\lambda\alpha,\mu\beta)=\lambda\mu f(\alpha,\beta)$, 从而 $(\lambda\mu-1)f(\alpha,\beta)=0$. 又 $\lambda\mu\neq 1$, 所以 $f(\alpha,\beta)=0$. 故 V_λ 与 V_μ 辛正交. □

习 题 9

1. 判断下面定义在 $\mathbb{R}^2$ 上的函数是不是双线性函数:

(1) $f((x_1,y_1),(x_2,y_2))=(x_1-x_2)^2+y_1y_2$;

(2) $f((x_1,y_1),(x_2,y_2))=(x_1+x_2)^2-(y_1-y_2)^2$.

2. 判断下面定义在 $\mathbb{R}^3$ 上的函数是不是双线性函数. 如果是, 写出它们关于标准基 $\alpha_1=(1,0,0),\alpha_2=(0,1,0),\alpha_3=(0,0,1)$ 的度量矩阵.

(1) $f((x_1,y_1,z_1),(x_2,y_2,z_2))=x_1y_2-x_2y_1+z_1z_2$;

(2) $f((x_1,y_1,z_1),(x_2,y_2,z_2))=x_1x_2+y_1y_2+z_1^2$;

(3) $f((x_1,y_1,z_1),(x_2,y_2,z_2))=1$;

(4) $f((x_1,y_1,z_1),(x_2,y_2,z_2))=0$.

3. 设 $A=\begin{pmatrix}0&2&-1&3\\-2&0&4&-2\\1&-4&0&6\\-3&2&-6&0\end{pmatrix}$, 求有理数域上的矩阵 C 使得

$$C'AC=\begin{pmatrix}0&1&0&0\\-1&0&0&0\\0&0&0&1\\0&0&-1&0\end{pmatrix}.$$

4. 设 $A\in \mathrm{M}_m(F)$, $V=\mathrm{M}_{m\times n}(F)$, 定义 $V\times V$ 上的函数 f 使得 $f(X,Y)=\mathrm{Tr}(X'AY)$, 其中 $X,Y\in V$. 证明: f 是 V 上的双线性函数, 并求 f 在 V 的基 $E_{11},E_{12},\cdots,E_{mn}$ 下的度量矩阵, 其中符号 E_{ij} 参见第 2 章习题 25.

5. 设 V 是有限维线性空间, $\alpha_1,\alpha_2,\cdots,\alpha_n$ 是 V 中的 n 个非零向量. 证明: 存在 $f\in V^*$ 使得 $f(\alpha_i)\neq 0, i=1,2,\cdots,n$.

6. 设 V 是有限维线性空间, f_1, f_2, $\cdots$, f_n 是 V^* 中的 n 个非零向量. 证明: 存在 $\alpha\in V$ 使得 $f_i(\alpha)\neq 0, i=1,2,\cdots,n$.

7. 在 $V=\mathbb{R}[x]_4$ 中定义内积 $(f(x),g(x))=\displaystyle\int_0^1 f(x)g(x)\mathrm{d}x$. 求 V 的一个标准正交基.

8*. 设 f 是 n 维线性空间 V 上的双线性函数. 若对任意 $\alpha,\beta\in V$, $f(\alpha,\beta)=0$ 当且仅当 $f(\beta,\alpha)=0$, 则称 V 中向量关于 f 的正交性是对称的. 证明: V 中向量关于 f 的正交性是对称的当且仅当 f 是对称的或者是反对称的.

9. 设 f 是 n 维线性空间 V 上的非退化对称双线性函数, 定义映射 $\varepsilon:\ V\longrightarrow V^*, \alpha\mapsto\varepsilon(\alpha)$, 其中 $\varepsilon(\alpha)(\beta)=f(\alpha,\beta), \beta\in V$. 证明: ε 是同构.

10. 设 V 是 n 维线性空间, $f(\alpha,\beta)$ 是 V 上的反对称双线性函数. 证明: $\mathrm{rank}(f)=2$ 当且仅当存在线性无关的 $g_1,g_2\in V^*$ 使得 $f(\alpha,\beta)=g_1(\alpha)g_2(\beta)-g_1(\beta)g_2(\alpha)$.

11*. 设 F 上的两个对称矩阵 $A=\begin{pmatrix}A_1 & 0\\ 0 & A_2\end{pmatrix}$ 与 $B=\begin{pmatrix}B_1 & 0\\ 0 & B_2\end{pmatrix}$ 合同, 而且 A_1 与 B_1 合同. 证明: A_2 与 B_2 合同.

12. 设 V 是 n 维线性空间, V^* 是 V 的对偶空间, $e_1,e_2,\cdots,e_n$ 是 V 的一个基, $e_1^*,e_2^*,\cdots,e_n^*$ 是其对偶基 (参见第 5 章习题 17).

(1) 对 V 上的任意线性变换 σ 和 $f\in V^*$, 证明：$f\sigma\in V^*$.

(2) 设 σ 是 V 上的线性变换, 定义 $\sigma^*:V^*\longrightarrow V^*$ 使得 $\sigma^*(f)=f\sigma$, 其中 $f\in V^*$. 证明: σ^* 是 V^* 上的线性变换.

(3) 设 V 上的线性变换 σ 在基 $e_1,e_2,\cdots,e_n$ 下的矩阵是 A. 证明: σ^* 在基 $e_1^*,e_2^*,\cdots,e_n^*$ 下的矩阵为 A'.

13. 设 V 是 n 维线性空间, f 是 V 上的双线性函数. 证明: 存在 V 的基 $\alpha_1,\alpha_2,\cdots,\alpha_n$ 和 $\beta_1,\beta_2,\cdots,\beta_n$ 使得 $(f(\alpha_i,\beta_j))_{n\times n}=\mathrm{diag}(1,\cdots,1,0,\cdots,0)$.

14. 设 V 是 n 维实线性空间, f 是 V 上的双线性函数, 并且对任意非零向量 α 都有 $f(\alpha,\alpha)>0$. 证明: 存在 V 的基 $\alpha_1,\alpha_2,\cdots,\alpha_n$ 使得 f 关于该基的度量矩阵为 $\mathrm{diag}\left(\begin{pmatrix}1 & t_1\\ -t_1 & 1\end{pmatrix},\begin{pmatrix}1 & t_2\\ -t_2 & 1\end{pmatrix},\cdots,\begin{pmatrix}1 & t_k\\ -t_k & 1\end{pmatrix},I_{n-2k}\right)$, 其中 $t_1,t_2,\cdots,t_k$ 都是正实数.

15*. 设 $V=\mathbb{Q}[x]$ 是有理数域上的一元多项式环. 证明: V 是可数集, 而 V^* 是不可数集. 由此可见, V 和 V^* 之间不存在双射.

16. 设 S, $T\in \mathrm{M}_{2n}(F)$ 是辛矩阵. 证明: S^{-1}, S', ST 都是辛矩阵.

17*. 设 $\sigma:U\longrightarrow W$ 是辛空间 V 的子空间之间的辛同构. 证明: σ 可扩充为 V 的辛变换.

参考文献

[1] 北京大学数学系前代数小组. 高等代数. 王萼芳, 石生明, 修订. 5 版. 北京: 高等教育出版社, 2019.

[2] 陈建龙, 周建华, 张小向, 等. 线性代数. 2 版. 北京: 科学出版社, 2016.

[3] 陈志杰. 高等代数与解析几何. 2 版. 北京: 高等教育出版社, 2008.

[4] 德比希尔 (Derbyshire J). 代数的历史: 人类对未知量的不舍追踪. 冯速, 译. 北京: 人民邮电出版社, 2010.

[5] 杜现昆, 徐晓伟, 马晶, 等. 高等代数. 北京: 科学出版社, 2017.

[6] 郭聿琦, 岑嘉评, 王正攀. 高等代数教程. 北京: 科学出版社, 2014.

[7] 华罗庚, 苏步青. 中国大百科全书 · 数学. 北京: 中国大百科全书出版社, 1988.

[8] 亨格福德 (Hungerford T W). 代数学. 冯克勤, 译. 聂灵沼, 校. 长沙: 湖南教育出版社, 1985.

[9] 黄正达, 李方, 温道伟, 等. 高等代数: 上册. 杭州: 浙江大学出版社, 2013.

[10] 柯斯特利金. 代数学引论: 第一卷　基础代数. 张英伯, 译. 2 版. 北京: 高等教育出版社, 2006.

[11] 蓝以中. 高等代数简明教程. 2 版. 北京: 北京大学出版社, 2007.

[12] 李方, 黄正达, 温道伟, 等. 高等代数: 下册. 杭州: 浙江大学出版社, 2013.

[13] 李炯生, 查建国, 王新茂. 线性代数. 2 版. 合肥: 中国科学技术大学出版社, 2010.

[14] 李尚志. 线性代数. 北京: 高等教育出版社, 2011.

[15] 林亚南. 高等代数. 北京: 高等教育出版社, 2013.

[16] 孟道骥. 高等代数与解析几何. 3 版. 北京: 科学出版社, 2014.

[17] 丘维声. 高等代数: 上、下册. 北京: 高等教育出版社, 1996.

[18] 施武杰, 戴桂生. 高等代数. 北京: 高等教育出版社, 2005.

[19] 王卿文. 线性代数核心思想及应用. 北京: 科学出版社, 2012.

[20] 席南华. 基础代数: 第一卷. 北京: 科学出版社, 2016.

[21] 席南华. 基础代数: 第二卷. 北京: 科学出版社, 2018.

[22] 许以超. 线性代数与矩阵论. 2 版. 北京: 高等教育出版社, 2008.

[23] 姚慕生, 吴泉水, 谢启鸿. 高等代数学. 3 版. 上海: 复旦大学出版社, 2014.

[24] 张禾瑞. 近世代数基础. 5 版 (修订本). 北京: 商务印书馆, 1958.

[25] 张贤科, 许甫华. 高等代数学. 2 版. 北京: 清华大学出版社, 2017.

[26] 周伯埙. 高等代数基础. 北京: 高等教育出版社, 1988.

[27] 周士藩, 王秀和, 顾梅英, 等. 高等代数解题分析. 南京: 江苏科学技术出版社, 1985.

[28] 朱富海, 陈智奇. 高等代数与解析几何. 北京: 科学出版社, 2017.

[29] Artin M. Algebra. 北京: 机械工业出版社, 2004.

[30] Childs L N. A Concrete Introduction to Higher Algebra. Undergraduate Texts in Mathematics. New York: Springer-Verlag, 2009.

[31] Chong C T. Some remarks on the history of linear algebra. Math. Medley, 1985, 13 (2): 59–73.

[32] Cox D A. Why Eisenstein proved the Eisenstein criterion and why Schönemann discovered it first. American Mathematical Monthly, 2001, 118: 3–21.

[33] Denton P B, Parke S J, Tao T, et al. Eigenvectors from eigenvalues: a survey of a basic identity in linear algebra. arXiv e-prints, arXiv: 1908.03795v3, 4 March, 2020.

[34] Doković D, Ikramov K. A square matrix is congruent to its transpose. Journal of Algebra, 2002, 257: 97–105.

[35] Dorwart H L. Irreducibility of polynomials. American Mathematical Monthly, 1935, 42: 369–381.

[36] Duke W, Rudnick Z, Sarnak P. Density of integer points on affine homogeneous varieties. Duke Mathematical Journal, 1993, 71: 143–179.

[37] Halmos P R. Does mathematics have elements? The Mathematical Intelligencer, 1980/81, 3 (4): 147–153.

[38] Hoffman K, Kunze R. Linear Algebra. 2nd ed. 北京: 世界图书出版公司, 2012.

[39] Jacobson N. Basic Algebra I. San Francisco: W. H. Freeman and Company, 1974.

[40] Kline M. Mathematical Thought from Ancient to Modern Times. Vol. 1, 3. 2nd ed. New York: The Clarendon Press, Oxford University Press, 1990.

[41] Lam T Y. Exercises in Classical Ring Theory. 2nd ed. Problem Books in Mathematics. New York: Springer-Verlag, 2003.

[42] Lam T Y, Nielsen P P. Jacobson pairs and Bott–Duffin decompositions in rings. Contemporary Mathematics. Amer. Math. Soc., Providence, RI, 2019, 727: 249–267.

[43] Lam T Y, Nielsen P P. Jacobson's lemma for Drazin inverses. Ring Theory and Its Applications. Contemporary Mathematics. American Mathematical Society, Providence, RI, 2014, 609: 185–195.

[44] Moore G H. The axiomatization of linear algebra: 1875–1940. Historia Mathematica, 1995, 22 (3): 262–303.

[45] Nowicki A, Światek A. Irreducible polynomials and prime numbers. 22 November, 1998, https://www-users.mat.umk.pl//~anow/ps-dvi/pol1adaa.pdf.

[46] Rotman J J. A First Course in Abstract Algebra. 2nd ed. 北京: 机械工业出版社, 2004.

[47] Rodrigues' rotation formula, https: //infogalactic.com/info/Rodrigues%27_rotation_formula.

人名索引

符号索引

术 语 索 引